EUROPA
LEHRMITTEL

Bibliothek des technischen Wissens

Werkstofftechnik für Elektroberufe

Eckhard Ignatowitz, Otto Spielvogel, Klaus Tkotz

Lektorat und Leitung des Arbeitskreises: Klaus Tkotz

3. Auflage

D1717919

VERLAG EUROPA-LEHRMITTEL · Nourney, Vollmer GmbH & Co.
Düsselberger Straße 23 · 42781 Haan-Gruiten

Europa-Nr.: 51917

Autoren:

Ignatowitz, Eckhard	Dr. Ing.	Waldbronn
Spielvogel, Otto	Dipl.-Ing. (FH)	Ohmden
Tkotz, Klaus	Dipl.-Ing. (FH)	Kronach

Lektorat und Leitung des Arbeitskreises:
Klaus Tkotz

Bildentwürfe: Die Autoren

Bildbearbeitung:
Zeichenbüro des Verlages Europa-Lehrmittel, Leinfelden-Echterdingen

Fotos:
Verschiedene Firmen und Institutionen (Verzeichnis: Seite 283)

Das vorliegende Buch wurde auf der **Grundlage der neuen Rechtschreibregeln** erstellt.

3. Auflage 2004
Druck 5 4 3 2 1
Alle Drucke derselben Auflage sind parallel einsetzbar, da sie bis auf die Behebung von Druckfehlern untereinander unverändert sind.

ISBN 3-8085-5193-3

Umschlaggestaltung unter Verwendung eines Fotos der Firma IBM Deutschland GmbH

Alle Rechte vorbehalten. Das Werk ist urheberrechtlich geschützt. Jede Verwertung außerhalb der gesetzlich geregelten Fälle muss vom Verlag schriftlich genehmigt werden.

© 2004 by Verlag Europa-Lehrmittel, Nourney, Vollmer GmbH & Co., 42781 Haan-Gruiten
http://www.europa-lehrmittel.de

Satz und Druck: Druckhaus Arns GmbH & Co. KG, 42853 Remscheid

Vorwort

Das Buch **Werkstofftechnik für Elektroberufe** vermittelt anschaulich und umfassend die Grundlagen und das Fachwissen der modernen Werkstofftechnik der Elektroberufe.

Neben den werkstofftechnischen Grundlagen und den traditionellen Werkstoffen der Elektrotechnik und des Elektromaschinenbaus werden die modernen Werkstoffe der Elektronik vorgestellt sowie die Herstellungsverfahren verschiedener Elektronikbauelemente beschrieben. Zusätzlich sind aktuelle Hightech-Werkstoffe der Elektronik, der Informatik, Energietechnik und der Telekommunikation behandelt.

Dieses Lehr- und Arbeitsbuch vermittelt anschaulich das notwendige Grund- und Fachwissen der Werkstofftechnik und zeigt wesentliche Zusammenhänge auf. Das Buch ist nach bewährter und erprobter methodisch-didaktischer Konzeption erstellt.

Der Lehrstoff gliedert sich in

- **Naturwissenschaftliche Grundlagen**

  Unterteilt in physikalische, chemische und werkstofftechnische Grundlagen.

- **Konstruktionswerkstoffe und Hilfsstoffe**

  Sie umfassen die Stähle und Eisengusswerkstoffe, die Nichteisenmetalle, die Kunststoffe, die Sinterwerkstoffe, Lote, Klebstoffe und Schmierstoffe. Behandelt werden auch der innere Aufbau der Werkstoffe, die Wärmebehandlung, der Korrosionsschutz und die Werkstoffprüfung.

- **Werkstoffe der Elektrotechnik/Elektronik sowie deren Anwendung**

  Leiter-, Kontakt-, Widerstands-, Isolier-, Halbleiter- und Magnetwerkstoffe, Halbleiterbauelemente, integrierte Schaltungen, gedruckte Schaltungen und SMD-Bauelemente.

- **Hightech-Werkstoffe**

  Lichtwellenleiter, Flüssigkristalle und piezokeramische Werkstoffe.

- **Umweltschutz und Arbeitssicherheit**

  Umweltbelastung durch die elektrotechnische Fertigung, Recycling und Entsorgung der Werk- und Hilfsstoffe, gefährliche Arbeitsstoffe.

Das Buch **Werkstofftechnik für Elektroberufe** ist geeignet für alle elektrotechnischen Handwerks- und Industrieberufe in Berufsschulen, Meisterschulen, sowie für Berufsfachschulen und technische Gymnasien.

Es vermittelt im Wesentlichen auch den Lehrstoff der Werkstofftechnik an den Fachschulen für Technik und für die betriebliche Fort- und Weiterbildung.

Für Studenten der technischen Hochschulen bietet es ein solides Grundwissen.

Das Buch eignet sich sowohl als unterrichtsbegleitendes Lehrbuch als auch zum Selbststudium.

Besonderer Wert wurde im vorliegenden Buch auf Übersichtlichkeit und Anschaulichkeit gelegt. Der Leser erhält einen Überblick über die verschiedenen Werkstoffe, deren Anwendung und Verarbeitung. Merksätze und Wiederholungsfragen festigen das erworbene Wissen.

Selbstverständlich wurden bei der Bucherstellung die zur Zeit gültigen DIN-EN-, DIN- und VDE-Normen berücksichtigt.

Mit diesem Buch wurde eine häufig beklagte Lücke im Fachbereich Werkstofftechnik für Elektroberufe geschlossen.

Vorwort zur 3. Auflage

In der 3. Auflage wurden Fachinhalte, Lehrtext und Bilder verbessert sowie die aktuellen DIN- und DIN-EN-Normen eingearbeitet. Somit entspricht das Buch dem neuesten Stand der Technik und den fachbezogenen Vorschriften.

Für Verbesserungsvorschläge sind die Autoren und der Verlag dankbar.

Frühjahr 2004

Inhaltsverzeichnis

1 Werkstoffe der Elektrotechnik

Werden Naturstoffe, z.B. Erze, Kohle und Öl, gewonnen und aufbereitet, erhält man **Rohstoffe**. Durch Weiterverarbeitung der Rohstoffe, z.B. bei der Eisengewinnung im Hochofen aus Eisenerz, entstehen die **Werkstoffe** als Produkte, aus denen man durch Be- und Verarbeitung Fertig- oder Halbfertigerzeugnisse herstellt.

> Ein Stoff wird als Werkstoff verwendet, wenn er technisch verwertbare Eigenschaften zur Nutzbarmachung besitzt.

Die Werkstoffkunde basiert auf Grundlagen der Festkörperphysik, der Chemie und der Elektrochemie. Sie hat bestimmte Themen, Inhalte und Aufgaben (**Übersicht 1**). Die Werkstoffe der Elektrotechnik kann man nach ihrer Verwendung einteilen (**Übersicht 2**).

Konstruktionswerkstoffe (ab Seite 54) sind Werkstoffe für Bauelemente und Bauteile, z.B. Baugruppenträger, Antennenmasten und Gehäuse. Sie übertragen vor allem mechanische Kräfte und erfüllen eine Schutzfunktion.

Hilfsstoffe (ab Seite 126), z.B. Lote und Flussmittel, Öle, Brenngase und Klebstoffe, werden zur Herstellung von Fertigprodukten benötigt.

Leiterwerkstoffe (ab Seite 135), z.B. Kupfer und Aluminium, dienen dem Transport des elektrischen Stromes. Die elektrische Leitfähigkeit ist die wichtigste Eigenschaft dieser Metalle. Das Vermögen, den elektrischen Strom zu leiten, wird durch den spezifischen elektrischen Widerstand angegeben (**Bild**).

Kontaktwerkstoffe (ab Seite 144), z.B. Silber, Wolfram und Gold, verwendet man für elektrische Kontakte.

Widerstandswerkstoffe (ab Seite 155), z.B. Konstantan, hemmen gezielt den elektrischen Stromfluss.

Isolierstoffe (ab Seite 165), z.B. Porzellan, sind nichtleitende Werkstoffe. Sie verhindern das Fließen eines elektrischen Stromes.

Halbleiterwerkstoffe (ab Seite 186), z.B. Silicium, sind Werkstoffe, deren elektrische Leitfähigkeit z.B. durch Dotierung beeinflusst werden kann.

Magnetwerkstoffe (ab Seite 230), z.B. Legierungen aus Eisen, Kobalt und Nickel, sind Werkstoffe, die magnetisiert werden können.

Übersicht 1: Aufgaben der Werkstoffkunde

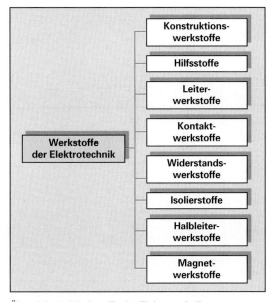

Übersicht 2: Werkstoffe der Elektrotechnik

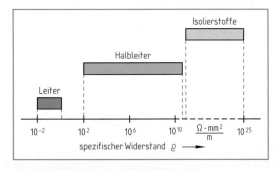

Bild: Spezifischer elektrischer Widerstand der Werkstoffe

Die Werkstoffe lassen sich nach Stoffgruppen in Metalle, Nichtmetalle, Halbleiterwerkstoffe und Verbundwerkstoffe unterteilen. Kombiniert man die Einteilung nach Stoffart und Verwendung, so erhält man eine Gesamtübersicht über die Werkstoffe der Elektrotechnik (**Übersicht**).

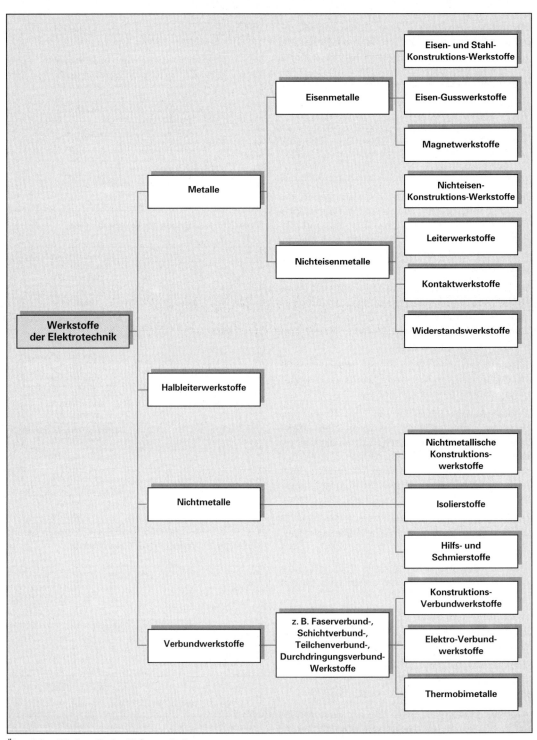

Übersicht: Werkstoffe der Elektrotechnik

Die Normung von Werkstoffen und Erzeugnissen

Normen haben im handwerklichen und industriellen Bereich eine große Bedeutung. Der überwiegende Teil der Werkstoffe und Werkstofferzeugnisse sind entweder direkt genormt oder unterliegen in der Zusammensetzung, den Abmessungen und Qualitätsanforderungen genormten Maßstäben.

> Die Normung hat die Aufgabe, Vereinheitlichungen für Werkstoffe und deren Erzeugnisse (Halbzeuge), Massenteile, z. B. Schrauben, und Verfahren verbindlich festzulegen. Sie fördert die Rationalisierung in der Technik und Wirtschaft, schafft Qualitätsstandards und dient der Arbeits- und Planungssicherheit.

Erfüllt ein Werkstoff, ein Erzeugnis oder ein Verfahren die in der Norm vorgeschriebenen Anforderungen, so liegt eine Normenkonformität[1] vor. Werkstoffe, Erzeugnisse oder Verfahren, die normenkonform sind, kennzeichnet man mit einem Zeichen (**Bild 1**). Es enthält z. B. das DIN-Symbol[2] oder das VDE[3]-Zeichen.

Normung gibt es auf nationaler, europäischer und internationaler Ebene (**Übersicht**).

Die vom Deutschen Institut für Normung erarbeiteten Normen werden als DIN-Normen bezeichnet (deutsche Normen). Die EN-Norm ist eine europäische Norm. Sie wird vom europäischen Komitee für Normung (CEN[4]) erstellt und nach Prüfung durch die einzelnen europäischen Länder als nationale Norm übernommen. Für Deutschland heißt diese übernommene europäische Norm dann DIN-EN-Norm. Die nationalen Normen Europas, wie z. B. in Deutschland die DIN-Normen, werden im Laufe der Zeit von den DIN-EN-Normen abgelöst. Die internationalen ISO-Normen werden von der „International Organization for Standardization" herausgegeben und haben weltweite Bedeutung. Werden sie in Deutschland Bestandteil der Normen, so heißen sie DIN-ISO-Normen.

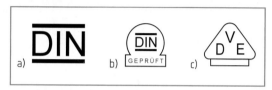

Bild 1: Norm-Kennzeichnungen (Auswahl)

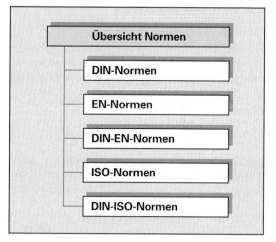

Übersicht: Verschiedene Normen

- Baustahl: S235JR (St 37-2)
- Nichtrostender Stahl: X5CrNiMo18-10
- Aluminiumlegierung: EN AW-5754 [AlMg3]
- Elektro-Kupfer: E-Cu58

Bild 2: Beispiele für Werkstoffkurzbezeichnungen

- 1.0037: Baustahl S235JR (St 37-2)
- 2.0061: Elektro-Kupfer E-Cu58
- 3.3207: Elektroaluminium
  EN AW-6101B [EAlMgSi(B)]

Bild 3: Beispiele für Werkstoffnummern

Normgerechte Bezeichnung von Werkstoffen

Ein großer Teil der Werkstoffe wird heute schon nach der europäischen Norm DIN EN bezeichnet, z. B. die Stähle nach DIN EN 10 127 (**Bild 2**). Ein Stahl heißt z. B. S235JR. Häufig wird noch der alte Kurzname nach DIN in Klammern gesetzt, z. B. S235JR (St 37-2). Für die noch nicht auf die europäischen Normen umgestellten Werkstoffe gelten weiterhin die bislang gültigen Kurznamen gemäß den gültigen DIN-Normen.

Außerdem gibt es eine Kennzeichnung der Werkstoffe durch Nummern, z. B. für Stähle nach DIN EN 10 027. Die Werkstoffnummer besteht aus fünf oder sieben Ziffern und ist durch einen Punkt unterteilt (**Bild 3**).

[1] von con (lat.) = mit, zusammen und forma (lat.) = Form, Gestalt; Konformität = Übereinstimmung
[2] DIN, Abk. für: Deutsches Institut für Normung
[3] VDE, Abk. für: Verband der Elektrotechnik, Elektronik, Informationstechnik e.V.
[4] Abk. für Comité Européen de Normalisation (franz.)

2 Naturwissenschaftliche Grundlagen der Werkstoffkunde

2.1 Physikalische Grundlagen

2.1.1 Körper und Stoff

Physikalische Größen

Die messbaren Eigenschaften eines Körpers, eines Zustands oder Vorgangs nennt man **physikalische Größen**, z.B. die Länge, die Masse oder die Zeit. Eine physikalische Größe setzt sich aus einer Zahl und einer Einheit zusammen:

> Größe = Zahlenwert x Einheit

Beträgt z.B. die Länge (Formelzeichen l) eines Werkstücks 0,6 Meter (Einheitenzeichen m), schreibt man statt Länge = 0,6 mal 1 Meter kurz: l = 0,6 m. Zahlenwert und Einheit sind also durch Multiplikation miteinander verknüpft.

Alle physikalischen (und chemischen) Einheiten lassen sich auf nur 7 Grundeinheiten zurückführen **(Tabelle 1)**. Sie heißen nach dem „Gesetz über die Einheiten im Messwesen" auch SI[1]-Basiseinheiten. Alle übrigen Einheiten sind aus den Basiseinheiten abgeleitet.

Einige der zusammengesetzten Einheiten tragen einen besonderen Namen. Diese Einheiten würden entweder zu unübersichtlich oder ein besonderer Einheitenname hat sich schon lange eingebürgert. So lautet z.B. die Einheit der Leistung eigentlich m^2kg/s^3. Man bezeichnet sie aber kurz als „Watt" (Einheitenzeichen W).

Die Einheitenzeichen schreibt man groß, wenn sie von einem Eigennamen abgeleitet sind, z.B. Hertz (Hz), Siemens (S), Ohm (Ω) oder Volt (V). In allen anderen Fällen schreibt man sie klein, z.B. Meter (m), Sekunde (s) oder Liter (l).

Tabelle 1: SI-Basisgrößen und -einheiten

Basisgröße	Formel-zeichen	SI-Einheit
Länge	l	Meter (m)
Masse	m	Kilogramm (kg)
Zeit	t	Sekunde (s)
elektrische Stromstärke	I	Ampere (A)
thermodynamische Temperatur	T	Kelvin (K)
Stoffmenge	n	Mol (mol)
Lichtstärke	I_v	Candela (cd)

Tabelle 2: Einheitenvorsätze (SI-Vorsätze)

Vorsatz	Vorsatzzeichen	Faktor
Für große Zahlenwerte		
Deka	da	10^1
Hekto	h	10^2
Kilo	k	10^3
Mega	M	10^6
Giga	G	10^9
Tera	T	10^{12}
Peta	P	10^{15}
Exa	E	10^{18}
Für kleine Zahlenwerte		
Dezi	d	10^{-1}
Zenti	c	10^{-2}
Milli	m	10^{-3}
Mikro	µ	10^{-6}
Nano	n	10^{-9}
Piko	p	10^{-12}
Femto	f	10^{-15}
Atto	a	10^{-18}

Einheitenvorsätze für dezimale Teile und Vielfache

Vorsätze vor den Einheiten für dezimale Teile oder für dezimale Vielfache **(Tabelle 2)** ergeben bei der Angabe von Größen zweckmäßige und begreifbare Zahlenwerte zwischen 0,1 und 1 000, also z.B. 257,3 km statt 257 300 m oder 34 ns statt 0,000 000 034 s.

Vorsätze und Vorsatzzeichen darf man nur zusammen mit einem Einheitennamen und mit dem Einheitenzeichen verwenden. Eine Längeneinheit 1 µ (ein „Mü") z.B. gibt es nicht, man muss 1 µm (ein Mikrometer) sagen.

Das Vorsatzzeichen wird ohne Zwischenraum vor das Einheitenzeichen geschrieben, weil beide zusammen eine neue Einheit bilden. Ein Exponent am Einheitenzeichen gilt auch für das Vorsatzzeichen, z.B. $1 mm^3 = 1 (mm)^3 = 1 \cdot (10^{-3} m)^3 = 1 \cdot 10^{-9} m^3$.

[1] Système International d'Unités (franz.) = Internationales System der Einheiten

Mehrere Vorsätze dürfen nicht kombiniert werden; z.B. für $1 \cdot 10^{-12}$ F muss man 1 pF schreiben, 1 µµF ist falsch. Auf die SI-Basiseinheit 1 kg (Kilogramm) kann man daher keine Vorsätze anwenden, sondern nur auf die Einheit g (Gramm). Es heißt also 1 mg und nicht 1 µkg.

Sind bei Produkten von Einheiten Verwechslungen mit Vorsatzzeichen möglich, so schreibt man einen Malpunkt zwischen die Einheiten; z.B. 1 m · N (1 Meternewton) anstelle von 1 mN (1 Millinewton). Verwechslungen vermeidet man noch besser mit 1 Nm (1 Newtonmeter) für das Kraftmoment.

Grundeigenschaften der Körper

Jeder Körper besteht aus Stoff, auch Materie[1] oder Substanz[2] genannt, z.B. aus Stahl, Holz, Glas, aus einem Kunststoff, Gummi, Wasser oder Luft. Ein Körper beansprucht Raum und besitzt eine Masse.

Volumen: Den Rauminhalt (das Volumen V) kann man als Längen in den drei Richtungen des Raumes messen, die senkrecht aufeinander stehen. Diese Längen haben die Einheit Meter. Das Volumen besitzt daher als Einheit m · m · m, also ein Kubikmeter (m^3). Die Volumeneinheit ist als der Rauminhalt eines Würfels mit 1 m Kantenlänge festgelegt. Für Flüssigkeiten und Gase verwendet man die Einheit Liter, wobei 1 Liter so groß ist wie 1 Kubikdezimeter ($1 \, l = 1 \, dm^3$).

Das Volumen regelmäßiger Körper, z.B. Quader, Prisma oder Zylinder, kann man aus ihren Abmessungen berechnen. Länge, Breite und Höhe sind Längen. Man misst sie z.B. mit einem Maßstab oder genauer mit einem Messschieber. In allen Fällen wird eine Strecke mit der Längeneinheit verglichen.

Messen bedeutet das Vergleichen mit einer Einheit.

Die Einheit der Länge, das Meter, ist eine SI-Basiseinheit. Physikalisch exakt ist sie festgelegt als die Strecke, die das Licht in 1/299 792 458 Sekunden im Vakuum zurücklegt (17. CGPM[3] 1983).

Körper können einander verdrängen. Taucht man z.B. einen Stein unregelmäßiger Form vollständig in Wasser, verdrängt er gerade so viel von der Flüssigkeit, wie sein Volumen ausmacht.

Masse: Jeder Körper besitzt Masse (Formelzeichen m), eine weitere Grundeigenschaft aller Materie. Masse äußert sich in zwei Formen: einmal als schwere und einmal als träge Masse.

Die große Masse der Erde zieht jeden Körper an, der sich auf der Erdoberfläche oder in Erdnähe befindet. Diese Eigenschaft nennt man **Schwere** (Gravitation[4]).

Ändert sich der Bewegungszustand eines Körpers, wird also seine Geschwindigkeit oder seine Bewegungsrichtung verändert, setzt der Körper dieser Änderung einen Widerstand entgegen. Die **Trägheit**, auch als Beharrungsvermögen bezeichnet, wird durch die Masse verursacht.

Die Einheit der Masse ist das Kilogramm ($1 \, kg = 10^3 \, g$).

Genau die Masse von 1 kg hat der internationale Kilogramm-Prototyp[5], ein Zylinder von 39 mm Durchmesser und 39 mm Höhe aus einer Platin-Iridium-Legierung, der in Sèvres bei Paris aufbewahrt wird.

Die Masse eines Körpers misst man durch Vergleich mit der Masse von Wägestücken auf einer Waage, z.B. einer Balkenwaage **(Bild)**. Auch für das Gewicht einer Warenmenge verwendet man die Einheit Kilogramm als Ergebnis einer Wägung.

Neben dem Kilogramm sind als weitere Einheiten der Masse die Tonne ($1 \, t = 10^3 \, kg = 1 \, Mg$) und das metrische Karat ($1 \, Karat = 1 \, Kt = 0,2 \, g$) in Gebrauch. In der Atomphysik und in der Chemie benutzt man die Masseneinheit u: $1 \, u = 1,660 \, 565 \, 5 \cdot 10^{-24} \, g$.

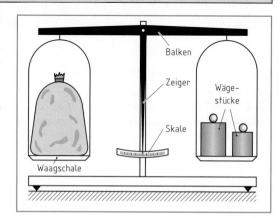

Bild: Balkenwaage

---

[1] materia (lat.) = Stoff;   [2] substantia (lat.) = Wesenheit, Bestand

[3] Conférence Général des Poids et Mesures (franz.) = Generalkonferenz für Maß und Gewicht;   [4] gravitas (lat.) = Schwere

[5] Vorbild, Muster von protos (griech.) = der Erste und typus (lat.) = Gepräge, Muster

Dichte: Aus der Masse und dem Volumen eines Körpers ergibt sich eine seiner kennzeichnenden Eigenschaften: seine Dichte **(Formel 1)**.

$$\rho = \frac{m}{V} \quad (1)$$

ρ	(rho) Dichte
m	Masse
V	Volumen

Die Einheiten der Dichte sind von den SI-Basiseinheiten abgeleitet: Für feste Stoffe gibt man die Dichte in kg/m^3 bzw. kg/dm^3 oder g/cm^3 an ($1\ kg/dm^3 = 1\ g/cm^3 = 10^{-3}\ kg/m^3$).

Für Flüssigkeiten verwendet man kg/l oder g/ml und für Gase g/l: ($1\ g/l = 10^{-3}\ kg/dm^3$).

Allgemein versteht man unter Dichte das Verhältnis einer physikalischen Größe zum Volumen, z.B. in der Elektronik die Raumladungsdichte (= elektrische Ladung / Volumen). Am häufigsten rechnet man mit der Massendichte **(Tabelle)**, kurz nur **Dichte** geheißen: ρ = Masse / Volumen.

Besondere Dichte-Benennungen: Die **Normdichte** eines Gases ist die Dichte (meist in g/l) bei Normbedingungen, d.h. bei einer Temperatur von 0 °C und einem Druck von 1 013,25 mbar (= 101325 Pa). Unter der **Rohdichte** eines porösen Stoffes versteht man den Quotienten aus Masse und Volumen, das die Hohlräume mit einschließt. Ähnlich spricht man von der **Schüttdichte**, z.B. bei einer Ladung Kies. Die **relative Dichte**, d.h. das Verhältnis der Dichte ρ eines Stoffes zur Dichte ρ_0 eines Bezugsstoffes, wird nur noch bei Gasen benutzt. Als Bezugsdichte wählt man häufig die Dichte der trockenen Luft im Normzustand $\rho_L = 1{,}293\ g/l$.

Aggregatzustände: Je nach Druck und Temperatur ist ein Körper fest, flüssig oder gasförmig. Diese Zustandsform, in der sich der Körper befindet, nennt man seinen **Aggregatzustand**[1] **(Übersicht)**.

Tabelle: Massendichte einiger Stoffe

Stoff	Dichte in g/cm^3
Kork	0,2
Holz	0,5 ... 1,2
Aluminium	2,70
Stahl	7,86
Kupfer	8,96
Silber	10,50
Blei	11,34
Gold	19,30
Alkohol	0,789
Wasser (bei 4 °C)	1,00
Erdöl	1,65 ... 1,02
Quecksilber	13,55
Wasserstoff	0,000 089
Luft (bei 1013 mbar)	0,001 293

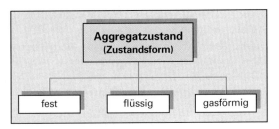

Übersicht: Aggregatzustände

Feste Körper haben eine feste, eindeutige Form und ein bestimmtes Volumen. Ihre kleinsten Teile sind entweder ungeordnet (amorph[2]) oder regelmäßig angeordnet (kristallin).

Flüssigkeiten haben keine feste Gestalt, sondern passen sich der Form des jeweiligen Gefäßes an, besitzen aber ein konstantes Volumen. Die Teilchen der Flüssigkeit lassen sich sehr leicht verschieben. Dadurch nehmen sie die Form des Gefäßes an und bilden durch die Erdgravitation eine horizontale Oberfläche.

Gase wollen sich ausdehnen und nehmen Form **und** Volumen des Gasbehälters an.

Den Molekülen eines Gases kann man ihre äußere Elektronenhülle wegnehmen, wenn man viel Energie zuführt, z.B. durch eine Gasentladung. Die Teilchen zerfallen in positiv geladene Ionen und freie Elektronen. Das Gas ist dann in einem **Plasmazustand**, der oft auch als vierter Aggregatzustand bezeichnet wird. Das Gasplasma besitzt ein hohe elektrische Leitfähigkeit. Das Plasma erzeugt man z.B. in Gasentladungslampen oder mit Lichtbögen. Das Magnetfeld, das sich bei der Entstehung des Plasmas bildet, schnürt es zu einem engen Schlauch zusammen.

Wiederholungsfragen

1 Zählen Sie die sieben SI-Basisgrößen der Physik und Chemie auf.

2 Was versteht man unter zusammengesetzten Einheiten physikalischer Größen?

3 Wozu dienen die Einheitenvorsätze für dezimale Teile und Vielfache?

4 Was versteht man unter der Trägheit eines Körpers?

5 Wodurch unterscheiden sich die Aggregatzustände der Materie?

---

[1] von aggregatus (lat.) = das Zu- oder Beigesellte   [2] formlos, gestaltlos; von a- (griech.) = nicht und morphe (griech.) = Gestalt

2.1.2 Bewegung der Körper (Bewegungslehre)

Ein Körper ist in **Bewegung**, wenn er in einer bestimmten Zeit seinen Ort gegenüber der ruhenden Umgebung verändert, z. B. eine fahrende Lokomotive gegenüber den stillstehenden Schienen. Neben der Beschreibung und Messung seiner Bahn, auf der sich der Körper bewegt, gehört das genaue Messen der **Zeit** der Bewegung zu ihrer exakten Untersuchung.

Uhren messen die Zeit. Mit ihnen kann man Zeitpunkte und Zeitabstände bestimmen. Als Zeitmaß dienen periodische[1] Vorgänge, z. B. die Schwingungen eines Pendels oder eines Quarzkristalls.

Die SI-Basiseinheit der Zeit ist die **Sekunde**. Sie dauert 9 192 631 770 Perioden einer bestimmten Strahlung von Cäsium-Atomen (^{133}Cs).

Für größere Zeitspannen verwendet man die Minute (min), die Stunde (h), den Tag (d) und das Gemeinjahr (a) als Einheit (**Tabelle 1**), für kurze die Sekunde (s) mit Vorsätzen, z. B. ms oder µs.

Ein **Zeitabstand** von 2,805 Stunden wird als 2 h 48 min 18 s geschrieben, der **Zeitpunkt** 7 Uhr 15 Minuten 6 Sekunden als $7^h\,15^{min}\,6^s$.

Die Bewegungslehre (Kinematik[2]) teilt die Bewegungen in mehrere Bewegungsformen und Bewegungsarten ein (**Tabelle 2**).

Geradlinig gleichförmige Bewegung: Ein Körper bewegt sich gleichförmig, wenn er in gleichen Zeiten gleiche Strecken zurücklegt. Kennzeichen dieser Bewegung ist die **Geschwindigkeit**. Bei geradlinig gleichförmiger Bewegung berechnet man die Geschwindigkeit v aus dem zurückgelegten Weg s geteilt durch die dafür benötigte Zeit t (**Formel 1**). Die abgeleitete SI-Einheit der Geschwindigkeit[3] ist $[v] = $ m/s. Bei dieser Bewegung bleibt die Geschwindigkeit stets gleich (**Bild**).

Tabelle 1: Zeiteinheiten

Name	Einheitenzeichen	Erklärung
Minute	min	1 min = 60 s
Stunde	h	1 h = 60 min
Tag	d	1 d = 24 h
Normaljahr	a	1 a = 365 d

Tabelle 2: Bewegungsformen und -arten

Bewegungsform	Bewegungsart
geradlinige Bewegung	gleichförmige Bewegung
krummlinige Bewegung	beschleunigte Bewegung
periodische Bewegung	verzögerte Bewegung

$$\text{Geschwindigkeit} = \frac{\text{Weg}}{\text{Zeit}} \qquad v = \frac{s}{t} \qquad (1)$$

v Geschwindigkeit $\qquad$ s Weg $\qquad$ t Zeit

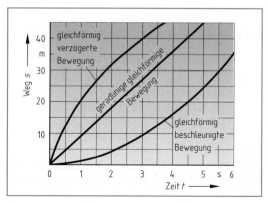

Bild: Weg-Zeit-Diagramm

Für die Angabe von Fahrzeuggeschwindigkeiten benutzt man auch Kilometer je Stunde (km/h): 1 km/h = 5/18 m/s = 0,277 7... m/s, und für überschallschnelle Flugzeuge das Mach (M). Mach (oder Machzahl) ist das Verhältnis der Geschwindigkeit des Flugkörpers zur Schallgeschwindigkeit in derselben Luft: 1 M = 340 m/s ≈ 1 200 km/h.

Gleichförmig beschleunigte Bewegung: Bei einer gleichförmig **beschleunigten** Bewegung vergrößern sich die in gleichen Zeitabständen zurückgelegten Wege (Bild), die Geschwindigkeit nimmt also stetig zu. Verkürzen sich dagegen die Wege in gleichen Zeitintervallen, nennt man eine solche Bewegung **verzögert**. Für den gesamten Ablauf der Bewegung kann man aus dem ganzen zurückgelegten Weg und der dafür nötigen Zeit eine **Durchschnittsgeschwindigkeit** v berechnen: $v = s/t$. Dabei macht es keinen Unterschied, ob die Bewegung beschleunigt oder verzögert ist, oder ob sie sich aus beschleunigter, gleichförmiger und verzögerter Bewegung zusammensetzt. Eine längere Autofahrt z. B. ist in verschiedene Bewegungsarten unterteilt.

---

[1] von periodos (griech.) = das Herumgehen, regelmäßige Wiederkehr

[2] von kinema (griech.) = Bewegung; $\qquad$ [3] $[v]$ = Einheit von v (der Geschwindigkeit)

Eine genauere Beschreibung des jeweiligen Bewegungszustandes liefert die **Momentangeschwindigkeit** für jeden Zeitpunkt der Bewegung (**Bild 1**). Zu ihrer Berechnung greift man eine genügend kleine Wegstrecke[1] Δs heraus und misst den zugehörigen Zeitabschnitt Δt.

Die zeitliche Änderung der Geschwindigkeit nennt man **Beschleunigung** a (**Formel 1**). Eine verzögerte Bewegung drückt man durch eine negative Beschleunigung aus. Die SI-Einheit der Beschleunigung ist $(m/s)/s = m/s^2$.

Bleibt während einer Bewegung die Beschleunigung a konstant, spricht man von einer **gleichmäßig beschleunigten Bewegung**. Gleichmäßig beschleunigt wird z. B. ein Körper im freien Fall. Hierbei erteilt die Erdanziehung jedem Körper eine Fallbeschleunigung (Formelzeichen g) von durchschnittlich $g = 9{,}806\,65\ m/s^2$. Die Fall- oder Erdbeschleunigung hängt auch vom Ort ab. Am Erdäquator ist die Fallbeschleunigung etwas geringer ($g = 9{,}78\ m/s^2$) als an den Polen ($g = 9{,}83\ m/s^2$).

Bei der gleichmäßig beschleunigten Bewegung ist die Durchschnittsgeschwindigkeit nur halb so groß wie die Endgeschwindigkeit (Bild 1). Daraus erhält man das Weg-Zeit-Gesetz (**Formel 2**).

Kreisbewegungen: Die Geschwindigkeit, mit der ein Körper auf einer Kreisbahn umläuft (**Bild 2**), nennt man seine **Umfangsgeschwindigkeit**.

Die Kreisbewegung ist gleichförmig, wenn der Körper oder ein Massepunkt am Umfang z. B. einer Scheibe in gleichen Zeiten gleiche Strecken zurücklegt (**Formel 3**). Die Anzahl der Umdrehungen je Zeiteinheit heißt **Drehfrequenz** f (Einheit $^1/s$ oder Hertz – Hz), früher auch als Drehzahl bezeichnet. Das Produkt $2 \cdot \pi \cdot f$ kann man zu einer neuen Größe zusammenfassen, der **Winkelgeschwindigkeit** ω. Auf einer krummlinigen Bahn wird ein Körper ebenfalls „beschleunigt", auch wenn er sie mit gleich bleibender Geschwindigkeit durchläuft. Die **Änderung der Bewegungsrichtung** entspricht nämlich einer Beschleunigung. Bewegt sich ein Körper z. B. auf einer Kreisbahn mit Radius r und gleich bleibender Umfangsgeschwindigkeit v, wird er zum Kreismittelpunkt hin beschleunigt (**Radialbeschleunigung** a_r, **Formel 4**).

Zusammengesetzte Bewegungen: In der Technik sind einfache Bewegungen selten, meist überlagern sich mehrere Bewegungen. Durchquert z. B. ein Ruderboot einen Fluss, bemüht sich der Ruderer, das Boot auf kürzestem Wege zum gegenüberliegenden Ufer zu bewegen. Das strömende Wasser treibt aber auch das Boot flussabwärts.

Die resultierende Bewegung setzt sich aus zwei Bewegungen unterschiedlicher Richtung zusammen.

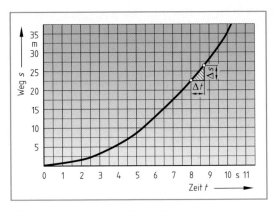

Bild 1: Momentangeschwindigkeit

$$a = \frac{\Delta v}{\Delta t} \qquad (1)$$

a Beschleunigung
Δv Geschwindigkeitsänderung
Δt Zeitänderung

$$s = \frac{a}{2} \cdot t^2 \qquad (2)$$

s Weg
a Beschleunigung
t Zeit

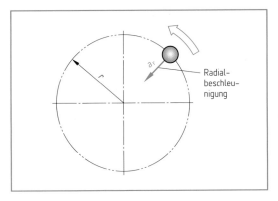

Bild 2: Kreisbewegung

$$v = 2 \cdot \pi \cdot f \cdot r \qquad (3)$$
$$v = \omega \cdot r$$

v Umfangsgeschwindigkeit
f Drehfrequenz
r Radius

$$a_r = \frac{v^2}{r} = \omega^2 \cdot r \qquad (4)$$

ω Winkelgeschwindigkeit
a_r Radialbeschleunigung

[1] Δ (Delta) ist das Zeichen für eine Differenz, also $\Delta s = s_2 - s_1$

14

Das Boot bewegt sich im Ergebnis in einer bestimmten Zeit, z.B. in 1 s, bis zu einem Ort, der auch erreicht würde, wenn die beiden Bewegungen nacheinander in je 1 s erfolgten (**Bild 1**).

> **Überlagerungsprinzip:** Führt ein Körper mehrere Teilbewegungen gleichzeitig aus, überlagern sich diese Bewegungen, ohne sich gegenseitig zu beeinflussen.

Die Teilgeschwindigkeiten zeichnet man in Betrag und Richtung als Pfeillinien, z.B. im Maßstab 1 cm $\triangleq$ 1 m/s. Dann lassen sich diese Geschwindigkeiten geometrisch addieren (**Bild 2**).

Diese Art der geometrischen Addition gilt auch für das Zusammensetzen von Beschleunigungen. Für die zeichnerische Lösung benutzt man dabei z.B. einen Maßstab von 1 cm $\triangleq$ 1 m/s^2.

Ein gutes Beispiel für zusammengesetzte Bewegungen ist der waagrechte Wurf (**Bild 3**). Ein Körper (Punkt P) wird mit einer Anfangsgeschwindigkeit v_x waagrecht weggeschleudert. Er behält diese Geschwindigkeit bei, wenn man die Luftreibung vernachlässigt. Auf die Masse wirkt gleichzeitig die Erdbeschleunigung nach unten, in y-Richtung. Der Körper bewegt sich also waagrecht mit der Geschwindigkeit $v_x = x/t$, und senkrecht nach unten legt er den Weg $y = g \cdot t^2/2$ zurück. Mit $t = x/v_x$ ergibt sich $y = g \cdot x^2/(v_x^2 \cdot 2)$, also $y = [g/(2 \cdot v_x^2)] \cdot x^2$. Dies ist die Gleichung einer Parabel.

Weitere Beispiele für zusammengesetzte Bewegungen sind senkrechter und schräger Wurf, die Berechnung der ballistischen[1] Bahn von Geschossen oder von Raketen.

Das Überlagerungsprinzip (Superpositionsprinzip) gilt in der Natur z.B. auch für Schwingungen, die sich am gleichen Ort überlagern. Bei Licht- oder anderen elektromagnetischen Wellen treten dann z.B. Interferenzen[2] auf. Dabei verstärken sich bei gleicher Phase die Wellen und werden bei entgegengesetzter Phase geschwächt.

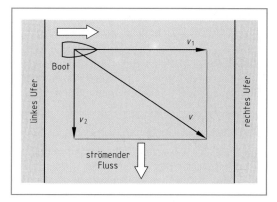

Bild 1: Zusammengesetzte Bewegungen

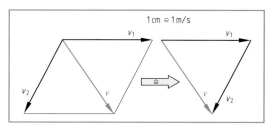

Bild 2: Geometrisches Zusammensetzen von Teilbewegungen

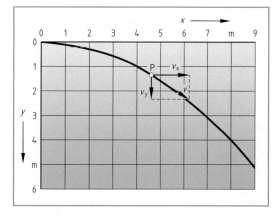

Bild 3: Waagrechter Wurf

Wiederholungsfragen

1 Welche physikalischen Vorgänge nutzt man zum Messen der Zeit?

2 Wodurch ist eine geradlinig gleichförmige Bewegung gekennzeichnet?

3 Geben Sie Beispiele an für eine gleichmäßig beschleunigte Bewegung.

4 Erklären Sie den Begriff „Beschleunigung".

5 Geben Sie das Weg-Zeit-Gesetz der gleichmäßig beschleunigten Bewegung an.

6 Wie verändert die Höhe über der Erde die Fallbeschleunigung?

7 Wie wirkt sich die Strömung eines Flusses auf ein Motorschiff aus, das stromaufwärts fährt?

8 Weshalb ist die gleichförmige Kreisbewegung eine beschleunigte Bewegung?

9 Welche Größen kennzeichnen eine gleichförmige Kreisbewegung?

[1] von ballista (lat.) = Wurf-, Schleudermaschine; Ballistik = Lehre von den Flugbahnen der Körper
[2] von inter- (lat.) = dazwischen und ferre (lat.) = tragen; Interferenz = Überlagerung, Beeinflussung

2.1.3 Kräfte

Messen von Kräften: Eine Kraft bewirkt die Änderung des Bewegungszustandes eines Körpers, sie beschleunigt oder verzögert seine Bewegung. Wirkt keine Kraft mehr auf den Körper ein, beharrt er wegen seiner Trägheit im Zustand der Ruhe oder der geradlinig gleichförmigen Bewegung. Eine Kraft kann auch einen Körper verformen, z. B. beim Pressen oder Schmieden. Die Verformung kann bleibend (plastische[1] Verformung) oder nur vorübergehend sein (elastische[2] Verformung).

> Eine Kraft ändert die Geschwindigkeit eines Körpers oder seine Form.

Eine Kraft (Formelzeichen F) kann man mit einem Federkraftmesser bestimmen **(Bild 1)**. In diesem Messgerät dehnt die zu messende Kraft eine Schraubenfeder. Die Längendehnung ist der Kraft proportional.

Die Einheit der Kraft ist das Newton[3] (N). 1 Newton beschleunigt eine Masse von 1 kg um 1 m/s²:
$1 \text{ N} = 1 \text{ kg} \cdot \text{m/s}^2$.

Gewichtskraft (Schwerkraft): Die Erde zieht jeden Körper an. Diese Anziehungskraft verursacht das Gewicht des Körpers.

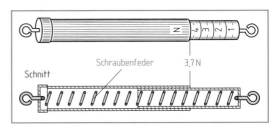

Bild 1: Federkraftmesser

> Das Gewicht eines Körpers ist die Kraft, mit der er von der Erde angezogen wird.

Die Erdanziehung beschleunigt jeden Körper im freien Fall mit 9,806 65 m/s² (Norm-Fallbeschleunigung). Eine Masse von 1 kg drückt also mit einer Kraft von 9,806 65 N ($\approx$ 10 N) auf ihre Unterlage.

Kraftrichtung: Eine Kraft hat immer auch eine **Richtung**, in der sie wirkt. Eine physikalische Größe, die durch ihren Betrag und zusätzlich durch ihre Richtung (sowie ihren Richtungssinn) gekennzeichnet ist, nennt man eine **vektorielle Größe**. Den Vektor[4] kann man durch eine Pfeillinie **(Bild 2)** veranschaulichen. Für die Zeichnung muss man noch einen

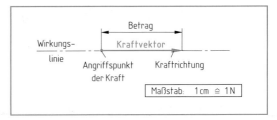

Bild 2: Kraft als Vektor

Maßstab festlegen, z. B. 1 cm $\triangleq$ 5 N. Die Pfeillinie liegt in der Richtung der Kraft und die Pfeilspitze gibt den Richtungssinn an. Der Beginn der Pfeillinie markiert den Angriffspunkt der Kraft. Der Angriffspunkt darf bei einem starren Körper entlang der Wirkungslinie (Bild 2) verschoben werden: Dadurch ändert sich die Kraftwirkung nicht.

Jede Kraft hat eine Gegenkraft zur Folge. Ein Stein z. B., der auf der Erde liegt, drückt mit seiner Gewichtskraft auf den Boden und der Erdboden hält mit gleich großer Auflagekraft dagegen.

> Zu jeder Kraft entsteht eine Gegenkraft von gleicher Größe, aber entgegengesetzter Richtung.

Zusammensetzen von Kräften: Greifen mehrere Kräfte an einem Körper an, lassen sie sich zu einer Gesamtkraft zusammenfassen. Diese Gesamtkraft nennt man resultierende Kraft oder kurz **Resultierende**[5]. Die Kräfte würden den Körper je nach ihren Richtungen beschleunigen, hielte ihn nicht eine Gegenkraft fest. Deshalb lassen sich Kräfte wie Bewegungen zusammensetzen.

> Kraftpfeile kann man vektoriell addieren.

---

[1] von plastos (griech.) = gebildet, geformt   [2] von elastos (griech.) = dehnbar, biegbar

[3] Sir Isaac Newton, 1643 bis 1727   [4] von vector (lat.) = Träger, Fahrer

[5] von résulter (franz.) = sich aus etwas ergeben, die Folge von etwas sein

Die Kraft F kennzeichnet man als vektorielle Größe mit einem Pfeil über dem Formelzeichen (**Bild 1**).

Der resultierende Vektor lässt sich durch Aneinanderreihen der Teilvektoren ermitteln. Umgekehrt kann man eine Kraft in Teilkräfte zerlegen. Durch Kräftezerlegungen bestimmt man z.B. Zug- und Druckkräfte in Maschinenteilen.

Die Gewichtskraft F_G einer Straßenlampe (**Bild 2**) z.B. zerfällt in Teilkräfte (**Komponenten[1]**), die als Zugkräfte in den Aufhängeseilen wirken.

Die Seilzugkräfte F_1 und F_2 erhält man zeichnerisch mit Parallelen zu den Seilstücken durch die Pfeilspitze der Gewichtskraft F_G.

> Eine Kraft lässt sich in Teilkräfte zerlegen, wenn deren Wirkungslinien bekannt sind.

Kraft und Beschleunigung: Wirkt eine Kraft auf einen frei beweglichen Körper, wird er in die Richtung der Kraft beschleunigt. Die Kraft F ist proportional der Körpermasse m und der Beschleunigung a (**Formel 1**).

Ist die Resultierende aller Kräfte, die auf den Körper einwirken, gleich null, so ist er im Kräftegleichgewicht, d.h., er bleibt in Ruhe oder in geradlinig gleichförmiger Bewegung (Trägheit).

Greift bei einem Körper außerhalb seiner Drehachse eine Kraft an, will er sich drehen. Dieses Drehbestreben nennt man **Drehmoment (Bild 3)**. Das Drehmoment M nimmt proportional der Größe der Kraft F und mit dem senkrechten Abstand d von der Drehachse zu. Als Einheit des Drehmoments erhält man das Newtonmeter (Nm).

Die **Bahngeschwindigkeit** v der Kreisbahn jedes Punktes außerhalb der Drehachse hängt von der Drehfrequenz f und vom Radius r der Kreisbahn ab: $v = 2\,\pi \cdot r \cdot f$.

Bei gleich bleibender Bahngeschwindigkeit, also bei konstanter Drehfrequenz, entsteht eine **gleichförmige Kreisbewegung**. Dabei ändert sich dauernd die Richtung der Geschwindigkeit und daher treten Kräfte auf. Die **Radialkraft** F_r greift am Körper oder an einem Teil davon an und zwingt ihn in die Kreisbahn (**Formel 2**). Zu dieser Radialkraft gehört die **Radialbeschleunigung** $a_r = v^2/r$.

Die Massenträgheit verursacht eine Gegenkraft zur Radialkraft, die **Zentrifugalkraft** F_z (Fliehkraft). Sie ist gleich groß wie die Radialkraft, jedoch entgegengesetzt gerichtet (**Bild 4**).

Zentrifugalkräfte nutzt man z.B. zum Trennen von Flüssigkeiten unterschiedlicher Dichte in Zentrifugen.

[1] von componere (lat.) = zusammensetzen

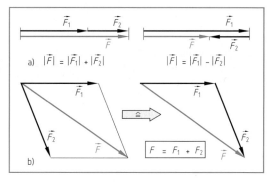

Bild 1: Vektorielle Addition von Kräften
a) in gleicher Wirkungslinie, b) nicht parallel

a) $|\vec{F}| = |\vec{F_1}| + |\vec{F_2}|$ $|\vec{F}| = |\vec{F_1}| - |\vec{F_2}|$

b) $F = F_1 + F_2$

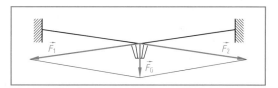

Bild 2: Zerlegung einer Kraft in Seilkräfte

$F = m \cdot a$ $\qquad$ (1)	F Kraft
	m Masse
$[F] = \text{N} = \text{kg} \cdot \text{m/s}^2$	a Beschleunigung

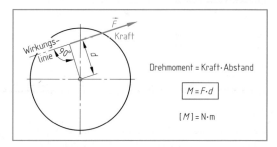

Drehmoment = Kraft · Abstand

$$M = F \cdot d$$

$[M] = \text{N} \cdot \text{m}$

Bild 3: Drehmoment

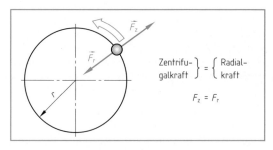

$\left.\begin{array}{c}\text{Zentrifu-}\\\text{galkraft}\end{array}\right\} = \left\{\begin{array}{c}\text{Radial-}\\\text{kraft}\end{array}\right.$

$F_z = F_r$

Bild 4: Zentrifugalkraft (Fliehkraft)

	F_r Radialkraft
$F_r = \dfrac{m \cdot v^2}{r} \quad$ (2)	m Masse
	v Bahngeschwindigkeit
	r Radius

Bei einer Kreiselpumpe versetzt ein Schaufelrad die Flüssigkeit in schnelle Rotation. Die Fliehkraft treibt sie nach außen, wodurch in Achsennähe ein Unterdruck entsteht.

Die Drehfrequenz einer Schleifscheibe darf eine Höchstgrenze nicht überschreiten, weil sonst die Fliehkräfte die Scheibe zerstören können.

Mechanische Arbeit und Energie: Beim Hochheben z.B. einer Kiste verrichtet man eine Arbeit W, die umso größer ist, je schwerer die Kiste ist und je höher sie angehoben wird (**Formel 1**).

> Mechanische Arbeit W wird verrichtet, wenn eine Kraft F längs eines Weges s wirkt.

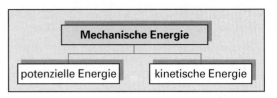

Übersicht : Mechanische Energieformen

$$W = F \cdot s \qquad (1)$$
$$[W] = N \cdot m$$

W Mechanische Arbeit
F Kraft
s Weg

$$W = \frac{m \cdot v^2}{2} \qquad (2)$$

m Masse
v Geschwindigkeit

Die **mechanische Arbeit** W wird in Newtonmeter (Nm) gemessen, wie auch das Drehmoment. Diese beiden Größen darf man aber nicht verwechseln: Bei der mechanischen Arbeit wirkt die Kraft in Richtung des Weges, beim Drehmoment jedoch senkrecht zum Hebelarm.

Die hochgehobene Kiste hat **mechanische Energie** gespeichert (**Übersicht**). Man nennt sie Energie der Lage oder **potenzielle[1] Energie**. Energie hat daher dieselbe Einheit wie die Arbeit, mechanische Energie misst man also in Newtonmeter (Nm).

Die Energie eines bewegten Körpers heißt **kinetische[2] Energie** (Energie der Bewegung). Ein Körper der Masse m und der Geschwindigkeit v besitzt kinetische Energie (**Formel 2**). Die Einheit der kinetischen Energie berechnet sich zu: $[W] = [m \cdot v^2/2] = kg \cdot m^2/s^2 = (kg \cdot m/s^2) \cdot m = N \cdot m$.

Es gibt verschiedene Formen der Energie: mechanische Energie (potenzielle und kinetische), elektrische Energie, chemische Energie, Wärmeenergie, Lichtenergie und Kernenergie (Energie des Atomkerns).

> **Energieerhaltungssatz**: Energie ist Arbeitsvermögen. Jede Energieform kann man in eine andere umwandeln. Dabei geht keine Energie verloren. Allerdings kann Energie auch nicht aus dem Nichts entstehen (Unmöglichkeit des perpetuum mobile[3]).

Einfache Maschinen

Schiefe Ebene: Auf einer gegen die Waagrechte geneigten Ebene lässt sich eine schwere Last F_G mit kleiner Kraft F hochschieben (**Bild**). Vernachlässigt man dabei die Reibung, ist die an der schiefen Ebene aufgewendete Arbeit $W = F \cdot s$ gleich der Hubarbeit $F_G \cdot h$. Aus $F \cdot s = F_G \cdot h$ kann man die Hangabtriebskraft F berechnen (**Formel 3**). Sie muss beim Hochschieben überwunden werden. Je geringer diese Hangabtriebskraft gegenüber der Last F_G sein soll, desto größer muss der Weg s im Verhältnis zur Höhe h sein.

Anwendungen: Spalten von Werkstoffen mit dem Keil, z.B. mit dem Messer oder einem Beil; Verkeilen von Maschinenteilen; Schrauben (auf einen Zylinder gewickelte schiefe Ebene).

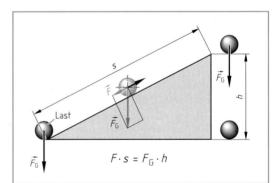

Bild: Schiefe Ebene

$$F \cdot s = F_G \cdot h$$

$$F = \frac{F_G \cdot h}{s} \qquad (3)$$

F Hangabtriebskraft
F_G Schwerkraft der Last
h Höhe der schiefen Ebene
s Länge der schiefen Ebene

[1] von potens (lat.) = mächtig, kräftig
[2] von kinema (griech.) = Bewegung
[3] von perpetuus (lat.) = ununterbrochen und mobilis (lat.) = beweglich

Hebel: Bei einem Hebel **(Bild 1)** verursacht die Last F_2 über den Lastarm l_2 ein Drehmoment, das z.B. im Uhrzeigersinn gerichtet ist (rechtsdrehendes Moment). Diesem Moment wirkt die Kraft F_1 über den Kraftarm l_1 entgegen, d.h. ein Drehmoment entgegen dem Uhrzeigersinn (linksdrehendes Moment). Je nachdem, von welcher Seite der Drehachse die Kräfte angreifen, unterscheidet man ein- und zweiseitige Hebel (Bild 1). Bei beiden Hebelarten herrscht dann Gleichgewicht, wenn sich die Drehmomente aufheben **(Formel 1).**

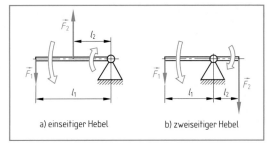

a) einseitiger Hebel b) zweiseitiger Hebel

Bild 1: Hebelarten

linksdrehendes	rechtsdrehendes
Moment	= Moment
Kraft · Kraftarm	= Last · Lastarm

$$F_1 \cdot l_1 \ = \ F_2 \cdot l_2 \qquad (1)$$

F_1 Kraft l_1 Kraftarm
F_2 Last l_2 Lastarm

Anwendungen: Brechstange, Hebeisen, Schraubenschlüssel, Zange, Schere, Kurbelwelle, Zahnrad sowie bei Rollen oder Flaschenzügen.

Mit Hebeln, schiefen Ebenen oder mit Flaschenzügen kann man zwar Kräfte sparen, aber keine mechanische Arbeit – also keine Energie.

> **Goldene Regel der Mechanik:** Was an Kraft gewonnen wird, geht an Weg verloren.

Reibung: Eine Reibungskraft F_R tritt immer auf, wenn sich zwei Körper berühren und sich relativ zueinander bewegen **(Bild 2).**

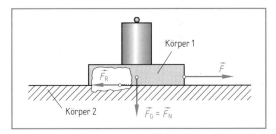

Körper 1

Körper 2 $\vec{F}_G = \vec{F}_N$

Bild 2: Gleitende Reibung

$$F_R \ = \ \mu \cdot F_N \qquad (2)$$

F_R Reibungskraft
μ Reibungszahl
F_N Normalkraft

Soll ein ruhender Körper in Bewegung gesetzt werden, so versucht ihn die **Haftreibung** daran zu hindern. Ein bewegter Körper muss die **Gleitreibung** überwinden. Auch ein runder Körper, der rollt, wird ein wenig in seiner Bewegung durch die **Rollreibung** gehemmt. Bei gleichem Werkstoff und gleicher Oberflächenbeschaffenheit gilt:

Haftreibung > Gleitreibung ≫ Rollreibung.

Die Reibungskraft F_R hängt von den Werkstoffen und den Oberflächenbeschaffenheiten der aneinander reibenden Körper ab. Ferner ist die Reibungskraft proportional der Kraft, die senkrecht auf die Berührungsfläche einwirkt (Normalkraft F_N). Die Reibungskraft ist aber unabhängig von der Größe der Berührungsfläche.

Tabelle: Beispiele für Reibungszahlen

Beispiel	Haftreibung	Gleitreibung
Bremsbelag auf Stahl	0,6	0,6
Leder auf Grauguss	0,56	0,28
Polyamid auf Stahl	0,3	0,3
Cu-Sn-Leg. auf Stahl	0,18	0,16
Stahl auf Stahl	0,15	0,1

Ein Proportionalitätsfaktor, die Reibungszahl μ, fasst den Einfluss von Werkstoff und Rauigkeit der Oberfläche zusammen **(Formel 2)**. Für Haft-, Gleit- und Rollreibung gibt es unterschiedliche Reibungszahlen **(Tabelle).**

Wiederholungsfragen

1 Welche Wirkungen haben Kräfte?

2 Mit welchem Messgerät misst man den Betrag einer Kraft?

3 Wodurch unterscheiden sich Masse und Gewicht?

4 Welche Wirkungen hat die Erdanziehungskraft?

5 Was versteht man unter potenzieller und was unter kinetischer Energie?

6 Mit welcher Formel berechnet man die Reibung?

7 Vergleichen Sie Haftreibung und Gleitreibung.

8 Welche Neigung muss eine schiefe Ebene haben, damit bei gegebener Reibungszahl eine aufgelegte Last sofort gleitet?

2.1.4 Mechanische Beanspruchung der Werkstoffe

Beanspruchungsarten

Kräfte können einen Körper belasten, z.B. ein Bau- oder Maschinenteil, sei es durch Zug oder Druck, durch Biegung, Torsion oder Scherung **(Tabelle)**.

> Zug, Druck, Biegung, Torsion (Verdrehung) oder Scherung können einen Werkstoff mechanisch beanspruchen (belasten).

Zug: Auf den Werkstoff wirken zwei entgegengesetzt gerichtete, auseinander strebende Kräfte ein.

Druck: Auf einen Körper wirken zwei entgegengerichtete, aufeinander zustrebende Kräfte ein. Bei langen, schlanken Körpern kann dabei außerdem eine Knickbelastung auftreten.

Biegung: Eine Kraft oder ein Kraftmoment quer zur Stabachse will ein Blech oder einen Stab biegen.

Torsion (Verdrehung): Gleich große, aber entgegengerichtete Kräfte (ein Kräftepaar) senkrecht zur Stabachse sind bestrebt, die Querschnitte senkrecht zur Achse zu drehen.

Scherung (Schub): Zwei entgegengerichtete Kräfte versuchen, nebeneinander liegende Querschnitte gegeneinander zu verschieben.

Die Beanspruchung kann auf Dauer **ruhend** (statisch) oder **schwingend** (dynamisch) sein.

Mechanische Festigkeit: Unter **Festigkeit** versteht man die Größe einer mechanischen Spannung **(Formel 1)**, die ein Werkstoff aushält, bis er bricht **(Bild 1)**. Die SI-Einheit der mechanischen Spannung ist wie beim Druck das Pascal (Pa = N/m^2 oder N/mm^2 = MPa). Je nach Art der Belastung unterscheidet man Zug- und Druckfestigkeit, Schubfestigkeit gegen Scherung und gegen Torsion.

Spröde Werkstoffe brechen unter Belastung, ohne sich vorher nennenswert plastisch zu verformen. **Elastische Werkstoffe** ändern ihre Form unter der Belastung, nehmen aber nach Ende der Krafteinwirkung wieder ihre ursprüngliche Gestalt an **(Bild 3)**. Geringfügige Formänderungen sind bei den meisten Metallen und Legierungen der einwirkenden Kraft proportional. Als Folge der mechanischen Spannung wird z.B. ein Stahldraht gedehnt **(Bild 2)**. Die **Dehnung** ε_l, auch Längendehnung genannt, ist das Verhältnis der Längenänderung Δl zur ursprünglichen Länge l **(Formel 2)**. Die SI-Einheit der Dehnung ist m/m oder µm/m, auch % oder ‰.

Bis zur Elastizitätsgrenze eines Werkstoffs gilt das **Hooke'sche**[1] **Gesetz**.

> Die in einem Werkstoff herrschende Spannung ist der Dehnung verhältnisgleich (proportional): $\sigma \sim \varepsilon$

[1] Robert Hooke, englischer Physiker, 1635 bis 1703

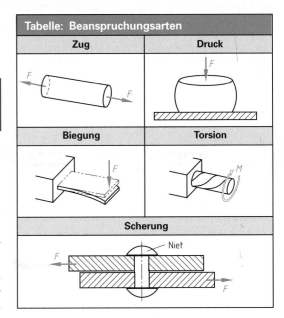

Tabelle: Beanspruchungsarten

Zug	Druck
Biegung	Torsion
Scherung	

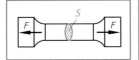

Bild 1: Zugfestigkeit

Bild 2: Längsdehnung

$$\sigma = \frac{F}{S} \qquad (1)$$

σ mechanische Spannung
F Kraft
S Querschnittsfläche

$$\varepsilon_l = \frac{\Delta l}{l} \qquad (2)$$

ε_l Längsdehnung
Δl Längenänderung
l ursprüngliche Länge

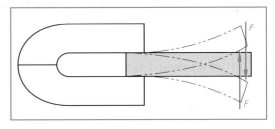

Bild 3: Elastizität

Den Proportionalitätsfaktor nennt man **Elastizitätsmodul**. Er hat für verschiedene Werkstoffe unterschiedliche Werte **(Tabelle 1)**.

Im Zugversuch ermittelt man an Probestäben, wie mechanische Spannung σ und Dehnung ε zusammenhängen. Das **Spannungs-Dehnungs-Diagramm (Bild 1)** zeigt diesen Zusammenhang: Die Kurve ist anfangs linear (elastischer Bereich des Hooke'schen Gesetzes). Die Steigung ($\Delta\sigma/\Delta\varepsilon$) gibt den Elastizitätsmodul E an. Glas oder extrem gehärteter Stahl brechen am Ende der Geraden (Bild 1a). Elastisch-plastische Werkstoffe, z. B. ungehärteter Baustahl, haben nach dem elastischen Bereich einen bleibenden Verformungsbereich (Bild 1b). Die Spannungs-Dehnungs-Kurve schwankt bei der **Streckgrenze** (Fließgrenze) auf und ab, bis sich der Werkstoff wieder verfestigt hat. Danach steigt die Kurve bis zu einem Maximum. Dieser Höchstwert der mechanischen Spannung ist die **Zugfestigkeit** des Werkstoffs. Für Konstruktionswerkstoffe ist jedoch die Streckgrenze der wichtigere Kennwert. Bei Stoffen ohne ausgeprägte Streckgrenze (Bild 1c), z. B. Aluminium, ermittelt man die **0,2-%-Dehngrenze**.

Härte: Unter der Härte eines Werkstoffs versteht man in der Werkstofftechnik den Widerstand gegen das Eindringen eines Prüfkörpers.

Für eine grobe Einteilung der Härte verwendete man früher die Härte typischer Minerale. Diese Härteskala nennt man **Mohs'schen Härteskala (Tabelle 2)**.

Genauere Messwerte ergeben die Härteprüfungen der Werkstofftechnik: Bei der Härteprüfung nach **Brinell**[1] drückt die Prüfmaschine eine Stahl- oder Hartmetallkugel in den Werkstoff ein **(Bild 2)**. Die Härte nach Brinell (HB) berechnet man als das 0,102fache des Quotienten aus der Prüflast F durch die Fläche des zurückbleibenden Eindruck-Oberfläche $\pi \cdot d^2/4$.

Die Härteprüfung nach **Vickers**[2] wird analog durchgeführt. Man verwendet eine vierseitige, flache Diamantpyramide mit einem Spitzenwinkel von 136°. Die Vickers-Härte (VH) ermittelt man als das 0,189fache aus der Prüflast F dividiert durch die Oberfläche der bleibenden Eindrucks-Oberfläche.

Für die Härteprüfung nach **Rockwell**[3] bestimmt man die bleibende Tiefe des Eindrucks eines Diamantkegels (Spitzenwinkel von 120°) oder einer harten Stahlkugel (1,59 mm Durchmesser).

(Näheres über Härteprüfungen siehe Seite 124.)

Tabelle 1: Elastizitätsmodul verschiedener Konstruktionswerkstoffe

Werkstoff	E-Modul in N/mm²
Aluminium	72 000
Kupfer	125 000
Messing	100 000
Stahl	210 000
Wolfram	400 000
Titan	116 000

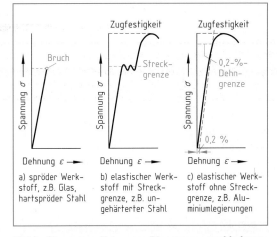

Bild 1: Spannungs-Dehnungs-Diagramm verschiedener Werkstoffe

a) spröder Werkstoff, z.B. Glas, hartspröder Stahl
b) elastischer Werkstoff mit Streckgrenze, z.B. ungehärteter Stahl
c) elastischer Werkstoff ohne Streckgrenze, z.B. Aluminiumlegierungen

Tabelle 2: Härteskala nach Mohs

Mineral	Härtegrad	Mineral	Härtegrad
Talk	1	Feldspat	6
Gips	2	Quarz	7
Kalkspat	3	Topas	8
Flussspat	4	Korund	9
Apatit	5	Diamant	10

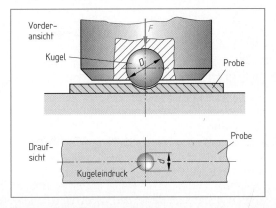

Bild 2: Härteprüfung nach Brinell

[1] Johann August Brinell, schwed. Ingenieur, 1849 bis 1925   [2] benannt nach Vickers-Armstrong Ltd., England   [3] S. P. Rockwell, amerik. Metallurge

2.1.5 Aufbau der Stoffe

Die Stoffe sind aus kleinen Teilchen aufgebaut, aus Atomen[1], Ionen[2] oder Molekülen[3] (Atomverbände). Die Teilchen halten einerseits durch Anziehungskräfte zusammen, andererseits streben sie aber wegen der Wärmebewegung auseinander.

Aggregatzustände (Zustandsformen): Bei Raumtemperatur teilt man die Stoffe in drei Zustände ein.

Bei **festen Stoffen** liegen die Teilchen dicht beieinander. Die Anziehungskräfte überwiegen. Die Form der festen Stoffe ist deshalb beständig.

Die Teilchen von **Flüssigkeiten** haben etwas größere Abstände voneinander und lassen sich sehr leicht gegeneinander verschieben. Sie hängen aber immer noch so zusammen, dass eine Flüssigkeit ein bestimmtes Volumen besitzt und eine Oberflächenspannung entsteht.

Die Abstände zwischen den Teilchen von **Gasen** sind sehr groß, verglichen mit der eigenen Teilchengröße. Die gegenseitigen Anziehungskräfte sind verschwindend gering. Ein Gas füllt wegen der Wärmebewegung jeden vorhandenen Raum aus.

> Feste Stoffe haben eine bestimmte Form und ein festgelegtes Volumen.
>
> Flüssigkeiten besitzen nur ein bestimmtes Volumen, passen sich aber der Form des Gefäßes an.
>
> Gase nehmen jeden angebotenen Raum ein.

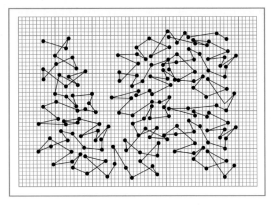

Bild 1: Brown'sche Bewegung von Rauchteilchen

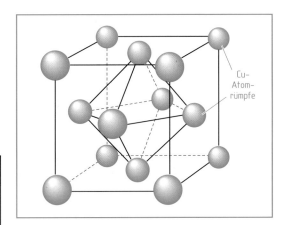

Cu-Atomrümpfe

Bild 2: Kristalliner Aufbau fester Körper (Beispiel Kupfer)

Wärmebewegung der Teilchen: Die Teilchen eines Stoffes sind ständig in regelloser Wärmebewegung. Unter dem Mikroskop kann man die unregelmäßige, zitternde Bewegung der Fettkügelchen in wässriger Milch oder die der festen Teilchen in Abgasen beobachten, z. B. auch im Zigarettenrauch **(Bild 1)**. Diese Bewegung entsteht, wenn die Moleküle der Flüssigkeit bzw. des Gases die Fettkugeln oder die Rauchteilchen herumstoßen (Brown'sche[4] Molekularbewegung).

> Die Wärmeenergie besteht aus der dauernden und unregelmäßigen Bewegung der Stoffteilchen in alle möglichen Richtungen des Raumes.

Je höher die Temperatur ist, desto schneller bewegen sich die Teilchen. Ihre mittlere Geschwindigkeit ist ein Maß für die Temperatur und ihre Bewegungsenergie entspricht der Wärmeenergie.

In festen Stoffen schwingen die Teilchen um ihre Ruhelage **(Bild 2)** unregelmäßig in alle Richtungen des Raumes. In Flüssigkeiten und Gasen besteht die Wärme in unregelmäßigen Dreh- und Fortbewegungen der Teilchen.

Kohäsion: Dem Auseinandertrennen seiner Teilchen setzt ein **fester Stoff** einen Widerstand entgegen. Zwischen den Stoffteilchen wirkt eine **Zusammenhangskraft** (Kohäsion[5]). Die **Festigkeit** eines Körpers wird durch die Größe der Kohäsionskräfte bestimmt, die auch das Eindringen eines anderen Stoffes behindern, z. B. wenn ein Nagel in Holz eindringt. Den Widerstand gegen das Eindringen eines fremden Körpers nennt man **Härte**, den Widerstand gegen Umformen **Zähigkeit**.

[1] atomos (griech.) = unteilbar   [2] ion (griech.) = gehen, wandern   [3] von molecula (lat.) = kleine Masse
[4] Robert Brown, englischer Botaniker, 1773 bis 1858   [5] von cohaerere (lat.) = zusammenhängen

In **Flüssigkeiten** sind die Kohäsionskräfte geringer als bei festen Stoffen. Die Flüssigkeitsteilchen lassen sich leicht gegeneinander verschieben (d. h., in der Flüssigkeit ist die Scherkraft sehr klein). Die Wandungen des Gefäßes verhindern ein Auseinanderfließen. Im Innern der Flüssigkeit heben sich die Kohäsionskräfte auf **(Bild 1)**. Für die Teilchen an der Oberfläche bleibt dagegen eine resultierende Kraft übrig, die ins Innere gerichtet ist. Sie bewirkt die **Oberflächenspannung**, die eine möglichst kleine Oberfläche ausbilden will (z. B. Entstehen kugelförmiger Tropfen). Den nur geringen Widerstand gegen Formänderungen nennt man **Viskosität**[1].

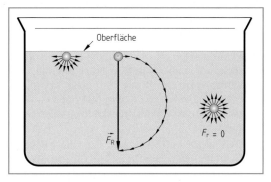

Bild 1: Kohäsionskräfte in Flüssigkeiten

In **Gasen** sind die Teilchen so weit voneinander entfernt, dass Kohäsionskräfte fast ganz fehlen **(Bild 2)**. Wegen der Wärmebewegung stoßen die Teilchen fortwährend zusammen und prallen wie Billardkugeln wieder auseinander (elastischer Stoß): Ausdehnungsbestreben der Gase (Expansion).

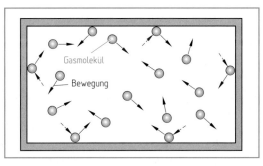

Bild 2: Gasteilchen im geschlossenen Raum

Adhäsion: Zwischen den Teilchen unterschiedlicher Körper bilden sich bei enger Berührung ebenfalls Anziehungskräfte aus **(Adhäsion**[2]**)**. So haften die Graphitteilchen eines Bleistiftstriches auf Papier, blank polierte Endmaße aneinander oder Klebstoff an der Oberfläche der zu verklebenden Teile. Adhäsionskräfte verursachen auch die Adsorption[3]: das Anlagern von Gasen oder Dämpfen an der Oberfläche fester, vor allem poröser Stoffe, z. B. das Aufsaugen giftiger Gase an den Grenzflächen von Aktivkohle in Filtern.

Kapillarwirkung bei Flüssigkeiten: Benetzt eine Flüssigkeit einen festen Stoff, kann die Anhangskraft (Adhäsion) größer sein als die Kohäsionskraft zwischen den Flüssigkeitsteilchen. Eine **benetzende** Flüssigkeit saugt sich deshalb in einer dünnen Röhre **(Bild 3)** hoch (Kapillarwirkung[4]). Es bildet sich ein hohl eingewölbter Meniskus[5]. Aufgrund dieser Wirkung saugt z. B. das dicht gewirkte Metallgeflecht einer Lötlitze flüssiges Lötzinn auf.

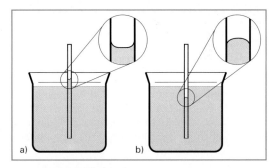

Bild 3: Kapillarwirkung bei
a) benetzungsfähigen und
b) nicht benetzungsfähigen Flüssigkeiten

> Dünne Röhren oder enge Spalten ziehen benetzende Flüssigkeiten empor und drücken nicht benetzende herab (Kapillarwirkung).

Wiederholungsfragen

1 Zählen Sie die Beanspruchungsarten auf.

2 Was versteht man unter mechanischer Festigkeit?

3 Welches Verhalten lässt sich aus dem Spannungs-Dehnungs-Diagramm ablesen?

4 Welche Zustandsformen (Aggregatzustände) der Stoffe gibt es?

5 Welche Wärmebewegung haben die Teilchen a) fester Stoffe und b) der Gase?

6 Was versteht man unter Kohäsion?

7 Wie kommt die Oberflächenspannung bei Flüssigkeiten zustande?

8 Was versteht man unter Adhäsion?

---

[1] Zähflüssigkeit von viscosus (lat.) = klebrig   [2] von adhaerere (lat.) = an (etwas) hängen, haften
[3] von ad- (lat.) = zu, nach und sorbere (lat.) = schlürfen   [4] Kapillare = dünne Haarröhre   [5] von meniskos (griech.) = mondsichelförmig

2.1.6 Mechanik der Flüssigkeiten und Gase

$$p = \frac{F_N}{A} \qquad (1)$$

$$[p] = N/m^2 = Pa$$

p	Druck
A	Fläche
F_N	Kraft (Normalkraft, senkrecht auf der Fläche)

Druckkraft und Druck: Die Kraft, mit der ein Körper senkrecht auf seine Unterlage drückt, nennt man seine **Druckkraft**. Der **Druck**, den diese Kraft ausübt, hängt außer von der Kraftgröße noch von der Fläche ab, auf die sich die Druckkraft verteilen kann **(Formel 1)**.

Die SI-Einheit des Druckes ist das Pascal[1] (1 Pa = 1 N/m²). Für den Druck von Gasen verwendet man auch die Einheit Bar (bar), wobei 1 bar = 10^5 Pa ist.

Kolbendruck und Druckübertragung: Presst ein Kolben die Flüssigkeit in einem Zylinder zusammen, verringert sich ihr Volumen auch bei hohem Druck nur sehr wenig. Flüssigkeiten lassen sich also nicht oder nur sehr wenig zusammenpressen.

> Flüssigkeiten sind praktisch inkompressibel[2].

Die Teilchen der Flüssigkeit gleiten leicht aneinander vorbei. Deshalb überträgt sich die Druckkraft nach allen Seiten gleich stark **(Bild 1)**. Auf jede Stelle des Zylinderinneren wirkt der gleiche Druck.

> Der Druck in einer Flüssigkeit ist auf gleicher Höhe an allen Stellen gleich groß.

Anwendungen der Druckübertragung durch Flüssigkeiten sind z. B. hydraulische[3] Steuerungen, hydraulische Pressen und hydraulische Bremsen.

Bei der **hydraulischen Presse (Bild 2)** erzeugt ein kleiner Kolben in einem engen Zylinder den Flüssigkeitsdruck, der in einem weiten Zylinder mit einem Kolben großen Durchmessers eine bedeutend größere Kraft bewirkt.

Auch diese kraftumformende Maschine gehorcht dem Energieerhaltungssatz: Die Kolbenwege verhalten sich umgekehrt wie die Druckflächen der Kolben.

Gase kann man gegenüber Flüssigkeiten relativ leicht zusammenpressen. Dabei nimmt im verringerten Volumen der Gasdruck zu. Presst man das Gas auf das halbe Volumen zusammen, steigt der Gasdruck auf das Doppelte. Bei einem Drittel des Volumens wächst der Druck auf das Dreifache **(Formel 2)**.

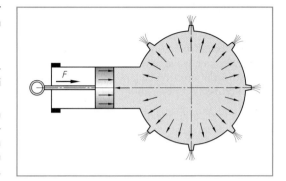

Bild 1: Druckfortpflanzung in Flüssigkeiten

$$p \cdot V = \text{konstant} \qquad (2)$$

p	Druck
V	Volumen

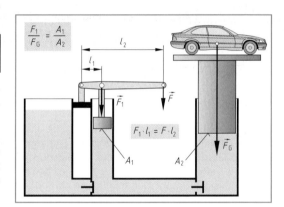

$$\frac{F_1}{F_G} = \frac{A_1}{A_2}$$

$$F_1 \cdot l_1 = F \cdot l_2$$

Bild 2: Hydraulische Presse

$$\gamma = \frac{F_G}{V} \qquad (3)$$

$$p = \gamma \cdot h \qquad (4)$$

γ	Wichte
F_G	Gewichtskraft
V	Volumen
p	Druck
h	Höhe

Schweredruck und Wichte: Im Innern von Flüssigkeiten verursacht das Gewicht der Teilchen einen **Schweredruck**, den hydrostatischen Druck. Dieser Druck hängt unter anderem von der **Wichte** γ der Flüssigkeit ab **(Formel 3)**. Solange man auf der Oberfläche der Erde bleibt, gilt für die Wichte γ und die Dichte ρ der Zusammenhang: $\gamma = g \cdot \rho = 9{,}806\,65 \text{ m/s}^2 \cdot \rho$.

In einer ruhenden Flüssigkeit wächst der Schweredruck mit der Wichte γ und der Höhe h der Flüssigkeitssäule **(Formel 4)**. In Wasser steigt z. B. der Druck je 10 m Tiefe um etwa 1 bar an.

---

[1] Blaise Pascal, französischer Physiker, 1623 bis 1662   [2] inkompressibel = nicht zusammendrückbar   [3] von hydraulike (griech.) = Wasserkunst

Mit der Höhe der Flüssigkeitssäule wächst zwar der Schweredruck, der Querschnitt der Säule hat aber keinen Einfluss auf diesen Druck (**Bild 1**). Diese überraschende Erscheinung nennt man auch das hydrostatische Paradoxon[1].

Sind zwei Gefäße am Boden z.B. durch ein Rohr verbunden (**Bild 2**), stellen sich die Flüssigkeitsoberflächen in den beiden Gefäßen auf die gleiche Höhe ein. Die beiden Flüssigkeitssäulen erzeugen den gleichen Schweredruck, der sich im Verbindungsrohr ausgleicht.

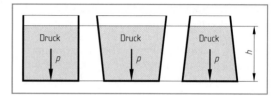

Bild 1: Gefäße mit gleichem Schweredruck

> In verbundenen Gefäßen sind die Flüssigkeitsspiegel gleich hoch.

Flüssigkeitsmanometer[2] nutzen z.B. den Schweredruck aus. Das Manometer besteht aus einem U-förmig gebogenen Glasrohr, das mit Wasser oder mit Quecksilber gefüllt ist. Der Gasdruck an einem Rohrende wird im Vergleich zum Luftdruck am anderen Ende als Differenz der Flüssigkeitsspiegel angezeigt.

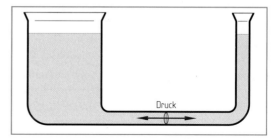

Bild 2: Verbundene Gefäße

Luftdruck: Die Erde zieht die Gasmoleküle der Atmosphäre an. Die sehr schnelle und unregelmäßige Wärmebewegung der Gasmoleküle verhindert, dass alle Teilchen zu Boden fallen und sich dort sammeln.

Den Schweredruck der Luft nennt man **Luftdruck**.

Die Lufthülle der Erde reicht bis in eine Höhe von mehreren hundert Kilometern. Dabei befindet sich die größte Luftmasse in einer etwa 20 km dicken unteren Schicht. Die tiefer liegende Luft wird vom Gewicht der höheren Schichten zusammengepresst. Die Anzahl der Luftteilchen je Kubikmeter nimmt daher von oben nach unten zu und damit auch die Dichte der Luft.

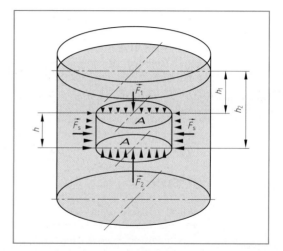

Bild 3: Berechnung des Auftriebs

Zum Messen des Luftdrucks verwendet man ein etwa 1 m langes Glasrohr, das an einem Ende zugeschmolzen ist. Es enthält Quecksilber und taucht mit dem anderen Ende in einen quecksilbergefüllten, oben offenen Behälter ein (Flüssigkeitsbarometer[3]).

Auf Meereshöhe ist der Luftdruck durchschnittlich gleich dem Schweredruck einer 760 mm hohen Quecksilbersäule. Dies entspricht einem Druck von 1013 mbar (= 1013 hPa = 101,3 kPa).

Der Luftdruck nimmt je 5 km Höhe um etwa die Hälfte ab.

> Auf Meereshöhe herrscht ein mittlerer Luftdruck von 1013 mbar (Normaldruck).

Auftrieb: Ein Holzstück schwimmt auf dem Wasser. Drückt man es unter die Wasseroberfläche, schnellt es wieder nach oben, sobald man es loslässt. Die Kraft, mit der ein Körper in einer Flüssigkeit nach oben drängt, nennt man **Auftrieb**. Er wird durch den Schweredruck der Flüssigkeit verursacht (**Bild 3**).

> In einer Flüssigkeit (oder in einem Gas) erfährt jeder Körper eine Auftriebskraft, die gegen seine Gewichtskraft gerichtet ist.

---

[1] Paradoxon (griech.-lat.) = zugleich wahre und falsche Aussage   [2] von manos (griech.) = dünn, locker; Manometer = Druckmesser
[3] von baros (griech.) = Schwere; Barometer = Luftdruckmesser

Der von allen Seiten einwirkende Druck ist auf der Unterseite des Körpers größer als an seiner Deckfläche. An den Seitenflächen hebt er sich aber auf. Besitzt z.B. ein Zylinder in der Flüssigkeit die Grundfläche A und die Höhe h, errechnet sich die Auftriebskraft F_A zu:

$F_A = F_2 - F_1$; $p_A = \gamma \cdot h_2 - \gamma \cdot h_1$, daraus $p_A = \gamma \cdot (h_2 - h_1)$ und $p_A = \gamma \cdot h$. Aus $F_A/A = \gamma \cdot h$ folgt $F_A = \gamma \cdot A \cdot h$ und damit **Formel 1**.

> Der Auftrieb ist gleich der Gewichtskraft der verdrängten Flüssigkeit.

In Gasen, z.B. in Luft, erfahren alle Körper ebenfalls einen Auftrieb. Wegen der sehr viel kleineren Wichte der Gase gegenüber Flüssigkeiten nimmt man aber einen derartigen Auftrieb kaum wahr. Nur bei sehr genauen Wägungen fällt er ins Gewicht. Für Gase berechnet man den Auftrieb nach derselben Formel wie für Flüssigkeiten (Formel 1).

Ist das Gewicht des Körpers größer als die Auftriebskraft, sinkt der Körper in der Flüssigkeit oder im Gas nach unten **(Bild 1)**. Ist die Gewichtskraft gleich dem Auftrieb, schwebt der Körper. Ist dagegen das Gewicht kleiner als die Auftriebskraft, steigt der Körper nach oben. In diesem Fall gelangt er in einer Flüssigkeit bis zur Oberfläche und schwimmt dann oben. Dabei taucht er nur so weit in die Flüssigkeit ein, bis das Gewicht der verdrängten Flüssigkeitsmenge gleich seiner eigenen Gewichtskraft ist.

Das Aräometer[1] (Senkwaage) nützt den Auftrieb zum Messen der Dichte einer Flüssigkeit aus **(Bild 2)**, z.B. von Akkumulatorensäure. Das Aräometer besteht aus einem oben und unten verschlossenen Glasrohr, das unten noch etwas geweitet und meist mit Blei beschwert ist. Das Messinstrument schwimmt senkrecht in der Flüssigkeit. Es taucht umso mehr ein, je geringer die Flüssigkeitsdichte ist. An einer Skale, die am Glasrohr angebracht ist, lässt sich diese Dichte direkt ablesen.

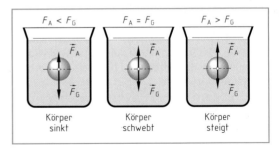

$$F_A = \gamma \cdot V \qquad (1)$$

F_A Auftriebskraft
γ Wichte (der Flüssigkeit oder des Gases)
V Volumen

Bild 1: Sinken, Schweben und Steigen

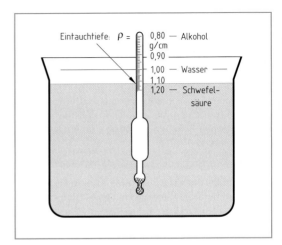

Bild 2: Aräometer (Senkwaage)

Wiederholungsfragen

1 Warum pflanzt sich in einer Flüssigkeit der Druck gleichmäßig fort?

2 Warum ist eine Staudamm-Mauer unten dicker als oben?

3 Wie hängen bei Gasen Druck und Volumen voneinander ab?

4 Warum darf ein Stratosphärenballon am Boden nur zum geringen Teil gefüllt werden?

5 In welcher Flüssigkeit kann Stahl (Eisen) schwimmen?

6 Erläutern Sie das hydrostatische Paradoxon.

7 Wie verhalten sich zwei nicht mischbare Flüssigkeiten unterschiedlicher Dichte in einem U-förmigen Rohr?

8 Welcher Zusammenhang besteht zwischen der Eintauchtiefe und dem Auftrieb eines schwimmenden Körpers?

9 Warum hat die Skale eines Aräometers eine ungleichmäßige Teilung?

10 Wie ändert sich der Wasserspiegel in einem Becken, in dem ein schwimmender Hohlkörper aus Stahl untergeht, weil Wasser durch ein Leck eindringt?

11 Weshalb hat ein Aräometer mit einem dünnen Skalenrohr eine höhere Anzeigegenauigkeit als eines mit einem dicken Rohr?

[1] von aer (griech.) = Luft

2.1.7 Ausdehnung der Körper beim Erwärmen

Wärmeausdehnung fester Körper: Feste Körper dehnen sich nach allen Seiten aus, wenn man sie erwärmt (Wärmeausdehnung).

Die **Längendehnung** eines festen Körpers **(Bild 1)** hängt von der Temperaturerhöhung und von der Stoffart ab **(Formel 1)**. Der Längendehnungskoeffizient α gibt an, um wie viel sich ein Stab von 1 m Länge beim Erwärmen um 1 K ausdehnt.

Die unterschiedliche Wärmedehnung verschiedener Stoffe nützt man bei den **Thermobimetallen**[1] aus. Zwei Blechstreifen unterschiedlicher Wärmedehnung, z. B. Stahl und Messing, sind aufeinander gewalzt, miteinander verschweißt oder verklebt. Bei Erwärmung krümmt sich das Bimetall kreisförmig **(Bild 2)**. Bimetalle verwendet man bei der temperaturabhängigen Steuerung, z. B. von Bügeleisen.

Wärmeausdehnung von Flüssigkeiten: Flüssigkeiten vergrößern beim Erwärmen ihr Volumen **(Formel 2)**. Bei gleicher Temperaturerhöhung dehnen sich verschiedene Flüssigkeiten, z. B. Wasser und Petroleum, in unterschiedlichem Maße aus. Der Volumendehnungskoeffizient α_V hat die SI-Einheit $^1/_K$.

Die **Volumendehnung** der festen Körper ist rund dreimal so groß wie ihre Längendehnung:

$$\alpha_V \approx 3 \cdot \alpha_l.$$

Wärmeausdehnung von Gasen: Alle Gase dehnen sich beim Erwärmen in gleicher Weise aus, weil der Abstand der Gasmoleküle sehr groß gegenüber den Molekülabmessungen ist. Daher spielt die Stoffart keine Rolle. Bei Temperaturerhöhung vergrößert sich das Volumen um 1/273,15 je 1 K, konstanten Druck vorausgesetzt. Hält man das Volumen gleich, vergrößert sich entsprechend der Druck um 1/273,15 je Kelvin.

Anomalie[2] der Wärmedehnung des Wassers: Schmilzt Eis (festes Wasser), nimmt sein Volumen um etwa 10 % ab. Von 0 °C an erwärmt, verringert sich das Volumen noch mehr, erreicht bei +4 °C ein Minimum und dehnt sich erst dann bei weiterem Erwärmen aus **(Bild 3)**. Wasser hat bei +4 °C seine größte Dichte: $\rho = 1,0$ kg/l.

Das Wassermolekül (H_2O) hat einen gewinkelten Aufbau und ist an seinen Enden polarisiert. Die Moleküldipole bilden dadurch im Eis eine poröse Struktur (Eis- und Schneekristalle). Nach dem Schmelzen bleiben im Wasser zunächst noch einige dieser lockeren Strukturen in der Flüssigkeit erhalten.

[1] von thermos (griech.) = warm, heiß und bi- (lat.) = zwei
[2] von a- (griech.) = nicht und nomos (griech.) = Gesetz

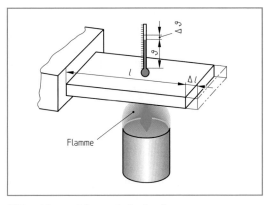

Bild 1: Längendehnung beim Erwärmen

$$\Delta l = \alpha_l \cdot l \cdot \Delta\vartheta \qquad (1)$$
$$\Delta V = \alpha_V \cdot V \cdot \Delta\vartheta \qquad (2)$$

Δl	Längendehnung	ΔV	Volumendehnung
α_V	Volumendehnungskoeffizient	l	Stablänge
		V	Volumen
α_l	Längendehnungskoeffizient	$\Delta\vartheta$	Temperaturerhöhung

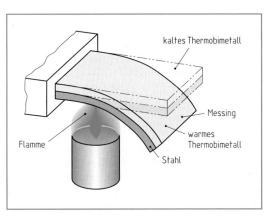

Bild 2: Thermobimetall

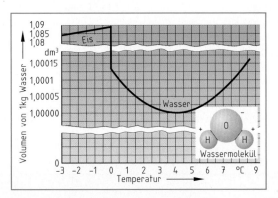

Bild 3: Volumen von Wasser bei Erwärmung

2.1.8 Temperatur

Wärmeempfindung: Den Wärmezustand eines Körpers nennt man seine **Temperatur**. Sie nimmt mit der mittleren Geschwindigkeit der Wärmebewegung der Moleküle zu. Diese Wärmebewegung ruft auch die Sinnesempfindung „warm/kalt" hervor. Mit dem Wärmesinn kann man gut Temperaturunterschiede erkennen.

Thermometer und Temperaturmessung: Flüssigkeitsthermometer **(Bild 1)** enthalten Alkohol oder Quecksilber in einem kleinen Glaskolben, an dem eine dünne, oben zugeschmolzene Glaskapillare angesetzt ist. Nimmt die Temperatur zu, verlängert die Volumendehnung die Flüssigkeitssäule. Der Glaskolben muss eng mit der Messstelle verbunden sein, damit die Flüssigkeit schnell die Temperatur durch Wärmeleitung annehmen kann.

Die Temperaturskale gewinnt man dadurch, dass man zwei Fixpunkte festlegt, die experimentell einfach zu rekonstruieren sind: die Schmelztemperatur des Eises mit 0 °C (null Grad Celsius[1]) und die Siedetemperatur des Wassers mit 100 °C (Bild 1). Die Siedetemperatur misst man bei einem Druck von 1 013 mbar. Diese Einteilung und die Festlegung der beiden Fixpunkte sind willkürlich.

In Amerika verwendet man die Temperatureinheit Grad Fahrenheit[2] (°F) und früher benutzte man in Frankreich Grad Réaumur[3] (°R) **(Bild 2)**.

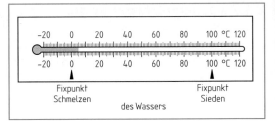

Bild 1: Flüssigkeitsthermometer

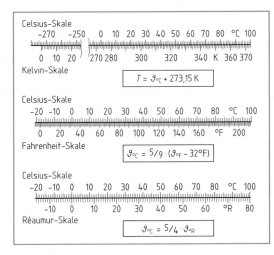

$$T = \vartheta_{°C} + 273{,}15\,K$$

$$\vartheta_{°C} = 5/9 \cdot (\vartheta_{°F} - 32°F)$$

$$\vartheta_{°C} = 5/4 \cdot \vartheta_{°R}$$

Bild 2: Verschiedene Temperaturskalen

Fixpunkte für die Temperatur sind der Schmelzpunkt des Eises mit 0 °C und der Siedepunkt des Wassers mit 100 °C. Dazwischen teilt man die Temperaturskale in 100 gleiche Teile.

Einheiten der Temperatur (des Wärmezustandes) sind das Kelvin (K) und das Grad Celsius (°C).

Eine Temperaturdifferenz gibt man in Kelvin[4] (K) an, z. B. 21,5 °C – 19 °C = 2,5 K. Die Kelvin-Skale, die beim absoluten Temperatur-Nullpunkt (–273,15 °C) beginnt, hat die gleiche Einteilung wie die Celsius-Skale (Bild 2). Das Formelzeichen für die Kelvin-Temperatur ist T, das Zeichen für die Celsius-Temperatur der griechische Buchstabe ϑ.

Absolute Temperatur: Kühlt ein Körper ab, nimmt die mittlere Bewegungsgeschwindigkeit der Stoffteilchen ab und wird bei der tiefstmöglichen Temperatur zu null (**absoluter Nullpunkt**). Diesen Nullpunkt kann man zu – 273,15 °C berechnen, experimentell ist er nicht zu erreichen.

Kühlt man ein Gas bei 0 °C beginnend ab, schrumpft je Kelvin das Volumen um rund 1/273. Bei sehr tiefer Temperatur kondensiert das Gas.

Wiederholungsfragen

1 Mit welcher Formel berechnet man die thermische Längendehnung fester Körper?

2 Wie ändert sich die Form eines geraden Bimetalls beim Erwärmen?

3 Mit welcher Formel errechnet man die Wärmedehnung von Flüssigkeiten?

4 Was versteht man unter dem absoluten Nullpunkt der Temperatur?

5 Welcher Unterschied besteht zwischen der Kelvin-Skale und der Celsius-Skale?

6 Wie weit dehnt sich ein Gas bei konstantem Druck je Kelvin Erwärmung aus?

---

[1] Anders Celsius, schwed. Physiker, 1701 bis 1744
[3] René Antoine Réaumur, franz. Technologe, 1683 bis 1757
[2] Daniel G. Fahrenheit, dtsch. Physiker, 1686 bis 1736
[4] William Thomson (Lord Kelvin), engl. Physiker, 1824 bis 1907

2.1.9 Zustandsänderung der Stoffe

Schmelzen und Erstarren: Erhitzt man einen festen Körper, werden die Wärmeschwingungen der Atome schließlich so stark, dass sie die Gitterkräfte überwinden können. Der feste Körper schmilzt. Dabei muss während des Schmelzens beim **Schmelzpunkt** immer weiter Wärme zugeführt werden, ohne dass die Temperatur steigt **(Bild 1)**. Erst nachdem die feste, reine Substanz vollständig geschmolzen ist, bewirkt die Wärmezufuhr eine weitere Temperaturzunahme. Die Höhe der Schmelztemperatur (des Schmelzpunkts) hängt von der Art des Stoffes ab. Sie ist eine charakteristische Werkstoffgröße, die man für den Normdruck von 1 013,25 mbar angibt.

Kühlt die Schmelze ab, nimmt der Körper bei der **Erstarrungstemperatur** die feste Form des Gefäßes an. Währenddessen wird die Schmelzwärme wieder frei (Kristallisationswärme).

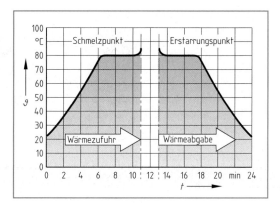

Bild 1: Temperaturänderung beim Schmelzen und Erstarren von Naphthalin

> Ein reiner Stoff hat eine feste Schmelztemperatur. Ein Körper schmilzt und erstarrt bei der gleichen Temperatur.

Amorphe Stoffe, wie z. B. Glas oder manche Kunststoffe, besitzen keinen festen Schmelzpunkt, sondern einen **Schmelzbereich**. Glas erweicht schon bei 700 °C, wird aber erst bei 1 300 °C dünnflüssig. Festes Glas kann man als Flüssigkeit mit einer sehr großen inneren Reibung auffassen.

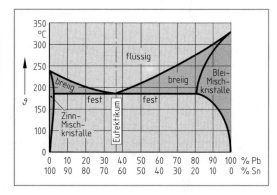

Bild 2: Zustandsdiagramm von Lötzinn

Stoffgemische, auch Legierungen, haben meist ebenfalls einen Schmelzbereich. Nur das eutektische[1] Gemisch, eine Mischung ganz bestimmter Zusammensetzung, besitzt einen Schmelzpunkt, der tiefer liegt als jeder der Schmelzpunkte der Bestandteile (Schmelzpunkterniedrigung). Das Schmelz- oder **Zustandsdiagramm (Bild 2)** zeigt den Übergang vom festen in den flüssigen Zustand abhängig vom Mischungsverhältnis.

Volumenänderung beim Schmelzen und Erstarren: Die meisten Stoffe dehnen sich beim Schmelzen aus und ziehen sich beim Erstarren wieder zusammen. Die schnellere Teilchenbewegung beim Schmelzen erfordert mehr Platz. Nur einige Stoffe, z. B. Wasser, Gallium oder Wismut, verringern vorübergehend ihr Volumen, wenn sie vom festen in den flüssigen Zustand wechseln.

Bei den meisten Stoffen bewirkt auch ein größerer Druck einen höheren Schmelzpunkt, weil die Stoffe damit in den Aggregatzustand mit dem geringeren Volumen ausweichen können. Eis von 0 °C dagegen weicht dem Zwang eines Druckes dadurch aus, dass es schmilzt und Wasser von 0 °C mit dem kleineren Volumen bildet **(Regel vom kleinsten Zwang)**.

Im noch nicht vollständig geschmolzenen Stoff befinden sich der feste und flüssige Zustand nebeneinander. Am Gesamtvolumen scheint sich bei gleich bleibender Temperatur nichts zu ändern. Trotzdem gehen laufend Moleküle des festen Stoffes in die Flüssigkeit über und gleich viele Moleküle der Flüssigkeit schlagen sich dauernd auf dem festen Stoff nieder. Einen solchen Zustand nennt man ein dynamisches Gleichgewicht.

> Stoffe im thermodynamischen Gleichgewicht versuchen einem äußeren Zwang auszuweichen. (Prinzip des kleinsten Zwanges)

---

[1] von eutektos (griech.) = leicht zu schmelzen

Sieden: Erreicht eine Flüssigkeit durch Erwärmen den **Siedepunkt**, geht sie vom flüssigen in den gasförmigen Zustand über, und zwar nicht nur an der Oberfläche sondern auch im Innern der Flüssigkeit. Der Siedepunkt wird vom äußeren Druck bestimmt. Je größer dieser Druck, desto höher ist die Siedetemperatur. Auf Bergen siedet deshalb ein Stoff wegen des dort herrschenden geringeren Luftdrucks bereits bei niedrigerer Temperatur als auf Meereshöhe.

Die Gasbläschen im Innern der Flüssigkeit stehen unter höherem Druck als an der Oberfläche,

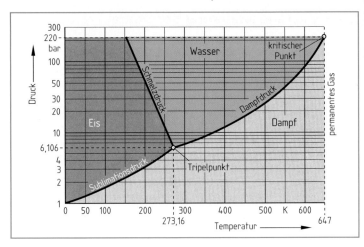

Bild 1: Zustandsdiagramm von Wasser

besonders bei Flüssigkeiten hoher Oberflächenspannung: Im Innern ist deshalb zum Sieden eine höhere Temperatur nötig als dem Dampfdruck an der Oberfläche entspricht. Dies ist die Ursache des sog. Siedeverzugs, bei dem sich plötzlich Gasblasen im Innern der Flüssigkeit bilden und sie explosionsartig hochschleudern. Man unterdrückt diesen Siedeverzug durch kleine Siedesteinchen.

Bei einem gewissen Druck und einer bestimmten Temperatur (bei Wasser 273,16 K = 0,01 °C und 6,106 bar) können sogar alle drei Zustandsformen fest, flüssig und gasförmig nebeneinander bestehen: **Tripelpunkt (Bild 1)**. Oberhalb des **kritischen Punkts** (bei Wasser über 647 K ≈ 374 °C) lässt sich das Gas auch mit außerordentlich hohem Druck nicht mehr verflüssigen.

Kondensieren: Entzieht man einem Gas durch Abkühlen Wärmeenergie, verringert sich die Geschwindigkeit der Gasteilchen. Die Moleküle verkleinern ihre gegenseitigen Abstände und ziehen sich wieder an: Eine Flüssigkeit entsteht. Diesen Vorgang nennt man **Kondensieren**[1].

> Die Kondensationstemperatur eines Stoffes ist genauso groß wie seine Siedetemperatur.

Während sich bei der Kondensation das Gas in eine Flüssigkeit umwandelt, bleibt die Temperatur konstant; Wärme wird jedoch frei (Kondensationswärme), und zwar genau so viel, wie die Verdampfungswärme des Stoffes beträgt. Ein Gas verflüssigt sich bei der Kondensationstemperatur allerdings nur, wenn schon der entsprechende flüssige oder feste Stoff vorhanden ist oder wenn Kondensationskeime da sind, z. B. Staub oder Ionen.

Verdunsten: Eine Flüssigkeit geht auch weit unterhalb der Siedetemperatur langsam in den gasförmigen Zustand über: Die Flüssigkeit verdunstet. Die Moleküle entweichen aber nur an der Flüssigkeitsoberfläche in das Gas. Die Teilchen einer Flüssigkeit bewegen sich auch bei niedriger Temperatur nicht alle gleich schnell. Einige davon besitzen eine so hohe Geschwindigkeit, dass sie die Flüssigkeitsoberfläche durchstoßen und in das Gas eintreten können. Erhöhen der Temperatur, Vermindern des Drucks oder Vergrößern der Oberfläche begünstigen das Verdunsten. Außerdem hängt das Maß der Verdunstung davon ab, wie sehr das Gas über der Flüssigkeit schon mit Teilchen der Flüssigkeit gesättigt ist. Das Verdunsten verbraucht Wärme, die der Flüssigkeit selbst oder ihrer Umgebung entzogen wird (Verdunstungskälte). Dieser Vorgang läuft deshalb von selbst ab, weil die Teilchen im Gasraum in noch größerer Unordnung sind als in der Flüssigkeit. In der Natur verlaufen alle Vorgänge in Richtung höherer Unordnung. Alle Energieformen wandeln sich deshalb auch letzten Endes in Wärmeenergie um, weil diese Energieart aus einer völlig regellosen Bewegung der Stoffteilchen besteht.

> Für den Übergang fest ⇒ flüssig oder flüssig ⇒ gasförmig ist Wärme nötig, die bei den umgekehrten Vorgängen wieder frei wird.

[1] von condensare (lat.) = verdichten, zusammenpressen

2.1.10 Ausbreitung der Wärme

Wärmeleitung: Feste Körper, die sich berühren, können Wärme durch Leitung übertragen. Bei einem elektrischen Lötkolben (**Bild 1**) leitet z.B. die Lötspitze aus Kupfer die Wärme vom Heizkörper zum Lot am vorderen Ende der Spitze.

Am Ort der höchsten Temperatur schwingen die Atome besonders stark hin und her. Die Zitterbewegung überträgt sich durch elastische Stöße oder durch elektrische Abstoßungskräfte auf benachbarte Teilchen. Die Wärme breitet sich von Stellen höherer zu Stellen geringerer Temperatur aus.

In Metallen sorgen die frei beweglichen Elektronen für die Wärmeübertragung. In Isolatoren wird die Wärme nur durch Gitterschwingungen weitertransportiert. Gase besitzen wegen des großen Teilchenabstandes nur eine sehr geringe Wärmeleitfähigkeit.

> Alle guten elektrischen Leiter sind auch gute Wärmeleiter.

Die **Wärmeleitfähigkeit** gibt an, welche Wärmemenge in Joule je Sekunde durch eine Fläche von 1 m² fließt, wenn senkrecht zu dieser Fläche ein Temperaturgefälle von 1 K je m herrscht. Die SI-Einheit der Wärmeleitfähigkeit ist J/(s · K · m).

Bei konstanter Temperatur ist das Verhältnis der Wärmeleitfähigkeit λ zur elektrischen Leitfähigkeit γ für alle Metalle nahezu gleich (**Formel 1**).

Wärmeströmung: Strömende Gase und bewegte Flüssigkeiten können Wärme durch Strömung (**Konvektion**[1]) mitnehmen. Dadurch kann sich Wärme auch in schlechten Wärmeleitern ausbreiten, z.B. in Wasser oder Luft. Die Strömung entsteht meist dadurch, dass sich Gase oder Flüssigkeiten durch Erwärmen ausdehnen. Ihre Dichte wird dabei geringer und sie steigen nach oben.

Heizungen in Wohnungen nutzen die Wärmeströmung aus (**Bild 2**).

> Durch Wärmeströmung können große Wärmemengen transportiert werden.

Wärmestrahlung: Von der Sonne gelangt die Wärme durch Strahlung zur Erde (**Bild 3**). Heiße Körper senden immer eine **Wärmestrahlung** aus. Wärmestrahlen sind elektromagnetische Wellen von etwas kleinerer Frequenz als das sichtbare Licht. Die Wellenlänge dieser **Infrarot**[2]-**Strahlung** beträgt 760 nm bis 1 mm. Wärmestrahlen verhalten sich ähnlich wie Licht, das auch ohne Mitwirken von Stoffteilchen übertragen wird.

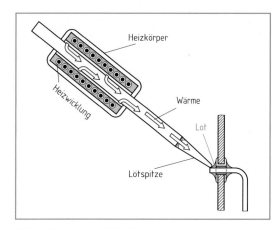

Bild 1: Elektrischer Lötkolben

$$\frac{\lambda}{\gamma} = L \cdot T \qquad (1)$$

λ Wärmeleitfähigkeit
γ elektrische Leitfähigkeit
L Lorentzkonstante
($L = 2{,}45 \cdot 10^{-8}$ V²/K²)
T absolute Temperatur

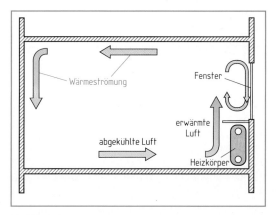

Bild 2: Wohnungsheizung

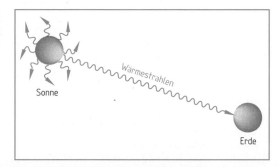

Bild 3: Wärmeübertragung durch Strahlung

---

[1] Mitführen; von convectio (lat.) = das Zusammenbringen   [2] infra- (lat.) = unterhalb (als Vorsilbe), z.B. infrarot = unterhalb des sichtbaren Rots

Körper mit dunkler und rauer Oberfläche absorbieren mehr Wärmestrahlung als helle und glänzende Flächen. Die Strahlung durchdringt die Luft, von ihr nur wenig behindert.

> Dunkle und raue Körper absorbieren Infrarotstrahlung, helle und glatte Körper reflektieren sie.
> Umgekehrt strahlen dunkle Körper bei gleicher Temperatur mehr Wärme ab als helle.

Transistor-Kühlkörper z.B. sind oft schwarz eingefärbt, um mehr Wärme abzustrahlen. Die Absorption wandelt die Infrarotstrahlen in Wärme um. Infrarotabsorption durch Wasserdampf, Kohlendioxid und Ozon in der Erdatmosphäre ist für den Wärmehaushalt der Erde wichtig.

2.1.11 Wärmeenergie

Während sich ein Körper erwärmt, seine Temperatur sich also erhöht, wird ihm **Wärmemenge** (Wärmeenergie) zugeführt. Kühlt der Körper ab, wird ihm Wärmeenergie entzogen. Je größer die Temperaturzunahme $\Delta\vartheta$ eines Körpers ist, desto höher ist auch die aufgenommene Wärmemenge Q. Je größer die Masse m des Körpers ist, desto mehr Wärmeenergie benötigt er, damit sich seine Temperatur um den gleichen Betrag erhöht: $Q \sim m \cdot \Delta\vartheta$.

Die Wärmemenge ist eine Form der Energie. Sie hat deshalb die gleiche Einheit wie jede andere Energieart, nämlich Joule, Newtonmeter oder Wattsekunde: $1\,J = 1\,Nm = 1\,Ws$.

> Die Wärmemenge (= Wärmeenergie) misst man in Joule (J).

Damit ein Körper schmilzt, muss man ihm Wärmeenergie (Schmelzwärme) zuführen, ohne dass die Temperatur weiter ansteigt **(Bild)**. Diese Energie wird zum Umbau der Stoffstruktur verbraucht. Erst danach führt die weitere Zufuhr von Wärmeenergie zum Ansteigen der Temperatur.

Spezifische Wärme: Wie stark die Temperatur eines Körpers zunimmt, wenn man ihm Wärme zuführt, hängt nicht allein von der Höhe der Wärmemenge, sondern auch von der Art des Körpers ab. Die gleiche Wärmemenge erwärmt z.B. 1 kg Maschinenöl auf eine höhere Temperatur als 1 kg Wasser **(Formel 1)**.

Die **spezifische Wärmekapazität** *c*, auch spezifische Wärme genannt, ist als die Wärmemenge definiert, die 1 kg des Stoffes um 1 K erwärmt. Sie hat die Einheit J/(kg · K).

Die Höhe der Temperatur beeinflusst außerdem die spezifische Wärme des Stoffes. Für weite Temperaturbereiche kann man aber mittlere Werte für die spezifische Wärme angeben **(Tabelle)**.

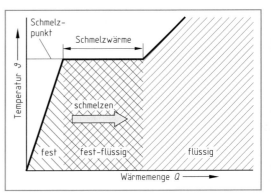

Bild: Schmelzpunkt und Schmelzwärme

$$Q = c \cdot m \cdot \Delta\vartheta \qquad (1)$$

Q Wärmemenge	m Masse des Körpers
c spezifische Wärme	$\Delta\vartheta$ Temperaturzunahme

Tabelle: Spezifische Wärme c von Stoffen

Stoff (Beispiele)	Spezifische Wärme in J/(kg · K)
Aluminium	896
Eisen (rein)	465
Kupfer	389
Maschinenöl	1675
Wasser	4181

Wiederholungsfragen

1 Erklären Sie die Begriffe „Schmelztemperatur" und „Schmelzwärme".

2 Was versteht man unter einem eutektischen Gemisch?

3 Erläutern Sie die Veränderungen nach dem „Prinzip des kleinsten Zwangs" bei Eis, das unter Druck gesetzt wird.

4 Wodurch unterscheiden sich Temperatur und Wärmemenge?

5 Was versteht man unter spezifischer Wärmekapazität?

2.2 Chemische Grundlagen

2.2.1 Stoffe und Stoffänderungen

Die Chemie untersucht Stoffe, ihre Eigenschaften und Zusammensetzung sowie stoffliche Veränderungen.

Stoffe und ihre Eigenschaften: Die verschiedenen Stoffe erkennt man an ihren Eigenschaften, z.B. an Farbe, Glanz, Geruch, am Geschmack, an ihrer Dichte, ihrem Schmelz- oder Siedepunkt.

Die Stoffe kommen in der Natur nur selten rein vor **(Übersicht)**, sie sind meist mit anderen vermischt. **Reine Stoffe**, z.B. Eisen, Schwefel, Kupfer, Zucker, Kochsalz oder Wasser, kann man mit physikalischen Mitteln nicht in weitere Bestandteile zerlegen. **Stoffgemische** (Gemenge, Mischungen) lassen sich dagegen durch physikalische Verfahren trennen, z.B. durch Sieben, Zentrifugieren (Schleudern), Filtern, Eindampfen oder Destillieren.

Gemenge kann man in **homogene**[1] (einheitliche) und **heterogene**[2] (uneinheitliche) unterteilen, je nachdem, ob man die Mischungsbestandteile noch auseinander halten kann oder nicht, evtl. auch mit Hilfe eines Mikroskops. Granit erkennt man z.B. mit bloßem Auge als heterogenes Gemenge, während man z.B. in der homogenen Mischung einer Salzlösung die Bestandteile auch nicht mit einem Mikroskop ausmachen kann.

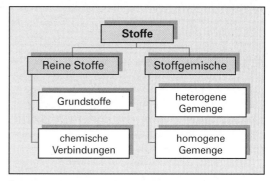

Übersicht: Einteilung der Stoffe

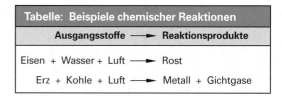

Tabelle: Beispiele chemischer Reaktionen	
Ausgangsstoffe ⟶ Reaktionsprodukte	
Eisen + Wasser + Luft ⟶ Rost	
Erz + Kohle + Luft ⟶ Metall + Gichtgase	

Chemische Vorgänge (Reaktionen): Verbrennt ein Stück Holz oder ein Magnesiumspan, bringt man ein glühendes Kupferblech in Schwefeldampf, so ändern sich die Eigenschaften der Stoffe: Vom Holz bleibt nur schwarze Asche übrig, das silbrig glänzende Magnesium zerfällt zu einem weißen Pulver oder das rotbraune Kupferblech verwandelt sich in eine grauschwarze Masse.

Bei chemischen Reaktionen entstehen neue Stoffe mit anderen Eigenschaften.

Aus Stahl entsteht z.B. zusammen mit Wasser und Luft brauner, poröser Rost; im Hochofen erschmilzt man aus Erz, Kohle und Luft das Metall Eisen **(Tabelle)**. Bei einer chemischen Reaktion bilden sich aus den **Ausgangsstoffen** andere, neue Stoffe: die **Reaktionsprodukte**.

2.2.2 Sauerstoff und Oxidation

Sauerstoff: Ein Knäuel Stahlwolle kann man anzünden, sodass er durchglüht. Durch Luftzufuhr kann man noch etwas nachhelfen. Das zurückbleibende blauschwarze Reaktionsprodukt hat eine größere Masse als die zuvor abgewogene Stahlwolle. Bei der Verbrennung kommt offenbar ein Stoff aus der Luft hinzu. Ist dieser Stoff verbraucht, zeigt sich, dass die Luft noch einen anderen Stoff enthält, der die Flammen erstickt.

Die Luft ist ein Gemisch aus etwa 78 % Stickstoff und rund 21 % Sauerstoff, daneben enthält sie in sehr geringen Mengen (insgesamt 1 %) noch weitere Stoffe: Argon, Kohlendioxid, Neon, Helium, Methan, Krypton, Wasserstoff usw.

Bei einer Verbrennung verbindet sich der Brennstoff mit dem Sauerstoff der Luft.

[1] von homo (griech.) = gleich, gleichartig, entsprechend   [2] von hetero (griech.) = anders, fremd, ungleich, verschieden

Reiner **Sauerstoff** ist unter Normbedingungen (0 °C und 1 013,25 mbar) ein farb- und geruchloses Gas mit einer Dichte von 1,43 g/l, also um etwa 11 % schwerer als Luft. Fester und flüssiger Sauerstoff hat eine hellblaue Farbe, er siedet bei –183 °C.

Sauerstoff brennt selbst nicht, ein glimmender Holzspan flammt jedoch in einer Sauerstoffatmosphäre auf (Nachweis von Sauerstoff).

Sauerstoff fördert die Verbrennung.

Atome, Grundstoffe und chemische Zeichen: Die kleinsten chemisch noch unterscheidbaren Teilchen eines Stoffes sind die **Atome**. Jeder Grundstoff hat eine typische Atomart. Es gibt z. B. Sauerstoff-, Stickstoff-, Kohlenstoff-, Eisen- oder Kupferatome. Man kennt inzwischen über 100 verschiedene Atomsorten, 90 natürliche und 13 künstlich hergestellte. Atome sind aus noch kleineren Bestandteilen zusammengesetzt **(Bild 1)**, aus den **Elementarteilchen**.

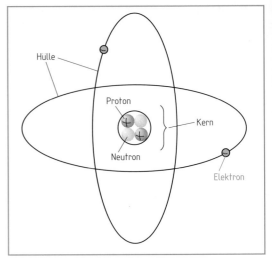

Bild 1: **Atommodell**

Ein Atom ist aus einem winzigen Kern und einer demgegenüber großen Atomhülle aufgebaut (Atomdurchmesser : Kerndurchmesser = 10 000 : 1). Der Atomkern enthält **Protonen** und **Neutronen**; die **Elektronen** bilden die Atomhülle. Jedes Elektron trägt eine negative ($e^- = 1,6 \cdot 10^{-19}$ As), jedes Proton eine positive Elementarladung ($e^+ = 1,6 \cdot 10^{-19}$ As). Die Neutronen sind elektrisch neutral. Die Zahl der Protonen bestimmt die **Kernladungszahl**.

Atome sind chemisch unteilbar. Im **elektrisch neutralen Atom** ist die Zahl der Elektronen gleich der Kernladungszahl (= Protonenzahl): **Elektronenzahl = Protonenzahl**. Jeder Grundstoff besteht aus Atomen gleicher Kernladungszahl.

Stoffe, die sich auf chemischem Wege nicht weiter zerlegen lassen, nennt man **Grundstoffe** oder chemische Elemente. Die Namen der Grundstoffe (und ein Atom dieses Elements) kürzt man mit **chemischen Zeichen** (Symbolen) ab. Als chemische Zeichen verwendet man den großen Anfangsbuchstaben und eventuell einen weiteren Kleinbuchstaben des internationalen, meist lateinischen oder griechischen Namens des Grundstoffes **(Tabelle)**.

Tabelle: Chemische Zeichen

Ag	Silber (Argentum)	Fe	Eisen (Ferrum)	N	Stickstoff (Nitrogenium)
Al	Aluminium	H	Wasserstoff (Hydrogenium)	Na	Natrium
C	Kohlenstoff (Carboneum)	Hg	Quecksilber (Hydrargyrum)	O	Sauerstoff (Oxygenium)
Ca	Calcium	J	Jod	Pb	Blei (Plumbum)
Cl	Chlor	K	Kalium	S	Schwefel (Sulfur)
Cu	Kupfer (Cuprum)	Mg	Magnesium	Zn	Zink

Oxidation und Oxide: Entzündet man z. B. einen dünnen Magnesiumspan an der Flamme eines Gasbrenners, verbrennt der Span mit grellem Licht zu einem weißen Pulver **(Reaktion Bild 2)**.

Das Verbinden eines Grundstoffes mit Sauerstoff nennt man eine **Oxidation**.

Ausgangsstoffe	→	Reaktionsprodukte
Magnesium ⎱ + Sauerstoff ⎰	→	Magnesiumoxid

Bild 2: **Oxidation von z. B. Magnesium**

Ein Oxid ist die chemische Verbindung eines Grundstoffes mit Sauerstoff, z. B. Magnesiumoxid, Aluminiumoxid oder Schwefeldioxid.

Die Endung „-id" im Namen kennzeichnet eine so genannte binäre[1], anorganische Verbindung. Dies ist eine chemische Verbindung, die nur aus zwei Grundstoffen zusammengesetzt ist, z. B. Eisensulfid (Eisen + Schwefel), Natriumchlorid (Natrium + Chlor) oder Aluminiumoxid (Aluminium + Sauerstoff).

Von den Metallen brennen an der Luft nur Magnesium und seine Legierungen bei den üblichen Verwendungstemperaturen. Eine **Brandgefahr** tritt ein, wenn ein Stoff nach seiner Entflammung trotz Entfernen der Zündquelle weiterbrennt. **Nichtbrennbare** Stoffe lassen sich weder entzünden noch veraschen.

Brennbare Flüssigkeiten haben einen niedrigen Flammpunkt, sind bei 35 °C weder fest noch verdickt (salbenförmig) und entwickeln bei 50 °C einen Dampfdruck unter 3 bar. Man teilt sie in Gruppen ein **(Tabelle)**. Eine Flüssigkeit der Gefahrenklasse A I ist z. B. Benzin. Kerosin, der Treibstoff für Flugzeuge, hat die Gefahrenklasse A II. Ein Vertreter der Gefahrenklasse A III ist das Heizöl. Eine brennbare Flüssigkeit der Gruppe B ist z. B. Ethanol (Alkohol).

Synthese und Analyse: Den Aufbau einer chemischen Verbindung aus Grundstoffen nennt man **Synthese (Bild 1)**. Der entgegengesetzte Vorgang, das Zerlegen einer chemischen Verbindung, heißt **Analyse**. Man kann z. B. Quecksilberoxid, durch Erhitzen in das silbrig glänzende, flüssige Quecksilber und in gasförmigen Sauerstoff trennen: Quecksilberoxid ⟶ Quecksilber + Sauerstoff.

Tabelle: Brennbare Flüssigkeiten	
Gruppe A: Mit Wasser nicht mischbar (bei 35 °C flüssig und bei 50 °C Dampfdruck unter 3 bar)	
Gefahrenklasse	**Flammpunkt**
I	< 21 °C
II	< 55 °C
III	< 100 °C
Gruppe B: Mit Wasser mischbar	
Flammpunkt:	< 21 °C

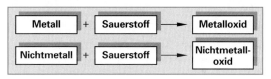

Bild 1: Synthese (Beispiele)

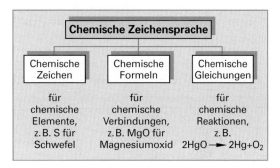

Bild 2: Chemische Zeichensprache

2.2.3 Chemische Zeichensprache

Chemische Formeln: Ein Grundstoff kann mit einem chemischen Zeichen abgekürzt werden, eine **chemische Formel** bezieht sich dagegen auf eine chemische Verbindung **(Bild 2)**. In der Formel reiht man die chemischen Zeichen der Elemente, aus denen die Verbindung besteht, aneinander, z. B. FeS für Eisensulfid oder MgO für Magnesiumoxid (erst das Metall, dann das Nichtmetall). Ist die Verbindung aus Molekülen zusammengesetzt, zeigt die chemische Formel den Molekülaufbau. Ein Wassermolekül besteht z. B. aus zwei Wasserstoffatomen und einem Sauerstoffatom. Man schreibt HOH oder als **Summenformel** H_2O. Mehrere gleichartige Atome im Molekül zählt ein Index auf, der nach dem betreffenden Zeichen steht. Ein Schwefelsäuremolekül H_2SO_4 z. B. enthält 2 Wasserstoff-, 1 Schwefel- und 4 Sauerstoffatome. Enthält die Verbindung mehrere Nichtmetalle, wählt man die Reihenfolge: C, P, N, H, S, O.

Sind chemische Verbindungen aus Ionen zusammengesetzt, wie z. B. das Salz $MgCl_2$, so gibt die Formel das Zahlenverhältnis der Ionenarten an (in $MgCl_2$ doppelt so viele Cl- wie Mg-Ionen).

Die meisten Grundstoffgase haben als kleinste allein stehende Teilchen Moleküle, z. B. H_2, O_2 oder N_2. Kommt ein Gas, z. B. Wasserstoff, atomar vor, beschreibt man diesen Zustand mit dem Zeichen H.

Manche Verbindungen weisen charakteristische Atomgruppen auf, z. B. die Hydroxide. Solche Gruppen setzt man in Klammern, z. B. $Ca(OH)_2$ [gelesen als „Ce, a, O-Ha zweimal"]. Der Index nach der Klammer bezieht sich auf jedes der Zeichen in der Klammer.

[1] von binarius (lat.) = aus zwei Teilen bestehend

Wertigkeit: Die Atome eines chemischen Elements verbinden sich mit den Atomen eines anderen Grundstoffes nur im Verhältnis kleiner, ganzer Zahlen: Atome sind nicht teilbar.

Die **Wertigkeit** eines Atoms gibt an, wie viele andere einwertige Atome es binden kann. Das Wasserstoffatom ist einwertig. Dann muss Sauerstoff in H_2O zweiwertig sein und Natrium folglich in Na_2O einwertig sowie Aluminium in Al_2O_3 dreiwertig (**Bild**). Merkregel: Wasserstoff ist immer I-wertig und Sauerstoff kommt nur II-wertig vor.

Die Wertigkeit eines Atoms gibt an, wie viele Wasserstoffatome das Atom binden oder ersetzen kann.

Den Namen einer chemischen Verbindung kann man auf zweierlei Arten bilden: Erstens mit Zahlwörtern mono-, di-, tri- usw. nach der Zusammensetzung und zweitens durch Angabe der Wertigkeit (**Tabelle**). Das Zahlwort bezieht sich auf den nachfolgenden Stoff (-dioxid bedeutet also 2 Sauerstoffatome), die Wertigkeitsangabe gilt jedoch für den davor stehenden Stoff (Eisen(III)-oxid hat III-wertige Eisenatome: Fe_2O_3).

Durch Wertigkeitsstriche („Bindearme") lassen sich die Wertigkeiten der Atome veranschaulichen: O=C=O ist die **Strukturformel** von Kohlendioxid CO_2, O = Fe – O – Fe – O – Fe = O die von Eisen (II,III)-oxid Fe_3O_4. Die Wertigkeit der Atome entspricht der Zahl der Striche, die von den entsprechenden chemischen Zeichen ausgehen.

Natrium-oxid	Magne-siumoxid	Aluminiumoxid		
Na | Na	Mg	Al		Al
O	O	O	O	O
Wasser	Zink-oxid	Eisenoxid		
H | H	Zn	Fe		Fe
O	O	O	O	O
Na | H	Mg	Al		Fe
	Zn			
I-wertig	II-wertig	III-wertig		

Bild: Wertigkeit einiger Elemente

Tabelle: Benennung chemischer Verbindungen

Formel der Verbindung	nach	
	Zusammensetzung	Wertigkeit
SO_2	Schwefeldioxid	Schwefel(IV)-oxid
SO_3	Schwefeltrioxid	Schwefel(VI)-oxid
Cu_2O	Dikupfermonoxid	Kupfer(I)-oxid
$FeCl_2$	Eisendichlorid	Eisen(II)-chlorid
$FeCl_3$	Eisentrichlorid	Eisen(III)-chlorid

Gesetz von der Erhaltung der Masse: Einfache, einmalig zündbare Blitzlichtlampen enthalten in einem durchsichtigen, mit Sauerstoff gefüllten Kunststoffkolben zwischen den Stromzuführungen ein Knäuel aus dünnem Aluminiumdraht. Die Lampe lässt sich mit der Spannung einer Taschenlampenbatterie zünden. Wiegt man die Blitzlichtlampe vor und nach der Zündung, so stellt man fest, dass sich ihre Masse durch die chemische Reaktion nicht ändert. Dies trifft auf alle Verbrennungen im abgeschlossenen Raum und überhaupt auf alle chemischen Reaktionen zu.

Bei jedem chemischen Vorgang ist die Masse der Reaktionsprodukte gleich der Masse der Ausgangsstoffe (**Gesetz von der Erhaltung der Masse**). Ausgangsstoffe und Reaktionsprodukte enthalten nach Zahl und Art die gleichen Atome.

Chemische Gleichungen: Eine chemische Reaktion lässt sich am einfachsten durch eine chemische Gleichung beschreiben. Auf der linken Seite dieser Gleichung stehen die Formeln der Ausgangsstoffe und auf der rechten die der Reaktionsprodukte. Anstelle eines Gleichheitszeichens gibt ein Pfeil die Richtung der Reaktion an: Fe + S $\longrightarrow$ FeS. Doppelpfeile deuten umkehrbare Reaktionen an, z.B. bei der Ammoniak-Synthese: $N_2 + H_2 + H_2 + H_2 \rightleftharpoons NH_3 + NH_3$.

Ähnlich wie in algebraischen Gleichungen fasst man gleiche chemische Ausdrücke (hier: Formeln) durch Koeffizienten zusammen, bei der Ammoniak-Reaktion also $N_2 + 3H_2 \rightleftharpoons 2NH_3$. Die Koeffizienten beziehen sich immer auf die ganze Formel, **vor** der sie stehen. Weil die chemische Reaktion dem Gesetz von der Erhaltung der Masse unterliegt, muss die Summe gleichartiger Atome links und rechts des Reaktionspfeils gleich groß sein. Die chemische Gleichung für die Thermit-Reaktion z.B. lautet: $3Fe_3O_4 + 8Al \longrightarrow 4Al_2O_3 + 9Fe$. Also sowohl links als auch rechts vom Pfeil: 9 Fe–, 12 O- und 8 Al-Atome.

2.2.4 Wasserstoff und Redox-Reaktion

Wasserstoff (H_2): Wasserstoff, unter Normbedingungen (0 °C und 1 013 mbar) ein farb- und geruchloses Gas, ist mit einer Dichte von $\rho = 0,089$ g/l rund 14-mal leichter als Luft und damit der leichteste aller Stoffe. Wasserstoff lässt sich nur schwer verflüssigen. Er siedet bei −252,8 °C und schmilzt schon bei −259,5 °C. Das Gas ist nur wenig in Wasser löslich, aber gut in manchen Metallen, z.B. in Platin, Palladium oder Nickel. Wasserstoff brennt

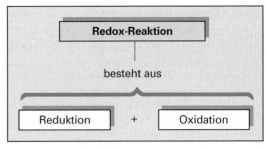

Übersicht: Redox-Reaktionen

mit sehr heißer, aber kaum sichtbarer Flamme. Zu Sauerstoff besitzt H_2 ein großes Bindungsbestreben: $2H_2 + O_2 \longrightarrow 2H_2O$. Wasserstoff reagiert auch mit Chlor: $H_2 + Cl_2 \longrightarrow 2HCl$. Mit Luft, mit O_2 oder mit Cl_2 bildet Wasserstoff hochexplosive Gemische. Besonders brisant ist eine Mischung aus 2 Volumenteilen Wasserstoff und 1 Volumenteil Sauerstoff, wie es z.B. bei der Elektrolyse[1] von Wasser entsteht. Diese Mischung nennt man **Knallgas**.

Technisch stellt man Wasserstoff bei über 1 000 °C aus Wasserdampf her, der über glühende Kohle geleitet wird: $H_2O + C \longrightarrow CO + H_2$. Den Wasserstoff isoliert man durch katalytische Umsetzung mit Wasserdampf bei 500 °C ($H_2O + CO \longrightarrow CO_2 + H_2$) und löst das Kohlendioxid in Wasser. Wasserstoff kommt in roten Stahlflaschen (mit Linksgewinde) unter einem Druck von rund 150 bar in den Handel.

Reduktion und Redox-Reaktion: H_2 entzieht Metalloxiden den Sauerstoff, z.B. $CuO + H_2 \longrightarrow Cu + H_2O$.

> Den Entzug von Sauerstoff bezeichnet man als Reduktion.

Reduktion und Oxidation sind immer miteinander verbunden **(Übersicht)**. Es gibt keine Reduktion ohne Oxidation, auch keine Oxidation ohne Reduktion. Den gesamten, einheitlichen Vorgang **(Bild)** nennt man **Redox-Reaktion**, ein Kunstwort aus **Red**uktion und **Ox**idation.

Ordnet man die Metalle (und Wasserstoff) nach ihrem Bindungsbestreben zu Sauerstoff der Reihe nach an, erhält man die so genannte **Redox-Reihe**:

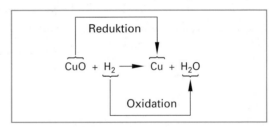

Bild: Redox-Reaktion

Au	Pt	Ag	Hg	Cu	H_2	Pb	Sn	Fe	Cr	Zn	Al	Mg	Na	K	Li
Zunehmendes Bindungsbestreben zu Sauerstoff															

In der Reihe stehen links vom Wasserstoff die edlen und rechts davon die unedlen Metalle. Ein Metall rechts in der Reihe kann einem Metalloxid, das zu einem Metall weiter links gehört, den Sauerstoff entreißen, z.B. $4Zn + Pb_3O_4 \longrightarrow 4ZnO + 3Pb$. Metalle weit rechts in der Reihe oxidieren schon bei Zimmertemperatur, Oxide der Metalle weit links lassen sich durch bloßes Erhitzen zersetzen, z.B. $2Ag_2O \longrightarrow 4Ag + O_2$ oder $2 HgO \longrightarrow 2 Hg + O_2$.

Wiederholungsfragen

1 Woran erkennt man eine chemische Reaktion?

2 Wodurch unterscheidet sich ein physikalischer Vorgang von einem chemischen?

3 Nennen Sie die Hauptbestandteile der Luft und ihre Massenanteile.

4 Welche Eigenschaften hat Sauerstoff?

5 Wodurch unterscheidet sich ein Grundstoff von einer chemischen Verbindung?

6 Wie lauten die Namen der chemischen Verbindungen ZnO, SO_3, $MgCl_2$ und CO_2?

7 Geben Sie die chemische Gleichung an für die Reduktion von Eisen(II,III)-oxid mit Aluminium.

8 Was versteht man unter einem Redox-Vorgang?

---

[1] von lysis (griech.) = Lösung, Erschlaffung; Elektrolyse = Zerlegung durch den elektrischen Strom

2.2.5 Atome und Ionen

Aufbau der Elektronenhülle: Die Masse eines Atoms ist fast ganz im **Atomkern** konzentriert. Das einfachste Atom, das Wasserstoffatom, hat im Kern ein Proton mit der Masse $1{,}673 \cdot 10^{-24}$ g. Die Hülle besteht aus einem Elektron mit nur $9{,}108 \cdot 10^{-28}$ g. Ein Proton wiegt etwa $1\,837$-mal so viel wie ein Elektron. Ein Neutron vergrößert die Kernmasse zusätzlich mit $1{,}675 \cdot 10^{-24}$ g.

Die **Elektronenhülle** bewirkt die chemischen Eigenschaften des Atoms. Elektronen mit etwa den gleichen Energiezuständen bewegen sich auf derselben **Elektronenschale**. Ein Sauerstoffatom z. B. ist aus zwei solcher Elektronenschalen aufgebaut **(Bild 1)**. In der inneren Schale mit dem geringeren Energieniveau befinden sich zwei Elektronen und in der äußeren deren sechs mit größerer Energie. Der Atomkern enthält 8 Protonen, die von 8 Neutronen zusammengehalten werden.

Eine Schale kann nicht beliebig viele Elektronen aufnehmen. Die innerste, die kernnächste Schale fasst höchstens 2 Elektronen, die zweite Schale maximal 8. Die dritte Schale nimmt bis zu 18 Elektronen auf und die n-te Schale ist mit $2 \cdot n^2$ Elektronen voll besetzt.

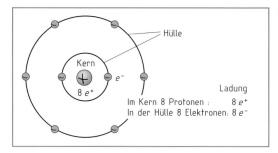

Bild 1: Elektronenhülle des Sauerstoffatoms

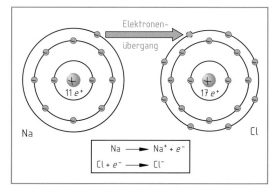

Bild 2: Ionenbildung aus Natrium- und Chloratom

Eine ganz aufgefüllte Elektronenschale ist besonders stabil, d. h. sie lässt nur schwer Veränderungen zu. Von der 3. Schale an erreichen schon 8 Elektronen diesen stabilen Zustand (Oktett-Regel).

Ionenbildung: Geben neutrale Atome durch eine chemische Reaktion Elektronen ab oder nehmen sie welche auf, entstehen **Ionen**. Dadurch erreichen die Atome meist eine stabile Außenschale. Stößt z. B. ein Natriumatom (1 Außenelektron) mit einem Chloratom (7 Außenelektronen) zusammen, wechselt das Außenelektron des Natriumatoms auf die Außenschale des Chloratoms hinüber. Dadurch bildet die nächstinnere, voll besetzte Schale des Na-Atoms die Außenschale und ebenso wie die äußere Schale des Cl-Atoms eine stabile Achterschale **(Bild 2)**. Danach überwiegt beim Na-Ion die elektrische Ladung des Kerns (positives Ion), beim Cl-Ion jedoch die Ladung der Hülle (negatives Ion).

> Positive Ionen entstehen durch Elektronenabgabe, negative Ionen durch Elektronenaufnahme.

Die elektrische Ladung eines Ions entspricht der Zahl der Elementarladungen, die entweder im Kern oder in der Hülle überzählig sind. Diese Ladungszahl nennt man auch **Ionenwertigkeit**. Zum Kennzeichnen schreibt man Größe und Art der Ladung rechts oben an das chemische Zeichen, z. B. Na^+, Ca^{2+}, Al^{3+}, Cl^-, O^{2-} oder S^{2-}.

Redox-Vorgänge sind chemische Reaktionen, bei denen Elektronen von einem Atom zu einem andern wechseln **(Elektronenübergang)**, z. B. $Cu^{2+}O^{2-} + Zn \longrightarrow Zn^{2+}O^{2-} + Cu$. Bei dieser Reaktion gibt das neutrale Zinkatom 2 Elektronen ($2e^-$) an das Kupfer-Ion ab und entlädt es dadurch. Als Folge davon wechselt das Sauerstoff-Ion seinen Platz und gesellt sich zu dem Zink-Ion.

> Oxidation = Elektronenabgabe | Reduktion = Elektronenaufnahme
> Redox-Reaktion = Vorgang des Elektronenübergangs

Der Verbrennung von Magnesium in Luft ($2Mg + O_2 \longrightarrow 2MgO$) sieht man den Redox-Vorgang auf den ersten Blick nicht an. Schreibt man aber die Teilvorgänge auf, erkennt man die Reduktion des Sauerstoffs:

$$2Mg \longrightarrow 2Mg^{2+} + 4e^- \qquad \text{Oxidation}$$

$$O_2 + 4e^- \longrightarrow 2O^{2-} \qquad \text{Reduktion}$$

2.2.6 Chemische Bindung

Ionenbindung (Übersicht): Wie Ionen entstehen, lässt sich auch mit Elektronenformeln verdeutlichen. Hierbei kennzeichnet man die Außenelektronen eines Atoms oder eines Ions durch Punkte um das chemische Zeichen herum **(Bild 1)**.

> Metalle bilden leicht positive Ionen, z.B. Na^+, Mg^{2+} oder Al^{3+}, Nichtmetalle bevorzugt negative Ionen, z.B. Cl^- oder S^{2-}.

Entgegengesetzt geladene Ionen ziehen sich an. Diese elektrische Anziehungskraft ist die chemische Bindkraft der Ionen **(Ionenbindung)**. Die Anziehungskräfte wirken in alle Richtungen des Raumes. Deshalb lagern sich die Ionen zu einem Ionenkristall zusammen. Im Kochsalzkristall z.B. wechseln sich die Na^+-Ionen und Cl^--Ionen ab **(Bild 2)**. Jedes Na^+-Ion ist von 6 benachbarten Cl^--Ionen umgeben und jedes Cl^--Ion von 6 angrenzenden Na^+-Ionen. Die Ionen sind wegen der allseitigen Anziehungskräfte fest an ihren Platz gebunden. Dies äußert sich in den hohen Schmelz- und Siedetemperaturen der Ionenkristalle. Natriumchlorid (NaCl) z.B. schmilzt bei 800 °C und siedet erst bei 1 440 °C, Kaliumjodid (KJ) schmilzt bei 686 °C und siedet bei 1 330 °C.

Atombindung: Fast alle Grundstoffgase enthalten Moleküle, die aus je zwei Atomen bestehen, z.B. H_2, O_2, N_2 oder Cl_2. Ausnahmen sind nur die einatomigen Edelgase wie Helium He, Neon Ne oder Krypton Kr sowie Metalldämpfe. Auch diese Dämpfe bestehen nur aus einzelnen Atomen. Ein weiterer Sonderfall ist das Ozon-Molekül O_3, in dem sich drei Sauerstoffatome miteinander verbunden haben. Dieses Molekül hat ein starkes Oxidationsvermögen, ist allerdings unbeständig.

Die Moleküle der Grundstoffgase halten durch Atombindung (Elektronenpaar-Bindung) zusammen. Ein Atom nähert sich dabei einem zweiten so weit, dass die Atome mit ihren Hüllen ineinander dringen **(Bild 3)**. Dadurch gelangen jeweils zwei Außenelektronen, eines vom ersten Atom und eines vom zweiten, in den Anziehungsbereich beider Atomkerne. Die Atome nähern sich so weit, bis die gegenseitige Abstoßung der beiden Atomkerne voneinander ebenso groß ist wie die Anziehung der Kerne auf das gemeinsame Elektronenpaar. Ein gemeinsames Elektronenpaar kann zu jedem der beiden Atome gezählt werden. Auf diese Weise erhalten die Atome stabile 2er-Schalen (beim H_2-Mole-

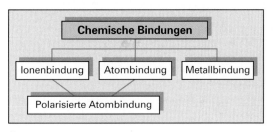

Übersicht: Chemische Bindungsarten

$$Na^{\bullet} + {\bullet}\ddot{C}\ddot{l}{:} \longrightarrow Na^+ + {:}\ddot{C}\ddot{l}{:}^-$$

Bild 1: Bildung von Natriumchlorid (Elektronenformeln)

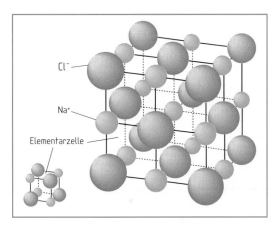

Bild 2: Ionen im Kochsalzkristall

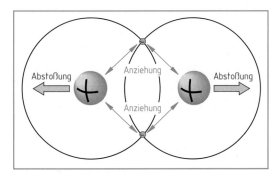

Bild 3: Wasserstoff-Molekül

$$H^{\bullet} + {\bullet}H \longrightarrow H{:}H \quad {:}\ddot{C}l^{\bullet} + {\bullet}\ddot{C}l{:} \longrightarrow {:}\ddot{C}l{:}\ddot{C}l{:}$$

$${:}\ddot{O}{:} + {:}\ddot{O}{:} \longrightarrow {:}\ddot{O}{::}\ddot{O}{:}$$

Bild 4: Atombindungen (Elektronenformeln)

kül) oder 8er-Schalen (bei den anderen Molekülen der Grundstoffgase). Die Anziehungskräfte der Atombindung wirken zwischen den verbundenen Atomen nur in Richtung der gedachten Verbindung beider Atomkerne. Atombindungen lassen sich am besten schematisch durch Elektronenformeln darstellen **(Bild 4)**.

In der Elektronenformel kann man auch Elektronen paarweise durch einen Strich am chemischen Zeichen ersetzen. Gemeinsame Elektronenpaare stellt man durch einen Bindestrich (Wertigkeitsstrich) zwischen den Zeichen (**Bild 1**) dar. Doppelte Striche, z.B. im O_2-Molekül, sind eine Doppelbindung: eine Bindung mit zwei gemeinsamen Elektronenpaaren. Es gibt noch Dreifachbindungen, z.B. $N \equiv N$.

Polarisierte Atombindung: Reine Atombindungen entstehen nur zwischen gleichartigen Atomen. Atombindungen zwischen unterschiedlichen Atomen sind **polarisiert**. Das Atom mit der größeren Kernladung zieht das gemeinsame Elektronenpaar näher zu sich her. Im Chlorwasserstoff-Molekül HCl z.B. wird das gemeinsame Elektronenpaar näher zum Cl-Atomkern hin gedrängt (**Bild 2**). Der Schwerpunkt der negativen Ladungen orientiert sich dadurch mehr zum Chlor-Atom hin. Damit verschiebt sich der Schwerpunkt der positiven Ladungen näher zum Wasserstoff-Atom. Das HCl-Molekül zeigt also eine Polarisierung der Ladungen.

Das Bestreben der Atome, die Bindungselektronen an sich zu ziehen, nennt man **Elektronegativität**. Je weiter zwei Atome in der **Elektronegativitätsreihe** auseinander liegen, desto stärker zieht das rechte Atom die gemeinsamen Elektronenpaare an, desto höher ist die Polarisierung und damit der Ionencharakter der Bindung. Fallen die Schwerpunkte der positiven und der negativen Ladungen auseinander, kann ein Molekulardipol (Dipolmolekül) entstehen.

Ein Molekül mit zwei entgegengesetzt geladenen Seiten bildet einen Molekulardipol.

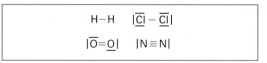

Bild 1: Darstellung mit Wertigkeitsstrichen

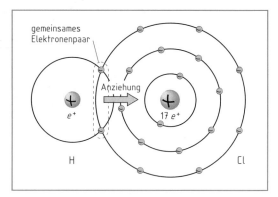

Bild 2: Entstehen polarisierter Atombindung

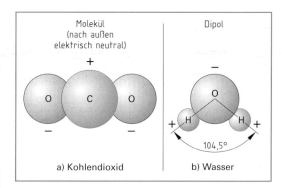

Bild 3: Entstehen von Molekulardipolen

Elektronegativitätsreihe																	
K	Na	Ca	Mg	Al	Pb	Sn	Si	B	P	H	J	S	C	Br	Cl	N	O	F
Zunehmende Elektronegativität																	

Bei symmetrischen Molekülen mit symmetrischer Polarisierung bilden sich keine Molekulardipole aus, z.B. nicht beim Kohlendioxid-Molekül (**Bild 3a**). Ein Wassermolekül (**Bild 3b**) ist jedoch gewinkelt gestaltet und wirkt deshalb als Dipol.

Metallbindung: Metalle und Legierungen bilden Kristallgitter. Sie sind aus regelmäßig angeordneten positiven Metall-Ionen aufgebaut. Jedes Metall-Ion ist je nach Kristallstruktur von 8 oder von 12 Nachbar-Ionen umgeben. Außenelektronen lösen sich von ihren Atomen und bewegen sich im Metall frei zwischen den Metall-Ionen (**Bild 4**). Diese (frei beweglichen) Elektronen ziehen die positiven Ionen an und halten sie dadurch zusammen.

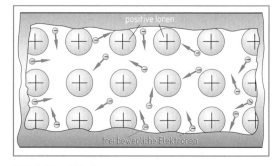

Bild 4: Metallbindung

2.2.7 Säuren

Stoffe, die geschmolzen oder in wässriger Lösung in frei bewegliche Ionen zerfallen und dadurch den elektrischen Strom leiten, nennt man **Elektrolyte (Übersicht)**.

Zusammensetzung und Eigenschaften der Säuren: Säuren sind Verbindungen von Wasserstoff mit Nichtmetallen oder Nichtmetalloxiden, seltener mit Metalloxiden **(Tabelle 1)**.

Säuren haben gemeinsame Eigenschaften. Sie schmecken auch in starker Verdünnung sauer, färben Indikatoren, z.B. Lackmuspapier, rot und wirken konzentriert ätzend. Säuren lösen sich in Wasser. Die Lösung kann sich dabei so stark erwärmen, dass sie aus dem Gefäß herausspritzt.

> Zum Verdünnen von Säuren muss man immer die Säure in Wasser gießen. Nie umgekehrt!

Beim Lösen spalten sich die Säuren in positive Wasserstoff-Ionen H^+ und in negative Säurerest-Ionen, z.B. in Cl^-, SO_4^{2-}, NO_3^- oder PO_4^{3-} **(Dissoziation[1])**. Gibt ein Wasserstoffatom H sein einziges Elektron an den Säurerest ab, bleibt nur der nackte Kern übrig. Ein Proton bleibt zurück, das in Wasser nicht beständig ist und das sich sofort mit einem Wassermolekül verbindet: $H^+ + H_2O \longrightarrow H_3O^+$.

Es entstehen Hydronium-Ionen (H_3O^+). Oft spricht man nur von Wasserstoff-Ionen, meint aber damit Hydronium-Ionen H_3O^+.

Diese Ionen bewirken die allgemeinen Eigenschaften der Säuren, die Säurerest-Ionen dagegen die Besonderheiten der einzelnen Säuren.

> Säuren sind Protonen-Spender, d. h., sie können Protonen abgeben.

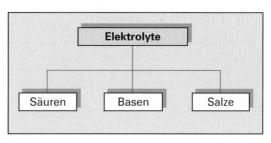

Übersicht: Elektrolyte

Tabelle 1: Wichtige Säuren			
Formel	Name	Formel	Name
HCl	Salzsäure	H_2CO_3	Kohlensäure
H_2SO_4	Schwefelsäure	H_3PO_4	Phosphorsäure
HNO_3	Salpetersäure	H_2CrO_4	Chromsäure

Tabelle 2: Bilden sauerstoffhaltiger Säuren

Nichtmetalloxid + Wasser $\longrightarrow$ sauerstoffhaltige Säure

$$CO_2 + H_2O \longrightarrow H_2CO_3$$
$$SO_2 + H_2O \longrightarrow H_2SO_3$$
$$SO_3 + H_2O \longrightarrow H_2SO_4$$

$$HNO_3 + H_2O \longrightarrow H_3O^+ + NO_3^-$$

$$H_2SO_4 + H_2O \longrightarrow H_3O^+ + HSO_4^-$$
$$HSO_4^- + H_2O \longrightarrow H_3O^+ + SO_4^{2-}$$

$$H_3PO_4 + H_2O \longrightarrow H_3O^+ + H_2PO_4^-$$
$$H_2PO_4^- + H_2O \longrightarrow H_3O^+ + HPO_4^{2-}$$
$$HPO_4^{2-} + H_2O \longrightarrow H_3O^+ + PO_4^{3-}$$

Bild: Stufenweise Dissoziation

Sauerstoffhaltige Säuren: Nichtmetalloxide können mit Wasser Säuren bilden **(Tabelle 2)**.

Löst man eine Säure in Wasser, dissoziieren nur Säuren mit einem einzigen Wasserstoff-Atom im Molekül auf einmal **(Bild, oben)**. Säuren mit mehreren Wasserstoff-Atomen im Molekül dissoziieren in Stufen **(Bild, Mitte und unten)**.

Wiederholungsfragen

1 Welchen Elektronenübergang gibt es bei der a) Oxidation und b) Reduktion?

2 Welche Grundstoffe bilden leicht positive und welche meist negative Ionen?

3 Wodurch unterscheidet sich die Atombindung von der Ionenbindung?

4 Erklären Sie die Polarisierung von Molekülen mit der Elektronegativität.

5 Welche gemeinsamen Eigenschaften haben alle Säuren?

6 Was versteht man unter Dissoziation?

7 Worauf ist beim Verdünnen konzentrierter Schwefelsäure zu achten?

8 Wodurch werden die besonderen Eigenschaften der einzelnen Säuren bewirkt?

---

[1] von dissociatio (lat.) = Trennung, Spaltung

2.2.8 Basen (Laugen)

Zusammensetzung und Eigenschaften: Basen sind Metallhydroxide. Sie enthalten die charakteristische OH-Gruppe **(Tabelle)**. Alle Metalle können Hydroxide bilden, aber nur wenige Metallhydroxide lösen sich in Wasser.

Tabelle: Wichtige Basen (Metallhydroxide)	
Formel	**Name**
NaOH	Natriumhydroxid
KOH	Kaliumhydroxid
$Ca(OH)_2$	Calciumhydroxid
$Mg(OH)_2$	Magnesiumhydroxid

Die wasserlöslichen Hydroxide nennt man **Basen**, die Metallhydroxid-Lösungen bezeichnet man als **Laugen**. Basen dissoziieren in Lösung in positive Metallionen und negative Hydroxid-Ionen:

$$NaOH \longrightarrow Na^+ + OH^- \qquad Ca(OH)_2 \longrightarrow Ca^{2+} + 2OH^-$$

Die Hydroxid-Ionen verursachen die gemeinsamen, übereinstimmenden Eigenschaften der Laugen:

Laugen fühlen sich seifig an und ätzen in höherer Konzentration die Haut. Sie färben Indikatoren, z.B. Lackmuspapier, blau und Phenolphthalein karminrot (Polreagenz-Papier enthält Phenolphthalein und Kochsalz).

Das Hydroxid-Ion kann ein Proton aufnehmen und damit ein Wassermolekül bilden: $H^+ + OH^- \longrightarrow H_2O$.

> Laugen sind Protonen-Fänger, d. h., sie können Protonen aufnehmen.

Eine **Säure-Base-Reaktion**, also ein chemischer Vorgang mit **Protonenübergang**, ist z.B. das Lösen des Gases Ammoniak NH_3 in Wasser:

$$NH_3 + H_2O \longrightarrow NH_4^+ + OH^-$$

In der Lösung sind positive Ammonium-Ionen NH_4^+ und negative Hydroxid-Ionen OH^-. Die Lösung reagiert basisch. Beim Lösen gibt Wasser Protonen ab, wirkt daher als Säure, und Ammoniak nimmt Protonen auf, ist also die Base.

Herstellung von Laugen: Laugen entstehen, wenn Metalloxide oder sehr unedle Metalle mit Wasser reagieren. Die Laugen kann man eindampfen, um die festen Metallhydroxide zu erhalten.

Metalloxid + Wasser ⟶ Metallhydroxid-Lösung	$CaO + H_2O \longrightarrow Ca^{2+} + 2OH^-$
Unedles Metall + Wasser ⟶ Metallhydroxid-Lösung + Wasserstoff	
$2Na + 2H_2O \longrightarrow 2Na^+ + 2OH^- + H_2\uparrow$	

Dissoziation von Säuren, Basen und Wasser: Säuren und Basen dissoziieren in wässriger Lösung, d. h., sie zerfallen darin in Bruchteile. Außerdem dissoziiert auch das Wasser selbst, wenn auch nur in geringem Maße:

$$H_2O + H_2O \longrightarrow H_3O^+ + OH^-$$

In 1 l Wasser sind bei Normaltemperatur $1,9 \cdot 10^{-6}$ g Hydronium-Ionen und $1,7 \cdot 10^{-6}$ g Hydroxid-Ionen vorhanden. Reines Wasser enthält diese gegensätzlich wirkenden Ionen in gleicher Zahl. Es reagiert daher weder sauer noch basisch, sondern neutral.

Alle Dissoziationsvorgänge sind Gleichgewichtsreaktionen, d. h., sie laufen in der einen wie in der anderen Richtung ab. Bringt man eine Säure in Wasser, entsteht ein Überschuss an Hydronium-Ionen, die Hydroxid-Ionen werden aber dadurch nicht vollständig zurückgedrängt. Werden die Hydronium-Ionen verdoppelt, halbiert sich die Zahl der Hydroxid-Ionen. Verdreifacht sich die Anzahl der H_3O^+-Ionen, sinkt die Zahl der OH^--Ionen auf ein Drittel. Löst man eine Base in Wasser, sind die Hydroxid-Ionen im Überschuss vorhanden und dafür weniger Hydronium-Ionen. Die Stärke einer Säure oder Lauge wird als pH-Wert[1] angegeben, ein logarithmisches Maß der Hydronium-Ionen-Konzentration (auch vereinfacht als Wasserstoff-Ionen-Konzentration bezeichnet).

pH-Wert	0	1	2	3	4	5	6	7	8	9	10	11	12	13	14
Reaktion		stark sauer			schwach sauer			**neutral**	schwach basisch			stark basisch			
		Überschuss an H_3O^+-Ionen							Überschuss an OH^--Ionen						

[1] von potentia hydrogenii (lat.) = Wirksamkeit des Wasserstoffs; hier der negative dekadische Logarithmus der Wasserstoff-Ionen-Konzentration

2.2.9 Salze

Zusammensetzung und Benennung: Gießt man eine verdünnte Säure in eine Lauge, bildet sich unter Wärmeentwicklung ein gelöstes Salz **(Neutralisation)**. Der chemische Vorgang besteht lediglich aus dem Protonenübergang vom Hydronium- zum Hydroxid-Ion, wobei zwei Wassermoleküle entstehen:

$$\text{Säure} + \text{Lauge} \longrightarrow \text{Salz} + \text{Wasser}$$
$$H_3O^+ + Cl^- + Na^+ + OH^- \longrightarrow Na^+ + Cl^- + 2H_2O$$

Neutralisation: $H_3O^+ + OH^- \longrightarrow 2H_2O$

Ein Salz ist aus positiven Metall- bzw. Ammonium-Ionen und aus negativen Säurerest-Ionen zusammengesetzt (Ionenbindung). Salze kristallisieren in Ionengittern.

Der Name eines Salzes wird aus dem Metallnamen sowie aus der Benennung des Säurerests gebildet. Die Wertigkeit des positiven Ions gibt man nur an, wenn das Ion in mehreren Wertigkeiten auftreten kann. Die Säurerestnamen sind z.B. Chlorid für das Salz der Salzsäure, Sulfat für das der Schwefelsäure; Nitrate heißen die Salze der Salpetersäure oder Carbonate die der Kohlensäure.

Als Endungen der Säurebezeichnungen verwendet man -id für sauerstofffreie Säuren, -it für Säuren mit geringem und -at für Säuren mit hohem Sauerstoffgehalt **(Tabelle)**.

Beispiele: Calciumchlorid $CaCl_2$, Eisen(II)-sulfat $FeSO_4$, Natriumsulfit Na_2SO_3, Aluminiumsulfat $Al_2(SO_4)_3$, Ammoniumphosphat $(NH_4)_3PO_4$.

Bringt man einen Salzkristall in Wasser, ziehen die positiven Ionen an der Kristalloberfläche die negativen Seiten der Wassermoleküle an und die negativen Ionen die positiven Seiten dieser Molekulardipole. In der Lösung umgeben sich die Ionen mit einem Mantel aus Wassermolekülen **(Bild)**. Diese Erscheinung nennt man **Hydration**[1], der Mantel aus Wassermolekülen um die Ionen heißt **Hydrathülle**.

Tabelle: Benennung der Salze			
Metall	**Ion**	**Ion**	**Säurerest**
Natrium-	Na^+	Cl^-	-chlorid
Calcium-	Ca^{2+}	SO_3^{2-}	-sulfit
Aluminium-	Al^{3+}	SO_4^{2-}	-sulfat
Kupfer(II)-	Cu^{2+}	NO_2^-	-nitrit
Eisen(II)-	Fe^{2+}	NO_3^-	-nitrat
Eisen(III)-	Fe^{3+}	CO_3^{2-}	-carbonat
Silber-	Ag^+	HCO_3^-	-hydrogencarbonat
		PO_4^{3-}	-phosphat
Ammonium-[1]	NH_4^+	CrO_4^{2-}	-chromat

[1] Das Ammonium-Ion verhält sich wie ein Metall-Ion

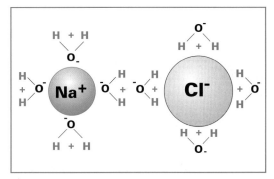

Bild: Hydration von Ionen

Unter Dissoziation versteht man das Entstehen frei beweglicher Ionen durch das Aufspalten von Molekülen oder durch Lösen eines Ionenkristalls.

Herstellung von Salzen: Neben der Neutralisation gibt es weitere Möglichkeiten zur Salz-Herstellung:

Metalloxid + Säure $\longrightarrow$ Salz + Wasser	$CuO + 2H_3O^+ + 2Cl^- \longrightarrow Cu^{2+} + 2Cl^- + 3H_2O$
Nichtmetalloxid + Lauge $\longrightarrow$ Salz + Wasser	$CO_2 + Ca^{2+} + 2OH \longrightarrow Ca^{2+} + CO_3^{2-} + H_2O$
Unedles Metall + Säure $\longrightarrow$ Salz + Wasserstoff	$Zn + 2H_3O^+ + SO_4^{2-} \longrightarrow Zn^{2+} + 2Cl^- + 2H_2O + H_2\uparrow$

Wiederholungsfragen

1 Woraus besteht ein Metallhydroxid?

2 Nennen Sie die Möglichkeiten der Herstellung von Laugen.

3 Erklären Sie die Säure-Base-Reaktion.

4 Welche chemische Reaktion läuft grundsätzlich bei einer Neutralisation ab?

5 Was versteht man unter Hydration und was unter Dissoziation beim Lösen eines Salzes?

6 Beschreiben Sie Möglichkeiten für die Herstellung von Salzen.

7 Welche Bestandteile haben Salze gemeinsam mit den Säuren und welche mit den Basen?

[1] von hydro (griech.) = Wasser

2.2.10 Periodensystem der Elemente

Atombau und Periodensystem: Das Periodensystem **(Übersicht)** enthält alle Elemente nach der Kernladungszahl ihrer Atome in einer Tabelle angeordnet. Die **Ordnungszahl** gibt die Nummer eines Grundstoffs in diesem System an.

Ordnungszahl = Kernladungszahl =
= Protonenzahl = Elektronenzahl

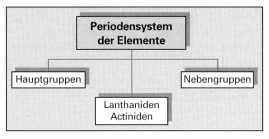

Übersicht: Periodensystem der Elemente

In der Reihe der Elemente haben Grundstoffe mit ähnlichen chemischen Eigenschaften in bestimmten Bereichen gleiche Abstände voneinander. Die Reihe weist also eine Regelmäßigkeit, eine Periodizität auf **(Tabelle 1)**.

Tabelle 1: Periodensystem der Elemente								
Hauptgruppe:	I	II	III	IV	V	VI	VII	VIII
1. Periode	$_1$H							$_2$He
2. Periode	$_3$Li	$_4$Be	$_5$B	$_6$C	$_7$N	$_8$O	$_9$F	$_{10}$Ne
3. Periode	$_{11}$Na	$_{12}$Mg	$_{13}$Al	$_{14}$Si	$_{15}$P	$_{16}$S	$_{17}$Cl	$_{18}$Ar
4. Periode	$_{19}$K	$_{20}$Ca	$_{31}$Ga	$_{32}$Ge	$_{33}$As	$_{34}$Se	$_{35}$Br	$_{36}$Kr
5. Periode	$_{37}$Rb	$_{38}$Sr	$_{49}$In	$_{50}$Sn	$_{51}$Sb	$_{52}$Te	$_{53}$J	$_{54}$Xe
6. Periode	$_{55}$Cs	$_{56}$Ba	$_{81}$Tl	$_{82}$Pb	$_{83}$Bi	$_{84}$Po	$_{85}$At	$_{86}$Rn
7. Periode	$_{87}$Fr	$_{88}$Ra						

In einer Zeile des Systems, **Periode** genannt, stehen die Elemente, deren Atome die gleiche Anzahl Elektronenschalen besitzen. In den Spalten, den **Hauptgruppen** I bis VIII, sind die Elemente mit gleich besetzten Außenschalen der Atome aufgeführt.

Die Elemente bis zur Ordnungszahl 20 nehmen bis zum Element Calcium nacheinander ihren Platz im Periodensystem ein. Zuerst werden die beiden Atome mit einem und mit zwei Elektronen (Wasserstoff und Helium) in der 1. Periode untergebracht. Helium ist ein Edelgas mit stabiler Außenschale (2 Elektronen). Darum steht es über den anderen Edelgasen in der VIII. Hauptgruppe.

Dann kommt die 2. Periode mit den Elementen Lithium bis Neon, entsprechend der Elektronenzahl 1 bis 8 auf der 2. Schale. Die 3. Periode enthält die Elemente Natrium bis Argon mit 1 bis 8 Elektronen auf der 3. Schale. Diese Schale ist dann zwar stabil (Achterschale), aber noch nicht voll besetzt. Sie kann bis zu 18 Elektronen fassen. Trotzdem beginnt jetzt die 4. Periode mit den beiden Elementen Kalium und Calcium. Dann folgen zunächst **Nebengruppenelemente**, die in der Außenschale meist 2 Elektronen haben. Bei ihnen wird erst die nächstinnere Schale, also die dritte, bis zur höchstmöglichen Zahl von $2 \cdot 3^2 = 18$ Elektronen nacheinander aufgefüllt. In den Perioden 4 bis 7 stehen bei jeder Hauptgruppe Nebengruppenelemente, die alle Metalle sind **(Tabelle 2)**. Man findet hier die technisch wichtigsten Metalle wie Eisen, Kupfer, Zink oder Silber.

Tabelle 2: Nebengruppenelemente									
Nebengruppe:	Ia	IIa	IIIa	IVa	Va	VIa	VIIa	VIIIa	
4. Periode	$_{29}$Cu	$_{30}$Zn	$_{21}$Sc	$_{22}$Ti	$_{23}$V	$_{24}$Cr	$_{25}$Mn	$_{26}$Fe	$_{27}$Co	$_{28}$Ni
5. Periode	$_{47}$Ag	$_{48}$Cd	$_{39}$Y	$_{40}$Zr	$_{41}$Nb	$_{42}$Mo	$_{43}$Tc	$_{44}$Ru	$_{45}$Rh	$_{46}$Pd
6. Periode	$_{79}$Au	$_{80}$Hg	$_{57}$La	$_{72}$Hf	$_{73}$Ta	$_{74}$W	$_{75}$Re	$_{76}$Os	$_{77}$Ir	$_{78}$Pt
7. Periode			$_{89}$Ac	$_{104}$Ku						

In den Nebengruppen folgen in der 6. Periode auf Lanthan La bis zum Hafnium Hf noch 14 Elemente, die man **Lanthaniden** oder „Seltene Erdmetalle" nennt. Bei ihnen wird die zweitinnerste Schale (die 4. Schale) mit 19 bis 32 Elektronen aufgefüllt. Ähnlich kommen in der 7. Periode nach dem Actinium Ac die so genannten **Actiniden** mit meist 3 Elektronen in der äußersten Schale.

Gesetzmäßigkeiten im Periodensystem:

Im Periodensystem ändern sich die Eigenschaften der Elemente mit dem Aufbau der Elektronenhülle. Verbinden sich zwei Atome, ist nur die äußerste Elektronenschale beteiligt. Deshalb findet man im Periodensystem die Elemente mit ähnlichen chemischen Eigenschaften untereinander, also alles Atome mit gleicher Außenschale.

Von oben nach unten nimmt z.B. der **Atomdurchmesser** zu, weil von Periode zu Periode eine neue Schale hinzukommt.

Die **Wertigkeit gegenüber Wasserstoff** steigt von I bis IV mit der Hauptgruppen-Nummer an und fällt dann bei den Hauptgruppen V bis VII stetig wieder ab **(Bild 1)**, z.B. bei den Elementen der 2. Periode: Lithiumhydrid LiH, Berylliumhydrid BeH_2, Borhydrid BH_3, Methan CH_4, Ammoniak NH_3, Wasser H_2O und Fluorwasserstoff HF.

Die **höchste Wertigkeit gegenüber Sauerstoff** ist gleich der Hauptgruppen-Nummer, z.B. für die Elemente der 3. Periode: Natriumoxid Na_2O, Magnesiumoxid MgO, Aluminiumoxid Al_2O_3, Siliciumdioxid SiO_2, Phosphorpentoxid P_2O_5, Schwefeltrioxid SO_3 und Chlorheptoxid Cl_2O_7.

Der **Metallcharakter** der Hauptgruppenelemente nimmt in den Perioden von rechts nach links und in den Gruppen von oben nach unten zu **(Bild 2)**. Umgekehrt verhält sich der **Nichtmetallcharakter** der Elemente.

Wertigkeit gegenüber Wasserstoff							
Hauptgruppe	I	II	III	IV	V	VI	VII
	LiH	BeH_2	BH_3	CH_4	NH_3	H_2O	HF
Höchste Wertigkeit gegen Sauerstoff							
	Na_2O	MgO	Al_2O_3	SiO_2	P_2O_5	SO_3	Cl_2O_7

Bild 1: Wertigkeit im Periodensystem

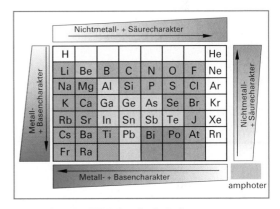

Bild 2: Gesetzmäßigkeiten im Periodensystem

Die **Elektronegativität** steigt mit dem Nichtmetallcharakter in den Perioden von links nach rechts an, in den Hauptgruppen von unten nach oben. Das am stärksten elektronegative Element ist Fluor F.

Wie die Elektronegativität verhält sich der **saure Charakter der Oxide** und entgegengesetzt ihr **basischer Charakter**.

Elektrolyte, die sich gegenüber starken Basen wie Säuren und gegen starke Säuren wie Basen verhalten, nennt man **amphoter**[1] (Bild 2). Amphotere Elemente stehen im Periodensystem in der Diagonale, die von links oben nach rechts unten verläuft. Amphotere Stoffe können je nach den Versuchsbedingungen sowohl Protonen aufnehmen als auch welche abgeben. Aluminiumhydroxid $Al(OH)_3$ z.B. bildet in Lösungen mit einem pH-Wert <10 Aluminium-Ionen Al^{3+}, in Lösungen mit einem pH-Wert >13 jedoch Aluminat-Ionen $[Al(OH)_4]^-$.

Wiederholungsfragen

1 Geben Sie Zahl und Art der Elementarteilchen eines Sauerstoff-Atoms an.

2 Welche Gruppe des Periodensystems enthält Elemente, die kaum chemische Verbindungen eingehen?

3 Wie viele Elektronen haben die Atome der Grundstoffe 3 bis 10 jeweils auf der Außenschale?

4 Wie groß ist die Kernladungszahl eines Atoms?

5 Wie groß ist die höchste Wertigkeit der Atome in den Hauptgruppen des Periodensystems gegenüber Sauerstoff und wie groß ist die Wertigkeit gegenüber Wasserstoff?

6 Auf welche Weise ändert sich die Elektronegativität im Periodensystem der Elemente?

---

[1] von amphoteros (griech.) = beides, beiderseitig

45

2.2.11 Kohlenwasserstoffe

Die meisten der bisher bekannten chemischen Verbindungen sind Kohlenstoffverbindungen. Sie kommen auch als Stoffe der belebten Natur vor. Man teilt alle Stoffe in **organische** und **anorganische** ein.

> Organische Stoffe sind Kohlenstoffverbindungen.

Zur anorganischen Chemie zählen von den Kohlenstoffverbindungen nur die Kohlenstoffoxide, Kohlensäure, die Carbonate und Carbide.

Von den natürlichen organischen Verbindungen und den künstlich hergestellten sind rund 6 Millionen bekannt und genau beschrieben, von den anorganischen Verbindungen nur knapp 100 000.

Dabei enthalten organische Stoffe nur wenige chemische Elemente: Kohlenstoff und meist auch Wasserstoff, dazu kommen manchmal noch Sauerstoff, Stickstoff, Schwefel, die Halogene oder in speziellen Verbindungen sogar Metalle.

Der Grund für die Vielfalt organischer Verbindungen ist eine besondere Eigenschaft des Kohlenstoffs: Kohlenstoffatome können sich untereinander verbinden und so Ketten oder Ringe bilden.

Einfache organische Stoffe enthalten nur die Elemente Kohlenstoff und Wasserstoff (**Übersicht**).

> Die **Kohlenwasserstoffe** sind aus Kohlenstoff und Wasserstoff zusammengesetzt.

Das Kohlenstoffatom besitzt vier Elektronen in der äußersten Schale. Davon kann jedes Elektron mit einem Außenelektron eines anderen Atoms ein Elektronenpaar bilden. Die entstehenden chemischen Bindungen zeigen vom Kohlenstoffatom aus gleichmäßig in vier Richtungen des Raumes, also auf die Ecken eines Tetraeders hin (**Bild 1**). Auf diese Weise können Kohlenstoffatome untereinander durch eine frei drehbare Einfachbindung oder durch eine starre Doppel- bzw. Dreifachbindung verkettet sein (**Bild 2**).

In den Molekülen der Kohlenwasserstoffe halten die Kohlenstoffatome untereinander durch Atombindungen (Elektronenpaarbindungen) zusammen. Ebenso sind die Wasserstoffatome durch Atombindungen mit den Kohlenstoffatomen verbunden. Kohlenwasserstoff-Moleküle können Ketten sein, zum Teil auch lang gezogene, verzweigte Gebilde oder ringförmige Strukturen (**Tabelle**).

Moleküle mit Atombindungen veranschaulicht man mit **Strukturformeln**. Bei ihnen ist jedes gemeinsame Elektronenpaar durch einen Strich zwischen den chemischen Zeichen ersetzt (Tabelle).

Übersicht: Kohlenwasserstoffe

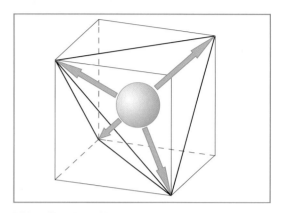

Bild 1: Chemische Bindungen des C-Atoms

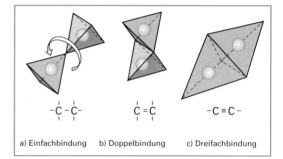

a) Einfachbindung   b) Doppelbindung   c) Dreifachbindung

Bild 2: Atombindungen zwischen C-Atomen

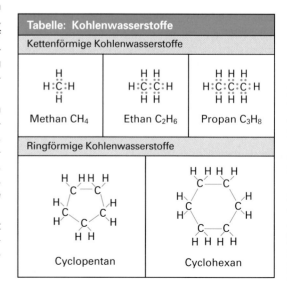

Tabelle: Kohlenwasserstoffe		
Kettenförmige Kohlenwasserstoffe		
Methan CH_4	Ethan C_2H_6	Propan C_3H_8
Ringförmige Kohlenwasserstoffe		
Cyclopentan	Cyclohexan	

Homologe Reihe der Alkane

Die Kohlenwasserstoffe lassen sich in Reihen mit gleichmäßig sich verändernden Eigenschaften anordnen. Die einfachste homologe[1] Reihe ist die der **Alkane**.

> **Alkane** sind Kohlenwasserstoffe, die nur Einfachbindungen enthalten.

Kohlenwasserstoffe ausschließlich mit Einfachbindungen nennt man auch „gesättigt". Aufeinander folgende Glieder der Alkane unterscheiden sich durch die Atomgruppe $-CH_2-$ voneinander **(Bild 1)**. Das Alkan mit n Kohlenstoffatomen hat folglich die **Summenformel**: C_nH_{2n+2}.

Die Kohlenstoff-Wasserstoff-Verbindung ist nur wenig polarisiert: Das Wasserstoffatom ist leicht positiv und das Kohlenstoffatom etwas negativ geladen (Elektronegativitätsdifferenz: 0,4). Die frei drehbaren C–C-Einfachbindungen und die gegenseitige Abstoßung der H-Atome bewirken eine räumlich symmetrische Struktur der Alkan-Moleküle **(Bild 2)**.

Die Namen der Alkane enden alle mit „**-an**". Der Wortstamm richtet sich nach Anzahl der Kohlenstoffatome **(Tabelle)**.

Die Alkane reagieren ziemlich träge. Deshalb nennt man sie auch **Paraffine**[2]. Die Eigenschaften der Alkane hängen von der Kettenlänge der Moleküle ab.

Die Alkan-Moleküle sind praktisch unpolar. Sie sind deshalb unlöslich in polaren Lösungsmitteln, z.B. in Wasser, weil die Alkan-Moleküle kaum Dipole bilden. Dagegen lösen die flüssigen Alkane ihrerseits viele Stoffe, z.B. Fette und Öle.

Methan, Ethan, Propan und Butan sind Bestandteile des Erdgases. Kraftstoffe (Benzin, Dieselöl) enthalten Pentan C_5H_{12} bis Hexadekan $C_{16}H_{34}$. Alkane mit mehr als 16 Kohlenstoffatomen im Molekül sind pastenartig bis fest.

Die Alkane reagieren mit den aggressiven Halogenen. Dabei können sie ein oder mehrere Wasserstoffatome in einem Alkan-Molekül ersetzen (substituieren[3]): $CH_4 + Cl_2 \longrightarrow CH_3Cl + HCl$.

> Bei einer Substitution ersetzen Atome oder Atomgruppen andere Atome oder Atomgruppen. Dabei entstehen immer zwei Produkte.

Methan CH_4	Ethan C_2H_6	Propan C_3H_8

Butan C_4H_{10}	Pentan C_5H_{12}

Bild 1: Kettenförmige Kohlenwasserstoffe (die ersten 5 Alkane)

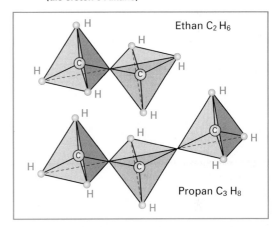

Bild 2: Räumliche Anordnung der Atome in Alkan-Molekülen

Tabelle: Wortstamm der Namen von Kohlenwasserstoffen			
C-Atome	**Wortstamm**	**C-Atome**	**Wortstamm**
1	Meth-	6	Hex-
2	Eth-	7	Hept-
3	Prop-	8	Okt-
4	But-	9	Non-
5	Pent-	10	Dek-

CH_3Cl	Monochlormethan (Methylchlorid)
CH_2Cl_2	Dichlormethan (Methylenchlorid)
$CHCl_3$	Trichlormethan (Chloroform)
CCl_4	Tetrachlormethan (Tetrachlorkohlenstoff)

Bild 3: Derivate von Alkanen

Durch **Substitution** (= Ersetzung) bilden sich Derivate[4] der Alkane **(Bild 3)**, z.B. Trichlormethan und Tetrachlormethan, die man als Lösungsmittel verwendet. Ein anderes Derivat des Methans, Difluordichlormethan CF_2Cl_2 (Frigen), dient als Kältemittel in Kühlschränken und als Treibmittel in Spraydosen.

[1] von homologia (griech.) = Übereinstimmung   [2] von parum (lat.) = wenig und affinis (lat.) = teilnehmend, beteiligt; hier: wenig reaktionsfähig
[3] von substituere (lat.) = an die Stelle setzen   [4] von derivare (lat.) = ableiten; hier Derivat = Abkömmling

Diese Fluor-Chlor-Kohlen-Wasserstoffe (FCKW) greifen die Ozonschicht in der Atmosphäre an.

Isomerie: Die Alkane bilden neben den geraden, lang gestreckten Molekülen auch verzweigte Ketten. So gibt es außer dem normalen Butan (n-Butan) C_4H_{10} noch das iso-Butan[1] C_4H_{10} **(Bild 1)**.

> **Isomere** sind Stoffe gleicher Summenformel, aber unterschiedlicher Molekülstruktur oder verschiedener Atomanordnung im Molekül.

Je größer ein Molekül ist, desto mehr Isomere existieren davon. Vom Pentan sind 3 Isomere bekannt, vom Hexan 5 und vom Heptan 6. Beim $C_{25}H_{52}$ sind es schon rund 36 Millionen Isomere.

Bei den Halogenalkanen tritt nicht unbedingt eine Raumisomerie auf (freie Drehbarkeit der Einfachbindungen). Dagegen ermöglichen die starren Doppelbindungen mehr Isomere: Vom Difluorethen $C_2H_2F_2$ z. B. gibt es zwei. Sind die Substitutionspaare, z. B. hier die beiden Fluoratome, benachbart, spricht man von der cis-Form; liegen sie sich gegenüber, von der trans-Form (Bild 1).

Homologe Reihe der Alkene

> **Alkene** sind Kohlenwasserstoffe, die eine Doppelbindung ($-C = C-$) im Molekül haben. Allgemeine Summenformel: $C_n H_{2n}$.

Alkene werden aus den entsprechenden Alkanen mit einem Katalysator bei hoher Temperatur hergestellt **(Bild 2)**. Dabei treten Atome oder Atomgruppen aus **(Eliminierung[2])**. Die Eliminierung von Wasserstoff nennt man auch **Dehydrierung[3]**.

Das einfachste Alken ist das Ethen C_2H_4 **(Bild 3)**, früher auch als „Äthylen" bezeichnet. Die Namen der Alkene bildet man aus dem Wortstamm der Alkane und hängt die Endung **-en** an, z. B. Propen C_3H_6 oder Penten C_5H_{10}.

Die Doppelbindung macht die Alkene besonders reaktionsfähig: An ungesättigte Kohlenwasserstoffe lassen sich weitere Atome anlagern **(Bild 4)**.

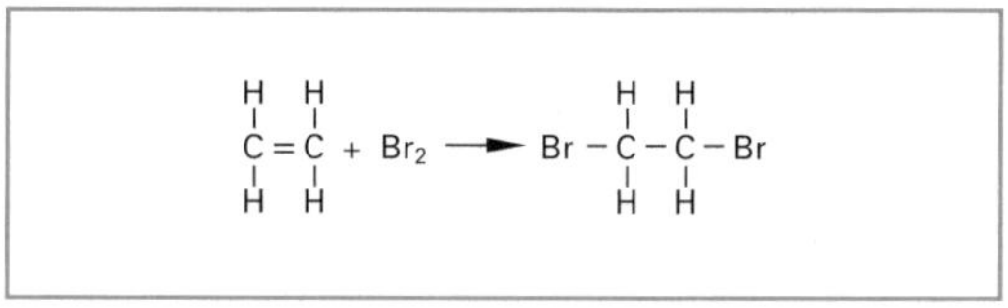

> **Addition:** Synthese aus zwei Molekülen, von denen eines eine Doppelbindung oder eine Dreifachbindung besitzt. Dabei bildet sich kein Nebenprodukt.

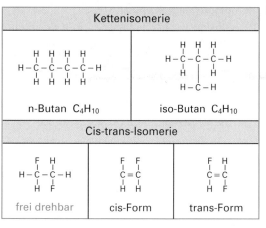

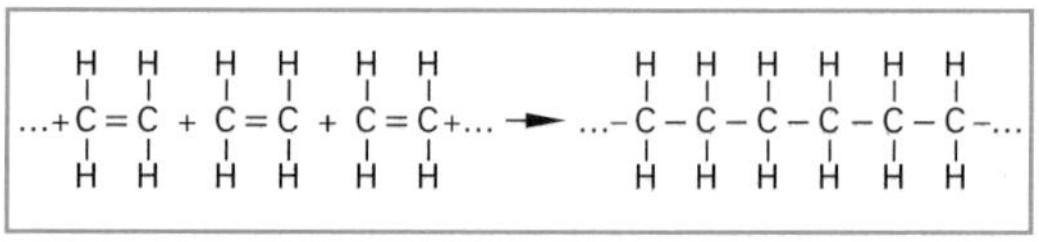

Bild 1: Isomerie

Kettenisomerie — n-Butan C_4H_{10} — iso-Butan C_4H_{10}

Cis-trans-Isomerie — frei drehbar — cis-Form — trans-Form

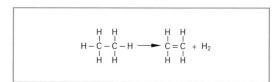

Bild 2: Entstehen der Alkene

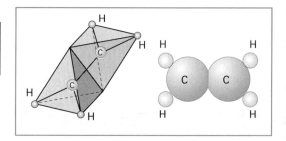

Bild 3: Räumlicher Aufbau des Ethen-Moleküls

Bild 4: Anlagerung von Bromatomen an Alkene

Bild 5: Polymerisation

Alkenmoleküle können sich unter der Wirkung von Katalysatoren sogar die Doppelbindungen aufbrechen, sich miteinander selbst verbinden und auf diese Weise lange Ketten bilden **(Polymerisation Bild 5)**.

---

[1] von isos (griech.) = gleich   [2] eliminare (lat.) = entfernen, ausstoßen

[3] von de- (lat.) = weg und hydro (griech.) = Wasser; hier: dehydrieren = Wasserstoff abspalten

Mehrere tausend Ethen-Moleküle können so zusammentreten und ein großes Molekül, ein **Makromolekül**[1], bilden. Die langen Moleküle verknäueln sich wie Wattefasern. Den entstandenen **Kunststoff** nennt man Polyethen (Polyethylen, PE, S. 112).

Homologe Reihe der Alkine

Alkine sind Kohlenwasserstoffe mit einer Dreifachbindung zwischen zwei Kohlenstoffatomen ($-C \equiv C-$). Allgemeine Formel: $C_n H_{2n-2}$.

Das Anfangsglied dieser Reihe **(Bild 1)**, das Ethin C_2H_2 (Acetylen: $H - C \equiv C - H$), stellt man aus Erdgas und Sauerstoff her. Das Gasgemisch wird (nur etwa 0,01 s) bis auf 1 500 °C erhitzt und dann sofort abgeschreckt: $4CH_4 + 3O_2 \longrightarrow 2C_2H_2 + 6H_2O$.

Ethin ist ein brennbares, farb- und geruchloses Gas. Man verwendet es als Brenngas zum autogenen Schweißen und Schneiden (mit Sauerstoff entstehen Temperaturen bis 3 000 °C) sowie in großen Mengen für die Kunststoffherstellung. Ethin kommt in gelben Druckgasflaschen (unter 18 bar) in den Handel. Die Flaschen enthalten eine feinporige Masse, die mit flüssigem Aceton vollgesaugt ist, in dem sich Ethin löst.

Die Namen der Alk**in**e bildet man aus dem Wortstamm der Alkane und der Endsilbe **-in (Bild 2)**.

Alkine sind wegen der Dreifachbindung sehr reaktionsfähig, z.B. bei Additionsreaktionen.

Aus Monochlorethen **(Bild 3)**, auch Vinylchlorid genannt, stellt man Polyvinylchlorid (PVC) her, ein vielfach verwendeter Kunststoff (S. 112).

Aromatische Kohlenwasserstoffe

Aromatische Verbindungen enthalten einen oder mehrere Benzolringe im Molekül.

Benzol C_6H_6 kommt im Steinkohlenteer vor. Es ist eine brennbare, giftige Flüssigkeit, die aus ringförmigen Molekülen besteht **(Bild 4)**. Die C-Atome des Moleküls sind untereinander und mit den H-Atomen durch je eine Einfachbindung verknüpft. Die 6 ungebundenen Elektronen verteilen sich gleichmäßig auf die 6 Kohlenstoffatome, also über den ganzen Ring. Man zeichnet die Strukturformel des Benzols als Sechseck mit oder ohne die Wasserstoffatome und darin einen Kreis (Bild 4).

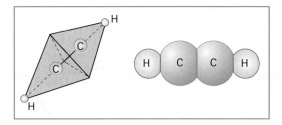

Bild 1: Räumlicher Aufbau des Ethin-Moleküls

$H-C \equiv C - \overset{\displaystyle H}{\underset{\displaystyle H}{\mid\,\,C\,\,\mid}} - H$	$H-C \equiv C - \overset{\displaystyle H}{\underset{\displaystyle H}{\mid\,\,C\,\,\mid}} - \overset{\displaystyle H}{\underset{\displaystyle H}{\mid\,\,C\,\,\mid}} - H$	$H - \overset{\displaystyle H}{\underset{\displaystyle H}{\mid\,\,C\,\,\mid}} - C \equiv C - \overset{\displaystyle H}{\underset{\displaystyle H}{\mid\,\,C\,\,\mid}} - H$
Propin	Butin-(1)	Butin-(2)

Bild 2: Alkine (Beispiele)

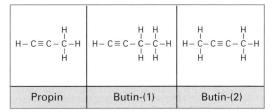

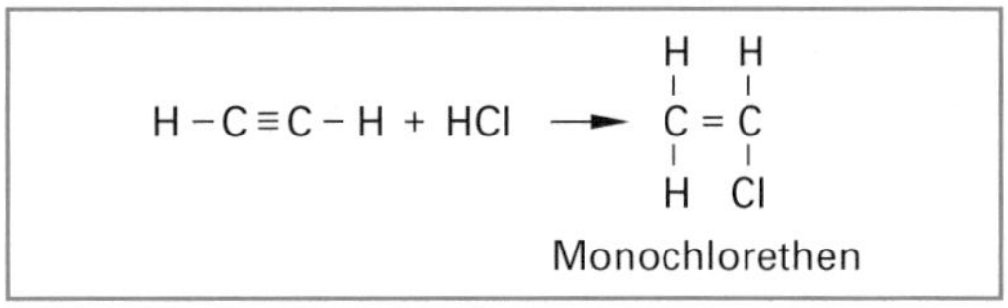

$$H - C \equiv C - H + HCl \longrightarrow \overset{\displaystyle H \quad H}{\underset{\displaystyle H \quad Cl}{C = C}}$$

Monochlorethen

Bild 3: Additionsreaktion von Ethin

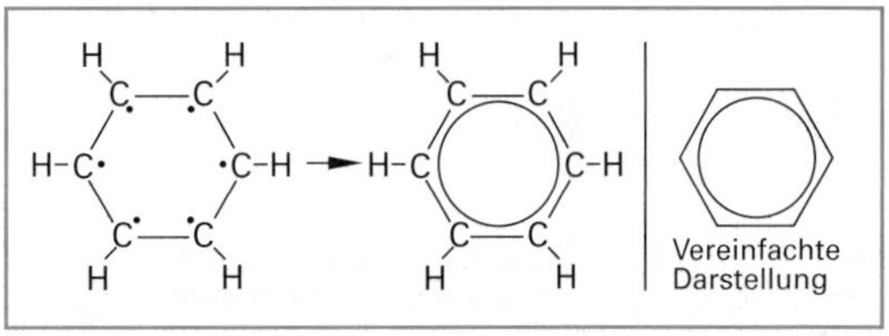

Bild 4: Benzolring

Tabelle: Benzolderivate		
⬡–C–H (mit H oben/unten)	⬡–C=C (mit H)	⬡–O–H
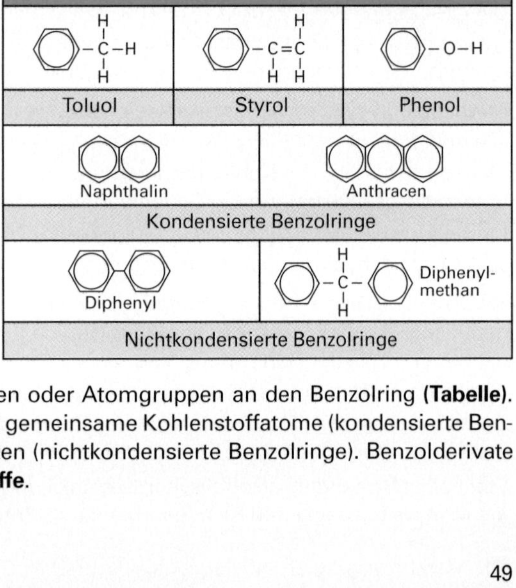 Toluol	Styrol	Phenol
Naphthalin	Anthracen	
Kondensierte Benzolringe		
Diphenyl	⬡–C–⬡ Diphenylmethan	
Nichtkondensierte Benzolringe		

Benzolderivate entstehen durch Anlagern von Atomen oder Atomgruppen an den Benzolring **(Tabelle)**. Bei mehreren Benzolringen können je zwei Ringe zwei gemeinsame Kohlenstoffatome (kondensierte Benzolringe) oder keine gemeinsamen Ringglieder besitzen (nichtkondensierte Benzolringe). Benzolderivate nennt man traditionell **aromatische Kohlenwasserstoffe**.

[1] von makros (griech.) = groß, gewaltig

2.2.12 Alkanole (Alkohole) und Alkanale (Aldehyde)

Technisch wichtige Derivate der kettenförmigen Kohlenwasserstoffe sind die Alkanole, Alkanale und Alkansäuren (**Übersicht**).

> **Alkanole** (Alkohole) enthalten Hydroxyl-Gruppen (OH-Gruppen) im Molekül.

Die Alkanole leiten sich formal von den (gesättigten) Alkanen ab. Die funktionelle Hydroxyl-Gruppe ersetzt ein H-Atom.

Einwertige Alkanole

Die einwertigen Alkanole bilden ebenfalls eine homologe Reihe (**Tabelle**) mit der allgemeinen Summenformel $C_nH_{2n+1}OH$. Sie enthalten nur **eine** OH-Gruppe im Molekül.

Die systematischen Namen der Alkan**ol**e bildet man aus dem Wortstamm des entsprechenden Alkans und der Endsilbe **-ol**. Früher setzte sich der Name aus dem **Alkyl**-Rest (Alkan minus ein Wasserstoffatom) und der Endung **-alkohol** zusammen, z. B. Methylalkohol (Methanol) CH_3OH oder Äthylalkohol (Ethanol) C_2H_5OH.

Eigenschaften: Die Alkanole lösen sich in Wasser. Die OH-Gruppe des Alkanol-Moleküls ist polarisiert (**Bild**). Sie wird von den ebenfalls polarisierten Wassermolekülen umlagert, die dann das ganze Alkanol-Molekül in die Lösung tragen.

> Polare Lösungsmittel lösen polare Moleküle.

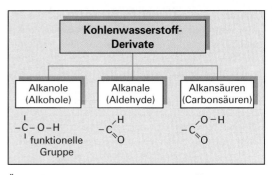

Übersicht: Derivate der Kohlenwasserstoffe

Tabelle: Homologe Reihe der Alkanole

Name	Formel	Schmelzpunkt in °C	Siedepunkt in °C
Methanol	CH_3OH	−97,9	+64,7
Ethanol	C_2H_5OH	−114,5	+78,3
Propanol	C_3H_7OH	−126,2	+97,4
Butanol	C_4H_9OH	−89,3	+117,5
Pentanol	$C_5H_{11}OH$	−78,5	+138

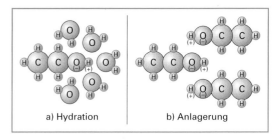

a) Hydration   b) Anlagerung

Bild: Wirkung der OH-Gruppen in Alkanolen

Im festen Zustand lagern sich die Alkanol-Moleküle so aneinander, dass die ungleichartig geladenen Teile der polaren Gruppen dicht beieinander sind (Bild), ein Grund für die höheren Schmelz- und Siedetemperaturen der Alkanole gegenüber den Alkanen.

Die OH-Gruppe der Alkanole zeigt eine beträchtliche chemische Reaktionsfähigkeit. Der Wasserstoff der Hydroxyl-Gruppe lässt sich leicht durch ein Metallatom ersetzen (Alkoholat-Bildung). Aus Alkanolen und organischen oder anorganischen Säuren entstehen Ester (Seite 52).

Methanol: CH_3OH ist eine farblose, leicht brennbare und sehr giftige Flüssigkeit (führt eingenommen zur Erblindung). Sie siedet bei +64,7 °C und erstarrt bei −97,9 °C. Ihr Flammpunkt liegt bei 11 °C.

Methanol entsteht aus Kohlenmonoxid und Wasserstoff bei Temperaturen zwischen 350 °C und 390 °C, hohem Druck (200 bar) und in Gegenwart eines Katalysators (ZnO/Cr_2O_3): $CO + 2H_2 \longrightarrow CH_3OH$.

Methanol dient als Lösungsmittel für Lacke und Farbstoffe, als Ausgangsstoff zur Herstellung von Methanal (Formaldehyd) und von Kunststoffen sowie als Zusatz zu Motorkraftstoffen.

Ethanol: C_2H_5OH nennt man im täglichen Sprachgebrauch schlicht „Alkohol". Er ist eine farblose, brennbare Flüssigkeit von charakteristischem Geruch und Geschmack. Ethanol wird bei −114,5 °C fest und siedet bei +78,3 °C, der Flammpunkt liegt zwischen 2 und 3 °C.

C_2H_5OH entsteht durch Gärung aus Zucker, wobei sich außerdem Kohlendioxid bildet. Für technische Zwecke erzeugt man Ethanol durch Anlagern von Wasser an Ethen mit Hilfe eines Katalysators bei niedriger Temperatur, aber hohem Druck: $H_2C = CH_2 + H_2O \longrightarrow C_2H_5OH$.

Ethanol ist Bestandteil alkoholischer Getränke und Ausgangsstoff wichtiger Synthesen. C_2H_5OH verwendet man als Lösungs- und Reinigungsmittel (Spiritus ist 94%iges Ethanol, durch Zusatzstoffe vergällt).

Mehrwertige Alkanole: Mehrwertige Alkanole besitzen mehr als eine OH-Gruppe im Molekül. Dabei sind die Hydroxyl-Gruppen immer an verschiedene Kohlenstoffatome gebunden.

Ethandiol: $CH_2(OH)$-$CH_2(OH)$ ist eine klare, viskose und giftige Flüssigkeit (alter Name: **Glykol**), die sich mit Wasser in beliebigem Verhältnis mischen lässt. Man verwendet Ethandiol z.B. als Frostschutzmittel im Motorkühlwasser.

Propantriol: $CH_2(OH)$-$CH(OH)$-$CH_2(OH)$ ist ein dreiwertiges Alkanol, das besser unter dem Namen **Glycerin** bekannt ist. Die farblose, ölige und ungiftige Flüssigkeit schmeckt süß, ist etwas hygroskopisch[1] und mit Wasser oder Ethanol in jedem Verhältnis mischbar. Glycerin verwendet man z.B. als Bremsflüssigkeit und Gefrierschutzmittel.

Alkanale (Aldehyde)

Oxidiert man Alkanole, z.B. mit Kupferoxid als Oxidationsmittel, entstehen Alkanale **(Bild 1)**, auch **Aldehyde** genannt. Brennt man z.B. bei einer Kupferdrahtlitze die Lackschicht der einzelnen Drähtchen mit einer Flamme ab und taucht das noch glühende Litzenende in Methanol oder Ethanol (Brennspiritus), so wird die CuO-Schicht auf den Drähtchen zu blankem Kupfer reduziert. Alkanale enthalten die charakteristische Gruppe: CHO. Die homologe Reihe hat die allgemeine Summenformel: $C_nH_{2n+1}CHO$ **(Tabelle 1)**.

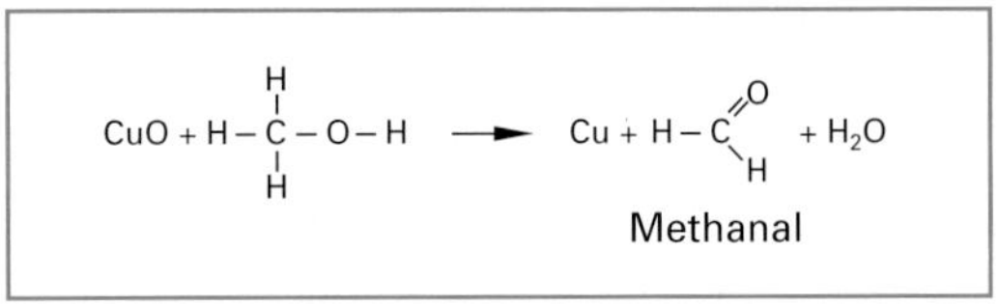

Methanal (Formaldehyd) ist ein stechend riechendes und giftiges Gas, das sich leicht in Wasser löst **(Formalin** = 40%ige Methanal-Lösung).

Ethanal (Acetaldehyd) ist eine farblose, brennbare und fruchtig riechende Flüssigkeit, die sich mit Wasser mischt. Man verwendet sie bei der Kunstharzherstellung, als Treibstoffzusatz und beim Versilbern von Glas.

2.2.13 Carbonsäuren

Oxidiert man Alkanale, bilden sich Carbonsäuren **(Bild 2)**. Die Carboxyl-Gruppe (–COOH) spaltet in wässriger Lösung ein Proton ab, wirkt daher als Säure. Die Carbonsäuren dissoziieren allerdings nur wenig, sie sind schwache Säuren. Sie bilden aber wie die anorganischen Säuren mit Basen, Metallen oder Metalloxiden Salze. Von den Alkanen leiten sich die Alkansäuren ab **(Tabelle 2)**. Die Salze der Alkansäuren nennt man **Alkanate**, z.B. Methanat, Ethanat, Propanat usw. (Die Salznamen in der Tabelle werden zwar noch gebraucht, sind aber veraltet.)

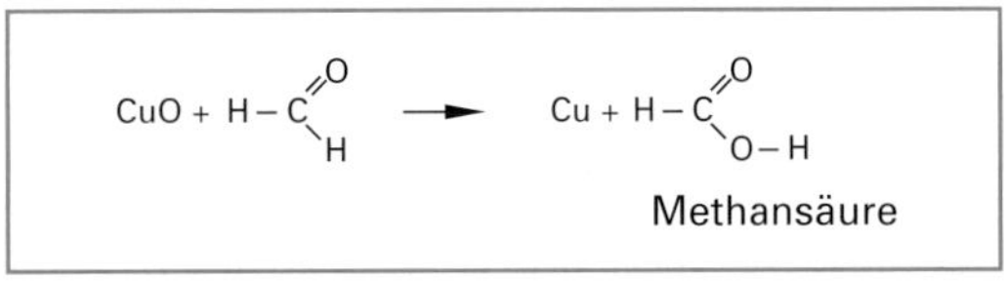

Bild 1: Entstehen der Alkanale

Tabelle 1: Wichtige Alkanale

Name	Formel	Siedepunkt
Methanal (Formaldehyd)	H-CHO	−21 °C
Ethanal (Acetaldehyd)	CH_3-CHO	+20,2 °C
Propanal (Propionaldehyd)	CH_3-CH_2-CHO	+46,6 °C

Bild 2: Entstehen der Carbonsäuren

Tabelle 2: Alkansäuren

Name	Formel	Name des Salzes
Methansäure (Ameisensäure)	H-COOH	Formiat
Ethansäure (Essigsäure)	CH_3-COOH	Acetat
Propansäure	C_2H_5-COOH	Propionat
Butansäure (Buttersäure)	C_3H_7-COOH	Butyrat
.	.	.
Hexadekansäure (Palmitinsäure)	$C_{15}H_{31}$-COOH	Palmitat
.	.	.
Oktadekansäure (Stearinsäure)	$C_{17}H_{35}$-COOH	Stearat

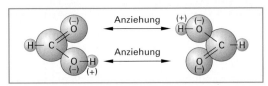

Bild 3: Anziehung der Methansäure-Moleküle

Eigenschaften der Alkansäuren: Die Alkansäuren schmelzen und sieden bei höheren Temperaturen als die entsprechenden Alkane, weil sich die Moleküle gegenseitig anziehen **(Bild 3)**.

[1] von hygros (griech.) = feucht, nass und skopein (griech.) = schauen; hier: hygroskopisch = wasseranziehend

Die ersten drei Alkansäuren: Methan-, Ethan- und Propansäure sind farblose Flüssigkeiten von stechendem Geruch. Die weiteren bis zur Hexansäure ($C_5H_{11}COOH$) bilden ebenfalls noch Flüssigkeiten, sie riechen aber unangenehm ranzig. Die höheren Alkansäuren sind Pasten mit leichtem Fettgeruch.

Alkansäuren mit bis zu 4 Kohlenstoffatomen im Molekül lösen sich gut in Wasser. Mit wachsender Kettenlänge nimmt die Wasserlöslichkeit ab. Die polarisierte COOH-Gruppe zieht Wassermoleküle an. An dem einen Molekülende bildet sich eine Wasserhülle aus, die das Molekül in die Lösung ziehen kann, wenn es nicht zu lang ist. Die COOH-Gruppe der Alkansäuren spaltet in der Lösung ein Proton ab. Dadurch bilden sich ein Alkan-Ion und ein Hydronium-Ion (**Bild 1**). Die niederen Alkansäuren dissoziieren wesentlich stärker als die höheren, Methansäure z. B. rund 4-mal mehr als Ethansäure gleicher Konzentration. Die Carbonsäuren reagieren mit Basen, Metalloxiden oder Metallen und bilden Salze. Die Fettsäuren (Alkansäuren etwa ab der Dekansäure) sind die Hauptbestandteile der Fette. Sie bilden mit Natron- oder Kalilauge Seifen.

2.2.14 Ester

Alkanole (Alkohole) reagieren mit Säuren unter Wasserabspaltung zu **Ester (Bild 2)**.

Diese Reaktion sieht ähnlich wie eine Neutralisation aus, nur reagieren Moleküle miteinander, keine Ionen. Das Abspalten eines kleinen Moleküls, hier eines Wassermoleküls, nennt man auch eine **Kondensation**. Sie wird z. B. unterstützt durch die hygroskopische Schwefelsäure. Die Ester haben formal den Aufbau[1]: $R_1 - CO - O - R_2$.

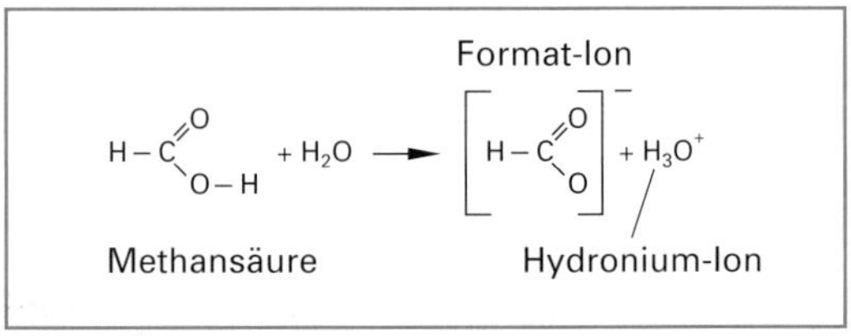

Bild 1: **Dissoziation der Methansäure**

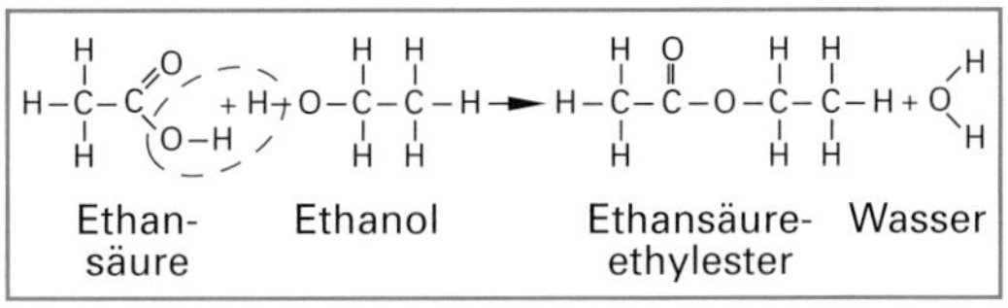

Ester entstehen aus einem Alkanol (Alkohol) und einer Säure. Dabei spaltet sich Wasser ab.

Bild 2: **Entstehen der Ester**

Der Name eines Esters wird aus dem Säurenamen, der Benennung des Alkylrestes (Alkanrest ohne ein Wasserstoffatom) des Alkohols und der Endung -ester gebildet, z. B. Methansäureethylester, Ethansäuremethylester oder Butansäurepropylester. Die einfachen Ester verwendet man als Lösungs- und Verdünnungsmittel für Lacke, Harze und Klebstoffe sowie ihres fruchtartigen Geruchs wegen als Fruchtaroma. Die Fette und Öle sind Ester höherer Alkansäuren mit Propantriol (Glycerin). Hochmolekulare Alkansäuren und hochmolekulare Alkanole bilden Ester, die man als Wachse bezeichnet. Aus ihnen stellt man z. B. Kerzen, Polituren und Schmierstoffe her. Es gibt auch Ester aus Alkoholen und anorganischen Säuren, z. B. Ester der Schwefelsäure (Alkylsulfate), wie Methylhydrogensulfat $CH_3O - SO_3H$ oder Dimethylsulfat $(CH_3O)_2SO_2$.

2.2.15 Organische Stickstoffverbindungen

Amine enthalten die Amino-Gruppe: $- NH_2$

Die Amine kann man sich vom Ammoniak NH_3 abgeleitet denken. Je nach Zahl der Alkylreste, welche die H-Atome im NH_3 ersetzen und sich mit dem Stickstoffatom verbinden, unterscheidet man primäre, sekundäre oder tertiäre Amine. Die Namen der einfachen Amine bildet man aus der Benennung des Alkylrests und der Endung -**amin**, z. B. Methylamin $CH_3 - NH_2$. Umfangreichere Amine erhalten Namen, die mit „Amino-" beginnen und mit der Alkanbenennung enden, z. B. Diaminomethan $H_2N - CH_2 - NH_2$. Das Stickstoffatom der Amine besitzt noch ein Elektronenpaar, das sich nicht an den Bindungen im Molekül beteiligt. Dieses Elektronenpaar vermag ein Proton (H^+) einer Säure aufzunehmen. Amine reagieren daher als Basen (Protonenfänger).

[1] R bedeutet „Rest": Teile chemischer Verbindungen, die ein- oder mehrwertig sind, z. B. CH_3- oder C_2H_5-

Aminosäuren enthalten sowohl Aminogruppen ($-NH_2$) als auch Carboxylgruppen ($-COOH$). Sie sind z.B. Bausteine der Eiweißstoffe.

In den **Carbonsäureamiden** ersetzt die Aminogruppe die OH-Gruppe einer Carbonsäure. Der wichtigste Vertreter ist Harnstoff $CO(NH_2)_2$, der Ausgangsstoff der Aminoplaste.

$$H-C\equiv C-H + H-C\equiv N \longrightarrow \underset{\text{Propennitril}}{C=C-C\equiv N}$$

Bild: Entstehen von Propennitril

Nitrile (Cyanide) enthalten die Nitrilgruppe $-C\equiv N$. Der einfachste Vertreter ist der Cyanwasserstoff ($H-C\equiv N$:). HCN nennt man auch Blausäure, eine farblose, äußerst giftige Flüssigkeit, die schon bei 26 °C siedet und sich sehr leicht in Wasser löst. Cyanwasserstoff ist ein wichtiges Zwischenprodukt bei der Herstellung von Kunststoffen. Propennitril **(Bild)**, auch Acrylnitril genannt, ist das Monomer des Polyacrylnitrils (PAN). Dieser Kunststoff kann z.B. zu Fasern versponnen werden.

2.2.16 Tabellarische Übersicht organischer Verbindungen

Organische Verbindungen lassen sich nach Art und Zahl der in ihnen enthaltenen Elemente einteilen **(Tabelle)**.

Tabelle: Organische Verbindungen

Name der Verbindungsgruppe	Funktionelle Gruppe	Beispiel	Name der Verbindungsgruppe	Funktionelle Gruppe	Beispiel
Kohlenwasserstoffe			Sauerstoffhaltige Verbindungen<		
Alkane	Einfachbindung	Methan	Alkanole	$-OH$ Hydroxylgruppe	Ethanol
Alkene	Doppelbindung	Ethen	Alkanale	Aldehydgruppe	Ethanal
Alkine	Dreifachbindung	Propin	Alkanone (Ketone)	Carbonylgruppe	Propanon
Aromatische Kohlenwasserstoffe	Benzolring	Toluol	Carbonsäuren	Carboxylgruppe	Methansäure
Stickstoff-Verbindungen			Schwefel-Verbindungen		
Amine	Amino-Gruppe	(Harnstoff) Carbonyldiamid	Thiole	$-S-H$ Thiol-Gruppe	Methanthiol

Wiederholungsfragen

1 Wie heißen die ersten fünf Kohlenwasserstoffe aus der Reihe der Alkane?

2 Welche Alkane enthält Erdgas und welche Alkane Kraftstoffe wie Benzin und Diesel?

3 Welcher chemische Vorgang läuft bei einer Substitution ab?

4 Welche chemische Reaktion kennzeichnet die Dehydrierung?

5 Welche Bindungsarten enthalten Alkine?

6 Beschreiben Sie den Aufbau aromatischer Kohlenwasserstoffe.

7 Welche Regel gilt für die Löslichkeit polarer Moleküle?

8 Wie lautet der systematische Name für den Alkohol im Bier oder Wein?

9 Welche charakteristischen Atomgruppen enthalten organische Säuren?

10 Was versteht man unter einem Alkanal?

3 Konstruktionswerkstoffe

Konstruktionswerkstoffe in der Elektrotechnik und Elektronik sind Werkstoffe für Bauteile, die mechanische Belastungen tragen, Kräfte weiterleiten und Umweltbeeinträchtigungen fernhalten. Daneben gibt es noch Werkstoffe für Werkzeuge.

Die Konstruktionswerkstoffe werden zu Kräfte tragenden und Kräfte bzw. Energie übertragenden Bauelementen sowie zu Hüll- und Schutz-Bauelementen verarbeitet.

Kräfte tragende Bauelemente sind z. B. Stahlmasten für Freileitungen, Einbaurahmen für Baugruppen, Lager und Führungen von Elektromotoren oder Fuß, Tisch und Säule einer Ständerbohrmaschine.

Kräfte und mechanische Energie **übertragende Bauelemente** sind z. B. Federn, Achsen, Motorwellen, Zahnräder, Keilriemen, Kupplungen, Schrauben, Muttern.

Hüll- und Schutz-Bauelemente haben neben der bloßen Raumabgrenzung die Aufgabe, mechanische Beschädigungen fernzuhalten, vor hohen elektrischen Spannungen zu schützen und unerwünschte Umweltbeeinträchtigungen, z. B. Korrosion, zu verhindern. Hüll- und Schutz-Bauelemente sind z. B. Gehäuse für Maschinen und Geräte, Verkleidungen, Dichtungen, Behälter und Gefäße.

Die **Auswahl** des geeigneten Werkstoffs für ein Bauteil richtet sich nach den Eigenschaften der Werkstoffe. Wichtige **Werkstoff-Eigenschaften** sind:

- physikalische Eigenschaften, z. B. die Dichte und die Schmelztemperatur;
- mechanisch-technologische Eigenschaften, z. B. die Zugfestigkeit, die Härte und die Verformbarkeit;
- chemisch-technologische Eigenschaften, z. B. die Korrosions- und die Zunderbeständigkeit;
- fertigungstechnische Eigenschaften, z. B. die Schweißbarkeit oder Schmiedbarkeit;
- elektrotechnische Eigenschaften, z. B. die Leitfähigkeit und die Magnetisierbarkeit.

3.1 Einteilung der Konstruktionswerkstoffe

Um einen Überblick über die Vielfalt der Konstruktionswerkstoffe zu gewinnen, teilt man sie in Gruppen ein (**Übersicht**).

Die Grobeinteilung der Werkstoffe erfolgt in drei Hauptgruppen: die Metalle, die Nichtmetalle und die Verbundwerkstoffe.

Die **Metalle** und die **Nichtmetalle** gliedert man zusätzlich in mehrere Untergruppen, z. B. die Metalle in Eisenwerkstoffe und Nichteisenmetalle (NE-Metalle) und diese weiter in Stähle und Eisen-Gusswerkstoffe sowie in Leichtmetalle und Schwermetalle.

Verbundwerkstoffe bestehen aus zwei oder mehreren Einzelstoffen, die zu einem neuen Werkstoff zusammengefügt sind. Wichtige Verbundwerkstoffe der Elektrotechnik sind z. B. die Bimetalle aus zwei aufeinander gewalzten Blechen oder die mit Gesteinsmehl gefüllten Kunststoff-Pressmassen für Elektrokleinteile wie Stecker und Steckdosen.

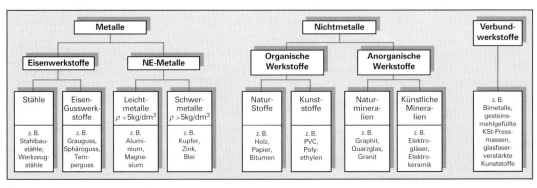

Übersicht: Einteilung der Konstruktionswerkstoffe

Typische Merkmale der Werkstoffgruppen und ihre Verwendung

Die Werkstoffe jeder Werkstoffgruppe haben teils gemeinsame, teils werkstoffspezifische typische Eigenschaften. Sie bestimmen die Anwendungsmöglichkeiten jedes einzelnen Werkstoffs.

Stähle

Stähle sind Eisen-Werkstoffe mit großer Festigkeit. Aus ihnen werden vor allem Maschinenteile hergestellt, die Kräfte aufnehmen und übertragen müssen: Wellen, Bolzen, Zahnräder, Profile **(Bild 1)**. Aus Werkzeugstählen fertigt man z. B. Bohrer, Zangen.

Eisen-Gusswerkstoffe

Eisen-Gusswerkstoffe sind gut vergießbare Werkstoffe. Sie werden zu Maschinenteilen verarbeitet, deren schwierige Form am besten durch Gießen herstellbar ist, z. B. Motorgehäuse (Bild 1).

Schwermetalle (Dichte $\rho > 5$ kg/dm^3)

Schwermetalle sind z. B. Kupfer, Zink, Chrom, Nickel, Blei. Sie werden meist wegen besonderer, werkstofftypischer Eigenschaften verwendet:

- Kupfer wegen seiner guten elektrischen Leitfähigkeit z. B. zu Wicklungsdrähten **(Bild 2)**.
- Zink, Chrom und Nickel wegen ihrer Korrosionsbeständigkeit als Beschichtung von Stahlteilen.

Leichtmetalle (Dichte $\rho < 5$ kg/dm^3)

Leichtmetalle sind Aluminium, Magnesium und Titan. Es sind relativ leichte Metalle mit hoher Festigkeit. Aluminium wird wegen seines geringen Gewichts und der guten elektrischen Leitfähigkeit z. B. zu Freileitungsseilen verarbeitet.

Natur-Werkstoffe

Es sind in der Natur vorkommende Stoffe wie Graphit, Hartgestein (z. B. Granit) oder Holz. Graphit wird z. B. wegen seiner elektrischen Leitfähigkeit und Temperaturbeständigkeit als Elektrodenwerkstoff verwendet **(Bild 3)**.

Künstliche Werkstoffe

Zu ihnen zählt die große Gruppe der Kunststoffe sowie die Gläser, Keramiken und die Kohlewerkstoffe. Kunststoffe sind leicht, elektrisch isolierend und in Sorten von gummiartig bis hart erhältlich. Ihre Verwendung ist vielseitig und reicht vom Reifenwerkstoff bis zu Getriebebauteilen (Bild 3).

Verbundwerkstoffe

Verbundwerkstoffe vereinen die positiven Eigenschaften der Einzelwerkstoffe in einem neuen Werkstoff. Die gesteinsmehlgefüllten **Kunststoff-Pressmassen** z. B. sind fest, leicht, elektrisch isolierend und lassen sich zu Bauteilen pressen **(Bild 4)**.

Die **Hartmetalle** (Hartstoffkörner und Bindemetall) werden als Werkzeuge zum Spanen verwendet.

Bild 1: Bauteile aus Eisenwerkstoffen

Bild 2: Bauteile aus NE-Metallen

Bild 3: Nichtmetallische Werkstoffe

Bild 4: Verbundwerkstoffe

3.2 Roheisengewinnung und Stahlherstellung

Die Eisen- und Stahlwerkstoffe sind die wichtigsten Konstruktionswerkstoffe für tragende Bauteile. Man erzeugt sie in mehreren aufeinander folgenden Herstellungsschritten (**Übersicht** Seite 57).

Roheisengewinnung. Der überwiegende Teil des Roheisens wird im **Hochofenprozess** erschmolzen. Ausgangsstoffe sind Eisenerz, Koks und Zuschläge, die von oben lagenweise in den Hochofen gefüllt werden. Im unteren Teil des Hochofens verbrennt ein Teil des Kokses mit eingeblasener Heißluft zu Kohlendioxid CO_2 und Kohlenoxid CO unter starker Wärmeentwicklung, die den Hochofen auf rund 1600 °C aufheizt.

Das entstandene CO und der restliche Koks (C) reduzieren das Eisenerz (Fe_2O_3, Fe_3O_4) zu metallischem Eisen Fe. Es schmilzt und fließt in den geschlossenen Boden des Hoch-

$$Fe_2O_3 + 3\,CO \longrightarrow 2\,Fe + 3\,CO_2$$
$$Fe_3O_4 + 4\,C \longrightarrow 3\,Fe + 3\,CO$$

ofens. Dort wird es halbstündlich zusammen mit der während des Prozesses gebildeten Schlacke abgelassen (Abstich). Das entstandene Roheisen enthält etwa 10 % Verunreinigungen, so genannte Eisenbegleiter: 3 % bis 5 % Kohlenstoff sowie wenige Prozente Mangan, Silicium, Phosphor und Schwefel.

Roheisen mit hohem Siliciumanteil nennt man **Gießerei-Roheisen** oder wegen seiner grauen Bruchfläche auch **Graues Roheisen**. Es ist der Ausgangsstoff für Eisen-Gusswerkstoffe.

Roheisen mit hohem Mangangehalt und niedrigem Si-Gehalt heißt **Stahl-Roheisen** oder wegen seiner silberhellen Bruchfläche **Weißes Roheisen**. Es wird zu Stahl weiterverarbeitet.

Ein geringer Anteil des Roheisens wird durch **Direktreduktionsverfahren** hergestellt. Bei diesen Verfahren wird 1100 °C heißes Reduktionsgas (CO, H_2) in einem Schachtofen durch eine Schüttung aus walnussgroßen Eisenerztabletten geblasen. Das heiße Gas reduziert das Erz zu festem Eisenschwamm (einem porösen Eisenrohstoff), der anschließend zu Stahl weiterverarbeitet wird.

Stahlherstellung. Das im Hochofenprozess gewonnene Roheisen und der Eisenschwamm aus dem Direktreduktionsverfahren sowie Stahlschrott sind Ausgangsstoff der sich unmittelbar anschließenden Umwandlung des Roheisens in Stahl. Dazu gibt es mehrere Verfahren.

Beim gebräuchlichsten Stahlherstellungsverfahren, dem **Sauerstoffaufblasverfahren**, wird Sauerstoff mit einem Blasrohr von oben auf die Roheisenschmelze im Konverter (Umwandler) geblasen. Dabei reagieren die in der Eisenschmelze vorhandenen Eisenbegleiter heftig mit dem Sauerstoff und entweichen entweder als gasförmige Stoffe aus der Schmelze oder werden in die auf der Schmelze schwimmende Schlacke aufgenommen. Diesen Vorgang nennt man „Frischen". Nach dem Blasen mit Sauerstoff enthält die Schmelze weniger als 1 % Kohlenstoff und nur noch Reste an Phosphor und Schwefel. Aus dem Roheisen ist Stahl geworden.

Beim **Elektrostahlverfahren** werden Roheisen, Eisenschwamm, Stahlschrott, Legierungselemente und Schlackebildner in einem Elektrolichtbogenofen aufgeschmolzen. Durch die intensive Durchmischung der Schmelze reagieren die Eisenbegleiter mit Schlackebestandteilen und entweichen als gasförmige Verbindungen oder werden in der Schlacke gebunden. Damit wird aus Roheisen Stahl. Das Elektrostahlverfahren wird vor allem zum Erschmelzen hochlegierter Stähle oder auch für Massenstähle eingesetzt.

Stahlnachbehandlung. Stähle mit besonderen Qualitätsanforderungen werden anschließend weiterbehandelt. Zum **Desoxidieren** des Stahls (auch **Beruhigen** genannt) wird der Stahl mit Silicium und Aluminium legiert. Sie binden den im flüssigen Stahl gelösten Sauerstoff und führen zu einem gleichmäßigen Stahlgefüge.

Bei der **Spülgasbehandlung** werden Verunreinigungen in der Schmelze durch Spülen mit Argon-Gas beseitigt. Die **Entschwefelung** erfolgt durch Zugabe von schwefelbindenden Zusätzen (Kalk). Sie werden durch ein Rohr in die Stahlschmelze geblasen, binden den Schwefel und schwimmen als Schlacke obenauf.

Durch die **Vakuumentgasung** werden gelöste Gase aus der Stahlschmelze abgesaugt. Dadurch wird die Elastizität und Alterungsbeständigkeit des Stahls verbessert.

Das **Umschmelzen** im Elektroofen oder in der Umschmelzkokille ergibt durch das nochmalige Schmelzen in einer Reinigungsschlacke eine weitere Veredelung des Stahls und ermöglicht das Erschmelzen hochlegierter Edelstähle.

Vergießen des Stahls. Nach der Stahlveredelung wird der flüssige Stahl im Strangguss zu Walzsträngen oder im Kokillenguss zu Walzblöcken geformt oder in der Gießerei zu Stahlformguss vergossen.

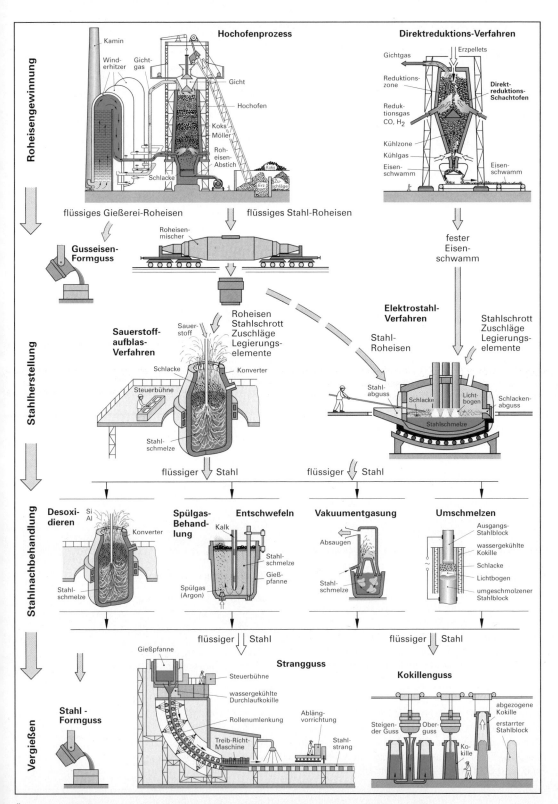

Roheisengewinnung

Hochofenprozess

Kamin
Winderhitzer
Gichtgas
Gicht
Hochofen
Koks
Möller
Roheisen-Abstich
Schlacke
Koks
Erz
Zuschläge

flüssiges Gießerei-Roheisen

flüssiges Stahl-Roheisen

Direktreduktions-Verfahren

Gichtgas
Erzpellets
Reduktionszone
Reduktionsgas CO, H_2
Kühlzone
Kühlgas
Eisenschwamm
Direktreduktions-Schachtofen
Eisenschwamm

fester Eisenschwamm

Gusseisen-Formguss

Roheisen-mischer

Stahlherstellung

Sauerstoffaufblas-Verfahren

Sauerstoff
Schlacke
Konverter
Steuerbühne
Stahlschmelze

Roheisen
Stahlschrott
Zuschläge
Legierungselemente

flüssiger Stahl

Elektrostahl-Verfahren

Stahl-Roheisen

Stahlabguss
Schlacke
Lichtbogen
Schlackenabguss
Stahlschmelze

Stahlschrott
Zuschläge
Legierungselemente

flüssiger Stahl

Stahlnachbehandlung

Desoxidieren
Si Al
Konverter
Stahlschmelze

Spülgas-Behandlung
Kalk
Entschwefeln
Stahlschmelze
Gießpfanne
Spülgas (Argon)

Vakuumentgasung
Absaugen
Stahlschmelze

Umschmelzen
Ausgangs-Stahlblock
wassergekühlte Kokille
Schlacke
Lichtbogen
umgeschmolzener Stahlblock

flüssiger Stahl

flüssiger Stahl

Vergießen

Stahl-Formguss

Gießpfanne

Strangguss
Steuerbühne
wassergekühlte Durchlaufkokille
Rollenumlenkung
Treib-Richt-Maschine
Ablängvorrichtung
Stahlstrang

Kokillenguss
Steigender Guss
Oberguss
Kokille
abgezogene Kokille
erstarrter Stahlblock

Übersicht: Roheisengewinnung, Stahlherstellung, Stahlveredelung und Vergießen des Stahls

3.3 Atomare Vorgänge bei der Metallerzeugung

Metallbindung

Bei der Reduktion des Eisenerzes entstehen aus den Eisenoxidmolekülen Fe_2O_3 des Erzes Eisenatome Fe, die sich zu einem Metallkörper zusammenlagern (Bild 1). Dabei lösen sich die locker gebundenen Außenelektronen von den Fe-Atomen. Es entstehen positiv geladene Eisenionen Fe^{2+}, die von den losgelösten Elektronen (negativ geladen) wie von einer gasähnlichen Hülle umgeben sind (gemeinsame Elektronenhülle). Zwischen den positiv geladenen Metallionen und den negativ geladenen Elektronen der Elektronenhülle bestehen starke Anziehungskräfte. Sie halten die Metallionen wie eine Art „Elektronenkitt" zusammen. Diese **Metallbindung** ist allen Metallen gemeinsam. Sie ist die Ursache der **Festigkeit** der Metalle.

Die regelmäßige Anordnung der Metallionen nennt man **Kristallgitter** oder kristalliner Aufbau.

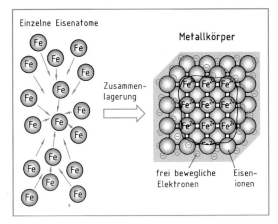

Bild 1: Entstehung der Metallbindung

Metallgefüge

Das Metallgefüge bildet sich nach dem Vergießen des Metalls bei der Erstarrung der Schmelze zu einem festen Körper. **Bild 2** zeigt schematisch die dabei im atomaren Größenbereich ablaufenden Vorgänge.

In der Metallschmelze bewegen sich die Metallionen frei und regellos durcheinander (Bild 2a). Kühlt sich die Schmelze auf die Erstarrungstemperatur ab, so beginnen sich an vielen Stellen in der Schmelze Metallionen nach dem Kristallgitterbauplan geordnet zusammenzulagern: Es entstehen erste Kristallisationskeime (Bild 2b).

An diese gliedern sich immer mehr Metallionen aus der Restschmelze an, sodass die Kristalle rasch wachsen (Bild 2c). Wenn die Schmelze fast aufgebraucht ist, stoßen die wachsenden Kristalle an ihren Grenzen aneinander (Bild 2d). Die dadurch unregelmäßig begrenzten Kristalle nennt man Kristallite oder **Gefügekörner**. Zwischen den Körnern verbleibt ein schmaler Übergangsbereich aus ungeordneten Metallionen und Fremdatomen: die **Korngrenzen**.

Um das Gefüge eines Werkstoffs sichtbar zu machen, trennt man eine kleine Probe des Metalls ab, schleift, poliert und ätzt die Schlifffläche. Dann betrachtet man sie unter einem Metallmikroskop. Das sich darbietende Bild zeigt einen zweidimensionalen Schnitt durch das Gefüge des Werkstoffs und wird **Schliffbild** genannt (**Bild 3**).

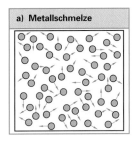
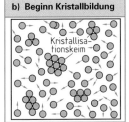
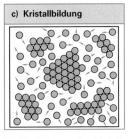
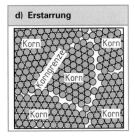

Bild 2: Bildung des Metallgefüges

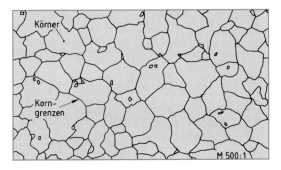

Bild 3: Gefüge im Schliffbild

Das Schliffbild zeigt einen zweidimensionalen Schnitt durch das Gefüge eines Werkstoffs.

3.4 Verarbeitung des Stahls zu Halbzeugen

Die aus dem Stahlwerk kommenden Stränge und Blöcke werden durch Umformen in eine für den Stahlverarbeiter verwendbare Gebrauchsform gebracht. Eine geeignete Temperaturführung beim Umformen erzielt gleichzeitig die geforderten Gebrauchseigenschaften, z. B. Elastizität und Festigkeit. **Bild 1** zeigt eine Übersicht über die gebräuchlichen Umformverfahren.

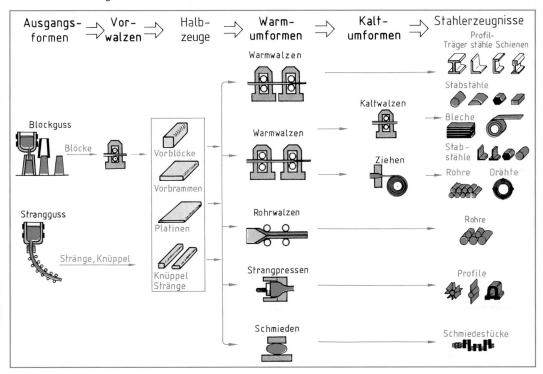

Bild 1: Übersicht über die Umformverfahren für Stahl und die hergestellten Halbzeuge

Warmwalzen

Warmwalzen ist das gebräuchlichste Verfahren zur Herstellung von Halbzeugen und Fertigerzeugnissen. Mit diesem Verfahren werden rund 90 % des Stahls im Walzwerk weiterverarbeitet. Teilweise schließen sich dann noch weitere Umformverfahren an, z. B. Kaltwalzen.

Werkstoffkundliche Vorgänge beim Warmwalzen. Beim Warmwalzen wird der rot glühende Werkstoff im verengten Querschnitt zwischen zwei in entgegengesetztem Drehsinn drehenden Walzen zusammengepresst und geknetet **(Bild 2)**. Er verlässt den Walzspalt mit verminderter Dicke. Die Walzkraft bewirkt eine Streckung des Materials in Walzrichtung. Dabei werden die Gefügekörner des Stahls in Walzrichtung gestreckt, in Querrichtung gestaucht. Zwischen den verformten Gefügekörnern herrschen Verspannungen.

Durch die hohe Temperatur im Walzgut löst sich das verformte und verspannte Gefüge umgehend auf. Es bildet sich ein völlig neues, wieder feinkörniges und unverspanntes Gefüge.

Dadurch hat warmgewalzter Stahl ein gleichmäßiges, feinkörniges Gefüge und keine oder nur geringe innere Verspannungen. Seine Oberfläche ist durch das Warmwalzen verzundert.

> Die völlige Neubildung eines Werkstoffgefüges nennt man **Rekristallisation**.

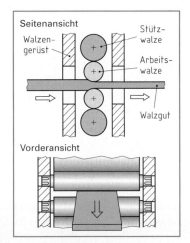

Bild 2: Walzvorgang

Warmwalzwerk. Eine Walzanlage umfasst mehrere Bereiche, die vom Walzgut nacheinander durchlaufen werden: die Erwärmung im Stoßofen, das Entzundern, die Walzstraße und die abschließende Abkühlung und Zurichtung **(Bild 1)**.

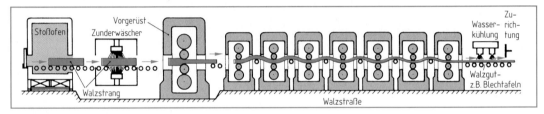

Bild 1: **Warmwalzanlage**

Bei jedem Walzschritt wird der Werkstoff nur wenig umgeformt, da das Walzgut sonst aufreißen würde. Deshalb muss der Stahl in mehreren Durchgängen (Stichen) verschiedene Walzen durchlaufen, bis aus dem Halbzeug das fertige Stahlerzeugnis geformt ist **(Bild 2)**. Zwischen den einzelnen Stichen rekristallisiert das Werkstoffgefüge.

Durch Warmwalzen werden eine Vielzahl von Warmwalzerzeugnissen hergestellt: T- und I-Träger, Profilstähle wie L-, U- und Z-Profile, Schienenprofile, Stabstähle, Warmband und Bleche sowie Walzdraht (Bild 1, Seite 59).

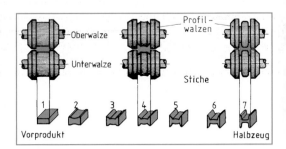

Bild 2: **Warmwalzen eines Profilstahles in sieben Walzschritten (Stichen)**

Rohrherstellung

Rohre mit kleinem oder mittlerem Durchmesser fertigt man durch kontinuierliches Warm-Formwalzen von Bandstahl und anschließendes Verschweißen **(Bild 3)**.

Das Stahlband wird durch mehrere Formwalzen geführt, die es zu einem Schlitzrohr formen.

Dann werden die Kanten des Schlitzrohres verschweißt. Dies kann durch Erhitzen mit Strom und Zusammenpressen (Pressschweißen) oder durch Hochfrequenzschweißen erfolgen. Abschließend wird die Schweißnaht geschliffen.

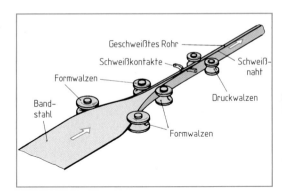

Bild 3: **Herstellung geschweißter Rohre**

Strangpressen

Beim Strangpressen wird ein auf Weißglut (1150 °C) erhitzter Stahlblock von einem Pressstempel durch ein düsenartiges Formwerkzeug gepresst **(Bild 4)**.

Die freie Öffnung des Formwerkzeugs hat den Querschnitt des herzustellenden Profils. Durch Einlegen eines Dorns in das Formwerkzeug können auch Rohre und Hohlprofile stranggepresst werden.

Strangpressprofile sind kompliziert geformte, offene oder geschlossene Profile. Sie werden zu Laufschienen, Rahmenkonstruktionen und Kühlrohren verarbeitet.

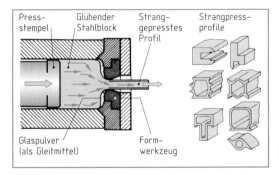

Bild 4: **Strangpressen**

Kaltumformen

Das Kaltumformen ist ein Umformvorgang bei einer Temperatur des Walzguts unterhalb der Rekristallisationstemperatur (bei Eisenwerkstoffen unter 450 °C). Es wird mit warmgewalztem Vormaterial, z. B. mit Warmband, Blechen, Warmdraht oder Rohren, durchgeführt.

Unmittelbar vor dem Kaltumformen wird das Vormaterial durch Sandstrahlen, Beizen und Schleifen blank gemacht. Kaltumgeformter Stahl hat deshalb eine glatte, blanke Oberfläche mit hoher Maßgenauigkeit. Es können auch kleinste Abmessungen hergestellt werden, z. B. dünne Bleche oder dünne Drähte.

Beim Kaltumformen wird das Stahlgefüge in Walzrichtung gestreckt und verspannt. Dies führt zur Erhöhung der Festigkeit des umgeformten Erzeugnisses in Walzrichtung.

> Die Festigkeitssteigerung eines Werkstoffs durch Kaltumformen nennt man **Kaltverfestigung**.

Durch Rekristallisationsglühen (Seite 79) kann die Gefügeverformung und die Kaltverfestigung wieder aufgehoben werden. Zu den Kaltumformverfahren zählen z. B. das Kaltwalzen und das Blechprofilwalzen.

Kaltwalzen

Haupteinsatzgebiet des Kaltwalzens ist die Herstellung von dünnen Flacherzeugnissen wie Tiefziehblech, Elektroblech und nichtrostendem Blech.

Das blank gemachte Vormaterial (Warmband) wird in ein Mehrwalzengerüst geführt und dort in mehreren Walzschritten kalt umgeformt **(Bild 1)**. Die dünnen Arbeitswalzen werden wegen der hohen Walzkräfte von Stützwalzen gehalten. Kaltgewalztes Feinblech verarbeitet man zu Maschinen- und Gerätegehäusen sowie zu Elektroblech. Elektroblech wird nach dem Ausstanzen z. B. zu Ständer- und Rotorblechpaketen oder zu Transformatorkernen gefügt. Durch das Kaltwalzen hat es eine magnetische Vorzugsrichtung erhalten.

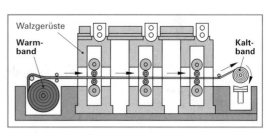

Bild 1: Kaltwalzen von Feinblech

Blechprofilwalzen (Rollumformen)

Durch Blechprofilwalzen, auch Rollumformen genannt, werden aus kaltgewalztem Blechband Profilbleche hergestellt **(Bild 2)**. Das auf einer Rolle aufgewickelte Blechband durchläuft hintereinander eine Reihe von Profilrollen, die das Blechband zum Profilblech formen. Profilbleche werden z. B. zu Verkleidungen elektrischer Anlagen verarbeitet.

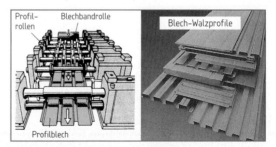

Bild 2: Profilwalzen eines Profilblechs

Handelsformen der Stähle

Die Stähle kommen in den genormten und größengestuften Formen der Erzeugnisse in den Handel. Ihre Abmessungen und Eigenschaften können aus Tabellenbüchern entnommen werden. Zu ihrer Bestellung verwendet man Kurzbezeichnungen.

Beispiel: Kurzbezeichnung eines gleichschenkligen Winkel-Profilstahls gemäß DIN 997 aus Baustahl S235JR mit den Hauptabmessungen 60 mm Winkellänge, 6 mm Dicke: **L-Profil DIN 997 – S235JR – 60 x 6.**

Wiederholungsfragen

1 In welche Werkstoffgruppen teilt man die Metalle ein?

2 Nennen Sie drei Leichtmetalle und drei Schwermetalle.

3 Was versteht man unter Verbundwerkstoffen?

4 Wie wird aus Roheisen Stahl hergestellt?

5 Beschreiben Sie die Bildung des Metallgefüges beim Erstarren einer Schmelze.

6 Wie macht man das Gefüge eines Werkstoffes sichtbar?

7 Wie werden Profilstähle hergestellt?

8 Was versteht man beim Warmwalzen unter der Rekristallisation des Gefüges?

9 Warum ist kaltgewalzter Stahl kaltverfestigt, warmgewalzter jedoch nicht?

10 Welches sind die gebräuchlichsten Stahlerzeugnisse?

3.5 Eisen- und Stahl-Konstruktionswerkstoffe

Um den verschiedenen Verwendungszwecken und Anforderungen gerecht zu werden, sind eine Vielzahl von Eisen- und Stahl-Konstruktionswerkstoffe entwickelt worden: Stahlbaustähle, Maschinenbaustähle, Werkzeugstähle und Eisen-Gusswerkstoffe (**Bild 1**).

(Eisenwerkstoffe mit elektromagnetischer Funktion werden im Kapitel 10, Seite 230, behandelt.)

Stahlbaustähle	Maschinenbaustähle	Werkzeugstähle	Eisen-Gusswerkstoffe
	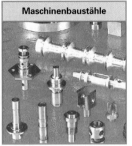		

Bild 1: Eisen- und Stahl-Konstruktionswerkstoffe

Alle Eisen- und Stahl-Werkstoffe enthalten mehr oder weniger Kohlenstoff (**Bild 2**). Er wird nicht als Legierungselement bezeichnet, da er von der Herstellung her in den Werkstoffen enthalten ist (Seite 56). Er wird durch geeignete Verfahren, z. B. durch Frischen, auf den erforderlichen Gehalt reduziert.

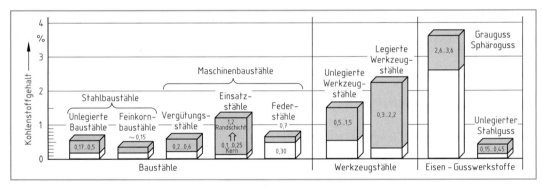

Bild 2: Kohlenstoffgehalte der Stähle und Eisen-Werkstoffe

Als grobe Faustregel gilt für den Kohlenstoffgehalt der unlegierten Stähle und Eisen-Werkstoffe:

> Baustähle enthalten 0,1 % bis 0,6 % Kohlenstoff, Werkzeugstähle 0,35 % bis 1,5 % Kohlenstoff und Eisen-Gusswerkstoffe 2,5 % bis 3,6 % Kohlenstoff.

Baustähle mit sehr niedrigem Kohlenstoffgehalt von 0,1 bis 0,2 % sind weichelastisch, Baustähle mit einem mittleren Kohlenstoffgehalt von 0,3 bis 0,6 % sind fest und zähelastisch. Die Werkzeugstähle mit 0,6 bis 1,5 % sind hochfest und hart. Eisen-Gusswerkstoffe mit 2 bis 3,6 % Kohlenstoff sind sprödhart.

> Der Kohlenstoffgehalt bestimmt wesentlich die Eigenschaften der Eisen- und Stahl-Werkstoffe.

Stähle, die neben dem Basismetall Eisen in nennenswertem Umfang nur Kohlenstoff enthalten, nennt man **Kohlenstoffstähle** oder **unlegierte Stähle**. Im Gegensatz dazu spricht man von **legierten Stählen**, wenn andere Elemente (Legierungselemente) in wesentlichen Anteilen im Stahl enthalten sind.

Die Legierungselemente beeinflussen die Eigenschaften der Eisen- und Stahl-Werkstoffe. Ob der Einfluss positiv ($\uparrow$) oder negativ ($\downarrow$) auf die einzelne Eigenschaft ist, zeigt die folgende Übersicht (**Tabelle 1**, Seite 63).

Tabelle 1: Einfluss der Legierungselemente auf die Eigenschaften der Stähle

Eigenschaften	Legierungselemente										
	C	Si	S	P	Cr	Ni	Mn	Co	Mo	V	W
Festigkeit (normalgeglüht)	↑	↑	–	↓	↑	↑	↑	↑	↑	↑	↑
Zähigkeit, Verformbarkeit	↓	↓	↓	↓	↓	↑	↓	↓	↑	↑	↑
Spanende Bearbeitbarkeit	↓	↓	↑	↓	↓	↓	↓	–	–	–	–
Schweißarbeit	↓	–	↓	↓	↓	↓	↓	↓	↓	↓	–
Korrosionsbeständigkeit	–	↑	↓	↑	↑	↑	↑	↑	↑	↑	–

3.5.1 Stahlbaustähle

Als Stahlbaustähle, oder einfach Baustähle, bezeichnet man Stähle, aus denen Stahl-Tragwerke, z. B. Stahlgittermasten für Hochspannungsfreileitungen, oder Stahlgehäuse, Stahlgerüste und Stahlkapselungen für mittlere und große elektrische Maschinen, wie z. B. Transformatoren, gefertigt werden. Außerdem stellt man daraus Stahlbaukonstruktionen, z. B. Stahlbauskeletthallen, Gerüste und Geländer, her.

In Form von Feinblechen dienen sie zur Verkleidung stahlblechgekapselter Einrichtungen und Maschinen, z. B. von Verteileranlagen und Schaltschränken.

Baustähle kommen als genormte Erzeugnisse in Form von Trägern, Profilen, Rohren, Blechen in den Handel (Seite 59) und werden nach Zuschnitt durch Schweißen oder Verschrauben zu den Bauteilen gefügt.

> Baustähle verwendet man, wenn ein preiswerter Werkstoff erforderlich ist, dessen Gebrauchsfestigkeit schon im Anlieferungszustand vorhanden ist. Sie sind nicht für eine Wärmebehandlung geeignet.

Unlegierte Baustähle

Die unlegierten Baustähle eignen sich für Bauteile mit normaler Belastung. Sie sind nicht für Wärmebehandlungen geeignet.

Warmgewalzte Erzeugnisse aus unlegierten Baustählen sind nach der Norm DIN EN 10025 (früher DIN 17100) genormt **(Tabelle 2)**. Sie werden entweder mit einer Kurzbezeichnung oder mit einer Werkstoffnummer benannt.

Die **Werkstoffnummer** ist eine 5- oder 7-stellige Zahl. Stähle haben als erste Zahl eine 1.

Die neue **Kurzbezeichnung** nach DIN EN 10 025 besteht aus den Kennbuchstaben **S** (Stahlbaustahl) oder **E** (Maschinenbaustahl) und der Mindeststreckgrenze in N/mm². Nachgestellte Buchstaben sind Eigenschafts- oder Verwendungshinweise.

Die **alte Kurzbezeichnung** nach DIN 17100 hatte als Symbol **St** und eine Kennzahl, die rund $^1/_{10}$ der Mindestzugfestigkeit angab.

Tabelle 2: Warmgewalzte Erzeugnisse aus unlegierten Baustählen nach DIN EN 10025 (früher DIN 17100), Auswahl

Kurzbezeichnung nach DIN EN 10025	Werkstoffnummer	Frühere Bezeichnung nach DIN 17100	Kohlenstoffgehalt %	Zugfestigkeit R_m N/mm²	Streckgrenze R_e N/mm²	Bruchdehnung A %
S185	1.0035	St 33		~ 290	~ 175	10...18
S235JR	1.0037	St 37-2	0,17	330–470	195...235	17...24
S275JR	1.0044	St 44-2	0,21	410–540	235...275	14...22
S355J2G3	1.0570	St 52-3 N	0,20	490–630	315...355	14...22
E295	1.0050	St 50-2	~ 0,30	470–610	255...295	12...20
E395	1.0060	St 60-2	~ 0,40	570–710	295...325	8...16
E360	1.0070	St 70-2	~ 0,50	670–830	325...365	4...11

Beispiel für eine Kurzbezeichnung nach DIN EN 10025

S235JR

Unlegierter Stahlbaustahl **(S)** mit einer Mindeststreckgrenze R_e = 235 N/mm²; JR ≙ Kerbschlagzähigkeit 27 J bei 20 °C.

Beispiel für die frühere Kurzbezeichnung nach DIN 17100

St 37-2

Unlegierter Baustahl **(St)** mit einer Mindestzugfestigkeit R_m ≈ 370 N/mm²; Gütegruppe 2.

Die **Festigkeit** der unlegierten Baustähle wird hauptsächlich durch ihren Kohlenstoffgehalt bestimmt, der 0,17 % (S235JR) bis 0,5 % (E360) beträgt. Während die Festigkeit mit dem Kohlenstoffgehalt steigt, verschlechtern sich die Dehnbarkeit, die Verformbarkeit, die Schmiedbarkeit und die Schweißeignung. Die anderen Eisenbegleiter (Si, Mn, P, S) haben ebenfalls Einfluss auf die Festigkeit sowie auf die Gefügeart.

> Der gebräuchlichste unlegierte Baustahl für normal belastete Bauteile ist **S235JR** (St 37-2).

Er wird im Elektroanlagenbau zu kleineren Strommasten, für Gehäuse- und Maschinenrahmen **(Bild 1)** sowie für Anlagenverkleidungen verarbeitet.

Bild 1: **Trafogestell aus S235JR** (St 37-2)

Für hoch belastete Bauteile, z. B. für Starkstromfreileitungsmasten oder tragende Karosserieteile von Elektrofahrzeugen, kommt bevorzugt der Stahl **S355J2G3** (St 52-3N) zum Einsatz **(Bild 2)**.

Er hat einen Kohlenstoffgehalt von nur 0,2 % und daraus folgend gute Schweißeigenschaften sowie Sprödbruchunempfindlichkeit. Seine hohe Festigkeit und Streckgrenze erhält er durch seinen erhöhten Mangangehalt (etwa 1,5 %) und einen Aluminiumzusatz sowie durch das feine Gefügekorn, das durch eine geregelte Temperaturführung beim Walzen erzielt wird.

Wegen des feinkörnigen Gefüges bezeichnet man ihn als **Feinkornbaustahl**.

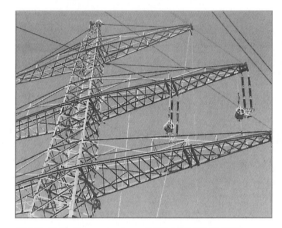

Bild 2: **Freileitungsmast aus S355J2G3** (St 52-3 N)

> Der Feinkornbaustahl **S355J2G3** (St 52-3N) ist der Baustahl für hoch belastete Stahlkonstruktionen.

Wetterfeste Baustähle

Die wetterfesten und witterungsbeständigen Stähle sind unlegierte Baustähle, die durch einen geringen Zusatz von Chrom, Kupfer und Nickel eine verbesserte Korrosionsbeständigkeit gegen Witterungseinflüsse besitzen. Diese Stähle rosten zwar auch, die Korrosionsabtragsrate ist jedoch wesentlich verlangsamt. Durch einen zusätzlichen Schutzanstrich können Bauteile aus wetterfestem Stahl über lange Jahre vor Korrosion geschützt werden. Sie werden bevorzugt dann eingesetzt, wenn der Witterung ausgesetzte, große Bauteile wegen ihrer Größe nicht durch Verzinken vor Korrosion geschützt werden können.

Die Kennzeichnung der wetterfesten Stähle erfolgt durch den Buchstaben W (früher WT). Zu wetterfesten Stählen werden vor allem die gebräuchlichsten unlegierten Baustähle veredelt: **S235JRW** (WTSt 37-2), **S235J2G3W** (WTSt 37-3N) und **S355J2G3W** (WTSt 52-3N).

Schweißeignung der unlegierten Baustähle

Das Schweißen ist die geeignetste Fügetechnik im Stahlbau. Deshalb ist die Schweißeignung der Stähle von besonderer Bedeutung. Uneingeschränkt zum Schweißen geeignet sind die unlegierten Baustähle mit bis zu 0,2% Kohlenstoff, wobei die Schweißeignung mit steigender Gütegruppe zunimmt.

Gut schweißbar sind z. B. die besonders beruhigt vergossenen Baustähle **S235J2G3** (St 37-3N) und **S355J2G3** (St 52-3N). Die Festigkeit ihrer Schweißnähte entspricht weitgehend der Festigkeit der Grundwerkstoffe. Weniger zum Schweißen geeignet sind die Stähle S185 (St 33), E335 (St 60-2) oder E360 (St 70-2).

Schweißgeeignete Feinkornbaustähle

Schweißgeeignete Feinkornbaustähle sind hochfeste und zum Schweißen gut geeignete Stähle mit einem Kohlenstoffgehalt unter 0,15% (Tabelle 1).

Ihre Kurzbezeichnung enthält den Buchstaben S und die Mindeststreckgrenze in N/mm².

Beispiel: S355N ist ein Feinkornbaustahl mit einer Mindeststreckgrenze von 355 N/mm².

Die alte Kurzbezeichnung (nach DIN 17102) bestand aus dem Symbol StE und der Mindeststreckgrenze.

Ihre hohe Festigkeit und Streckgrenze erhalten sie durch geringe Legierungsgehalte an Chrom, Nickel, Kupfer, Vanadium, Titan und durch eine geregelte Temperaturführung beim Walzen. Sie bewirken das feine Gefügekorn und die hohen Festigkeitswerte. Die schweißgeeigneten Feinkornbaustähle verarbeitet man zu stark belasteten Bauteilen, die durch Schweißen gefügt werden, z. B. Tragwerkskonstruktionen, Freileitungsauslegern, Karosserierahmen (Bild 1).

Werkstoffe für Stahlbleche

Stahlbleche unterteilt man nach ihrer Dicke in Feinstbleche (bis 0,5 mm), Feinbleche (0,5 bis 3 mm), Mittelbleche (3 bis 4,75 mm) und Grobbleche (über 4,75 mm).

Während Mittel- und Grobbleche zu Gehäusen und tragenden Karosserieteilen verarbeitet werden, dienen Feinst- und Feinbleche zur Verkleidung und als Türen bei Schalt- und Geräteschränken.

Bleche für normale Anforderungen werden aus den verschiedenen Sorten der **unlegierten Baustähle** hergestellt, z. B. aus St 37-2G oder St 52-3G **(Tabelle 2)**. Sie werden z. B. zu Transformatorgehäusen geschweißt (Bild 1, Seite 64).

Für Blechteile, die durch Kaltumformverfahren, z. B. Abkanten oder Falzen, ihre Endform erhalten, verwendet man meist Feinbleche aus **weichen, unlegierten Stählen** (Tabelle 2). Sie haben einen Kohlenstoffgehalt unter 0,1 %, zeichnen sich durch besonders gute Kaltumformbarkeit aus und werden meist zu Verkleidungen verarbeitet **(Bild 2)**.

Die Oberflächenbeschaffenheit der Bleche kann in vielen Qualitätsstufen gefertigt sein. Sie werden auch verzinkt oder einbrennlackiert geliefert.

Tabelle 1: Schweißgeeignete Feinkornbaustähle nach DIN EN 10113 (Auswahl)				
Kurzbezeichnung DIN EN 10113	(DIN 17102)	Zugfestigkeit R_m N/mm²	Streckgrenze R_e N/mm²	Bruchdehnung A %
S275N	(StE 285)	370…510	255…275	≥ 24
S355N	(StE 355)	470…630	335…355	≥ 22
S460N	(StE 460)	550…720	430…460	≥ 17

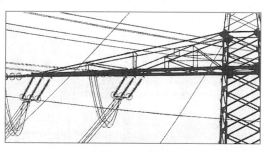

Bild 1: Freileitungsausleger aus S460N (StE 460)

Tabelle 2: Stahlbleche (Auswahl)			
Kurzbezeichnung	Zugfestigkeit R_m N/mm²	Streckgrenze R_e N/mm²	Bruchdehnung A %
Blech aus unlegierten Baustählen			
St 37-2 G	360…510	215	> 20
St 52-3 G	510…680	325	> 16
Blech aus weichen, unlegierten Stählen			
DC 01 (St 12)	270…410	280	> 28
DC 04 (St 14)	270…350	210	> 38

Bild 2: Schaltschrankverkleidung aus Stahlblech DC 01

Wiederholungsfragen

1 Welchen Kohlenstoffgehalt haben Baustähle, Werkzeugstähle bzw. Eisen-Gusswerkstoffe?

2 Was lässt sich aus der Kurzbezeichnung S235JR (St 37-2) ablesen?

3 Aus welchem Stahl werden Freileitungsmasten gefertigt?

4 Welches Korrosionsverhalten zeichnet die wetterfesten Stähle aus?

3.5.2 Stähle in Elektromaschinen

Bei Elektromaschinen unterscheidet man die elektrischen Bauteile, z. B. die Wicklungen oder die Blechpakete, sowie die Konstruktionsbauteile, z. B. die Welle, die Lager, die Zahnräder **(Bild)**.

Die konstruktiven Bauteile der Elektromaschinen werden überwiegend aus Maschinenbaustählen gefertigt.

Die wichtigsten Stähle für den Elektromaschinenbau sind: Vergütungsstähle, Einsatzstähle, Automatenstähle, Wälzlagerstähle, Federstähle und nichtrostende Stähle.

Daneben finden Eisen-Gusswerkstoffe, Stahlbleche, Stahlbaustähle und Elektrobleche Verwendung.

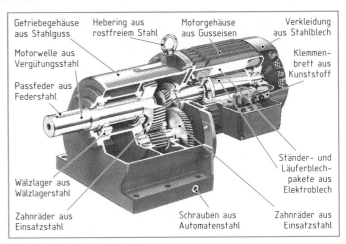

Bild 1: Bauteile und Werkstoffe eines Elektromotors

Vergütungsstähle

Vergütungsstähle eignen sich aufgrund ihrer Zusammensetzung zum **Vergüten**, einer Wärmebehandlung aus Härten und Anlassen (Seite 82). Sie besitzen im vergüteten Zustand hohe Festigkeit und Zähigkeit.

Der Kohlenstoffgehalt der Vergütungsstähle liegt mit 0,22 bis 0,6 % höher als bei den meisten unlegierten Baustählen. Er ist die Voraussetzung für die Vergütbarkeit dieser Stähle. Es gibt unlegierte und niedriglegierte Vergütungsstähle **(Tabelle)**.

Unlegierte Vergütungsstähle sind von der Reinheit her Qualitätsstähle.

Die **Kurzbezeichnung der unlegierten Vergütungsstähle** besteht aus dem Kennzeichen **C** und einer Kohlenstoff-Kennzahl. Aus ihr kann man durch Dividieren mit 100 den Kohlenstoffgehalt berechnen. Ein nachgestelltes E garantiert einen geringen Schwefelgehalt. *Beispiel:* **C35** ist ein unlegierter Vergütungsstahl mit 35 : 100 = 0,35 % Kohlenstoff.

Die **legierten Vergütungsstähle** enthalten zusätzlich Legierungsanteile an Mangan, Silicium, Chrom, Nickel, Molybdän und Vanadium. Der Gehalt des einzelnen Legierungselementes liegt unter 5%. Es sind Qualitäts- oder Edelstähle.

Das **Kurzzeichen der niedriglegierten Vergütungsstähle** besteht aus der Kohlenstoff-Kennzahl, den chemischen Symbolen der wesentlichen Legierungselemente sowie in derselben Reihenfolge aus den Legierungselement-Kennzahlen (siehe nebenstehendes Beispiel). Wie bei der Kohlenstoff-Kennzahl kann man den Gehalt der Legierungselemente durch Dividieren der Legierungselement-Kennzahl mit einem Faktor berechnen.

Tabelle: Vergütungsstähle nach DIN EN 10083			
Stahlsorte Kurzname	**Streckgrenze R_e N/mm²**	**Zugfestigkeit R_m N/mm²**	**Bruchdehnung A %**
C35	270...300	520	19
C45E	370...490	650...800	16
C60	340...380	670	11
34Cr4	460...700	800...950	14
42CrMo4	650...900	1000...1200	11
34CrNiMo6	800...1000	1100...1300	10

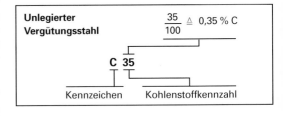

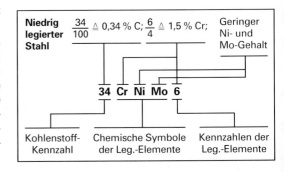

Es gibt drei **Kennzahlfaktoren**, die jeweils für bestimmte Legierungselemente gelten:

Kennzahl-faktor	4	gilt für:	Chrom Cr	Kobalt Co	Mangan Mn	Nickel Ni •	Silicium Si	Wolfram W
Kennzahl-faktor	10	gilt für:	Aluminium Al	Kupfer Cu	Molybdän Mo	Tantal Ta	Titan Ti	Vanadium V
Kennzahl-faktor	100	gilt für:	Kohlenstoff C	Phosphor P	Schwefel S	Stickstoff N		

Beispiel: **60NiCrMoV12-4** ist ein niedriglegierter Stahl mit 60 : 100 ≙ 0,6 % C, 12 : 4 ≙ 3 % Ni, 4 : 4 ≙ 1 % Cr und geringem Molybdän- und Vanadiumgehalt.

> Vergütungsstähle sind unlegierte oder niedriglegierte Stähle, die durch Vergüten ihre Gebrauchseigenschaften erhalten: hohe Zugfestigkeit und Zähigkeit.

Bei der Bestellung von Vergütungsstählen ist der gewünschte Wärmebehandlungszustand (**G** = weichgeglüht, **N** = normalgeglüht, **V** = vergütet), in dem der Stahl geliefert werden soll, anzugeben.

Beispiel: **C35V640** (Stahl C35, vergütet auf 640 N/mm² Mindestzugfestigkeit)

Aus Vergütungsstählen werden Teile gefertigt, die hoher mechanischer Belastung mit Schlag und Stoß ausgesetzt sind, wie z. B. Motor- und Generatorwellen (**Bild 1**), Polräder, Fahrzeugachsen, Exzenterwellen, Bolzen, Zahnräder, Muttern, Schrauben.

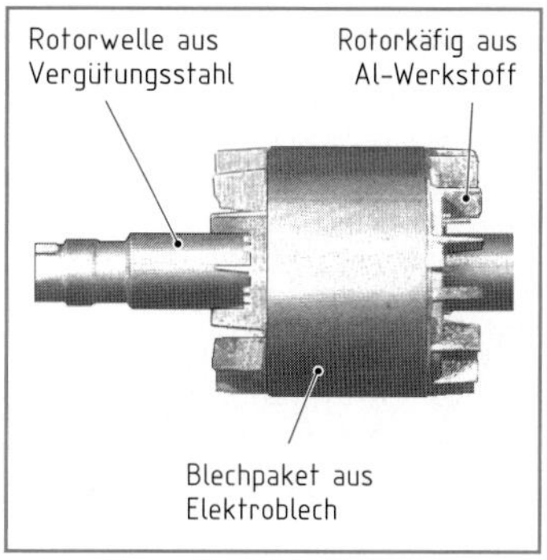

Bild 1: Rotorwelle aus Vergütungsstahl

Einsatzstähle

> Einsatzstähle sind unlegierte und niedriglegierte Qualitäts- und Edelstähle mit einem Kohlenstoffgehalt unter 0,22 %, deren Randschicht vor dem Härten aufgekohlt wird.

Sie sind wegen des niedrigen Kohlenstoffgehalts im Ausgangszustand nicht härtbar. Durch ein Verfahren, das man **Einsetzen** nennt (Seite 83), werden die fertigen Werkstücke aus Einsatzstahl in einer Randschicht von etwa 1 mm Tiefe mit Kohlenstoff angereichert (aufgekohlt) und damit in dieser Randschicht härtbar. Härtet man die Werkstücke anschließend, so erhalten sie eine harte, verschleißfeste Randschicht, der kohlenstoffarme Werkstückkern bleibt aber ungehärtet und damit zäh und elastisch (**Bild 2**).

Einsatzstähle werden zu Bauteilen verarbeitet, die diese speziellen Eigenschaften benötigen: Wellen, Walzen, Zahnräder, Steuerkurven, Ventile und Nocken.

Einsatzstähle nach DIN EN 10 084
C10E, C10R, C15E, C15R, 17Cr3, 20CrS4, 20MnCr5, 20MoCr4, 21NiCrMo2

Bild 2: Anschliff eines einsatzgehärteten Zahnrades

Federstähle

Federstähle sind unlegierte und legierte Stähle, die in gehärtetem Zustand elastisch und dauerschwingfest sind. Sie werden zu runden Bauteilen wie Schraubenfedern, Kohlebürsten-Anpressfedern, Passfedern usw. verarbeitet (**Bild 3**).

Unlegierte Federstähle enthalten 0,5 bis 0,8 % Kohlenstoff, z. B. **C70E** (Ck 70). Legierte Federstähle enthalten zusätzlich Silicium, Mangan, Chrom oder Vanadium, z. B. **38Si7** oder **50CrV4**.

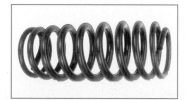

Bild 3: Schraubenfeder aus Federstahl

Wälzlagerstähle

Die Laufringe und die Kugeln oder Wälzkörper der Kugel- und Wälzlager werden aus Wälzlagerstählen gefertigt **(Bild 1)**. Sie müssen eine harte und verschleißfeste Oberfläche besitzen sowie hartelastisch und hochfest sein. Wälzlagerstähle sind zumeist niedriglegierte Stähle mit einem hohen C-Gehalt, z. B. **100Cr6** oder **100CrMo6**. Die Bauteile erhalten ihre Gebrauchshärte und Elastizität durch Härten (Seite 80).

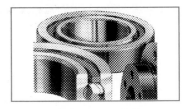

Bild 1: Kugellager

Automatenstähle

> Automatenstähle sind unlegierte und niedriglegierte Qualitätsstähle mit erhöhtem Schwefelgehalt (0,18 bis 0,4 %) und zum Teil mit Bleizusatz (0,15 bis 0,3 %).

Automatenstähle nach DIN 1651

9S20, 9SMn28, 9SMnPb28, 9SMn36, 9SMnPb36, 10S20, 35S20, 45S20, 60S20

Diese Bestandteile verleihen den Stählen eine gute Zerspanbarkeit. Der Span zerbröckelt beim Spanen und fällt vom Werkstück ab, sodass das Spanwerkzeug immer frei bleibt.

Automatenstähle werden zur Herstellung von Massendrehteilen auf Drehautomaten verwendet, z. B. von Schrauben, Muttern, Bolzen, Stiften **(Bild 2)**.

Der Kohlenstoffgehalt der Automatenstähle liegt zwischen 0,1 % und 0,6 %. Automatenstähle mit einem Kohlenstoffgehalt unter 0,2 % werden z. T. einsatzgehärtet, Stähle mit mehr als 0,3 % C sind härt- und vergütbar.

Bild 2: Schraube aus Automatenstahl

Nichtrostende Stähle

Die nichtrostenden Stähle sind hochlegiert. Sie werden eingesetzt, wenn Maschinen, Bauteile oder Apparate starkem korrosivem Angriff ausgesetzt sind **(Bild 3)** oder wenn die Nichtmagnetisierbarkeit dieser Werkstoffe erforderlich ist.

> Die gebräuchlichsten nichtrostenden Stähle sind die austenitischen Chrom-Nickel-Stähle[1].

Sie haben einen Chromgehalt von mindestens 17 %, einen Nickelgehalt von mehr als 9 % und je nach Sorte noch kleine Legierungsanteile an Molybdän, Niob, Titan, Kupfer oder Stickstoff. Der Kohlenstoffgehalt liegt unter 0,1 %.

Bild 3: Galvanikbecken aus nichtrostendem Cr-Ni-Stahl

Vertreter dieser Stahlgruppe sind die Stähle **X5CrNi18-10**, **X6CrNiMo17-12-2** oder **X2NiCrMoCu25-20-6**.

Die **Kurzbezeichnung** der hochlegierten Stähle besteht aus einem vorangestellten **X** als Kennzeichen, der Kohlenstoff-Kennzahl, den chemischen Symbolen der wesentlichen Legierungselemente sowie in gleicher Reihenfolge den Gehalten der Legierungselemente in Prozent (siehe nebenstehendes Beispiel). Legierungselemente ohne Prozentangabe sind nur mit geringem Anteil enthalten.

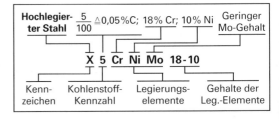

Die wichtigste Eigenschaft der nichtrostenden Stähle ist ihre Korrosionsbeständigkeit, die ihnen ihr metallblankes Aussehen verleiht. Je nach Sorte sind sie gegen normale Witterungseinflüsse, aber auch gegen stärkste chemische Angriffe, z. B. von Säuren, Laugen oder Salzlösungen, beständig.

Die austenitischen Chrom-Nickel-Stähle sind **nicht magnetisierbar**. Sie haben im magnetischen Wechselfeld geringere Wirbelströme als magnetisierbare Stähle.

---

[1] Der Name austenitisch leitet sich vom Austenit-Gefüge dieser Stähle ab; nach dem englischen Materialwissenschaftler Robert Austen.

3.5.3 Werkzeugstähle

Aus Werkzeugstählen werden Werkzeuge zum Be- und Verarbeiten von Werkstoffen sowie Geräte zum Handhaben und Messen von Werkstücken hergestellt.

Sie besitzen im Gebrauchszustand eine dem Verwendungszweck angepasste große Härte und Festigkeit bei ausreichender Zähigkeit. Außerdem sind sie verschleißfest und zum Teil wärmebeständig.

Gemeinsames Kennzeichen der Werkzeugstähle ist der relativ hohe Kohlenstoffgehalt von 0,45 % bis 2,10 %. Er ist die Voraussetzung für die Härtbarkeit durch Abschreckhärten (Seite 80).

> Es gibt unlegierte, niedriglegierte und hochlegierte Werkzeugstähle. Nach ihrem Verwendungszweck unterteilt man sie in Kaltarbeitsstähle, Warmarbeitsstähle und Schnellarbeitsstähle.

Kaltarbeitsstähle

Kaltarbeitsstähle sind unlegierte und legierte Werkzeugstähle für Verwendungszwecke, bei denen die Oberflächentemperatur des Werkzeugs im Einsatz unter 200 °C liegt.

Unlegierte Kaltarbeitsstähle werden zu Werkzeugen verarbeitet, die keiner besonderen Beanspruchung ausgesetzt sind, z. B. Hämmer, Zangen **(Bild 1)**, Meißel. *Beispiel:* **C80U** ist ein unlegierter Kaltarbeitsstahl mit 0,8 % Kohlenstoff.

Die **legierten Kaltarbeitsstähle** erhalten durch die Legierungselemente erhöhte Festigkeit, Zähigkeit und Verschleißwiderstand sowie verbesserte Korrosionsbeständigkeit. *Beispiel:* **115 Cr V3** ist ein niedriglegierter Kaltarbeitsstahl mit 1,15 % Kohlenstoff, 0,75 % Chrom und geringem Vanadium-Gehalt. Man nennt ihn Chrom-Vanadium-Stahl oder wegen seines metallblanken Aussehens auch **Silberstahl**.

Bild 1: Handwerkzeuge aus legiertem Kaltarbeitsstahl 115CrV3

Warmarbeitsstähle

Warmarbeitsstähle sind legierte Werkzeugstähle für Verwendungszwecke, bei denen die Oberflächentemperatur des Werkzeugs im Einsatz zwischen 200 °C und 400 °C liegt.

Ihr Kohlenstoffgehalt beträgt bis 2,1 %, außerdem enthalten sie z. B. die Legierungselemente Chrom, Wolfram, Silicium, Nickel, Molybdän, Mangan, Vanadium oder Kobalt. Die Legierungselemente sind so aufeinander abgestimmt, dass die Warmarbeitsstähle, neben ausreichender Härte und Festigkeit, chemische Beständigkeit und einen hohen Verschleißwiderstand bei erhöhter Temperatur besitzen. Warmarbeitsstähle werden z. B. zu Warmumformwerkzeugen und Spritzgussformen **(Bild 2)** verarbeitet. *Beispiel:* **X38CrMoV5-1**.

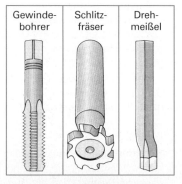

Bild 2: Kunststoff-Spritzgussformen aus Warmarbeitsstahl 40CrMnMoS8-6

Schnellarbeitsstähle

Schnellarbeitsstähle, auch Schnellschnittstähle (SS-Stähle) oder High Speed Steels (HSS-Stähle) genannt, sind hochlegierte Werkzeugstähle mit bis 1,5 % Kohlenstoff sowie Wolfram-, Molybdän-, Vanadium-, Kobalt- und Chromgehalt.

Sie besitzen hohe Warmhärte und Warmfestigkeit bis 600 °C, Zähigkeit sowie Anlassbeständigkeit. Aus Schnellarbeitsstählen fertigt man Spanwerkzeuge wie Drehmeißel, Fräser, Bohrer und Hobelmesser **(Bild 3)**.

Schnellarbeitsstähle haben eine eigene **Kurzbezeichnung**, die aus dem Symbol **HS** und den Legierungsgehalten in der Reihenfolge Wolfram, Molybdän, Vanadium und Kobalt besteht.

Beispiel: **HS6-5-2** (früher S 6-5-2) ist ein Schnellarbeitsstahl mit 6 % Wolfram, 5 % Molybdän und 2 % Vanadium.

Gewinde-bohrer	Schlitz-fräser	Dreh-meißel

Bild 3: Spanwerkzeuge aus Schnellarbeitsstahl

3.5.4 Eisen- und Stahl-Gusswerkstoffe

Bauteile mit komplizierter Form, z. B. Hebel, Handräder, Flügelschrauben, Motorgehäuse und Gestelle von Elektromaschinen, werden am wirtschaftlichsten durch Gießen hergestellt. Dazu sind besondere Werkstoffe erforderlich, die sich gut vergießen lassen: die Eisen-Gusswerkstoffe.

> Die Eigenschaften der verschiedenen Eisen-Gusswerkstoffe werden im Wesentlichen von ihrem Kohlenstoffgehalt bestimmt sowie von der Form, in der sich der Kohlenstoff im Gefüge ausscheidet.

Gusseisen mit Lamellengraphit (Grauguss)

Gusseisen mit Lamellengraphit (Kurzzeichen EN-GJL-) ist Eisen mit 2,6 bis 3,6 % Kohlenstoff, der als weicher, schwarzer Graphit in Form von feinen Lamellen im Grundwerkstoff auskristallisiert **(Bild 1)**. Die Graphitlamellen sind einerseits die Ursache der relativ geringen Festigkeit und der Sprödigkeit dieses Werkstoffs, andererseits bewirken sie die Fähigkeit zur Schwingungsdämpfung.

Werkstoff-Beispiel: **EN-GJL-200** (früher GG-20), ein Grauguss mit 200 N/mm² Mindestzugfestigkeit.

Gusseisen mit Lamellengraphit wird zu Motorgehäusen und Maschinengestellen vergossen.

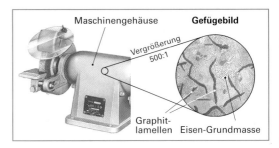

Bild 1: Maschinengehäuse aus Gusseisen mit Lamellengraphit

Gusseisen mit Kugelgraphit (Sphäroguss)

Gusseisen mit Kugelgraphit (Kurzzeichen EN-GJS-) hat 2,6 % bis 3,6 % Kohlenstoff, der kugelförmige Graphitkörnchen im Gefüge bildet **(Bild 2)**. Diese Form der Ausscheidung erreicht man durch Zulegieren von Magnesium zur Gussschmelze.

Gusseisen mit Kugelgraphit ist zäh, schlagfest und hat eine stahlähnliche Festigkeit.

Beispiel: **EN-GJS-600-3U** (früher GGG-60) mit einer Zugfestigkeit von rund 600 N/mm². Er wird zu Gussteilen verarbeitet, die erhöhter mechanischer Belastung ausgesetzt sind, z. B. dünnwandige Motor- und Maschinengehäuse, Kurbelwellen.

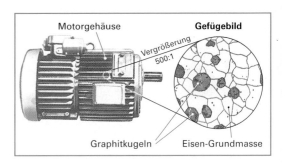

Bild 2: Motorgehäuse aus Gusseisen mit Kugelgraphit

Stahlguss

Stahlguss ist in Formen gegossener Stahl.

Die verschiedenen Stahlgusssorten haben das Gefüge und die Eigenschaften von gewalzten Stählen der entsprechenden Zusammensetzung.

- Stahlguss für allgemeine Verwendungszwecke, z. B. **GP240** (früher GS-45).
- Zäher Stahlguss, z. B. **EN-GJ-20Mn5N** (früher GS-20 Mn 5).
- Nichtrostender Stahlguss, z. B. **EN-GJN-X2CrNi MoN 18-10**.

Stahlguss wird z. B. zu Magnetgestellen oder Turbinengehäusen verarbeitet **(Bild 3)**.

Bild 3: Turbinengehäuse aus nichtrostendem Stahlguss

Wiederholungsfragen

1 Welche Bauteile werden aus Vergütungsstahl gefertigt?

2 Welche Eigenschaften hat ein fertiges Bauteil aus Einsatzstahl?

3 Welche Zusammensetzung hat der Schnellarbeitsstahl HS10-4-3-10?

4 Weshalb ist Gusseisen mit Lamellengraphit hartspröde, Stahlguss aber hartzäh?

3.6 Der innere Aufbau der Metalle

Viele Eigenschaften der metallischen Werkstoffe haben ihre Ursache im inneren Aufbau der Werkstoffe. So ist z. B. die Festigkeit von Stählen umso größer, je kleiner die Korngröße ist (Feinkornbaustahl, Seite 65), oder die Härtbarkeit eines Stahls ist z. B. abhängig von seinem Kohlenstoffgehalt und der Form der Ausscheidung im Kristallgefüge (Vergüten, Seite 82).

Auch die Be- und Verarbeitungsmöglichkeiten der Werkstoffe hängen vom inneren Feinbau ab, z. B. die Schweißbarkeit, die Schmiedbarkeit oder die Spanbarkeit.

Die Kenntnis des inneren Aufbaus der Metalle ist deshalb für den Fachmann unumgänglich, um die Werkstoffauswahl, den Einsatz sowie die Be- und Verarbeitung sachgerecht zu lösen.

3.6.1 Gefüge und kristalline Struktur

Mit dem bloßen Auge betrachtet, erscheinen die Metalle als einheitlicher Stoff ohne Untergliederung. Man sieht lediglich die typische, hell glänzende Metalloberfläche (**Bild**, oberer Teil).

Ihr Aussehen wird vom Bearbeitungsverfahren geprägt und erlaubt keinen Einblick in den Werkstoffaufbau.

Den komplizierten inneren Aufbau der Metalle erkennt man erst durch stufenweises Vergrößern, z. B. mit einem Elektronenmikroskop (Bild, mittlerer Teil).

Bei 1 000facher Vergrößerung sieht man, dass das Metall in kornförmige Bereiche, **Kristallite** oder **Körner** genannt, gegliedert ist. Die Begrenzungsflächen der Körner heißen **Korngrenzen**. Das Bild, das sich bei etwa 1 000facher Vergrößerung bietet, nennt man das **Gefüge** des Werkstoffs.

Betrachtet man einen kleinen Ausschnitt eines Korns bei noch stärkerer Vergrößerung, z. B. 100 000fach, so erkennt man einen stufenartigen Aufbau des Metalls aus lauter ähnlich geformten Würfeln, den Kristallen des Metalls. Einen solchen Aufbau aus regelmäßig angeordneten Teilchen nennt man **kristalline Struktur**.

Vergrößert man die Ecke eines Würfels noch stärker, z. B. auf das 10 000 000fache, so erkennt man die atomare Feinstruktur: die kleinsten Bausteine der Metalle, die Metallionen, umgeben von einer zusammenhängenden Elektronenwolke (Bild, unterer Teil). Die Metallionen sind in regelmäßigen Abständen und Winkeln zueinander angeordnet, wodurch sich die würfelartige Feinstruktur ergibt.

Das Gegenteil, ein ungleichmäßiger Feinbau, wie er z. B. bei Glas vorliegt, nennt man eine **amorphe**[1] Struktur.

Verbindet man zeichnerisch die Mittelpunkte der Metallionen, so ergeben die Verbindungslinien ein räumliches Gitter, das man **Raumgitter** oder **Kristallgitter** nennt. Es ist durch immer gleiche Gitterabstände und Gitterwinkel gekennzeichnet.

Die kleinste Einheit eines Kristallgitters bezeichnet man als **Elementarzelle**. Sie gibt die typische Anordnung der Metallionen einer Metallart an und wird zur Kennzeichnung der verschiedenen Kristallgittertypen benutzt (**Bild 1**, Seite 72).

Die Entstehung der kristallinen Struktur und des Metallgefüges aus der Metallschmelze ist auf Seite 58 gezeigt.

> Die Metalle sind in Körnern (Kristalliten) mit einer kristallinen Feinstruktur gegliedert.

[1] amorph (griech.) = gestaltlos

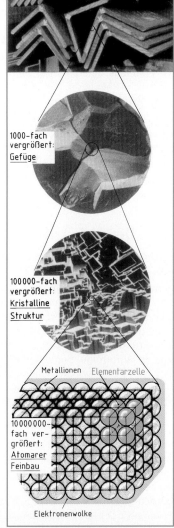

1000-fach vergrößert:
Gefüge

100000-fach vergrößert:
Kristalline Struktur

Metallionen   Elementarzelle

10000000-fach vergrößert:
Atomarer Feinbau

Elektronenwolke

Bild: Innerer Aufbau der Metalle

3.6.2 Die Kristallgittertypen der Metalle

Die verschiedenen Metalle bilden unterschiedliche Kristallgitter. Die grafische Darstellung der Metallionenanordnung erfolgt anhand einer Elementarzelle des Kristalls. Man zeichnet die Elementarzelle entweder mit den Ionen als Kugeln oder mit einem schematischen Strichmodell **(Bild 1)**.

> Die technisch wichtigen Metalle haben kubischraumzentrierte, kubisch-flächenzentrierte oder hexagonale Kristallgitter.

Beim **kubisch-raumzentrierten** (krz) Kristallgitter ordnen sich die Metallionen so, dass die Verbindungslinien von Ionenmittelpunkt zu Ionenmittelpunkt einen Würfel (Kubus) bilden (Bild 1, oberer Bildteil). Zusätzlich befindet sich noch ein Ion in der Würfelmitte. Ein kubisch-raumzentriertes Kristallgitter hat z. B. Eisen bei Temperaturen unter 911 °C sowie Chrom, Wolfram und Vanadium.

Das **kubisch-flächenzentrierte** (kfz) Kristallgitter hat ebenfalls einen Würfel als Grundkörper und zusätzlich je ein Ion in der Mitte der Seitenflächen. Diese Kristallform haben Aluminium, Kupfer, Silber und Nickel sowie Eisen über 911 °C.

Ein **hexagonales** (hex) Kristallgitter mit dichtester Packung besitzen die Metalle Magnesium, Zink und Titan. Bei diesem Gittertyp bilden die Ionen ein sechseckiges Prisma mit je einem Ion in der Mitte der Grundflächen sowie drei Ionen innerhalb des Prismas.

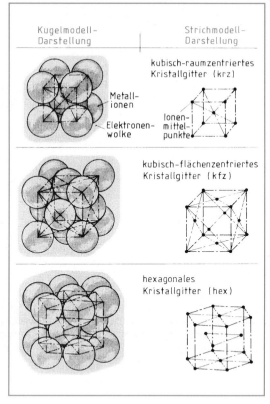

Bild 1: Kristallgittertypen

3.6.3 Der reale kristalline Aufbau

Das Raumgitter der Kristalle in Werkstoffen weicht vom idealen Aufbau ab **(Bild 2)**.

Leerstelle nennt man einen nicht besetzten Gitterplatz. Ein Atom zwischen den Gitterplätzen heißt **Zwischengitteratom**. **Fremdatome** sind Atome eines anderen Elementes, die in das Kristallgitter des Grundmetalls eingefügt sind. **Versetzungen** sind linienförmige Baufehler (Bild 2), bei denen eine ganze Lage von Metallionen im Gitter fehlt.

> Gitterbaufehler im Kristallgitter erhöhen die Festigkeit des Werkstoffs.

Ursache sind Verzerrungen des Kristallgitters und dadurch hervorgerufene zusätzliche Kräfte zwischen den Metallionen. Diese Wirkung ist z. B. vom Legieren her bekannt, das eine gewollte Einlagerung von Fremdatomen in das Kristallgitter des Basismaterials darstellt. Die Kaltverfestigung, z. B. beim Kaltwalzen, beruht auf der Aufweitung des Kristallgitters und der Bildung von Leerstellen und Versetzungen.

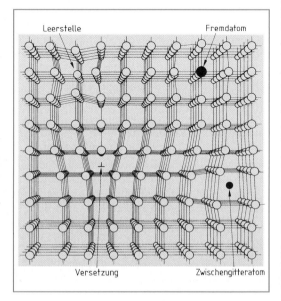

Bild 2: Kristallgitter mit Gitterbaufehlern

3.6.4 Kristalline Struktur und Eigenschaften

Die Bindung der Metallteilchen im Kristallverband ist die Ursache für typische Eigenschaften der Metalle, z. B. für die gute elektrische und Wärmeleitfähigkeit, die hohe Festigkeit, die elastische und plastische Verformbarkeit oder die Verfestigung durch Kaltverformung.

Elektrische Leitfähigkeit

Die Metalle bestehen im atomaren Bereich aus positiv geladenen Metallionen und sie umgebenden, frei beweglichen, negativ geladenen Elektronen (**Bild 1**). Sie umgeben und durchdringen den Metallionenverband vergleichbar einem Gas. Werden dem Metallkörper an einer Stelle durch Anlegen einer Spannung zusätzlich Elektronen zugeführt, so verschiebt sich das „Elektronengas", und es fließen an anderer Stelle so viel Elektronen vom Metallkörper ab, wie ihm zugeführt wurden. Diese leichte Verschiebbarkeit der Elektronen ist die Ursache der guten elektrischen Leitfähigkeit und auch der hohen Wärmeleitfähigkeit der Metalle.

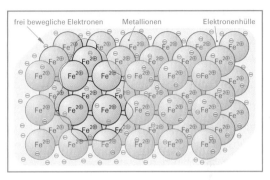

Bild 1: Atomare Struktur des Eisens

Festigkeit

Zwischen dem negativ geladenen Elektronengas und den positiv geladenen Metallionen wirken starke elektrostatische Anziehungskräfte. Sie halten den Metallteilchenverband zusammen und bewirken die hohe Festigkeit der Metalle. Gitterbaufehler, wie z. B. eingelagerte Fremdatome, verstärken durch Verspannungen zusätzlich die Festigkeit (Seite 72).

Elastische und plastische Verformung, Kaltverfestigung

Bei äußerer Krafteinwirkung auf einen Metallkörper entstehen im Kristallgitter Schubspannungen. Sie erzeugen auf gleitfähigen Gitterebenen Gleitverformungen (**Bild 2**).

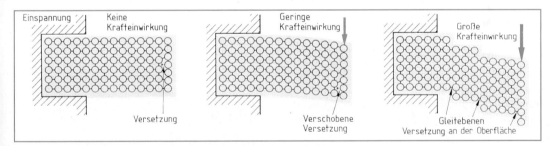

Bild 2: Atomare Vorgänge bei der Verformung eines Biegestabes

Ist die Krafteinwirkung gering, so werden die Metallionen nur leicht von ihrem Gitterplatz verschoben und federn bei Wegnahme der Kraft wieder in ihre Ausgangslage zurück (Bild 2, Mitte). Es findet eine elastische Verformung und anschließende Rückfederung statt.

Bei großer Krafteinwirkung kann eine Metallionenlage so weit verschoben werden, dass sie sprunghaft auf den benachbarten Gitterplatz verrückt (Bild 2, rechts). Diese neue stabile Lage bleibt auch erhalten, wenn die Kraft weggenommen wird. Der Metallkörper hat sich plastisch, d. h. bleibend, verformt. Die Versetzungen werden ebenfalls verschoben, bis sie an die Körperoberfläche gelangen.

Durch die plastische Verformung erfolgt eine **Verfestigung** des Metalls. Ursache hierfür ist das Erreichen der stabilsten Teilchenanordnung durch die Verschiebung sowie das Entstehen immer neuer Versetzungen durch die einwirkenden Schubkräfte. Die Versetzungen verspannen das Kristallgitter zusätzlich und erhöhen damit die Festigkeit.

Die Verformung kann bei fortdauernder Krafteinwirkung so lange fortschreiten, bis alle Metallteilchen in ihre optimale Lage verschoben und so viele Versetzungen entstanden sind, dass keine weiteren mehr Platz haben. Erst dann führt weitere Belastung zum Auseinanderbrechen.

3.6.5 Gefüge und Eigenschaften

Als Gefüge bezeichnet man den Feinbau der Metalle aus kornförmigen Bereichen, den Körnern. Es ist gekennzeichnet durch die Korngröße und die Kornform. Sichtbar gemacht wird das Gefüge durch ein metallografisches Schliffbild (Seite 76).

Üblich sind **Korngrößen** von wenigen μm (feinkörnig) bis in den mm-Bereich (grobkörnig). Feinkörniges Gefüge bedeutet verbesserte mechanische Eigenschaften gegenüber Grobkorn. Durch gezielte Wärmebehandlungs- oder Umformvorgänge kann die Korngröße eines Werkstoffs eingestellt werden.

Häufige **Kornformen** sind rundliche Formen (globular, **Bild 1**), Vieleckformen (polyedrisch, **Bild 2** und **3**) sowie nadel- oder lamellenartig geformte Kristallite (lammellar, Bild 6, Seite 76).

Die einzelnen Metalle bzw. Gefügebestandteile bilden jeweils bestimmte, stoffspezifische Kornformen. Eine Veränderung erfährt die Kornform z. B. durch das Kaltwalzen (Seite 61). Hierbei werden die Körner in Walzrichtung gestreckt (Textur) und damit die Festigkeit des Bauteils in dieser Richtung gesteigert.

Reine Metalle

Reine Metalle haben ein einheitliches (homogenes) Gefüge **(Bild 1)**. Alle Körner haben dieselbe kristalline Struktur mit einem spezifischen Kristallgittertyp. Die Körner unterscheiden sich in der Ausrichtung des Gitters. Die Vielzahl der Körner in einem Bauteil gewährleistet eine gleichmäßige Verteilung in alle Raumrichtungen. Unbehandelte technische Werkstoffe haben deshalb in allen Richtungen gleiche Eigenschaften, sie sind **isotrop**[1].

Durch das Fehlen von Fremdatomen haben reine Metalle eine relativ geringe Festigkeit.

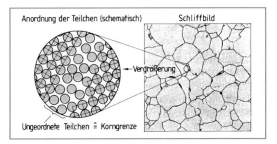

Bild 1: Gefüge von reinem Eisen

Legierungen

Die meisten Metalle werden in der Technik nicht rein verwendet, sondern zu Legierungen verarbeitet. Legierungen sind Gemische aus mehreren Metallen bzw. Gemische aus Metallen und Nichtmetallen. Zum Legieren werden die Legierungselemente dem flüssigen Grundmetall zugegeben und lösen sich darin auf. Beim Erstarren der Schmelze können sich, je nach Grundmetall und Legierungselementen, unterschiedliche Gefügearten ausbilden.

Bei **Mischkristall-Legierungen** bleiben die Teilchen des Legierungselementes beim Erstarren der Schmelze gleichmäßig im Kristallgitter des Grundmetalls verteilt **(Bild 2)**. Sie haben ein ähnliches Schliffbild wie reine Metalle. Die Mischkristall-Legierungen sind fester als die reinen Grundmetalle, dabei aber gut umformbar. Die Steigerung der Festigkeit beruht auf den Gitterverzerrungen durch die Legierungselement-Teilchen. Mischkristalle bildet z. B. Eisen mit Nickel oder Kupfer mit Nickel.

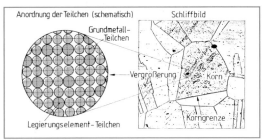

Bild 2: Mischkristall-Legierung

Bei **Kristallgemisch-Legierungen** lagern sich beim Erstarren die Teilchen des Legierungselementes sowie die des Grundmetalls getrennt zu eigenen Kristallen zusammen **(Bild 3)**. Ihr Gefüge besteht aus einem Gemisch verschiedenartiger Körner. Kristallgemisch-Legierungen haben, gegenüber dem Grundmetall, eine höhere Festigkeit. Kristallgemisch-Legierungen bildet z. B. Blei mit Zinn (Weichlote) sowie Eisen mit Kohlenstoff bei hohen C-Gehalten (Gusseisen mit Lamellengraphit).

[1] von isos (griech.) = gleich und tropos (griech.) = Richtung

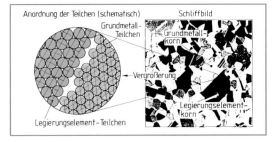

Bild 3: Kristallgemisch-Legierung

3.6.6 Gefügearten der Eisen- und Stahl-Werkstoffe

Technisch reines Eisen hat als Konstruktionswerkstoff nur als weiches, unlegiertes Blech Bedeutung (Seite 65). In der Elektrotechnik wird es als Elektroblech in großem Umfang zu Blechpaketen für Joche, Polschuhe, Ständer und Rotorkörper verarbeitet (Seite 243). Das Schliffbild von reinem Eisen zeigt die Eisenkörner mit den Korngrenzen (**Bild 1**, Seite 76). Reines Eisengefüge wird **Ferrit** oder α-**Eisen** genannt.

Eisenwerkstoffe enthalten aus dem Herstellungsprozess immer einen bestimmten Kohlenstoffgehalt (Seite 56). Obwohl man den Kohlenstoff nicht als Legierungselement bezeichnet, sind Eisen-Werkstoffe eigentlich kohlenstoffhaltige Eisen-Legierungen. In der Werkstofftechnik ist für diese Werkstoffe die Bezeichnung **Kohlenstoffstähle** oder **unlegierte Stähle** üblich.

In den **unlegierten Stählen** (C-Gehalt bis 2,1%) liegt der Kohlenstoff chemisch gebunden als Eisencarbid **Fe₃C** vor. Dieser Gefügebestandteil wird **Zementit** genannt. Er ist hart und spröde und überträgt diese Eigenschaften, je nach Anteil, auf den Stahl. Bezüglich der Ausscheidungsform stellen die Kohlenstoffstähle eine Besonderheit dar **(Bild)**. Sie erstarren als Kristallgemisch-Legierung, wobei sich das Eisencarbid in Form dünner Streifen **(Streifenzementit)** in der Eisen-Grundmasse ausscheidet.

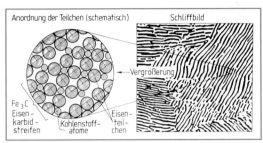

Bild: Streifenzementit in Ferrit ($\triangleq$ Perlit)

Stahl mit 0,8 % Kohlenstoff besteht aus rein perlitischem Gefüge (Bild und **Bild 3**, Seite 76). Er wird wegen seines gleichmäßigen Gefüges als **eutektoider Stahl**[1] bezeichnet.

Eisen-Werkstoffe mit einem Kohlenstoffgehalt unter 0,8 % (untereutektoide Stähle) haben sowohl Körner, die aus Ferrit bestehen (hell), als auch Körner, deren Ferrit-Grundmasse mit Streifenzementit (dunkel) durchzogen ist **(Bild 2**, Seite 76). Diese Gefügekörner aus Ferrit-Grundmasse und Streifenzementit bezeichnet man als **Perlit-Körner**. Beim Vergütungsstahl Ck 45 mit 0,45 % Kohlenstoff besteht z. B. das Gefüge etwa zur Hälfte aus Perlitkörnern und aus Ferritkörnern.

Stähle mit einem Kohlenstoffgehalt von 0,8 bis 2,06 % (übereutektoide Stähle) enthalten einen weiteren Gefügebestandteil: den Korngrenzenzementit. Er entsteht aus dem über 0,8 % liegenden Kohlenstoffanteil. Da alle Körner bei einem C-Gehalt von 0,8 % aus Perlit bestehen, scheidet sich der überschüssige Zementit an den Korngrenzen als Kornumrandung aus **(Bild 4**, Seite 76), wovon sich seine Bezeichnung **Korngrenzenzementit** ableitet.

Eisen-Werkstoffe mit einem Kohlenstoffgehalt über 2,06 % können je nach Abkühlbedingungen und zusätzlichen Legierungsbestandteilen ganz unterschiedliche Gefügearten bilden.

Bei zügiger Abkühlung erstarrt die Schmelze nach dem „metastabilen" **Eisen-Zementit-System**. Es bildet sich ein Gefüge aus rundlichen Perlitkörnern, die von **Ledeburit**-Gefüge umgeben sind **(Bild 5**, Seite 76). Das Ledeburit-Gefüge besteht aus Zementit mit sehr fein verteilten Austenitkristallen. Der hohe Zementitanteil macht solche Eisen-Werkstoffe so hart und spröde, dass sie technisch nicht verwendbar sind.

Hat die Eisenschmelze 4,3 % C, so erstarrt sie zu einem Gefüge, das vollständig aus Ledeburit besteht.

Bei extrem langsamer Abkühlung aus der Schmelze oder wenn sie ausreichend Silicium enthält, erstarrt die Eisenschmelze mit mehr als 2,06 % Kohlenstoff nach dem „stabilen" **Eisen-Graphit-System**. Das bedeutet, dass sich der Kohlenstoff in reiner Form als **Graphit** ausscheidet. Er durchzieht die Gefüge-Grundmasse als grobe Lamellen **(Bild 6**, Seite 76).

In der technischen Praxis erstarren Eisen-Werkstoffe mit einem Kohlenstoffgehalt über 2,06 % nach einem Eisen/Graphit-Eisen/Zementit-Mischsystem, da sie einen erheblichen Siliciumgehalt besitzen. Der überwiegende Kohlenstoffgehalt scheidet sich als Graphitlamellen aus, während ein kleiner Kohlenstoffanteil als Streifenzementit (im Perlit) ausfällt. Das Gefüge derartiger Eisen-Werkstoffe besteht aus einer Ferrit-Perlit-Grundmasse oder einer rein perlitischen Grundmasse, in die Graphitlamellen eingelagert sind (Bild 6, Seite 76). Dies ist das typische Gefüge von Grauguss.

[1] **eutektoid** bezeichnet eine Legierung mit einer bestimmten Zusammensetzung, die ein gleichmäßiges Gefüge und eine Umwandlungs-Minimumtemperatur aufweist

Schliffbilder des Gefüges verschiedener Eisen-Werkstoffe

(in Abhängigkeit vom Kohlenstoffgehalt, Vergrößerung: 500:1)

Reines Eisen sowie Eisen
mit bis zu 0,05 % C

Gefüge: Ferrit

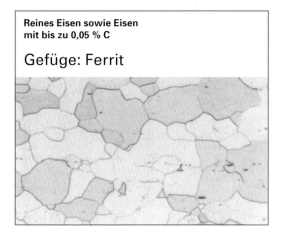

Bild 1: Technisch reines Eisen

Eisen mit 0,05 bis 0,8 % C
(untereutektoider Stahl)

Gefüge: Ferrit - Perlit

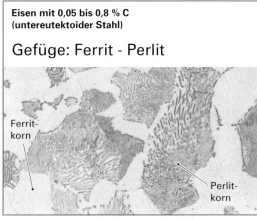

Bild 2: 2C45 (Ck 45) (0,45 % C)

Eisen mit 0,8 % C
(eutektoider Stahl)

Gefüge: Perlit

Bild 3: 2C80 (Ck 80) (0,8 % C)

Eisen mit mehr als 0,8 % C
(übereutektoider Stahl)

Gefüge: Perlit - Zementit

Bild 4: C120W1 (1,2 % C)

Eisen mit über 2,06 % C
nach rascher Abkühlung

Gefüge: Ledeburit - Perlit

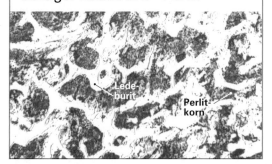

Bild 5: Temperrohguss (2,8 % C)

Eisen mit über 2,06 % C und Si-Gehalt
nach langsamer Abkühlung

Gefüge: Perlit - Graphitlamellen

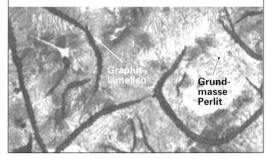

Bild 6: Grauguss EN-GJL-200 (GG-20) (3,5 % C)

3.6.7 Das Eisen-Kohlenstoff-Zustandsschaubild

In einem Zustandsschaubild (auch Zustandsdiagramm genannt) sind die Aggregatzustände und die Gefügearten aller Zusammensetzungen einer Zweistofflegierung in Abhängigkeit von der Temperatur aufgetragen.

Die technisch wichtige Zweistofflegierung, das Legierungssystem Eisen-Kohlenstoff (Eisen und Stahl-Werkstoffe), hat ein kompliziert aussehendes Zustandsschaubild **(Bild)**. Es besteht aus Gefügefeldern, welche die vom Kohlenstoffgehalt und der Temperatur aufgespannte Schaubildebene füllen.

Der Kohlenstoffgehalt ist auf der Abszisse (x-Achse) aufgetragen: Als markante Kohlenstoffgehalte sind besonders gekennzeichnet: 0 % (reines Eisen, Ferrit), 0,8 % (mit rein perlitischem Gefüge), 2,06 % (die Grenze zwischen Stahl und Gusseisen), 4,3 % (eine Eisenschmelze mit besonders niedrigem Schmelzpunkt) sowie 6,67 % (ein C-Gehalt, bei dem die ganze Legierung aus Zementit Fe_3C besteht). Hier endet das Schaubild, da höhere C-Gehalte technisch nicht sinnvoll sind.

Die Gefügearten, die Eisen-Kohlenstoff-Legierungen der verschiedensten C-Gehalte bei Raumtemperatur haben, sind in der untersten Reihe des Schaubilds aufgetragen. Es sind die auf Seite 75 und 76 beschriebenen Gefüge. Bei Kohlenstoffgehalten über 2,06 % kann der Kohlenstoff je nach Abkühlungsgeschwindigkeit als Zementit (in Form von Ledeburit) oder als Graphit anfallen.

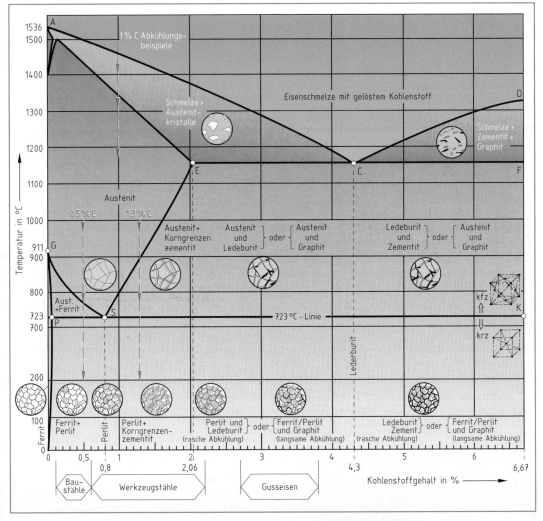

Bild: Eisen-Kohlenstoff-Zustandsschaubild und Gefügebereiche kohlenstoffhaltigen Eisens

Auf der Ordinate (y-Achse) des Zustandsschaubildes (**Bild**, Seite 77) ist die Temperatur aufgetragen. Markante Temperaturen sind: die **Raumtemperatur** (am unteren Rand), die **723 °C-Linie** (hier findet die Gitterumwandlung vom kubisch-raumzentrierten zum kubisch-flächenzentrierten Kristallgitter statt) und 1536 °C (die Schmelztemperatur von reinem Eisen).

Jeder von Linien begrenzte Bereich im Zustandsschaubild stellt den Existenzbereich einer Gefügeart bzw. eines Aggregatzustandes dar. Die Linien markieren den Übergang von einer Gefügeart zur anderen. Die wichtigen End- und Schnittpunkte von Linien sind mit Großbuchstaben bezeichnet.

Beispiel für einen Gefügebereich und eine Gefügeänderung:

Der Gefügebereich umschrieben von den Punkten: (0 °C / 0 % C) - P - S - (0 °C / 0,8 % C) entspricht Eisen-Werkstoffen mit 0 bis 0,8 % C. Sie haben bei Temperaturen unter 723 °C ein Ferrit-Perlit-Gefüge. Werden diese Werkstoffe über 723 °C erwärmt, so wandelt sich ihr Ferrit-Perlit-Gefüge zuerst in Austenit + Ferrit (Bereich P - S - G) und bei weiterer Erwärmung in reinen Austenit (Bereich G - S - E - A) um.

Die Umwandlungen in den kleinen Feldern bei A sind von keiner technischen Bedeutung.

Betrachtet man die Aggregatzustands- und Gefügebereiche systematisch, indem man von Eisenschmelzen unterschiedlichen Kohlenstoffgehalts ausgeht (der rot eingelegte Bereich oberhalb der Linie A-C-D), so kann man Folgendes feststellen.

1. Oberhalb der Linie A-C-D sind alle Eisen-Kohlenstoff-Werkstoffe flüssig (Schmelze).

2. Bei Unterschreiten der Linie A-C-D beginnt ein teilweises Erstarren durch Ausscheiden einzelner Kristalle aus der Schmelze. Je nach C-Gehalt fallen unterschiedliche Kristalle aus:

   - Bei einem C-Gehalt von 0 % bis 4,3 % bilden sich Austenitkristalle mit einem kubisch-flächenzentrierten Kristallgitter. Bei weiterer Abkühlung fallen immer mehr Austenitkristalle aus, bis bei Erreichen der Linie A-E-C die ganze Schmelze erstarrt ist.

     Abkühlungsbeispiel: Eine Eisenschmelze mit 1 % C wird von 1500 °C ausgehend abgekühlt (Bild, Seite 77). Bei rund 1460 °C beginnt die Ausscheidung von Austenitkristallen, bei rund 1350 °C ist die ganze Schmelze zu Austenitkristallen erstarrt.

   - Eisenschmelzen mit 4,3 % bis 6,67 % C bilden nach Unterschreiten der Linie C-D bei rascher Abkühlung Zementitkristalle, bei langsamer Abkühlung auch Graphit. Bei weiterer Abkühlung schreitet die Ausscheidung voran, bis die Schmelze bei der Linie C-F (rund 1150 °C) völlig erstarrt ist.

   - Eine Sonderstellung nimmt die Eisenschmelze mit 4,3 % Kohlenstoff ein: Sie erstarrt wie ein reines Metall vollständig bei einer Temperatur von 1150 °C zu einem feinkörnigen Gefüge, das **Ledeburit** genannt wird (Seite 75). Solch ein Schmelzpunktminimum einer Legierung heißt **Eutektikum**.

3. Bei weiterer Abkühlung der nunmehr erstarrten Eisen-Kohlenstoff-Legierungen kommt es je nach C-Gehalt zu unterschiedlichen Vorgängen (siehe Abkühlungsbeispiel im Bild, Seite 77).

   - Eisen-Werkstoffe mit bis etwa 2 % C (die Stähle) bestehen nach dem Erstarren aus Austenit. Bei einem C-Gehalt bis 0,8 % entsteht bei Abkühlung unter die Linie G-S zunächst Ferrit und bei weiterer Abkühlung unter die Linie P-S Perlit, sodass unterhalb 723 °C diese Stähle ein Gefüge aus Ferrit + Perlit besitzen.

Bei einem C-Gehalt von 0,8 % bis 2,06 % entsteht bei Abkühlung aus dem Austenit bei Unterschreiten der Linie S-E zunächst Korngrenzenzementit und bei weiterer Abkühlung unter die 723 °C-Linie Perlit. Diese Stähle bestehen unterhalb 723 °C aus Perlit, umgeben von Korngrenzenzementit. Stahl mit genau 0,8 % C (eutektoide Zusammensetzung) wandelt sich bei Abkühlung unter 723 °C von Austenit in gleichmäßiges reines Perlitgefüge um. In Analogie zum Eutektikum beim Erstarren der Schmelze (Punkt C) nennt man den Punkt beim Umwandlungsminimum (S) **Eutektoid**.

   - Eisen-Werkstoffe mit einem C-Gehalt von 2,06 bis 4,3 % (Gusseisen) erstarren über die Zwischenstufe Austenit je nach Abkühlungsgeschwindigkeit zu Perlit + Ledeburit oder Ferrit/Perlit + Graphit.

Wiederholungsfragen

1 Welchen Feinbau haben die Metalle im mikroskopischen und im atomaren Bereich?

2 Welche Kristallgittertypen haben die Metalle?

3 Wie lässt sich aus dem atomaren Feinbau die elektrische Leitfähigkeit der Metalle erklären?

4 Welche Legierungs-Kristallarten gibt es?

5 Welche Gefügearten kommen in Stahl vor?

6 Welche Angaben können aus dem Eisen-Kohlenstoff-Zustandsschaubild abgelesen werden?

3.7 Wärmebehandlung der Stähle

Die verschiedenen Wärmebehandlungsverfahren dienen zur Verbesserung der Eigenschaften der Stähle: Härte, Festigkeit, Umformbarkeit, Spanbarkeit. Ursache der Verbesserung der Eigenschaften sind Gefügeveränderungen im Werkstoff, die durch die Wärmebehandlung hervorgerufen werden.

Nach der Art der Wärmebehandlung unterscheidet man verschiedene Wärmebehandlungsverfahren:

| Glühen | Härten | Anlassen | Vergüten | Härten der Randzone |

3.7.1 Glühen

> Die Wärmebehandlung Glühen besteht aus langsamem Erwärmen, Halten auf Glühtemperatur und langsamem Abkühlen.

Geglüht werden meist Bauteile, die durch eine vorangegangene Bearbeitung, z. B. Walzen oder Schweißen, ein ungünstiges Gefüge besitzen. Die Glühbehandlung erfolgt in einem Glühofen.

Es gibt verschiedene Glühverfahren. Sie unterscheiden sich durch die Glühtemperatur und die Glühdauer. Die Temperatur der einzelnen Glühbehandlungen kann für unlegierte Stähle aus einem Schaubild abgelesen werden (**Bild 1**). Sie ist zum Teil vom Kohlenstoffgehalt der Stähle abhängig. Für legierte Stähle ist die vom Stahlhersteller angegebene Glühtemperatur einzuhalten.

Durch **Spannungsarmglühen** werden innere Spannungen in Bauteilen und Werkstücken beseitigt, die durch Schweißen, Schmieden, Biegeumformungen, Walzen oder durch Vergießen entstanden sind. Geglüht wird für 1 bis 2 Stunden bei 550 °C bis 650 °C.

Rekristallisationsglühen wird angewandt, wenn ein durch Walzen oder Biegen stark verfestigter Stahl wieder plastisch formbar gemacht werden soll. Das durch die Kaltverformung verzerrte Gefüge wird beim Rekristallisationsglühen aufgelöst und es bildet sich ein neues Gefüge (**Bild 2**). Die Glühtemperatur beträgt 550 °C bis 650 °C, die Glühdauer mehrere Stunden.

Durch **Weichglühen** werden Werkstücke aus Stahl leichter spanbar gemacht. Dazu erwärmt man das Bauteil für mehrere Stunden auf 650 °C bis 730 °C (Bild 1). Die gleiche Wirkung erreicht man durch Pendelglühen, abwechselnd knapp oberhalb und unterhalb der PSK-Linie. Durch das Weichglühen wandelt sich der Streifenzementit in feinkörnigen Zementit um (Bild 2). Dadurch kann die Werkzeugschneide leichter in den Werkstoff eindringen und ihn mit weniger Kraftaufwand spanen.

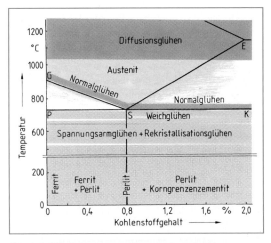

Bild 1: Glühtemperaturen für unlegierte Stähle (dargestellt im Fe/C-Zustandsdiagramm)

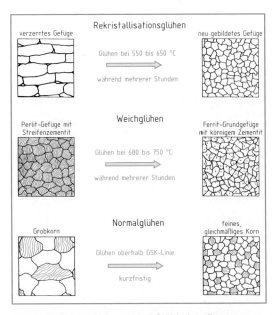

Bild 2: Gefügeveränderung bei Glühbehandlungen

Das **Normalglühen**, auch Normalisieren oder Rückfeinen genannt, wird angewandt, wenn das Gefüge beim Walzen, Schmieden, Gießen oder durch unsachgemäße Glühbehandlung ungleiches oder grobes Korn erhalten hat (Bild 2). Durch das Normalglühen (knapp oberhalb der GSK-Linie in Bild 1) kommt es zur vollständigen Kornneubildung: ein gleichmäßiges, feinkörniges Gefüge entsteht. Normalglühen bewirkt das günstigste Verhältnis von Festigkeit und Zähigkeit bei nicht gehärteten Stählen. Das dabei entstehende Gefüge wird deshalb als „Normalgefüge" bezeichnet.

Unter **Diffusionsglühen** versteht man ein langzeitiges Glühen bei 1050 °C bis 1250 °C, mit dem Ziel, die nach dem Vergießen durch Entmischung eingetretenen Konzentrationsunterschiede in Gussstücken (Seigerung) wieder auszugleichen. Wichtig ist das Diffusionsglühen bei großen Gussstücken.

3.7.2 Härten

> Härten ist eine Wärmebehandlung, die Werkzeuge hart und verschleißfest macht. Der Härtevorgang besteht aus Erwärmen und Halten, Abschrecken und Anlassen.

Zuerst wird das Werkzeug in einen Härteofen rund 10 Minuten auf Härtetemperatur erwärmt (**Bild 1**). Dann wird es aus dem Ofen genommen und sofort in einem Wasserbad abgeschreckt. Dabei erfolgt die Härtung. Der Stahl ist dann glashart, spröde und bruchempfindlich. Um die Versprödung zu beseitigen, wird das Werkzeug anschließend auf Anlasstemperatur erwärmt und danach langsam abgekühlt. Dann hat das Werkzeug seine Gebrauchshärte, die nur geringfügig unter der Abschreckhärte liegt; es ist aber nicht mehr spröde.

Gehärtet werden vor allem Werkzeuge wie Meißel und Bohrer sowie Bauteile, die auf Verschleiß beansprucht werden (**Bild 2**). Nach dem Härten sind die Werkzeuge so hart, dass sie nur noch durch Schleifen endbearbeitet werden können.

Die Härtetemperatur

Bei den unlegierten Stählen ist die Härtetemperatur vom Kohlenstoffgehalt abhängig und kann aus einem Schaubild abgelesen werden (**Bild 3**). Sie soll etwa 30 °C bis 60 °C über der GSK-Linie im Eisen-Kohlenstoff-Zustandsdiagramm liegen. Durch das Überschreiten der GSK-Linie ist gewährleistet, dass sich der Zementit im ungehärteten Stahlgefüge vollständig aufgelöst hat und in **Austenit** umgewandelt ist. Diese Umwandlung in Austenit ist die Voraussetzung zum Härten des Stahls.

Abschrecken. Zum Abschrecken wird das Werkstück in das Abschreckmittel getaucht und langsam mit kreisenden Bewegungen hin und her bewegt. Werkstücke mit Grundlöchern werden mit der Lochöffnung nach oben eingetaucht, sodass die Dampfblasen entweichen können.

Abschreckmittel. Unlegierte Stähle werden in Wasser abgeschreckt (Wasserhärter), niedriglegierte Stähle in Öl oder Wasser-Öl-Emulsionen (Ölhärter) und hochlegierte Stähle in Öl oder an bewegter Luft (Lufthärter).

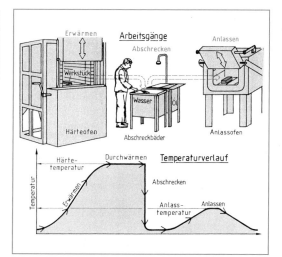

Bild 1: Arbeitsgänge und Temperaturverlauf beim Härten

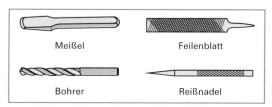

Bild 2: Gehärtete Werkzeuge

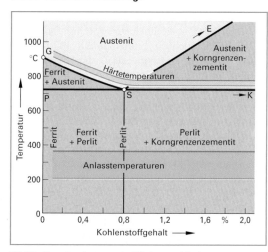

Bild 3: Temperaturen zum Härten und Anlassen von unlegierten Stählen

3.7.3 Gittervorgänge und Gefügeveränderungen

Die Ursache der Erhöhung von Härte und Verschleißfestigkeit beim Härten sind Veränderungen im kristallinen Aufbau des Stahls und die Bildung eines neuen Gefügezustandes (**Bild**).

Beim Erwärmen von ungehärtetem Stahl auf Härtetemperatur (über die GSK-Linie im Fe/C-Zustandsschaubild von Bild 2, Seite 80), wandelt sich das kubisch-raumzentrierte Kristallgitter des Eisens (**Bild a**) in das kubisch-flächenzentrierte Kristallgitter des Austenits um (**Bild b**). Dadurch wird der Mittelplatz im Kristallgitter frei, der von einem Kohlenstoffatom besetzt wird. Der Kohlenstoff stammt aus dem Stahlgefügeanteil Streifenzementit (Fe_3C). Er löst sich durch das Abwandern der Kohlenstoffatome in die Gittermitte auf. Das entstehende Gefüge heißt **Austenit** oder **γ-Eisen**. Es ist eine feste Lösung von Kohlenstoffatomen in Eisen. Den Vorgang der Austenitbildung nennt man **Austenitisieren**.

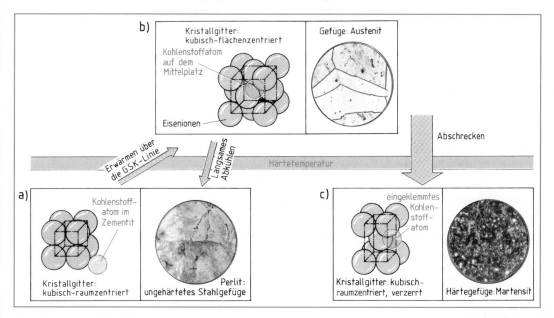

Bild: Gittervorgänge und Gefügeveränderungen beim Härten

Kühlt man anschließend den austenitisierten Stahl langsam ab (Bild b nach Bild a), so läuft der Vorgang umgekehrt ab: Bei Unterschreiten der GSK-Linie entsteht wieder ein kubisch-raumzentriertes Kristallgitter, das Kohlenstoffatom vom Mittelplatz wandert aus dem Würfel heraus und bildet mit Eisenatomen wieder Zementit (Fe_3C), der sich in Form von Streifen (Streifenzementit) ausscheidet. Es entsteht wieder das Perlit-Gefüge, wie es vor der Erwärmung vorlag.

Ganz andere Gittervorgänge laufen ab, wenn der austenitisierte Stahl sehr rasch abkühlt, also abgeschreckt wird, wie es beim Härten geschieht. Dann klappt das kubisch-flächenzentrierte Kristallgitter schlagartig in das kubisch-raumzentrierte Kristallgitter um (**Bild b** nach **Bild c**). Das Kohlenstoffatom in der Würfelmitte hat keine Zeit, aus der Würfelmitte herauszuwandern und mit Eisenatomen wieder Zementit zu bilden. Es bleibt im Würfelinnern „eingesperrt".

Durch das Vorhandensein zweier Atome in der Würfelmitte (eines C-Atoms und eines Fe-Atoms) verzerrt sich das Kristallgitter. Die Verzerrung führt zur Bildung eines feinnadeligen Gefüges, des Härtegefüges, das im Wesentlichen aus feinnadeligem **Martensit** besteht. Dieses Gefüge ist glashart und verleiht gehärtetem Stahl Härte und Verschleißfestigkeit.

Ist die Abkühlung nicht schroff genug, so bildet sich ein Gefüge, das in seinen Eigenschaften zwischen Martensit und Perlit liegt: das **Zwischenstufengefüge**, auch **Bainit** genannt.

Voraussetzung für die Härtbarkeit ist das Vorhandensein von ausreichend Kohlenstoff.

Nur Stahl mit mehr als 0,2 % Kohlenstoff ist härtbar, nur dann kann sich genügend Martensit bilden.

Einhärtungstiefe. Unlegierte Stähle erlangen durch das Härten nur eine rund 5 mm tiefe, gehärtete Randzone, der Werkstückkern bleibt dagegen ungehärtet: sie „härten nicht durch". Ursache hierfür ist die verzögerte Abschreckwirkung in tieferen Werkstoffschichten. Während an der Oberfläche der Werkstoff durch die direkte Berührung mit dem Wasser sehr rasch abkühlt, nimmt die Abkühlgeschwindigkeit ins Werkstückinnere stetig ab. Bei etwa 5 mm Tiefe ist die Abkühlung so langsam, dass kein Härtegefüge mehr gebildet wird.

Für viele Anwendungsfälle ist „nicht durchhärten" erwünscht, z. B. für Zahnräder, die harte Zahnflanken und einen zähen Kern benötigen. In anderen Fällen benötigt man durchgehärtete Werkstücke. Hierfür muss man legierte Stähle verwenden, die bis in größere Werkstücktiefen durchhärten.

Einfluss von Legierungselementen. Die meisten Legierungselemente beeinflussen die Gefügeumwandlungsvorgänge beim Härten. Chrom, Nickel und Mangan z. B. setzen die zum Härten erforderliche Abkühlgeschwindigkeit herab. Deshalb können niedriglegierte Stähle im weniger schroffen Abschreckmittel Öl abgeschreckt werden (Ölhärter). Viele hochlegierte Stähle härten sogar an bewegter Luft (Lufthärter).

3.7.4 Vergüten

> Vergüten ist eine Wärmebehandlung, mit der Bauteile hohe Festigkeitswerte sowie ausreichende Zähigkeit erlangen.

Vergütet werden mechanisch hoch belastete Bauteile: Achsen, Wellen, Zahnräder, Schrauben (**Bild 1**).

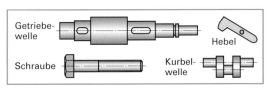

Bild 1: Vergütete Bauteile

Der Vergütevorgang besteht aus mehreren Arbeitsschritten: Erwärmen und Halten auf Härtetemperatur – dann Abschrecken – nochmaliges Erwärmen und Halten auf hoher Anlasstemperatur – abschließendes Abschrecken oder langsames Abkühlen (**Bild 2**, oberer Bildteil).

Die Anlasstemperaturen sind beim Vergüten (450 °C bis 700 °C) wesentlich höher als beim Härten (200 °C bis 350 °C).

Während der einzelnen Behandlungsschritte durchläuft der Stahl mehrere Gefügezustände (**Bild 2**, unterer Bildteil). Beim Abschrecken wandelt sich das vorliegende Ferrit/Perlit-Gefüge (Bild 2a) in Martensit (Bild 2b) um. Durch das Anlassen bildet sich aus dem Martensitgefüge das Vergütungsgefüge (Bild 2c).

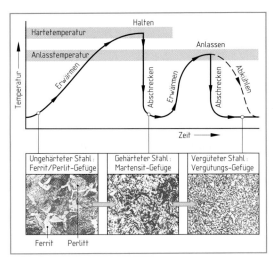

Bild 2: Temperaturverlauf und Gefüge beim Vergüten

Auch die mechanischen Eigenschaften des Stahls verändern sich während der einzelnen Arbeitsschritte des Vergütens: Nach dem Abschrecken ist der Stahl glashart, aber spröde und bruchempfindlich. Beim anschließenden Anlassen vermindert sich die Härte, gleichzeitig nehmen aber die Zugfestigkeit und Zähigkeit (Bruchdehnung) zu. Je nach Höhe der Anlasstemperatur kann der Stahl auf das gewünschte Verhältnis von Festigkeit und Bruchdehnung angelassen werden. Es lässt sich aus dem Vergütungsschaubild ablesen (**Bild 3**).

Zum Vergüten werden unlegierte Stähle mit 0,25 % bis 0,6 % Kohlenstoff sowie niedriglegierte Stähle verwendet (Seite 66). Sie erreichen durch Vergüten Festigkeiten bis weit über 1000 N/mm².

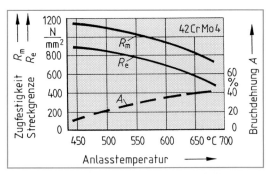

Bild 3: Vergütungsschaubild (Werkstoff: 42CrMo4)

3.7.5 Härten der Randzone

Das Härten der Randzone wird angewandt, wenn das Bauteil eine harte, verschleißfeste Randzone und gleichzeitig einen zähen, elastischen Kern benötigt. Dies ist bei Bauteilen erforderlich, die auf ihrer Oberfläche Verschleiß ausgesetzt sind und zusätzlich große Kräfte übertragen müssen, wie z. B. Wellen, Zahnräder, Umlenkrollen, Laufräder, Gleitbahnen. Zum Härten der Randzone gibt es mehrere Verfahren.

Randschichthärten

> Beim **Randschichthärten** wird eine dünne Randschicht des Bauteils durch stark gebündelte Wärmezufuhr schnell auf Härtetemperatur erwärmt und sofort abgeschreckt.

Die rasche Erwärmung der Randschicht kann mit einer Gasflamme (Flammhärten, **Bild 1**), durch eine Induktionsspule (Induktionshärten) oder durch Tauchen in einer Salzschmelze (Badhärten) erfolgen. Abgeschreckt wird mit einer Wasserbrause oder im Wasserbad. Beim Randschichthärten wird nur eine Randschicht von rund 5 mm Dicke gehärtet, die auf Härtetemperatur erwärmt war. Der Werkstückkern bleibt ungehärtet. Zum Randschichthärten eignen sich Vergütungsstähle.

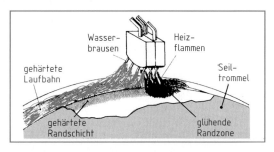

Bild 1: Randschichthärten einer Seiltrommel

Einsatzhärten

> Beim **Einsatzhärten** wird die Randschicht eines Werkstücks aus kohlenstoffarmem Stahl mit Kohlenstoff angereichert und gehärtet.

Zum Einsatzhärten **(Bild 2)** werden Einsatzstähle mit 0,1 % bis 0,2 % Kohlenstoff verwendet (Seite 67). Sie sind wegen des niedrigen Kohlenstoffgehalts eigentlich nicht härtbar. Die Anreicherung der Randschicht mit Kohlenstoff, **Aufkohlen** genannt, erfolgt durch Einbringen der Werkstücke in Kohlenstoff abgebende Einsatzmittel. Dabei diffundiert der Kohlenstoff in die Randschicht des Werkstoffs, die damit härtbar ist.

Aufkohlen in festem Einsatzmittel *(Pulveraufkohlen)* geschieht durch Einpacken der Werkstücke in einen mit Kohlegranulat gefüllten Kasten und Erwärmen in einem Glühofen. Zum Aufkohlen in flüssigem Einsatzmittel *(Salzbadaufkohlen)* werden die Werkstücke in eine Kohlenstoff abgebende Salzschmelze getaucht und dort gehalten. Beim Gasaufkohlen werden die Werkstücke in einen von Kohlenstoff abgebendem Gas durchströmten Glühofen gebracht.

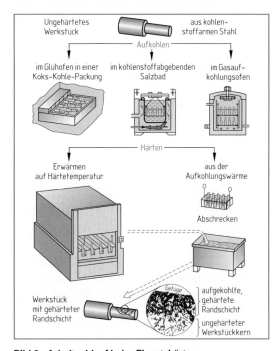

Bild 2: Arbeitsablauf beim Einsatzhärten

Nach dem Aufkohlen werden die Werkstücke durch Abschrecken gehärtet. Dabei härtet nur die aufgekohlte Randschicht, der kohlenstoffarme Werkstückkern bleibt ungehärtet.

Nitrieren

Beim Nitrieren werden Werkstücke in einem Glühofen (550 °C) einer Stickstoff abgebenden Atmosphäre ausgesetzt. Der Stickstoff diffundiert in den Werkstoff und bildet eine äußerst harte Randschicht.

Beim **Carbonitrieren** wird die Randschicht des Werkstückes gleichzeitig aufgekohlt und nitriert.

3.7.6 Wärmebehandlung der Stahlgruppen

Aufgrund der unterschiedlichen Zusammensetzung und der verschiedenartigen Verwendung der einzelnen Stahlgruppen hat jede Stahlgruppe ihre typischen Wärmebehandlungen.

Unlegierte Baustähle

Die unlegierten Baustähle sind **nicht** zum Härten oder Vergüten geeignet.

Glühbehandlungen werden angewandt, wenn Bauteile z. B. durch Schweißen versprödet sind.

Vergütungsstähle

Die Vergütungsstähle sind für einen Gebrauch im vergüteten Zustand vorgesehen. Sie erhalten durch das Vergüten hohe Festigkeit und Streckgrenze bei ausreichender Zähigkeit.

Die Härtetemperatur beträgt 820 °C bis 860 °C, abgeschreckt wird in Wasser oder Öl. Die für einen Vergütungsstahl erforderliche Anlasstemperatur zum Erreichen bestimmter Festigkeits- und Bruchdehnungswerte kann aus seinem Anlassschaubild abgelesen werden **(Bild 1)**.

Beispiel: Um den Stahl 42CrMo4 auf eine Streckgrenze von R_e = 800 N/mm² zu vergüten, muss er bei 550 °C angelassen werden.

Automatenstähle werden ebenfalls vergütet.

Vergütungs- und Automatenstähle werden nach dem Härten anhand des Anlassschaubildes auf die geforderte Streckgrenze angelassen.

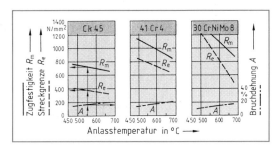

Bild 1: Anlassschaubilder verschiedener Vergütungsstähle

Einsatzstähle

Die Wärmebehandlung der Einsatzstähle (kohlenstoffarme Stähle) besteht nach dem Aufkohlen der Randschicht aus Härten mit Anlassen **(Bild 2)**.

Beispiel: Der Einsatzstahl **C15E** (Ck 15) wird bei rund 900 °C aufgekohlt, bei 800 °C abgeschreckt und bei 150 °C bis 200 °C angelassen.

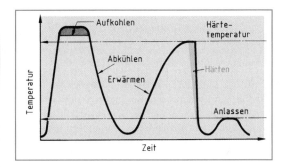

Bild 2: Wärmebehandlungsfolgen beim Einsatzhärten

Werkzeugstähle

Werkzeugstähle werden als Halbzeug weichgeglüht geliefert. Sie müssen nach der Formgebung gehärtet und angelassen werden. Dadurch erlangen sie Härte, Verschleißfestigkeit und Zähigkeit.

Die Härte- und Anlasstemperaturen der verschiedenen Werkzeugstähle sind wegen der zum Teil hohen Legierungsanteile recht unterschiedlich **(Tabelle)**.

Tabelle: Härtebedingungen für Werkzeugstähle			
Stahlsorte	Härte- temperatur in °C	Abschreck- mittel	Anlass- temperatur in °C
C125U	760...790	Wasser	100...300
X210Cr12	930...980	Öl, Luft	100...300
HS2-9-1	1200...1230	Luft	540...560

Wiederholungsfragen

1 In welche Gruppen können die Wärmebehandlungsverfahren unterteilt werden?

2 Was versteht man unter Spannungsarmglühen?

3 Welche Arbeitsschritte umfasst das Härten?

4 Welches Werkstoffgefüge entsteht durch Härten?

5 Wodurch unterscheiden sich Härten und Vergüten?

6 Was kann aus dem Anlassschaubild eines Vergütungsstahls abgelesen werden?

7 Beschreiben Sie die Verfahrensschritte und den Temperaturverlauf beim Einsatzhärten.

3.8 Kupfer und Kupferlegierungen

Kupfer und Kupferlegierungen werden in der Elektrotechnik überwiegend wegen ihrer guten elektrischen Leitfähigkeit als elektrischer Leiter- und Kontaktwerkstoff eingesetzt. Daneben finden sie auch als Konstruktionswerkstoffe im Maschinenbau, im Apparatebau und im Bauwesen Verwendung.

3.8.1 Kupfergewinnung

Ausgangsstoff der Kupfergewinnung ist der im Roherz enthaltene Kupferkies CuFeS$_2$.

Verhüttung

Das Roherz wird am Fundort fein gemahlen und durch Schwimmauftrennung (Flotation) auf einen Kupfergehalt von rund 10 % angereichert **(Bild)**.

In einem Erz-Flammofen wird das Erz mit Zuschlägen aufgeschmolzen. Das entstehende Schmelzgut ist „Kupferstein", ein Gemisch aus Kupfersulfid Cu$_2$S und Eisensulfid FeS sowie Schlacke.

Die Kupferstein-Schmelze wird in einen Konverter gefüllt und mit Pressluft durchgeblasen. Dabei wird das Eisensulfid FeS oxidiert und als Fe$_2$O$_3$ in die Schlacke überführt. Ebenso verbindet sich der eingeblasene Luftsauerstoff mit dem Schwefel aus dem Kupfersulfid Cu$_2$S zu SO$_2$ bei gleichzeitiger Reduktion des Cu$_2$S zu Kupfer Cu:

$$2\,Cu_2S + 2\,O_2 \longrightarrow 4\,Cu + 2\,SO_2 \uparrow$$

Das entstandene Rohkupfer enthält rund 97 % Cu. Es wird dann in einem Raffinier-Flammofen nachgereinigt. Ihn verlässt das jetzt feuerraffinierte Kupfer mit rund 99 % Kupferanteil. Es wird zu Platten vergossen.

Elektrolytische Raffination

Die elektrolytische Raffination dient der weiteren Reinigung des Kupfers **(Bild, unterer Teil)**. Dazu werden die Platten aus feuerraffiniertem Kupfer in ein schwefelsaures Kupfersulfat-Elektrolysebad gehängt und als Anode (+) geschaltet. Sie lösen sich unter der Wirkung des elektrischen Stroms auf. Gleichzeitig wird das Kupfer in reiner Form an dünnen Kupferblechen abgeschieden, die als Katode (–) geschaltet im Elektrolysebad hängen.

Dieses **Elektrolyse-Kupfer** besteht zu mehr als 99,90 % aus Kupfer und ist der Ausgangsstoff der technischen Kupferwerkstoffe und Kupferlegierungen. Es wird zu Gusssträngen und Masseln vergossen, aus denen die Kupferhalbzeuge bzw. die Gussteile hergestellt werden.

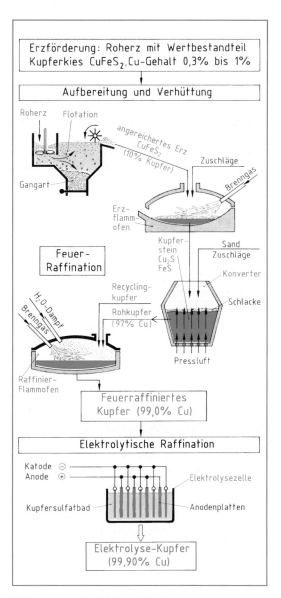

Bild: Schema der Kupfergewinnung

Verarbeitung

Der überwiegende Teil des Kupfers wird durch Walzen, Strangpressen und Ziehen (Seite 59 bis 61) zu Erzeugnissen, wie Drähten, Blechen, Stangen, Rohren usw. geformt. Beim Endverarbeiter werden sie durch Umformen, Schneiden oder Spanen in ihre Endform gebracht und abschließend zum Bauteil montiert. Kompakte und kompliziert geformte Kupferbauteile, z. B. Kontaktblöcke oder Kühlkästen, werden aus Kupfer-Gusswerkstoffen gegossen.

3.8.2 Allgemeine Eigenschaften und Verwendung

Kupfer ist ein Halbedelmetall mit einer an frischen Flächen metallisch glänzenden, lachsroten Farbe. Seine Dichte beträgt 8,94 kg/dm³, der Schmelzpunkt liegt bei 1083 °C.

Die **elektrische Leitfähigkeit** von hochreinem Kupfer (etwa 99,998 %) beträgt 60 m/($\Omega \cdot$ mm²). Die in der Elektrotechnik eingesetzten Kupfersorten haben eine Leitfähigkeit von mindestens 57 m/($\Omega \cdot$ mm²).

> Verunreinigungen und Legierungsbestandteile setzen die elektrische Leitfähigkeit von Kupfer wesentlich herab.

Ein Vergleich der Werte der elektrischen Leitfähigkeit der Metalle lässt erkennen, warum Kupfer der wichtigste Leiterwerkstoff ist (**Tabelle 1**). Es hat fast dieselbe Leitfähigkeit wie das teurere Silber und leitet besser als Aluminium, das verwendet wird, wenn seine geringe Dichte gefragt ist.

Kupfer hat ebenso eine sehr gute **Wärmeleitfähigkeit**, die auf denselben atomistischen Vorgängen wie die elektrische Leitfähigkeit beruht (Seite 73).

Die **mechanischen Eigenschaften** von Kupfer sind mäßig. Es ist ein relativ weiches Metall mit geringer Festigkeit (**Tabelle 2**). Durch Kaltverformen können seine Festigkeit und Härte wesentlich gesteigert werden, die Dehnbarkeit nimmt dabei stark ab.

Kupfer hat ein günstiges **Korrosionsverhalten**. In trockenen Räumen oder Maschinengehäusen bildet sich auf der Kupferoberfläche eine dünne, schwarzbraune Kupferoxidschicht. Bei Bewitterung im Freien entsteht je nach Atmosphäre zuerst eine schwarzbraune, später grüne Deckschicht, die Patina. Sie schützt das Kupferbauteil vor weiterer Korrosion und gibt Kupfer sein typisches, dekoratives Aussehen.

Die **Verwendung** von Kupfer erfolgt aufgrund seiner besonderen Eigenschaften (**Bild**):

- Gute elektrische Leitfähigkeit
  → Leitungsdrähte, Wicklungen, Kabel, Stromschienen, elektrische Kontakte.
- Gute Wärmeleitfähigkeit
  → Lötkolbenspitzen, Wärmetauscher.
- Korrosionsbeständigkeit und Aussehen
  → Fassadenverkleidungen, Dachrinnen.
- Gute Legierbarkeit → Kupferbasislegierungen.

Tabelle 1: Elektrische Leitfähigkeit reiner Metalle

	Silber	Kupfer	Aluminium	Eisen
Leitfähigkeit m/($\Omega \cdot$ mm²)	~ 63	~ 60	~ 38	~ 10
Dichte kg/dm³	10,5	8,94	2,70	7,87

Tabelle 2: Mechanische Eigenschaften

	Zugfestigkeit	Bruchdehnung
Kupfer, weichgeglüht	200 N/mm²	50 %
Kupfer, kaltgereckt	400 N/mm²	2 %

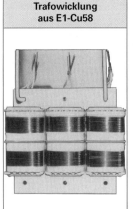

Trafowicklung aus E1-Cu58

Guss-Kontakthalter aus GK-CuL50

Bild: Anwendungsbeispiele für Kupfer

3.8.3 Kupfersorten (unlegiert)

Guss-Kupfersorten

Die Guss-Kupfersorten enthalten bis zu 2 % Zusätze, welche die schlechte Gießbarkeit des reinen Kupfers verbessern. Sie besitzen eine verminderte elektrische Leitfähigkeit gegenüber reinem Kupfer (**Tabelle 3**). Die Sorten G-CuL50 und G-SCuL50 werden für Gussteile der Elektrotechnik verwendet (Bild). Die Sorte G-CuL35 wird zu Gussteilen mit Wärmeableitfunktion verarbeitet.

Tabelle 3: Guss-Kupfersorten (DIN 17655)

Kurzzeichen Werkstoff-Nr.	Elektr. Leitfähigkeit m/($\Omega \cdot$ mm²)	Hauptanwendungen
G-CuL50	~ 50	Schaltbauteile, Kontaktbacken, Elektrodenarme und -halter
G-SCuL50	~ 50	
G-CuL35	~ 35	Kühlringe, Kühlkästen, Blasformen

Kupfersorten für Halbzeuge

Die **sauerstoffhaltigen Kupfersorten**, z. B. **Cu-ETP** (früher E1-Cu58), haben eine besonders hohe elektrische Leitfähigkeit **(Tabelle 1)**. Sie werden zu Leitungs- und Wicklungsdrähten verarbeitet (Bild, Seite 86).

Sie enthalten einen Restanteil Sauerstoff von 0,005 % bis 0,040 %. Beim Glühen, Schweißen oder Hartlöten nehmen diese Kupfersorten Wasserstoff aus der Luft auf und verspröden (Wasserstoffsprödigkeit). Sauerstoffhaltige Kupfersorten dürfen deshalb nicht geschweißt oder hartgelötet werden.

Die **sauerstofffreien, nicht desoxidierten Kupfersorten**, z. B. **Cu-OF** (früher OF-Cu), haben eine gute elektrische Leitfähigkeit und sind wasserstoffbeständig, sodass sie löt- und schweißbar sind.

Die **sauerstofffreien, mit Phosphor desoxidierten Kupfersorten** sind wasserstoffbeständig und haben je nach Restphosphorgehalt eine unterschiedliche elektrische Leitfähigkeit. Die Kupfersorte **Cu-PHC** (früher SE-Cu) ist als Leiterwerkstoff in der Elektrotechnik geeignet und wird zu Umform-Bauteilen verarbeitet, die geschweißt oder hartgelötet werden.

Die Sorten **Cu-DHP** (früher SF-Cu) und **Cu-DLP** (früher SW-Cu) sind wegen ihrer Wasserstoffbeständigkeit, der guten Umformbarkeit sowie der Schweiß- und Lötbarkeit die wichtigsten Kupferwerkstoffe für den Metallbau, das Bauwesen, den Apparatebau und für Rohrleitungen.

Tabelle 1: Kupfersorten für Halbzeuge (nach EN 1976)			
Kurzzeichen (Werkst.-Nr.)	früheres Kurzz.	El. Leitfäh. $m/(\Omega \cdot mm^2)$	Anwendungen
Sauerstoffhaltiges Kupfer			
Cu-ETP (CR004A)	E1-Cu58	≥ 58	Elektrische Leiter und Wicklungen, nicht schweißbar
Sauerstofffreies Kupfer, nicht desoxidiert			
Cu-OF (CR008A)	OF-Cu	≥ 58	Elektrotechnik-Halbzeug, löt- und schweißbar
Sauerstofffreies, mit Phosphor desoxidiertes Kupfer			
Cu-PHC (CR020A)	SE-Cu	≥ 57	Elektrotechnik-Halbzeug, wasserstoffbeständig, gut umformbar, löt- und schweißbar
Cu-DHP (CR024A)	SF-Cu	41...52	Halbzeug für das Bauwesen und den Apparatebau, Rohrleitungen
Cu-DLP (CR024A)	SW-Cu	≈ 52	Halbzeug für den Apparatebau, gut umformbar, löt- und schweißbar

---

Nur die sauerstofffreien Kupfersorten dürfen hartgelötet und geschweißt werden.

3.8.4 Niedrig legierte Kupferwerkstoffe

Durch geringe Zusätze bestimmter Elemente können einige ungünstige Eigenschaften des reinen Kupfers, wie die geringe Festigkeit oder die schwierige Zerspanbarkeit, erheblich verbessert werden. Gleichzeitig bleiben die gute elektrische Leitfähigkeit und Wärmeleitfähigkeit sowie die gute Korrosionsbeständigkeit weitgehend erhalten.

Legierungselemente, die dies bewirken, sind Arsen, Beryllium, Cadmium, Chrom, Eisen, Kobalt, Mangan, Nickel, Schwefel, Silber, Silicium, Tellur, Zink, Zinn, Zirkon; entweder allein oder in Kombination.

In den meisten Fällen bleibt die Konzentration der einzelnen Elemente bei 1 bis 2 Prozent.

Es gibt nichtaushärtbare sowie aushärtbare, niedriglegierte Kupferwerkstoffe **(Tabelle 2)**. Ihre Hauptanwendungsgebiete sind Bauteile mit hoher Korrosionsbeständigkeit und Festigkeit **(Bild)**.

Tabelle 2: Niedriglegierte Kupferwerkstoffe		
Kurzzeichen	Besondere Eigenschaften	Hauptanwendungsgebiete
CuCd1 (nicht aushärtbar)	Hohe Kaltverfestigung. Gute elektrische Leitfähigkeit $\approx 50\ m/(\Omega \cdot mm^2)$	elektrische Freileitungen, Fahrdrähte, Elektroden
CuNi2Si (aushärtbar)	auf hohe Festigkeit aushärtbar, korrosionsbeständig $\approx 17\ m/(\Omega \cdot mm^2)$	Schrauben, Bolzen, Freileitungsteile, Schalterteile

Klemme aus CuNi2Si	Stecker aus CuBe2

Bild: Bauteile aus niedrig legierter Kupferlegierung

3.8.5 Kupfer-Zink-Legierungen (Messing)

Durch Legieren von Kupfer mit 5 % bis 45 % Zink (Zn) können Werkstoffe mit einer dekorativen, goldgelben Farbe hergestellt werden. Sie werden allgemein als Messing bezeichnet.

> Kupfer-Zink-Legierungen (Messinge) haben deutlich verbesserte mechanische Eigenschaften und ein ähnlich gutes Korrosionsverhalten wie unlegiertes Kupfer.

Ihre elektrische Leitfähigkeit, sie beträgt 10 bis 30 m/($\Omega \cdot$ mm^2), und das Wärmeleitvermögen sind jedoch wesentlich schlechter als bei Kupfer.

Die Kupfer-Zink-Legierungen können aufgrund ihres Gefüges in zwei Gruppen unterteilt werden (**Bild 1**).

Legierungen mit bis zu 37 % Zink bestehen aus α-Messing, einem gut verformbaren Gefüge.

Zwischen 37 % und 46 % Zink enthalten die Legierungen neben dem α-Gefüge einen wachsenden Anteil an β-Gefüge, das wesentlich härter ist. Sie sind sehr hart und weniger gut verformbar.

Die mechanischen Eigenschaften und die elektrische Leitfähigkeit der Kupfer-Zink-Legierungen sind vom Zinkgehalt der Legierung abhängig (**Bild 2**). Mit steigendem Zinkgehalt nimmt die Festigkeit und die Verformbarkeit zu, um ab 35 % Zink rasch abzufallen. Dies beruht auf den unterschiedlichen Gefügebestandteilen der verschiedenen Legierungen.

Die elektrische Leitfähigkeit fällt besonders bei niedrigen Zinkgehalten stark ab. Schon bei etwa 8 % Zink ist nur noch die halbe Leitfähigkeit von reinem Kupfer vorhanden.

Kupfer-Zink-Knetlegierungen gibt es von 5 % Zink (CuZn5) bis rund 44 % Zink (CuZn44). Zusätzlich können z. B. zur besseren Spanbarkeit noch geringe Anteile an Blei (Pb) sowie zur Verbesserung der Festigkeit und Korrosionsbeständigkeit die Legierungsbestandteile Al, Si, Mn enthalten sein (**Tabelle**). Die Knetlegierungen werden zu Halbzeugen verarbeitet und daraus durch Spanen oder Formpressen die Fertigteile geformt (**Bild 1**, Seite 89).

Kupfer-Zink-Legierungen sind nicht aushärtbar. Unbehandelt sind sie je nach Zusammensetzung weich bis mittelhart, können aber durch Kaltverformen wesentlich verfestigt werden, z. B. von 300 N/mm^2 Zugfestigkeit auf über 600 N/mm^2. Bei Halbzeugen wird der Verfestigungsgrad durch eine angehängte Festigkeitskennzahl angegeben.

Beispiel: CuZn40Pb2F61 ist eine Kupfer-Zink-Legierung mit rund 40 % Zink, 2 % Blei und einer durch Kaltverfestigung auf „federhart" erzielten Mindestzugfestigkeit von 610 N/mm^2.

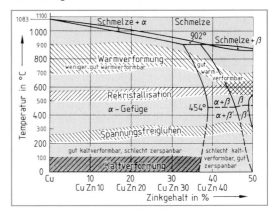

Bild 1: Zustandsschaubild Kupfer-Zink mit Gefügen und Wärmebehandlung

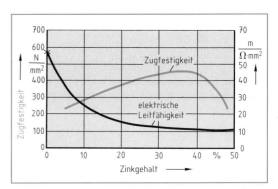

Bild 2: Zugfestigkeit und elektrische Leitfähigkeit von Kupfer-Zink-Legierungen

Tabelle: Kupfer-Zink-Legierungen für die Elektrotechnik und den Elektromaschinenbau		
Werkstoff-kurzzeichen	**Besondere Eigenschaften**	**Hauptan-wendungen**
CuZn5	gute Leitfähigkeit, korrosionsbeständig, bestens umformbar	Installationsteile für die Elektrotechnik
CuZn37	gut umformbar, korrosionsbeständig, gute Festigkeit	Glühbirnenfassung, Kontaktfedern, Abspannklemmen
CuZn39Pb0,5	warmumformbar, gut zerspanbar	Steckerstifte, Kondensatorplatten, Armaturenteile
CuZn40Al2	gute Gleiteigenschaften, hochfest	Gleitlager, Führungen

Kupfer-Zink-Gusslegierungen gibt es mit 15 % bis 40 % Zinkgehalt sowie geringen Anteilen der Legierungselemente Pb, Al, Si, Ni. Eine gebräuchliche Kupfer-Zink-Gusslegierung für elektrotechnische Bauteile ist z. B. GK-CuZn38Al. Sie wird wegen ihrer guten Vergießbarkeit und Korrosionsbeständigkeit z. B. zu Kontaktstücken oder Bürstenhaltern verarbeitet **(Bild 1)**.

Die **Verarbeitung** der Kupfer-Zink-Legierungen ist problemlos. Warmumformen ist bei Legierungen jeder Zusammensetzung gut durchführbar. Kaltumformbar sind Legierungen bis 37 % Zink (α-Messing). Dabei tritt eine Verfestigung ein, die durch Spannungsfreiglühen wieder rückgängig gemacht werden kann.

Gut spanbar sind die bleihaltigen Kupfer-Zink-Legierungen mit mehr als 37 % Zink.

Geschweißt werden kann mit dem Gasschmelz- sowie mit dem WIG-Schweißen. Bleihaltige Cu-Zn-Legierungen sind ebenfalls schweißbar. Auch Weich- und Hartlöten ist gut durchzuführen.

Lampensockel aus CuZn37

Lagerbuchsen aus CuZn40Al2

Messerkontakte aus CuZn23Al3Co

Kontaktstück aus GK- CuZn38Al

Bild 1: Bauteile aus Kupfer-Zink-Legierungen

3.8.6 Kupfer-Zinn-Legierungen (Bronze)

Kupferlegierungen, die kein oder nur wenig Zink enthalten, werden als **Bronzen** bezeichnet.

So nennt man Kupfer-Zinn-Legierungen **Zinnbronzen**, Kupfer-Aluminium-Legierungen **Aluminiumbronzen**.

Kupfer-Zinn-Legierungen (Zinnbronzen) enthalten bis 13 % Zinn (Sn) sowie teilweise geringe Zusätze der Legierungselemente Pb, Zn, Ni **(Tabelle)**.

Die elektrische Leitfähigkeit nimmt mit dem Zinngehalt stark ab. So hat z. B. die Legierung CuSn6 nur noch eine Leitfähigkeit von 9 m/($\Omega \cdot$ mm^2).

Ihre Festigkeit ist im weichen Zustand mittelmäßig ($\approx$ 300 N/mm^2), lässt sich durch Kaltverformen aber wesentlich steigern (bis 800 N/mm^2). In diesen Grenzen kann sie dem Verwendungszweck angepasst werden: von weichgeglüht bis federhart.

Kupfer-Zinn-Legierungen zählen zu den korrosionsbeständigsten Kupferwerkstoffen. Außerdem besitzen sie gute Gleiteigenschaften und Verschleißfestigkeit.

Die **Kupfer-Zinn-Knetlegierungen**, z. B. CuSn6 oder CuS10, werden zu Bändern verarbeitet, aus denen die Halbfertigteile, z. B. federnde Kontakte oder Träger für integrierte Schaltungen, hergestellt werden **(Bild 2)**.

Aus **Kupfer-Zinn-Gusslegierungen** fertigt man wegen der guten Gleiteigenschaften Gleitlagerschalen, Führungsbahnen, Schneckenräder usw.

Tabelle: Kupfer-Zinn-Legierungen

Werkstoff-kurzzeichen	Besondere Eigenschaften	Hauptan-wendungen
CuSn6	gute elektrische Leitfähigkeit, gute Korrosionsbeständigkeit	federnde Elektroteile, Systemträger, IC-Träger
CuSn10		
GZ-CuSn12Pb	gute Gleitfähigkeit, korrosionsbeständig	Gleitlager, Führungen, Pumpenteile

Federnde Elektroteile aus CuSn6

Träger für IC's aus CuSn10

Bild 2: Teile aus Kupfer-Zinn-Legierungen

3.8.7 Kupfer-Nickel-Legierungen

Die Kupfer-Nickel-Legierungen bestehen aus über 50 % Cu, bis zu 45 % Nickel und teilweise geringen Gehalten an Zinn, Eisen und Mangan **(Tabelle)**. Sie haben eine silberhelle Farbe.

Kupfer bildet mit Nickel im gesamten Konzentrationsbereich lückenlos Mischkristalle (Seite 74). Die Folge ist eine kontinuierliche Veränderung der physikalischen Eigenschaften mit dem Nickelanteil. Während mit steigendem Nickelgehalt sich die Zugfestigkeit und die Korrosionsbeständigkeit erhöhen, nimmt die elektrische Leitfähigkeit ab.

Die **Kupfer-Nickel-Knetlegierungen** werden in Form von Bändern, Blechen, Drähten und Stangen geliefert. Zu ihnen gehören z. B. die Legierungen CuNi9Sn2 und CuNi25 (Tabelle). Die Legierung CuNi9Sn2 wird auf „federhart" kaltumgeformt und zu federnden Elektrobauteilen verarbeitet **(Bild 1)**.

CuNi25 ist der Werkstoff für die „Silbermünzen" 50 Cent, 1 € und 2 €.

Zu den **Widerstandslegierungen** gehören z. B. die Werkstoffe CuNi6 und CuNi44. Die Legierung CuNi44, auch **Konstantan** genannt, hat einen praktisch temperaturunabhängigen spezifischen Widerstand von 0,49 $\Omega \cdot$ mm^2/m. Widerstandslegierungen werden zu elektrischen Widerständen jeglicher Art verarbeitet (Bild 1).

Kupfer-Nickel-Legierungen werden zu federnden Kontakten und zu Widerstandsdrähten verarbeitet.

Tabelle: Kupfer-Nickel-Legierung

Werkstoff-kurzzeichen	Besondere Eigenschaften	Haupt-anwendungen
CuNi9Sn2	gut kaltumform-bar auf „feder-hart"	federnde Kontakte, Lötrahmen
CuNi25	silberhelle Farbe, verschleißfest	Werkstoff der „Silbermünzen"
CuNi6	temperaturkon-stanter elektri-scher Widerstand	niedrigohmige elektrische Widerstände
G-CuNi30	beste Korrosions-beständigkeit	Rührwerke, Pumpen, Leitungen

Federnde Elektroteile aus CuNi9Sn2

Widerstandsregister aus CuNi44 (Konstantan)

Bild 1: Bauteile aus Kupfer-Nickel-Legierung

3.8.8 Kupfer-Nickel-Zink-Legierungen (Neusilber)

Die besondere Eigenschaft der Kupfer-Nickel-Zink-Legierungen ist die silberähnliche Farbe sowie die Korrosions- und Anlaufbeständigkeit gegen Luft, Wasser und schwache Säuren. Außerdem haben sie gute Festigkeits- und Federungseigenschaften sowie ausreichende elektrische Leitfähigkeit. Die Legierung CuNi18Zn20 wird z. B. für federnde Kontakte in Schaltern, für Messzeuge und für Sicherheitsschlüssel verwendet **(Bild 2)**.

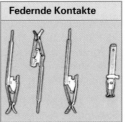

Federnde Kontakte — Sicherheitsschlüssel

Bild 2: Teile aus CuNi18Zn20

Wiederholungsfragen

1 Welche besonderen Eigenschaften hat Kupfer?

2 Welche Kupfersorten werden in der Elektrotechnik bevorzugt verwendet?

3 Was versteht man unter Messing, Bronze und Neusilber?

4 Wie ändern sich die Festigkeit und die Leitfähigkeit von Cu-Zn-Legierungen mit dem Zinkgehalt?

5 Wie lautet der Kurzname für eine Kupfer-Zinn-Legierung mit rund 10 % Zinn?

6 Woraus besteht Konstantan?

3.9 Aluminium und Aluminiumlegierungen

Aluminium (chemisches Symbol: Al) ist nach Stahl der heute am meisten verwendete metallische Konstruktionswerkstoff. Diese bedeutende Stellung in der Technik hat es vor allem aufgrund seiner geringen Dichte. Aluminium ist ein Leichtmetall mit einer Dichte von 2,7 kg/dm^3, also nur rund einem Drittel der Dichte von Stahl (7,85 kg/dm^3). In der Elektrotechnik kommt es wegen der Eigenschaftskombination von geringer Dichte mit guter elektrischer Leitfähigkeit zum Einsatz.

3.9.1 Aluminium-Herstellung

Ausgangsstoff für die Aluminium-Gewinnung ist **Bauxit**, ein rotbraunes Erz, das im Tagebau gefördert wird. Es enthält 55 % bis 65 % Aluminiumoxid Al_2O_3, der Rest besteht aus Eisenoxid Fe_2O_3, Siliciumoxid SiO_2 und anderen Gesteinen. Die Gewinnung des Metalls Aluminium aus dem Erz Bauxit erfolgt in zwei Schritten **(Bild)**:

Im **ersten Verfahrensschritt** wird aus dem Bauxiterz hochreines Aluminiumoxid Al_2O_3 hergestellt. Dazu wird das zerkleinerte Bauxitgestein in einem Druckgefäß mit heißer Natronlauge vermischt (250 °C, 30 bar). Unter diesen Bedingungen reagiert das Al_2O_3 des Bauxits zu $Al(OH)_3$ und löst sich in der Natronlauge. Die anderen Bestandteile des Bauxits (Fe_2O_3, SiO_2 usw.) bleiben ungelöst und werden in einem Trommelfilter als Rotschlamm abgetrennt. Die mit $Al(OH)_3$ gesättigte Natronlauge leitet man in ein Kristallisationsgefäß, lässt dort das $Al(OH)_3$ auskristallisieren und brennt es in einem Drehrohrofen bei 1200 °C zu Aluminiumoxid Al_2O_3. Es ist ein weißes Pulver, die **Tonerde**.

Der **zweite Verfahrensschritt** ist die Reduktion des Aluminiumoxids Al_2O_3 zum Metall Aluminium. Sie erfolgt in der Aluminiumhütte durch Schmelzflusselektrolyse in Elektrolysezellen (Bild).

Al_2O_3 wird in einer Kryolithschmelze (Na_3AlF_6) von rund 950 °C zu einer 20%igen Mischschmelze gelöst. Unter der Wirkung des elektrischen Stroms (Elektrolyse) zerfällt Al_2O_3 zu Aluminium und Sauerstoff. Das Aluminium sammelt sich am Boden der Elektrolysezelle und wird abgesaugt.

Dieses flüssige **Primär-Aluminium** wird in der Gießerei zur Reinigung umgeschmolzen. Dann wird der Schmelze Recycling-Aluminium sowie bei Legierungen die Legierungselemente zugegeben und anschließend die Schmelze zu Formaten und Masseln vergossen. Die Masseln dienen als Schmelzgut in Formgießereien. Die Formate werden im Halbzeugwerk zu Halbzeugen aller Art weiterverarbeitet.

Die Material- und Energiebilanz der Al-Gewinnung: Zur Herstellung von 1 t Aluminium werden 4 t Bauxiterz sowie 15 000 kWh elektrische Energie (dreimal so viel wie bei Stahl) benötigt.

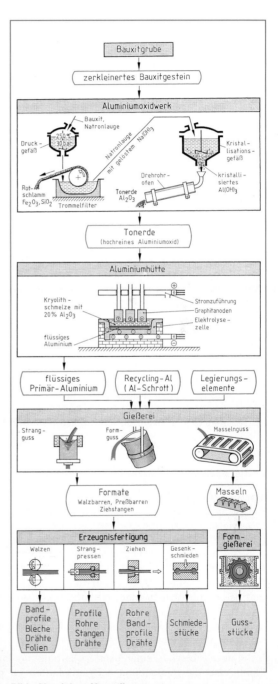

Bild: Aluminium-Herstellung

3.9.2 Allgemeine Eigenschaften und Verwendung

Aluminium ist ein silberhell glänzendes Metall, dessen Oberfläche im Laufe der Zeit matt wird. Es hat einen niedrigen Schmelzpunkt von 658 °C. Aluminium besitzt außerdem eine Reihe von interessanten Eigenschaften, die es als Werkstoff für Konstruktionen und Elektroanwendungen geeignet machen.

- **Geringe Dichte**. Sie beträgt 2,7 kg/dm^3, also etwa $^1/_3$ der Dichte von Stahl. Ein Bauteil aus Aluminium hat rund die Hälfte der Masse eines festigkeitsgleichen Bauteils aus Stahl. Aluminium ist der Werkstoff für Leichtbaukonstruktionen z. B. bei Schienenfahrzeugen **(Bild 1)** oder im Rahmenbau **(Bild 2)**.

- **Gute Festigkeit**. Die Zugfestigkeit von unlegiertem Aluminium beträgt vergossen etwa 100 N/mm^2, hartgewalzt bis 190 N/mm^2. Aushärtbare Al-Legierungen haben Zugfestigkeiten von 400 N/mm^2 bis 600 N/mm^2 und erreichen damit die Festigkeit unlegierter Baustähle.

Bild 1: E-Lok-Aufbau aus Aluminium

Aluminium ist jedoch nicht warmfest und nur bis etwa 150 °C ohne größeren Festigkeitsverlust einsetzbar.

- **Gute Korrosionsbeständigkeit**. Aluminium bildet auf seiner Oberfläche von selbst eine dünne, aber dichte und fest haftende Oxidschicht. Durch Oberflächenbehandlung (anodische Oxidation) kann die Oxidschicht verstärkt und damit die Korrosionsbeständigkeit noch verbessert werden (Seite 108).

- **Leichte Umformbarkeit und Bearbeitung**. Aluminium lässt sich walzen, schmieden, strangpressen, abkanten, biegen, drücken, tiefziehen sowie sägen, bohren, drehen, schleifen, schneiden und polieren. Manche Legierungen (Gusslegierungen) lassen sich gut vergießen, andere Legierungen sind gut schweißbar und mit Sonderverfahren auch lötbar.

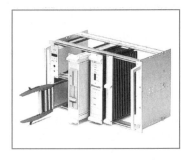

Bild 2: Rahmenträger aus Aluminium

- **Gute Leitfähigkeit für Strom und Wärme**. Die elektrische Leitfähigkeit von Reinaluminium beträgt rund 38 m/($\Omega \cdot$ mm^2), rund 62 % der Leitfähigkeit von Kupfer. Bezieht man die elektrische Leitfähigkeit auf die Dichte, so errechnet man, dass das elektrische Leitvermögen gleich schwerer Leiter aus Aluminium etwa doppelt so groß ist wie von Kupfer. Elektrische Leitungen, bei denen es auf das Gewicht ankommt, z. B. bei Hochspannungs-Freileitungen, bestehen aus Aluminium-Werkstoffen **(Bild 3)**.

Die Wärmeleitfähigkeit von Aluminium ist fast fünfmal so groß wie die von Stahl.

- **Keine Magnetisierbarkeit**. Aluminium ist nicht magnetisierbar.

Bild 3: Freileitungsseil aus Aluminium

Verwendung

> Die vielseitige Verwendung von Aluminiumwerkstoffen gründet sich auf die Kombination der geringen Dichte mit anderen günstigen Eigenschaften wie Festigkeit und elektrischer Leitfähigkeit.

Die niedrige Dichte, in Verbindung mit der ausreichenden Festigkeit und der Korrosionsbeständigkeit, machen es zu einem **Leichtbauwerkstoff** für Gehäuse und Rahmen, für Verkehrsmittel, für Konstruktionsteile im Metallbau und der Nachrichtentechnik **(Bild 4)** sowie für Maschinenteile.

Die gute elektrische Leitfähigkeit in Verbindung mit der geringen Dichte sind die maßgebenden Eigenschaften für den Einsatz als elektrischer Leiterwerkstoff (Bild 3).

Bild 4: Parabolantenne aus Aluminium

3.9.3 Aluminium-Werkstoffgruppen

Unlegierte Aluminiumwerkstoffe gibt es in den Qualitäten *Reinaluminium* und *Reinstaluminium*.

Beispiel: EN AW-1050A [Al 99,5] ist ein Reinaluminium mit 99,5% Al.

Die **Aluminiumlegierungen** unterteilt man nach der Verarbeitungsart in Aluminium-Knetlegierungen und Aluminium-Gusslegierungen. Von jeder Gruppe gibt es nichtaushärtende und aushärtende Aluminiumwerkstoffe (**Übersicht 1**).

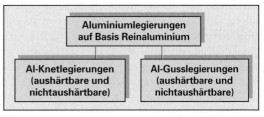

Übersicht 1: Einteilung der Aluminium-Legierungen

Al-Legierungsgruppen

Als **Legierungselemente** für Aluminiumlegierungen dienen vor allem Magnesium, Silicium, Kupfer, Zink und Mangan. Die gängigen Al-Legierungen enthalten ein, zwei oder drei dieser Elemente.

Man unterteilt die Legierungsgruppen nach den in ihnen enthaltenen Elementen (**Übersicht 2**).

Beispiel: Aluminium-Legierungen, die Magnesium (Mg) und Silicium (Si) enthalten, bezeichnet man als Aluminium-Legierungen der Gruppe AlMgSi. Hiervon gibt es mehrere Werkstoffe, z. B. EN AW-6101A [EAl MgSi(A)].

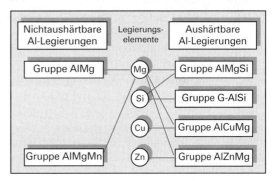

Übersicht 2: Aluminium-Legierungsgruppen

Kurzbezeichnung von Al-Werkstoffen

Unlegierte Aluminiumwerkstoffe und **Aluminium-Knetlegierungen** werden mit einer **Kurzbezeichnung nach Europäischer Norm EN** benannt.

Sie besteht nacheinander aus der Abkürzung EN, dem Buchstaben A für Aluminium , dem Buchstaben W für Erzeugnis und einer Kennummer aus vier Ziffern für die chemische Zusammensetzung. Eine besondere Verwendung kann durch einen nachgestellten Buchstaben angegeben sein.

Zwischen den Buchstaben EN und AW ist ein Zwischenraum zu lassen, zwischen den Buchstaben AW und der Kennummer ist ein Bindestrich zu schreiben.

Beispiel: **EN AW-6101B**.

Nicht zwingend vorgeschrieben, aber möglich, ist eine Erweiterung der Kurzbezeichnung durch in eckigen Klammern angegebene Buchstaben für eine besondere Verwendung sowie die chemischen Symbole der Hauptlegierungselemente und eventuell Prozentangaben der Hauptlegierungselemente. Zwischen dem Symbol Al und dem ersten Legierungselementsymbol ist ein Zwischenraum zu lassen.

Beispiel: **EN AW-6101B [EAl MgSi(B)]**.

Die **Aluminium-Gusswerkstoffe** haben die Buchstabenkombination EN AC- und eine Kennziffer sowie, falls gewünscht, in eckigen Klammern die chemische Zusammensetzung.

Beispiel: **EN AC-44200 [Al Si12(a)]**.

Härten von Aluminiumlegierungen

Durch **Aushärten** lässt sich die Festigkeit und Härte aushärtbarer Aluminiumlegierungen auf etwa den doppelten Betrag des ungehärteten Werkstoffs steigern. Das Aushärten erfolgt in drei Arbeitsgängen: Lösungsglühen bei rund 500 °C → Abschrecken in Wasser oder Öl → Auslagern.

Zum **Lösungsglühen** wird das Bauteil auf rund 500 °C erhitzt und anschließend in Wasser oder Öl abgeschreckt. Direkt nach dem **Abschrecken** hat der Werkstoff nur leicht erhöhte Festigkeit. Erst im Laufe der Zeit, nach einigen Stunden bis zu einer Woche, steigt die Festigkeit bis zum Endwert an. Man nennt diesen Vorgang **Auslagern**.

Ausgehärtete Aluminium-Bauteile dürfen nicht stark erwärmt werden, da sie sonst ihre Aushärte-Festigkeit verlieren. Gehärtete Aluminiumteile vermindern deshalb beim Löten und Schweißen ihre Festigkeit.

3.9.4 Nichtaushärtbare Aluminium-Werkstoffe

Reinaluminium EN AW-1050A [Al 99,5] ist der preisgünstigste Aluminium-Werkstoff. Er besitzt gute Korrosionsbeständigkeit, aber nur geringe Festigkeit.

Das in der Elektrotechnik als Leiterwerkstoff verwendete **Elektro-Aluminium**, Kurzbezeichnung **EN AW-1350 [EAl 99,5]**, hat ebenfalls 99,5 % Al sowie geringe Si- und Mg-Gehalte. Sie vermindern die elektrische Leitfähigkeit unbedeutend, erhöhen aber die Festigkeit auf bis zu 170 N/mm² (kaltverformt). Aus ihm werden Drähte, Litzenseile, Leiterschienen und Läuferkäfige für Kurzschlussläufermotoren hergestellt **(Bild 1)**.

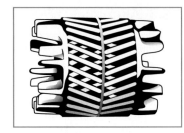

Bild 1: **Gegossener Rotorkäfig aus Elektro-Aluminium**

Die Legierung **EN AW-5083 [Al Mg4,5Mn0,7]** ist die nichtaushärtbare Al-Legierung mit der höchsten Zugfestigkeit (bis 270 N/mm²). Sie wird in Profilform zu Leichtbaukonstruktionen verarbeitet.

3.9.5 Aushärtbare Al-Knetlegierungen

EN AW-6060 [Al MgSi] ist der Standardwerkstoff für preiswerte, stranggepresste Al-Profile. Die Aushärtung erfolgt direkt nach der Warmformgebung. Das auf rund 500 °C erwärmte, aus der Strangpresse austretende Profil wird durch Anblasen mit Luft abgeschreckt und anschließend bei rund 170 °C warm ausgelagert. EN AW-6060 [Al MgSi] hat eine Festigkeit bis 300 N/mm² und ist der gebräuchlichste Al-Werkstoff im Metallbau. Man fertigt daraus Tragkonstruktionen, Gestelle, Rahmen, Fahrzeugaufbauten (Bild 1 und 2, Seite 92).

Die Elektro-Aluminiumlegierung **EN AW-6101B [EAl MgSi(B)]**, auch **Aldrey** genannt, wird eingesetzt, wenn neben guter elektrischer Leitfähigkeit eine erhöhte Festigkeit vorhanden sein muss. Dies ist z. B. für Leiterschienen in Hochspannungs-Schaltanlagen erforderlich **(Bild 2)**. Die elektrische Leitfähigkeit dieser Legierung beträgt 33 m/(Ω · mm²), die Festigkeit bis 300 N/mm². Die Aushärtung erfolgt durch Anblasen mit Luft direkt im Anschluss an die Warmformgebung.

Bild 2: **Leiterschienen aus Elektro-Aluminiumlegierung**

EN AW-7020 [Al Zn4,5Mg1] ist ein spezieller Werkstoff für mechanisch hoch belastete Schweißkonstruktionen im Metall-Konstruktionsbau. Nach dem Schweißen nimmt die Schweißzone ohne besondere Maßnahmen im Laufe von einigen Wochen wieder die ursprünglichen Festigkeitswerte des gehärteten Werkstoffs an.

> Die gebräuchlichsten Aluminiumwerkstoffe für elektrische Leiter sind E-Al99,5 EN AW-1350 [EAl 99,5] und EN AW-6101B [EAl MgSi(B)].

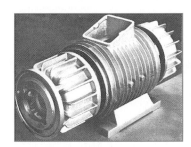

Bild 3: **Motorgehäuse aus Al-Gusslegierung EN AC-44200 [Al Si12(a)]**

3.9.6 Aluminium-Gusswerkstoffe

EN AC-44200 [Al Si12(a)], früher G-AlSi12, ist der gebräuchlichste Aluminium-Gusswerkstoff mit guter Vergießbarkeit und Korrosionsbeständigkeit. Er ist aushärtbar und wird zu Gehäusen, z. B. von elektrischen Geräten und Maschinen, zu Abzweigdosen und Ähnlichem im Druckguss vergossen **(Bild 3)**.

Wiederholungsfragen

1 Welche besondere Eigenschaftskombination macht Aluminium-Werkstoffe für den Einsatz in der Elektrotechnik interessant?

2 Aus welchen Angaben besteht die Kurzbezeichnung eines Al-Werkstoffs?

3 Wie werden aushärtbare Al-Legierungen ausgehärtet?

4 Welches sind die beiden als Leiterwerkstoffe eingesetzten Al-Werkstoffe?

5 Welche Besonderheit hat die Al-Legierung EN AW-7020 [Al Zn4,5Mg1]?

3.10 Werkstoffe für Hochtemperatur- und Vakuumtechnik

Technisch von Bedeutung sind in der Hochtemperaturtechnik vor allem die hochschmelzenden Metalle Wolfram (W), Tantal (Ta), Molybdän (Mo) und Niob (Nb). Es sind Metalle mit hoher Dichte und hohem Schmelzpunkt **(Tabelle)**.

Wegen der hohen Schmelztemperaturen können diese Metalle nicht in einem Hochofenprozess als flüssiges Metall erschmolzen werden. Sie werden durch chemische Reduktion aus den Erzen als feinkörniges Pulver gewonnen und durch Sintern (Seite 98) zum kompakten Werkstoff verdichtet. Daraus werden dann durch Walzen Bleche, Stäbe und Folien sowie durch Ziehen Drähte gefertigt.

Tabelle: Hochschmelzende Metalle			
Metall (Symbol)	Dichte kg/dm³	Schmelz-temperatur °C	Elektrische Leitfähigkeit m/($\Omega \cdot$ mm²)
Wolfram (W)	19,3	3387	18,2
Tantal (Ta)	16,6	2996	8,1
Molybdän (Mo)	10,2	2610	21,0
Niob (Nb)	8,6	2468	6,7

Wolfram

> Wolfram hat den höchsten Schmelzpunkt und den geringsten Dampfdruck aller Metalle.

Es lässt sich durch Erhitzen entgasen und seine Oberfläche von anhaftenden Stoffen reinigen.

Wolfram ist deshalb ein bevorzugter Werkstoff für Hochtemperaturbauteile in Bedampfungsanlagen, Vakuumröhren und Glühlampen: als Heiz- und Glühwendel **(Bild 1)** sowie als Glühkatoden in Sende-, Leucht- und Röntgenröhren. Bei Betriebstemperaturen von 2000 °C ist bei Lampenwendeln eine Lebensdauer von etwa 1000 Stunden zu erwarten.

Wolfram wird außerdem zu Zündkerzenkontakten, zu Schweißelektroden des WIG[1] und MIG[2]-Schweißens und zu Heizleitern verarbeitet.

Nachteilig ist die Sprödigkeit des Wolframs.

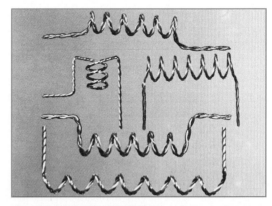

Bild 1: Heizwendel aus Wolfram

Tantal und Niob

Tantal und Niob haben als Vakuumröhrenwerkstoff ähnliche Eigenschaften. Sie können durch Glühen entgast werden und dann eine große Gasmenge absorbieren. Man verwendet sie in Form von Drähten und dünnen Blechen für Hochtemperaturteile von Sende- und Glühröhren, wenn ihre Fähigkeit zur Bindung von Fremdgasen erforderlich ist. Solche Werkstoffe nennt man Getterwerkstoffe[3].

Bild 2: Formteile aus Molybdän für Vakuumröhren

Molybdän

Molybdän ist bis etwa 1600 °C einsetzbar. Oberhalb 1600 °C ist sein Dampfdruck so hoch, dass die Lebensdauer von Molybdänbauteilen stark abnimmt. Der große Vorteil von Molybdän ist die gute Festigkeit und Elastizität auch bei hoher Temperatur. Aus Molybdän werden kompliziert gebaute Hochtemperaturteile von Vakuumröhren, Halter für Glühlampenwendeln, Abschirmungen und Tiegel hergestellt **(Bild 2)**.

Molybdän und Wolfram haben denselben geringen thermischen Ausdehnungskoeffizienten wie Borsilikatglas und zudem eine relativ gute elektrische Leitfähigkeit (Tabelle). Sie werden deshalb als Einschmelzwerkstoff für Stromdurchführungen in Glas verwendet.

Als Legierungselemente sind die hochschmelzenden Metalle in temperaturbeständigen und verzunderungsbeständigen Werkzeugstählen enthalten (Seite 69).

---

[1] WIG: Abkürzung für **Wolfram-Inertgas**   [2] MIG: Abkürzung für **Metall-Inertgas**   [3] von engl. getter = Einfänger (to get, engl. = erhalten, bekennen)

3.11 Niedrigschmelzende Metalle

Blei (Pb)

Blei ist ein mattgrau aussehendes Metall, das nur kurzzeitig an frischen Schnittflächen metallisch hell glänzt. Es ist so weich, dass es mit dem Fingernagel geritzt werden kann. Seine Korrosionsbeständigkeit gegen atmosphärische Einflüsse, gegen Erdfeuchte und Schwefelsäure ist ausgezeichnet.

Eine besondere Eigenschaft des Bleis ist die stark abschirmende Wirkung gegen Röntgen- und Gammastrahlen.

Dichte	$11,3 \text{ kg/dm}^3$
Schmelzpunkt	327 °C
Zugfestigkeit	$15...20 \text{ N/mm}^2$
Bruchdehnung	$30...50\%$
Leitfähigkeit	$4,8 \text{ m/}(\Omega \cdot \text{mm}^2)$

> Blei und Bleiverbindungen sind giftig.

Die maximale Arbeitsplatzkonzentration (MAK) beträgt 0,2 mg Bleistaub pro 1 m^3 Luft. Bei Arbeiten mit Blei sind die Sicherheitsvorschriften der Berufsgenossenschaft zu beachten.

Blei wird in der Elektrotechnik für spezielle Anwendungen eingesetzt:

- Das mengenmäßig größte Einsatzgebiet für Blei sind Bleiakkumulatoren für Autos (**Bild 1**).

- Wegen seiner Absorptionsfähigkeit für Röntgen- und Gammastrahlen wird es als Abschirmung gegen diese Strahlen verwendet, z. B. in Röntgengeräten.

- Zur Kabelummantelung verwendet man unlegiertes Blei (Weichblei) oder mit Antimon legiertes Kabelblei (Hartblei).

- Blei ist Basis- oder Legierungselement für Weichlote, z. B. L-PbSn35Sb (Bild , Seite 97), für Automatenstähle, z. B. 9SMnPb28 (Seite 68), sowie für Lagermetalle, z. B. PbSb15Sn10. Aus Lagermetall fertigt man Gleitlagerschalen für hoch belastete Maschinen wie Generatoren und Turbinen.

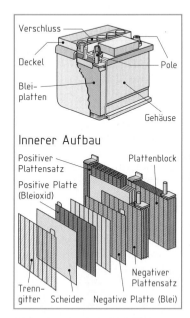

Bild 1: Autobatterie (Bleiakku)

Zink (Zn)

Zink ist ein niedrigschmelzendes Schwermetall mit geringer Festigkeit sowie guten Gieß- und Korrosionseigenschaften. An frischen Schnittflächen ist es leicht bläulich-metallisch glänzend. An der Luft überzieht es sich im Laufe von Wochen mit einer dünnen grauen Deckschicht, die es gegen atmosphärischen Korrosionsangriff für mehrere Jahre bis Jahrzehnte schützt.

Dichte	$7,14 \text{ kg/dm}^3$
Schmelzpunkt	418 °C
Zugfestigkeit	$30...150 \text{ N/mm}^2$
Bruchdehnung	$30...50\%$
Leitfähigkeit	$16,0 \text{ m/}(\Omega \cdot \text{mm}^2)$

Etwa die Hälfte des erzeugten Zinks wird als Beschichtung für den Korrosionsschutz von im Freien stehenden Stahlbauteilen, wie Freileitungsmasten, Lichtmasten usw., verarbeitet (Seite 106).

Im Elektrogerätebau verwendet man Zink-Druckgusslegierungen mit 4 bis 6 % Aluminium und 1 bis 3 % Kupfer, z. B. **GD-ZnAl4**. Aufgrund der niedrigen Schmelztemperatur und der guten Vergießbarkeit können sie mit automatischen Druckgussmaschinen in Stahlformen spritzgegossen werden. Aus Zink-Druckguss stellt man feingliedrige, maßgenaue Bauteile her, z. B. Gehäuse und Chassis kleiner Elektro- und Büromaschinen (**Bild 2**).

In der Elektrotechnik wird Zink in Zink-Kohle-Batterien als Elektroden- und Bechermaterial sowie in Metallpapierkondensatoren als dünne Aufdampfschicht eingesetzt. Außerdem dient Zink als Legierungsmetall für Kupfer-Zink-Legierungen (Messing).

Bild 2: Gehäuse einer Frankiermaschine aus Zink-Druckguss

Zinn (Sn)

Zinn ist ein silberhell glänzendes, sehr weiches, dehnbares und geschmeidiges Metall mit besonders niedrigem Schmelzpunkt. Gegen Luft, Wasser sowie gegen leicht saure und basische Stoffe, z. B. Lebensmittel, ist es beständig. Von starken Säuren und Laugen wird es angegriffen.

Dichte	7,3 kg/dm³
Schmelzpunkt	232 °C
Zugfestigkeit	40...50 N/mm²
Bruchdehnung	≈ 40%
Leitfähigkeit	8,97 m/(Ω · mm²)

Die Hauptanwendungsgebiete des Zinns liegen in der Kombination mit anderen Werkstoffen:

- Als Basis- oder Legierungselement für Weichlote **(Bild)**. Durch Legieren von Zinn mit Blei erhält man Legierungen mit niedrigem Schmelzpunkt und gutem Verbindungsverhalten zu anderen Metallen (Seite 127).
- Als Legierungselement für Kupferlegierungen (Seite 89) und für Lagermetalle (z. B. PbSb15 Sn10).
- Als Beschichtung auf dünnen Stahlblechen **(Weißblech)** bewirkt es Korrosionsbeständigkeit gegen Lebensmittel (Konservendosen).
- Als Korrosionsschutzbeschichtung auf Kupferdraht.

Bild: Zinn-Blei-Weichlote

3.12 Legierungsmetalle

Eine Reihe von Metallen haben in Reinform als Werkstoff nur geringe Bedeutung, während sie als Legierungsmetall und in Kombination mit anderen Werkstoffen vielfältig eingesetzt werden. Ihre Hauptbedeutung liegt in der eigenschaftsverbessernden Wirkung in legierten Stählen. Insbesondere die Korrosionsbeständigkeit, die Warmfestigkeit und die Zähigkeit der Stähle werden durch sie zum Teil stark verbessert.

Die am häufigsten verwendeten Legierungsmetalle für Stähle sind Chrom (Cr), Nickel (Ni), Mangan (Mn), Kobalt (Co) und Vanadium (V) **(Tabelle)**.

Tabelle: Legierungsmetalle

Metall chemisches Symbol	Dichte in kg/dm³	Schmelz-temperatur in °C	Elektrische Leitfähigkeit m/(Ω · mm²)	Besondere Eigenschaften	Verwendung
Chrom Cr	7,1	1900	7,1	brillanter Metallglanz, korrosionsbeständig	Schutzüberzüge (Verchromen), Legierungselement in nicht-rostenden Stählen
Nickel Ni	8,9	1455	16,3	heller Metallglanz, korrosionsbeständig	Schutzüberzüge (Vernickeln), Legierungselement in Nickelwerkstoffen und Stählen, Elektrodenwerkstoff in Ni-Cd-Akkumulatoren
Mangan Mn	7,3	1250	2,55	hart, spröde	Legierungsmetall für zähharte Stähle und Ferrite (Dauermagnete)
Kobalt Co	8,8	1490	17,95	zäh, korrosionsbeständig	Dauermagnete, Bindemetall für Hartmetalle, Legierungselement in warmfesten Stählen
Vanadium V	6,0	1720	5,5	hart, spröde	Legierungselement in Magnetstählen und korrosionsbeständigen Stählen

3.13 Edelmetalle

Die Edelmetalle werden aufgrund ihrer guten elektrischen Leitfähigkeit und ihrer Kontakteigenschaften vor allem als Kontaktwerkstoffe eingesetzt (Seite 144). Sie bilden auf ihrer Oberfläche keine Beläge oder isolierende Schichten. Wegen des hohen Materialpreises der Edelmetalle werden sie als dünne Kontaktschichten auf einem Trägerwerkstoff aufgebracht.

Zum Einsatz kommen Silber (Ag) und Silberlegierungen, Gold (Au) und Goldlegierungen, Platin (Pt) und Platin-Iridium-Legierungen sowie Palladium (Pd) und Rhodium (Rh).

3.14 Sinterwerkstoffe

Sinterwerkstoffe sind metallische oder keramische Werkstoffe, die durch ein besonderes Herstellungsverfahren, die Pulvermetallurgie, gefertigt werden.

3.14.1 Herstellung von Sinterteilen (Pulvermetallurgie)

Die Herstellung von Formteilen aus Sinterwerkstoffen erfolgt in mehreren Fertigungsschritten (**Bild 1**). Ausgangsstoffe sind zu Pulver gemahlene Metalle, Metallverbindungen oder Nichtmetalle.

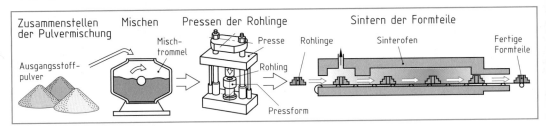

Bild 1: Schema der pulvermetallurgischen Herstellung von Sintermetallen

Zuerst wird durch **Mischen** aus den Ausgangspulvern eine homogene Pulvermischung der gewünschten Werkstoffzusammensetzung hergestellt, z. B. eine Kupfer-Zink-Pulvermischung für Messing-Sinterteile. Dann werden aus der Pulvermischung auf einer **Presse** in einem Formwerkzeug Rohlinge in der Form des späteren Bauteils gepresst. Sie besitzen durch Verkrallen und Adhäsion der Pulverteilchen losen Zusammenhalt.

Die Rohlinge durchlaufen anschließend einen Sinterofen, in dem sie bei rund 1000 °C geglüht werden. Dabei verschweißen die Pulverteilchen an ihren Berührungsstellen. Diesen Vorgang nennt man **Sintern**. Er erfolgt bei Temperaturen, die etwa $1/3$ unterhalb der Schmelztemperatur des Sinterwerkstoffs liegen; bei Sinterstahl z. B. bei 1000 bis 1200 °C (Schmelztemperatur von Stahl: rund 1500 °C).

Nach dem Verlassen des Sinterofens haben die Formteile ihre endgültige Form und durch das Sintern eine Festigkeit, die für normale Belastungen von Metallbauteilen ausreicht.

Sinterteile, die große Maßgenauigkeit und Oberflächengüte besitzen müssen, werden durch einen anschließenden Pressvorgang auf das Endmaß genaugepresst (kalibriert). Sinterteile mit hohen Festigkeitsanforderungen können zusätzlich geschmiedet und vergütet werden.

> Durch das Pressen erhalten die Sinterteile ihre Form und durch das Sintern ihre Festigkeit.

Im Vergleich zu den üblichen Verfahren der Formteil-Fertigung (Gießen, Walzen, Umformen oder Spanen) hat die Formteil-Fertigung durch Pulvermetallurgie einige **Besonderheiten**:

Das fertige Formteil entsteht beim Pressen des Rohlings (**Bild 2**). Eine weitere Formgebung, z. B. durch Spanen, entfällt. Dies ist sehr kostengünstig.

Es ist möglich, Werkstoffe zu einem Verbundwerkstoff zusammenzufügen, die mit den üblichen Metallherstellungsverfahren nicht kombinierbar sind. Beispiele (**Bild 3**):

- Kontaktwerkstoffe (Tränklegierungen aus Wolfram und Kupfer oder Silber)
- Hartmetalle aus Wolframcarbid und Kobalt
- Gleitlagerwerkstoffe mit eingelagerten Schmierstoffteilchen

Bild 2: Sinterformteile

Tränklegierung
Wolframgerüst, getränkt mit Kupfer oder Silber

Hartmetall
Gerüst aus Hartstoff mit Kobalt gefüllt

Bild 3: Gefüge kombinierter Werkstoffe

Gesteuerte Porosität. Durch die Wahl der Korngröße des Ausgangspulvers sowie durch unterschiedliche Pressdrücke und Sintertemperaturen können Sinterwerkstoffe erzeugt werden, deren Porosität zwischen 50 % und annähernd dichtem Gefüge (fast 0 %) beträgt. Daraus ergibt sich eine Vielzahl von Anwendungsmöglichkeiten: Metallfilter, Gleitlager, Kontaktwerkstoffe, Spulenkörper, Kraft übertragende Bauteile.

Eingeschränkte Anwendbarkeit. Aufgrund des besonderen Herstellungsverfahrens ergeben sich Einschränkungen in der Anwendbarkeit der Pulvermetallurgietechnik:

- Die Fertigung von Einzelstücken oder Kleinserien (unter 10 000 Stück) ist unwirtschaftlich, da sich die hohen Presswerkzeugkosten erst bei großen Stückzahlen rentieren.
- Die herstellbare Werkstückgröße ist begrenzt, da die Pressen nur eine begrenzte Presskraft haben.
- Keine Verwendung für dynamisch höchstbelastete Bauteile wegen der Bruchgefahr an Restporen.

> Mit der Pulvermetallurgie werden rationell Großserien von Kleinteilen hergestellt: Kraft übertragende Bauteile, Gleitlager, Metallfilter, Hartmetalle, Kontaktwerkstoffe, Magnetspulenkörper.

3.14.2 Typische Verwendung von Sintermetallen

Sinterformteile. Ein Formteil wird aus Sintermetall gefertigt, wenn die Sintertechnik wirtschaftlicher ist als die herkömmliche Formgebung durch Gießen, Umformen oder Spanen. Dies ist bei einer Vielzahl kleiner und mittelgroßer Bauteile mit komplizierter Bauteilform der Fall, die in großen Stückzahlen benötigt werden.

Im Elektromaschinen- und Elektrogerätebau sind dies z. B. Zahnräder, Hebel und Scheiben aus Stahl oder Messing (Bild 2, Seite 98) oder weichmagnetische Spulenkerne (Bild 2, Seite 243).

Sintergleitlager. Gleitlager aus Sintermetall **(Bild 1)** enthalten einen Porenanteil von 15 bis 25 %, der mit einem Flüssigschmierstoff gefüllt ist. Im Betriebszustand erwärmt sich das Gleitlager. Dadurch tritt flüssiger Schmierstoff aus den Poren aus und bildet einen Schmierfilm. Aufgrund dieses Selbstschmiereffekts sind Sintergleitlager wartungsfrei. Eingesetzte Werkstoffe sind Cu-Zn-Legierungen oder Sinterstahl mit eingelagertem Graphit.

Sinter-Kontaktwerkstoffe. Sie bestehen aus einem durch Sintern hergestellten Wolframskelettkörper, dessen etwa 30 % Poren anschließend mit Kupfer oder Silber getränkt werden **(Bild 2)**. Sie zeichnen sich durch hohe Abbrandfestigkeit und geringe Schweißneigung aus (Seite 247).

Hochporöse Sinterkörper. Sie haben einen zusammenhängenden Porenraum von 30 bis 50 % und werden aus Cr-Ni-Stählen und Cu-Zn-Legierungen gefertigt **(Bild 3)**. Eingesetzt werden die hochporösen Sinterkörper als Metallfilter zum Reinigen von heißen Gasen, z. B. in Druckluftleitungen, als Flammenrückschlagsicherung in Schweißgaszuführungen oder als Schalldämpfer für Verbrennungsmotoren und Kompressoren.

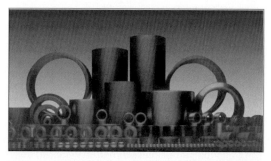

Bild 1: Sintergleitlager

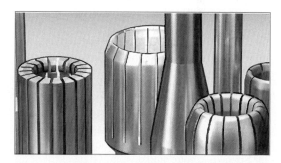

Bild 2: Kontaktteile aus Wolfram-Kupfer-Tränklegierung (Kommutatoren)

Bild 3: Hochporöse Sinterkörper

3.14.3 Hartmetalle

> Hartmetalle sind zusammengesetzte Werkstoffe (Verbundwerkstoffe) aus sehr harten, fein gemahlenen Carbidteilchen (Hartstoff) und einem zähen Bindemetallgerüst aus Kobalt.

Wichtigster Carbidbestandteil ist Wolframcarbid WC, das 60 bis 90 % des Hartmetalls ausmacht. Der restliche Carbidanteil besteht aus Titancarbid TiC, Tantalcarbid TaC und Niobcarbid NbC. Bindemetall ist das zähe Metall Kobalt, das je nach Hartmetallsorte einen Anteil von 5 bis 25 % einnimmt.

Äußerlich sieht man den Hartmetallen ihren zusammengesetzten Aufbau nicht an, da die Einzelbestandteile im Größenbereich kleiner 1 µm verteilt sind **(Bild 1)**. Sichtbar wird der Verbundaufbau im mikroskopischen Gefügebild.

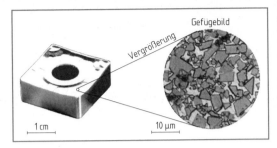

Bild 1: Hartmetall-Schneidplatte

Vom Aufbau her, nämlich der Kombination mehrerer Stoffe zu einem neuen Werkstoff, sind die Hartmetalle Verbundwerkstoffe (Seite 119). Da sie mit Hilfe der Sintertechnik hergestellt werden, kann man sie auch als Sinter-Verbundwerkstoffe bezeichnen.

Herstellung

Die Herstellung der Hartmetalle erfolgt ähnlich der Sinterteile-Fertigung (Bild 1, Seite 98) durch Vermischen der pulverförmigen Carbide mit Kobaltpulver, Pressen der Pulvermischung zu Platten oder Formkörpern und abschließendem Sintern der Pulverpresslinge zu fertigen Hartmetall-Formteilen.

Die Sintertemperatur liegt oberhalb der Schmelztemperatur des Kobalts (1495 °C) bei 1500 bis 1600 °C. Die Kobaltpulverteilchen schmelzen während des Sinterns, benetzen die Carbidteilchen und verbinden sie zu einem kompakten Körper (Bild 1, Gefügebild). Nach dem Sintern sind die Hartmetall-Formteile so hart, dass sie nur noch durch Schleifen mit Diamantwerkzeugen bearbeitet werden können.

Eigenschaften und Verwendung

Hartmetalle besitzen neben ihrer großen Härte ausreichende Zähigkeit, gute Verschleißfestigkeit und eine hohe Wärmebeständigkeit bis rund 1000 °C. Ihre Härte beträgt je nach Carbidanteil 1300 bis 1750 HV 30 und ist damit rund doppelt so hoch wie die Härte von Schnellarbeitsstählen.

Verwendung finden die Hartmetalle als Bestückung von Werkzeugen zum Spanen und zum Steinbohren **(Bild 2)**. Die Standzeiten hartmetallbestückter Spanwerkzeuge sind 50- bis 100-mal größer als die von Werkzeugstahl.

Steinbohrer	Metallkreissägeblatt
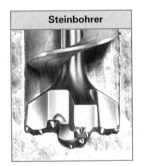	

Bild 2: Hartmetallbestückte Werkzeuge

Beschichtete Hartmetalle

Eine weitere Steigerung der Standzeit und der Schnittgeschwindigkeit bei der spanenden Fertigung wird durch beschichtete Hartmetall-Schneidwerkzeuge erreicht. Die Beschichtung besteht aus mehreren, ineinander verzahnten Schichten aus TiC, TiN sowie Al_2O_3-AlN und hat insgesamt nur eine Dicke von wenigen µm. Sie wird durch chemische Abscheidung aus der Gasphase aufgebracht und gibt den Hartmetallwerkzeugen eine goldgelbe Färbung.

Wiederholungsfragen

1 In welchen Fertigungsschritten werden Sinterwerkstoffe hergestellt?

2 Wie stellt man Tränklegierungen aus Wolfram und Silber her?

3 Welche Bauteile werden bevorzugt mit der Sintertechnik gefertigt?

4 Welche vorteilhaften Eigenschaften haben Hartmetalle gegenüber Werkzeugstahl?

3.15 Korrosion und Korrosionsschutz

Bauteile müssen nicht nur den elektrotechnischen Anforderungen genügen und mechanischen Belastungen standhalten, sie haben auch den im Laufe ihrer Nutzung zu erwartenden Umwelteinflüssen und Korrosionsbeanspruchungen zu widerstehen.

Die Wirkung der Umwelteinflüsse zeigt sich an einer metallisch blanken Werkstoffoberfläche, z. B. einer Schraube, zuerst durch Stumpfwerden, im weiteren Verlauf durch meist fleckenförmige Roststellen und später durch eine zusammenhängende Rostschicht mit sichtbarem Angriff des Grundwerkstoffes (Bild 1).

Diesen Vorgang nennt man Korrosion[1]. Er kann bis zur völligen Zerstörung des Bauteils fortschreiten.

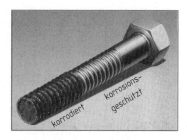

Bild 1: Zerstörung durch Korrosion

Die beiden der Korrosion zugrunde liegenden Ursachen sind chemische Reaktionen und elektrochemische Vorgänge. Je nachdem spricht man von chemischer Korrosion oder elektrochemischer Korrosion.

> Unter Korrosion versteht man die von der Oberfläche ausgehende Zerstörung metallischer Werkstoffe durch chemische oder elektrochemische Reaktionen.

3.15.1 Elektrochemische Korrosionsarten

Der überwiegende Teil der in der Praxis auftretenden Korrosion wird durch elektrochemische Vorgänge verursacht. Sie führen zum typischen Rosten von Bauteilen aus Stahl (Bild 3).

Bei der elektrochemischen Korrosion laufen die Korrosionsvorgänge an der Metalloberfläche mit Hilfe einer elektrisch leitenden Flüssigkeitsschicht, des Elektrolyts, ab. Voraussetzung für elektrochemische Korrosion ist deshalb das Vorhandensein einer elektrisch leitenden Flüssigkeit, in der Regel Wasser. Es ist bei feuchter Witterung im Freien auf allen Metallbauteilen in Form eines dünnen Feuchtigkeitsfilms praktisch überall vorhanden.

Es gibt mehrere Wirkungsmechanismen der elektrochemischen Korrosion. Die wichtigsten sind die Sauerstoffkorrosion, die Säurekorrosion und die Korrosion an Korrosionselementen.

Elektrochemische Sauerstoffkorrosion feuchter Stahloberflächen

Diese Korrosionsart wirkt z. B. auf den Außenflächen nasser oder feuchter Stahlbauteile. Die dabei ablaufenden Vorgänge kann man an einem kleinen Werkstoffbereich, auf dem ein Wassertropfen haftet, verdeutlichen (Bild 2).

Im Zentrum des Tropfens geht Eisen als Fe^{2+}-Ionen in Lösung (Lokalanode) und reagiert weiter zu Fe^{3+}-Ionen.

$$Fe - - \rightarrow Fe^{2+} + 2e^- - - \rightarrow Fe^{3+} + 3e^-$$

Die frei werdenden Elektronen fließen zum Tropfenrand und bewirken dort einen Zerfall des im Wasser gelösten Sauerstoffs in OH^--Ionen (Lokalkatode): $\quad O_2 + 2 H_2O + 4e^- \longrightarrow 4 OH^-$

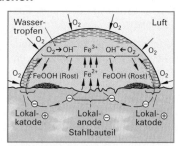

Bild 2: Elektrochemische Vorgänge bei der Sauerstoffkorrosion

Die gebildeten Fe^{3+}-Ionen und OH^--Ionen verbinden sich im Wasser $\quad Fe^{3+} + 3 OH^- \longrightarrow Fe(OH)_3$ und reagieren weiter zu Rost FeOOH. $\quad Fe(OH)_3 \longrightarrow FeOOH + H_2O$

Er scheidet sich ringförmig am Tropfenrand ab.

Dieser Vorgang findet auf einem korrodierenden Stahlbauteil an unzähligen Stellen statt und führt im Laufe der Zeit zu einer geschlossenen Rostschicht (Bild 3). Die gebildete Rostschicht ist porös und saugt Wasser auf, sodass der Korrosionsvorgang unter der losen Rostschicht weiter fortschreitet.

[1] von corrodere (lat.) = zernagen

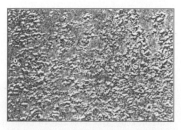

Bild 3: Korrodierte Stahloberfläche

101

Elektrochemische Säurekorrosion

Zur Säurekorrosion kommt es, wenn Metalloberflächen mit Säuren (= Elektrolyt mit hoher H^+-Konzentration) in Kontakt sind **(Bild 1)**. Die H^+-Ionen entziehen dem Metall Elektronen, werden dadurch zu atomarem Wasserstoff H* reduziert und lagern sich dann zu Wasserstoffgas H_2 zusammen: $\quad 2\,H^+ + 2\,e^- \longrightarrow 2\,H^* \longrightarrow H_2 \uparrow$

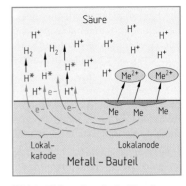

Diese Werkstoffstelle ist eine Lokalkatode (Elektronenabgabe), es findet hier eine Reduktion (Elektronenaufnahme) statt.

An einer anderen Stelle der Metalloberfläche werden Metallatome (Me) durch Elektronenentzug (Oxidation) zu Metallionen (Me^{2+}) oxidiert und lösen sich im Elektrolyt auf: $\quad Me \longrightarrow Me^{2+} + 2e^-$

Diese Stelle wirkt als Lokalanode (Elektronenabgabe), der Werkstoff wird hier durch Auflösen korrodiert.

Bild 1: Elektrochemische Vorgänge bei der Säurekorrosion

Säurekorrosion tritt in der Elektrotechnik häufig auf: Überall, wo Lichtbögen oder Glimmentladungen stattfinden, z. B. in Lichtbogen-Löschkammern oder in Elektromaschinen und Transformatoren, entstehen aus den Luftbestandteilen Stickstoff und Sauerstoff im Lichtbogen nitrose Gase (NO, NO_2). Sie bilden mit Feuchtigkeit Salpetersäure: $4\,NO_2 + 2\,H_2O + O_2 \longrightarrow 4\,(H^+ + NO_3^-)$. Die gebildeten H^+-Ionen bewirken dann die Säurekorrosion.

Ebenso kommt es an Lötstellen zur Säurekorrosion, bei denen säurehaltige Flussmittel verwendet wurden.

Elektrochemische Korrosion durch Elementbildung

Ursache dieser Korrosionsart ist die Ausbildung eines galvanischen Elements an einer Stelle des Bauteils.

> Ein **galvanisches Element** besteht aus zwei verschiedenen, leitenden Werkstoffen (Elektroden), die gemeinsam in eine elektrisch leitende Flüssigkeit, den **Elektrolyt**, tauchen **(Bild 2)**.

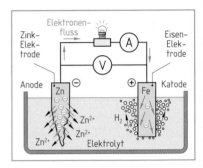

Liegt solch eine Anordnung vor, so herrscht zwischen den Elektroden eine kleine Spannung. Bei leitender Verbindung der Elektroden fließt ein kleiner Strom und das unedlere der beiden Metalle löst sich auf. Bei dem in Bild 2 gezeigten galvanischen Element mit einer Zink- und einer Eisen-Elektrode lösen sich Zink-Ionen aus der Zink-Elektrode.

Bild 2: Galvanisches Element

Durch Versuche wurde ermittelt, welcher Werkstoff bei einer Werkstoffpaarung der edlere bzw. der unedlere ist. Dazu misst man in einem galvanischen Element die Spannung, die ein Metall gegen eine Normal-Wasserstoffelektrode zeigt. Die gemessene Spannung nennt man **Normalpotential** und die Reihenfolge der Metalle die **elektrochemische Spannungsreihe der Metalle (Tabelle)**.

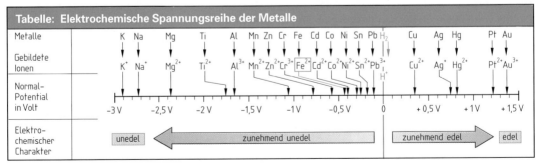

Tabelle: Elektrochemische Spannungsreihe der Metalle

Die unedleren Metalle stehen in der Spannungsreihe links, die edlen Metalle rechts. Bei einer Werkstoffpaarung ist der weiter links stehende der unedlere, der rechts stehende der edlere.

Beispiel: Bei der Werkstoffpaarung Kupfer/Aluminium (Cu/Al) in einem galvanischen Element geht Al in Lösung, da es in der Spannungsreihe weiter links steht, also unedler ist.

Korrosionselemente

Die Bedingungen eines galvanischen Elementes herrschen an zahlreichen Stellen an Maschinen und Bauteilen. Man nennt diese Stellen **Korrosionselemente**. Sie liegen überall dort vor, wo zwei verschiedene Metalle sich berühren und etwas Flüssigkeit vorhanden ist. Dabei genügt als Flüssigkeit bereits ein mikroskopisch dünner Feuchtigkeitsfilm oder der durch Anfassen hinterlassene Handschweiß.

Typische Beispiele für Korrosionselemente sind:

Kontaktstellen zwischen Bauteilen aus unterschiedlichem Werkstoff (Bild 1)

Beispiel: Die unzulässige direkte Verbindung eines Al-Leiters mit einem Kupferleiter. Das Korrosionselement entsteht an der Berührungsstelle von Kupfer und Aluminium, wenn ein wenig Wasser hinzukommt. Aluminium ist das unedlere Element und löst sich auf. Dies führt zum Anlösen und Abtrag am Aluminiumleiter.

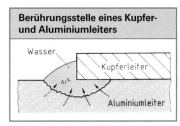

Schadstellen in Zinkbeschichtungen auf Stahlblech (Bild 1)

Das Korrosionselement wird von den Zinkrändern und dem Stahlboden der Schadstelle sowie etwas Feuchtigkeit gebildet. Zink steht in der Spannungsreihe der Metalle weiter links als Stahl (Eisen). Es ist demnach das unedlere Element und löst sich bei elektrochemischer Reaktion auf. Eine Schadstelle in einer Zinkbeschichtung auf Stahl vergrößert sich durch Auflösen von Zink langsam fortlaufend. Solange aber noch Zink vorhanden ist, wird das Stahlblech nicht angegriffen. Erst wenn die ganze Zinkbeschichtung zerstört ist, beginnt die Korrosion des Stahlblechs.

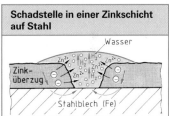

Bild 1: Korrosionselemente

Elektrochemische Korrosion durch Konzentrationselemente

Es entsteht ebenfalls ein galvanisches Element, wenn zwei Elektroden aus dem gleichen Werkstoff mit zwei unterschiedlichen Elektrolyten oder zwei Elektrolyten unterschiedlicher Konzentration in Kontakt stehen **(Bild 2)**. Wegen der unterschiedlichen Ionenkonzentrationen in den Elektrolyten (z. B. zwei Erdbodenarten) nennt man sie Konzentrationselemente. In dem in Bild 2 gezeigten Konzentrationselement hat die Eisenelektrode im Humusboden eine um rund 0,3 V negativere Spannung als die Eisenelektrode in feuchtem Sand. Die negativere Elektrode (Anode) löst sich auf, d. h., sie korrodiert.

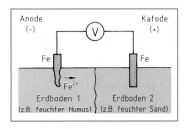

Bild 2: Konzentrationselement (Schema)

Ein Konzentrationselement liegt z. B. vor, wenn die Erdeinführung einer Blitzschutzanlage zuerst durch den Erdboden und dann durch das Kellermauerwerk geführt wird **(Bild 3)**. Das Konzentrationselement besteht aus der Paarung Stahl in Erdboden/Stahl in Beton, wobei Stahl in Erdboden den anodischen Bereich darstellt. Er wird im Laufe der Zeit durch starke Korrosion zerstört.

Verhindert werden kann die Ausbildung von Korrosionselementen z. B. durch wasserdichte Isolierung der Metallteile im Erdreich oder durch Verlegung der Metallteile in trockenem Erdreich bzw. in der Kellerwand.

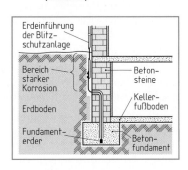

Bild 3: Blitzschutzanlage

Passivierung

Einige Metalle verhalten sich in der Praxis nicht so, wie es aus der Spannungsreihe der Metalle zu erwarten ist, z. B. Chromschichten auf Stahl. Nach der Spannungsreihe (Seite 102) sollte sich das weiter links stehende Metall, also Chrom, auflösen. Das Korrosionsbild von verchromtem Stahl ist jedoch durch Unterrosten, d. h. Korrosion des Stahls, und Abplatzen der Chromschicht gekennzeichnet. Ursache ist die Passivierung der Chromoberfläche durch angelagerte Sauerstoffmoleküle. Deshalb wird nicht das unedlere Chrom, sondern der Stahl korrodiert. Die passivierende Wirkung des Chroms ist auch die Ursache der Korrosionsbeständigkeit chromhaltiger Stähle, z. B. bei dem nichtrostenden Stahl X5CrNi18-10.

Fremdstromkorrosion

Fremdströme, auch Streu- oder Irrströme genannt, rühren von Stromanlagen her, die entweder die Erde als Rückleiter benutzen, wie z. B. Straßenbahnschienen, oder bei denen durch eine schadhafte Isolation ein Erdschluss vorliegt. Als korrosionswirksam haben sich nur Gleichstrom-Fremdströme erwiesen. Die Austrittsstelle des Streustroms ist die Anode. Sie wird durch

Auflösen des Metalls (Me) angegriffen: $\qquad$ Me $\longrightarrow$ Me^{2+} + 2e$^-$

Bei großer Fremdstromdichte kann es zu rasanter Werkstoffzerstörung kommen. Gefährdet sind durch diese Korrosionsart z. B. die Maschinenfüße und die Befestigungsschrauben von elektrischen Maschinen (**Bild 1**) oder z. B. erdverlegte Rohre, die parallel zu Strom führenden Bahnschienen laufen.

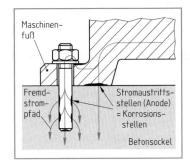

Bild 1: Fremdstromkorrosion

3.15.2 Chemische Korrosion

Unter chemischer Korrosion versteht man die Oberflächen-Reaktion von Metallbauteilen mit einem umgebenden Stoff, ohne den Einfluss von Wasser oder Feuchtigkeit.

In trockener Luft und bei den üblichen Umgebungstemperaturen spielt die chemische Korrosion keine Rolle. Erst bei Temperaturen über 600 °C wird Stahl von trockener Luft rasch korrodiert. Die Oberfläche wird durch Zunderbildung zerstört: $\quad$ 4 Fe + 3 O$_2$ $\longrightarrow$ 2 Fe$_2$O$_3$.

Auch Aluminium und Kupfer zeigen rasche chemische Korrosion erst bei hohen Temperaturen. Deshalb nennt man die chemische Korrosion auch **Hochtemperaturkorrosion**.

Chemische Korrosion tritt in nennenswertem Maß beim Schmieden, beim Glühen oder Härten sowie beim Schweißen als Abbrand in Erscheinung. Im Vergleich zu den Schäden durch elektrochemische Korrosion ist die chemische Korrosion von relativ geringer Bedeutung.

3.15.3 Erscheinungsformen der Korrosion

Die Korrosion zeigt je nach Werkstoff, der Art des angreifenden Stoffes und der wirksamen Korrosionsursache unterschiedliche Erscheinungsformen (**Bild 2**):

Die **gleichmäßige Flächenkorrosion** ist durch einen gleichmäßigen Abtrag der Bauteiloberfläche gekennzeichnet. Sie schreitet mit gleicher Geschwindigkeit voran und ist dadurch vorausberechenbar und relativ ungefährlich.

Bei der **Mulden- und Lochfraß-Korrosion** bilden sich Mulden, Risse und tiefe Löcher. Sie tritt vor allem bei Kontakt von Stählen mit salzhaltigem Wasser durch die Chlorid-Ionen (Cl$^-$) auf. Sie ist sehr gefährlich, da äußerlich nicht erkennbar.

Zur **Kontaktkorrosion** kommt es an Stellen, wo sich zwei Bauteile aus unterschiedlichen Werkstoffen berühren. Das Korrosionselement (Seite 103) führt zur örtlichen Auflösung des unedleren Metalls. Diese Korrosionsart ist sehr gefährlich, da sie an Verbindungsstellen wirksam ist.

Spaltkorrosion tritt auf, wo in der Elektrolytflüssigkeit unterschiedliche Sauerstoffkonzentrationen herrschen, z. B. in engen Spalten zwischen zwei Blechen aus demselben Werkstoff.

Bei der **kristallinen Korrosion** verläuft die Korrosion entlang haarfeiner Risse in den Werkstoff hinein. Sie kann entweder bevorzugt entlang der Korngrenzen verlaufen (interkristallin) oder durch die Kristalle hindurch fortschreiten (transkristallin).

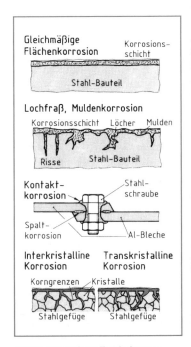

Bild 2: Korrosions-Erscheinungsformen

3.15.4 Maßnahmen zur Korrosionsvermeidung

Der beste und billigste Korrosionsschutz für ein Bauteil ist die **Auswahl eines geeigneten Werkstoffs**, der bei den zu erwartenden Umgebungsbedingungen keine Korrosion erleidet. Dazu ist es erforderlich, das Korrosionsverhalten der Werkstoffe gegenüber den verschiedenen Wirkmedien zu kennen **(Tabelle)**.

Tabelle: Korrosionsverhalten metallischer Werkstoffe						
Werkstoffe	Allgemeine Beschreibung des Korrosionsverhaltens	Trockene Raumluft	Industrie-Luft	Meer-At-mosphäre	Meer-wasser	Säure-lösungen
Unlegierte und niedriglegierte Stähle	Wenig korrosionsbeständig. Ohne Schutz nur in trockenen Räumen beständig	●	◖	○	○	○
Nichtrost. Stahl X5CrNi18-10	Im Allgemeinen beständig, Korrosionsgefahr durch aggressive Chemikalien	●	◖	◑	◑...◖	◑
Aluminium und Al-Legierungen	Im Freien recht gut beständig. Ausnahme: Cu-haltige Al-Legierungen	●	◖	◖	●...◖	◖
Kupfer und Cu-Legierungen	Recht gut beständig, besonders die Ni-haltigen Cu-Legierungen	●	◑	◑	●...◖	◑
Zeichenerklärung: ● praktisch beständig ◑ ziemlich beständig ◖ unbeständig ○ unbrauchbar						

Häufig ist es jedoch aus technologischen Gründen, z. B. wegen Festigkeitsanforderungen oder aus Kostengründen, nicht möglich, den Werkstoff auszuwählen, der unter Korrosionsgesichtspunkten am günstigsten wäre. Dann muss man durch korrosionsverhindernde Maßnahmen den vorgegebenen Werkstoff schützen.

Korrosionsschutzgerechte Konstruktion

Die Bauteile und Maschinen sind so zu gestalten, dass keine korrosionsgefährdeten Stellen vorliegen:

- Kontaktkorrosionsstellen sind auszuschalten durch die Verwendung gleicher Werkstoffe oder, wo das nicht möglich ist, durch Isolierzwischenschichten (**Bild**, oberer Teil).
- Spalte und Hohlräume, in denen sich Feuchtigkeit ansammeln kann, sind zu vermeiden: durch spaltfreie Schweißverbindungen und die Verwendung geschlossener Profile, z. B. Rohrprofile (**Bild**, unterer Teil).
- Spalte sind mit Lack zu schließen (**Bild**, oberer Teil).

Einsatz von Inhibitoren

Inhibitoren[1] sind Stoffe, die korrosionsverursachende, aggressive Bestandteile, z. B. Salz- oder Säureionen, binden und damit unschädlich machen. Beispiel: Kühlschmierstoffen und Schmierstoffen werden Inhibitoren beigemischt und damit die Schmier- und Spanflächen vor Korrosion geschützt.

Isolierzwischenschichten und Lacksperrschicht bei einer Leiterklemme

Stahlschraube — Aluminiumklemme
Kupfer-futter — Aluminiumleiter
Kupfer-leiter
Lackschicht zum Schließen von Spalten — Kunststoff-Isolierzwischenschichten

Spaltfreie Verbindungen

Schweißnahtausführung
geschlossenes Profil

Bild: Korrosionsschutzgerechte Gestaltung

3.15.5 Korrosionsschutz von Eisen- und Stahlwerkstoffen

Maschinen und Bauteile aus unlegierten und niedriglegierten Stählen sowie aus Eisen-Gusswerkstoffen sind nicht korrosionsbeständig und müssen in der Regel mit einem Korrosionsschutz versehen werden.

Je nach Korrosionsbeanspruchung kommen unterschiedliche Korrosionsschutzmaßnahmen in Frage.

Einölen und Einfetten

Einölen oder Einfetten mit Korrosionsschutzöl oder -fett ist ein einfacher Korrosionsschutz für Maschinenteile aus Stahl, die blank bleiben müssen, wie z. B. Gleitbahnen, Führungssäulen, Wellen, Zahnräder, Lager- oder Messzeuge. Das Öl oder Fett, das Inhibitoren enthält, überzieht das Bauteil mit einem Wasser abweisenden Schutzfilm und schützt die Metalloberflächen in trockenen Räumen und in Maschinengehäusen vor Korrosion.

[1] von inhibere (lat.) = hindern, hemmen

Phosphatieren

Phosphatieren wird vor allem bei Elektroblechen für Transformatoren, Elektromotoren und Generatoren sowie bei Stahlblechen für Autokarosserien angewandt. Die nur wenige µm dicke Phosphatschicht aus $Zn_3(PO_4)_2$ ist fest mit dem Werkstoff verwachsen (**Bild 1**). Sie bietet einen gewissen Korrosionsschutz und ist ein geeigneter Haftgrund sowie Unterrostungsschutz für Anstriche. Da die Phosphatschicht elektrisch isolierend ist, kann auf Papier- und Lackisolierschichten zwischen den Elektroblechen verzichtet werden. Hergestellt wird die Phosphatschicht durch Tauchen oder Besprühen mit Zinkphosphatlösung.

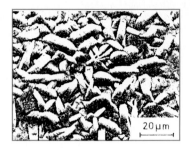

Bild 1: Phosphatschicht
(ca. 1 000fach vergrößert)

Korrosionsschutzanstriche

Ein dauerhafter Korrosionsschutz von Stahlbauteilen ist nur durch eine sachgemäße Oberflächenvorbereitung und Beschichten mit einem geeigneten Korrosionsschutz-Anstrichsystem möglich. Die Stahl- bzw. Eisenoberfläche muss direkt vor der Beschichtung von Rost sowie anhaftendem Schmutz und Fett befreit sein. Dies erreicht man z. B. durch Sandstrahlen und anschließendes Entfetten und Beizen. Bei Blechen wird häufig danach eine Phosphatschicht als Haftbasis und Unterrostungsschutz aufgebracht. Darauf wird das Anstrichsystem schichtweise aufgetragen.

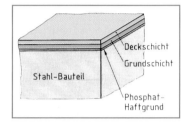

Bild 2: Beschichtungssystem

Korrosionsschutz-Anstrichsysteme bestehen aus zwei oder vier Schichtlagen (**Bild 2**). Die Gesamtschichtdicke soll 150 µm bei Reinluft-Atmosphäre und 250 µm bei aggressiver Industrie-Atmosphäre betragen. Bei Verwendung hochviskoser, dickschichtiger Lacke erbringen je eine Grund- und eine Deckbeschichtung die erforderliche Schichtdicke.

Die **Beschichtungsstoffe** bestehen in ihren wesentlichen Teilen aus den pulverförmigen **Pigmenten** und dem flüssigen **Bindemittel**, die zu einer dünn- bis dickflüssigen Masse angerührt sind (**Tabelle**).

Tabelle: Beschichtungsstoffe	
Pigmente	**Bindemittel**
Zinkstaub	Alkydharz
Zinkphosphat	Epoxidharz
Titanoxid	Polyurethanharz
Farbpigmente	Chlorkautschuk

Metallische Überzüge

Als metallische Überzüge für Bauteile aus Stahl kommen im Wesentlichen Zink, Zinn und Cadmium sowie eine kombinierte Schicht aus Kupfer-Nickel-Chrom zur Anwendung.

Feuerverzinken ist das billigste und deshalb weitaus gebräuchlichste Verfahren, um Stahl-Bauteile und Stahl-Halbzeuge mit einem metallischen Überzug gegen Korrosion zu schützen. Es wird eingesetzt, wenn ein lang anhaltender Korrosionsschutz für Bauteile im Freien erzielt werden soll.

Dies ist z. B. bei Erdungsbändern und Erdleitern, Freileitungsmasten, Antennenmasten usw. erforderlich (**Bild 3**). Die Korrosionsschutzdauer beträgt je nach Art der Atmosphäre und der Schadstoffbelastung zwischen 20 und 40 Jahren.

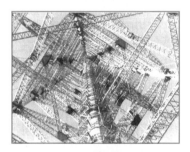

Bild 3: Freileitungsmast aus
verzinkten Stahlprofilen

Aufgebracht wird die rund 80 µm dicke Zinkschicht durch Tauchen des Bauteils in ein flüssiges Zinkbad von etwa 450 °C. Das flüssige Zink reagiert an der Oberfläche mit dem Stahl und es entsteht durch wechselseitige Durchdringung (Diffusion) eine dünne Eisen-Zink-Legierungsschicht auf der Stahloberfläche, die von einer darüber liegenden Reinzinkschicht überdeckt ist (**Bild 4**).

Zur weiteren Steigerung der Schutzdauer kann zusätzlich auf die Zinkschicht ein Schutzanstrich aufgebracht werden.

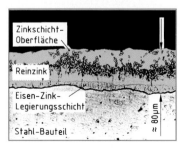

Bild 4: Schliffbild einer Zinkschicht
auf einem Stahl-Bauteil

Verzinnt werden z. B. Stahl-Feinbleche und Kupferdrähte. Verzinntes Stahlblech wird als **Weißblech** bezeichnet und zu Elektrogeräte-Gehäusen sowie zu Konservendosen verarbeitet. Das Verzinnen der Kupferdrähte dient dem Korrosionsschutz.

Cadmium-Beschichtungen ergeben einen ähnlichen Korrosionsschutz wie Zinkschichten. Sie werden z. B. auf Stahlschrauben aufgebracht, da Cadmium eine gleitfähige Oberfläche besitzt.

Kupfer-Nickel-Chrom-Schichten werden durch nacheinander durchgeführte elektrolytische Abscheidungen aus wässrigen Metallsalzlösungen hergestellt (galvanisch). Sie ergeben einen guten Korrosionsschutz und werden vor allem wegen des dekorativen Aussehens der Chrom-Deckschicht angewendet. Sie werden bevorzugt auf Zierbauteilen z. B. an Elektro-Gebrauchsgeräten und Pkws aufgebracht.

Katodischer Korrosionsschutz

Der katodische Korrosionsschutz von Stahl-Bauteilen wird zusätzlich zu Anstrichen oder Beschichtungen eingesetzt.

Beim **katodischen Korrosionsschutz mit Opferanoden** ist das zu schützende Bauteil leitend mit Platten aus einem unedlen Metall, z. B. aus Magnesium, verbunden. Er dient zum Schutz der Innenflächen von Kesseln, Wärmetauschern und Warmwasserboilern **(Bild 1)**. Mit der Wasserfüllung als Elektrolyt bilden die inneren Oberflächen des Behälters und die Magnesiumplatten ein galvanisches Element, wobei das Stahlbauteil die edlere Katode und das Magnesium die unedlere Anode ist. Sie löst sich langsam auf und heißt deshalb Opferanode. Das katodische Stahlbauteil bleibt als edlere Elektrode unversehrt.

Der **katodische Korrosionsschutz mit Fremdstromanoden** wird bei erdverlegten Rohrleitungen, bei Erdtanks und Schiffen angewandt **(Bild 2)**. Mit einer Batterie wird Fremdstromanoden, die um das zu schützende Objekt angeordnet sind, ein Schutzstrom aufgezwungen. Das zu schützende Stahlbauteil ist als Katode geschaltet und damit vor Korrosion geschützt.

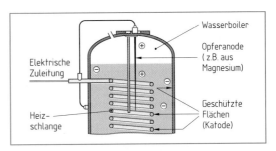

Bild 1: Korrosionsschutz mit Opferanode

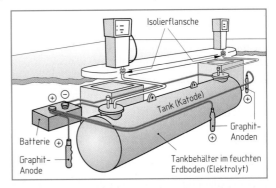

Bild 2: Korrosionsschutz mit Fremdstromanoden

3.15.6 Korrosion von Kupferwerkstoffen

Kupfer hat aufgrund seiner Stellung in der Spannungsreihe (Seite 102) eine gute Korrosionsbeständigkeit. Frisches Kupfer überzieht sich im Freien zuerst mit einer dünnen Kupfer(I)-oxidschicht Cu_2O, später mit einer dunkelbraunen Schicht aus Kupfer(II)-oxid CuO, die durch CO_2^- Aufnahme aus der Luft in die grüne „Patina" $Cu_2(OH)_2CO_3$ übergeht. Diese Schutzschicht ist Folge einer langsamen, gleichmäßigen Flächenkorrosion. Sie schützt das darunter liegende Kupfer für viele Jahrzehnte.

Angegriffen werden Kupfer und Kupferlegierungen von feuchten Ammoniak- und Schwefelwasserstoffdämpfen bzw. von Industrieatmosphäre, die diese Stoffe enthält. Auch beim Kontakt mit Ammoniak oder schwefelhaltigen Stoffen mit Kupfer, z. B. bei Kunststoffisolierungen von Kupferleitungen, erfolgt Korrosionsangriff durch ausdünstendes Ammoniak oder Schwefel.

Die sauerstoffhaltigen Kupfersorten (z. B. E-Cu58) sind bei erhöhten Temperaturen durch eine besondere Korrosionsart, die **Wasserstoffversprödung**, gefährdet. Sie enthalten aus dem Herstellungsprozess Mikroeinschlüsse aus Kupfer(I)-oxid Cu_2O. Beim Glühen in wasserstoffhaltiger Atmosphäre bzw. beim Löten und Schweißen unter reduzierender Atmosphäre dringt der Wasserstoff in das glühende Kupfer ein, reagiert mit dem Kupferoxid und bildet Wasserdampf ($Cu_2O + H_2 \longrightarrow 2\ Cu + H_2O$), der in Mikroporen eingeschlossen unter hohem Druck steht. Dies führt zur Versprödung des Werkstoffs.

Kupferwerkstoffe mit hoher elektrischer Leitfähigkeit, $\gamma = 57$ m/($\Omega \cdot$ mm^2), die hartgelötet, geschweißt oder geglüht werden müssen, bestehen deshalb aus sauerstofffreiem Kupfer, **SE-Cu**.

Korrosionsschutz von Kupferwerkstoffen. Gegen normale Umwelteinflüsse (Bewitterung) brauchen Kupferbauteile nicht geschützt werden. Die sich von selbst ausbildenden Schutzschichten sind ausreichend.

Der Korrosionsschutz von Kupferbauteilen in Maschinen oder von Kupferdrähten gegen Angriff durch Ammoniak oder schwefelhaltige Stoffe erfolgt durch Verzinnen.

3.15.7 Korrosion von Aluminiumwerkstoffen

Aluminium hat trotz seines elektrochemisch unedlen Metallcharakters (Tabelle, Seite 102) eine relativ gute Korrosionsbeständigkeit. Ursache der Beständigkeit ist eine sehr dünne (rund 1 μm), aber dichte und fest haftende Oxidschicht (Al_2O_3), die sich von Natur aus in kurzer Zeit auf der frischen Aluminium-Oberfläche bildet. Sie schützt das darunter liegende Metall für eine begrenzte Zeit vor Korrosionsangriff. Bei lang anhaltender Einwirkung der Atmosphäre auf Bauteile im Freien oder bei aggressiver Atmosphäre (sauer oder alkalisch) verfleckt die natürliche Oxidschicht und es kommt zu weißlichen Ausblühungen.

Eine wesentliche Steigerung der Korrosionsbeständigkeit lässt sich durch **anodische Oxidation**, auch **Eloxieren**[1] genannt, erzielen **(Bild)**. Die Al-Bauteile werden dazu in ein schwefelsaures Eloxierbad gehängt und als Anode (+) geschaltet. Unter der Wirkung der angelegten Spannung entsteht am Bauteil reaktionsfreudiger atomarer Sauerstoff (O*), der an der Oberfläche mit dem Werkstoff reagiert:　　$2\,Al + 3\,O^* \longrightarrow Al_2O_3$

Es entsteht eine etwa 30 μm dicke, korrosionsschützende und verschleißfeste Al_2O_3-Schicht, die auch eingefärbt werden kann. Al-Bauteile für Freiluftanwendung werden anodisch oxidiert.

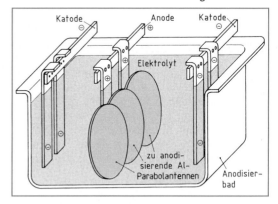

Bild: Anodische Oxidation (Eloxieren) von Al-Bauteilen

Gute Korrosionsbeständigkeit haben Rein-Aluminium sowie Aluminiumlegierungen mit Magnesium-, Mangan- und Siliciumgehalten. Diese Aluminiumwerkstoffe sind auch in Industrieluft und Meeratmosphäre im Freien einsetzbar. Wenig korrosionsbeständig sind kupferhaltige Al-Legierungen. Stark angegriffen werden Al-Werkstoffe von alkalischen Stoffen, z. B. von Laugen oder Mörtel.

3.15.8 Korrosionsverhalten weiterer Werkstoffe

Nickelwerkstoffe. Nickel ist ein sehr korrosionsbeständiger Werkstoff und wird deshalb als Korrosionsschutzschicht aufgebracht. Nickellegierungen, z. B. Monelmetall (NiCu 30) und Neusilber (CuNi 25), gehören zu den korrosionsbeständigsten Werkstoffen überhaupt.

Chrom. Chrom bildet von Natur aus eine harte und dauerhaft blanke Passivschicht. Es wird als letzte Schicht eines Drei-Schicht-Metallüberzugs aus Kupfer-Nickel-Chrom auf Stahl aufgebracht. Chrom wird außerdem in großem Maß als Legierungselement für korrosionsbeständigen Stahl verbraucht.

Edelmetalle. Platin und Gold sind, abgesehen von extrem aggressiven Säuremischungen, korrosionsbeständig. Dies gilt mit Einschränkungen auch für Silber, das mit Schwefelwasserstoffgas (H_2S) dunkle Überzüge (AgS) auf der Oberfläche bildet. Da geringe Mengen dieses Gases in der Luft enthalten sind, läuft Silber im Laufe der Zeit dunkel an. Der Angriff ist nur oberflächlich.

Wiederholungsfragen

1　Was versteht man unter Korrosion?

2　Welche elektrochemischen Vorgänge laufen bei der Sauerstoffkorrosion auf Stahl ab?

3　Was kann aus der Spannungsreihe der Metalle abgelesen werden?

4　Was versteht man unter Lochfraß-Korrosion und wann tritt sie auf?

5　Welche Faktoren beeinflussen die Korrosion?

6　Welches Korrosionsverhalten haben die unlegierten bzw. die hochlegierten Stähle?

7　Welche Korrosionsschutzmaßnahmen werden für unlegierte Stähle eingesetzt?

8　Gegen welche Stoffe ist Kupfer korrosionsanfällig?

9　Wie werden Al-Werkstoffe gegen Korrosion geschützt?

---

[1] zusammengesetztes Wort aus **elektr**isch **oxi**d**ieren**

3.16 Kunststoffe (Plaste)

Kunststoffe, auch Plaste oder Plastik genannt, sind synthetisch hergestellte, organische Werkstoffe. Sie werden aus den Hauptrohstoffen Erdöl oder Erdgas sowie weiteren Ausgangsstoffen durch chemische Umwandlung, d. h. durch **Synthese**, hergestellt. Sie heißen **organische** Werkstoffe, weil sie überwiegend aus organischen Kohlenstoffverbindungen bestehen.

3.16.1 Eigenschaften und Verwendung

Kunststoffe haben heute in der Technik als Werkstoff eine große Bedeutung erlangt. Sie werden nicht nur für allgemeine Gebrauchsgegenstände wie Eimer, Schüsseln, Becher usw. verwendet.

Sie finden im Elektromaschinenbau als Konstruktionswerkstoffe für Zahnräder, Hebel, Gerätechassis, Behälter usw. Verwendung. In der Elektrotechnik und Elektronik werden sie als Isolierwerkstoff z. B. für Kabelummantelungen, Gerätegehäuse, Platinen usw. eingesetzt.

Ihre vielseitige Verwendbarkeit beruht auf den besonderen Eigenschaften der Kunststoffe sowie auf der Möglichkeit, Kunststoffe mit sehr unterschiedlichen Eigenschaften herzustellen. So gibt es Kunststoffe, die hart, fest und zurückfedernd sind, sowie andere Kunststoffe, die weich und gummielastisch, aber auch solche, die plastisch verformbar und gießbar sind. Außerdem sind die meisten Kunststoffe recht preiswert.

Typische Eigenschaften $\Longrightarrow$	Daraus sich ergebende Verwendungsmöglichkeiten	
Niedrige Dichte meistens 0,9 bis 1,5 kg/dm³; wenige bis 2,2 kg/dm³	Transportbehälter: Eimer, Kanister, Flaschen, Bierkästen, Folien; Leichtbauteile: Wellplatten, Abdichtbahnen, Verkleidungen	Werkzeugkasten — Kanister — Folien
Verschiedene mechanische Eigenschaften von hart, fest und zäh bis weich und gummiartig oder schaumstoffartig	Feste Kunststoffe: Maschinenteile, Zahnräder, Beschläge, Profile; Weiche Kunststoffe: Schläuche, Dichtungen; Schaumstoffe: Polsterungen	Zahnräder — Schläuche — Schaumstoff
Gut formbar und leicht verarbeitbar, einfärbbar, schäumbar	Kompliziert geformte Bauteile wie Zahnräder, Beschläge, Kleinteile, Gehäuse für Maschinen und Geräte, Haushaltswaren, Sportartikel	Gehäuse — Pkw-Tank — Kleinteilebox
Wärmedämmend und kälteisolierend (besonders als Schaumstoff), **energieabsorbierend**	Wärmedämmung von Rohrleitungen, Kühlschränken, Gebäuden, Kälteisolierung von Gefriergeräten, Gehäuseausschäumung, Verpackungsmaterial, Polsterungen	Dämmplatten — Rohrisolierung — Packchips
Elektrisch nichtleitend (isolierend)	Elektroisolierteile wie Stecker, Steckdosen, Gehäuse von E-Maschinen, Isoliergriffe an Werkzeugen, Kabelummantelungen	Elektroisolierteile — Isoliergriff — Kabelummantelung
Beständig gegen Chemikalien, Wettereinflüsse und Korrosion	Behälter für Chemikalien, Kanister, Rohrleitungen, Korrosionsanstriche, Bautenschutz-Imprägnierungen, Schutzkleidungen und Schutzhandschuhe	Schutzhandschuhe — Behälter — Beschichtung

Kunststoffe besitzen jedoch auch Eigenschaften, die ihre Einsetzbarkeit begrenzen:

- sie haben eine geringe Wärmebeständigkeit
- sie sind zum Teil brennbar oder verkohlen
- nur wenige Kunststoffe besitzen hohe Festigkeit
- sie sind z. T. unbeständig gegen Lösungsmittel

Kunststoff-Bauteile dürfen deshalb nicht auf Dauer Temperaturen über 150 °C ausgesetzt sein (Ausnahme sind Polytetrafluorethylen und die Siliconkunststoffe), keinen besonders hohen mechanischen Belastungen unterliegen und nicht für längere Zeit mit Lösungsmitteln Kontakt haben.

3.16.2 Herstellung und innerer Aufbau

Kunststoffe stellt man in einer Abfolge von komplizierten chemischen Vorgängen her, die man in zwei wichtige Teilschritte gliedern kann **(Bild 1)**:

1. Aus dem Rohstoff (z. B. Erdgas) wird durch chemische Umwandlung ein reaktionsfähiges Vorprodukt erzeugt. Es besteht aus Molekülen, die aus wenigen Atomen zusammengesetzt sind. Sie werden **Monomere**[1] genannt.

2. Das Vorprodukt wird in einer weiteren chemischen Reaktion durch Verknüpfen Tausender Monomer-Moleküle zu **Makromolekülen**[2] zusammengelagert. Die entstehenden Substanzen nennt man **Polymere**[3] oder Kunststoffe.

Die Namen der Kunststoffe enthalten häufig die Vorsilbe Poly- und nachfolgend die chemische Grundsubstanz, aus der sie entstanden, z. B. Polyethylen, Polyvinylchlorid, Polyamid, Polyester usw.

Die Mehrzahl der Kunststoffe besteht aus Makromolekülen, die neben dem Hauptelement Kohlenstoff, die Elemente Wasserstoff und teilweise Sauerstoff, Stickstoff, Fluor oder Chlor enthalten.

Der zweite Teilschritt zur Herstellung der Kunststoffe, die Zusammenlagerung der Monomer-Moleküle zu Makromolekülen, erfolgt je nach Kunststoffart nach verschiedenen Reaktionsarten.

Bei der **Polymerisation** entstehen Makromoleküle durch Verknüpfen der ungesättigten Moleküle einer Monomerart unter Aufhebung der Doppelbindung. Beispiel: die Bildung von Polyethylen aus Ethylen **(Bild 2)**. Die fadenförmigen Makromoleküle sind nicht verzweigt und nicht vernetzt.

Durch Polymerisation hergestellte Kunststoffe sind z. B. Polyethylen, Polyvinylchlorid und Polystyrol.

Bei der **Polykondensation** und der **Polyaddition** entstehen durch chemische Verknüpfung Makromoleküle, die entweder fadenförmig, verzweigt oder räumlich vernetzt sind **(Bild 3)**.

Polykondensate sind z. B. Polyesterharze oder Polyamide. Polyaddukte sind z. B. Epoxidharz und Polyurethanharz.

Bei den Kunststoffen mit fadenförmigen Makromolekülen sind verschiedene Anordnungen möglich **(Bild 4)**. Die Makromoleküle können völlig ungeordnet ineinander verknäult sein. Diesen inneren Aufbau nennt man **amorph** (gestaltlos). Sind die Makromoleküle in einer Richtung orientiert, so nennt man die Kunststoffe **texturiert**. Bei bereichsweise parallel ausgerichteten Makromolekülen spricht man von **teilkristalliner** Struktur.

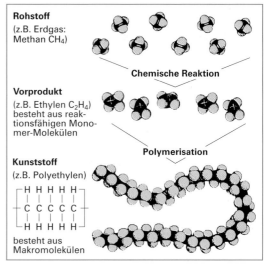

Bild 1: **Teilschritte bei der Polyethylen-Herstellung**

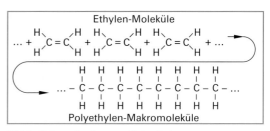

Bild 2: **Polymerisation von Polyethylen**

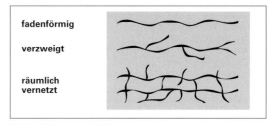

Bild 3: **Makromolekülformen**

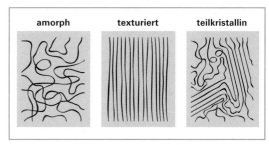

Bild 4: **Anordnung fadenförmiger Makromoleküle**

---

[1] von mon (griech.) = einzig, allein und meros (griech.) = Teil   [2] von makros (griech.) = groß   [3] von poly (griech.) = viel und meros (griech.) = Teil

3.16.3 Technologische Einteilung

Kunststoffe können nach unterschiedlichen Gesichtspunkten in Gruppen unterteilt werden. Nach den verschiedenen Herstellungsreaktionen kann man sie in Polymerisations-Kunststoffe (Polymerisate), Polykondensations-Kunststoffe (Polykondensate) und Polyadditions-Kunststoffe (Polyaddukte) gliedern.

In der Technik unterteilt man sie nach ihrem Festigkeitsverhalten, insbesondere ihrer Festigkeitsänderung bei Erwärmung, in Thermoplaste, Duroplaste und Elastomere.

Thermoplaste

Die Thermoplaste bestehen aus fadenförmigen, nicht vernetzten Makromolekülen (**Bild 1**). Bei Raumtemperatur sind sie biegsam oder hart. Bei Erwärmung auf über 100 °C werden sie weich und leicht umformbar, bei weiterer Erwärmung teigig und schließlich flüssig. Bei Abkühlung verändern sich die Eigenschaften umgekehrt: Sie werden wieder fest und hart.

Bei zu starker Erwärmung zersetzen sich die Thermoplaste.

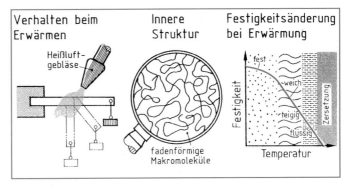

Bild 1: Eigenschaften der Thermoplaste

> Thermoplaste sind warmumformbar und schweißbar.

Duroplaste

Die Duroplaste bestehen im Fertigzustand aus engmaschig vernetzten Makromolekülen (**Bild 2**).

Sie sind bei Raumtemperatur fest und hart und verändern ihre mechanischen Eigenschaften bei Erwärmung nur geringfügig, da die Vernetzungsstellen keine Verschiebung der Makromoleküle zulassen. Sie erweichen nicht und werden nicht flüssig. Bei zu starker Erwärmung zersetzen sie sich.

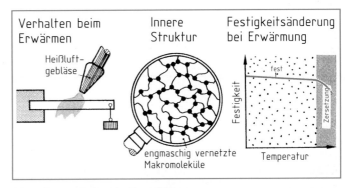

Bild 2: Eigenschaften der Duroplaste

> Duroplaste sind nicht warmumformbar und nicht schweißbar.

Elastomere

Die Elastomere, auch Elaste, Kautschuk oder Gummi genannt, haben im Fertigzustand weitmaschig vernetzte Makromoleküle (**Bild 3**). Durch äußere Krafteinwirkung können sie sich um mehrere hundert Prozent dehnen und nehmen nach

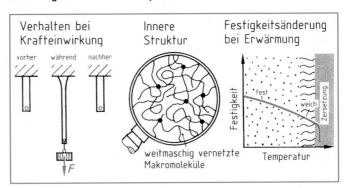

Bild 3: Eigenschaften der Elastomere

Entlastung wieder ihre ursprüngliche Form an: sie sind gummielastisch. Im Rohzustand können sie warmumgeformt werden, vernetzen dabei weiter und sind dann nicht mehr umformbar.

> Elastomere sind im Rohzustand warmumformbar, aber nicht schweißbar.

3.16.4 Thermoplaste

Die Thermoplaste sind mengenmäßig die Kunststoffgruppe mit der breitesten Verwendung.

Das liegt vor allem an den kostengünstigen Formgebungsmöglichkeiten durch Extrudieren, Hohlform- und Folienblasen, Kalandrieren und Spritzgießen (Seite 118). Zudem gibt es eine Vielzahl thermoplastischer Kunststoffsorten für fast jeden Anwendungsfall.

Die Thermoplaste Polyethylen (PE), Polyvinylchlorid (PVC) und Polystyrol (PS) haben als Massenkunststoffe für Konsumwaren und technische Bauteile den größten Marktanteil.

Polyethylen

Kurzzeichen:
PE

Handelsnamen:
Hostalen
Lupolen
Vestolen
Trolen
Supralen

Chemische Strukturformel

Eigenschaften:

Farblos bis milchig, Dichte 0,95 kg/dm³. Wachsartige, gleitfähige Oberfläche, formbeständig bis max. 80 °C, brennbar. Beständig gegen Säuren und Laugen, quillt durch einige Lösungsmittel.

Es gibt zwei Polyethylensorten:
Weich-PE, auch Hochdruck-PE oder LDPE (**L**ow **D**ensity PE) genannt: es ist relativ weich bis lederartig zäh.

Typische Verwendung: Folien, Schläuche, Kabelummantelungen.

Hart-PE, auch Niederdruck-PE oder HDPE (**H**igh **D**ensity PE) genannt: es ist steif und zähhart.

Typische Verwendung: Behälter, Öltanks, Rohre für Trinkwasser-Druckleitungen.

Folien (Weich-PE)

Schläuche (Weich-PE)

Fässer, Behälter (Hart-PE)

Kabelummantelung (Weich-PE)

Poly-propylen

Kurzzeichen:
PP

Handelsnamen:
Novolen
Hostalen PP

Eigenschaften:

Ähnlich Hart-Polyethylen, jedoch formbeständig bis 120 °C (heißwasserbeständig), säurebeständig.

Typische Verwendung: Gehäuse von Batterien und Elektrogeräten, Klemmleisten, Kabelmuffen.

Gerätegehäuse (PP)

Akku-Gehäuse (PP)

Polyvinyl-chlorid

Kurzzeichen:
PVC

Handelsnamen:
Vinoflex
Hostalit
Vinnol
Vestolit
Trosiplast

Chemische Strukturformel

Eigenschaften:

Farblos bis milchig, Dichte: 1,35 kg/dm³, formbeständig bis 65 °C.

Chemikalienbeständig, witterungsbeständig, schwer entflammbar.

Es gibt zwei PVC-Sorten:

Hart-PVC: Zähhart und steif.

Typische Verwendung: Elektroinstallationsrohre, Gerätegehäuse, Fenster- und Türrahmen, Entwässerungsrohre, Bauprofile.

Weich-PVC: Weich, biegsam, lederartig. Erhält man durch Beimischen so genannter Weichmacher-Substanzen.

Typische Verwendung: Wendelleitungen, eingeschweißte Steckerkabel, Dichtungen, Schläuche, Fußbodenbeläge.

Drän- und Elektro-installationsrohre

Fensterrahmen

Gerätegehäuse

Steckerkabel

Polystyrol

Kurzzeichen:
PS

Handelsnamen:
Polystyrol, Vestyron, Hostyren, Styropor, Styrodur, Styrofoam

Eigenschaften: Farblos, durchsichtig, glasklar; Dichte 1,05 kg/dm³. Hart, steif und formstabil, spröde.
Beständig gegen verdünnte Säuren und Laugen, unbeständig gegen Lösungsmittel, leicht brennbar.

Polystyrol-Hartschaum: Dämmmaterial für Wärme, Kälte und Schall sowie als Verpackungsmaterial und Drainageplatten.

Trinkbecher aus PS

Verpackung aus PS-Hartschaum

Polystyrol-Copolymerisate

Kurzzeichen:
z. B. **SAN, ABS**

Handelsnamen:
Luran, Novodur, Terluran, Vestodur, Hostyren

Reines Polystyrol ist spröde. Durch Beimischen von anderen Kunststoff-Vorprodukten erhält man zähe und schlagfeste Styrol-Copolymerisate. Je nach verwendeter Beimischung bezeichnet man sie z. B. als SAN-Copolymer (Styrol-Acrylnitril) oder ABS-Copolymer (Acrylnitril-Butadien-Styrol).

Typische Verwendung: Gehäuse, Leuchtenabdeckungen, Schutzhelme.

Batteriegehäuse aus SAN

Staubsaugergehäuse aus ABS

Polymerblends

Kurzzeichen:
z. B.
(ASA + PC)-Blend

Handelsnamen:
Bayblend, Styroblend, Terblend,

Polymerblends[1] sind Mischungen aus mehreren Kunststoffen, die sich nicht copolymerisieren lassen. Sie haben die kombinierten Eigenschaften der Einzelkunststoffe. Beispiel: Der (ASA + PC)-Blend ist ein Mischkunststoff aus Acrylnitril/Styrol/Acrylester und Polycarbonat. Er besitzt Formstabilität bis etwa 120 °C und Vergilbungsbeständigkeit.

Typische Verwendung: Computergehäuse, Elektrik- und Pkw-Teile.

Elektrik-Teile aus (ASA+PVC)-Blend

Computergehäuse aus (ABS+PC)-Blend

Polycarbonate

Kurzzeichen:
PC

Handelsnamen:
Makrolon, Lexan

Eigenschaften: Glasklar, optisch unverzerrt, hartelastisch, schlagzäh, unzerbrechlich. Formstabil bis etwa 135 °C, Dichte ≈ 1,3 kg/dm³. Beständig gegen Witterungseinflüsse sowie gegen schwache Säuren und viele Lösungsmittel. Schwer entflammbar.

Typische Verwendung: Bruchsichere Leuchten-Verglasungen, Elektroverteilerkästen, Werkzeuggriffe, Steckerleisten, Elektrogerätegehäuse.

Elektroverteilerkästen

Werkzeuggriffe

Polyamide

Kurzzeichen:
PA

Handelsnamen:
Ultramid, Vestamid, Trogamid, Duretan, Zytel, Perlon, Nylon

Eigenschaften: Glatte, abriebfeste Oberfläche; hart, zäh und warmformbeständig, Dichte ≈ 1,3 kg/dm³. Beständig gegen Säuren, Salzlösungen, Lösungsmittel, gutes Isoliervermögen.

Typische Verwendung. Elektromaschinengehäuse, Zahnräder, Dübel, Pkw-Teile, Lagerkäfige, Spulenkörperträger.

Polyamid lässt sich zu hochfesten Fasern verspinnen: Seile, Gewebe.

Elektro- und Pkw-Teile

Spulenkörperträger

[1] von blend (engl.) = Mischung

Thermoplastisches Polyurethan

Kurzzeichen:
TPU

Handelsnamen:
Elastollan,
Desmopan

Eigenschaften: Hohe Dehnbarkeit und Zerreißfestigkeit, Einreiß- und Weiterreißfestigkeit, Abriebfestigkeit. Hohes mechanisches Dämpfungsvermögen. Elastizität auch bei tiefen Temperaturen. Beständig gegen Öle, Fette, Kraftstoffe und Sauerstoff, Dichte ≈ 1,2 kg/dm³.

Typische Verwendung: Elastische Steckergehäuse und Wendelleitungen, Motorzahnriemen, Kabelummantelungen, Schuhsohlen.

Wendelleitungen

Zahnriemen

Polybutylenterephthalat

Kurzzeichen:
PBT

Handelsnamen:
Ultradur
Pocan
Vestodur

Eigenschaften: Steif und fest, formbeständig bis etwa 150 °C. Günstiges Gleitreibungsverhalten. Gute Witterungs- und Chemikalienbeständigkeit. Gutes elektrisches Isoliervermögen.

Typische Verwendung: Werkstoff für mechanisch, thermisch und elektrisch belastete Teile: Lampenfassungen, Steckerleisten, Gehäuse für Sicherungen und Kleinmotoren.

Lampenfassungen

Kleinmotorengehäuse

Polyethersulfon

Kurzzeichen:
PES

Handelsnamen:
Ultason

Eigenschaften: Hohe Steifigkeit und mechanische Festigkeit. Hohe Dauergebrauchstemperatur bis rund 180 °C und Formbeständigkeit bis 220 °C; beständig gegen Chemikalien. Gutes elektrisches Isoliervermögen und günstige dielektrische Eigenschaften.

Typische Verwendung: thermisch hoch belastete Teile: Gehäuse für Überstrom-Schutzschalter, Batterien, Stecker.

Schutzschalter

Ölgetriebestecker

Polyphenylensulfid

Kurzzeichen:
PPS

Handelsnamen:
Tedur

Eigenschaften: Braune Eigenfarbe, hohe Härte, Festigkeit und Steifigkeit. Beste Wärmeformbeständigkeit bis 260 °C und Dauergebrauchtemperatur bis 240 °C. Sehr gute Chemikalienbeständigkeit gegen verdünnte Säuren, Laugen und Lösungsmittel.

Typische Verwendung: Kunststoff für thermisch hoch belastete Teile: Spulenkörper, Sicherungen, Bürstenhalter und Wicklungsträger für E-Motoren.

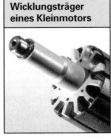

Wicklungsträger eines Kleinmotors

Thermisch belastete Elektro-Kleinteile

Polytetrafluorethylen

Kurzzeichen:
PTFE

Handelsnamen:
Teflon,
Hostaflon TF,
Fluon

Eigenschaften: Wachsartige, gleitfähige Oberfläche, Wasser und Klebstoff abweisend, Dichte 2,2 kg/dm³. Hartgummiartig, zäh, abriebfest. Äußerst chemikalienfest, auch gegen Lösungsmittel. Temperaturbeständig von −200 °C bis +260 °C. Teuer, schwierige Formgebung.

Typische Verwendung: Temperaturbeständige Beschichtungen, Dichtungen, Auskleidungen.

Beschichtung einer Wärmeplatte

Bandkabelisolierung

3.16.5 Duroplaste

Die duroplastischen Kunststoffe sind entweder als Fertigteil im Gebrauch, z. B. als Gehäuse, Platten, Formteile, eingeschweißte Bauteile usw., oder gelangen als flüssiges Vorprodukt, z. B. als Gießharz, Kleber, Lack oder Dichtungsmasse, zum Anwender.

Die flüssigen Vorprodukte bestehen aus unvernetzten Makromolekülen, die durch Zugabe eines Härters oder unter Druck und Hitze engmaschig vernetzen und damit ihre endgültige, feste Gestalt erhalten. Diesen Vorgang nennt man **Aushärten** und die duroplastischen Kunststoffe auch **aushärtbare Kunststoffe**.

Nach der Formgebung durch Aushärten können Duroplaste nicht mehr umgeformt werden, da sie beim Erwärmen nicht erweichen. Sie können auch nicht geschweißt werden.

Duroplaste sind im Allgemeinen bei Erwärmung formbeständiger als Thermoplaste; je nach Duroplastsorte bis 150 °C oder 220 °C. Bei zu starker Erwärmung zersetzen sie sich (verkohlen), ohne weich zu werden. Sie verlieren dadurch ihre elektrischen Isoliereigenschaften.

Wegen des meist harzartigen Aussehens der Duroplast-Vorprodukte nennt man die Duroplaste auch **Harze**.

Phenol-harz PF **Harnstoff-harz UF** **Melamin-harz MF**	**Eigenschaften**: Braun (PF, UF) oder farblos (MF), hartspröde. Dichte: etwa 1,25 kg/dm^3. Beständig gegen schwache Säuren, Laugen und Lösungsmittel. **Typische Verwendung**: In reiner Form als Bindemittel (Leim) und Lackrohstoff. Mit Füllstoffen oder als Pressmasse für Elektroteile; bevorzugt für den Motorraum (heiß).

Kleinteile für Pkw's und Elektrik

Als Konstruktionswerkstoff können die reinen Formaldehydharze nicht verarbeitet werden, da sie zu spröde sind und splittern. Sie werden im Verbund (vermischt) mit anderen Werkstoffen verarbeitet, so z. B. mit Gesteinsmehl zu Pressmassen für Elektrobauteile geformt, mit Holzschichten zu Sperrholz verleimt oder mit Papier- und Gewebeeinlagen zu Isolierplatten verpresst.

Ungesättig-te Poly-esterharze Kurzzeichen: **UP** Handelsnamen: Leguval, Palatal, Vestopal, Aerolyte	**Eigenschaften**: Farblos, Dichte etwa 1,2 kg/dm^3. Je nach Vernetzungsgrad zähelastisch bis hartspröde. Gut vergießbar, gute Haftfähigkeit. **Typische Verwendung**: Basisharz für Klebstoffe (Zweikomponenten-Kleber) und Schnellhärtelacke. Bindemittel und Harzbasis für Füllstoff-verstärkte Pressmassen und Glasfaser-verstärkte Kunststoff-Bauteile, GF-Laminate oder GF-UP genannt (GF = Glasfaser).

Pkw-Scheinwerfer-gehäuse

Abdeckung eines Motor-Zylinderkopfes

Die UP-Harze lassen sich gut mit Glasfasersträngen oder -matten verstärken, da sie im flüssigen Rohzustand die Glasfasern gut benetzen und in feinste Faserzwischenräume eindringen. Glasfaserverstärkte Polyesterharze (GF-UP) sind Werkstoffe mit geringer Dichte (etwa 1,7 kg/dm^3) und stahlähnlichen Festigkeitseigenschaften.

Epoxid-harze Kurzzeichen: **EP** Handelsnamen: Epoxin, Araldit, Lekutherm, Epi-kote, Beckopox	**Eigenschaften**: Farblos bis honiggelb; hart, zäh, gut vergießbar. Gute Klebefähigkeit, chemikalienbeständig. Dichte etwa 1,2 kg/dm^3. **Typische Verwendung**: Gieß- und Tränkharz für Bauelemente und Kabelmuffen, als Zweikomponentenkleber und als Lackbasis. Bindeharz für glasfaserverstärkte Kunststoffteile (GF-EP)

EP-isolierte Trafowicklung

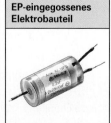

EP-eingegossenes Elektrobauteil

Polyurethan-harze

Kurzzeichen:
PUR

Handelsnamen:
Baydur,
Bayflex,
Desmodur,
Vulkollan,
Moltopren,
Desmocoll

Eigenschaften: Honiggelb, Dichte etwa 1,2 kg/dm³. Gute Klebefähigkeit, schäumbar. Je nach Vernetzungsgrad: zähelastisch bis weich und gummielastisch.

Typische Verwendung: Als Lackbasis, Gießharz, Kleber, Konstruktionswerkstoff für hartelastische Rollen, Puffer.

Große Bedeutung haben die Polyurethan-**Schaumstoffe**. Als weicher Schaumstoff für Polsterungen, als halbharter Schaumstoff für Energie absorbierende Ausschäumungen und als Hartschaumstoff für selbsttragende Leichtbauteile wie Sitzschalen, Wagenhimmel usw.

Armaturenbrett- und Lenkradverkleidung aus PUR-Integralschaum

Für die Pkw-Auskleidung und für Motorradhelme verwendet man stoßabsorbierenden PUR-**Integralschaum**. Er hat eine geschlossene, lederartige Außenhaut und einen schaumstoffartigen Bauteilkern und wird in einem Arbeitsgang, d. h. integral, gefertigt.

Siliconharze

Kurzzeichen:
SI

Handelsnamen:
Silicone,
Baysilon

Eigenschaften: Selbstschmierende Oberfläche, Wasser und Klebstoff abweisend. Je nach Herstellung hart und steif bis weich und elastisch. Einsetzbar von –60 °C bis +180 °C, chemikalienbeständig, Dichte: 1,4 bis 2,5 kg/dm³.

Typische Verwendung: Wasser abweisende Imprägnierungen und Schutzanstriche, temperaturbeständige Verklebungen, spritzwasserdichte Elektrostecker.

Verklebung von Metall und Glas

Spritzwasserdichter Elektrostecker

3.16.6 Elastomere (Elaste, Gummi, Kautschuk)

Die Elastomere, in der Umgangssprache meist Gummi genannt (englisch: rubber, Kurzzeichen R), bestehen aus weitmaschig vernetzten Polymeren (Seite 111). Je nach Vernetzungsgrad sind sie weich- oder hartgummiartig. Das Charakteristische der Elastomere ist ihre Gummielastizität von meist mehreren hundert bis zu tausend Prozent. Auf dieser Eigenschaft beruht überwiegend ihre Verwendung.

Naturgummi (NR) , dessen Ausgangsstoff aus dem Saft eines tropischen Baumes gewonnen wird, zeichnet sich durch höchste Elastizität und Kaltflexibilität aus. Er wird als Beimischkomponente für Reifen-Gummimischungen und für Spezialzwecke, z. B. Luftballons oder Schwämme, verwendet.

Die überwiegende Masse der heute gebräuchlichen Elastomere sind synthetische Elastomere, z. B. Styrol-Butadien-Gummi, Acryl-Butadien-Gummi, Butyl-Gummi, Silicon-Gummi, Chloropren-Gummi.

Styrol-Butadien-Gummi

Kurzzeichen:
SBR

Eigenschaften: Gute Abriebfestigkeit, hohe Wärme- und Alterungsbeständigkeit, gute Elastizität. Dichte 0,95 kg/dm³.

Typische Verwendung: SBR-Gummi ist der gebräuchlichste Gummi-Werkstoff. Der überwiegende Teil geht in die Reifenproduktion. Typische Zusammensetzung von Reifengummi: 42 % SBR, 18 % NR, 28 % Ruß, 12 % weitere Zusatzstoffe.

Fahrzeugreifen aus SBR-NR-Mischung

Dichtungen, Manschetten aus SIR

Silicon-Gummi

Kurzzeichen:
SIR

Eigenschaften: Wasser abweisend, chemikalienbeständig, gummielastisch, zwischen –60 °C und +180 °C verwendbar; relativ teuer, Dichte: 1,4 bis 2,5 kg/dm³.

Typische Verwendung: Wenn Wasserdichtigkeit oder Kälte- bzw. Hitzeresistenz gefordert sind, z. B. bei Dichtungen, Leiterisolierungen, Gießformen, Fugenfüllmasse.

3.16.7 Formgebung der Kunststoffe

Extrudieren

Extrudieren[1] ist das vielseitigste Formgebungsverfahren für thermoplastische Kunststoffe. Eine Extrusionsanlage besteht aus dem Extruder, einem düsenartigen Formwerkzeug und einer Kühlstrecke (**Bild 1**).

Der Extruder ist eine stetig arbeitende Schneckenstrangpresse, in der das Ausgangs-Kunststoffgranulat erwärmt, geknetet und dadurch zu einer formbaren Masse plastifiziert wird. Die langsam rotierende Extruderschnecke presst die teigige Kunststoffmasse durch das Formwerkzeug, sodass sie dessen Profilform annimmt. Die Masse tritt als Endlosstrang aus dem Formwerkzeug aus und erstarrt in einer nachgeschalteten Kühlstrecke. Durch Extrudieren werden Stäbe, Tafeln, Bahnen, Profilrahmen für Fenster und Türen, aber auch Rohre und Hohlprofile hergestellt.

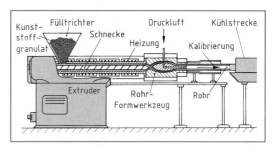

Bild 1: Rohr-Extrusionsanlage

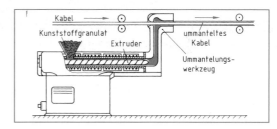

Kabelummantelung

Das zu ummantelnde Kabel durchläuft das von einem Extruder mit Kunststoffmasse gespeiste Formwerkzeug und wird dabei vom plastifizierten Kunststoff, z. B. PVC, umschlossen (**Bild 2**).

Bild 2: Kabelummantelung

Folien-Blasextrudieren

Die vom Extruder plastifizierte Kunststoffmasse tritt in einer Ringdüse als dünner Schlauch nach oben aus und wird von eingeblasener Luft zu einem Foliensack aufgebläht (**Bild 3**). Von außen aufgeblasene Kühlluft hält den Sack nach unten in Form und lässt ihn erstarren. Der erstarrte Foliensack wird zwischen zwei Leitplanken zusammengefaltet und von Transportwalzen nach oben abgezogen. Der Randschneider schneidet die beiden Sackränder ab, sodass aus dem gefalteten Foliensack zwei Folienbahnen werden.

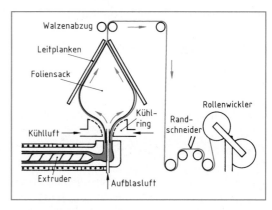

Bild 3: Folien-Blasextrudieren

Behälter-Extrusionsblasen

Hohlkörper, wie Fässer, Tanks und Kanister, werden durch Extrusionsblasen in einem mehrschrittigen Arbeitszyklus gefertigt (**Bild 4**). Aus einem Extruder tritt ein formbares Kunststoff-Schlauchstück aus und wird in eine Hohlform geführt (4/1). Nach Schließen der Hohlform bläst Druckluft das Schlauchstück auf und presst es an die gekühlte Hohlformwand, sodass es seine Form annimmt und erstarrt (4/2). Dann öffnet die Hohlform und stößt das fertige Bauteil aus (4/3). Danach fällt wieder ein Kunststoffschlauchstück in die Hohlform und es beginnt ein neuer Fertigungszyklus.

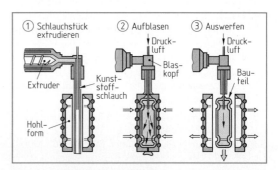

Bild 4: Behälter-Extrusionsblasen

---

[1] von extrudere (lat.) = herausstoßen

Kalandrieren

Kalandrieren[1], das heißt Warm-Auswalzen, ist das bevorzugte Herstellungsverfahren für Tafeln, Dichtungsbahnen, Fußbodenbeläge und dicke Folien aus thermoplastischen Kunststoffen (**Bild 1**).

Das Kunststoff-Ausgangsgranulat wird in einem Extruder plastifiziert und auf ein erstes beheiztes Walzenpaar, Kalander genannt, aufgegeben. Hier und auf den nächsten großen Kalandern erfolgt die Homogenisierung der Kunststoffmasse und das Auswalzen auf die ungefähre Dicke. Die Abzugswalzen ziehen die Bahn auf ihre Enddicke; beim Durchlaufen der Kühlwalzen erhärtet die Kunststoffmasse. Durch Kalandrieren können auch kunststoffkaschierte Bleche hergestellt werden.

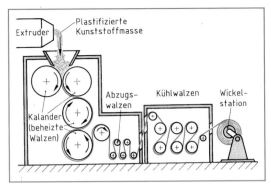

Bild 1: Kalandrieren

Spritzgießen

Durch Spritzgießen fertigt man komplizierte Formteile, wie Gehäuse, Zahnräder, Armaturenträger, Scheinwerfer, komplett in nur einem Arbeitsgang.

Verarbeitet werden überwiegend Thermoplaste.

Die Spritzgießmaschine besteht aus einer Extruder-ähnlichen Spritzeinheit und einem Formwerkzeug (**Bild 2**). Der Fertigungsvorgang verläuft in drei Schritten. Beim 1. Schritt fährt die Extruderschnecke in Richtung geschlossenes Formwerkzeug und spritzt die plastifizierte Kunststoffmasse mit großer Geschwindigkeit in die gekühlte Hohlform eines zweiteiligen Formwerkzeugs ①. Dort erstarrt die Formmasse. Die Extruderschnecke fährt inzwischen in die Ausgangsstellung zurück. Anschließend öffnet das Formwerkzeug und wirft das fertige Bauteil aus ②. Dann schließt das Werkzeug ③ und es beginnt ein neuer Fertigungszyklus.

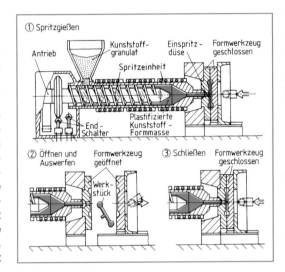

Bild 2: Spritzgießen

Formpressen

Formpressen ist das Fertigungsverfahren für duroplastische und elastomere Kunststoffe und Kunststoff-Formmassen zu Formteilen, wie Gehäusen, Steckern, Pkw-Formteilen usw. Die Fertigung erfolgt in drei Schritten (**Bild 3**).

Eine Portion vorgewärmte Kunststoff-Formmasse, der Härter beigegeben ist, wird in den Formhohlraum gefüllt ①. Vom heruntergehenden Stempel wird die Masse in die Form gedrückt und härtet an den heißen Hohlraumwänden aus ②. Ein Auswerfer stößt das Formteil aus ③.

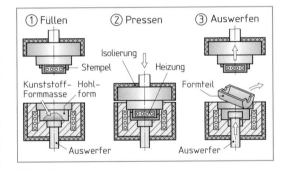

Bild 3: Formpressen

Wiederholungsfragen

1 Welche gemeinsamen typischen Eigenschaften haben die Kunststoffe?

2 Was bedeuten die Kurznamen PE, PP, PVC, PS, PC, PA und TPU?

3 Was sind Copolymerisate bzw. Polymerblends?

4 Nennen Sie einige Duroplaste.

5 Welche Besonderheit besitzen die Silicone?

---

[1] von calandre (franz.) = rollen, mangeln

3.17 Verbundwerkstoffe

Verbundwerkstoffe sind Werkstoffe, die aus zwei oder mehreren Einzelstoffen bestehen und zu einem neuen Werkstoff mit verbesserten oder neuen Eigenschaften verbunden sind.

3.17.1 Innerer Aufbau

Werkstoffe, die nur aus einem Stoff bestehen, haben neben ihren Vorteilen auch nachteilige Eigenschaften. Beispiel: Stahl hat eine hohe Festigkeit, ist aber wegen seiner großen Dichte sehr schwer. Kunststoffe sind leicht, haben aber eine relativ geringe Festigkeit und Formbeständigkeit.

In einem Verbundwerkstoff sind jeweils solche Einzelwerkstoffe mit passenden Eigenschaften zusammengefügt, dass der entstandene Verbundwerkstoff die vorteilhaften Eigenschaften beider Stoffe in sich vereint, während die nachteiligen Eigenschaften der Einzelstoffe überdeckt sind. So besitzt z. B. glasfaserverstärkter Kunststoff (GFK) die hohe Festigkeit der Glasfasern sowie die Zähigkeit und die elektrische Isolierfähigkeit des Kunststoffs. Die Sprödigkeit der Glasfasern und die relativ geringe Festigkeit der Kunststoffe zeigt der GFK-Verbund nicht.

Man unterscheidet die Verbundwerkstoffarten nach der Form der Einzelstoffe (**Bild 1**):

Faserverstärkte bzw. **drahtverstärkte Verbundwerkstoffe** bestehen aus einer Grundmasse (auch Bindung oder Matrix genannt), in die Fasern bzw. Drähte eingebettet sind.
Beispiele: Glasfaserverstärkte Kunststoffe (GFK), Leiterplatten, Stahlbeton.
Teilchenverstärkte Verbundwerkstoffe besitzen eine meist zähe Grundmasse (Bindung), in die unregelmäßig geformte Körner eingelagert sind.
Beispiele: Gefüllte Kunststoff-Formmassen, Tränklegierungen (Kontakte), Hartmetalle, Schleifkörper.
Schichtverbundwerkstoffe sind lagenweise aus zwei oder mehr Schichten verschiedener Werkstoffe zusammengefügt.
Beispiele: Kunststoffkaschierte Bleche, kupferkaschierte Leiterplatten, Bimetalle, Sandwich-Bauteile.

Bild 1: Verbundwerkstoffarten

3.17.2 Verbundwerkstoffe auf Kunststoffbasis

Verbundwerkstoffe mit Kunststoff-Grundmasse werden in der Elektrotechnik auch als verstärkte oder gefüllte Kunststoffe bezeichnet (**Bild 2**).

Verstärkte Kunststoff-Formmassen

Sie bestehen aus einer Kunststoff-Grundmasse und feinkörnigen oder kurzfaserigen Füll- bzw. Verstärkungsteilchen. Als Füll- und Verstärkungsstoffe verwendet man Gesteinsmehl, Zellstoff- und Glasfaserabschnitte, Glaskügelchen und Ruß. Als Grundmasse dienen thermoplastische Kunststoffe, z. B. PP, PVC, Polyamide (PA) und Polybutylenterephthalat (PBT) sowie Duroplaste wie z. B. Polyesterharze. Durch die Verstärkung werden die Festigkeit, die Zähigkeit und die Warmformbeständigkeit wesentlich verbessert, während die elektrische Isolierfähigkeit weitgehend erhalten bleibt.

Bild 2: Elektro-Formteile aus glasfaserverstärkter Polybutylenterephthalat-Formmasse

Verstärkte Thermoplast-Formmassen werden durch Extrudieren, Kalandrieren oder Spritzgießen geformt; verstärkte Duroplast-Formmassen durch Spritzgießen oder durch Formpressen gefertigt.

Glasfaserverstärkte Kunststoffe (GFK)

Glasfaserverstärkte Kunststoffe bestehen aus einer duroplastischen Grundmasse, meist ungesättigte Polyesterharze oder Epoxidharze, in die Glasfaser-stränge, Matten oder Vliese eingebettet sind. Zur Kennzeichnung der Kunststoff-Grundmasse und des Fasergehalts verwendet man Bezeichnungen wie GF 25 - UP (25 % Glasfasern, UP-Harz).

GFK sind Leichtbau-Konstruktionswerkstoffe mit der Festigkeit, Steifigkeit und Wärmeformbestän-digkeit von Aluminiumlegierungen; bei wesentlich günstigeren Preisen und noch geringerem Ge-wicht. Man fertigt daraus z. B. Leiterplatten, groß-formatige Pkw-Bauteile, wie Motorhauben oder Heckklappen, Flugzeugrumpfteile oder Großtanks **(Bild 1)**.

Flächige Bauteile werden durch Laminieren von Hand oder mit Formwalzen hergestellt, Rotations-Bauteile werden durch Wickeln gefertigt.

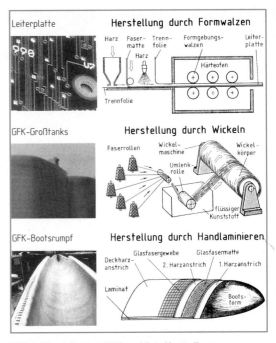

Bild 1: Bauteile aus GFK und ihre Herstellung

3.17.3 Trennscheiben, Schleifkörper, Hartmetalle

Schleifkörper und **Trennscheiben** bestehen aus scharfkantigen Schleifmittelkörnern (Korund-, Sili-ciumcarbid-, Bornitrid- oder Diamantsplitter) und einer Bindung aus Kunstharz, Keramik oder Gum-mi **(Bild 2)**. Die scharfkantigen Schleifmittelkörner übernehmen die Spanabnahme des Werkstoffs, die Bindung hält den Schleifkörper zusammen.

Hartmetalle sind Verbundwerkstoffe aus sehr har-ten Carbidteilchen (WC, TiC, TaC, NbC) und einer metallischen Bindung aus zähem Kobalt (Co). Die-se Verbundkombination ergibt einen Werkstoff mit außerordentlicher Härte und Verschleißfestigkeit (durch die Carbide) sowie ausreichender Zähigkeit

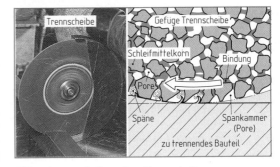

Bild 2: Innerer Aufbau einer Trennscheibe

(durch das Bindemetall). Hauptanwendung der Hartmetalle ist die Bestückung von Werkzeugen zum Spa-nen und Steinbohren (Bild 2, Seite 100).

3.17.4 Schichtverbundwerkstoffe

Durch die Verbindung mehrerer Lagen verschiedener Werkstoffe können bestimmte vorteilhafte Eigen-schaften oft sehr unterschiedlicher Werkstoffe in einem Bauteil vereint werden. Beispiele:

Kunststoffkaschierte Bleche: Die Kunststoffkaschierung verleiht den Blechen Korrosionsbeständigkeit, sodass sie nach der Formgebung nicht mehr lackiert werden müssen.

Kupferkaschierte Leiterplatten sind das Ausgangsmaterial für gedruckte Schaltungen. Sie bestehen aus einer Trägerplatte aus gewebeverstärktem Polyester- oder Epoxidharz und einer aufgeklebten Kupferfolie. Durch Wegätzen des überflüssigen Kupfers entsteht die Verdrahtungsstruktur (Seite 259).

Bimetalle sind dünne Blechstreifen aus zwei aufeinander gewalzten und dabei pressverschweißten Metallblechen unterschiedlicher Wärmeausdehnung, z. B. Cu/Ni (Seite 152). Bei der Erwärmung krüm-men sich die Bimetallstreifen, was z.B. für Temperaturmess- und Regelvorgänge genutzt wird.

3.18 Werkstoffprüfung

Die Werkstoffprüfung hat vor allem drei Aufgaben:

Die Bestimmung der technologischen Eigenschaften und der mechanischen Werkstoff-Kenngrößen, z. B. Zugfestigkeit, Härte.
{ Ergibt Hinweise für die Auswahl, die Verwendbarkeit und die Belastbarkeit der Werkstoffe.

Die Kontrolle fertiger Werkstücke auf Materialfehler wie Risse oder Einschlüsse.
{ Fehlerhafte Werkstücke können aussortiert und Schadensfälle vermieden werden.

Die Bestimmung der elektrischen Kenngrößen, z. B. Leitfähigkeit, Durchschlagfestigkeit, dielektrischer Verlustfaktor usw.
{ Sie entscheiden über den Einsatz eines Werkstoffs für elektrotechnische Anwendungen.

Es gibt eine Vielzahl von Werkstoffprüfungen. Für die Konstruktionswerkstoffe in der Elektrotechnik sind besonders die Prüfung auf technische Eignung und der mechanischen Kenngrößen sowie die Kontrolle des inneren Aufbaus der Werkstoffe von Bedeutung.

(Die Prüfung der elektrischen Eigenschaften wird in Kapitel 8, Seite 166, behandelt.)

3.18.1 Technologische Eignungsprüfungen

Technologische Eignungsprüfungen dienen zum Nachweis der Eignung eines Werkstoffes für einen Verwendungszweck oder für ein Fertigungsverfahren.

Dabei spielt oft die Form des Materials eine wichtige Rolle, sodass Prüfungen für Stabmaterial, Bleche, Rohre, Drähte, Schmiedewerkstoffe, Schweißnähte usw. entwickelt wurden.

Mit dem **technologischen Biegeversuch** prüft man die Umformbarkeit von Blechen (**Bild 1a**). Er dient zur Beurteilung, ob ein Blech sich z. B. zur Fertigung von Schaltschränken durch Biegen eignet.

Die **Schweißnahtprüfung** liefert eine Beurteilung der Schweißnahtausführung sowie der Eignung der Fügeteile und des Schweißzusatzwerkstoffs für das angewandte Schweißverfahren (**Bild 1b**). Beurteilt werden das Bruchgefüge und eventuell vorhandene Schweißnahtfehler.

a) Biegeversuch

Probe

F

α

b) Schweißnahtprüfung

Schlagrichtung

zu prüfende Schweißnaht

Bild 1: Eignungsprüfungen

3.18.2 Kerbschlagbiegeversuch

Mit dem Kerbschlagbiegeversuch wird die verbrauchte Kerbschlagarbeit beim Durchtrennen einer Probe gemessen. Sie ist ein Maß für die Zähigkeit eines Werkstoffs.

Beim Versuch wird eine Probe von einem herunterfallenden Pendelhammer entweder durchgeschlagen oder durch die Widerlager gezogen (**Bild 2**). Der Pendelhammer wird dabei umso mehr abgebremst, je zäher der Werkstoff der Probe ist. An einem Anzeigegerät kann die dabei verbrauchte Kerbschlagarbeit W_v abgelesen werden.

Der Kerbschlagbiegeversuch ist wichtig bei Werkstoffen, die zur Versprödung neigen, da mit ihm die Zähigkeit bzw. Sprödigkeit beurteilt werden kann.

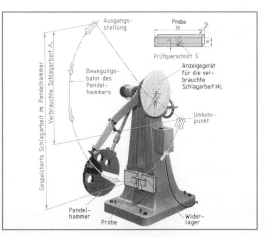

Bild 2: Pendelschlagwerk für Kerbschlagbiegeversuch

3.18.3 Zugversuch (DIN EN 10002)

Mit dem Zugversuch werden die mechanischen Werkstoff-Kennwerte bei Zugbeanspruchung bestimmt. Er liefert die wichtigsten Kennwerte zur Auslegung von Konstruktions-Bauteilen.

Versuchsdurchführung

Der Zugversuch wird auf einer speziellen Prüfmaschine an genormten Zugproben durchgeführt (**Bild 1**). Die Zugprobe wird an den Enden in den unteren und oberen Spannkopf der Prüfmaschine eingespannt. Dann setzt man die Maschine in Gang. Das Joch mit dem oberen Spannkopf bewegt sich langsam nach oben und belastet die Zugprobe mit einer stetig wachsenden Zugkraft. Unter ihrer Wirkung verlängert sich die Zugprobe zuerst ohne sichtbare äußere Veränderungen. Bei weiter ansteigender Zugkraft dehnt sie sich weiter und schnürt sich dann an einer Stelle ein, bis sie schließlich dort zerreißt (**Bild 2**, oberer Teil).

Versuchsauswertung

Während des Zugversuchs werden mit einer Messeinrichtung die auf die Zugprobe wirkende Kraft F und die dazugehörende Verlängerung ΔL fortlaufend gemessen.

Mit den Probeabmessungen (L_0, S_0) wird in der Auswerteeinheit der Maschine nach nebenstehenden Formeln aus der Zugkraft F die mechanische Spannung σ (**Formel 1**) und aus der Probenverlängerung ΔL die Dehnung ε (**Formel 2**) berechnet.

Ein Schreiber zeichnet die Spannungs- und die dazugehörenden Dehnungswerte fortlaufend auf. Man erhält das **Spannungs-Dehnungs-Schaubild** (**Bild 2**, unterer Teil). Aus ihm können die Werkstoffkennwerte (Seite 123) abgelesen werden.

Ältere Prüfmaschinen zeichnen ein Kraft-Verlängerungs-Schaubild, aus dem das Spannungs-Dehnungs-Schaubild punktweise berechnet werden muss.

Werkstoffkennwerte

Die Spannungs-Dehnungs-Kurve hat für jede Werkstoffgruppe eine typische Form. Die ungehärteten Baustähle, z. B. S235JR (St 37-2), haben ein **Spannungs-Dehnungs-Schaubild mit ausgeprägter Streckgrenze** (Bild 2, unten). Bei ihnen steigt die Spannung im Anfangsbereich proportional mit der Dehnung an. Deshalb ist die Spannungs-Dehnungs-Kurve bis zum Punkt P (Proportionalitätsgrenze) eine Gerade (Hooke'sche Gerade).

Der proportionale Zusammenhang zwischen Spannung σ und Dehnung ε wird mit dem **Hooke'schen Gesetz** beschrieben: $\sigma = E \cdot \varepsilon$.

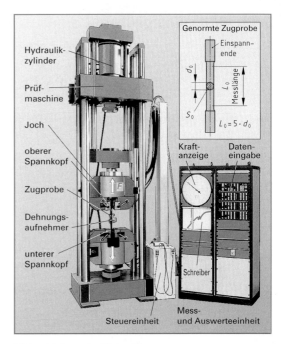

Bild 1: Universalprüfmaschine

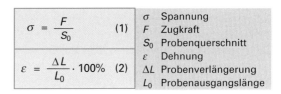

$$\sigma = \frac{F}{S_0} \quad (1)$$

$$\varepsilon = \frac{\Delta L}{L_0} \cdot 100\% \quad (2)$$

σ	Spannung
F	Zugkraft
S_0	Probenquerschnitt
ε	Dehnung
ΔL	Probenverlängerung
L_0	Probenausgangslänge

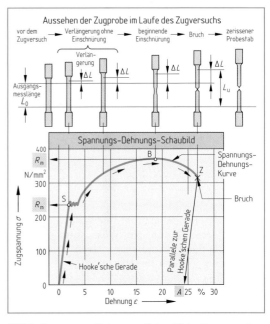

Bild 2: Spannungs-Dehnungs-Schaubild mit ausgeprägter Streckgrenze (Stahl S235JR, St 37-2)

Den konstanten Faktor **E** nennt man **Elastizitäts-modul (Formel 1)**. Er ist ein Maß für die Steifigkeit eines Werkstoffs, z. B. $E_{Stahl} \approx 210\,000$ N/mm²; $E_{Kupfer} \approx 125\,000$ N/mm², $E_{Al} \approx 70\,000$ N/mm².

Hinter dem Punkt **P** (Bild 2, Seite 122) fällt die Spannungs-Dehnungskurve leicht ab und schwankt um einen Mittelwert. Die Zugprobe verlängert sich hier bei gleich bleibender Spannung, sie „streckt sich". Diese Spannung heißt **Streckgrenze R_e (Formel 2)**.

Nach dem Streckbereich steigt die Spannung in der Zugprobe bis zum Punkt **B**. Diesen Höchstwert der Spannung bezeichnet man als **Zugfestigkeit R_m (Formel 3)**. Sie gibt die maximale Spannung an, die in dem Werkstoff vorliegen kann.

Dann beginnt sich die Zugprobe bei gleichzeitiger Einschnürung immer stärker zu dehnen. Ihre Belastbarkeit sinkt bis zum Punkt **Z**, wo sie zerreißt. Die bleibende Dehnung, welche die Zugprobe nach dem Bruch aufweist, heißt **Bruchdehnung A**. Sie ist ein Maß für die Dehnbarkeit **(Formel 4)**.

> Die Streckgrenze R_e und die Zugfestigkeit R_m sind die wichtigsten mechanischen Kennwerte.

Ein **Spannungs-Dehnungs-Schaubild ohne ausgeprägte Streckgrenze** haben gehärtete Stähle, Aluminium- und Kupfer-Werkstoffe **(Bild 1)**. Bei ihnen steigt die Kurve von Beginn an stetig an und fällt wieder ab, ohne einen Knick aufzuzeigen. Da bei diesen Werkstoffen eine Streckgrenze fehlt, diese aber für die Festigkeitsberechnungen wichtig ist, hat man eine Ersatz-Streckgrenze eingeführt, die **0,2 %-Dehngrenze $R_{p\,0,2}$**, kurz **Dehngrenze** genannt. Dies ist die Spannung, bei der die Zugprobe nach Entlastung eine bleibende Dehnung von 0,2 % aufweist. Man bestimmt die 0,2 %-Dehngrenze durch eine Parallele zum Anfangsstück der Spannungs-Dehnungs-Kurve bei 0,2 % Dehnung. Der Schnittpunkt der Parallelen mit der Spannungs-Dehnungs-Kurve ergibt den $R_{p\,0,2}$-Wert **(Bild 1)**.

3.18.4 Weitere Festigkeitsprüfungen

Die Konstruktionsbauteile werden neben der Zugbelastung auch mit anderen Belastungsarten beansprucht, z. B. durch Druck oder durch Scherung.

Zur Prüfung jeder Belastungsart gibt es einen speziellen Prüfversuch. Er liefert für die entsprechende Belastungsart Werkstoffkennwerte.

Der **Druckversuch (Bild 2a)** liefert die **Druckfestigkeit σ_{dB} (Formel 5)**.
Mit dem **Scherversuch** (Bild 2b) wird die **Scherfestigkeit τ_{aB} (Formel 6)** bestimmt.

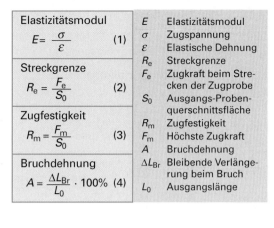

Elastizitätsmodul $$E = \frac{\sigma}{\varepsilon} \quad (1)$$	E	Elastizitätsmodul
	σ	Zugspannung
	ε	Elastische Dehnung
Streckgrenze $$R_e = \frac{F_e}{S_0} \quad (2)$$	R_e	Streckgrenze
	F_e	Zugkraft beim Strecken der Zugprobe
	S_0	Ausgangs-Probenquerschnittsfläche
Zugfestigkeit $$R_m = \frac{F_m}{S_0} \quad (3)$$	R_m	Zugfestigkeit
	F_m	Höchste Zugkraft
	A	Bruchdehnung
Bruchdehnung $$A = \frac{\Delta L_{Br}}{L_0} \cdot 100\% \quad (4)$$	ΔL_{Br}	Bleibende Verlängerung beim Bruch
	L_0	Ausgangslänge

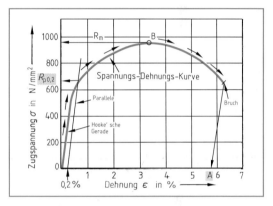

Bild 1: Spannungs-Dehnungs-Schaubild ohne ausgeprägte Streckgrenze

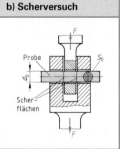

Bild 2: Druck- und Scherversuch

Druckfestigkeit $$\sigma_{dB} = \frac{F_m}{S_0} \quad (5)$$	σ_{dB}	Druckfestigkeit
	F_m	Höchste Druck- bzw. Scherkraft
Scherfestigkeit $$\tau_{aB} = \frac{F_m}{2 \cdot S_0} \quad (6)$$	S_0	Ausgangs-Probenquerschnittsfläche
	τ_{aB}	Scherfestigkeit

3.18.5 Härteprüfungen

Unter Härte versteht man den Widerstand, den ein Werkstoff dem Eindringen eines Prüfkörpers entgegensetzt.

Härteprüfung nach Brinell (DIN EN 10 003)

Bei der Härteprüfung nach Brinell wird eine Kugel aus gehärtetem Stahl oder Hartmetall 10 bis 15 Sekunden in die Probe eingedrückt und der mittlere Durchmesser des entstandenen Kugeleindrucks d ermittelt (**Bild 1**):

$$d = \frac{d_1 + d_2}{2}$$

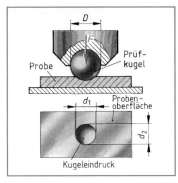

Bild 1: Brinell-Prüfung

Mit dem ermittelten mittleren Durchmesser d wird aus einer Tabelle der Härtewert abgelesen. Er wird mit einem Kurzzeichen angegeben (Beispiel).

Beispiel:

320 HB 2,5/187,5/30

Härte-wert	Härte nach Brinell	Kugeldurch-messer in mm	Prüfkraft in N · 0,102	Einwirk-dauer in sec

> Mit der Brinell-Härteprüfung können nur weiche und mittelharte Werkstoffe geprüft werden.

Härteprüfung nach Vickers (DIN EN ISO 6507-1)

Bei der Härteprüfung nach Vickers wird die Spitze einer vierseitigen Pyramide (Spitzenwinkel 136°) 10 bis 30 Sekunden in die Probe eingedrückt und die Diagonalen des entstandenen Pyramideneindrucks gemessen (**Bild 2**). Der Härtewert wird mit dem Mittelwert der Diagonalen aus einer Tabelle abgelesen.

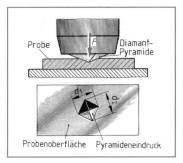

Bild 2: Vickers-Prüfung

Beispiel: **860 HV 50/30**

Härte-wert	Härte nach Vickers	Prüfkraft in N · 0,102	Einwirk-dauer in sec.

Das *Kurzzeichen* der Vickershärte enthält den Härtewert und die Prüfbedingungen.

Härteprüfung nach Rockwell (DIN EN 10109-1)

Bei der Härteprüfung nach Rockwell wird ein Prüfkörper mit einer Kraft in die Probe eingedrückt und danach die Kraft weggenommen (**Bild 3**). Der Prüfkörper ist dann um die „bleibende Eindringtiefe" eingedrungen. Sie wird mit einer im Prüfgerät eingebauten Messuhr (**Bild 4**) gemessen und ist ein Maß für die Rockwellhärte.

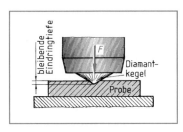

Bild 3: Rockwell-Prüfung

Für harte Werkstoffe verwendet man als Prüfkörper einen Diamantkegel mit einem Spitzenwinkel von 120° (HRC- und HRA-Verfahren). Für weiche Werkstoffe dient eine gehärtete Stahlkugel (HRB- und HRF-Verfahren).

Beispiel: **62 HRC**

Härte-wert	Härte nach Rockwell C

Das *Kurzzeichen* der Rockwellhärte besteht aus dem Härtewert und Kennbuchstaben.

> Mit der Vickers-Härteprüfung und den Rockwell-Härteprüfungen lassen sich sowohl weiche als auch harte Werkstoffe prüfen.

Zur Härteprüfung verwendet man **Universal-Härteprüfmaschinen** (Bild 4). Sie bestehen aus einem höhenverstellbaren Probentisch, der Prüfkörperhalterung, dem Kraftaufgabesystem sowie einer Ausmessvorrichtung und einer Rockwell-Messuhr.

Bild 4: Universal-Härteprüfmaschine

3.18.6 Untersuchungen des inneren Aufbaus

Ultraschallprüfung

> Die Ultraschallprüfung dient zur Prüfung auf innere Werkstoff-
> fehler wie Risse, Lunker (Hohlräume) und Schlackeneinschlüsse.

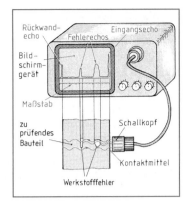

Bild 1: Ultraschallprüfung

Das Ultraschall-Prüfgerät ist tragbar und besteht aus einem Schallkopf und einem Auswertegerät mit Bildschirm **(Bild 1)**.

Zur Prüfung wird der Schallkopf auf das Bauteil gesetzt. Er sendet
Ultraschallwellen durch das Bauteil, die vom menschlichen Ohr
nicht wahrgenommen werden. Die Schallwellen werden von der
Vorder- und Rückwand des Bauteils sowie von vorhandenen Fehlern
zurückgeworfen und erreichen nach einigen Mikrosekunden erneut
den Schallkopf, der einen Empfänger enthält und die zurückkom-
menden Schallwellen in elektrische Impulse umwandelt. Sie werden
auf dem Bildschirm als Ausschlag sichtbar gemacht.

Bei der Ultraschallprüfung bleibt das Bauteil unversehrt, man spricht
deshalb von **zerstörungsfreier Werkstoffprüfung**.

Metallografische Untersuchungen

> Metallografische Untersuchungen haben die Aufgabe, das Gefü-
> ge der Werkstoffe sichtbar zu machen.

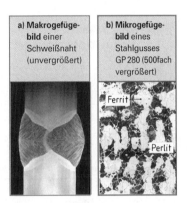

Bild 2: Gefügebilder

Zur metallografischen Prüfung wird ein Stück des zu prüfenden
Werkstoffs abgetrennt und die Schnittfläche zuerst geschliffen,
danach poliert und anschließend mit einer säurehaltigen Flüssigkeit
geätzt. Man erhält Schliff-Gefügebilder **(Bild 2)**.

Makrogefügebilder fertigt man z. B. an, um Schweißnähte auf Fehler
zu prüfen (Bild 2a). Das Schweißnahtgefüge ist ohne Vergrößerung
sichtbar. Das **Mikrogefüge** des Werkstoffs mit den einzelnen Körnern, Korngrenzen und unterschiedlichen Bestandteilen ist nur bei
Betrachtung unter dem Metallmikroskop sichtbar (Bild 2b). Mikro-
skopische Untersuchungen dienen z. B. zur Kontrolle von Gefügeänderungen bei der Wärmebehandlung der Stähle.

Prüfung der chemischen Zusammensetzung

Die Prüfung der chemischen Zusammensetzung dient beim Herstellungsprozess der Werkstoffe zur Erzeugung von Werkstoffen genau
vorgeschriebener Zusammensetzung.

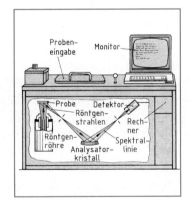

Bild 3: Spektrometer

Die Prüfung erfolgt mit dem **Spektrometer** und dauert nur etwa
1 Minute. Im Gerät wird eine kleine Probe des Werkstoffs mit Röntgenstrahlen bestrahlt **(Bild 3)**. Dadurch werden die in der Probe enthaltenen Elemente zum Aussenden elementspezifischer Röntgenstrahlen angeregt. Die Reflexion an einem Analysatorkristall zerlegt
diese Strahlung in einzelne Spektrallinien. Ihre Intensität wird von einem Detektor gemessen, von einem
Rechner in Analysenwerte umgerechnet und auf einem Monitor als Gehalte der Elemente angezeigt.

Wiederholungsfragen

1 Welche Vorteile besitzen Verbundwerkstoffe?

2 Erläutern Sie die Verbundstruktur einer Leiterplatte.

3 Welche Aufgaben hat die Werkstoffprüfung?

4 Was gibt die Streckgrenze R_e, die Zugfestigkeit R_m
und die Bruchdehnung A eines Werkstoffs an?

5 Wie wird die Härte nach Vickers bestimmt?

4 Hilfsstoffe

4.1 Lotwerkstoffe

Löten ist ein Verfahren zum stoffschlüssigen Fügen von metallischen Werkstoffen mit dem Lot als metallischem Bindemittel. Die Schmelztemperatur des Lots ist niedriger als die Schmelztemperatur der zu verbindenden Metalle.

Die zum Löten benötigten Stoffe sind Lote und Flussmittel. Das Werkzeug zum handwerklichen Löten ist überwiegend der Lötkolben **(Bild 1)** oder beim Hartlöten die Brennerflamme. Außerdem gibt es industrielle Lötverfahren (Seite 261).

Bild 1: Löten an elektrischen Kontakten

4.1.1 Lötverfahren und Löttemperaturen

Die Lötverfahren und die Lotwerkstoffe werden nach der Arbeitstemperatur beim Löten unterteilt.

> Weichgelötet wird bei Temperaturen unter 450 °C, hartgelötet bei Temperaturen über 450 °C.

Weichlot-Verbindungen werden überwiegend zur Herstellung elektrischer Kontakte und zum Fixieren von Kleinteilen (Widerständen, Kondensatoren) sowie zum Abdichten von Rohrverbindungen eingesetzt. Sie haben eine geringe Festigkeit und dürfen keinen Gebrauchstemperaturen über 100 °C ausgesetzt sein.

Hartlot-Verbindungen werden für kraft-übertragende Verbindungen eingesetzt.

Das Löten muss innerhalb eines festgelegten Temperaturbereichs durchgeführt werden **(Bild 2)**.

Die untere Temperaturgrenze, die so genannte **Arbeitstemperatur**, ist die niedrigste Oberflächentemperatur des Bauteils, bei dem das Lot die zu fügenden Werkstoffe benetzt, sich fließend ausbreitet und die Bauteile fest verbindet.

Nach oben begrenzt wird die Temperatur beim Löten durch die **maximale Löttemperatur**. Oberhalb dieser Temperatur verbrennt das Lot und die Lötverbindung ist mangelhaft.

Der **Löttemperaturbereich** wird von den Herstellern angegeben (Tabelle, Seite 128 und 129).

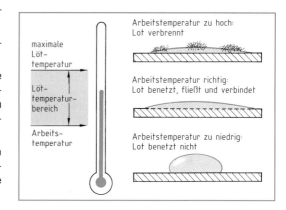

Bild 2: Verhalten des flüssigen Lots

4.1.2 Vorgänge beim Weichlöten

Der Lötvorgang beim Weichlöten erfolgt in vier Schritten **(Bild 3)**:

a) Erwärmen der Lötstelle durch Anlegen der Lötkolbenspitze.

b) Zuführen und Schmelzen des Flussmittel-gefüllten Lötdrahtes.

c) Benetzen, Fließen und Füllen der Lötstelle mit flüssigem Lot.

d) Entfernen der Lötkolbenspitze und Erstarren der Lötstelle in fixierter Stellung.

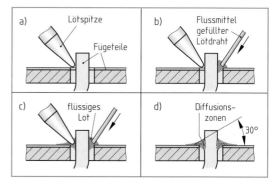

Bild 3: Arbeitsgänge beim Einlöten eines Bauteils

Voraussetzung für das **Benetzen** der Metalloberfläche durch das flüssige Lot ist eine saubere, metallisch blanke Metalloberfläche der Fügeteile. Sie sind von Natur aus mit einer Oxidschicht bedeckt und teilweise zusätzlich verschmutzt. Diese Beläge müssen entfernt werden.

Das ist die Aufgabe des **Flussmittels (Bild)**. Es wird entweder mit dem Lot zugeführt oder vor dem Löten als dünne Schicht auf die Lötstelle aufgestrichen. Es löst den Schmutz und die Oxidschicht ab. Das flüssige Lot kann dann die blanke Metalloberfläche benetzen und breitet sich fließend aus. Dabei unterkriecht es die Flussmittelschicht, die durch die Temperatur des flüssigen Lots siedet und teilweise verdampft.

In den Spalt zwischen den Fügeteilen wird das benetzende Lot durch die Kapillarwirkung hineingezogen (Bild 3c, Seite 126). Es steigt sogar in senkrechte Spalten hoch.

Beim Kontakt des flüssigen, heißen Lots mit dem Werkstoff der Fügeteile lösen sich Stoffteilchen des festen Werkstoffs im Lot (Bild). Ebenso dringen Atome des flüssigen Lotwerkstoffs in die Kristalle des angrenzenden Werkstoffs der Fügeteile ein. Dieser Vorgang wird **Diffusion** genannt.

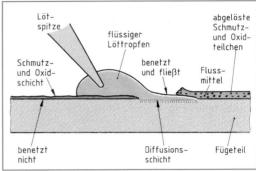

Das gegenseitige Eindringen von Lot-Werkstoff und Fügeteil-Werkstoff führt an den Berührungsstellen von Lot und zu fügendem Werkstoff zu einer **Legierungsschicht**. Sie bildet eine stoffschlüssige, feste Verbindung der beiden Fügeteile über die Lötnaht.

Bild: Wirkung des Flussmittels

4.1.3 Kurzbezeichnungen der Lotwerkstoffe

Weichlote werden nach DIN EN 29 453 mit einem Werkstoff-Kurzzeichen bezeichnet. Es besteht aus dem Buchstaben S[1], dem chemischen Symbol und der Prozentangabe des Hauptbestandteils sowie danach den chemischen Symbolen und den Gehalten der weiteren Legierungsbestandteile (siehe Beispiel). Teilweise sind noch die früheren Kurzzeichen nach DIN 1707 in Gebrauch.

Beispiel für die Kurzbezeichnung eines Weichlots mit 58 % Blei, 40 % Zinn, 2 % Antimon.
Kurzzeichen nach DIN EN 29 453: **S-Pb58Sn40Sb2** Früheres Kurzzeichen nach DIN 1707: **L-PbSn40Sb**

Das Kurzzeichen der **Hartlote** (DIN EN 1044) besteht aus zwei Kennbuchstaben, die die Hartlotgruppe angeben, z. B. bei Silberhartloten AG und einer Zählnummer (siehe Beispiel). Auch bei den Hartloten werden teilweise noch die alten Kurzbezeichnungen verwendet.

Beispiel: Kurzbezeichnung eines Hartlots
Neues Kurzzeichen nach DIN EN 1044:   **AG206** Altes Kurzzeichen: **L - Ag20**

4.1.4 Weichlote

Weichlote sind zum überwiegenden Teil Blei-Zinn-Legierungen (Pb-Sn) mit geringen Zusätzen von z. B. Antimon (Sb), Silber (Ag), Kupfer (Cu), Cadmium (Cd) oder Zink (Zn).

Sonder-Weichlote für den Elektromaschinenbau sind Zinn-Silber-Legierungen (Sn-Ag), Spezial-Weichlote für Aluminium-Werkstoffe sind Cadmium-Zink-Legierungen (Cd-Zn).

Legierungen weisen gegenüber reinen Metallen im Schmelzverhalten grundsätzliche Unterschiede auf. Reine Metalle haben einen **Schmelzpunkt**, d. h., sie werden bei einer bestimmten Temperatur auf einen Schlag flüssig. Legierungen hingegen besitzen einen **Schmelzbereich**. Sie werden beim Erhitzen ab einer bestimmten Temperatur, **der Solidustemperatur**[2], erst ein wenig schmierig und bei weiterer Temperaturerhöhung breiartig, bis sie bei Überschreiten der **Liquidustemperatur**[3] ganz flüssig sind.

[1] von solder (engl.) = Lot   [2] von solidus (lat.) = fest   [3] von liquidus (lat.) = flüssig

Wie groß die Schmelzbereiche eines Legierungs-systems sind und bei welchen Temperaturen sie liegen, lässt sich aus dem **Zustandsschaubild** able-sen. Das nebenstehende **Bild** zeigt das Zustands-schaubild des Lot-Legierungssystems Blei-Zinn. Die linke Begrenzung des Zustandsschaubildes bil-det das reine Blei mit einer Schmelztemperatur von 327 °C, die rechte Begrenzung reines Zinn mit 232 °C Schmelztemperatur.

Beginnend bei reinem Blei, sinkt die Liquiduslinie mit steigendem Zinnanteil bis zu einem Tiefstwert bei 183 °C. An diesem Punkt hat die Legierung etwa 62 % Sn und 38 % Pb. Diese Legierung hat keinen Schmelzbereich, sondern einen Schmelzpunkt (183 °C), wie ein reines Metall. Solche Legierungen nennt man **eutektische Legierungen**[1]. Sie zeichnen sich durch einen niedrigen Schmelzpunkt und ein Verhalten aus, das reinen Metallen ähnlich ist.

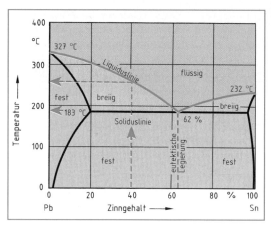

Bild: Zustandsschaubild des Legierungssystems Blei-Zinn

Das Weichlot **S-Sn63Pb37** (früher L-Sn63Pb), es entspricht annähernd der eutektischen Pb/Sn-Legierung, ist das meistangewandte Lot in der Elektrotechnik.

Schmelzbeispiel im Bild: Eine Legierung aus 60 % Blei und 40 % Zinn beginnt bereits bei 183 °C zu schmel-zen (bei Überschreiten der Soliduslinie). Ganz flüssig ist sie erst bei etwa 260 °C (bei Überschreiten der Liquiduslinie). Innerhalb des Schmelzbereichs (183 °C bis 260 °C) ist die Legierung breiig, d.h., sie enthält noch feste Kristalle im bereits geschmolzenen Anteil.

Die **Weichlote** unterteilt man in Legierungsgruppen **(Tabelle)**.

Tabelle: Weichlote nach DIN EN 29453 (Ersatz für DIN 1707), Auswahl für die E-Technik					
Legierungs-gruppe	Legie-rungs-Nr.	Legierungs-Kurzzeichen DIN EN 29453	Früheres Kurz-zeichen nach DIN 1707	Löttempe-raturbereich in °C	Verwendung
Zinn-Blei	1a	S-Sn63Pb37E	L-Sn63Pb	185…325	Gedruckte Schaltungen Kontaktlötungen
	3	S-Pb50Sn50	L-Sn50Pb	185…325	Elektro-Kontaktlötungen
Zinn-Blei mit Antimon	14	S-Pb58Sn40Sb2	L-PbSn40Sb	185…325	Kupferrohr-Installa-tion, Karosseriebau
Zinn-Blei-Kupfer	25	S-Sn60Pb38Cu2	L-Sn60Cu	185…350	Elektro- und Elektronikgerätebau
Zinn-Blei-Silber	31	S-Sn60Pb36Ag4	L-Sn60PbAg	185…350	Elektrogerätebau Gedruckte Schaltungen

Flussmittel für Weichlote

Die Flussmittel werden nach DIN EN 29 454-1 mit einem Typ-Kurzzeichen aus drei Ziffern und einem Buch-staben benannt. Die erste Ziffer gibt den Flussmitteltyp an: 1 für Harz, 2 für organisch, 3 für anorganisch. Die zweite Ziffer nennt die Flussmittelbasis, die dritte Ziffer bezeichnet den Flussmittelaktivator. Der Buch-stabe bedeutet: A flüssig, B fest, C pastös, z. B. Flussmittel zum Weichlöten 3.2.1. C.

Die frühere Kurzbezeichnung nach DIN 8511 lautete F-SW und eine Kennzahl, z. B. F-SW 11.

Die gebräuchlichsten Weichlot-Flussmittel in der Elektrotechnik sind 1.1.1 (F-SW 31) und 1.1.3 (F-SW 32). Sie bestehen aus Kollophonium (einem Naturharz) und wirken nicht korrodierend. Die Flussmittelrück-stände brauchen nach dem Löten nicht entfernt werden.

[1] von eutektos (griech.) = leicht zu schmelzen

Die Flussmittel 3.2.2 (F-SW 11) und 3.1.1 (F-SW 12) bestehen aus Zinkchlorid $ZnCl_2$ oder Ammoniumchlorid NH_4Cl und sind stark korrodierend. Ihre Rückstände müssen entfernt werden, da sie Korrosion verursachen. Sie werden bei stark oxidierten und verschmutzten Fügeflächen, z. B. von Stählen, eingesetzt.

> Achtung: Lotdämpfe und Flussmitteldämpfe sind gesundheitsschädlich und dürfen nicht eingeatmet werden. Sie müssen durch Absaugvorrichtungen aus dem Arbeitsraum abgesaugt werden.
>
> In Räumen, in denen gelötet wird, darf nicht gegessen, getrunken und geraucht werden.

4.1.5 Hartlote

> Hartlote sind meist Kupfer-Basislote mit Zink-, Zinn-, Silber-, Cadmium- oder Phosphoranteil. Spezial-Hartlote für Aluminium-Werkstoffe bestehen aus einer Aluminium-Silicium-Legierung.

Tabelle: Hartlote nach DIN EN 1044 (Ersatz für DIN 8513), Auswahl typischer Hartlote der Elektrotechnik				
Lotwerkstoff-gruppe	Kurzzeichen DIN EN 1044	Kurzzeichen nach EN ISO 3677[1]	Kurzzeichen DIN 8513	Verwendung
Silberhartlote	AG206 AG203 AG306	B-Cu44ZnAg(Si)-690/810 B-Ag44CuZn-675/735 B-Ag30CuCdZn-600/690	L-Ag20 L-Ag44 L-Ag30Cd	Elektrotechnik und Elektromaschinenbau, Stähle, Kupfer-Werkstoffe
Kupfer-Phosphor-Hartlot	CP102	B-Cu80AgP-645/800	L-Ag15P	Elektromaschinenbau (ohne Flussmittel zu löten)
Hartlot für Al-Werkstoffe	AL104	B-Al88Si-575/585	L-AlSi12	Aluminium-Bauteile
Nickelhartlot	AG351	B-Ag50CdZnCuNi-635/655	L-Ag50CdNi	Hartmetall-Lötungen
[1] Die letzten beiden Zahlen der Kurzbezeichnung, z. B. 690/810, geben den Löttemperaturbereich in °C an.				

Mit Silberhartloten (Tabelle) können Stähle, Gusseisen, Kupfer- und Nickel-Werkstoffe gelötet werden. Die Kupfer-Phosphorhartlote sind zum Hartlöten von Kupfer-Werkstoffen ohne Flussmittel geeignet.

Hartlote haben Arbeitstemperaturen, die wesentlich über 450 °C liegen. Zur Erzeugung der hohen Löttemperatur dienen meist Brennerflammen. Hartgelötet wird zur Erzielung einer mechanisch belastbaren Verbindung zwischen zwei Bauteilen. Sie erreicht in vielen Fällen die Bauteilfestigkeit.

Zum Hartlöten verwendet man üblicherweise Flussmittel. Es können die Schwermetalle in beliebiger Kombination und die Leichtmetalle untereinander hartgelötet werden.

Flussmittelfreies Hartlöten ist nur von Kupfer mit phosphorhaltigen Hartloten möglich.

Anwendungen des Hartlötens in der Elektrotechnik sind z. B. das Löten der Hartkupferlamellen des Stromwenders (Kollektors) bei Gleichstrommaschinen oder das Löten des Kurzschlussrings bei Käfigläufern.

Flussmittel für Hartlote

Man unterteilt sie nach ihrer Wirktemperatur sowie der Arbeitstemperatur des verwendeten Hartlots.

FH 10 (früher F-SH 1) sind z. B. Flussmittel mit Wirktemperaturen von 550 bis 800 °C, die zum Hartlöten von Hartloten mit Arbeitstemperaturen von 600 bis 800 °C geeignet sind.

> **Wiederholungsfragen**
>
> 1 Welche Aufgabe hat das Flussmittel beim Löten?
>
> 2 Wie entsteht die feste Verbindung von Fügeteil und Lotwerkstoff?
>
> 3 Was bedeutet die Kurzbezeichnung S-Sn50Pb32Cd18?
>
> 4 Welche Weichlote verwendet man bevorzugt zum Herstellen elektrischer Kontakte?
>
> 5 Welche Hartlote werden im Elektromaschinenbau zum flussmittelfreien Löten von Kupferwerkstoffen verwendet?

4.2 Schmierstoffe und Kühlschmierstoffe

4.2.1 Schmierstoffe

Schmierstoffe haben die Aufgabe, die Reibung und den Verschleiß zwischen sich drehenden oder aufeinander gleitenden Maschinenteilen zu vermindern. Sie bewirken Leichtgängigkeit der Maschinenteile und verlängern ihre Lebensdauer. Darüber hinaus schützen die Schmierstoffe die Gleitflächen vor Korrosion.

Es gibt geeignete Schmierstoffe für die verschiedenen Anwendungen. Man unterteilt sie nach dem Aggregatzustand in *Schmieröle* (flüssig), *Schmierfette* (pastenartig) und *feste Schmierstoffe*.

Schmieröle

Schmieröle werden zur Schmierung von schnell laufenden Maschinenteilen und Lagern in geschlossenen Gehäusen eingesetzt **(Bild)**, z. B. für Getriebe oder in Lagern von Generatoren und großen Elektromotoren. Sie werden meist im Umlauf geführt und tragen die Reibungswärme von der Schmierstelle weg.

Wichtige technische Eigenschaften der Schmieröle sind:

- das Viskositäts-Temperatur-Verhalten (möglichst gleich bleibend)
- die Tieftemperatur-Fließfähigkeit
- die Oxidationsstabilität bei hohen Temperaturen und Drucken
- die Alterungsbeständigkeit und die Korrosionsschutzwirkung.

Bild: Schmieröle

> Schmieröle bestehen aus Mineralölen oder Syntheseölen und eigenschaftsverbessernden Zusätzen (Additive).

Mineralische Schmieröle (Mineralöle) sind die am häufigsten verwendeten Schmieröle. Sie werden aus Erdöl durch Destillation und Reinigung gewonnen.

Von der chemischen Zusammensetzung her sind Mineralöle Gemische von Kohlenwasserstoffen. Die Größe der Moleküle bestimmt die Viskosität (Zähflüssigkeit) des Mineralöls. Zur Verbesserung der schmierstoffbegleitenden Eigenschaften (Oxidationsstabilität, Rostschutz usw.) sind den Schmierölen Zusätze, in der Fachsprache **Additive** genannt, beigegeben. Mineralöle sind die Schmieröle für die übliche Schmierung.

Synthetische Schmieröle (Syntheseöle) sind chemisch erzeugte Flüssigkeiten mit Schmierstoffeigenschaften. Sie sind relativ teuer und werden für spezielle Anwendungsgebiete eingesetzt, wenn Mineralöle den auftretenden Beanspruchungen nicht gewachsen sind (hohe und niedrige Temperaturen, extreme Verschleißbeanspruchungen) oder spezielle Forderungen nicht erfüllen können (z. B. Schwerentflammbarkeit). Syntheseöle sind Poly-α-Olefine, Polyglycole, Esteröle und Silikonöle.

Einteilung. Man teilt die Schmieröle vorab nach der Zusammensetzung in Mineral- und Syntheseöle ein und dann nach dem Verwendungszweck in Schmierölarten, die durch einen Kennbuchstaben angegeben werden **(Tabelle)**.

Für jede Schmierstelle ist das vom Maschinenhersteller empfohlene Schmieröl zu verwenden. Es wird mit einem **Kennzeichen** benannt, das am Schmierstoffbehälter und den Schmierstellen dauerhaft angebracht ist. Das Kennzeichen besteht aus einem Symbol, in das die Schmieröl-Kennbuchstaben und die ISO-Viskositätsklasse (ISO VG) eingetragen sind.

Tabelle: Schmieröle nach DIN 51502 (Auswahl)			
Schmieröl-gruppe Symbol	**Schmierölart** Verwendung	**Kenn-buch-stabe**	**Bezeich-nungs-beispiele**
Mineralöle	**Normalschmieröle** ohne Zusätze für Anwendungen ohne besondere Anforderungen	N	B 150
	Bitumenhaltige Schmieröle, bevorzugt für offene Schmierstellen	B	(ISO VG-150)
	Schmieröle mit Zusätzen, z. B. für die Umlaufschmierung von Werkzeugmaschinen	CL	CL 68 (ISO VG-68)
Syntheseöle	**Esteröle** mit gutem Viskositäts-Temperatur-Verhalten	E	E 100
	Polyglycolöle mit gutem Viskositäts-Temperatur-Verhalten und Stabilität	PG	PG 220

Schmierfette

> Schmierfette sind pastenartige Gemische aus Schmieröl und Seife mit Zusätzen von Stabilisatoren und Alterungsschutzmitteln.

Haupteinsatzgebiete der Schmierfette **(Bild 1)** sind die Schmierung von Gleit- und Wälzlagern, die nicht über ein Schmierkanalsystem versorgt werden und einfache Lagerstellen. Bei Gleit- und Wälzlagern ist das Lagergehäuse so ausgebildet, dass der gesamte Schmierbereich und ein Schmierfettreservoir über einen Schmiernippel mit Schmierfett gefüllt werden. Während des Laufs erwärmt sich die Lagerstelle und damit angrenzendes Schmierfett. Dadurch tritt Schmieröl aus dem Schmierfett aus und unterhält die Schmierung. Eine Schmierfettfüllung hält für eine lange Betriebszeit, häufig für die Lagerlebensdauer. Das Lager ist dann wartungsfrei.

Charakterisierendes Merkmal der Schmierfette ist ihre Konsistenz. Sie wird mit einer Konsistenzkennzahl (NLGI-Klasse) angegeben, die von 000 (sehr weich) über 00, 0, 1 bis 6 (hartpastig) reicht.

Das **Kennzeichen** der Schmierfette besteht aus einem Symbol (Dreieck oder Rhombus), in das Kennbuchstaben für die Schmierfettart und den Gebrauchstemperaturbereich sowie die Konsistenzkennzahl eingetragen sind **(Tabelle)**. Es gibt Schmierfette auf Mineralöl- oder Syntheseölbasis.

Bild 1: Schmierfett

Tabelle: Schmierfette (Beispiele)	
Schmierfett auf Mineralölbasis	
△ (K / 2 N)	Schmierfettart K Konsistenzkennzahl 2 Gebrauchs- temperatur N
Schmierfett auf Syntheseölbasis	
◇ (OG / PG R / 3)	(Polyglycol) PG Schmierfettart OG Konsistenzkennzahl 3 Gebrauchs- temperatur R

Feste Schmierstoffe

> Feste Schmierstoffe sind Pulver aus **Graphit, Molybdändisulfid (MoS$_2$)** oder **Polytetrafluorethylen (PTFE)**. Sie bestehen aus winzigen gleitfähigen Plättchen, die im Schmierspalt aufeinander gleiten.

Feste Schmierstoffe werden an Schmierstellen eingesetzt, die sehr hohen oder tiefen Temperaturen ausgesetzt sind. Häufig sind sie auch Schmierölen bzw. Schmierfetten beigemischt (Ölsuspensionen), um im Fall nicht ausreichender flüssiger Schmierung eine Notlaufschmierung zu gewährleisten.

4.2.2 Kühlschmierstoffe

Kühlschmierstoffe werden beim Spanen in reichlichem Strom über die Spanstelle geleitet **(Bild 2)**. Sie vermindern durch Schmierung die Reibung zwischen Spanwerkzeug und Werkstück und kühlen die erhitzten Werkzeuge. Dadurch wird der Werkzeugverschleiß vermindert und die Standzeit der Werkzeuge erhöht.

Kühlschmieremulsionen (früher Bohrölemulsionen genannt) sind Mischungen aus 2 bis 10 % Mineralöl und Zusätzen, die mit Wasser zu einer milchartigen Flüssigkeit verquirlt werden. Sie werden beim Sägen, Bohren, Fräsen und Drehen von Eisen/Stahl-Werkstoffen eingesetzt, wo es besonders auf die Kühlwirkung ankommt.

Bild 2: Einsatz von Kühlschmieremulsion beim Fräsen

Nichtwassermischbare Kühlschmierstoffe (früher Schneidöle genannt) sind Mineralöle, die meist Zusätze zur Verbesserung der Schmierfähigkeit, zum Korrosionsschutz usw. enthalten. Sie werden bei Spanaufgaben eingesetzt, bei denen die Verminderung der Reibung besonders wichtig ist.

Wiederholungsfragen

1 Welche Eigenschaften soll ein gutes Schmieröl haben?

2 Welches Kennzeichen hat ein Normalschmieröl mit der Viskositätsklasse 100?

3 Welche Vorteile haben Syntheseöle?

4 Für welche Lager verwendet man Schmierfette?

5 Woraus besteht eine Kühlschmieremulsion?

4.3 Klebstoffe

> Kleben ist eine Füge- oder Verbindungstechnik zwischen gleichen oder verschiedenartigen Werkstoffen mit einem Klebstoff.

Klebstoffe sind nichtmetallische Werkstoffe, welche die Fügeteile durch Flächenhaftung und innere Festigkeit miteinander verbinden. Der Klebstoff stellt somit eine verbindende Brücke zwischen den zu verklebenden Werkstoffoberflächen her. Die dabei notwendige Haftung hängt von der Oberflächenhaftung des Klebstoffs am Werkstück durch Adhäsionskräfte[1] und von der Festigkeit innerhalb des Klebstoffs durch Kohäsionskräfte[2] ab **(Bild)**.

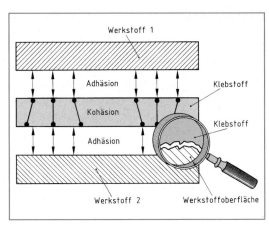

Bild: Klebeverbindung

4.3.1 Klebstoffarten

Klebstoffe kann man nach der chemischen Zusammensetzung, nach ihrer Wirkungsweise und nach den unterschiedlichen Aushärtemechanismen einteilen **(Übersicht)**. Nach der Wirkungsweise unterscheidet man physikalisch abbindende und chemisch reagierende Klebstoffe. Physikalisch abbindende Klebstoffe sind z. B. Kontakt-, Haft- und Schmelzklebstoffe, während Ein- und Zweikomponenten-Klebstoffe chemisch reagieren. Weiter kann man in Ein- und Zweikomponenten-Klebstoffe sowie in Kalt- und Warmkleber einteilen. Einkomponenten-Klebstoffe enthalten im Gegensatz zu Zweikomponenten-Klebstoffe alle zum Kleben erforderlichen Bestandteile. Wegen der einfachen Handhabung werden Einkomponenten-Klebstoffe häufiger verwendet. Kaltkleber härten bei Raumtemperatur aus, Warmkleber bei höheren Temperaturen, z. B. Epoxidharzkleber bei 120 °C.

In der Elektrotechnik verwendet man meistens die Klebstoffarten der Übersicht.

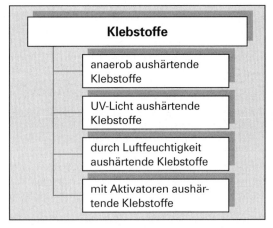

Übersicht: Aushärtemechanismen bei Klebstoffen

Anaerobe[3] Klebstoffe, z. B. Methacryl-Kleber, sind Einkomponenten-Klebstoffe, die bei Raumtemperatur aushärten. Diese Klebstoffe bleiben flüssig, solange sie mit der Luft in Verbindung sind. Erst bei der Verbindung der mit diesem Klebstoff benetzten Teile härtet er durch Abschluss von Luft bzw. Sauerstoff beim Zusammenfügen der zu klebenden Teile bei Raumtemperatur aus. Durch Kapillarwirkung werden kleinste Zwischenräume im Fügespalt durch den flüssigen Klebstoff ausgefüllt. Aktive Metalle, wie Kupfer und Messing, unterstützen den Aushärtevorgang, weil sie als Katalysator wirken. Die Werkstoffoberflächen der aktiven Metalle führen zu schnellen chemischen Reaktionen der Aushärtung. Bei nichtaktiven Werkstoffen, z. B. verzinkten und nichtrostenden Stählen sowie Kunststoffen, werden für eine schnelle und vollständige Aushärtung Aktivatoren eingesetzt. Aktivatoren sind Stoffe, z. B. Aceton, welche die Aushärtung von Klebstoffen beschleunigen oder erst ermöglichen. Dabei wird der flüssige Aktivator vor dem Auftragen des Klebstoffs auf eine oder beide Fügeflächen aufgebracht.

Werden anaerobe Klebstoffe z. B. mit Silberpulver angereichert, erhält man elektrisch und thermisch leitende Klebstoffe. Anaerobe Klebstoffe eignen sich für Metalle, Glas und Kunststoffe. Diese Klebverbindungen sind stoß- und vibrationsfest sowie beständig gegen viele Säuren, Laugen und Lösungsmittel.

---

[1] Adhäsion = Aneinanderhaften; Haftvermögen des Klebstoffs auf den Fügeteilen

[2] Kohäsion = Zusammenhalt; molekulare Bindung innerhalb des Klebstoffs

[3] anaerob (griech.) = unter Luftabschluss

UV-aushärtende Klebstoffe, z. B. Acrylharze, härten durch Bestrahlung mit ultraviolettem Licht in einigen Sekunden aus. Dadurch lassen sich z. B. Glas, Metall und Kunststoff sowie deren Kombinationen schnell und kraftschlüssig verbinden. In der Elektrotechnik werden z. B. SMD-Bauelemente (Seite 262) mit UV-aushärtenden Klebstoffen auf Leiterplatten befestigt. Bei der Aushärtung durch die UV-Strahlung muss die UV-Strahlung den Klebstoff erreichen können.

Das Bedienungspersonal muss grundsätzlich vor den UV-Strahlen abgeschirmt sein.

Feuchtigkeitsaushärtende Klebstoffe

Klebstoffe auf **Cyanacrylat-Basis** sind schnell abbindende, lösungsmittelfreie Einkomponenten-Klebstoffe. Man bezeichnet sie auch als **Sekundenkleber**, da eine Anhärtung innerhalb einiger Sekunden erfolgt. Unter dem Einfluss von schwach basisch reagierenden Flüssigkeiten, z. B. Wasser oder Alkohol, polymerisiert der Klebstoff. Dazu genügt bereits die Feuchtigkeit der Luft und der Klebefläche. Eine Luftfeuchte unter 30 % sollte aber möglichst nicht unterschritten werden. Cyanacrylat-Klebstoffe eignen sich zum Kleben für Metalle und deren Legierungen sowie für Glas, Keramik, Leder, Holz und Kunststoffe (aber nicht für aufgeschäumtes Polystyrol).

Bei einigen thermoplastischen Kunststoffen, z. B. Polyethylen, Polypropylen und Polyamid, lassen sich ausreichende Klebefestigkeiten nur durch eine chemische Vorbehandlung (Beizen) erreichen.

Cyanacrylat-Klebstoffe sind nicht geeignet für großflächige Verklebungen, da durch die rasche Aushärtung innere Materialspannungen auftreten können.

Zur Vermeidung von Schäden an Haut und Augen sind bei Cyanacrylat-Klebstoffen Schutzhandschuhe und Schutzbrille zu tragen. Dämpfe können Schleimhäute und Augen reizen. Sie sind abzusaugen.

Acrylat-Klebstoffe sind Ein- oder Zweikomponenten-Klebstoffe, die bei Raumtemperatur aushärten. Zweikomponenten-Klebstoffe benötigen einen Härter. Er wird mit dem Kleber gemischt und anschließend innerhalb der so genannten Topfzeit verarbeitet. Acrylat-Klebstoffe haben eine hohe Scher- und Zugfestigkeit, gute Schlagfestigkeit und sind bei Temperaturen von etwa −55 °C bis +200 °C einsetzbar.

4.3.2 Verwendung von Klebstoffen

Da fast alle Werkstoffe mit Klebstoffen zu verbinden sind, ergeben sich viele Einsatzmöglichkeiten in allen Industriezweigen, vor allem in der Elektrotechnik, z. B. bei der Herstellung integrierter Schaltkreise **(Bild)**. Klebstoffe bei denen das Abbinden (Härten) unter einer chemischen Reaktion abläuft, z. B. durch Polymerisation (Seite 110), erreichen meist höhere Festigkeiten und Gebrauchstemperaturen.

Vor dem Auftragen des Klebstoffs muss dieser eventuell entgast und temperiert werden. Gase, die vor und nach dem Härten des Klebstoffes vorhanden sind, können z. B. zu widerstandserhöhenden Belägen führen. Mehrkomponenten-Klebstof-

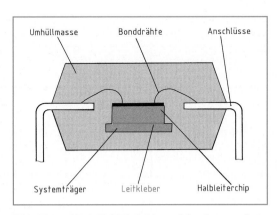

Bild: **Kleben eines Halbleiterchips auf den Systemträger**

fe muss man mischen. In den meisten Fällen wird der Klebstoff punktweise, linienförmig oder flächig auf eine oder beide Fügeflächen aufgetragen. Punkte lassen sich von Hand mit einer Nadel, besser mit einem pneumatischen Dosier- und Positioniergerät aufbringen. Die Dosiermenge kann dabei eingestellt werden. Klebstoff-Flächen lassen sich mit Hilfe eines Stempels oder durch Zerstäuben herstellen. Bei großen Flächen wird der Klebstoff von Förderpumpen oder mit Hilfe der Siebdruck-Technik aufgebracht, z. B. bei SMD-Bauteilen.

Der Kleber darf nicht im Dosiergerät oder in der Düse härten. Automatische Heiz- und Spüleinrichtungen sowie geeignete Düsen, z.B. PTFE-Düsen für Cyanacrylat, verhindern ein Verstopfen.

Die in der Elektrotechnik und im Maschinenbau verwendeten Klebstoffe sind so vielfältig, dass nur ein grober Überblick über die eingesetzten Klebstoffe gegeben werden kann **(Tabelle)**.

Tabelle: Klebstoffe (Auswahl)

Bezeichnung	Art der Abbindung	Basis-Rohstoffe des Klebers (Beispiele)	Klebbare Werkstoffe (Beispiele)
Physikalische abbindende Klebstoffe			
Schmelzklebstoffe[1]	Erstarren einer Schmelze	Polyamide, Polyester, Ethylen-Vinylacetat-Copolymere	Papier, Kunststoffe, Textilien, Holz
Klebstifte	Verdunsten von Wasser	Polyvinylpyrolidon	Papier
Dispersionsklebstoffe[2]		Polyacrylsäureester, Ethylen	Kunststoffe, Papier
Lösemittelklebstoffe	Verdunsten von Lösemitteln	Vinylverbindungen, Synthese-Kautschuk	Kunststoffe, Papier, Glas, Holz, Leder
Kontaktklebstoffe[3]		Polychlorbutadien in Verbindung mit Phenolharzen	Gummi, Leder, Kunststoffe, Metalle, Holz
		Polyurethane	Kunststoffe, Leder, Gummi, Metalle, Papier
Reaktionsklebstoffe			
Sekundenklebstoffe	Polymerisation	Cyanacrylsäureester	Metall, Kunststoffe, Gummi, Keramik
Methacrylat-Zweikomponentenklebstoffe		Methacrylsäureester	Kunststoffe, Metalle, Keramik
Polyesterharzklebstoffe		Ungesättigte Polyesterharze	Kunststoffe, Metalle
Anaerobe Klebstoffe	Polymerisation unter Sauerstoffausschluss	Ester der Methacrylsäure	Metalle
Ein- und Zweikomponenten-Epoxidharz-Klebstoffe	Polyaddition	Epoxidharz-Polymere, Diepoxide mit Aminen und /oder Polyamidoaminen	Metalle, Kunststoffe, Glas, Keramik
Polyurethan-Klebstoffe		Polyurethanprepolymere in Verbindung mit Polyolen	Metalle, Kunststoffe, Glas, Keramik
Acrylharz-Klebstoffe	Polymerisation mit UV-Strahlen	Ester der Acrylsäure	Metalle, Kunststoffe
Phenolharz-Klebstoffe	Polykondensation	Phenol/Resorcin-Formaldehyd-Harze	Holz, Metalle

[1] **Schmelzklebstoffe** sind feste Klebstoffe, die durch Wärme flüssig werden und beim Abbinden erkalten.

[2] **Dispersionsklebstoffe** enthalten in Wasser aufgeschwemmte Polymere. Verdunstet das Wasser, bindet der Klebstoff ab.

[3] **Kontaktklebstoffe** enthalten Lösemittel. Nach dem Auftragen des Klebers verdunstet das Lösemittel. Erst dann erfolgt das Zusammenfügen der zu verklebenden Teile, meist unter hohem Druck.

5 Leiterwerkstoffe

Leiterwerkstoffe ermöglichen die verlustarme Fortleitung des elektrischen Stromes.

Als feste elektrische Leiter werden vor allem Nichteisenmetalle in Reinform oder als Legierung verwendet. Wesentliches Merkmal ist ihre gute elektrische Leitfähigkeit, die z. B. bei Kupfer gegenüber dem Isolierstoff Polyvinylchlorid (PVC) um den Faktor 10^{20} höher ist. Die Wahl des richtigen Leiterwerkstoffes ergibt sich aus der jeweiligen Verwendung. So können Gewicht, mechanische Festigkeit, Korrosionsbeständigkeit oder der Preis entscheidende Auswahlkriterien sein. Z. B. werden für Freileitungen Aluminiumlegierungen (Aldrey) verwendet. Der gegenüber Kupfer um rund 45 % kleineren Leitfähigkeit steht ein um etwa 70 % geringeres Leitergewicht gegenüber.

5.1 Elektrische Grundlagen

5.1.1 Leitungsvorgang in Metallen

Die gute elektrische Leitfähigkeit der Metalle ergibt sich aus ihrem Bestand an frei beweglichen Elektronen. Diese „freien Elektronen" bewegen sich ungeordnet zwischen den feststehenden Atomen und bilden ein quasi[1] freies Elektronengas **(Bild 1)**. Die freien Elektronen entstehen bei der Einbindung der Einzelatome in das Metallgitter, wobei je Atom ein freies Elektron entsteht. Gibt zum Beispiel ein Kupferatom sein Elektron in der äußersten Schale, der so genannten Valenzschale, frei, so steht der aus 29 Protonen bestehenden positiven Kernladung nur die negative Ladung von 28 Elektronen in der Hülle gegenüber. Es liegt jetzt ein positives Metallion vor. Die negativ geladenen Elektronen des Elektronengases und die positiv ionisierten Atomrümpfe ziehen sich an und bewirken die Stoffbindung des Metallgitters.

Wird an einen metallischen Leiter ein äußeres elektrisches Feld, also eine Spannung angelegt, so werden die negativ geladenen freien Elektronen vom anliegenden positiven Potential angezogen und vom negativen abgestoßen. Es stellt sich eine geordnete Bewegung des Elektronenstromes ein, die sich der ungeordneten Wärmebewegung überlagert. Die Höhe des Stromes durch den Leiter hängt von der Konzentration seiner Ladungsträger (Elektronendichte) n und ihrer Ladung q ab. Die **elektrische Leitfähigkeit** γ des Leiters ergibt sich aus seiner Zahl an Ladungsträgern und ihrer temperaturabhängigen Beweglichkeit b im Gefüge **(Bild 2 und Formel 1)**. Z. B. hat reines Kupfer eine Elektronendichte von 10^{28} Elektronen/m³ und bei Raumtemperatur (20 °C) eine Elektronenbeweglichkeit von 0,0043 m²/Vs. Die Ladung beträgt $1,35 \cdot 10^{-18}$ As.

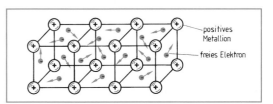

Bild 1: Freie Elektronen im Metallgitter

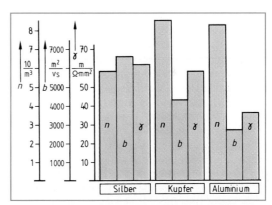

Bild 2: Elektronendichte n, Elektronenbeweglichkeit b und Leitfähigkeit γ von Leiterwerkstoffen bei 20 °C

$$\gamma = q \cdot n \cdot b \qquad (1)$$

$$[\gamma] = As \cdot \frac{1}{m^3} \cdot \frac{m^2}{Vs} = \frac{1}{\Omega m}$$

γ elektrische Leitfähigkeit[2]
q elektrische Ladung
n Elektronendichte
b Elektronenbeweglichkeit

Die elektrische Leitfähigkeit eines Metalls wird durch die Anzahl seiner freien Elektronen bestimmt.

---

[1] quasi: als ob; hier: im Metall frei beweglich, nicht außerhalb   [2] nach DIN 1304 auch κ oder σ

Zur Berechnung von Leiterwiderständen **(Formel 1)** wird die elektrische Leitfähigkeit auf eine Leiterlänge von 1 m und einen Leiterquerschnitt von 1 mm² bezogen. Sie gibt den Widerstand des Leiters bei 1 m Länge und 1 mm² Querschnitt bei einer Temperatur von 20 °C an **(Tabelle)**. Der Kehrwert der elektrischen Leitfähigkeit ist der spezifische Widerstand **(Formel 2)**.

5.1.2 Einflüsse auf den Leitungsvorgang

> Gitterstörungen verringern die elektrische Leitfähigkeit metallischer Leiter.

Metalle haben ihre größte Leitfähigkeit in Reinform und bei niedrigen Temperaturen (Extremfall: Supraleitfähigkeit). Ansteigende Temperaturen oder eingebrachte Fremdatome mindern die Beweglichkeit der freien Elektronen im Atomgitter und verschlechtern dadurch die Leitfähigkeit, der elektrische Widerstand nimmt zu **(Übersicht)**.

Wärme versetzt die Atome im Werkstoff in Schwingungen um ihren Gitterplatz. Die Erwärmung eines Leiters kann durch die Umgebungswärme erfolgen oder durch den elektrischen Strom. Beim Stromdurchfluss stoßen die fließenden Elektronen auf die Gitteratome, wobei die Atome durch die Aufprallenergie ebenfalls in Wärmeschwingungen versetzt werden. Die Temperatur wird umso größer, je höher die Amplitude und die Geschwindigkeit der Schwingungen ist. Bei dem geringen Abstand der Atome im Metallgitter wird dadurch die Beweglichkeit der freien Elektronen eingeschränkt **(Bild)**, d. h., die elektrische Leitfähigkeit des Metalls nimmt ab. Metalle bezeichnet man daher als **Kaltleiter**.

> Der Temperaturkoeffizient (Temperaturbeiwert) α gibt die relative Widerstandsänderung ΔR bei 1 K Temperaturänderung an.

Die bei Erwärmung eintretende Widerstandsänderung kann nach **Formel 3** berechnet werden. Der mittlere Temperaturkoeffizient beträgt bei Reinmetallen bis zu einer Temperatur von etwa 200 °C rund 0,004 K⁻¹ **(Tabelle)**. Somit vergrößert sich der Leiterwiderstand je 25 K Temperaturanstieg um 10 %.

> Der Widerstand reiner Metalle steigt mit der Temperatur.

Bestimmte Legierungsmetalle wie Manganin (CuMn12Ni) haben praktisch einen temperaturunabhängigen Widerstand. Sie werden z. B. für Messwiderstände verwendet.

$$ R = \frac{l}{\gamma \cdot A} = \frac{\varrho \cdot l}{A} \qquad (1) $$

$$ [\gamma] = \frac{10^6}{\Omega \cdot m} = \frac{m}{\Omega \cdot mm^2} \qquad \gamma = \frac{1}{\varrho} \qquad (2) $$

R Leiterwiderstand	γ Leitfähigkeit
ϱ spezifischer Widerstand	l Leiterlänge
	A Querschnitt

Tabelle: Elektrische Leitfähigkeit γ, spezifischer Widerstand ϱ und Temperaturbeiwert α verschiedener Metalle

Werkstoff	γ in $\frac{m}{\Omega \cdot mm^2}$	ϱ in $\frac{\Omega \cdot mm^2}{m}$	α in 1/K
Aluminium	37	0,0270	0,0039
Blei	4,8	0,208	0,0042
Gold	46	0,022	0,0040
Kupfer	58	0,0172	0,0039
Silber	60	0,0167	0,0041
Manganin	2,0	0,50	0,00001

Abnahme der Leitfähigkeit durch:

Temperaturanstieg

Legieren (Fremdatome)

mechanische Verformung

Übersicht: Einflüsse auf die elektrische Leitfähigkeit von Metallen

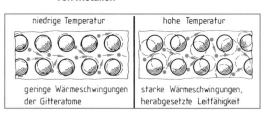

niedrige Temperatur — hohe Temperatur

geringe Wärmeschwingungen der Gitteratome — starke Wärmeschwingungen, herabgesetzte Leitfähigkeit

Bild : Einfluss der Temperatur auf die Leitfähigkeit bei Metallen

$$ \Delta R \approx \alpha \cdot R_{20} \cdot \Delta\vartheta \qquad (3) $$

$$ [\Delta R] = \frac{1}{K} \cdot \Omega \cdot K = \Omega \qquad R_\vartheta = R_{20} + \Delta R $$

ΔR Widerstandsänderung	R_{20} Widerstand bei 20 °C
R_ϑ Warmwiderstand	
$\Delta\vartheta$ Temperaturänderung in K	α Temperaturbeiwert in 1/K

Legierungen entstehen, wenn dem flüssigen reinen Metall metallische oder nichtmetallische Fremdstoffe zugefügt werden. Werden hierbei die Atome des Legierungselementes in das Gitter des Grundmetalls eingebaut, entstehen Mischkristalle. Können sich die Legierungskomponenten nicht ineinander lösen, so kristallisieren die einzelnen Elemente unter Beibehaltung ihres eigenen Raumgitters aus und bilden ein Kristallgemisch. Der durch den Legierungsvorgang gestörte Aufbau des Kristallgitters vermindert die ursprüngliche Beweglichkeit der Leitungselektronen. Die elektrische Leitfähigkeit ist dadurch immer geringer als im reinen Metall, selbst wenn das Legierungsmetall eine bessere Leitfähigkeit als das Grundmetall hat, z. B. wenn Kupfer mit Silber legiert wird **(Bild 1)**.

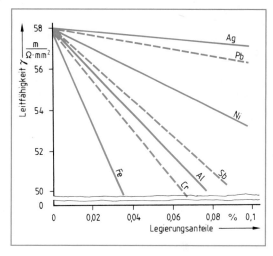

Bild 1: Einfluss verschiedener Legierungsanteile auf die Leitfähigkeit von Kupfer

> Metalle haben in Reinform die höchste elektrische Leitfähigkeit.

Durch Legieren kann z. B. die chemische Beständigkeit des Grundmetalls oder seine Zugfestigkeit verbessert werden (Beispiel: Al-Freileitungsseile). Bei Widerstandswerkstoffen wird durch Legieren die Leitfähigkeit geringer. Die eintretende Widerstandszunahme ist fast temperaturunabhängig, weil sie die Folge einer Mischkristallbildung beim Legieren ist, also durch den gestörten Gitteraufbau verursacht wird. Widerstandswerkstoffe haben daher einen kleineren Temperaturbeiwert als reine Metalle.

Mechanische Verformung verschiebt die Metallionen von ihren Gitterplätzen und beeinträchtigt dadurch die Elektronenbeweglichkeit.

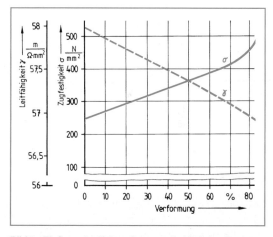

Bild 2: Einfluss der Kaltverformung bei Reinkupfer

> Die elektrische Leitfähigkeit von Metallen wird durch mechanische Verformung herabgesetzt.

Elastische Verformung führt nur während der Einwirkung einer Verformungskraft zu Gitterverzerrungen. Die Leitfähigkeit sinkt hierbei mit zunehmendem Verformungsgrad des Gitters. Die Widerstandsänderung durch elastische Verformung wird z. B. bei Dehnungsmessstreifen (DMS) genutzt.

Plastische Verformung verursacht Gitterversetzungen, die auch nach Beendigung des Verformungsvorganges bestehen bleiben. Gitterversetzungen ergeben sich durch Kaltverformung, z. B. bei der Herstellung von Drähten durch Kaltziehen oder beim Biegen von Sammelschienen. Während die Härte und Zugfestigkeit mit dem Verformungsgrad zunimmt, sinkt die elektrische Leitfähigkeit **(Bild 2)**. Erfolgt nach der Kaltverformung eine Erwärmung bis zur Rekristallisationstemperatur und anschließend eine langsame Abkühlung (Rekristallisationsglühen), kann sich die Gefügestruktur neu bilden (Seite 79). Die Leitfähigkeit wird dadurch wieder verbessert.

Bei der Herstellung von Transformatorenblechen wird der elektrische Widerstand der Bleche sowohl durch plastische Verformung bei der Kaltwalzung als auch durch Zulegieren von etwa 4 % Silicium erhöht. Dadurch werden die Wirbelströme und die von ihnen hervorgerufenen Wärmeverluste klein gehalten.

5.1.3 Supraleitung

Der elektrische Widerstand eines Leiters wird durch die Stoffart, seine Gitterstruktur und durch die Temperatur bestimmt. Bei reinen Metallen mit ungestörtem Gitteraufbau ist der wirksame Widerstand fast nur durch thermische Gitterschwingungen verursacht. Bei Temperaturrückgang nimmt mit den Gitterschwingungen auch der Widerstand ab, er wird in der Nähe des absoluten Nullpunkts (−273,15 °C = 0 K) annähernd null. Verschiedene Metalle und Nichtmetalle verlieren bereits bei Temperaturen oberhalb des absoluten Nullpunkts sprunghaft ihren Widerstand, das heißt, sie sind supraleitend (**Bild 1**).

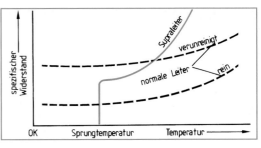

Bild 1: Widerstandsverhalten von normalen Leitern und Supraleitern bei Tiefsttemperaturen

> Supraleiter haben bei Abkühlung auf ihre Sprungtemperatur den elektrischen Widerstand null.

Tabelle: Sprungtemperatur und kritische magnetische Induktion bei Supraleitern (Auswahl)						
Werkstoff	Sn	Hg	Pb	NbTi	V_3Si	Nb_3Sn
T_0 in K	3,7	4,1	7,2	9,3	17,0	18,2
B_0 in mT	31	41	80	11 000	23 000	25 000

Die Supraleitung beruht auf der Verbindung von je zwei Elektronen zu so genannten **Cooper[1]-Paaren**. Diese Paarbildung kann nur erfolgen, wenn die Gitterschwingungen bei niedrigen Temperaturen sehr klein sind. Sie kann verglichen werden mit dem Verhalten von Wassermolekülen, die sich beim Absinken der Temperatur unter den Gefrierpunkt zu Eiskristallen zusammenfügen. Die Cooper-Paare ermöglichen den widerstandslosen Ladungstransport, wobei das Innere des Leiters elektrisch feldfrei ist. Temperaturen über der Sprungtemperatur oder schwache Magnetfelder bei elementaren Metallen führen zur Trennung der Cooper-Paare. Dadurch geht die Supraleitung wieder verloren.

Technisch interessant sind Werkstoffe mit möglichst hoher Sprungtemperatur und erhöhter Beständigkeit gegen Magnetfelder. Niob-Zinnlegierungen haben z. B. eine Sprungtemperatur T_0

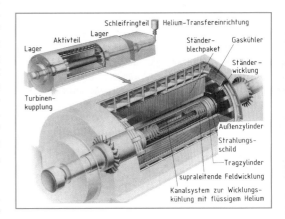

Bild 2: Turbogenerator mit supraleitender Feldwicklung

von 18 K und eine „kritische magnetische Induktion" B_0 von über 20 Tesla[2] (**Tabelle**). In Laborversuchen wurden bei Yttrium-, Barium- und anderen Kupferoxiden, z. B. Bi-Sr-Ca-Cu-Oxide und Ti-Ba-Ca-Cu-Oxide, bereits Sprungtemperaturen zwischen 90 K und 120 K erreicht. Bei den üblichen Leiterwerkstoffen Kupfer, Silber und Gold konnte bisher keine Supraleitung nachgewiesen werden.

Supraleitende Magnete werden heute z. B. in der Festkörperphysik und Medizin verwendet. Durch Kühlung mit flüssigem Helium beträgt die Arbeitstemperatur von auf Nb-Ti-Basis arbeitenden Magneten rund 2 K, die erreichte Induktion liegt über 10 T (übliche Induktionswerte bei Spulen mit Eisenkern: 0,8...1,5 T). Weltweit in Erprobung sind supraleitende Kabel zur elektrisch verlustlosen Energieübertragung sowie Prototypen von Generatoren mit Leistungen bis 1000 MVA (**Bild 2**). Entscheidend für die weitere wirtschaftliche Nutzung ist die Entwicklung von so genannten Hochtemperatur-Supraleitern, die durch höhere Sprungtemperaturen höhere Arbeitstemperaturen zulassen. Das heute notwendige Kühlmittel Helium (Siedepunkt 4,15 K) könnte dann durch solche mit höherem Siedepunkt (Wasserstoff 20,5 K oder Stickstoff 77,3 K) ersetzt werden.

[1] Cooper, amerikanischer Physiker, geb. 1930
[2] magnetische Flussdichte, benannt nach Nikola Tesla, kroatischer Physiker, 1856 bis 1943

5.2 Leiterwerkstoff Kupfer

Reines Kupfer wird bevorzugt als Leiterwerkstoff verwendet. Aus Kupferlegierungen werden in der Elektrotechnik vor allem Strom führende Konstruktionsteile, z. B. Kontaktteile und Klemmen, hergestellt.

5.2.1 Unlegiertes Kupfer

> Kupfer ist nach Silber der beste elektrische Leiter und Wärmeleiter.

Tabelle: Eigenschaften von Reinkupfer (bei 20 °C)	
elektrische Leitfähigkeit	58 m/($\Omega \cdot$ mm^2)
Wärmeleitfähigkeit	395 W/(K $\cdot$ m)
Dichte	8,9 kg/dm^3
Schmelzpunkt	1083 °C
Siedepunkt	2590 °C
Längenausdehnungskoeffizient[1]	$16,5 \cdot 10^{-6}$ K^{-1}
Elastizitätsmodul	125 kN/mm^2
Brinellhärte	55
Temperaturkoeffizient des elektrischen Widerstandes	0,0043 K^{-1}

[1] bei 0…100 °C

Eigenschaften: Die Wärmeleitfähigkeit **(Tabelle)** hängt ebenfalls von den freien Elektronen ab, welche die elektrische Leitfähigkeit verursachen. Bereits geringe Verunreinigungen setzen die Leitfähigkeit herab. Daher wird von Kupfer für elektrische Leiter eine Reinheit von mindestens 99,90 % gefordert (IAC-Standard[1]). Kupfer ist durch seine kubisch-flächenzentrierte Gitterstruktur (Seite 22) gut kalt und warm verformbar. Bei Kaltverformung steigen die Härte und Festigkeit, die Leitfähigkeit aber nimmt ab.

Kupfer ist an Luft sowie gegen Wasser und schwache Säuren chemisch beständig. An trockener Luft überzieht es sich mit einer dünnen Oxidschutzschicht. Das hellrote Kupfer verfärbt sich hierbei zuerst dunkelbraun und dann schwarz. In feuchter Luft bildet sich eine grüne Kupfercarbonatschutz-

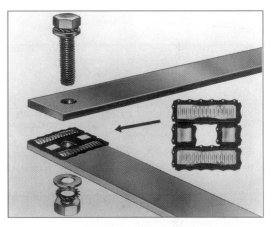

Bild: Kontaktmodul zur Sammelschienenverbindung

schicht (Patina). Schwefel- und Salpetersäure greifen Kupfer an. Es darf bei Anwesenheit von Wasser nicht direkt mit Aluminium verbunden werden (z. B. bei Freileitungen). Durch Elementbildung würde das Aluminium zerstört.

Um Kontaktflächen z. B. von Sammelschienen vor Oxidation oder Korrosion zu schützen, können spezielle Kontaktmodule verwendet werden **(Bild)**.

Das für Leiter verwendete Reinkupfer wird in sauerstoffhaltiges Elektrokupfer und in sauerstofffreie Sorten eingeteilt **(Tabelle 1, Seite 140)**. Die einen Restsauerstoffgehalt aufweisenden Elektro-Kupfersorten sind für Wärmebehandlungen wie Glühen, Schweißen oder Hartlöten ungeeignet, da sie z. B. aus der Luft oder aus wasserstoffhaltigen Schweißgasen Wasserstoff aufnehmen. Durch Reaktion von Wasserstoff und Sauerstoff bildet sich im Gefüge des Kupfers Wasserdampf, der zur Versprödung und Rissbildung führt.

Verwendung: Elektro-Kupfer wird bevorzugt für Leitzwecke verwendet (Tabelle 1, Seite 140). Für Installationsleitungen, Starkstromkabel, Stromschienen und z. B. Wickeldrähte werden bevorzugt die Kupfersorten Cu-ETP (früher E-Cu58) mit einer Mindestleitfähigkeit von 57 bzw. 58 m/($\Omega \cdot$ mm^2) eingesetzt. Blanke Drähte können mit den meisten Kunststoffisolierungen (z. B. PVC, PE, Teflon, Lacke) direkt überzogen werden. Isolierungen aus Gummi dürfen keinen Schwefel enthalten, ansonsten müssen die Cu-Drähte verzinnt sein.

Leiterbahnen aus galvanisch abgeschiedenem Reinkupfer werden z. B. auf den Läufern von Scheibenläufermotoren oder auf Leiterplatten aufgebracht. Bei Leiterplatten werden Folien verwendet, die Stärken von nur 5…100 µm haben können. In diesen dünnen Leiterbahnen ist die Elektronenbeweglichkeit eingeschränkt, die Leitfähigkeit nimmt dadurch stark ab. Sie beträgt bei einer Schichtstärke von z. B. 50 µm nur noch 0,02 m/($\Omega \cdot$ mm^2).

[1] IACS = International Annealed Copper Standard

Tabelle 1: Eigenschaften von E-Kupfer						Nach DIN EN 1976
Bezeichnung (Werkstoff-Nr.)	frühere Bezeichnung	el. Leitfähig-keit in $m/(\Omega \cdot mm^2)$	Wärmeleit-fähigkeit in $W/(K \cdot m)$	Zugfestig-keit in N/mm^2	Bruchdeh-nung[1] A_5 in %	Verwendung (Eigenschaften)
Cu-ETP (CR004A)	E-Cu 58	> 58	395 395	200...250 200...250	38 45	Leiterwerkstoff, z. B. Drähte, Bänder, Kabel, Sammelschienen
Cu-PHC (CR020A)	SE-Cu	> 57	385	200...300	17...20	Leiterwerkstoff, Halb-zeuge hoher elektri-scher Leitfähigkeit, gut schweiß- und lötbar
Cu-DLP (SW-Cu)	SW-Cu	ca. 52	350	200...250	42	Apparatebau ohne An-forderungen an die elektr. Leitfähigkeit, gut schweiß- und lötbar

[1] A_5: Bruchdehnung bei Zugstablänge $l_0 = 5 \cdot d_0$

5.2.2 Kupferlegierungen

Durch Legieren werden die mechanischen Eigenschaften des Kupfers verbessert.

Abhängig von Art und Menge der Legierungsanteile wird die elektrische Leitfähigkeit herabgesetzt. So verschlechtert z. B. Silber die Leitfähigkeit nur geringfügig, während sie durch Eisen und Phosphor stark herabgesetzt wird. Hoher Nickelgehalt erhöht die Temperaturbelastbarkeit, der gleichzeitige starke Rück-gang der Leitfähigkeit führt zur Verwendung als Widerstandslegierung (Seite 155).

Kupfer-Zink-Legierungen (Messing)

Kupfer-Zink-Legierungen haben einen Kupfergehalt von 95 % bis 55 %. Mit zunehmendem Zinkgehalt nehmen zunächst ihre Festigkeit und Verformbarkeit zu, um ab etwa 40 % Zinkanteil wieder abzunehmen, die Legierung wird dann härter. Ab einem Zinkgehalt von 37 % wird die zunächst stattfindende α-Mischkristallbildung durch wesentlich härtere β-Mischkristalle abgelöst (Bild 1, Seite 88).

Geringe Zulegierungen weiterer Metalle (früher: Sondermessing) ergeben besondere Werkstoffeigen-schaften: Blei verbessert z. B. die Zerspanbarkeit, Mangan die Korrosionsbeständigkeit, Aluminium erhöht die Härte und Eisen verfeinert das Gefüge.

Eigenschaften: CuZn-Legierungen lassen sich gut gießen, zerspanen und spanlos warm oder kalt verfor-men. Sie sind schweißbar sowie weich- und hartlötbar. CuZn-Legierungen sind beständig gegen Witte-rungseinflüsse und Korrosion. Durch Kaltverformung können Festigkeit und Härte erhöht werden. Galva-nische Überzüge sind möglich, z. B. Silberüberzüge von wenigen µm Dicke bei CuZn-Steckverbindern. Typische Legierungseigenschaften sind **Tabelle 2** entnehmbar.

Verwendung: CuZn-Knetlegierungen (Beispiel: CuZn30, bestehend aus 70 % Cu und 30 % Zn) werden z. B. zu Blechen, Bändern, Profilen und Drähten verarbeitet. Aus **CuZn-Gusslegierungen** (Beispiel: G-CuZn33Pb, Sandgusslegierung aus 63...67 % Cu, 1...3 % Pb, etwa 1 %Ni, Sn, Fe sowie rund 0,1 % Mn, P, Si, Al, Rest Zn) können Gehäuse, Armaturen und Kon-struktionsteile für den Maschinenbau und die Elekt-rotechnik gegossen werden. In der Elektrotechnik werden Kleinteile wie Klemmen, Lampenfassun-gen, Schalterteile, Lötösen und Bürstenhalter aus Kupfer-Zink-Legierungen hergestellt. Legierungen mit hohem Kupfergehalt gewährleisten eine gute elektrische Leitfähigkeit.

Tabelle 2: Eigenschaften von Kupfer-Zink-Legierungen (bei 20 °C)	
elektrische Leitfähigkeit	34...8,5 m/($\Omega \cdot mm^2$)
Wärmeleitfähigkeit	243...66 W/(K · m)
Dichte	8,9...8,2 kg/dm³
Zugfestigkeit	200...600 N/mm²
Schmelzpunkt	etwa 900 °C

Kupfer-Zinn-Legierungen (Bronzen)

Kupferlegierungen mit mindestens 60 % Kupfer, die Zink nicht oder nur in geringen Anteilen enthalten, werden traditionell auch als **Bronzen** bezeichnet. Kupfer-Zinn-Legierungen (Zinnbronzen) sind sehr korrosionsbeständig. Knetlegierungen mit einem Zinngehalt bis 8 % haben eine hohe Kaltverformbarkeit. Mit dem Grad der Kaltverformung können Festigkeit und Härte wesentlich gesteigert werden **(Bild 1)**. Im federharten Zustand sind Zugfestigkeiten bis zu 800 N/mm² erreichbar **(Tabelle)**. CuSn-Legierungen lassen sich gut galvanisieren, z. B. zum Herstellen von Edelmetallüberzügen für elektrische Kontakte, und gut weich- bzw. hartlöten.

Verwendung: Legierungen mit einem Zinngehalt von 2...8 % (Beispiel: CuSn6, aus 94 % Cu und 6 % Sn) werden in der Elektrotechnik hauptsächlich für preisgünstige Kontaktstreifen und für Strom leitende Federn, z. B. in der Nachrichten-, Steuer- und Datentechnik verwendet **(Bild 2)**.

Niedriglegierte Kupferlegierungen

Sie haben durch ihren hohen Kupfergehalt von meist über 97 % eine hohe elektrische Leitfähigkeit. Gleichzeitig wird z. B. durch Beryllium, Silber oder Cadmium ihre Festigkeit gegenüber Reinkupfer erhöht. Die bei Federkontakten wichtige Entfestigungstemperatur, bis zu deren Höhe das kaltverfestigte Material seine Härte und Elastizität behält, kann durch Zulegierungen von z. B. Zirkon, Cadmium und Zinn gesteigert werden.

Kupfer-Beryllium-Legierungen (Beispiel: CuBe2, aus 2 % Be, Rest Cu) sind sehr hart und elastisch. Durch die Aushärtbarkeit auf höchste Zugfestigkeit sind sie für federnde Kontakte besonders geeignet. CuBe-Legierungen werden z. B. für Strom leitende Federn (Spiralfedern bei Messgeräten) und für Buchsen verwendet. Eine weitere Anwendung sind hoch beanspruchte nichtmagnetische Bauteile, z. B. Lager.

Kupfer-Cadmium-Legierungen (Beispiel: CuCd1, aus 1 % Cd, Rest Cu) haben bei sehr hoher elektrischer Leitfähigkeit hohe Festigkeit und Verschleißbeständigkeit. Freileitungen, Fahrdrähte elektrischer Bahnen und Kollektoren für elektrische Maschinen werden aus CuCd-Legierungen gefertigt.

Kupfer-Silber-Legierungen (Beispiel: CuAg0,1, bestehend aus 0,1 % Ag, Rest Cu) haben eine sehr gute Leitfähigkeit und ermöglichen dadurch hohe Stromdichten. Sie werden z. B. für Stromwender und Ankerwicklungen bei Gleichstrommaschinen verwendet.

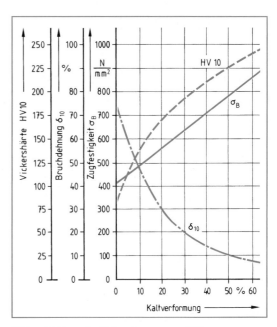

Bild 1: Einfluss der Kaltverformung auf Härte, Zugfestigkeit und Dehnung bei CuSnB

Tabelle: Eigenschaften von Kupfer-Zinn-Legierungen (bei 20 °C)	
elektrische Leitfähigkeit	9...7,5 m/(Ω · mm²)
Wärmeleitfähigkeit	185...65 W/(K · m)
Dichte	9...8,7 kg/dm³
Zugfestigkeit	260...800 N/mm²
Schmelzpunkt	900...1050 °C

Bild 2: Kontaktprofile aus CuSn-Basismaterial

5.3 Leiterwerkstoff Aluminium

Als Leiterwerkstoff wird durch Elektrolyse gewonnenes Elektro-Aluminium mit einem Reinheitsgrad von mindestens 99,5 % verwendet (Seite 91). Bezieht man die elektrische Leitfähigkeit auf das Gewicht des Leiters, so hat Elektrokupfer bei gleicher Masse nur knapp die halbe Leitfähigkeit von Elektro-Aluminium **(Bild)**.

> Aluminium hat eine hohe elektrische Leitfähigkeit bei geringer Dichte (Leichtmetall).

5.3.1 Unlegiertes Aluminium

Der große und stetig steigende Bedarf an Aluminium ergibt sich durch seine günstigen Werkstoffeigenschaften und die gute Bearbeitbarkeit. Nach Silber, Kupfer und Gold hat Aluminium die beste elektrische Leitfähigkeit und Wärmeleitfähigkeit **(Tabelle)**. Das silberhelle Metall überzieht sich an Luft mit einer dünnen, elektrisch isolierenden Oxidschicht. Diese dichte Oberflächenschicht schützt das Material gegen weitere Oxidation und gegen Korrosion, z. B. durch Witterungseinflüsse.

Aluminium lässt sich gut spanlos und spanend bearbeiten. Es können z. B. Sammelschienen und Wickelfolien durch Walzen und auch feinste Drähte durch Ziehen hergestellt werden. Bei spanabhebender Bearbeitung wie Sägen, Bohren oder Drehen ist auf ausreichend große Spanwinkel zu achten. Aluminiumlegierungen lassen sich gut vergießen und unter Beachtung der großen chemischen Affinität[1] zu Sauerstoff auch löten und schweißen.

Bei der Verarbeitung sind nachfolgende Eigenschaften des Aluminiums zu beachten:

- **Lokalelementbildung mit Kupfer:** Bei Anwesenheit von Elektrolyten wie z. B. Wasser wird das nach der elektrochemischen Spannungsreihe unedlere Aluminium angegriffen. Darum dürfen Al-Cu-Verbindungen und Al-Cu-Legierungen z. B. im Freien nicht verwendet werden. Im Freileitungsbau sind spezielle, korrosionssichere Al-Cu-Klemmen erforderlich.

- **Kriechen unter Belastung:** Aluminium verformt sich bei anhaltender Belastung, es „weicht" z. B. dem Druck einer Klemmverbindung aus, sodass sich die Verbindung lockern kann.

- **Oxidation von Kontaktstellen:** Oxidhautbildung führt zum Aufbau von Kontaktwiderständen, Kontaktstellen müssen daher vor der Verbindung gereinigt und z. B. mit Kontaktfett vor neuerlicher Oxidation geschützt werden.

Verwendung: Elektro-Aluminium EN AW-1350 [EAl 99,5] wird als Leiterwerkstoff, z. B. in Erdkabeln, verwendet. Hochfrequenzkabel haben Abschirmfolien aus Elektro-Aluminium. Beläge von Folien-, Papier- und Elektrolytkondensatoren bestehen aus Reinstaluminium mit 99,99 % Al. Weitere Anwendungen von unlegiertem Aluminium oder Elektro-Al-Legierungen sind Stromschienen und Freileitungen, bei Transformatoren Wicklungen aus Al-Draht oder Al-Band (Folienwicklung) sowie (nichtmagnetische) Bauteile von Messgeräten. Durch Gießen werden z. B. Läuferkäfige von Kurzschlussläufermotoren und durch Strangpressen z.B. Kühlkörper für Halbleiterbauelemente hergestellt.

[1] Affinität (lat.) = Verwandtschaft, Ähnlichkeit

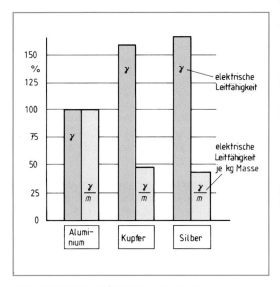

Bild: Elektrische Leitfähigkeit und Leitermasse

Tabelle: Eigenschaften von Elektro-Aluminium (weich) bei 20 °C	
elektrische Leitfähigkeit	$37,7$ m/($\Omega \cdot$ mm^2)
Wärmeleitfähigkeit	226 W/(K $\cdot$ m)
Dichte	$2,7$ kg/dm^3
Schmelzpunkt	659 °C
Siedepunkt	2447 °C
Längenausdehnungskoeffizient[2]	$23,8 \cdot 10^{-6}$ K^{-1}
Elastizitätsmodul	70 kN/mm^2
Brinellhärte	20
Temperaturkoeffizient des elektrischen Widerstandes	$0,0046$ K^{-1}

[2] bei 0…100 °C

Aluminiumleiter mit Kupferbeschichtung nutzen das geringe Gewicht des Aluminiums als Kernmaterial (rund 80...90 % des Gesamtquerschnitts) und die Korrosionsbeständigkeit, den kleineren Kontaktwiderstand sowie die bessere Lötbarkeit des Kupfers als Überzugswerkstoff. Bei solchen **Verbundleitern** wirkt sich in der Hochfrequenztechnik der „Skin-Effekt" aus: Durch Verlagerung des Ladungstransports in den Außenbereich des Leiters wird die bessere Leitfähigkeit des Kupfers wirksam.

Bei walzplattierten Bändern, beispielsweise für Trägerplatten von Hybridschaltungen in der Halbleitertechnik, werden Aluminium und besonders AlSi-Legierungen als Trägerwerkstoff für z. B. gut lötbare Kontaktschichten aus Kupfer sowie als bondbarer Einlagewerkstoff zur Kontaktierung verwendet.

5.3.2 Aluminiumlegierungen

Durch Legieren lassen sich z. B. Härte, Korrosionsverhalten und Festigkeit erheblich verbessern. Die Legierungseigenschaften können dadurch dem Anwendungszweck angepasst werden **(Tabelle)**.

Aluminium-Magnesium-Knetlegierungen z. B. EN AW-5754 [AlMg3], sind nichtaushärtbar und haben eine gute Festigkeit sowie Korrosions- und Seewasserbeständigkeit. Mit einem Mg-Gehalt zwischen 1 und 3 % werden z. B. Walzerzeugnisse wie Bleche, Rohre und wetterbeständige Konstruktionsteile hergestellt. Datenspeicherplatten (Festplatten für Computer) aus AlMg4-Legierungen sind mit einer Magnetträgerschicht überzogen.

Aluminium-Magnesium-Silicium-Knetlegierungen sind aushärtbar und erreichen annähernd die Wetterbeständigkeit von Reinaluminium. Für Leitzwecke, z. B. bei Freileitungen und Stromschienen, wird vor allem die Legierung EN AW-6101B [EAl MgSi(B)] (Aldrey) mit einem Mg- und Si-Gehalt von jeweils 0,5 %, Rest Al verwendet. Sie hat, warm ausgehärtet, eine gute Leitfähigkeit bei hoher Zugfestigkeit.

Aluminium-Silicium-Gusslegierungen sind durch ihren Gehalt von etwa 12 % Silicium gut gießbar. Beispiel: EN AC-44200 [AlSi12 (a)] (früher G-AlSi12). Sie werden für Läuferkäfige und z. B. Motorgehäuse und Lagerschilde verwendet. Die Gussteile sind span- und schweißbar und korrosionsbeständig.

Werkstofftyp Kurzbezeichnung	Bestand- teile	Zustand	el. Leitfähig- keit in $m/(\Omega \cdot mm^2)$	max. Zug- festigkeit in N/mm^2	Bruchdeh- nung[1] A_5 in %	Brinell- härte	Verwendung (Beispiele)
Reinst-Al EN AW-1199 [Al 99,99]	99,99 % Al	weich	37,7	40	29	15	Leiterwerkstoff, z. B. Drähte, Bänder, Kondensatorbeläge
Elektro-Al EN AW-1350 [EAl 99,5]	99,5 % Al	weich	37	70	25	20	
Elektro-Al-Legierung (Aldrey) EN AW-6101B [EAl MgSi(B)]	0,5 % Mg 0,5 % Si Rest Al	ausge- härtet (warm)	33	320	12	90	Leiterwerkstoff, z. B. Kabel, Stromschienen, Freileitungen
Al-Konstruktions- legierung EN AW-5754 [Al Mg3]	2,6... 3,6 % Mg Rest Al	weich ausge- härtet	30 30	200 320	20 8	bis 40 bis 90	Antennenrohre, Lampengehäuse
Al-Gusslegierung EN AC-44200 [AlSi 12 (a)]	11...13 % Si 0...0,5 % Mn Rest Al	gegossen (weich)	23	200	5	–	Käfigstäbe, Gussteile wie z. B. Motorgehäuse

Tabelle: Eigenschaften von Aluminium und Aluminiumlegierungen der Elektrotechnik

[1] A_5: Bruchdehnung bei Zugstablänge $l_0 = 5\ d_0$

Wiederholungsfragen

1 Warum sind Metalle elektrische Leiter?

2 Wie wirken sich Legierungsanteile auf die elektrische Leitfähigkeit von Metallen aus?

3 Was versteht man unter Supraleitfähigkeit und wann tritt sie ein?

4 Warum wird für Leitzwecke bevorzugt E-Cu verwendet?

5 Wie wirkt sich eine Kaltverformung, z. B. eines Cu-Leiters, auf die elektrische Leitfähigkeit aus?

6 Durch welche Werkstoffeigenschaft ist Aluminium dem Kupfer z. B. im Freileitungsbau überlegen?

7 Worauf ist zu achten, wenn z. B. Klemmverbindungen von Aluminiumleitern hergestellt werden?

6 Kontaktwerkstoffe

Kontaktstücke (kurz: Kontakte) werden z. B. in Schaltern, Schützen oder als Schleifkontakte verwendet.

> Kontakte schließen durch gegenseitiges Berühren elektrische Stromkreise.

6.1 Einteilung der Kontakte

Kontakte teilt man nach der Art der Kontaktgabe und nach ihrer konstruktiven Ausführung ein (**Übersicht**).

Festkontakte werden in nicht lösbare und in lösbare Festkontakte unterteilt. Sie werden thermisch beansprucht. Nicht lösbare Festkontakte sind z. B. Wickelkontakte zur Verbindung von Drähten, Schweißkontakte zum Anschluss von Wicklungen an Kollektorlamellen und Lötkontakte bei gedruckten Schaltungen. Lösbare Festkontakte sind Klemmkontakte (**Bild**), Kontakte von Steckern und bedingt auch Schraubkontakte z. B. bei Sammelschienen.

Schleifkontakte werden z. B. bei Stellwiderständen und Stromwendern von Motoren verwendet. Sie werden vor allem thermisch und durch Abrieb beansprucht.

Druckkontakte (auch: Abhebekontakte) haben z. B. Schütze und Relais sowie Taster und Hochspannungsschalter. Sie sollen lichtbogenbeständig sein und eine hohe Schalthäufigkeit ermöglichen.

Flüssigkontakte befinden sich z. B. in quecksilbergefüllten Schaltröhren. Durch Kippen der Schaltröhre schließt bzw. öffnet das Quecksilber die Strombahn.

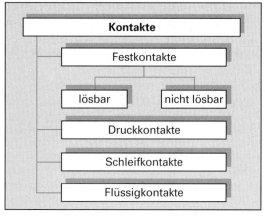

Übersicht: Kontaktarten

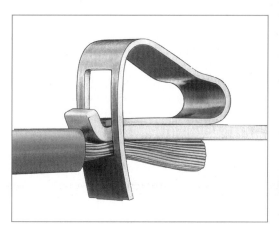

Bild: Käfigzugfeder, z.B. für Klemmleisten

6.2 Anforderungen an Kontaktwerkstoffe

Die Anforderungen an die Kontaktwerkstoffe ergeben sich aus der jeweiligen Aufgabenstellung. Angestrebt werden folgende Werkstoffeigenschaften:

- gute elektrische und thermische Leitfähigkeit
- hohe Lichtbogen- und Abbrandbeständigkeit
- hoher Schmelzpunkt
- geringe Neigung zum Kleben und Verschweißen
- wenig Neigung zur Materialwanderung

- beständig gegen chemische Einflüsse, Oxidation und Fremdschichtbildung
- gute mechanische Eigenschaften (Festigkeit, Härte, Bearbeitbarkeit)

Die verfügbaren Kontaktwerkstoffe können nur einen Teil der geforderten Eigenschaften erfüllen. Man wählt daher nach der zu erwartenden Kontaktbeanspruchung und den Werkstoffkosten aus. Materialkosten können eingespart werden durch das Aufbringen hochwertiger Kontaktwerkstoffe wie Gold, Silber oder Platin auf preiswerte Trägerwerkstoffe wie Kupfer, z. B. durch Aufdampfen, Galvanisieren, Plattieren (Kontaktbimetalle) oder durch Kontaktnieten. Geringe Materialwanderung oder hohe Lichtbogen- und Abbrandfestigkeit wird durch Legierungen oder Verbundwerkstoffe erreicht.

6.3 Begriffe der Kontakttechnik

6.3.1 Kontaktwiderstand

Der Kontaktwiderstand setzt sich aus dem als Engewiderstand bezeichneten Übergangswiderstand der Kontaktflächen und dem sich auf den Kontaktflächen bildenden Fremdschichtwiderstand zusammen.

Der **Engewiderstand** entsteht durch die Unebenheit der Kontaktflächen. Die wirksamen Berührungsflächen werden dadurch begrenzt, sodass der Stromübergang eingeengt wird. Es entsteht ein Widerstand (Engewiderstand). Er ist umso größer, je größer der spezifische Widerstand des Kontaktwerkstoffes ist und je kleiner die Summe der wirksamen Kontaktflächen ist **(Bild 1)**. Oberflächenunebenheiten, die durch Abbrand entstehen, führen ebenfalls zu einer Zunahme des Engewiderstandes. Kontakte für große Leistungen und hohe Spannungen werden daher aus Werkstoffen mit hohem Schmelz- und Siedepunkt hergestellt, z. B. aus Wolfram oder Molybdän.

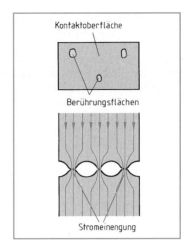

Bild 1: Engewiderstand

Die Kontaktflächen verformen sich unter dem Einfluss der Anpresskraft der Kontakte (Kontaktkraft) elastisch und plastisch. Mit steigender Kontaktkraft und abnehmender Härte des Werkstoffs vergrößern sich die Berührungsflächen, wodurch der Engewiderstand abnimmt.

Fremdschichtwiderstand (Hautwiderstand) ist der Widerstand der Schicht, die sich auf der Kontaktoberfläche bildet. Fremdschichten entstehen meist durch Oxidation und durch Korrosion. Bereits Schichten von < 500 nm können den Kontaktwiderstand merklich beeinflussen. Schon geringe Konzentrationen von Schwefel in der Luft verursachen Fremdschichten, besonders bei Kupfer sowie bei Silber und ihren Legierungen. Um Sulfidschichten insbesondere auf Silberkontakten zu vermeiden, vergoldet man oder verwendet als Legierungszusätze Gold, Palladium und Platin. Der Fremdschichtwi-

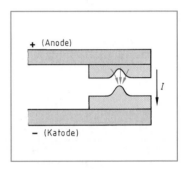

Bild 2: Materialübertragung durch Feinwanderung

derstand ist umso größer, je dichter die Fremdschicht und je kleiner die Berührungsfläche ist. Er nimmt mit steigender Temperatur zu und kann sich selbst ohne Schaltvorgang im Laufe der Zeit vervielfachen, von mehreren Ohm bis in den Kiloohmbereich. Je kleiner die zu schaltende Leistung und der Kontaktdruck sind, desto stärker wirken sich die Fremdschichtwiderstände aus. Bei leistungslos schaltenden Kontakten, z. B. in Relais, werden daher Edelmetalle wegen ihrer geringen Fremdschichtneigung eingesetzt. Bei Leistungskontakten, z. B. im Schütz, bauen sich die Fremdschichten durch Reiben der Kontakte beim Schaltvorgang ab. Kontaktfette und Öle verringern ebenfalls Fremdschichtbildungen.

6.3.2 Kontaktverschleiß

Kontakte werden elektrisch und mechanisch beansprucht. **Elektrischer Verschleiß** entsteht durch Materialwanderung und Abbrand, **mechanischer Verschleiß** durch Abrieb.

> **Materialwanderung** führt zu einer Veränderung der Kontaktoberfläche durch Spitzen- und Kraterbildung.

Feinwanderung tritt vor allem beim Schalten von Gleichströmen kleiner Leistung auf. An der Anode wird Material abgetragen und auf die Katode verlagert **(Bild 2)**. Die entstehenden Spitzen und Krater können verhaken und ein einwandfreies Schalten verhindern.

Grobwanderung entsteht durch stabile Lichtbögen. Erreichen die Kontakte an den Berührungsstellen des Lichtbogens ihre Schmelz- oder ihre Siedetemperatur, schmilzt und verdampft der Kontaktwerkstoff. Bei kleinem Kontaktabstand lagert sich das verdampfende Material auf dem jeweils anderen Kontakt ab. Bei Gleichstrom erhitzt der Lichtbogen die Katode stärker, das Katodenmaterial wird daher auf die Anodenfläche übertragen.

Abbrand nennt man den Materialverlust von öffnenden und schließenden Kontakten durch die Wärmewirkung des Schaltlichtbogens. Beim Einschalten z. B. eines Schützes kann auftretendes **Prellen** zur Lichtbogenbildung führen. Hierbei öffnen und schließen die Kontakte mehrfach, bis nach Ablauf der Prelldauer eine feste Verbindung eintritt **(Bild 1)**. Beim Öffnen eines Kontaktes kann bereits bei einer Spannung ab 10 V ein Lichtbogen entstehen, wenn ein Strom von mehr als 1 A fließt (Brennspannung und Brennstrom). Durch den punktförmigen Ein- und Austritt des Lichtbogens an der Kontaktfläche steigt die Stromdichte enorm an. Dadurch kann die Temperatur an der Kontaktstelle den Schmelz- und Siedepunkt des Werkstoffs überschreiten. Das Material verbrennt. Bei höheren Spannungen und großen Kontaktabständen wird Material in die Umgebung verspritzt oder verdampft. Bei kleinen Kontaktabständen tritt überwiegend eine Grobwanderung des Kontaktwerkstoffes ein. Besonders bei Leistungsschaltern und Schützen ist die Lebensdauer der Kontakte von der Abbrandfestigkeit abhängig. Ein Maß für das gefahrlose Schalten ohne Lichtbogenbildung ist der mögliche Grenzstrom. Wolfram z. B. hat einen hohen Grenzstrom, sodass es sehr gut zur Herstellung abbrandfester Kontakte geeignet ist **(Bild 2)**.

Abrieb tritt ein, wenn sich Kontakte berühren und aneinander vorbeibewegen, z. B. bei Schleifkontakten (Kohlebürste am Kollektor eines Motors) oder bei Abhebekontakten (Schütz). Der Abrieb nimmt mit der Weichheit und Sprödigkeit des Werkstoffs zu. Durch gezielten Kontaktabrieb kann jedoch auch der Fremdschichtwiderstand auf Kontaktoberflächen verringert werden. Zu hoher Abrieb, z. B. bei Schleifkontakten durch übermäßigen Kontaktdruck, führt zu vorzeitigem Kontaktverschleiß, zu Überhitzung, Kontaktoxidation und zum Verkleben.

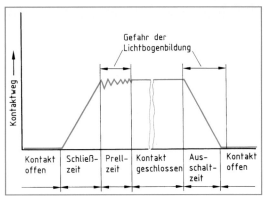

Bild 1: Lichtbogenbildung bei Schaltkontakten

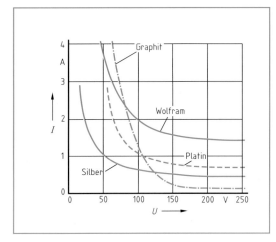

Bild 2: Grenzströme von Kontaktwerkstoffen abhängig von der Spannung

6.3.3 Kleben und Verschweißen von Kontakten

Kleben oder Verschweißen verhindert das Öffnen einer Kontaktstelle. Besonders bei Druck- und Abhebekontakten, z. B. bei Schützen und Hochspannungsschaltern, besteht beim Schließvorgang diese Gefahr.

Verschweißen erfolgt, wenn die Wärmeentwicklung an der Kontaktstelle so groß ist, dass die Schmelztemperatur des Kontaktmaterials überschritten wird, z. B. durch zu große Ströme im Engewiderstand oder durch Einschaltlichtbögen.

Kleben ist ein unerwünschtes mechanisches Haften der Kontakte. Es tritt bereits bei einer Erwärmung auf etwa ein Drittel der Schmelztemperatur (Entfestigungstemperatur) ein. Kleben kann durch den Zustand der Kontaktoberfläche verursacht werden, z. B. durch Fremdschichten.

> Klebe- und Schweißvorgänge werden durch einen kleinen Kontaktwiderstand und durch Werkstoffe mit hoher Schmelztemperatur vermieden.

Metalle wie Kupfer neigen weniger zum Verschweißen als Edelmetalle. Silberlegierungen z. B. auf Ag-Ni-Basis haben ebenfalls eine geringe Verschweißneigung.

6.4 Eigenschaften von Kontaktwerkstoffen

Kontaktwerkstoffe können reine Metalle, Legierungen, Sinter- und Verbundwerkstoffe sein (**Übersicht**).

> Kontaktwerkstoffe werden nach der Schaltleistung ausgewählt.

Treten praktisch **keine Schaltleistungen** auf, z. B. in der Nachrichtentechnik, muss die Kontaktfläche beständig gegen Fremdschichtbildung, z. B. durch Oxidation, sein. Bevorzugt werden Edelmetalle (z. B. Gold, Silber, Platin), meist als Kontaktüberzug.

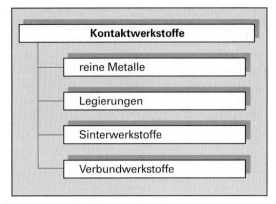

Übersicht: Kontaktwerkstoffe

Kontakte für **geringe Schaltleistungen** sollen nicht zu Fremdschichtbildung und Feinwanderung neigen. Verwendung finden Edelmetalle und deren Legierungen.

Bei Kontakten für **mittlere Schaltleistungen** besteht bereits die Gefahr der Lichtbogenbildung. Verschweiß- und Klebeneigung sowie Grobwanderung sollen gering sein. Eingesetzt werden Kupfer, Legierungen von Silber, Platin und Palladium sowie Sinterwerkstoffe, z. B. Ag-Ni.

Kontakte höchster Schaltleistung werden vor allem durch Lichtbogenbildung und Abbrand belastet. Bevorzugt werden Sinterwerkstoffe aus Wolfram-Silber oder Wolfram-Kupfer.

6.4.1 Reine Metalle als Kontaktwerkstoffe

Reinmetalle sind für Kontakte mit geringer Schaltleistung geeignet, vor allem Silber, Gold und Platin. Sie werden wegen ihrer chemischen Beständigkeit (beständig gegen die Bildung von Fremdschichtwiderständen) z. B. für Kontakte der Nachrichtentechnik und Messtechnik verwendet, aus Kostengründen nur als dünnes Überzugsmaterial. Zum Schalten von Leistungen wie bei Schaltern und Schützen kommen weniger edle Metalle zum Einsatz, z. B. Kupfer für gleitende Kontakte und Molybdän sowie Wolfram für Leistungsschalter. In Schaltröhren wird Quecksilber verwendet.

Kontaktwerkstoff Silber (Ag)

Eigenschaften: Silber hat die beste elektrische und thermische Leitfähigkeit aller Metalle (**Tabelle, Seite 148**). Sein Kontaktwiderstand ist gering. Silber überzieht sich an Luft mit einer leitenden Oxidschicht. In schwefelhaltiger Atmosphäre entsteht ein schwarzer Überzug aus Silbersulfid, der den Kontaktwiderstand erheblich erhöht. Für Kontakte mit Schaltleistung ist reines Silber ungeeignet: es ist weich, hat einen relativ niedrigen Schmelzpunkt und neigt deshalb zum Kleben und Verschweißen.

Verwendung: Reinsilber wird für gering belastete Kontakte als Überzugsmaterial verwendet. Durch Legieren, z. B. mit Kupfer oder Nickel, steigert man Härte und Abbrandfestigkeit. Silber ist weich und lässt sich auch zu sehr dünnen Folien und Drähten verarbeiten.

Kontaktwerkstoff Gold (Au)

Eigenschaften: Gold (Feingold) hat eine gute elektrische Leitfähigkeit (Tabelle, Seite 148). Es ist chemisch sehr beständig und bildet im Gegensatz zu Silber auch in schwefelhaltiger Atmosphäre kaum Fremdschichten. Gold ist weich und dehnbar und neigt zum Kleben und zur Feinwanderung.

Verwendung: Gold wird für hochwertige, fremdschichtfreie Kontakte ohne Schaltleistung verwendet, bei denen geringe Kontaktkräfte auftreten, z. B. als „Hauchvergoldung" mit einer Schichtdicke < 0,5 μm. Gold wird meist legiert, z. B. mit Platin, Nickel oder Silber, um größere Härte, geringere Feinwanderung und kleinere Klebeneigung zu erreichen. Durch Legieren wird die elektrische Leitfähigkeit und die chemische Beständigkeit etwas herabgesetzt. Derartige Kontakte verwendet man z. B. bei Messgeräten und bei Steckverbindungen der Informationstechnik. Um Material zu sparen, werden die Kontakte meist als Bimetalle (Seite 152) ausgeführt, z. B. plattierte Schichten oder plattierte Kontaktnieten.

Tabelle: Kontaktwerkstoffe (Edelmetalle)					
	Silber	Gold	Platin	Palladium	Rhodium
Leitfähigkeit in m/($\Omega \cdot$ mm^2)	62	47,6	10,2	9,3	23
Wärmeleitfähigkeit in W/(K $\cdot$ m)	410	310	71	70	87
Schmelztemperatur in °C	960	1063	1770	1554	1966
Siedetemperatur in °C	2210	2950	3800	2930	3670
Dichte in kg/dm^3	10,5	19,3	21,4	12	12,4
Härte HV	30 bis 80	25 bis 60	40 bis 95	40 bis 100	130 bis 280

Kontaktwerkstoff Platin (Pt)

Eigenschaften: Platin ist wie Gold chemisch sehr beständig. Es ist widerstandsfähig gegen Oxidation und gegen Schwefel, neigt jedoch zu Feinwanderung. Die Leitfähigkeit ist geringer als die von Silber oder Gold, während die Schmelz- und Siedetemperatur wesentlich höher sind (Tabelle).

Verwendung: Reines Platin wird nur als Schichtwerkstoff bei Kontaktbimetallen (Seite 152) verwendet. Für Kontakte ohne bzw. mit geringer Schaltleistung werden einige der so genannten **Platinmetalle** eingesetzt. So nennt man die Metalle Iridium (Ir), Rhodium (Rh), Ruthenium (Ru), Palladium (Pd) und Osmium (Os), weil sie gemeinsam mit Platin vorkommen und auch im Periodensystem beieinander in der VIII. Nebengruppe stehen. Sie weisen alle eine hohe chemische Beständigkeit auf. Vor allem Platin und Palladium sind hochwertige Legierungsmetalle. Platinmetalle werden für korrosionsbeständige und mechanisch stark beanspruchbare Kontakte der Mess- und Informationstechnik eingesetzt.

Kontaktwerkstoff Palladium (Pd)

Eigenschaften: Palladium ist das wichtigste Platinmetall. Seine Leitfähigkeit und Härte entspricht der von Platin (Tabelle). Es neigt bei höheren Temperaturen zu Oxidschichtbildung.

Verwendung: Palladium wird als Kontaktüberzug verwendet. Galvanische Überzüge haben Schichtdicken von 1 bis 5 μm. Es ist preisgünstiger als Gold, Platin oder Rhodium und wird oft an Stelle von Platin verwendet, z. B. in der Relaistechnik.

Kontaktwerkstoff Rhodium (Rh)

Eigenschaften: Rhodium ist außerordentlich widerstandsfähig gegen chemische Korrosion und anlaufbeständig, als Massivwerkstoff auch lichtbogenfest. Es ist sehr hart (Tabelle) und verschleißfest (abriebbeständig) sowie spröde.

Verwendung: Wegen der schweren Bearbeitbarkeit wird es auf ein Basismaterial, z. B. Silber, aufgedampft oder galvanisch abgeschieden. Es genügen sehr dünne Schichten (< 1 μm). Rhodiumkontakte werden z. B. bei Reed-Relais oder als Schleifkontakte in der Messtechnik verwendet.

Kontaktwerkstoff Kupfer (Cu)

Eigenschaften: Kupfer hat eine gute elektrische und thermische Leitfähigkeit (Tabelle, Seite 140). Es ist weich, zäh und gut dehnbar. Der Abbrand ist jedoch verhältnismäßig stark, ebenso die Neigung zum Oxidieren und die Empfindlichkeit gegen Schwefel. Der dadurch auftretende hohe Kontaktwiderstand erfordert zu seiner Beseitigung eine starke Reibung beim Schaltvorgang, also große Kontaktkräfte.

Verwendung: Kupfer ist der klassische Werkstoff z. B. für Steck-, Schraub- und Wälzkontakte. Bei elektrischen Maschinen wird es für Schleifringe und Kollektoren verwendet. Bei Bimetallkontakten dient es als Träger für Edelmetallkontaktwerkstoffe. Um die Oxidation zu vermeiden, werden Kupferkontakte in Vakuumschaltern, in Öl oder in Schutzgasen (Schwefelhexafluorid SF$_6$) eingesetzt. Kupferverbundwerkstoffe als Sinter- oder Tränklegierungen, z. B. in Verbindung mit Eisen, Chrom oder Wolfram, haben hohe Abbrandfestigkeit und sind gegen Kontaktverschweißen beständig. Sie werden in Nieder- und Hochspannungsschaltern hoher Schaltleistung eingesetzt.

Legierungen, z. B. mit Zink oder Zinn, werden bevorzugt für Kontakte der Installations- und Relaistechnik (Steckkontakte, Klemmkontakte, Federkontakte) verwendet.

Tabelle: Kontaktwerkstoffe (Kupfer und Unedelmetalle)					
	Kupfer	Wolfram	Molybdän	Rhenium	Quecksilber
Leitfähigkeit in m/($\Omega \cdot$ mm^2)	58	18,2	20	4,6	1,05
Wärmeleitfähigkeit in W/(K $\cdot$ m)	395	200	147	70	8,05
Schmelztemperatur in °C	1085	3400	2625	3170	− 39
Siedetemperatur in °C	2500	5900	4800	5600	356
Dichte in kg/dm^3	8,9	19,3	10,2	20,5	13,6
Härte HV	55 bis 100	360	100 bis 200	100 bis 200	–

Kontaktwerkstoff Wolfram (W)

Eigenschaften: Wolfram hat den höchsten Schmelzpunkt aller Metalle **(Tabelle)**. Es ist dadurch beständig gegen Verkleben, Verschweißen und Kontaktabbrand. Die elektrische und thermische Leitfähigkeit ist im Vergleich zu Silber und Kupfer klein. Bei Temperaturen über etwa 500 °C, die z. B. bei Schaltlichtbögen auftreten, besteht die Gefahr von Oxidschichtbildung. Den entstehenden Fremdschichtwiderständen muss durch reibende Kontaktgabe und durch hohe Kontaktkräfte entgegengewirkt werden. Wolframkontakte sind sehr hart und spröde, sie werden durch Sintern hergestellt.

Verwendung: Wolframkontakte sind verschleißfest und thermisch hoch belastbar. Sie ermöglichen hohe Schaltspannungen und große Schalthäufigkeit, wobei die Stromstärke durch die geringe Wärmeleitfähigkeit begrenzt ist. Wolframkontakte haben z. B. Kfz-Unterbrecher und Elektroden von Zündkerzen sowie Hochspannungsschalter. Für Niederspannungs- und Hochspannungsschaltgeräte werden in der Regel Legierungen mit Silber und Kupfer verwendet.

Kontaktwerkstoff Molybdän (Mo)

Eigenschaften: Molybdän hat nicht die hohe Schmelztemperatur von Wolfram (Tabelle). Dadurch ist die Abbrandfestigkeit von Molybdänkontakten geringer. Es ist auch weniger hart und spröde als Wolfram und dadurch leichter mechanisch zu bearbeiten. Die Kontaktherstellung erfolgt durch Sintern. Kontakte aus Molybdän neigen weniger zur Oxidation als solche aus Wolfram.

Verwendung: Molybdänkontakte werden verwendet, wo die extreme Wärmebeanspruchung von Wolfram nicht erforderlich ist. Sie werden z. B. bei Hochspannungsschaltern hoher Schaltleistung eingesetzt.

Kontaktwerkstoff Rhenium (Re)

Eigenschaften: Rhenium ist durch seinen hohen Schmelzpunkt (Tabelle) wie Wolfram und Molybdän sehr gut für Kontakte hoher Verschleiß- und Abbrandfestigkeit geeignet. Die geringe Oxidationsneigung verhindert auch bei hohen Temperaturen eine Fremdschichtbildung auf den Kontaktflächen. Rheniumkontakte neigen wenig zum Verkleben und Verschweißen. Die Kontakte stellt man durch Sintern her.

Verwendung: Kontakte mit hoher Schalthäufigkeit und geringer Materialwanderung. Geringe elektrische Leitfähigkeit und kleine Wärmeleitfähigkeit lassen keine hohen Schaltleistungen zu.

Kontaktwerkstoff Quecksilber (Hg)

Eigenschaften: Quecksilber ist das einzige Metall, das bei Raumtemperatur flüssig ist (Tabelle). Es greift außer Eisen und Wolfram die meisten Metalle, auch Edelmetalle, an und legiert mit ihnen zu sog. Amalgamen. Diese Metalle dürfen nicht mit Quecksilber kombiniert werden. Quecksilberkontakte haben geringe, gleich bleibende Übergangswiderstände. Sie sind praktisch verschleißfrei.

Quecksilber, seine Verbindungen sowie Dämpfe sind sehr giftig!

Verwendung: Kontaktflüssigkeit in schutzgasgefüllten Glasröhren **(Bild)**. Filmkontakte benetzen z. B. in Reed-Relais die Zungenkontakte und ermöglichen prellfreies Schalten bei kurzen Schaltzeiten (Alarmanlagen, Fernmeldetechnik). Filmkontakte sind im Gegensatz zu Flüssigkontakten lageunabhängig und erschütterungsunempfindlich.

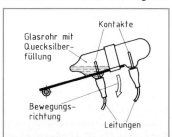

Bild: Quecksilberschaltröhre

6.4.2 Kontaktlegierungen und Sinter-Verbundkontakte

Legierungen und Sinter-Verbundwerkstoffe ermöglichen Werkstoffeigenschaften, die durch Reinmetalle nicht oder nur durch sehr teure Werkstoffe erzielt werden.

Angestrebt werden folgende Kontakteigenschaften:

- hohe Temperaturbeständigkeit
- Beständigkeit gegen Abbrand, Verschweißen und Verkleben
- chemische Beständigkeit, z. B. gegen Oxidation
- hohe Kontakthärte
- geringe Fein- und Grobwanderung

Hierbei ist zu beachten, dass durch Legieren die elektrische Leitfähigkeit (**Bild 1**) und die Wärmeleitfähigkeit gegenüber dem Reinmetall abnehmen.

Schmelzlegierungen entstehen durch das Lösen von Metallen im geschmolzenen Zustand. Sie werden besonders für Kontakte geringer Schaltleistung verwendet, z. B. bei Relais. Mit Kupfer legierte Silberkontakte haben z. B. eine geringere Feinwanderung und größere Abbrandbeständigkeit als Rein-Silberkontakte (**Tabelle, Seite 151**). Auch die Kontakthärte kann gesteigert werden (**Bild 2**).

Sinter-Verbundwerkstoffe sind pulvermetallurgisch hergestellte Gemische von Metallen, Nichtmetallen und Metalloxiden (**Übersicht**). Die Werkstoffe werden als Pulver vermischt und in Plattenform gepresst. Durch Trennen erfolgt die Formgebung der Kontakte. Der anschließende Sintervorgang gibt durch Diffusion und Zusammenschweißen der Pulverteilchen (Zusammenbacken der Stoffverbindung) die endgültige Festigkeit und Härte des Kontakts.

> Verbundwerkstoffe verbinden einen Stoff hoher Abbrandfestigkeit und Härte mit einem solchen hoher elektrischer und thermischer Leitfähigkeit.

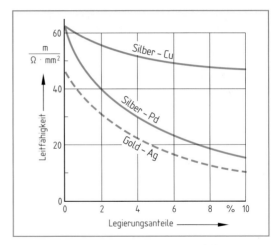

Bild 1: Einfluss von Legierungsanteilen auf die elektrische Leitfähigkeit

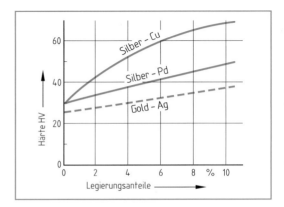

Bild 2: Zunahme der Werkstoffhärte durch Legierungsanteile

Übersicht: Arten von Sinter-Verbundwerkstoffen

Sie werden vor allem für Kontakte der Energietechnik mit hohen Schaltleistungen verwendet. Wolfram-Silber- und Wolfram-Kupfer-Sinter-Verbundwerkstoffe (Tabelle, Seite 151) erhalten durch Wolfram ihre hohe thermische Belastbarkeit, z. B. gegen Abbrand, und durch Silber bzw. Kupfer ihre hohe elektrische Belastbarkeit.

Sinter-Tränkverbundwerkstoffe: Diese besondere Art der Sinter-Verbundwerkstoffe besteht aus dem porös gesinterten Grundwerkstoff mit sehr hohem Schmelzpunkt, z.B. Wolfram, der mit einem elektrisch gut leitenden Metall niedrigen Schmelzpunktes, meist geschmolzenem Silber oder Kupfer, getränkt wird. Sinterkontakte ab einem Wolframgehalt von 70 % werden als Tränk-Verbundwerkstoff hergestellt (Tabelle, Seite 151). Durch Tränkung hergestellte Verbundwerkstoffe haben durch ihren hohen Schmelzpunkt eine noch höhere thermische Belastbarkeit als durch Zusammenpressen hergestellte Sinter-Verbundwerkstoffe.

Tabelle: Kontaktlegierungen und Kontaktverbundwerkstoffe

Legierung	Legierungs-anteil in %	Leitfähigkeit in $m/\Omega \cdot mm^2$	Dichte in kg/dm^3	Schmelztem-peratur in °C	Eigenschaften (Beispiele)	Verwendung (Beispiele)
Schmelzlegierungen						
Silber-Kupfer	2...28 % Cu	55...47	10,5...10,0	940...780	herabgesetzte Materialwanderung durch Cu, beständig gegen Verschweißen und Abbrand, licht-	elektrisch und mechanisch beanspruchte Relaiskontakte
– Hartsilber	2 % Cu + Ni	52	10,5	945	bogenbeständig	
Silber-Palladium	20...50 % Pd	6,5...3	10,8...11,2	1150...1320	oxidationsbeständig, hart, abbrandfest, verminderte Materialwanderung durch Pd	Messtechnik, Nachrichtentechnik, Subminiaturrelais
Silber-Cadmium	10...20 % Cd	25...19	10,2...10,4	880...920	abbrand- und verschweißfest	Niederspannungs-schalter
Gold-Silber	8...20 % Ag	10...11	18,7...16,1	1045...1030	durch Korrosionsbeständigkeit gleich bleibende, sehr kleine Kontaktwiderstände; härter und abbrandfester als Rein-Ag	Schalt,- Steck- und Gleitkontakte für kleine elektr. Last (Feinkontakte, Subminiaturtechnik)
Gold-Nickel	5 % Ni	7	18,2	1010	wie Au-Ag, zusätzlich geringe Feinwanderung	wie Au-Ag, besonders für Gleichströme geeignet
Platin-Iridium	5...30 % Ir	5,5...3	21,5...21,8	1780...1890	korrosionsbeständig, abbrand- und verschleißfest	Mess-, Fernmeldekontakte hoher Schalthäufigkeit und Belastung
Sinter-Verbundwerkstoffe						
Wolfram-Silber	10...30 % Ag	20...25	17,5...15,2	960	hart und spröde, hohe Abbrandfestigkeit, Kontaktverschlackung durch Mischoxide	Luftschütze, Hoch- und Niederspannungsschalter
Wolfram-Kupfer	20...30 % Cu	20...25	15,5...13	1050		
Silber-Cadmiumoxid	10 % CdO	43	10,2	960	spröde und korrosionsbeständig, abbrand- und verschleißfest, Cd begünstigt Lichtbogenlöschung	hoch belastete Luftschütze und Relais, Motorschutzschalter
Silber-Nickel	10...30 % Ni	50...40	10,1...9,7	960	geringer Abbrand und geringe Verschweißung, verschleißfest	Schaltstücke für Niederspannungsschalter und Schütze
Silber-Graphit	2,5 % C	48	9,5	960	sehr beständig gegen Verschweißen, erhöhter Kontaktabbrand, spröde	Schaltgeräte geringer Schalthäufigkeit und sehr hoher Strombelastung, Schleifkontakte
Sinter-Tränkverbundwerkstoffe						
Wolfram-Silber	10...30 % Ag	20...25	17,5...15,2	3400	Abbrand- und Temperaturbeständigkeit höher als bei W-Ag-Sinterkontakt	Leistungsschalter, Leitungsschutzschalter; wie Sinterverbundwerkstoff
Wolfram-Kupfer	20...30 % Cu	20...25	15.5...13	3400	Abbrand- und Temperaturbeständigkeit höher als bei W-Cu-Sinterkontakt	wie Sinterverbundwerkstoff

6.5 Schichtverbundkontakte

6.5.1 Kontaktbimetalle

> Kontaktbimetalle verwenden hochwertiges Edelmetall nur zur Kontaktgabe.

Das Kontaktmaterial wird hierbei in dünnen Schichten auf preisgünstige Trägerwerkstoffe durch Walzplattieren aufgebracht **(Bild 1)**. Der Walzdruck vermindert durch Kaltverformung die Banddicke um über 50 %. Die auftretende Verformungswärme ermöglicht hierbei einen intensiven Austausch der Metallatome an den Verbindungsflächen.

Trägerwerkstoffe sind z. B. Kupfer, Stahl oder Aluminium mit ihren Legierungen sowie naturharte Federwerkstoffe. Als Kontaktwerkstoff werden Edelmetalle (Au, Ag, Pd, Pt) und z. B. für Verbindungselemente der Halbleitertechnik Lotschichten (Sn, PbSn-Legierungen) aufgebracht.

Kontaktbimetalle können mit Kontaktschichten von nur wenigen µm Dicke hergestellt werden. Sie werden z. B. als Steckverbindungen, Schalt- und Schleifkontakte für geringe elektrische Belastungen z. B. in der Datentechnik verwendet.

6.5.2 Thermobimetalle

> Thermobimetalle werden zum temperaturabhängigen, verzögerten Schalten von Stromkreisen verwendet.

Sie werden durch die feste Verbindung zweier etwa gleich dicker Metallstreifen mit unterschiedlicher Wärmedehnung hergestellt. Bei Erwärmung kommt es zu einer kreisförmigen Ausbiegung **(Bild 2)**. Als Werkstoff mit großer Wärmedehnung (aktive Komponente) eignen sich Eisenlegierungen mit einem Nickelgehalt von rund 20 %, als Werkstoff kleiner Ausdehnung (passive Komponente) Eisenlegierungen mit etwa 35 bis 45 % Nickelgehalt. Je breiter ein Bimetallstreifen ist, desto stärker ist die Ausbiegungskraft, je länger er ist, desto größer ist die Ausbiegung A **(Formel 1)**. Die spezifische thermische Ausbiegung a **(Tabelle, Seite 153)** kann im Anwendungsbereich von etwa –20 °C bis +150 °C als proportional zur Temperaturänderung $\Delta\vartheta$ angenommen werden.

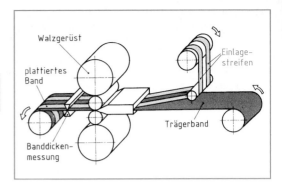

Bild 1: Walzplattierung

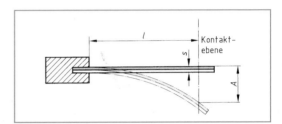

Bild 2: Einseitig eingespannter Thermobimetallstreifen

$$A = \frac{a \cdot l^2 \cdot \Delta\vartheta}{s} \quad \text{bei } A \leq 0{,}1\,l \tag{1}$$

A Ausbiegung am freien Ende
a spezifische thermische Ausbiegung
s Streifendicke
l aktive Streifenlänge
$\Delta\vartheta$ Temperaturänderung

Bild 3: Ausführungsformen von Thermobimetallen

Thermobimetalle sind korrosionsanfällig. Sie haben daher meist einen Schutzüberzug aus Cadmium, Zink, Kupfer oder Lack. Durch Verwendung gut leitender Überzugsschichten kann ihre elektrische Leitfähigkeit erhöht werden.

Anwendung: Thermobimetalle können durch den elektrischen Stromdurchfluss direkt erwärmt werden oder indirekt durch eine aufgebrachte Heizwicklung oder die Umgebungswärme, z. B. der Luft. Sie werden als Schaltelemente z. B. in Überstrom-Schutzeinrichtungen, Motorschutzschaltern, Startern für Leuchtstofflampen und Temperaturreglern (z. B. im Bügeleisen) verwendet. Man stellt sie z. B. in Streifenform, als Spiralen oder Wendeln für Drehbewegungen oder als Scheiben mit temperaturabhängiger Wölbung her **(Bild 3, Seite 152)**. Das Kurzzeichen eines Thermobimetalls **(Tabelle)** gibt Auskunft über seine spezifische thermische Ausbiegung und den spezifischen elektrischen Widerstand. Das Thermobimetall TB 1577 hat eine Ausbiegung $a = 15{,}5 \cdot 10^{-6}$/K. Die beiden letzten Ziffern geben das Hundertfache des spezifischen Widerstandes in $\mu\Omega \cdot$ m an, hier ist ϱ somit $77/100\ \mu\Omega \cdot$ m.

Tabelle: Thermobimetalle						Nach DIN 1715
Kurzzeichen	Bestandteile	Ausbiegung a in 10^{-6}/K ($-20\ °C$ bis etwa $+150\ °C$)	spezif. Wärme-kapazität c in Ws/g $\cdot$ K bei 20 °C	Grenztemperatur in °C	spezifischer-Widerstand ϱ in $\mu\Omega \cdot$ m bei 20 °C	Wärmeleit-fähigkeit η in W/Km
TB 20110	MnCuNi	20,8	0,46	350	1,10	6
TB 1577	NiMn20-6	15,5	0,46	450	0,77	13
TB 1577	X 60NiMn 14-7	15,5	0,46	450	0,77	13
TB 1170	NiMn20-6	11,7	0,46	450	0,70	13
TB 1170	X 60NiMn 14-7	11,7	0,46	450	0,70	13
TB 1075	NiCr16-11	10,8	0,46	550	0,75	19
TB 1555	NiMn20-6	15,0	0,46	450	0,55	16
TB 1435	NiMn20-6	14,8	0,46	450	0,35	22
TB 1511	NiMn20-6	15,0	0,44	400	0,11	70
TB 1109	NiMn20-6	11,5	0,46	400	0,09	88

6.6 Kohlehaltige Kontaktwerkstoffe (Elektrokohle)

Elektrokohlen haben bei ausreichender elektrischer Leitfähigkeit sehr gute Gleiteigenschaften. Sie werden daher bevorzugt für Schleifkontakte verwendet, z. B. bei Stromabnehmern elektrischer Bahnen, und zur Herstellung von Kohlebürsten. Kohlekontakte sind verschleißfest und sehr beständig gegen chemische Einflüsse und hohe Temperaturen. Eine Oxidschichtbildung auf der Kontaktoberfläche tritt nicht ein, weil sich bei Oxidation CO- bzw. CO_2-Gas bildet. Die Verdampfungstemperatur liegt bei 4 000 °C.

Arten von Kohlen: Durch unterschiedliche Zusammensetzung und Herstellung werden die Eigenschaften der Kohlearten bestimmt. Sie werden vorwiegend als Kohlebürsten für elektrische Maschinen zur Stromzuführung oder Abnahme über Kollektoren oder Schleifringe verwendet **(Bild)**.

Hartkohlen und Weichkohlen werden aus einer Mischung von Kohlepulver bzw. Kohle, Koks und Graphitpulver sowie einem Kunstharz als Bindemittel hergestellt. Das Gemisch wird in Formen gepresst und bei Temperaturen von rund 1000 °C zu Kohlekeramik gebrannt, wobei das Bindemittel ebenfalls zu Kohlenstoff verkokt.

Hartkohlen erhält man bei Verwendung von Kohle oder Kohlegraphit. Bürsten aus Hartkohle werden vor allem bei Kleinmotoren verwendet, bei denen die Zwischenisolation zwischen den Kollektorlamellen nicht ausgekratzt (vertieft) ist.

Weichkohlen (Graphitkohlen) werden aus Ruß und Naturgraphit hergestellt. Sie zeichnen sich durch besonders gute Gleiteigenschaften aus. Weiche Kohlebürsten werden bevorzugt bei Gleichstrommaschinen eingesetzt.

Bild: Kohlebürsten

Elektrographitierte Kohlen (Edelkohlen) entstehen, wenn Hartkohlekörper einem weiteren Glühvorgang im Elektro-Lichtbogenofen bei Temperaturen über 2 500 °C unterworfen werden. Hierbei entsteht durch Kristallwachstum ein festes Graphitgefüge, das frei von Verunreinigungen ist. Bürsten aus elektrographitierter Kohle nutzt man für Maschinen mit großen Umfangsgeschwindigkeiten und hoher Leistung.

Metallhaltige Kohlen bestehen aus einer Mischung von Graphit und 20 % bis 80 % Metall, z. B. Kupfer, Bronze, Silber oder Zinn. Durch Sintern verbinden sich die Metallanteile zu einem Metallgerüst und geben dem Verbundwerkstoff seine Festigkeit. Steigender Metallanteil verringert den spezifischen Widerstand und erhöht die Strombelastbarkeit. Metallhaltige Kohlen sind daher besonders für hohe Stromdichten geeignet **(Tabelle).**

Kunstharzgebundene Graphitkohlen (Spezialgraphit) bestehen aus einer Mischung aus Elektrographitpulver und ausgehärteten duroplastischen Kunstharzen. Durch die Kunstharzeinbettung des Graphits wird ein erhöhter spezifischer Widerstand erreicht, der z. B. bei Kommutierungsvorgängen eine Strombegrenzung ermöglicht. Kunstharzgebundene Bürsten werden bei Drehstrom-Kommutatormotoren verwendet.

Anwendungsbeispiele: Neben der Verwendung von Kohlen zur Herstellung von Bürsten und Schleifkontakten, z. B. bei Stelltransformatoren oder als Stromabnehmer elektrischer Bahnen, Förder- und Krananlagen, werden Kohlewerkstoffe in der Elektrotechnik vielfältig genutzt. Als Elektrodenwerkstoff werden sie in Elektrolyseanlagen (elektrochemische Kohle) oder in Lichtbogenöfen (elektrothermische Kohle) verwendet. Kohle ist weiterhin Basismaterial zur Herstellung von Kohleschichtwiderständen und Anodenwerkstoff bei galvanischen Elementen. Wegen der Beständigkeit gegen Oxidation und Materialwanderung werden auch Tastaturkontakte datentechnischer Geräte, z. B. elektronischer Rechner, aus Kohle gefertigt.

Tabelle: Verwendung von Elektrokohle als Kohlebürsten				
Kohlensorte	Spezifischer Widerstand ϱ in $\Omega \cdot mm^2/m$	Zulässige Stromdichte J in A/cm^2	Umfangsgeschwindigkeit v in m/s	Verwendung (Beispiele)
Harte Kohlen	40...60	8	15...30	Kleinmotoren für Gleich- und Wechselstrom, Universalmotoren z. B. in Elektrokleinwerkzeugen und Haushaltsgeräten
Weiche Kohlen (Graphitkohle)	10...60	12	20...50	Maschinen großer Leistung, Schnellläufer (in Verbindung mit Schleifringen aus Stahl)
Elektrographitierte Kohlen (Edelkohlen)	15...50	12	40...80	Gebräuchlichste Bürstenkohle, Kommutatormaschinen großer Leistung, Bahnmotoren, Schweißgeneratoren
Metallhaltige Kohlen	0,1...2	25	20...40	Kleinstmotoren, Maschinen mit hohen Strömen bei kleinen Spannungen, z. B. Lichtmaschinen bei Kraftfahrzeugen

Wiederholungsfragen

1 Welche Kontaktarten unterscheidet man nach der Art der Kontaktgabe?

2 Welche Anforderungen werden an Kontaktwerkstoffe gestellt?

3 Wodurch entstehen Fremdschichtwiderstände und wie werden sie vermieden?

4 Warum verschweißen elektrische Kontakte und wodurch kann das Verschweißen vermieden werden?

5 Welche Eigenschaften haben die Kontaktwerkstoffe Silber und Gold und wann werden sie eingesetzt?

6 Aus welchen Gründen werden Kontaktwerkstoffe legiert?

7 Wie werden Sinter-Verbundwerkstoffe hergestellt?

8 Welche Eigenschaften haben Wolfram-Silber-Legierungskontakte?

9 Wie werden Kontakte aus Schichtverbundwerkstoffen hergestellt?

10 Nennen Sie von Thermobimetall-Kontakten a) die Eigenschaften und b) Anwendungen.

11 Welche Arten von Elektrokohlen werden unterschieden?

7 Widerstandswerkstoffe

7.1 Elektrotechnische Grundlagen

Widerstandswerkstoffe sollen im Gegensatz zu den Leiterwerkstoffen einen möglichst hohen spezifischen elektrischen Widerstand haben. Durch verschiedene Werkstoffe wie z.B. Silber, Kupfer oder Kohle entstehen unterschiedlich große Widerstände, die dem elektrischen Strom entgegenwirken und ihn hemmen. Ursache für den spezifischen Widerstand ist die Behinderung der freien Elektronen durch den atomaren Aufbau der Widerstandswerkstoffe.

7.1.1 Spezifischer elektrischer Widerstand

Nach DIN 1304 hat der spezifische elektrische Widerstand, auch Resistivität genannt, das Formelzeichen[1] ρ.

Um den spezifischen elektrischen Widerstand verschiedener Werkstoffe vergleichen zu können, gibt man den Widerstandswert für die Leiterlänge 1 m und den Leiterquerschnitt 1 mm^2 an (**Bild 1**). Da auch die Temperatur des Werkstoffes den spezifischen elektrischen Widerstand beeinflusst, bezieht sich die Widerstandsangabe meist auf eine Temperatur von 20 °C (ρ_{20}).

> Der spezifische elektrische Widerstand ρ eines Werkstoffes ist der Widerstand eines Drahtes von 1 m Länge und 1 mm^2 Querschnitt bei einer Temperatur von 20 °C.

7.1.2 Spezifische elektrische Leitfähigkeit

Ein Kennwert für das Leiten des elektrischen Stromes in Werkstoffen ist die **spezifische elektrische Leitfähigkeit**[2] γ oder die Konduktivität. Die spezifische elektrische Leitfähigkeit ist der Kehrwert des spezifischen elektrischen Widerstandes ρ (**Formel 1**). Mit der spezifischen Leitfähigkeit oder dem spezifischen Widerstand kann man den Widerstand R einer Leitung berechnen (**Formel 2**).

> Die spezifische elektrische Leitfähigkeit γ eines Werkstoffes entspricht der Länge eines drahtförmigen Leiters mit 1 mm^2 Querschnitt, der den Widerstand 1 Ω bei einer Temperatur von 20 °C hat.

Die spezifische elektrische Leitfähigkeit eines Metalls hat im Reinzustand sein Maximum. Verunreinigungen und Beimengungen, wie z.B. Legierungselemente, verringern die Leitfähigkeit bereits bei geringen Anteilen, z.B. bei Kupfer mit Zink legiert zu Messing (**Bild 2**). Legierungen für Widerstände, z.B. Konstantan (Legierung aus Nickel und Kupfer), haben gegenüber den reinen Metallen, z.B. Kupfer, eine niedrige Leitfähigkeit. Widerstandswerkstoffe werden deshalb vor allem aus Legierungen hergestellt. Sie bilden ein vollständig einheitliches Gefüge.

[1] ρ: griech. Kleinbuchstabe rho   [2] γ: griech. Kleinbuchstabe gamma

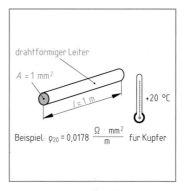

Bild 1: Bezugsgrößen des spezifischen elektrischen Widerstandes

$$\gamma = \frac{1}{\rho} \qquad (1)$$

$$R = \frac{\rho \cdot l}{A} = \frac{l}{\gamma \cdot A} \qquad (2)$$

R Leiterwiderstand
l Leiterlänge
A Leiterquerschnitt
ρ spezifischer elektrischer Widerstand
γ elektrische Leitfähigkeit

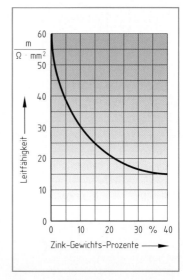

Bild 2: Leitfähigkeit von Messing

155

7.1.3 Temperaturabhängigkeit des elektrischen Widerstandes

> Der spezifische elektrische Widerstand von Metallen und deren Legierungen ist temperaturabhängig.

$$\alpha = \frac{\Delta R}{R_{20} \cdot \Delta \vartheta} \qquad (1)$$

α Temperaturbeiwert
ΔR Widerstandsänderung
R_{20} Widerstand bei 20 °C
$\Delta \vartheta$ Temperaturänderung

Im Allgemeinen nimmt er mit steigender Temperatur zu. Die elektrische Leitfähigkeit nimmt dann entsprechend ab.

Bei den meisten Halbleitern, z. B. Silicium, und bei Kohle wird der elektrische Widerstand bei Temperaturerhöhung geringer.

Der Grund für die Abnahme der Leitfähigkeit der Metallwerkstoffe ist eine Verringerung der Elektronenbeweglichkeit mit steigender Temperatur.

Bei höheren Temperaturen kommt es innerhalb des Metallgefüges zu stärkeren Gitterschwingungen, welche die freien Elektronen in ihrer Bewegung behindern. Der spezifische elektrische Widerstand wird dadurch größer. Diese Widerstandsänderung ΔR ist von der Temperatur und vom Werkstoff abhängig. Zur Charakterisierung dieser Eigenschaft wurde für die einzelnen Werkstoffe der **Temperaturbeiwert** α eingeführt, auch **Temperaturkoeffizient** genannt **(Formel 1)**. Er gibt die Änderung des Widerstandes bei 1 K Temperaturerhöhung an. Bei E-Kupfer z. B. beträgt der Temperaturbeiwert $\alpha = 0{,}0039$ 1/K **(Tabelle)**. Dies bedeutet, dass der Widerstand je 1 K Temperaturerhöhung etwa um das 0,0039fache bzw. um etwa 0,39 % zunimmt. Sehr häufig wird der Temperaturbeiwert auch in ppm/K = 10^{-6} 1/Kelvin[1] angegeben. Der Temperaturbeiwert ist temperaturabhängig. In einem Temperaturbereich von etwa 20 °C bis 100 °C wird er für einfache Berechnungen als konstant angenommen.

Tabelle: Kennwerte von Metallen und Widerstandslegierungen (Auswahl)

Bezeichnung oder Handelsname	Kurzzeichen	Spez. Widerstand ρ bei 20 °C in $\frac{\Omega \cdot mm^2}{m}$	Temperaturbeiwert α zw. 20 °C und 105 °C in 10^{-3} 1/K	Dichte ρ bei 20 °C in kg/dm³	Thermospannung gegen Kupfer in μ V/K	Schmelztemperatur bei 20 °C in °C	Hauptbestandteile in %
Aluminium	E-Al	0,0278	4,67	2,7	–	658	99,5Al
E-Kupfer	E-Cu57	0,0178	+3,9	8,9	0	1085	99,9Cu
ISA 13	CuMn3	0,125	+0,28 bis +0,38	8,8	+1	1050	97Cu3Mn
ISA-Chrom80	NiCr8020	1,08	+0,05 bis +0,15	8,3	+4	1400	80Ni20Cr
ISA-Ohm	NiCr20AlSi	1,32	±0,05	8,0	+1	1400	74,5Ni20Cr 0,5Mn0,5Fe 3,5Al
Konstantan	CuNi44	0,49	–0,08 bis +0,04	8,9	–40	1280	55Cu44Ni1Mn
Manganin	CuMn12Ni	0,43	±0,01	8,4	–1	960	86Cu2Ni12Mn
Nickelin	CuNi30Mn	0,40	+0,08 bis +0,13	8,8	–25	1180	67Cu30Ni3Mn
Reinstnickel	Ni99,6	0,09	+5 bis +6	8,9	–23	1440	99,6Ni

---

[1] ppm/K = parts per million/Kelvin (engl.) = 1 Millionstel/Kelvin

Der Temperaturbeiwert α gibt die Widerstandsänderung eines Werkstoffes bei einer Temperaturerhöhung um 1 K (Kelvin) an.

Je nach Anwendung ist ein kleiner oder großer
Temperaturbeiwert erwünscht. Die Widerstandswerte für Widerstände der Mess- und Regeltechnik
sollen sich bei Temperaturänderungen nur sehr
wenig ändern. Deshalb werden solche Widerstände aus geeigneten Metalllegierungen wie z.B.
Konstantan, Manganin oder Nickelin hergestellt,
deren Temperaturbeiwert sehr klein ist **(Bild 1)**. Bei
Heizleiterwerkstoffen (Seite 158) ist dagegen der
Temperaturbeiwert von geringer Bedeutung.

Als Messwiderstände in Widerstandsthermome-
tern verwendet man Metalle, z.B. Nickel oder
Platin, deren Temperaturbeiwert groß ist. Dadurch
ergeben kleine Temperaturänderungen hohe Wi-
derstandsänderungen. Häufig verwendet man für
Widerstandsthermometer den Ni-1000-Messwider-
stand (1000 Ω bei 0 °C) und den Pt-100-Messwider-
stand (100 Ω bei 0 °C).

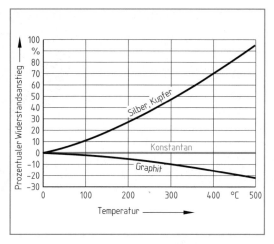

**Bild 1: Widerstandsänderung in Abhängigkeit
der Temperatur**

7.1.4 Thermospannung

Werden in einem Stromkreis spezielle unterschiedliche Metalle in Kontakt gebracht, so entsteht bei
Temperaturdifferenz zwischen den Metallen bzw.
zwischen einer Kontaktstelle und einer Vergleichs-
stelle eine Thermospannung. Ursache der Thermospannung ist die unterschiedliche Elektronen-

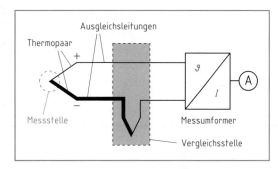

Bild 2: Temperaturmessung mit Thermoelement

dichte in den kontaktierten Metallen. Verbindet man zwei Metalle mit unterschiedlicher Elektronendichte,
so diffundieren die Elektronen aus dem Metall mit der höheren Elektronendichte in das Metall mit der
geringeren Elektronendichte. Es entsteht ein elektrischer Potentialunterschied, eine Kontaktspannung.
Das Metall mit der Elektronenabgabe wird positiv und das Elektronen aufnehmende Metall negativ geladen. Wird die Kontaktstelle erwärmt, erhöht sich die Thermospannung.

Die Thermospannung erzeugt durch Verbindung der Kontaktmetalle einen Thermostrom (Seebeck-
Effekt[1]).

Ordnet man die Werkstoffe nach Betrag und Vorzeichen der Thermospannung zu, so kann man eine
thermoelektrische Spannungsreihe gegenüber einem Bezugswerkstoff, z.B. Kupfer oder Platin, aufstellen
(Seite 102). Die Thermospannung hängt von den Werkstoffen und von der Größe der Temperaturdifferenz
an der Kontaktstelle ab.

Thermospannungen werden zur Temperaturmessung mit Hilfe von Thermoelementen im Bereich von
etwa −200 °C bis +3000 °C z.B. in der Klimatechnik, im Heizungs- und Ofenbau technisch genutzt **(Bild 2)**.
Thermoelemente sind Drahtkombinationen z.B. aus Kupfer und Konstantan oder aus Nickel und Nickel-
chrom. Die Drahtenden aus den unterschiedlichen Metallen bzw. Metalllegierungen werden zusammen-
gelötet, in Schutzhüllen eingebaut und der zu messenden Temperatur ausgesetzt. Die im Thermoelement
entstehende Thermospannung ist ein Maß für die Temperatur.

Thermospannungen sind, z.B. an Kontakt- oder Lötstellen, unerwünscht, weil dadurch Messergeb-
nisse verfälscht werden. Werkstoffe für Widerstände der Mess- und Regeltechnik sollen deshalb eine
möglichst geringe Thermospannung gegen Kupfer haben.

[1] Thomas Johann Seebeck, deutscher Physiker, 1770 bis 1831

7.1.5 Anforderungen an Widerstandswerkstoffe

An die Widerstandswerkstoffe werden elektrische, thermische, mechanische und chemische Anforderungen gestellt. Notwendig sind vor allem:

- ausreichend hoher spezifischer elektrischer Widerstand,
- niedriger Temperaturbeiwert,
- Genauigkeit der Widerstandswerte, z. B. bei Draht- und Kohleschichtwiderständen,
- niedriger Wärmeausdehnungskoeffizient,
- ausreichende Warmfestigkeit und Verzunderungsbeständigkeit, z. B. bei Heizleiterwerkstoffen,
- ausreichende mechanische Festigkeit, z. B. Zugfestigkeit, Härte, Dehnung,
- hohe Korrosionsbeständigkeit, z. B. bei Heizleiterwerkstoffen,
- gute Verarbeitbarkeit, z. B. Löten, Schweißen, Ziehen und Walzen,
- geringe Thermospannung mit anderen Werkstoffen,
- ausreichende Alterungsbeständigkeit des Widerstandswertes, z. B. bei Messwiderständen.

7.2 Heizleiterwerkstoffe

Als Heizleiter werden eine Reihe von Werkstoffen verwendet (**Übersicht**). Heizleiter wandeln elektrische Energie in Wärme um, z. B. in Elektrowärmegeräten im Haushalt und bei Industrieöfen zum Schmelzen von Metallen. Der Heizleiter gibt die erzeugte Wärme von seiner Oberfläche an die Umgebung ab. Heizleiterwerkstoffe sollen deshalb einen hohen spezifischen elektrischen Widerstand, eine hohe Korrosions- bzw. Verzunderungsbeständigkeit sowie Warmfestigkeit haben.

Für Arbeitstemperaturen bis etwa 1300 °C verwendet man Metalllegierungen, z. B. Nickel-Chrom, bei höheren Temperaturen hochschmelzende Metalle, z. B. Wolfram, und Nichtmetalle, z. B. Graphit (**Tabelle Seite 159**). Bei den hohen Arbeitstemperaturen darf es nicht zu Umkristallisation oder Entmischung der Legierungen kommen. Heizleiter werden je nach Anforderung in unterschiedlichen Atmosphären, z. B. Luft, CO-haltigem Gas, oder isolierenden Einbettungen, z. B. aus Glimmer oder Al_2O_3-Keramik, betrieben.

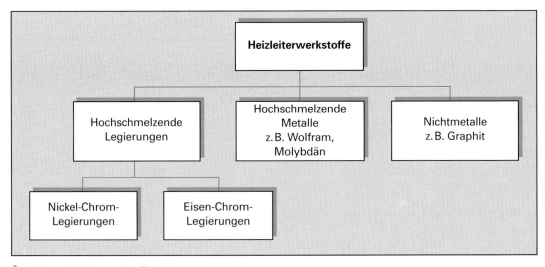

Übersicht: Heizleiterwerkstoffe

Heizleiter-Nickel-Chrom-Legierungen können neben den Hauptbestandteilen Nickel und Chrom noch Anteile an Eisen enthalten. Man teilt sie deshalb in eisenfreie Legierungen, z. B. NiCr80-20 (80 % Nickel und 20 % Chrom), eisenarme Legierungen, z. B. NiCr60-15 (60 % Nickel, 15 % Chrom, 22 % Eisen), und eisenreiche Chrom-Nickel-Legierungen, z. B. NiCr30-20 (30 % Nickel, 20 % Chrom, 50 % Eisen) ein. Heizleiter aus Chrom-Nickel-Legierungen sind im Allgemeinen verzunderungsbeständig, Schwefel und Schwefel-Verbindungen greifen sie aber an. Verwendet werden Band- und Drahtheizleiter in Elektrowärmegeräten bis zu Arbeitstemperaturen von 1150 °C.

Heizleiter-Eisen-Chrom-Legierungen haben Eisenanteile bis zu 60 %. Sind zusätzliche Aluminiumanteile vorhanden, so werden sie als Chrom-Eisen-Aluminium-Legierungen, z. B. CrAl30-5, bezeichnet. Bei Betriebstemperatur bildet sich auf der Heizleiteroberfläche eine Schutzschicht aus Aluminiumoxid (Al_2O_3), die eine weitere Oxidation des Werkstoffes verhindert. CrFeAl-Legierungen sind spröde und deshalb empfindlich gegen Stoß und starke Erschütterungen. Bei Temperaturen über

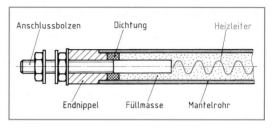

Bild: Rohrheizkörper

1000 °C entsteht eine zunehmende Eisenversprödung. Dadurch können Heizleiterbrüche entstehen. Verwendung finden CrFe- und CrFeAl-Legierungen als preiswerte Heizleiter zur Massenfabrikation z. B. von Elektrowärmegeräten des Haushaltes und der Industrie **(Bild)**.

> Nickel-Chrom-Legierungen und Chrom-Eisen-Aluminium-Legierungen sind die am häufigsten verwendeten Heizleiterwerkstoffe.

Die hochschmelzenden Metalle **Molybdän, Platin, Tantal und Wolfram** eignen sich für Heizleiter in Hochtemperaturöfen, auch im Vakuum- oder Schutzgasbetrieb, bis etwa 2500 °C.

Die nichtmetallischen Werkstoffe **Graphit und Kohle** verwendet man bei sehr hohen Temperaturen. Graphit kann jedoch nur in geschlossenen Ofenräumen mit inerter[1] Atmosphäre eingesetzt werden. Bei Temperaturen ab etwa 400 °C reagiert Graphit mit dem Luftsauerstoff zu CO_2 (Abbrand). Man benützt Graphit und Kohle als Heizleiter in Form von z. B. Stäben, Körnern, Rohren und Tiegeln. Kohle und Graphit haben eine hohe Widerstandsfähigkeit gegen chemische Einflüsse und aggressive Atmosphären.

Heizstäbe aus **Siliciumcarbid (SiC)** verwendet man für Temperaturen von etwa 1000 °C bis 1500 °C vorwiegend in Öfen der Glas- und Keramikindustrie. Auf dem SiC-Stab bildet sich durch Reaktion mit Sauerstoff eine SiO_2-Schutzschicht (Quarz). Bei langer Betriebszeit kommt es zu einer langsamen Widerstandszunahme durch Oxidation des Kohlenstoffes (Kohlenstoff-Verarmung). Die mechanische Festigkeit von Siliciumcarbid ist gering.

Tabelle: Kennwerte von Heizleiterwerkstoffen (Auswahl)

Kurzzeichen des Heizleiterwerkstoffs	Spezifischer Widerstand ρ bei 20 °C in $\dfrac{\Omega \cdot mm^2}{m}$	Spezifische Wärmekapazität c in $\dfrac{J}{g \cdot K}$	α_L* in $\dfrac{10^{-6}}{K}$	Wärmeleitfähigkeit bei 20 °C in $\dfrac{W}{m \cdot K}$	Dichte in $\dfrac{kg}{dm^3}$	Schmelztemperatur in °C	max. Gebrauchstemperatur in °C
NiCr60-15	1,11	0,46	13,5	13	8,2	1390	1075
NiCr30-20	1,05	0,50	14,5	13	7,9	1390	1100
CrAl25-5	1,44	0,46	11	13	7,1	1500	1300
CrAl20-5	1,37	0,46	11	13	7,2	1500	1200
Platin	0,098	0,134	9,0	71,2	21,45	1773	1600
Wolfram	0,055	118,8	4,0	130	≈ 18	3400	2560
Kohle	40 ... 100	0,5	6,0	134 ... 142	1,8 ... 2	≈ 3500	≈ 2000

* Wärmeausdehnungskoeffizient (thermischer Längenausdehnungskoeffizient) α_L zwischen 20 °C und 100 °C

[1] inert (lat.) = untätig, träge; hier: reaktionsträge Stoffe, die sich an chemischen Vorgängen nicht beteiligen

7.3 Technische Widerstände

Der Widerstand hat als Bauelement die Aufgabe, die Bewegung der Ladungsträger zu hemmen und somit den elektrischen Stromfluss gezielt zu vermindern. Mit Widerständen können z.B. Ströme eingestellt oder begrenzt, Spannungen gemindert oder Teilspannungen gewonnen werden. Widerstände sind die meistverwendeten Bauelemente der Elektrotechnik.

> Der Widerstand ist ein elektrisches Bauelement, das einen Strom gezielt hemmt.

Bauarten technischer Widerstände

Bei Widerständen unterscheidet man verschiedene Bauarten (**Übersicht**).

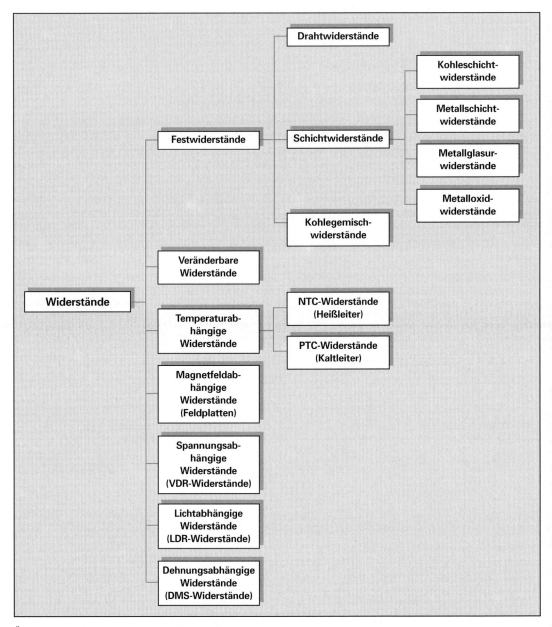

Übersicht: Einteilung technischer Widerstände

Drahtwiderstände

Bei Drahtwiderständen wird der Widerstandswert durch einen Draht aus einer Metalllegierung, z.B. Konstantan oder Manganin, gebildet **(Bild a)**. Der Draht ist auf einen Trägerkörper z.B. aus Keramik aufgewickelt und mit Anschlüssen versehen. Zum Schutz der Widerstände und zur besseren Wärmeableitung sind Lackumhüllungen, Glasuren oder Gehäuse aus Keramik oder Metall üblich **(Bild b)**.

Kohlegemischwiderstände

Kohlegemischwiderstände, auch Massewiderstände genannt, haben einen Widerstandskörper aus einem Kohle-Harz-Gemisch. Die Größe des Widerstandswertes wird durch den Gehalt des Kunstharzes, z.B. Phenolharz oder Epoxidharz, im Kohlegemisch bestimmt **(Bild c)**. Das Kohle-Harz-Gemisch ist zugleich Widerstandsmasse und Widerstandskörper.

Schichtwiderstände

Bei Schichtwiderständen **(Bild d)** werden Widerstandswerkstoffe, z.B. Kohle, Metall oder ein Metalloxid, auf einen Trägerkörper aus Aluminiumoxid (Al_2O_3) bzw. andere Keramik als Schicht im Vakuum aufgedampft oder durch Katodenzerstäubung (Seite 226) aufgesprüht. Für Metallschichtwiderstände verwendet man Chrom-Nickel-Schichten, für Metalloxidwiderstände z.B. Zinnoxid oder Tantalnitrid. Die Schichtdicke liegt im Bereich von etwa 0,5 µm bis 50 µm und richtet sich nach dem gewünschten Widerstandswert. Durch Einschneiden einer schraubenförmigen Wendel, meist mit Hilfe eines Lasers, wird der geforderte Widerstandswert erreicht. Gegen Umwelteinflüsse und Berührungsspannungen werden Schichtwiderstände mit mehreren Lackschichten umhüllt. Metallschichtwiderstände lassen sich in sehr engen Toleranzen, z.B. 0,05%, mit kleinem Temperaturbeiwert, z.B. $\pm 50 \cdot 10^{-6}$ 1/K, und guter Langzeitkonstanz herstellen.

Präzisionswiderstände

Werkstoffe für Präzisionswiderstände und Präzisionswiderstandsnetzwerke, z.B. in der Messtechnik, sollen folgende Eigenschaften haben:

- sehr kleiner Temperaturbeiwert ($< 25 \cdot 10^{-6}$ 1/K),

- niedrige Thermospannung gegen Kupfer (< 10 µV/K),

- hohe zeitliche Stabilität des Widerstandes (Abweichung $< 0,005\%$ je Jahr),

- induktivitätsarm,

- niedriges Rauschen und

- eventuell hohe Belastbarkeit.

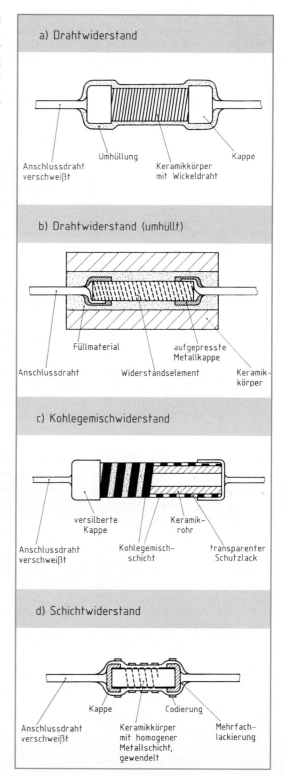

a) Drahtwiderstand

Umhüllung · Kappe · Anschlussdraht verschweißt · Keramikkörper mit Wickeldraht

b) Drahtwiderstand (umhüllt)

Füllmaterial · aufgepresste Metallkappe · Anschlussdraht · Widerstandselement · Keramikkörper

c) Kohlegemischwiderstand

versilberte Kappe · Keramikrohr · Anschlussdraht verschweißt · Kohlegemischschicht · transparenter Schutzlack

d) Schichtwiderstand

Kappe · Codierung · Anschlussdraht verschweißt · Keramikkörper mit homogener Metallschicht, gewendelt · Mehrfachlackierung

Bild: Aufbau verschiedener Widerstände

Für Präzisionswiderstände verwendet man Cu-Mn-, Ni-Cr-, Au-Cr- und Ag-Mn-Legierungen. Eine häufig verwendete Legierung ist Manganin[1], das aus 86% Kupfer, 2% Nickel und 12% Mangan besteht. Präzisionswiderstände haben als niederohmige Widerstände einen Anschluss in Vierleitertechnik, da der durch die Zuleitungsdrähte verursachte Widerstand nicht mehr vernachlässigbar ist **(Bild 1 und 2)**.

Widerstände in integrierten Schaltungen

In integrierten Schaltungen (Seite 216) werden Widerstände durch gezielte Diffusion des reinen Halbleitermaterials hergestellt. Sie sind auf einem Chip mit weiteren Halbleiterbauelementen untrennbar miteinander verbunden.

 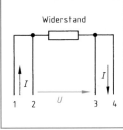

Bild 1: Präzisionswiderstand in Vierleitertechnik   **Bild 2: Anschluss eines Präzisionswiderstandes**

7.4 Schichtschaltungen

Schichtschaltungen sind in Form schichtförmiger Bahnen und Flächen auf einem Träger aufgebrachte elektrische Schaltungen.

Bei Schichtschaltungen werden passive Bauelemente, z.B. Widerstände und Kondensatoren, und deren Verbindungsleitungen in gemeinsamer Technologie auf einen Träger aus Keramik oder Glas aufgebracht. Aktive Bauelemente, z.B. Transistoren, werden nachträglich eingesetzt. Man unterscheidet Schichtschaltungen in Dickschicht-, Dünnschicht- und Hybrid-Technik.

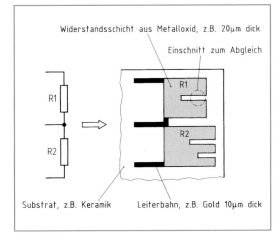

Bild 3: Spannungsteiler in Dickschicht-Technik

7.4.1 Dickschicht-Technik

Bei Schaltungen in Dickschicht-Technik werden im **Siebdruckverfahren** Pasten zur Herstellung z.B. von Leiterbahnen, Widerständen, Dielektrika und Kondensatoren auf den Träger aufgebracht und anschließend eingebrannt. Die Schichtdicke kann 5 µm bis 50 µm betragen. Dickschicht-Schaltungen bestehen aus einem Substrat (einem keramischen Trägermaterial, z.B. Aluminiumoxid), Pasten (Mischungen aus z.B. Metallen, Oxiden und Glas), diskreten passiven und aktiven Bauelementen (z.B. Dioden und Transistoren).

Es werden verschiedene Dickschichtpasten eingesetzt. Mischungen aus Edelmetallpulvern, z.B. Pd-Ag, Pd-Au, Pt-Ag und Ag, und Metalloxiden, z.B. Wismut-Rutheniumoxid, Glaspulver sowie organischen Binde- und Lösungsmitteln. Das Mischungsverhältnis von Metall, Metalloxiden und Glasschmelze bestimmt den Widerstandswert der Grundpaste. Binde- und Lösungsmittel ergeben die Fließfähigkeit und Linienschärfe der Bahnen beim Druckvorgang. Als Drucksieb verwendet man feinmaschige Siebe aus rostfreiem CrNi-Stahl. Gängig sind Drucksiebe mit 80 bis 400 Maschen/cm². Das Keramiksubstrat wird in mehreren Arbeitsgängen mit Bahnen und Flächen aus verschiedenen Pasten bedruckt. Anschließend wird bei etwa 125 °C getrocknet und bei Temperaturen zwischen 800 °C und 1000 °C eingebrannt.

Die nach dem Einbrennen vorhandenen Widerstände haben eine Toleranz der Widerstandswerte von etwa ± 10 %. Für höhere Genauigkeiten werden die Widerstände mit Hilfe eines Sand- oder Laserstrahles abgeglichen. Der Abgleich erfolgt durch Einschnitte in die Widerstandsfläche **(Bild 3)**. Die Einschnitte verändern die Geometrie des Widerstandes so, dass Toleranzen unter 1 % erreicht werden. Zum Schutz gegen Umwelteinflüsse und mechanische Beschädigungen bekommen die fertigen Schaltungen eine Lackumhüllung oder ein Gehäuse.

---

[1] Manganin: registriertes Warenzeichen (Handelsname) der Isabellenhütte, Dillenburg

7.4.2 Dünnschicht-Technik

> Bei Schaltungen in Dünnschicht-Technik werden Metalle, z. B. Gold, Silber und Chrom, oder deren Legierungen im Vakuum aufgedampft.

Der Metalldampf schlägt sich als dünne Schicht (Dicke < 1 µm) auf dem Substrat aus z. B. Aluminiumoxid nieder. Mit Hilfe der Dünnschicht-Technik werden hochintegrierte Schaltkreise, Speicherchips und Sensoren, hergestellt.

Zur Herstellung von Leiterbahnen, Widerständen, Isolierschichten, Haft-, Diffusions- und Sperrschichten verwendet man die Verfahren Katodenzerstäubung – kurz Sputtern genannt – und die Aufdampftechnik.

Bei der **Aufdampftechnik** wird das zu verdampfende Material, z. B. Gold, in der Bedampfungsanlage im Vakuum über die Schmelztemperatur hinaus erhitzt. Die aus der Schmelze verdampften Metallatome kondensieren auf dem kühleren Substrat zu einer dünnen Schicht **(Bild)**.

Zur **Katodenzerstäubung** werden Dünnschichtmaterialien als so genannte Sputtertargets benötigt. In einem mit dem Edelgas Argon gefüllten Reaktionsgefäß wird das Substrat an der Anode befestigt. Das zu zerstäubende Material bildet die Katode. Durch das Anlegen einer Spannung zwischen Anode und Katode werden Elektronen aus der Katode emittiert und beschleunigt. Sie stoßen dann mit Argonatomen zusammen. Durch die hohe Beschleunigung werden die Argonatome ionisiert, sodass sie zur Katode strömen. Das Targetmaterial wird durch den Ionenbeschuss herausgeschlagen. Es setzt sich als dünne Schicht auf dem Substrat nieder. Die Katodenzerstäubung hat den Vorteil größerer Haftfestigkeiten der Schichten auf dem Substrat, als es bei der Aufdampftechnik möglich ist.

Bei der **Maskentechnik** werden unterschiedliche Masken aufgedampft. Masken bestehen aus Metallfolien und enthalten dort Aussparungen, wo Zerstäubungsmaterial gezielt das Substrat belegen soll. Die Herstellung der Maske mit der nötigen Leiterstruktur erfolgt mit Hilfe der Fototechnik. Unterschiedliche Schichten benötigen verschiedene Masken. Es ist nötig, die Masken im Reaktionsgefäß unter Vakuum zu wechseln. Dies erfordert eine hohe Justiergenauigkeit.

Beim **Dünnschichtätzen** werden die Schichten ganzflächig aufgebracht. Die notwendigen Leiterbahnen, Widerstände und Kondensatoren entstehen anschließend durch Fotoätzen.

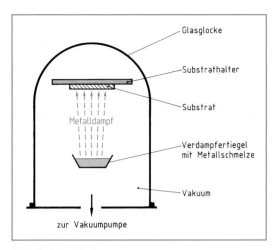

Bild: Aufdampfanlage

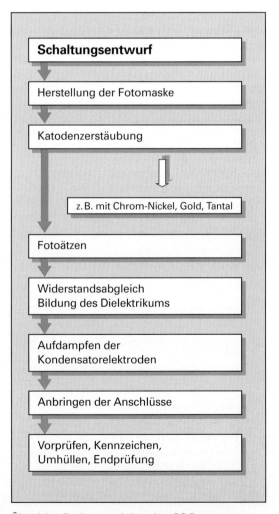

Übersicht: Fertigungsschritte einer RC-Baugruppe

7.4.3 Hybrid-Technik

In Hybridschaltungen werden aktive Bauelemente, z.B. Transistoren oder integrierte Schaltungen, mit passiven Bauelementen, z.B. Widerständen oder Kondensatoren, auf kleinstem Raum auf einem keramischen Träger aufgebracht.

Hybridschaltungen[1] **(Bild)** haben

- hohe Packungsdichte,
- geringe Temperaturkoeffizienten der Widerstände,
- hohe Zuverlässigkeit und Langzeitstabilität,
- gute Wärmeleitfähigkeit der Keramiksubstrate,
- hohe Grenzfrequenz und
- geringe Montage und Prüfkosten.

Auf einem Substrat, bestehend z.B. aus Aluminiumoxid, Berylliumoxid, Glas oder Siliciumcarbid, werden die elektrischen Verbindungen der Bauelemente (minimale Leiterbahnbreite etwa 50 µm) und Widerstände mit Hilfe der Dickschicht- oder Dünnschicht-Technik aufgebracht. Das Montieren und Kontaktieren zusätzlicher Bauelemente, z.B. integrierter Schaltungen auch in SMD-Bauform (Seite 262), erfolgt durch Löten, Kleben und Drahtbonden. Die Hybridschaltung kann durch Deckglasur, Tauchen in Kunstharz, Lackdruck, Vergießen in Formen oder Einbau in Gehäusen gegen Umwelteinflüsse geschützt werden. Anschlusskämme verbinden die Schaltung mit der Leiterplatte. Die Fertigungsschritte einer Hybridschaltung mit Hilfe der Dickschicht-Technik erläutert die **Übersicht**. Nach Durchlauf aller Fertigungsschritte wird die Hybridschaltung einer Funktionsprüfung, meist auf rechnergesteuerten Messsystemen, unterzogen.

Hybridschaltungen werden in allen Bereichen der Technik verwendet, so z.B. als Messverstärker, Hf-, ZF-, NF-Baustein, Spannungsregler und Präzisionsspannungsteiler.

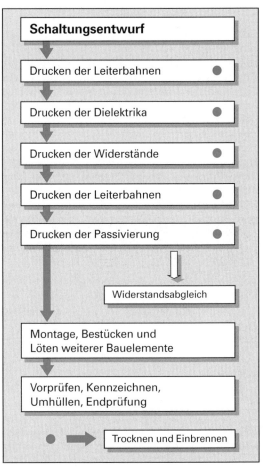

Bild: Hybridschaltung

Schaltungsentwurf

↓

Drucken der Leiterbahnen ●

↓

Drucken der Dielektrika ●

↓

Drucken der Widerstände ●

↓

Drucken der Leiterbahnen ●

↓

Drucken der Passivierung ●

⇩

Widerstandsabgleich

↓

Montage, Bestücken und Löten weiterer Bauelemente

↓

Vorprüfen, Kennzeichnen, Umhüllen, Endprüfung

● ➡ Trocknen und Einbrennen

Übersicht: Fertigung einer Hybridschaltung

Wiederholungsfragen

1 Wodurch entstehen Thermospannungen?
2 Nennen Sie Anforderungen an Widerstandswerkstoffe.
3 Wie können Heizleiterwerkstoffe eingeteilt werden?
4 Welchen Nachteil haben Chrom-Nickel-Legierungen bei Heizleiterwerkstoffen?
5 Nennen Sie Bauarten technischer Widerstände.
6 Was versteht man unter Dünnschicht-Technik?
7 Mit welchem Verfahren können Widerstände in Dünnschicht-Schaltungen abgeglichen werden?
8 Nennen Sie Anwendungen von Hybridschaltungen.

---

[1] von hybrida (lat.) = Mischling

8 Isolierstoffe

Isolierstoffe haben die Aufgabe, elektrische Teile mit unterschiedlichem Potential voneinander getrennt zu halten und sie gegeneinander zu isolieren. Sie haben fast keine freien Ladungsträger und setzen deshalb dem elektrischen Strom einen sehr hohen Widerstand entgegen.

Isolierstoffe sind Stoffe, deren spezifischer elektrischer Widerstand zwischen 10^6 Ωcm und 10^{18} Ωcm liegt (1 Ωcm = 10^4 Ωmm²/m).

8.1 Einteilung und Anforderungen

Stoffe der Elektrotechnik lassen sich aufgrund der elektrischen Leitfähigkeit in Leiter, Halbleiter und Nichtleiter einteilen. Man unterteilt die Isolierstoffe nach ihren Aggregatszuständen in fest, flüssig und gasförmig (**Übersicht**).

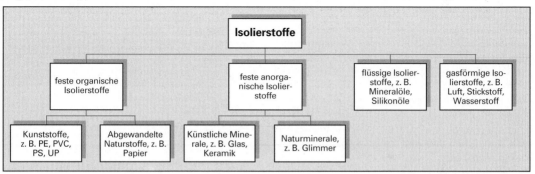

Übersicht: Einteilung der Isolierstoffe

Im Vordergrund der Anforderungen an einen Isolierstoff stehen seine elektrischen Eigenschaften:

- Durchgangswiderstand
- Oberflächenwiderstand
- Durchschlagfestigkeit
- Lichtbogenfestigkeit
- Kriechstromfestigkeit
- Permittivität
- Dielektrischer Verlustfaktor
- Elektrostatische Aufladung

Neben den elektrischen Eigenschaften sind auch je nach Anwendungsfall mechanische, thermische und chemische Eigenschaften von Bedeutung.

Tabelle: Isolierstoffe		
Isolierstoff-klasse	Grenz-temperatur	Isolierstoffe (Beispiele)
Y	90 °C	Papier, Baumwolle, PVC
A	105 °C	Pressspan, Polyamidfasern
E	120 °C	Hartpapier, Acetatfolie
B	130 °C	Glimmer, Fiber-Silikat
F	155 °C	Glasfaser
H	180 °C	Silikone
C	über 180 °C	Glas, PTFE, Quarz

Mechanische Beanspruchung durch Zug, Druck und Schlag sowie die Härte, die Steifigkeit, die Zähigkeit und die Wechselfestigkeit sind zu beachten. An **thermischen Eigenschaften** sind für Isolierstoffe die Wärmedehnung, die Wärmeleitfähigkeit, die Formbeständigkeit, das Brandverhalten bzw. Glutbeständigkeit und die Wärmebeständigkeit wichtig. Nach DIN VDE wird in der Elektrotechnik die Wärmebeständigkeit von Isolierstoffen nach 7 Wärmeklassen je nach Grenztemperatur eingeteilt (**Tabelle**).

Bei den **chemischen Eigenschaften** sind der Widerstand gegen Wasseraufnahme und die Alterungsbeständigkeit der Isolierstoffe am wichtigsten.

Für die Verwendung von Isolierstoffen wählt man sie nach bestimmten Eigenschaften, z.B. Isolationswiderstand, Durchschlagfestigkeit, Kriechstromfestigkeit und Lichtbogenbeständigkeit, sowie nach den Werkstoffkenngrößen aus.

8.2 Elektrische Eigenschaften und ihre Messung

Die Eigenschaften der Isolierstoffe kann man in elektrische und dielektrische Eigenschaften einteilen. Permittivitätszahl ε_r (früher Dielektrizitätzahl) und Verlustfaktor $\tan \delta$ zählen zu den dielektrischen Eigenschaften.

8.2.1 Durchgangswiderstand und spezifischer Durchgangswiderstand

> Der Durchgangswiderstand R_D ist der elektrische Widerstand einer Werkstoffprobe. Er wird in Ohm gemessen.

Die Messung des Durchgangswiderstandes erfolgt nach DIN 53 482/VDE 0303 an einer Werkstoffprobe **(Bild 1)**. Dabei wird eine plattenförmige Probe z.B. mit den Abmessungen 120 mm x 120 mm und einer Dicke von 1 mm oder 4 mm zwischen zwei Plattenelektroden eingespannt und eine Gleichspannung angelegt. Eine ringförmige Schutzelektrode (Abschirmung) lässt Oberflächenströme abfließen und vermeidet eine Verfälschung des Messergebnisses.

Um Ergebnisse der Messungen verschiedener Werkstoffe vergleichen zu können, wird aus dem gemessenen Durchgangswiderstand einer Werkstoffprobe und den Probenabmessungen der **spezifische Durchgangswiderstand** ρ_D z.B. auf einen Würfel von 1 cm Kantenlänge umgerechnet. Der spezifische Durchgangswiderstand ρ_D gibt Aufschluss über das elektrische Isoliervermögen eines Isolierstoffes. Er wird in $\Omega \cdot$ m oder in $\Omega \cdot$ cm angegeben.

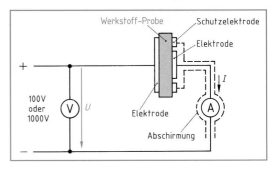

Bild 1: Messen des Durchgangswiderstandes

$$R_D = \frac{U}{I} \qquad (1)$$

$$\rho_D = \frac{R_D \cdot A}{h} \qquad (2)$$

R_D Durchgangswiderstand
U Messspannung
I Messstrom
ρ_D spezifischer Durchgangswiderstand
A Fläche der Werkstoffprobe
h Höhe (Dicke) der Werkstoffprobe

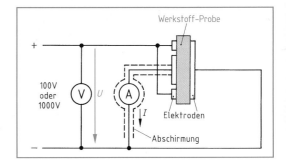

Bild 2: Messen des Oberflächenwiderstandes

Bei Spannungen von 100 V oder 1000 V wird der Strom gemessen, der durch die Werkstoffprobe fließt. Aus dem gemessenen Widerstand R_D, der Probenfläche A und der Probendicke h lässt sich der spezifische Durchgangswiderstand ρ_D berechnen **(Formel 1 und 2)**. Bei den meisten Isolierstoffen liegt der spezifische Durchgangswiderstand zwischen 10^6 und 10^{18} Ωcm. Phenolharz hat z.B. einen spezifischen Durchgangswiderstand von 10^{12} Ωcm, Polystyrol 10^{16} Ωcm.

8.2.2 Oberflächenwiderstand

> Der Oberflächenwiderstand R_O gibt an, wie groß das Isolationsvermögen der Oberfläche eines Isolierstoffes ist.

Beeinflusst wird der Oberflächenwiderstand vor allem von der Verschmutzung der Werkstoffoberfläche.

Zur Messung des Oberflächenwiderstandes nach DIN 53 482/VDE 0303 werden zwei Messelektroden bestimmter Abmessungen auf die Probenoberfläche aufgesetzt **(Bild 2)** und der Widerstand in Ohm gemessen. Geprüft wird mit Gleichspannung von z.B. 100 V bei einer Messdauer von einer Minute.

8.2.3 Durchschlagfestigkeit

> Die elektrische Durchschlagfestigkeit E_D ist die Feldstärke, bei der ein elektrischer Durchschlag durch eine genormte Isolierstoffprobe erfolgt.

Zum Messen der Durchschlagfestigkeit legt man eine Probe des Isolierstoffes zwischen zwei genormte Elektroden **(Bild 1)**. Als Elektroden werden z.B. Halbkugeln benutzt. Die Abmessungen der Elektroden sowie die Elektrodenanordnungen sind nach DIN 53 481/VDE 303 genormt. Die Spannung wird langsam erhöht, bis ein Durchschlag erfolgt. Er zerstört das zu prüfende Material. Die im Moment des Durchschlags gemessene Spannung heißt **Durchschlagspannung**. Die Durchschlag-

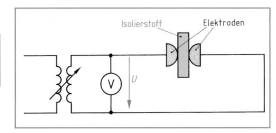

Bild 1: Messen der Durchschlagfestigkeit

$$E_D = \frac{U_D}{d} \qquad (1)$$

E_D Durchschlagfestigkeit
U_D Durchschlagspannung
d Probendicke

festigkeit E_D in kV/mm ist die Durchschlagspannung U_D bezogen auf die Probendicke d **(Formel 1)**.

Um Vorentladungen zu vermeiden, kann man das zu prüfende Material in so genannte **Einbettisolierstoffe**, z.B. Transformatorenöl oder Rizinusöl, einlegen. Zur Prüfung des Isolierstoffes verwendet man eine sinusförmige Wechselspannung. Die Spannung wird dabei schrittweise erhöht und je eine Minute lang gehalten. Die Höhe der Durchschlagfestigkeit ist kein konstanter Wert wie eine Materialkonstante, sondern hängt vor allem vom Werkstoff, der Materialdicke, der Temperatur, der Form der Elektroden, der Vorbehandlung der Probekörper und der Einwirkungsdauer der an die Probe angelegten Spannung ab. Zum Messwert der Durchschlagfestigkeit müssen deshalb alle diese Größen angegeben werden.

> Die Durchschlagfestigkeiten verschiedener Isolierstoffe lassen sich nur bei gleicher Probendicke und gleichen Prüfbedingungen vergleichen.

Die Durchschlagfestigkeit kann für Gase, Flüssigkeiten und feste Isolierstoffe bestimmt werden. Kabelöle haben z.B. eine Durchschlagfestigkeit von etwa 20 kV/mm, Polyvinylchlorid rund 50 kV/mm und Luft ungefähr 2 kV/mm.

8.2.4 Lichtbogenfestigkeit

> Ein Lichtbogen zerstört die Oberfläche eines Isolierstoffes und mindert sein Isoliervermögen.

Eine Prüfung auf Lichtbogenfestigkeit nach DIN 53 484/VDE 0303 ist notwendig, um Isolierstoffe vergleichen und auswählen zu können.

Bei der Prüfung auf Lichtbogenfestigkeit werden zwei Elektroden auf einen **Probekörper** aufgesetzt und an eine Gleichspannung von 220 V gelegt **(Bild 2)**. Durch Berühren der beiden Elektroden-

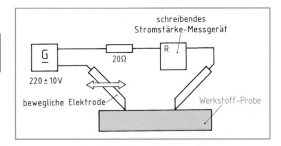

Bild 2: Prüfen auf Lichtbogenfestigkeit

spitzen zündet man den Lichtbogen. Danach werden die Elektroden langsam auseinander gezogen und der Isolierstoff kontrolliert. Man beobachtet das mechanische und thermische Verhalten des Isolierstoffes, die Länge des Lichtbogens beim Verlöschen und die elektrische Leitfähigkeit des entstandenen Lichtbogenpfades. Während der Lichtbogen brennt, ist eine Stromleitung auf dem Probekörper sichtbar.

Isolierstoffe mit hoher Lichtbogenfestigkeit sind z.B. Polytetrafluorethylen (Seite 174), Keramik und Glimmer. Um die Lichtbogenfestigkeit von Isolier- oder Kunststoffen zu erhöhen, werden Füllstoffe, z.B. Glasfasern, in die Werkstoffe eingebettet.

8.2.5 Kriechstromfestigkeit

> Bildet sich zwischen spannungsführenden Tei-
> len auf der Oberfläche eines isolierenden Stof-
> fes durch Verunreinigungen ein elektrisch lei-
> tender Pfad für den Strom, so spricht man von
> einem Kriechweg.

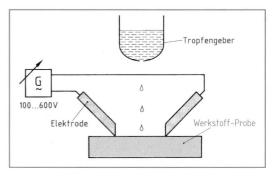

Kriechströme können bei längerer Einwirkung den Isolierstoff zerstören.

Zur Messung des Widerstandes gegen **Kriechweg-**
bildung wird zwischen zwei auf eine Materialprobe

Bild: Prüfen auf Kriechwegbildung

aufgesetzte Platin-Elektroden eine elektrisch lei-
tende Prüflösung (0,1%ige Ammoniumchloridlösung) aufgetropft **(Bild)**. Die Tropfengröße und der zeitliche Abstand der Tropfenzugabe sind nach DIN IEC 112/VDE 0303 genormt. Wird an die Elektroden eine
Wechselspannung angelegt, so bildet sich ein Kriechweg. Dabei zersetzt sich der Isolierstoff ausgehend
von der Oberfläche und der Kriechweg brennt sichtbar ein.

Die Prüfung wird bei einer Wechselspannung von 100 V bis 600 V durchgeführt, bis ein Ausfall durch
Kriechwegbildung erfolgt oder 50 Tropfen gefallen sind. Ein Ausfall ist vorhanden, wenn ein Kriechstrom
von mindestens 0,5 A länger als 2 Sekunden fließt. Dann tritt eine Zerstörung der Isolierstoffoberfläche
ein.

> Ein Maß für den Widerstand gegen Kriechwegbildung ist der Zahlenwert der höchsten Spannung in
> Volt, bei dem ein Isolierstoff 50 Auftropfungen ohne Ausfall übersteht. Diesen Wert nennt man Ver-
> gleichszahl der Kriechwegbildung (CTI[1]).

Eine hohe Kriechstromfestigkeit ist z.B. bei Zeilentransformatoren in Fernsehgeräten, bei Hochspannungsisolatoren oder gedruckten Schaltungen erforderlich. Hohe Kriechstromfestigkeit hat z.B. Melaminharz oder ungesättigtes Polyesterharz, weniger kriechstromfest dagegen ist Phenolharz oder Polystyrol.

8.2.6 Elektrostatische Aufladung

Durch Reibung entstehen an der Oberfläche von Isolierstoffen elektrische Ladungen, die nicht abfließen
können, weil der Werkstoff nicht leitet. Diese elektrische Ladungen erschweren die Verarbeitung und
Handhabung der Isolierstoffe und lassen die Oberfläche verstauben. Entladungen der Oberfläche führen
zur Funkenbildung, die leicht entflammbare Stoffe, z.B. Benzindämpfe, entzünden können. Auch können
die Entladungen MOS[2]-Halbleiterbauelemente (Seite 217) zerstören.

Zur Vermeidung elektrostatischer Aufladung erhalten die Stoffe elektrisch leitende Zusätze, z.B. Graphit-
oder Metallstaub, oder man dotiert Kunststoffe z.B. mit Jod oder Natrium, um die elektrische Leitfähigkeit
der Oberfläche zu erhöhen. Die Ursache der besseren elektrischen Leitfähigkeit liegt darin, dass sich die
zusätzlich eingebrachten leitenden Teilchen zunächst nur berühren, ab einer bestimmten Zusatzmenge
sogar leitfähige Pfade bilden. Beimengungen von etwa 1 % ermöglichen Leitfähigkeitsdifferenzen von
einigen Zehnerpotenzen.

Die Beurteilung und Prüfung des elektrostatischen Verhaltens von Isolierstoffen erfolgt nach DIN 53 486/
VDE 0303 durch zwei in der Praxis erprobte Reibeverfahren. Nach Reiben eines Probekörpers des
Isolierstoffes mit einem speziellen Reibmittel, z.B. Polyamidfasern, wird die Feldstärke in V/cm als Maß für
die Aufladung bestimmt. Nach jedem Reibvorgang wird die Aufladung mit einem Feldstärke-Messgerät
gemessen. Bei Erreichen der Grenzaufladung ist das Aufladen zu beenden. Kann eine Grenzaufladung
nicht erreicht werden, so wird das Aufladen nach 50 Reibvorgängen abgebrochen.

---

[1] CTI, Abk. für **C**omparative **T**racking **I**ndex (engl.)

[2] MOS = **M**etal-**O**xid **S**emiconductor (engl.) = Metall-Oxid-Halbleiter

8.2.7 Permittivität

Bringt man ein **Dielektrikum** zwischen die Platten eines Kondensators anstelle von Luft ein, so erhöht sich die Kapazität des Kondensators. Die **Permittivitätszahl**[1] ε_r kennzeichnet diese Erhöhung.

> Die Permittivitätszahl ε_r eines Isolierstoffs gibt an, wievielmal die Kapazität eines Kondensators größer wird, wenn statt Vakuum (Luft) der Isolierstoff als Dielektrikum verwendet wird.

Die Werte der Permittivitätszahl liegen bei Isolierstoffen meist zwischen 2 und 6. Sie sind temperatur- und frequenzabhängig.

Mit Hilfe einer Messeinrichtung, z.B. einer **Schering-Messbrücke (Bild 1)**, bestimmt man nach DIN 53483 die Permittivitätszahl einer Isolierstoffprobe. Aus der gemessenen Kapazität und der Kapazität der Elektrodenanordnung berechnet man die Permittivitätszahl.

8.2.8 Dielektrischer Verlustfaktor

In Isolierstoffen sind die Elektronen durch Kräfte im Molekülverband festgehalten. Je nach Isolierstoff bestehen die Moleküle aus mehr oder minder starken Dipolen (Dipole sind Moleküle mit unsymmetrischen Ladungsschwerpunkten). Werden Isolierstoffe einem elektrischen Wechselfeld ausgesetzt, so versuchen die Dipole sich im Werkstoff mit der Frequenz des Feldes umzuorientieren. Diese fortlaufende Umorientierung ist mit innerer Reibung verbunden. Sie bewirkt **elektrische Verluste**, die in Wärme umgewandelt werden. Die im Wechselfeld entstehenden Verluste sind frequenzabhängig.

> Der dielektrische Verlustfaktor tan δ ist ein Maß für die in einem Dielektrikum auftretenden elektrischen Verluste.

Diese Verluste können das Dielektrikum zerstören. Rechnerisch kann der Verlustfaktor tan δ an einem realen Dielektrikum, einer Kondensatoranordnung, durch das Verhältnis von Wirkstrom zu Blindstrom erfasst werden **(Bild 2, Formel 1)**. Die Kenntnis der Größe des Verlustfaktors ist besonders für die Hochfrequenz-Technik wichtig. Man verwendet Isolierstoffe mit einem kleinen Verlustfaktor, wie Polyethylen, in der HF-Technik für Koaxialkabel. Isolierstoffe mit einem hohen Verlustfaktor, z.B. Polyvinylchlorid, werden in einem hochfrequenten Wechselfeld stark erwärmt und entziehen dadurch dem HF-Kreis Energie.

Die Messung des Verlustfaktors tan δ erfolgt nach DIN 53483, z.B. mit der Schering-Messbrücke (Bild 1), einer Messbrücke mit oder ohne Wagnerschen Hilfszweig oder einem Leitwertmesser. Als Messfrequenzen sind 50 Hz, 1 kHz und 1 MHz festgelegt.

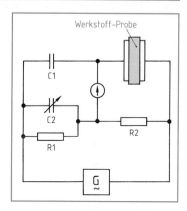

Bild 1: Messung der Permittivitätszahl (Schering-Messbrücke)

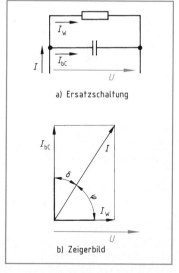

a) Ersatzschaltung

b) Zeigerbild

Bild 2: Kondensator mit Verlusten

$$\tan \delta = \frac{I_W}{I_{bC}} \qquad (1)$$

tan δ dielektrischer Verlustfaktor
I_W Wirkstrom
I_{bC} Blindstrom

Wiederholungsfragen

1 Welche Aufgaben haben Isolierstoffe in der Elektrotechnik?
2 Erklären Sie den Unterschied zwischen dem Durchgangswiderstand und dem spezifischen Durchgangswiderstand.
3 Berechnen Sie die Durchschlagfestigkeit eines Isolierstoffes bei einer Durchschlagspannung von 42 kV und einer Probendicke von 4 mm.
4 Warum werden in der HF-Technik bevorzugt Isolierstoffe mit kleinem Verlustfaktor verwendet?

---

[1] von permittere (lat.) = erlauben, zulassen; früher: Dielektrizitätszahl

8.3 Wichtige nichtelektrische Eigenschaften von Isolierstoffen

Wasseraufnahme

Im Gegensatz zu Metallen neigen Isolierstoffe zur Aufnahme von Wasser bzw. Wasserdampf. Dadurch werden die elektrischen und dielektrischen Eigenschaften der Isolierstoffe zum Teil erheblich verschlechtert, weil die Wassermoleküle stark polarisiert sind. Nach DIN 53495 wird die Wasseraufnahme als absolute Gewichtszunahme in mg oder in Prozent angegeben. Dazu werden Probekörper mit bestimmten Abmessungen für eine gewisse Zeit in Wasser gelegt, z.B. 96 Stunden, und danach die Wasseraufnahme gemessen. Die Höhe der Wasseraufnahme ist bei den organischen Isolierstoffen verschieden. Eine geringe Wasseraufnahme hat z.B. Polyethylen (PE), eine hohe Wasseraufnahme Weich-PVC **(Bild)**. Bei Polytetrafluorethylen (PTFE) ist die Wasseraufnahme gleich null. Die anorganischen Isolierstoffe, z.B. Keramik und Glas, nehmen ebenfalls wenig Wasser auf.

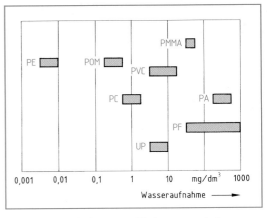

Bild: Wasseraufnahme verschiedener organischer Isolierstoffe

Formbeständigkeit in der Wärme

Die Formbeständigkeit ist abhängig von der Formgebung und der mechanischen Belastung des Bauteils. Zur Prüfung auf Formbeständigkeit gibt es mehrere Verfahren: nach Martens, Vicat oder ISO. Bei der Prüfung nach Vicat wird eine Nadel mit einer Stirnfläche von 1 mm² mit einer Kraft von 10 N oder 50 N in eine Werkstoffprobe eingedrückt. Die Probe wird dann beginnend bei Raumtemperatur in Abstufungen erwärmt, z.B. in Schritten zu 10 °C.

> Die Vicat-Temperatur ist die Temperatur, bei der die Eindringtiefe der Nadel in den Isolierstoff 1 mm beträgt.

Für Weich-PVC ist die Vicat-Temperatur etwa 40 °C, für Hart-PVC etwa 80 °C, für Polyamid etwa 250 °C.

Tabelle: Prüfung von Elektroisolierstoffen auf Brandverhalten (Verfahren FV)	
Prüfanordnung	Darstellung der Ergebnisse in Flammverhaltensstufen:
Probekörper Bunsenbrenner	FVO: Brennzeit ≤ 10 s Gesamtbrennzeit: ≤ 50 s kein brennendes Abtropfen FV1: Brennzeit ≤ 30 s Gesamtbrennzeit: ≤ 250 s kein brennendes Abtropfen FV2: Brennzeit ≤ 30 s Gesamtbrennzeit: ≤ 250 s brennendes Abtropfen

Brandverhalten

Das Brandverhalten der Isolierstoffe ist für die Betriebssicherheit in der Elektrotechnik von großer Bedeutung. Die von einem Brand ausgehenden Gefahren, z.B. Rauchbildung, Entstehung giftiger Brandgase und Hitzeeinwirkung, sind zu beachten und müssen bekannt sein. Ein Teil der organischen Isolierstoffe sind brennbar, d. h., sie brennen nach Entzündung von alleine weiter, z.B. PE, PP und PS. Selbstlöschend (d. h., sie verlöschen nach Wegnahme der Flamme) sind z.B. Polyamid, Polycarbonat und Hart-Polyvinylchlorid. Phenoplaste, Aminoplaste, Fluorkunststoffe und Silikone gelten als unbrennbar. Sind aus Sicherheitsgründen Isolierstoffe unbrennbar zu machen bzw. ist die Entflammbarkeit zu verringern, werden Zusatzstoffe, z.B. Glasfasern, Phosphorverbindungen oder Salze, bei der Isolierstoffherstellung eingebracht. Um Angaben über das Brandverhalten von Isolierstoffen zu erhalten, gibt es unterschiedliche Verfahren. Man untersucht z.B. nach DIN VDE 0471 Teil 2 „Prüfungen zur Beurteilung der Brandgefahr" oder nach DIN VDE 0304 Teil 1 „Prüfverfahren zur Beurteilung des thermischen Verhaltens fester Isolierstoffe". Beim Prüfen stellt man fest, ob der Isolierstoff in einer Bunsenbrennerflamme brennt und wie lange er weiterbrennt. Auch stellt man fest, ob beim Brennen Tropfen herabfallen. Das Ergebnis der Prüfung auf Brandverhalten ist eine Unterteilung der Isolierstoffe in Gruppen, z.B. FVO bis FV2 **(Tabelle)**.

8.4 Feste Isolierstoffe

In der Nachrichtentechnik und in der Elektronik werden fast ausschließlich feste Isolierstoffe eingesetzt. Die größte Bedeutung als Isolierstoffe haben heute die Kunststoffe. Eine Einteilung der festen Isolierstoffe ist in organische und anorganische und diese wiederum in natürliche und synthetisch hergestellte Isolierstoffe möglich (**Übersicht 1**).

Isolierstoffe zur Anwendung bei hohen Temperaturen sind Glas- und Keramik-Werkstoffe. Man verwendet sie bevorzugt in der Energietechnik. Abgewandelte **Naturstoffe**, z. B. Papier, oder Naturminerale, wie Glimmer, werden nur in Sonderfällen verwendet.

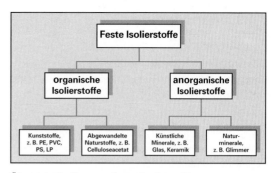

Übersicht 1: Gruppen fester Isolierstoffe

8.5 Organische Isolierstoffe

Organische Isolierstoffe sind überwiegend Kunststoffe oder abgewandelte Naturstoffe (Übersicht 1).

Die abgewandelten Naturstoffe werden durch Umwandlung der Naturstoffe hergestellt, z. B. Celluloseacetat durch chemische Umwandlung der aus Holz gewonnenen Cellulose.

Die Kunststoffe werden aus den organischen Rohstoffen Kohle, Erdöl und Erdgas sowie weiteren Rohstoffen vollsynthetisch gefertigt (Seite 110).

Kunststoffe und abgewandelte Naturstoffe haben einen makromolekularen Aufbau (Seite 111). Nach ihrem Festigkeitsverhalten bei Erwärmung teilt man sie in Thermoplaste, Duroplaste und Elastomere ein (Seite 112). Die verschiedenen Kunststoffgruppen sowie die abgewandelten Naturstoffe ergeben eine Vielzahl von Werkstoffen (**Übersicht 2**).

Die **Thermoplaste** sind die zahlenmäßig und mengenmäßig bedeutendste Kunststoffgruppe. Sie lassen sich kostengünstig durch Extrudieren, Hohlform- und Folienblasen, Kalandrieren und Spritzgießen verarbeiten (Seite 118).

Duroplaste werden vor allem wegen ihrer Temperaturbeständigkeit und der Vergießbarkeit eingesetzt. Häufig verarbeitet man sie zu Formteilen, z. B. Schalter, Gehäuse und Klemmen.

Elastomere bieten den Vorteil der Gummielastizität, d. h., sie sind sehr dehnfähig. Man verwendet sie überwiegend zur Leitungs- und Kabelisolation.

Die **abgewandelten Naturstoffe**, z. B. Isolierpapiere, werden zur Isolierung von Wicklungen in Transformatoren, Kondensatoren, aber auch bei gedruckten Schaltungen eingesetzt.

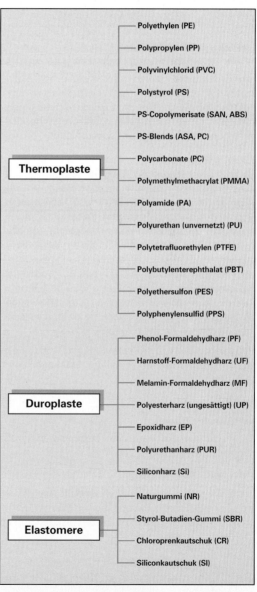

Übersicht 2: Kunststoffe als Isolierstoffe in der Elektrotechnik (Auswahl)

8.5.1 Thermoplaste

Polyethylen (PE)

Einteilung und Kurzbeschreibung

Weich-PE (PE-LD[1]): Biegsam und lederartig zäh, nicht klebbar, wachsartig, einsetzbar bis 80 °C.

Hart-PE (PE-HD[2]): Steif, zähhart, unzerbrechlich, nicht klebbar, einsetzbar bis 105 °C.

Beide Sorten sind brennbar und haben eine geringe Wasseraufnahme.

> Polyethylen verbrennt umweltfreundlich: Es entsteht nur Wasser und Kohlendioxid.

Elektrische Eigenschaften

Gute elektrische Isolationswerte, hoher Oberflächenwiderstand, starke elektrostatische Aufladung. Permittivitätszahl und Verlustfaktor sind niedrig **(Tabelle 1)**. Die guten elektrischen Eigenschaften von PE bleiben bei Änderungen der Frequenz und der Temperatur etwa konstant.

Verwendung

Bedingt durch die niedrigen dielektrischen Verluste verwendet man Polyethylen vor allem in der Nachrichtentechnik zur Draht- und Kabelisolation. Hochfrequente Leitungen und Kabel erhalten als Isolierung eine geschäumte Innenschicht und eine ungeschäumte Außenschicht **(Bild)**. Wird Polyethylen zur Energiekabel-Isolierung eingesetzt, so wird es vernetzt, z.B. mit Peroxiden. Vernetztes Polyethylen hält höhere Spannungen und Temperaturen aus als unvernetztes. Im Mittelspannungsbereich (10...30 kV) verwendet man vernetztes Polyethylen für Kabelmäntel.

Handelsnamen von Polyethylen sind z.B. Lupolen®, Trolen®, Marlex®, Trofil®, Hostalen® und Vestolen®.

Polypropylen (PP)

Kurzbeschreibung

Steif und hart, in der Kälte bedingt schlagzäh, kurzzeitig einsetzbar bis 140 °C.

Tabelle 1: Physikalische und elektrische Eigenschaften von Polyethylen-LD	
Dichte	0,92 kg/dm³
Zugfestigkeit	9...16 N/mm²
Gebrauchstemperaturgrenze	80 °C
Wasseraufnahme nach 7 Tagen	> 0,01 g/dm³
Spezifischer Durchgangswiderstand	>10^{17} Ωcm
Permittivitätszahl bei 50 Hz	2,3
Permittivitätszahl bei 1 MHz	2,3
Verlustfaktor tan δ bei 50 Hz	0,0002
Verlustfaktor tan δ bei 1 MHz	0,0002
Durchschlagfestigkeit	150 kV/mm

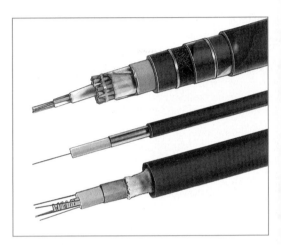

Bild: Kabel mit Isolierung aus Polyethylen

Tabelle 2: Physikalische und elektrische Eigenschaften von Polypropylen	
Dichte	0,9...12 kg/dm³
Zugfestigkeit	20...24 N/mm²
Gebrauchstemperaturgrenze	100 °C
Spezifischer Durchgangswiderstand	>10^{16} Ωcm
Permittivitätszahl bei 50 Hz	2,3
Permittivitätszahl bei 1 MHz	2,4
Verlustfaktor tan δ bei 50 Hz	$7 \cdot 10^{-4}...26 \cdot 10^{-4}$
Verlustfaktor tan δ bei 1 MHz	$2 \cdot 10^{-4}...13 \cdot 10^{-4}$
Durchschlagfestigkeit	140 kV/mm

Elektrische Eigenschaften

Die elektrischen Eigenschaften **(Tabelle 2)** entsprechen in etwa denen von Polyethylen. Polypropylen hat eine hohe Durchschlagfestigkeit mit Werten bis 140 kV/mm. Erhöhte Härte und Formbeständigkeit bis zu etwa 120 °C erreicht man durch Beimischen von Füllstoffen, z.B. Glasfasern.

Verwendung

Für Spulenkörper, Klemmleisten, Kabelmuffen, Gehäuse und als Kondensatorfolie. Polypropylen wird unter den Handelsnamen z.B. Novolen®, Hostalen PP®, Luparen®, Trolen®, Marlex®, Trofil® und Vestolen® vertrieben.

---

[1] LD = Low Density (engl.) = niedrige Dichte   [2] HD = High Density (engl.) = hohe Dichte

Polyvinylchlorid (PVC)

Einteilung

Hart-PVC, zähhart, steif. **Weich-PVC**, je nach Weichmachergehalt: halbhart, lederartig oder weich.

Kurzbeschreibung

Schwer entflammbar, brennt in der Flamme, Hart-PVC ist selbstverlöschend. Im Brandfall entsteht Kohlenmonoxid CO und Chlorwasserstoff HCl.

Elektrische Eigenschaften

Gute bis mäßige Isolationseigenschaften **(Tabelle 1)**, geringe Kriechstromfestigkeit und wenig Neigung zu elektrostatischer Aufladung.

Verwendung

Weich-PVC wird in der Energie- und Nachrichtentechnik vor allem zur Ader- und Mantelisolation von Leitungen und Kabeln verwendet **(Bild 1 und 2)**. Isolierschläuche und -bänder werden ebenfalls aus Weich-PVC hergestellt. Da PVC bei sinkender Temperatur versprödet, muss man Kabel und Leitungen bei Temperaturen über + 5 °C verlegen. Direkte Sonnenbestrahlung von Kabeln und Leitungen verringern ihre Nutzungsdauer. Hart-PVC verwendet man z.B. für Installationsrohre, Kabelkanäle und Gehäuse. Die Handelsnamen sind z.B. Hostalit[®1], Vinnol[®], Vinoflex[®], Astralon[®], Mipolam[®], Trovidur[®], Solivic[®] und Vestolit[®].

Polystyrol (PS) und PS-Copolymerisate

Kurzbeschreibung

Hartsteif, formstabil, wärmeformbeständig, spröde, glasklar, schäumbar, geringe Wasseraufnahme und leicht brennbar. Einsetzbar bis etwa 80 °C.

PS-COP: Durch Copolymerisation (Seite 114), z.B. Styrol mit Acrylnitril, erhält man schlagfestes Polystyrol (SAN, ABS, SB, ASA).

Elektrische Eigenschaften

Gute elektrische und dielektrische Eigenschaften, sind von Temperatur und Frequenz nahezu unabhängig **(Tabelle 2)**. Hohe elektrostatische Aufladung (Beseitigung durch Zugabe von Antistatika).

Verwendung

In der Elektrotechnik werden z.B. Gehäuse, Folien für Kondensatoren, Spulenkörper, Leuchtenabdeckungen, Audio- und Videokassetten meist durch Spritzgießen hergestellt **(Bild 3 und 4)**. In geschäumter Form dient PS als Verpackung. Polystyrol ist unter den Handelsnamen z.B. Styropor[®], Hostyren[®], Polyflex[®] und Novodur[®] erhältlich.

[1] ® kennzeichnet geschützte Warenzeichen

Tabelle 1: Physikalische und elektrische Eigenschaften von PVC	
Dichte	$1,38 \text{ kg/dm}^3$
Zugfestigkeit	$30...50 \text{ N/mm}^2$
Gebrauchstemperaturgrenze	75 °C
Wasseraufnahme nach 7 Tagen	30 mg/dm^3
Spezifischer Durchgangswiderstand	$10^{15} \ \Omega\text{cm}$
Permittivitätszahl bei 50 Hz	3,5...6,5
Permittivitätszahl bei 1 MHz	3...3,4
Verlustfaktor tan δ bei 50 Hz	0,014...0,09
Verlustfaktor tan δ bei 1 MHz	0,018...0,08
Durchschlagfestigkeit	90...100 kV/mm

Bild 1: Geräteanschluss-Leitungen **Bild 2: Fernmeldekabel**

Tabelle 2: Physikalische und elektrische Eigenschaften von Polystyrol (PS)	
Dichte	$1,05 \text{ kg/dm}^3$
Zugfestigkeit	63 N/mm^2
Gebrauchstemperaturgrenze	80 °C
Spezifischer Durchgangswiderstand	$>10^{16} \ \Omega\text{cm}$
Permittivitätszahl bei 50 Hz	2,5
Permittivitätszahl bei 1 MHz	2,5
Verlustfaktor tan δ bei 50 Hz	$0,9 \cdot 10^{-4}...0,01$
Verlustfaktor tan δ bei 1 MHz	$0,4 \cdot 10^{-4}...0,01$
Durchschlagfestigkeit	135...160 kV/mm

Bild 3: Audiokassette aus Polystyrol (PS) **Bild 4: Messgerät mit Gehäuse aus ABS**

Tabelle: Weitere thermoplastische Isolierstoffe (Auswahl)			
Isolierstoff, Handelsnamen	Eigenschaften	Kennwerte	Verwendung
Polycarbonate (PC) Makrolon®, Orgalan®, Lexan®, Valon®	Hartelastisch, schlagzäh, formstabil bis 145 °C, glasklar, gute elektrische Isolationseigenschaften, ausgeprägte elektrostatische Aufladung, frequenzabhängige dielektrische Eigenschaften	Dichte: 1,2…1,5 kg/dm^3 Spezifischer Durchgangswiderstand R_D: 10^{16} Ωcm Durchschlagfestigkeit: 30 kV/mm Permittivitätszahl bei 50 Hz: 3 Verlustfaktor bei 50 Hz: 0,0008	Lampenkörper, Verteilerkästen, Klemmleisten, Leuchtenabdeckungen, Spulenkörper, Gehäuse, Compact Disc
Polyamide (PA) Ultramid®, Vestamid®, Rilsan®, Durethan®	Schlagzäh und abriebfest, hohe chemische Beständigkeit, nicht witterungs- und lichtstabil, hohe Wasseraufnahme, kriechstromfest, wasserabhängige Isolationseigenschaften	Dichte: 1,07…1,45 kg/dm^3 Spezifischer Durchgangswiderstand R_D: 10^{15} Ωcm Durchschlagfestigkeit: > 70 kV/mm Permittivitätszahl bei 50 Hz: 4 Verlustfaktor bei 50 Hz: 0,2…0,007	Draht- und Kabelisolierung, Gehäuse, Steckverbindungen, mechanische Teile wie Zahnräder, Walzen in Programmschaltwerken
Polymethylmethacrylat (PMMA) (Acrylglas) Plexiglas®, Degalan®, Plexidur®, Resarit®, Lucryl®	Hochglänzende Oberfläche, steif, beständig gegen schwache Säuren und Laugen, hohe Alterungs- und Witterungsbeständigkeit, hohe Lichtdurchlässigkeit	Dichte: 1,1 kg/dm^3 Spezifischer Durchgangswiderstand R_D: 10^{15} Ωcm Durchschlagfestigkeit: 30 kV/mm Permittivitätszahl bei 50 Hz: 3,5 Verlustfaktor bei 50 Hz: 0,06	Transparente Leuchtenabdeckungen, Zeichenschablonen, optische Linsen, Gehäuse, Tonabnehmer, Messgeräteabdeckungen
Polyacetal (POM) Ultraform®, Hosta-, form®, Delrin®, Celcon®	Hohe Härte und Festigkeit, gutes Gleitvermögen, unbeständig gegen starke Säuren, geringe Witterungsbeständigkeit, gute elektrische und dielektrische Eigenschaften	Dichte: 1,41…1,58 kg/dm^3 Spezifischer Durchgangswiderstand R_D: 10^{15} Ωcm Durchschlagfestigkeit: > 90 kV/mm Permittivitätszahl bei 50 Hz: 3,8 Verlustfaktor bei 50 Hz: 0,001	Spulenkörper, Steckverbindungen, Gehäuse, Schalthebel und -nocken, Zahnrollen, Zubehör für Rundfunk- und Fernsehgeräte
Polybutylenterephthalat (PBTP) Ultradur®, Makrobled PR®, Pocan®, Vestodur®	Hohe Steifigkeit und Festigkeit, formbeständig bis 150 °C, günstige Gleiteigenschaften, witterungsbeständig, gutes elektrisches Isoliervermögen, gute dielektrische Eigenschaften	Dichte: 1,2…1,45 kg/dm^3 Spezifischer Durchgangswiderstand R_D: 10^{16} Ωcm Durchschlagfestigkeit: 14…33 kV/mm Permittivitätszahl bei 50 Hz: 3,3 Verlustfaktor bei 50 Hz: 0,002	Steckverbinder, Spulenkörper, Leuchtenteile, Gehäuse für Motoren, Sicherungen, Gleichrichter und Kondensatoren
Polyethylenterephthalat (PETP) Petlon®, Hostadur®, Rynite®	Hart, erhöhte Steifigkeit, kurzzeitig bis 245 °C belastbar, hohe Abriebfestigkeit, witterungsbeständig, gute elektrische Isoliereigenschaften, hohe Kriechstromfestigkeit	Dichte: 1,33…1,49 kg/dm^3 Spezifischer Durchgangswiderstand R_D: 10^{15} Ωcm Durchschlagfestigkeit: 22 kV/mm Permittivitätszahl bei 50 Hz: 4 Verlustfaktor bei 50 Hz: 0,0013	Isolierfolien, Schaltergehäuse, Kontaktabdeckungen, Stecker, Bedienungsknöpfe, Trägerfolie für Video- und Tonbänder
Polytetrafluorethylen (PTFE) Teflon®, Hostaflon®, Fluon®	Hartgummiartig, zäh, gleitfähig und Wasser abweisende Oberfläche, äußerst chemikalienfest, temperaturbeständig zwischen –200 °C und +260 °C, schwierige Verarbeitung, gutes elektrisches Isolationsvermögen auch bei Feuchtigkeit, geringe dielektrische Verluste	Dichte: 2,2 kg/dm^3 Spezifischer Durchgangswiderstand R_D: 10^{18} Ωcm Durchschlagfestigkeit: 40…80 kV/mm Permittivitätszahl bei 50 Hz: 2,1 Verlustfaktor bei 50 Hz: 0,0005 Wasseraufnahme nach 7 Tagen: 0	Draht- und Leitungsisolation in der Energie- und Nachrichtentechnik, für elektronische Bauteile, Entlötspitzen, Antihaftbeschichtungen

8.5.2 Duroplaste

Duroplaste werden in der Elektrotechnik als dauerhafte Endprodukte und als Gießharze verwendet. Ihre charakteristischen Merkmale sind:

- Zur Verwendung als Gießharz in Formen und zum Zweck der Ummantelung vergießbar.
- Im ausgehärteten Zustand hart und formstabil.
- Je nach Sorte zwischen 130 °C und 200 °C temperaturfest.
- Im Allgemeinen mäßige elektrische Eigenschaften, z.B. geringer spezifischer Durchgangswiderstand (Ausnahme: Epoxidharz hat gute Isoliereigenschaften).
- Polare Molekülstruktur, deshalb Einsatz in der Hochfrequenz-Technik nur bedingt möglich.

> In reiner Form werden die Duroplaste wegen ihrer Sprödigkeit und geringen Festigkeit nur als Gießharz, Klebstoff und Lack verwendet.

Mit Zusatz von Füllstoffen, z.B. Gesteinsmehl, Glimmer und Holzmehl, werden Form- und Pressmassen hergestellt. Daraus fertigt man elektrotechnische Kleinteile. Durch Tränken von Papier, Faservliesen oder Geweben mit flüssigen Harzen und anschließendes Pressen und Härten erhält man Schichtpressstoffe. Sie werden z.B. für Leiterplatten verwendet.

Die in der Elektrotechnik eingesetzten Duroplaste sind Phenol-, Harnstoff- und Melamin-Formaldehydharze. Weiterhin verwendet man ungesättigtes Polyesterharz, Epoxidharz, Polyurethanharze und Silikonharze **(Tabelle 1)**.

Die allgemeinen Eigenschaften der Duroplaste sind auf den Seiten 116 und 117 beschrieben.

Epoxidharz (EP)

Kurzbeschreibung

Epoxidharz ist als Vorprodukt flüssig, als Endprodukt (Fertigteil) hart und zäh. Es ist geruch- und geschmacklos, beständig gegen Witterungseinflüsse und nicht giftig. Vorteilhaft ist die gute Klebefähigkeit und die gute Vergießbarkeit. Kleinste Hohlräume und Spalten werden beim Vergießen gefüllt. Epoxidharz hat eine gute Haftung und ist thermisch und chemisch beständig.

Elektrische Eigenschaften

Epoxidharz hat die besten Isolationseigenschaften der Duroplaste, z.B. hoher spezifischer Durchgangswiderstand, und gute Dielektrizitätseigenschaften **(Tabelle 2)**. Ebenso hat es eine gute Kriechstromfestigkeit.

Tabelle 1: Wichtige Duroplaste der E-Technik

Name	DIN-Kurzzeichen
Polyurethan	PUR
Epoxidharze	EP
Siliconharze	Si
ungesättigte Polyesterharze	UP
Phenol-Formaldehyd	PF

Tabelle 2: Physikalische und elektrische Eigenschaften von Epoxidharz (Standard)

Dichte	1,17 kg/dm^3
Zugfestigkeit	92 N/mm^2
Gebrauchstemperaturgrenze	110 °C
Ausdehnungskoeffizient	$0{,}2 \cdot 10^{-3}$ 1/K
Spezifischer Durchgangswiderstand	10^{17} Ωcm
Permittivitätszahl bei 50 Hz	3,3
Permittivitätszahl bei 1 MHz	4,5
Verlustfaktor tan δ bei 50 Hz	0,003
Verlustfaktor tan δ bei 1 MHz	0,04
Durchschlagfestigkeit	35 kV/mm

Bild: Epoxidharzumhüllte Bauelemente

Verwendung

Als Vergussmasse (Gießharz) z.B. für Transformatoren und elektronische Bauelemente **(Bild)**. Als Tränkharz ist es die Harzbasis von Leiterplatten (Seite 256), und als Klebharz wird es für SMD-Bauelemente (Seite 262) verwendet. Beim Umgang mit Epoxidharzen ist Haut- und Augenkontakt sowie Einatmen der Dämpfe zu vermeiden. Die Verarbeitungshinweise des Herstellers sind zu beachten.

Polyurethan (PUR)

Kurzbeschreibung

Je nach Vernetzungsgrad weich, zähelastisch, gummiartig bis hart. Gute Klebfähigkeit, schäumbar.

Elektrische Eigenschaften

Sehr gute Isolationseigenschaften, keine Veränderung der dielektrischen Werte bei Feuchtigkeit, resistent gegen elektrolytische Korrosion.

Verwendung und Verarbeitung

Polyurethan-Schäume erhält man durch Zugabe chemischer Treibmittel, z. B. Kohlendioxid. Das Treibmittel führt zu Gasbildung und bläht die PUR-Masse auf. Die Schäume können hart, weich oder halbflexibel (halbhart) sein. Wegen der niedrigen Wärmeleitfähigkeit verwendet man sie für Dämmzwecke. Auch die Herstellung von **Integralschäumen** ist möglich. Integralschäume haben eine unterschiedliche Dichteverteilung. Sie können außen hart (hohe Dichte) und innen weich (niedrige Dichte) sein. Integralhartschaum verwendet man in der Elektrotechnik z. B. für Gehäuse (**Bild 1 und Tabelle 2**).

Polyurethan-Gießharze werden z. B. als Vergussmasse für **Kabelmuffen** und elektronische Schaltungen verwendet (**Bild 2**). Die Aushärtung kann innerhalb von Sekunden erfolgen.

> Flüssige PUR-Vergussmasse darf nicht auf Haut und Kleidung gelangen.

Tabelle 1: Physikalische und elektrische Eigenschaften von Polyurethan (thermoplastisch)

Dichte	$1,1...1,35 \text{ kg/dm}^3$
Zugfestigkeit	$30...50 \text{ N/mm}^2$
Gebrauchstemperaturgrenze	$-35...100 \text{ °C}$
Spezifischer Durchgangswiderstand	$10^{15} \text{ }\Omega\text{cm}$
Permittivitätszahl bei 50 Hz	1,45
Verlustfaktor $\tan \delta$ bei 50 Hz	0,008
Durchschlagfestigkeit	25 kV/mm

Bild 1: Gehäuse aus Integralhartschaum
Bild 2: Anwendung Gießharz

Tabelle 2: Physikalische und elektrische Eigenschaften von Polyurethan-Integralschaum hart

Dichte	$1,5...11 \text{ kg/dm}^3$
Zugfestigkeit	$4...40 \text{ N/mm}^2$
Gebrauchstemperaturgrenze	150 °C
Ausdehnungskoeffizient	$0,2 \cdot 10^{-3} \text{ 1/K}$
Spezifischer Durchgangswiderstand	$10^{14} \text{ }\Omega\text{cm}$
Permittivitätszahl bei 50 Hz	$2,4...3,6$
Verlustfaktor $\tan \delta$ bei 50 Hz	$0,009...0,023$
Durchschlagfestigkeit	$10...25 \text{ kV/mm}$

Polyurethan-Lacke ergeben dehnfähige bis sehr harte Überzüge. Es gibt Ein- und Zweikomponentenlacke. Die Filmbildung auf dem Werkstoff kann durch eine Zweikomponentenreaktion, durch chemische Umsetzung mit der Luftfeuchte, durch Einbrennen oder durch Lösemittelverdunstung erfolgen. Polyurethan-Lacke verwendet man in der Elektrotechnik z. B. zur Drahtisolation.

Weitere duroplastische Isolierstoffe zeigt Tabelle 3.

Tabelle 3: Weitere duroplastische Isolierstoffe (Auswahl)

Isolierstoffe	Eigenschaften	Kennwerte (Auswahl)	Verwendung
Silikonharz (Si)	Geringe Wasseraufnahme, witterungsfest, wärmebeständig (bis etwa 300 °C), hohe Oberflächenhärte, gute Isolierfähigkeit	Dichte: $1,9 \text{ kg/dm}^3$ spez. Durchgangswiderstand: 10^{15} cm Permittivitätszahl bei 50 Hz: 3 Verlustfaktor bei 50 Hz: $5...10$	Isolierlack für Drähte, Imprägnieren elektronischer Schaltungen
Polyesterharz (ungesättigt) (UP)	Hart, zäh, beständig gegen schwache Säuren und Laugen, unbeständig gegen Benzole, gute elektrische Eigenschaften	Dichte: $1,3...2,0 \text{ kg/dm}^3$ spez. Durchgangswiderstand: $>10^{12} \text{ }\Omega\text{cm}$ Permittivitätszahl bei 50 Hz: $3,5...4,7$ Verlustfaktor bei 50 Hz: 0,005	Gieß- und Laminierharz zum Einbetten von Bauteilen (häufig glasfaserverstärkt)
Phenol-Formaldehydharz (PF), Harnstoff-Formaldehydharz (UF), Melamin-Formaldehydharz (MF)	Hart, kriechstromfest, beständig gegen schwache Laugen und Säuren, Öle, Benzin, mäßige elektrische Isoliereigenschaften	Dichte: $1,4 \text{ kg/dm}^3$ spez. Durchgangswiderstand: $10^{10} \text{ }\Omega\text{cm}$ Permittivitätszahl bei 50 Hz: $5...9$ Verlustfaktor bei 50 Hz: 0,3	Gehäuse, gedruckte Schaltungen, Imprägnierungen von Wicklungen

8.5.3 Elastomere

Elastomere sind abgewandelte Naturstoffe oder Kunststoffe mit gummielastischem Verhalten. Sie können um ein Mehrfaches ihrer ursprünglichen Länge gedehnt werden und gehen nach Entlastung wieder in ihre Ausgangsform zurück.

Die mechanischen Eigenschaften der einzelnen Elastomerarten unterscheiden sich in der Elastizität, der Abriebfestigkeit, der Chemikalien- und der Alterungsbeständigkeit. Die Gummirohstoffe, Kautschuk genannt, sind plastisch verformbar und sehr weich. Durch Vulkanisieren mit Schwefel, d. h. durch eine weitmaschige Vernetzung der Makromoleküle über Schwefelbrücken, erhalten die Elastomere ihre typische Gummielastizität.

Gebräuchliche Elastomere der Elektrotechnik (**Übersicht**) werden überwiegend mit Füllstoffen, z. B. Ruß, Calciumsilicat oder Kaolin, vermischt eingesetzt. Durch die Füllstoffe werden die elektrischen, mechanischen und chemischen Eigenschaften verbessert.

Elektrische Eigenschaften

Die elektrischen Isolationseigenschaften sowie die dielektrischen Eigenschaften der Elastomere sind mittelmäßig bis gut (**Tabelle 2**).

Verwendung

In der Elektrotechnik verwendet man Elastomere überwiegend zur Drahtisolierung und zur Kabelummantelung. Erhöhte Temperaturen führen zu einer Versprödung des Werkstoffes. Deshalb sind die zulässigen Betriebstemperaturen des Isoliermaterials zu beachten (**Tabelle 1**).

Übersicht: Einteilung der Elastomere

Tabelle 1: Zulässige Betriebstemperaturen von Elastomeren bei Leitungen und Kabeln Nach DIN VDE 0298	
Isolierstoffe	zulässige Betriebstemperatur
Polyvinylchlorid PVC	60 °C bis 90 °C
Naturkautschuk NR	60 °C
Synthetischer Kautschuk SR	60 °C
Ethylen-Propylen-Kautschuk EPR	90 °C
vernetztes Polyethylen VPE	90 °C

Tabelle 2: Elastomere der Elektrotechnik (Auswahl)			
Isolierstoff	Eigenschaften	Kennwerte (Auswahl)	Verwendung
Naturkautschuk NR	hoher spezifischer Durchgangswiderstand, geringe dielektrische Verluste, hohe Bruchdehnung, höchste Elastizität	Dichte: 1,1 kg/dm^3 Durchschlagfestigkeit: 25 kV/mm Spezif. Widerstand: 10^{16} Ωcm Permittivitätszahl bei 50 Hz: 3 Verlustfaktor bei 50 Hz: 0,008	Isolierungen und Ummantelungen von Drähten, Leitungen und Kabeln
Styrol-Butadien-Kautschuk SBR	gute Abriebfestigkeit, Wetter- und Ozonbeständigkeit, beständig gegen verdünnte Säuren und Basen, quillt bei Kraftstoffen, Ölen und Fetten	Dichte: 1,04 kg/dm^3 Durchschlagfestigkeit: >30 kV/mm Spezif. Widerstand: 10^{15} Ωcm Permittivitätszahl bei 50 Hz: 3 Verlustfaktor bei 50 Hz: 0,01	Kabelummantelungen, Isolierschläuche
Silikonkautschuk Q	heißluftbeständig, kälteflexibel bis etwa –50 °C, sehr gut beständig gegen Witterungseinflüsse, Ozon und Sauerstoff	Dichte: 1,2...2,3 kg/dm^3 Durchschlagfestigkeit: 25 kV/mm Spezif. Widerstand: 10^{16} Ωcm Permittivitätszahl bei 50 Hz: 3 Verlustfaktor bei 50 Hz: 0,009	Flexible Tastaturen- und Leitungsisolierung, Einbetten, Vergießen und Kleben von Bauteilen
Chloroprenkautschuk CR	wärme- und ölbeständig, schwer entflammbar, witterungsbeständig	Dichte: 1,23 kg/dm^3 Durchschlagfestigkeit: 22 kV/mm Spezif. Widerstand: 10^{12} Ωcm Permittivitätszahl bei 50 Hz: 5,5 Verlustfaktor bei 50 Hz: 0,015	Isoliermaterial für Energiekabel im Niederspannungsbereich, Folien, Ausgangsstoff zur Klebstoffherstellung

8.6 Anorganische Isolierstoffe

Bei den anorganischen Isolierstoffen unterscheidet man die künstlich hergestellten keramischen Werkstoffe, wie Porzellan, die Gläser und die Glaskeramik, sowie den Natur-Isolierstoff Glimmer.

8.6.1 Keramik-Isolierstoffe

Als Keramik bezeichnet man Werkstoffe, die aus nichtmetallisch-anorganischem Material bestehen und in einem Brennvorgang durch Sintern ihren Stoffzusammenhalt erhalten haben. Keramische Werkstoffe teilt man nach ihrer Zusammensetzung ein (**Übersicht 1**).

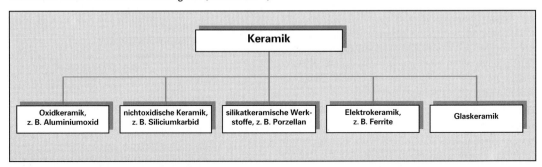

Übersicht 1: Einteilung der Keramik-Werkstoffe

Herstellung

Die Ausgangsstoffe von keramischen Werkstoffen sind Rohstoffgemische aus Silikaten und Oxiden, z.B. Ton, Kaolin, Feldspat, Illit, Magnesiumsilikat und Aluminiumoxid. Die Herstellung der Formteile erfolgt in einem vielschrittigen Herstellungsprozess (**Übersicht 2**).

> Die keramischen Rohstoffe werden in der Natur gewonnen oder chemisch hergestellt.

Die **Pulveraufbereitung** erfolgt meist in Trommelmühlen. Die Korngröße, Kornform und die Kornverteilung bestimmen im Wesentlichen die zukünftigen mechanischen und thermischen Eigenschaften. Physikalische und chemische Eigenschaften werden durch die Zusammensetzung festgelegt. Die Formgebung erfolgt mit verschiedenen Verarbeitungstechniken z.B. Nasspressen, Trockenpressen, Extrudieren oder Foliengießen. Das Foliengießen verwendet man z.B. zur Herstellung von Keramik-Vielschicht-Kondensatoren, das Trockenpressen für Bauelemente der Leistungselektronik, z.B. für Thyristoren. Zunächst werden die getrockneten Formteile vorgebrannt. Danach besteht die Möglichkeit, durch Sägen, Fräsen oder Schleifen die Endmaße und Formen festzulegen. Dann werden die Formteile gesintert (Brennen) bei Temperaturen von 900 °C bis etwa 1700 °C z.B. in Tunnelöfen oder in Öfen mit Inertgasatmosphäre.

Übersicht 2: Verfahrensschritte bei der Herstellung keramischer Werkstoffe

Dabei entsteht der keramische Werkstoff zuerst durch Ausbildung von Stoffbrücken, dann durch Zusammenfließen der gebildeten keramischen Gefügebestandteile. Die Reaktionsabläufe hängen von der Rohstoffzusammensetzung, der Brennatmosphäre, der Brenntemperatur und der Brenndauer ab.

Allgemeine Eigenschaften und Verwendung

Keramische Werkstoffe haben vor allem gute elektrische Isoliereigenschaften, hohe Temperaturbeständigkeit, Nichtbrennbarkeit, chemische Beständigkeit, Formstarrheit, geringe Wärmeausdehnung und eine sehr gute Alterungsbeständigkeit.

Wegen dieser Eigenschaften werden keramische Isolierstoffe in der Elektrotechnik eingesetzt, z.B. als Isolatoren in der Starkstromtechnik, in steigendem Maße für Gehäuse von Bauelementen und als Trägermaterial für integrierte Schaltungen **(Bild)**. Nachteilig sind ihre Sprödigkeit und Schlagempfindlichkeit.

> Die zunehmende Miniaturisierung elektronischer Schaltungen erfordert keramische Werkstoffe von sehr hoher Maßgenauigkeit.

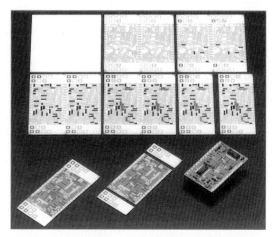

Bild: **Metallisierte Keramik (Fertigungsschritte)**

Oxidkeramik

Oxidkeramische Werkstoffe sind polykristalline Materialien aus Oxiden oder Mischoxiden, z.B. Aluminiumoxid Al_2O_3, Magnesiumoxid MgO oder Zirkoniumdioxid ZrO_2. Sie besitzen eine hohe Temperaturwechselfestigkeit und eine ausreichende elektrische Isolationsfestigkeit. Oxidkeramiken sind etwa doppelt so hart wie Hartmetalle, sind aber spröde. Metallisierte Keramiksubstrate ermöglichen den Aufbau präziser elektronischer Schaltungen (Bild). Substrate sind Trägerplatten, auf denen elektronische Schaltungen in mehreren Arbeitsgängen aufgebracht werden (Seite 219).

Aluminiumoxid

Aluminiumoxid Al_2O_3 ist der technisch wichtigste oxidkeramische Isolierwerkstoff. Nach DIN VDE 0335 sind Aluminiumoxid-Werkstoffe genormt. Man teilt sie in verschiedene Gruppen und Typen nach dem Reinheitsgrad und ihrem Gehalt an Restoxiden von SiO_2, CaO und MgO ein **(Tabelle 1)**.

Tabelle 1: Reinheit von Aluminiumoxid Al_2O_3

Typ	C 780	C 786	C 795	C 799
Reinheit %	80...86	86...95	95...99	> 99

Tabelle 2: Physikalische und elektrische Eigenschaften von Aluminiumoxid Al_2O_3 (Beispiele)

Werkstoffkennwerte	C 795	C 799
Dichte in kg/dm^3	3,5	3,7
Zugfestigkeit in N/mm^2	240	260
Schmelztemperatur in °C	2050	2050
Gebrauchstemperaturgrenze in °C	1700	1700
Wärmeleitfähigkeit in W/(m · K) bei 20...100 °C	16...28	19...30
Ausdehnungskoeffizient in 10^{-6} 1/K 20...100 °C	5...7	5...7
20...1000 °C	7...9	7...9
Spezifischer Durchgangswiderstand in Ωcm	10^{14}	10^{14}
Permittivitätszahl bei 1 MHz	9	9
Verlustfaktor tan δ bei 1 MHz	$1 \cdot 10^{-3}$	$1 \cdot 10^{-3}$
Durchschlagfestigkeit in kV/mm	15	17

Substrate aus Aluminiumoxid verwendet man als Trägermaterial für Dünn- und Dickfilmschaltungen sowie für Hybridschaltungen. Komplexe integrierte Schaltkreise erhalten keramische Gehäuse aus Aluminiumoxid. Sie sind hermetisch dicht, haben hohe mechanische Festigkeiten, eine gute Wärmeleitfähigkeit und ein ausreichendes elektrisches Isoliervermögen **(Tabelle 2)**.

Nichtoxidkeramik

Nichtoxidkeramische Isolierwerkstoffe sind verschiedene Carbide, Nitride, Boride, Silicide, Sulfide und Fluoride. Ein wichtiger nichtoxidkeramischer Werkstoff ist z.B. **Siliciumcarbid** (SiC). Man verwendet es zur Herstellung von Halbleiterbauelementen (Seite 196). Siliciumcarbid hat eine hohe Härte (etwa 3500 HV[1]), eine für Isolierstoffe gute Wärmeleitfähigkeit (etwa 90 W/(m · K)) sowie eine gute Temperaturfestigkeit bis 1400 °C (Schmelzpunkt 2830 °C). Die mechanischen Werte werden durch die Korngröße und die Porosität (Durchlässigkeit) des Gefüges bestimmt. Hohe mechanische Festigkeiten hat drucklos gesintertes und heißgepresstes Siliciumcarbid.

[1] HV, Abk. für Vickers-Härte

Porzellan

Die Rohmaterialien zur Herstellung von Porzellan sind Kaolin ($Al_2O_3 \cdot 2\ SiO_2 \cdot 2\ H_2O$), auch Ton genannt, Quarzsand (SiO_2) und Feldspat ($K[AlSi_3O_8]$). Tone bestehen hauptsächlich aus Aluminiumoxid (Al_2O_3), Siliciumdioxid (SiO_2) und Wasser (H_2O). Das in der Elektrotechnik verwendete Ausgangsmaterial besteht aus etwa 50 % Kaolin, 25 % Quarz und 25 % Feldspat. Die Rohmaterialien werden vermischt, nass gemahlen und zu einem flüssigen Schlicker aufbereitet. Er wird in Gipsformen gegossen, die das überschüssige Wasser aufsaugen. Nach einem Rohbrand bei etwa 900 °C wird zum Oberflächenschutz eine Glasur aufgebracht. Damit erreicht man eine Verbesserung der Kriechstromfestigkeit und man vermeidet eine Wasseraufnahme, z. B. bei Freileitungsisolatoren. Bei etwa 1500 °C erfolgt dann der Fertigbrand. Porzellan hat ein Gefüge aus amorphen[1], glasartigen Bestandteilen, in denen eine kristalline Mullitphase[2] verteilt ist. Bei Elektroporzellan unterscheidet man Werkstoffe auf Alkali-Aluminium-Silikatbasis, z. B. Quarzporzellan, Pressporzellan und Tonerdeporzellan. Werkstoffe auf Magnesium-Silikat-Basis nennt man Steatite und Forsterite. Wegen seiner hohen Festigkeit und der guten elektrischen Eigenschaften verwendet man Tonerdeporzellan vor allem für Hochspannungsisolatoren (**Bild 1 und Tabelle**).

Bild 1: **Langstabisolatoren aus Porzellan**

Tabelle: Eigenschaften von Tonerdeporzellan (Typ C130)	
Dichte:	2,3...2,6 kg/dm³
Zugfestigkeit:	30...60 N/mm²
Spezifischer Durchgangswiderstand:	10^{13} Ωcm
Permittivitätszahl bei 50 Hz:	5...6
Verlustfaktor tan δ bei 50 Hz:	0,03
Durchschlagfestigkeit:	20 kV/mm

8.6.2 Glas

> Glas ist ein lichtdurchlässiges Schmelzprodukt aus organischen, meist oxidischen, Glas bildenden Stoffen.

Die Glasmasse erstarrt ohne Kristallisation und hat eine amorphe Masse. Hauptausgangsstoffe der üblichen Gläser sind Quarzsand (Siliciumdioxid SiO_2, etwa 70 %), Soda Na_2CO_3 (etwa 15 %) und Kalk $CaCO_3$ (etwa 15 %). Zusätze für Spezialgläser, z. B. Bleioxide, Bor- und Aluminiumoxid, bewirken besondere Eigenschaften der Spezialgläser (**Tabelle 1, Seite 181**). Die Transformationstemperatur, bei dem die Glasschmelze vom plastischen in den spröden Zustand übergeht, beträgt bei üblichen Glassorten etwa 500 °C, bei Quarzgläsern rund 1100 °C.

Die typische Eigenschaft der Gläser ist ihre Lichtdurchlässigkeit, die Ursache der meisten Anwendungen bei Licht erzeugenden Gegenständen. Der spezifische Durchgangswiderstand der Gläser kann 10^{12} bis 10^{17} Ωcm betragen.

Bild 2: **Lichtwellenleiter aufgerollt**

Glasarten

Die Massengläser sind **Kalk-Natron-Gläser**. Sie haben als Nachteile die Sprödigkeit, Schlagempfindlichkeit und die Temperaturwechselanfälligkeit, d. h., sie zerspringen bei plötzlichem Temperaturwechsel.

Bleiglas enthält etwa 25 % Blei(II)-oxid PbO. **Borsilicatglas** hat zwischen 7 % und 13 % Bortrioxid B_2O_3. Es besitzt eine hohe Beständigkeit gegen chemische Einwirkungen und Temperaturunterschiede. Es wird z. B. als Glühlampenglas verwendet. **Quarzglas** ist ein Einkomponentenglas. Es besteht aus etwa 99 % reinem Quarz SiO_2. Hochreines Quarzglas, z. B. für Lichtwellenleiter (**Bild 2**), gewinnt man durch pyrolitische Zersetzung von Silicium-Halogenverbindungen ($SiCl_4$). Die Besonderheit von Quarzglas ist der niedrige thermische Ausdehnungskoeffizient von etwa $0,5 \cdot 10^{-6}$ 1/K und die hohe Temperaturbelastbarkeit von etwa 1000 °C. Quarzglas kann großen Temperaturwechseln ausgesetzt werden, ohne zu zerspringen. Weitere Anwendungen und Eigenschaften von Gläsern siehe Tabelle 1, Seite 181.

---

[1] amorph (griech.) = gestaltlos, nicht kristallin
[2] Mullit = Aluminiumsilikat

Tabelle 1: Technische Gläser (Auswahl)

Glasart	Hauptbestandteile	besondere Eigenschaften	Verwendung
Borsilicatglas	etwa 80 % Kieselsäure SiO_2, Borsäure B_2O_3	kleine Dichte (2,12 kg/dm³), hohe chemische Beständigkeit	Glüh- und Entladungslampen, Blitzröhren
Alumokalksilicatglas	Kieselsäure SiO_2, Aluminiumoxid Al_2O_3, Erdalkalimetalle	Betriebstemperatur bis etwa 750 °C	Schichtwiderstände, Halogenlampen
Alkali-Blei-Silicatglas	Kieselsäure SiO_2, Blei(II)-oxid PbO	Absorption radioaktiver Strahlen	Bildröhrenteile, Strahlenschutzgläser, Glühlampen
Alkali-Kalk-Glas (Kalk-Natron-Glas)	Kieselsäure SiO_2, Alkalien, z. B. CaO, MgO, Na_2O, Al_2O_3	natriumdampf- und laugenbeständig	Bildröhrenteile, Flachglas, Röhrenglas
Quarzglas	≈ 99 % Kieselsäure SiO_2	Brechzahl ≈ 1,45, spez. Widerstand > 10^{18} Ωcm	Lichtwellenleiter, optische Gläser, Laserspiegel

8.6.3 Glaskeramik

Glaskeramik sind anorganische, nichtmetallische Werkstoffe, die wie Gläser aus oxidischen, Glas bildenden Ausgangsstoffen erschmolzen werden. Sie enthalten geringe Mengen Kristall bildender Substanzen, z. B. Titandioxid TiO_2. Glaskeramik wird zuerst nach dem für Glas üblichen Verfahren hergestellt. Durch eine sich an die Erschmelzung anschließende kontrollierte Wärmebehandlung kristallisieren Mikrobereiche aus. Glaskeramik besteht demnach aus einer amorphen Glasgrundmasse, mit einer Vielzahl auskristallisierter Mikrobereiche (< 1 µm). Gegenüber den normalen Gläsern haben Glaskeramiken eine wesentlich bessere Temperaturwechselbeständigkeit sowie eine bessere mechanische und chemische Beständigkeit.

Tabelle 2: Eigenschaften von Glaskeramik

Dichte:	2,5 kg/dm³
Ausdehnungskoeffizient:	$0 \pm 0,05 \cdot 10^{-6}$ 1/K
Spezifischer Durchgangswiderstand:	$2,6 \cdot 10^{13}$ Ωcm
Permittivitätszahl bei 50 Hz:	8
Verlustfaktor tan δ bei 50 Hz:	0,03

Bis zu einer Temperatur von etwa 800 °C ist die Wärmedehnung von Glaskeramik äußerst gering.

Für spezielle Anwendungen, z. B. optische Gläser, ist die Wärmedehnung praktisch null. Die elektrischen Isolations- und dielektrischen Eigenschaften sind teilweise besser als bei den üblichen Gläsern (Tabelle 1).

Übliche Anwendungen von Glaskeramik in der Elektrotechnik sind z. B. Isolatoren für Hoch- und Niederspannung, Substrate der Mikroelektronik, Elektroherdplatten und Ummantelungen von Bauelementen.

8.6.4 Glimmer

Glimmer ist ein in der Natur vorkommendes elastisch-biegsames, in Scheiben spaltbares Silikatmineral. In der Elektrotechnik verwendet man Kaliglimmer und Magnesiumglimmer. Durch das Spalten des Glimmers werden Dicken bis zu einigen µm erreicht. Glimmer ist ein Isolierstoff mit guten elektrischen und dielektrischen Eigenschaften. Die Durchschlagfestigkeit beträgt etwa 60 kV/mm, der spezifische Widerstand rund 10^{16} Ωcm und die Permittivitätszahl 5 bis 7 (bei 50 Hz). Glimmer ist bis etwa 800 °C wärmebeständig. Verwendet wird Glimmer z. B. im Elektromaschinenbau, als Dielektrikum für Hochfrequenzkondensatoren und für Elektrowärmegeräte.

Wiederholungsfragen

1 Nennen Sie einige Isolierstoffe der Elektrotechnik.

2 Welche elektrische Eigenschaften hat Polyvinylchlorid?

3 Warum verwendet man vor allem Polyethylen in der Hochfrequenztechnik?

4 Nennen Sie einige Duroplaste der Elektrotechnik.

5 Welche besondere elektrische Eigenschaft hat Epoxidharz?

6 Nennen Sie Elastomere der Elektrotechnik.

7 Wozu verwendet man in der Elektrotechnik a) Keramik, b) Glas, c) Glaskeramik und d) Glimmer?

8.7 Flüssige Isolierstoffe

Flüssige Isolierstoffe verwendet man in der Elektrotechnik zur isolierenden und Wärme ableitenden Füllung von Hohlräumen, z.B. bei Transformatoren, Leistungsschaltern oder Hochspannungskabeln, sowie als Tränkmittel, z.B. für Isolierpapier oder Gewebe.

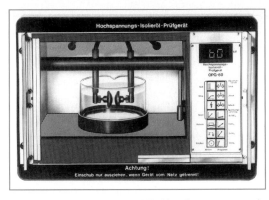

Bild: Hochspannungs-Isolieröl-Prüfgerät

8.7.1 Allgemeine Anforderungen

Bei der Auswahl und Anwendung flüssiger Isolierstoffe sind mechanische, elektrische und thermische Eigenschaften wesentlich. Die Anforderungen sind im Einzelnen:

- Großer spezifischer Durchgangswiderstand,
- kleiner dielektrischer Verlustfaktor,
- Nichtbrennbarkeit,
- geringe Viskosität,
- geringer Stockpunkt[1],
- hohe Lichtbogenfestigkeit,

- hohe Durchschlagfestigkeit,
- große Wärmeleitfähigkeit,
- hoher Flammpunkt,
- hohe Alterungsbeständigkeit,
- geringe Feuchtigkeitsaufnahme,
- Frequenz- und Temperaturstabilität.

In der Elektrotechnik müssen flüssige Isolierstoffe elektrisch isolieren, aber auch eine Wärmeableitung ermöglichen, z.B. der Verlustwärme von Wicklungen bei Öltransformatoren. **Schalteröle** sollen Lichtbögen oder Funken in ölgefüllten Leistungsschaltern verhindern oder löschen. Ölkabel sind mit **Dünnölen** (Öl niedriger Viskosität) gefüllt. Da Isolieröle bei der Kühlung des Betriebsmittels erwärmt werden, unterliegen sie einer Veränderung unter dem Einfluss von Sauerstoff und Feuchtigkeit sowie auch durch eine katalytische Wirkung der Kupferwicklung. Dabei verschlechtern sich die elektrischen Eigenschaften. Isolieröle sollen alterungsbeständig sein, damit Ölwechsel viele Jahre unnötig sind. Zur Bestimmung des Isoliervermögens von Isolierölen verwendet man die Hochspannungs-Durchschlag-Prüfung **(Bild)**. In einem mit dem zu prüfenden Öl gefüllten Gefäß werden Elektroden eingetaucht und an Spannung gelegt. Dann wird die Spannung bis zum Durchschlag erhöht und gemessen.

8.7.2 Mineralische Isolieröle

Mineralische Isolieröle werden aus Erdöl durch Destillation und Raffinierung (Reinigung) gewonnen. Man unterscheidet paraffinische und naphthenische Mineralöle. Paraffinische Mineralöle sind gesättigte Kohlenwasserstoffe mit kettenförmiger C-Atom-Anordnung (Seite 46). Die naphthenischen Mineralöle enthalten Kohlenwasserstoffe deren Kohlenstoffatome ringförmig angeordnet sind. Mineralöle sind nicht alterungsbeständig, sind brennbar und neigen zur Wasseraufnahme. Vorteilhaft ist ihr niedriger Preis.

> Mineralöle haben eine hohe Wärmeleitfähigkeit, eine gute Durchschlagfestigkeit und eine kleine Permittivitätszahl.

Verwendung mineralischer Isolieröle

Mineralöle werden als **Transformatoren-, Kabel-, Kondensator- und Schalteröle** eingesetzt. Sie sollen dünnflüssig sein, eine hohe Wärmeleitfähigkeit, gute Löscheigenschaften bei Lichtbogen und Glimmentladung besitzen **(Tabelle Seite 183)**. **Kondensatoröle** werden als Tränkmittel verwendet. Dazu sind vor allem niedrige dielektrische Verluste, eine hohe Durchschlagfestigkeit und Alterungsbeständigkeit notwendig.

[1] Der Stockpunkt ist die Temperatur, bei der ein Öl so viskos wird, dass kein Fließen mehr durch die Schwerkraft eintritt.

8.7.3 Synthetische Isolierflüssigkeiten

Um unbrennbare, synthetische und flüssige Isolierstoffe mit verbesserten elektrischen und thermischen Gebrauchseigenschaften zu erhalten, wurden aromatische Kohlenwasserstoffe, z.B. Benzol oder Polyphenyl, chloriert.

Gegenüber Mineralölen haben die synthetischen Öle z.B. bessere elektrische Eigenschaften, geringere Temperaturabhängigkeit der Viskosität, Unbrennbarkeit bzw. schwere Entflammbarkeit, geringere Feuchtigkeitsaufnahme, höhere Alterungsbeständigkeit und einen weiteren Bereich der Betriebstemperatur.

Diesen Vorteilen steht vor allem bei den chlorierten Kohlenwasserstoffen die Giftigkeit und die Gefahr einer Umweltschädigung gegenüber.

Polychlorierte Biphenyle (PCB)

PCB bestehen aus zwei kombinierten Benzolringen (Biphenyl), an denen mehrere Chloratome addiert sind **(Bild 1)**. Je nach Anzahl der Cl-Atome heißen sie Trichlor-Biphenyl bzw. Pentachlor-Biphenyl. Sie sind auch unter dem Sammelbegriff polychlorierte Biphenyle, kurz PCB oder „Askarele", bekannt. Gebräuchliche Handelsnamen sind z.B. Clophen, Pyralen, Arochlor und Sovol. Wegen ihrer hervorragenden anwendungstechnischen Eigenschaften galten Askarele lange Zeit als ideale Isolier- und Kühlflüssigkeiten. Man verwendete sie z.B. in Transformatoren, Kondensatoren und Drosseln. Heute sind polychlorierte Biphenyle verboten. Altanlagen mit PCB müssen bis zum 31. 12. 1999 saniert werden. Beim Erhitzen von PCB entsteht das Supergift Tetrachlordibenzodioxin (TCDD), kurz Dioxin genannt. TCDD ist etwa 1000-mal giftiger als Zyankali.

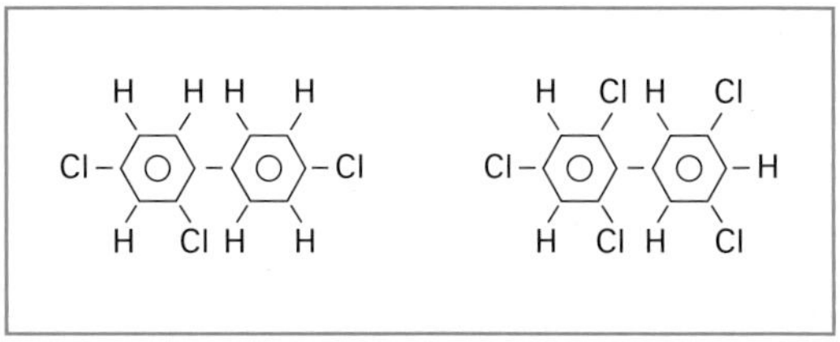

> Polychlorierte Biphenyle belasten die Umwelt und die menschliche Gesundheit erheblich.

Bild 1: Strukturformeln von Biphenylen

Silikonöl

Silikonöle bestehen aus fadenförmigen Makromolekülen **(Bild 2)**. Sie sind thermisch und chemisch stabiler als Mineralöle und haben eine Wasser abweisende (hydrophobe) Wirkung. Aufgrund des PCB-Verbotes werden Silikonöle in Zukunft vermehrt verwendet werden. Silikonöle werden als Isolier- und Kühlmittel z.B. in Transformatoren, Kondensatoren und Schaltern eingesetzt **(Tabelle)**. Weiterhin wegen der Wasser abweisenden Wirkung zum Imprägnieren von Keramik- und Glasisolatoren.

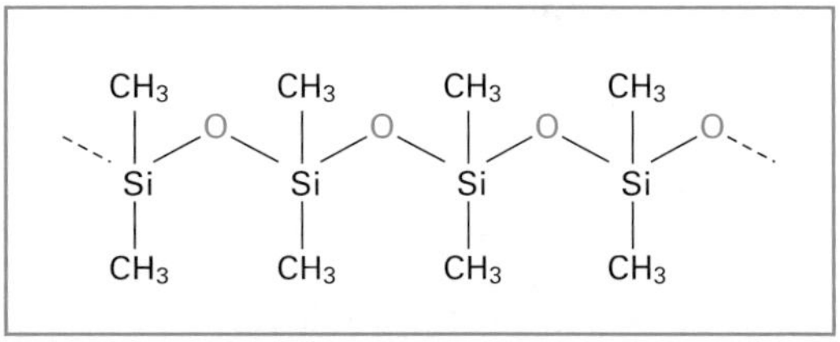

Bild 2: Strukturformel von Silikonöl

Tabelle: Eigenschaften wichtiger flüssiger Isolierstoffe					
Kenngröße	Transforma-toren- und Schalteröl	Mineralisches Kondensator-öl	Mineralisches Kabelöl		Silikon-öl
			dünnflüssig	dickflüssig	
Dichte in g/cm³	0,85…0,88	0,85…0,88	0,86…0,89	0,92…0,94	0,97
Wärmeleitfähigkeit in W/(m · K)	0,16	0,16	0,16	0,14	0,13
Viskosität in mPa · s	10…30	10…30	10…30	2300…2800	$0,6…10^6$
Stockpunkt in °C	−40	−40	−5	−30	−70
Flammpunkt in °C	130…180	180…240	150…170	180…230	300
Durchschlagfestigkeit in kV/cm	> 140	> 120	> 120	> 120	120…250
Permittivitätszahl (50 Hz…1 MHz)	2,0…2,2	2,1…2,2	2,1…2,2	2,1…2,2	2,0…2,8
Verlustfaktor tan δ	$< 10^{-3}$	$< 6 · 10^{-4}$	$< 10^{-3}$	$< 10^{-2}$	10^{-4}

8.8 Gasförmige Isolierstoffe

In der Elektrotechnik verwendet man außer festen oder flüssigen Isolierstoffen auch gasförmige Isolierstoffe (Isoliergase).

8.8.1 Eigenschaften und Einteilung

Isoliergase haben eine geringere Dichte, niedrigere Permittivität und kleinere dielektrische Verluste als Isolierflüssigkeiten. Sie sind unempfindlich gegen Verunreinigungen und haben eine größere Beweglichkeit als Flüssigkeiten. Als Nachteil wirken sich die niedrige Durchschlagfestigkeit bei Normaldruck sowie die notwendige Kapselung des zu isolierenden Gerätes aus. Gasförmige Isolierstoffe werden vor allem in der Hochspannungstechnik, z. B. für gasisolierte Schaltanlagen, verwendet.

Bei gasförmigen Isolierstoffen unterscheidet man zwischen natürlichen Gasen, z. B. Luft, Stickstoffen, Kohlenstoffdioxiden und synthetischen Gasen, z. B. Schwefelhexafluorid und Tetrafluormethan (**Übersicht**).

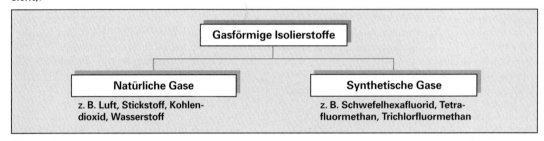

Übersicht: Einteilung gasförmiger Isolierstoffe

Die Eigenschaften gasförmiger Isolierstoffe (**Tabelle Seite 185**) werden unter Normbedingungen (0 °C, 1013,25 mbar) angegeben. Sie sind abhängig von Temperatur und Druck. So lässt sich durch Druckveränderung die Durchschlagfeldstärke beeinflussen. Wird z. B. bei Luft der Druck von etwa 1 bar auf 10 bar erhöht, so erhöht sich die Durchschlagfestigkeit von 30 kV/cm auf 300 kV/cm. Grund ist die Verkleinerung der mittleren freien Weglänge zwischen den einzelnen Gasmolekülen unter erhöhtem Gasdruck. Ein elektrischer Durchschlag durch das Gas entsteht durch Stoßionisation. Dabei stoßen Gasmoleküle unter erhöhter Energiezufuhr zusammen, z. B. durch Wärme, Strahlung oder elektrischer Feldstärke. Bei weiterer Energiezufuhr bildet sich ein Lichtbogen. Wird der Lichtbogen gelöscht, z. B. durch Druckluft, so ist das Isoliervermögen des Gases wieder vorhanden.

8.8.2 Natürliche Isoliergase

Luft wird in der Elektrotechnik am häufigsten als Isoliergas eingesetzt.

Luft besteht aus etwa 78,09 % Stickstoff, 20,95 % Sauerstoff, 0,93 % Argon, 0,033 % Kohlendioxid, 0,0016 % Neon, 0,00052 % Helium, 0,00011 % Krypton, 0,0001 % Wasserstoff, 0,000008 % Xenon und zusätzlich Wasserdampf. Unter Normbedingungen (T_n = 273,15 K $\widehat{=}$ 0 °C, p_n = 101325 Pa = 1,01325 bar) beträgt die Durchschlagfestigkeit etwa 30 kV/cm. Die Durchschlagfestigkeit hängt ab vom Druck, dem Elektrodenabstand, dem Wasserdampfgehalt und von der Elektrodenform. Druckluft wird häufig in Hochspannungsschaltern als Schaltenergie verwendet.

Stickstoff N_2 (Reinheit 99,95 %) und **Kohlendioxid CO_2** werden als Druckgas z. B. zur Füllung von Hochspannungskabeln, Kondensatoren und Transformatoren eingesetzt. In Verbindung mit dem Edelgas Argon verwendet man Stickstoff als Füllgas bei Glühlampen.

Wasserstoff H_2 ist ein sehr leichtes Isoliergas (Reinheit 90 % bis 98 %, Rest z. B. Kohlenmonoxid CO) mit höchster Wärmeleitfähigkeit (Tabelle Seite 185). Deshalb wird das Gas – trotz geringer relativer Durchschlagfestigkeit – als Kühl- und Isoliermittel verwendet, z. B. in schnell laufenden elektrischen Maschinen. Da Wasserstoff mit Luft ein explosives Gemisch bildet, das so genannte Knallgas, wird der Wasserstoff als Isoliergas mit einer Reinheit von über 90 % verwendet.

8.8.3 Synthetische Isoliergase

Zu den künstlichen Isoliergasen zählen z.B. Difluordichlormethan CCl_2F_2, Tetrachlormethan CCl_4 und Schwefelhexafluorid SF_6. Da der Einsatz der **CKW**[1] und **FCKW**[2], z.B. Tetrachlormethan, Ende 1994 verboten wurde, verbleibt Schwefelhexafluorid als einziges synthetisches Isoliergas.

Schwefelhexafluorid

Schwefelhexafluorid SF_6 ist das am häufigsten verwendete synthetische Isoliergas **(Bild und Tabelle)**.

Bild: Struktur von Schwefelhexafluorid

Es ist ein ungiftiges, farbloses, nicht brennbares und inertes[3] Isolier- und Kühlgas von hoher Durchschlagfestigkeit und thermischer Stabilität. Nachteilig ist der hohe Preis im Vergleich zu anderen Isoliergasen. SF_6 zählt zu den reaktionsträgsten Stoffen.

> Im Vergleich zu Luft hat das Gas Schwefelhexafluorid die fünffache Dichte, eine wesentlich bessere Wärmeableitung und eine etwa 2,5 fach höhere Durchschlagfestigkeit.

Schwefelhexafluorid zählt zu den schwersten bekannten Gasen. Auch die Wärme ableitenden Eigenschaften sind besser als die von Luft. Dadurch erreicht man mit SF_6-Gas Kühlwirkungen ähnlich wie mit Isolierölen. Wegen der guten Eigenschaften verwendet man Schwefelhexafluorid häufig zur Hochspannungsisolation in Leistungsschaltern sowie als Löschmittel in Schaltanlagen. Lichtbögen werden von Schwefelhexafluorid etwa 100-mal schneller gelöscht als mit Luft.

Elektrische Entladungen zersetzen das Schwefelhexafluoridgas. Im elektrischen Lichtbogen wird ein Teil des Schwefelhexafluorids in seine atomaren Bestandteile Schwefel und Fluor zerlegt ($SF_6 \longrightarrow S + 6\,F$). Nach der Lichtbogenlöschung verbindet es sich mit Schwefel wieder zu SF_6, soweit nicht Sekundärreaktionen mit verdampftem Elektrodenmetall, z.B. der Behälterwand oder anderen Bauteilen, eintreten. Zu beachten ist, dass die bei elektrischen Entladungen entstehenden Zersetzungsprodukte giftig sind. **Fluor** (F) ist ein äußerst aggressives giftiges Gas.

Mit Schwefelhexafluorid gefüllte Geräte müssen gut abgedichtet sein, da eindringende Feuchtigkeit die Durchschlagfestigkeit des Gases stark mindert.

Tabelle: Eigenschaften wichtiger Isoliergase

Eigenschaft	Luft	Wasserstoff	Stickstoff	Kohlenstoffdioxid	Schwefelhexafluorid
Dichte in g/l	1,2928	0,0899	1,251	1,977	6,12
Wärmeleitfähigkeit in $W/(m \cdot K)$	0,0243	0,180	0,024	0,014	0,015
Permittivitätszahl (50 Hz...1 MHz)	1,00059	1,00027	1,00053	1,00095	1,0021
Relative Durchschlagfestigkeit*	1	0,6...0,7	1	1,15...1,25	2,3...2,5

* Im Verhältnis zu Luft bei gleichem Druck, gleichen Elektrodenabständen und Elektrodenformen

Wiederholungsfragen

1 Zählen Sie einige flüssige Isolierstoffe auf.

2 Nennen Sie Anwendungen flüssiger Isolierstoffe.

3 Welche rechtlichen Maßnahmen sollen die Verwendung von PCB einschränken bzw. verhindern?

4 Zählen Sie einige gasförmige Isolierstoffe auf.

5 Welche Größen bestimmen die Durchschlagfestigkeit der Isoliergase?

6 Welchen Nachteil hat Wasserstoff als Isoliergas?

7 Nennen Sie das am häufigsten verwendete synthetische Isoliergas und seine Vorteile.

[1] CKW, Abk. für **c**hlorierte **K**ohlen**w**asserstoffe
[2] FCKW, Abk. für **F**luor-**C**hlor-**K**ohlen**w**asserstoffe
[3] inert (lat.) = untätig, träge; hier: reaktionsträge Stoffe, die sich an chemischen Vorgängen nicht beteiligen

9 Halbleiterwerkstoffe

Halbleiter sind kristalline Festkörper mit einem besonderen Leitungsmechanismus. Ihre elektrische Leitfähigkeit liegt zwischen der von Leitern (Metallen) und der von Nichtleitern (Isolierstoffen). Der **spezifische elektrische Widerstand**[1] ρ der Halbleiter hat bei Zimmertemperatur (20 °C) eine Größe zwischen 10^{-4} und $10^7\ \Omega \cdot m$ **(Bild 1)**. Zu den Halbleiter-Werkstoffen zählen z. B. die chemischen Grundstoffe Silicium, Germanium und Selen, Oxide und Sulfide gewisser Schwermetalle, z. B. von Blei, Silber oder Quecksilber, sowie einige chemische Verbindungen von Arsen, Antimon, Indium und Gallium.

Im Gegensatz zu den Metallen nimmt der Widerstand von Halbleitern mit steigender Temperatur ab **(Bild 2)**. Halbleiter besitzen also einen negativen Temperaturbeiwert. Bei sehr tiefer Temperatur (in der Nähe des absoluten Nullpunkts) sind sie Nichtleiter. Allerdings gibt es besondere keramische Halbleiter, die in einem eng begrenzten Temperaturbereich einen hohen positiven Temperaturbeiwert des Widerstands aufweisen („Kaltleiter"). Dieses Halbleiterverhalten ist auf einen ferroelektrischen Effekt zurückzuführen, hauptsächlich von Bariumtitanat $BaTiO_3$ (Seite 212).

Die elektrische Leitfähigkeit reiner Halbleiter ist sehr gering. Hochreines Silicium hat z. B. nur ein Milliardstel der Leitfähigkeit von Kupfer. Setzt man dem reinen Silicium jedoch winzige Mengen von Fremdstoffen zu, baut man also in den Kristall „Störstellen" ein, steigt die Leitfähigkeit enorm an **(Bild 3)**. Gibt man zu Silicium z. B. sehr wenig Phosphor (Atomverhältnis 1 : 1 000 000), wächst dadurch die elektrische Leitfähigkeit auf das Tausendfache an. Unregelmäßigkeiten im Kristallgitter sind ebenfalls Störstellen und wirken sich ähnlich aus.

In Metallen sind immer bewegliche Elektronen vorhanden. Nicht so in Halbleitern. In ihnen aktiviert erst eine Energiezufuhr die Ladungsträger. Wärme oder Licht z. B. setzen in Halbleitern kurzzeitig Bindungselektronen frei, andere Atome fangen sie aber nach kleiner Wegstrecke wieder ein. Dieser Vorgang des Freisetzens und Wiedereinfangens freier Elektronen wiederholt sich fortlaufend an vielen Stellen im Kristall.

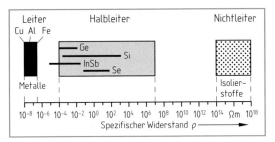

Bild 1: Spezifischer Widerstand von Leitern, Halbleitern und Nichtleitern

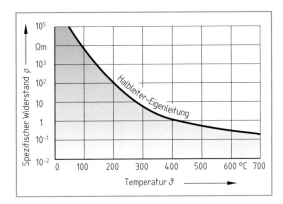

Bild 2: Halbleiterwiderstand und Temperatur

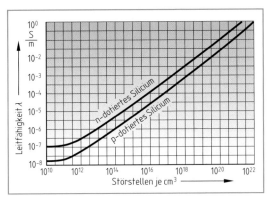

Bild 3: Zunahme der Leitfähigkeit durch Fremdstoffe

> Der spezifische Widerstand von Halbleitern liegt zwischen dem von Leitern und dem von Isolatoren. Er besitzt einen negativen Temperaturbeiwert. Der Halbleiterwiderstand hängt außerdem stark von Störungen im Kristallgitter ab. Bewegliche Ladungsträger werden im Halbleiter erst durch thermische oder optische Energiezufuhr (Aktivierungsenergie) freigesetzt.

[1] Der spezifische Widerstand von Halbleitern in der Einheit $\Omega \cdot m$ ist der Widerstand eines Würfels aus dem betreffenden Werkstoff mit 1 m Kantenlänge: $1\ \Omega \cdot m = 10^6\ \Omega \cdot mm^2/m$.

9.1 Stromleitung in Metallen und Halbleitern

9.1.1 Leitungsvorgang in Metallen

In Metallen kann man sich die freien Elektronen als sehr kleine, negativ geladene Teilchen vorstellen, als Korpuskeln[1]. Sie können sich innerhalb des Gitters aus positiven Metall-Ionen frei bewegen **(Bild 1)**, den Verband jedoch nicht verlassen. Auf jedes Kupfer-Ion kommt im Metallverband z.B. ein freies Elektron. Das entspricht einer Elektronendichte von $8,5 \cdot 10^{22}$ Elektronen/cm^3. Die freien Elektronen können sich zwischen den Atomrümpfen des Gitterverbandes bewegen wie die Moleküle eines Gases in einem abgeschlossenen Raum. Man spricht deshalb auch von einem „Elektronengas". Die Elektronen bewegen sich völlig regellos in alle Richtungen des Raumes (Wärmebewegung). Fließt Strom, überlagert sich diesem chaotischen Schwirren der Elektronen eine geordnete Bewegung in einer Richtung, ein Drift[2] vom Minuspol der Spannung zum Pluspol. In Richtung des elektrischen Feldes nimmt die mittlere Geschwindigkeit der Elektronen mit der Feldstärke zu **(Formel 1)**.

Die **Beweglichkeit der Elektronen** b hat die Einheit:
$[b] = [v/E] = (\text{cm/s})/(\text{V/cm}) = \text{cm}^2/(\text{V} \cdot \text{s})$.

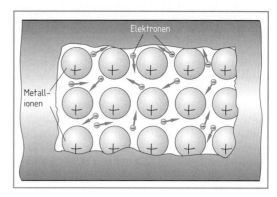

Bild 1: Freie Elektronen im Gitter aus positiven Metall-Ionen

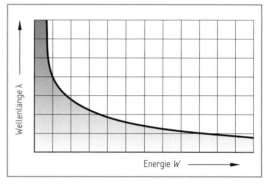

Bild 2: Energie und Wellenlänge eines Elektrons

9.1.2 Leitungsvorgang in Halbleitern

Der Leitungsvorgang in Halbleitern unterscheidet sich grundsätzlich von der Leitung in Metallen. Bei den Halbleitern unterscheidet man zwei Mechanismen **(Übersicht)**.

Richtet man z.B. im Vakuum einen scharf gebündelten Elektronenstrahl auf ein dünnes, etwa 1 µm dickes Glimmerplättchen, so erscheint dahinter auf einem Leuchtschirm ein Interferenz-Muster von regelmäßig angeordneten hellen und dunklen Flecken, wie bei Lichtwellen. Die Atome im Glimmer wirken wie ein flaches Gitter und streuen die auftreffenden Elektronen. Man muss den Elektronen eine Wellennatur zuschreiben (Louis Victor de Broglie, 1923). Die Wellenlänge λ_e eines Elektrons ist umgekehrt proportional der Quadratwurzel aus seiner Energie W **(Formel 2 und Bild 2)**.

$$v = b \cdot E \qquad (1)$$

$$\lambda_e = \frac{1,23}{\sqrt{W}} \qquad (2)$$

v mittlere Geschwindigkeit
b Elektronenbeweglichkeit
E elektrische Feldstärke
λ_e Wellenlänge in nm
W Elektronenenergie in eV

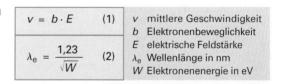

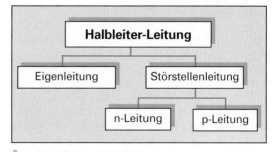

Übersicht: Leitung in Halbleitern

In der Atomphysik misst man die Energie häufig in Elektronvolt (eV). 1 eV ist die Energie, die ein Elektron nach Durchlaufen einer Potentialdifferenz von 1 V aufnimmt (1 eV = $1,6 \cdot 10^{-19}$ Ws). Wegen seiner Wellennatur kann ein Elektron im Atom nicht jede beliebige Energie annehmen und sich damit nicht in jedem Abstand vom Atomkern aufhalten. Auf der Bahn um den Atomkern muss sich bei jedem Elektron eine „stehende" Welle ausbilden, sonst löscht sich die Welle selbst aus.

---

[1] corpusculum (lat.) = Körperchen; Teilchen, Partikel
[2] Drift (niederdeutsch) = „treiben", z.B. eine vom Wind getriebene Meeresströmung; hier: überlagerte Bewegung

Für eine stehende Welle muss der Bahnumfang ein ganzzahliges Vielfaches der Wellenlänge des Elektrons sein **(Bild 1)**.

Im Atom können sich die Elektronen nur in bestimmten **Energieniveaus** aufhalten. Für ein einzelnes Atom lässt sich ein Energieniveauschema zeichnen, wobei auf der senkrechten Achse die Energie E der einzelnen Elektronen aufgetragen ist **(Bild 2a)**. Bedeutet die waagrechte Achse die Entfernung r vom Atomkern, so entsteht das Bild eines **Potentialtrichters (Bild 2b)**. Je tiefer ein Elektron in diesen Trichter gerät, desto größer ist die Energie, die es an den Kern bindet.

Sind zwei Atome nahe beieinander, z. B. in einem Molekül, beeinflussen sich die Schwingungen der Elektronen gegenseitig – ähnlich wie bei zwei mechanischen Pendeln, die mit einer Feder oder mit einem Gummiband gekoppelt sind. Selbst wenn man die zwei Pendel gleichzeitig anstößt, wenn also beide Schwingungen anfänglich in Phase sind, wechselt nach kurzer Zeit die Schwingungsenergie von einem Pendel zum anderen. Sind die Pendel eingeschwungen und bewegt sich das eine Pendel mit maximaler Amplitude, so ist das andere in Ruhe. Dann fängt auch dieses Pendel an zu schwingen. Gleichzeitig nimmt die Amplitude des ersten Pendels ab, bis es schließlich zur Ruhe kommt. Jedes Pendel schwingt mit auf- und abschwellender Amplitude **(Bild 3)**.

Solche Schwebungen lassen sich als Überlagerung dreier Schwingungen konstanter Amplitude, aber unterschiedlicher Frequenz erklären:
Die eine Frequenz liegt dicht unterhalb der Resonanz, eine auf der Resonanzfrequenz des Pendels und die dritte dicht oberhalb **(Bild 4)**.

Das Zeigerbild der amplitudenmodulierten Schwingung **(Bild 1, Seite 189)** verdeutlicht ihr Entstehen aus drei anderen Schwingungen fester Amplitude ($f_0 - \Delta f$, f_0 und $f_0 + \Delta f$). Den ersten Zeiger mit der Amplitude $s_{max}/2$, zur Resonanzfrequenz f_0 gehörend, denkt man sich feststehend. Der zweite Zeiger (Frequenz oberhalb der Resonanzfrequenz) dreht sich im Gegenuhrzeigersinn ($f_0 + \Delta f$). Dieser Zeiger wie auch der dritte haben die Amplitude $s_{max}/4$. Der dritte Zeiger, der für die Frequenz ($f_0 - \Delta f$) unterhalb der Resonanzfrequenz gilt, dreht sich im Uhrzeigersinn. Die geometrische Addition ergibt einen feststehenden Zeiger, dessen Länge bis zu einem Maximum zunimmt und dann wieder auf null zurückgeht.

> Liegen zwei Atome dicht zusammen, z. B. in einem Molekül, beeinflussen sich die Elektronen gegenseitig.

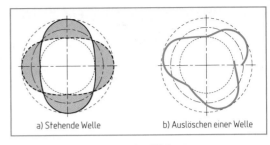

a) Stehende Welle   b) Auslöschen einer Welle

Bild 1: Bildung von stehenden Wellen

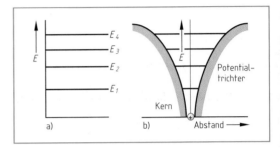

**Bild 2: a) Energieniveaus der Elektronen
b) Potentialtrichter eines Einzelatoms**

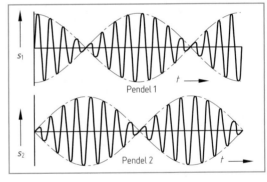

Bild 3: Schwingungen gekoppelter Pendel

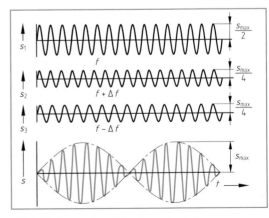

Bild 4: Zerlegen einer Schwebung in drei benachbarte Schwingungen

In einem Kristall sind nicht nur 2, sondern 4, 6, 8 oder sogar 12 Atome in geringem Abstand voneinander angeordnet. Die Kopplungen der Elektronen spreizen ihre einzelnen, scharf abgegrenzten Energieniveaus zu Energiebändern auf **(Bild 2)**. In diesen Bändern können sich Elektronen aufhalten, in den Lücken zwischen den Bändern jedoch nicht: die Zwischenräume sind „verbotene" Zonen. Elektronen können eine solche Zone nur „überspringen". Von der Aufspaltung der Energieniveaus zu Energiebändern sind die kernfernen Elektronen stärker betroffen als die kernnahen. Die weiter außen gelegenen Elektronen schirmen die Elektronen nahe dem Kern ab.

Die geringen Atomabstände haben noch eine weitere Auswirkung: Die Potentialtrichter benachbarter Atome überlappen sich **(Bild 3)**. Als äußerstes Band entsteht durch den ganzen Kristall hindurch das so genannte **Leitungsband**, in dem sich die Elektronen frei bewegen können. Darunter liegt das nächstinnere Band, das **Valenzband**, der Aufenthaltsort der Elektronen, die an der chemischen Bindung der Atome beteiligt sind.

Für die elektrische Leitung in Halbleitern spielen nur das Valenzband, auch Grundband genannt, und das Leitungsband eine Rolle.

> Im Festkörperkristall gibt es eine Wechselwirkung der Elektronen benachbarter Atome: Die Energieniveaus der Elektronen spreizen sich zu Energiebändern auf. Im Valenzband befinden sich die Bindungselektronen. Im Leitungsband halten sich die Leitungselektronen für die Stromleitung auf.

Durch den Halbleiter kann ein elektrischer Strom fließen, wenn im Kristall bewegliche Ladungsträger vorhanden sind. Sie entstehen, wenn Elektronen vom Valenzband in das Leitungsband gehoben werden **(Bild 4)**. Die Elektronen müssen die verbotene Zone zwischen den Bändern überwinden. Dafür ist **Aktivierungsenergie** notwendig, die mindestens so groß sein muss wie die Energiedifferenz ΔE zwischen dem oberen Rand des Valenz- und dem unteren Rand des Leitungsbandes, also mindestens gleich dem Bandabstand. Bei Halbleitern liefert meist die thermische Schwingungsenergie des Kristallgitters diese Aktivierungsenergie. Ein Lichteinfall (Photonenabsorption) oder ein elektrisches Feld kann ebenfalls Elektronen vom Valenz- in das Leitungsband befördern.

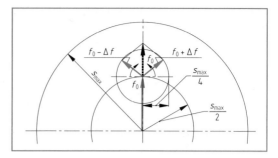

Bild 1: Zeigerbild der modulierten Schwingung

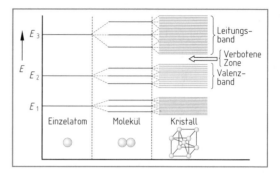

Bild 2: Aufspreizen der Energieniveaus zu Energiebändern

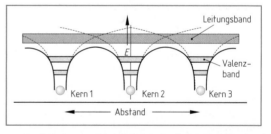

Bild 3: Überlappen der Potentialtrichter im Kristall

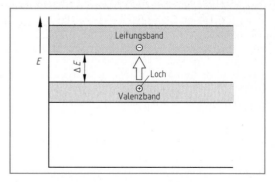

Bild 4: Elektronensprung vom Valenz- in das Leitungsband

Bei **Isolatoren** ist der Bandabstand zwischen Valenz- und Leitungsband so groß (> 2 eV), dass die verbotene Zone nur durch hohe Temperatur oder sehr große Spannung überwunden werden kann. Dabei beschädigt oder zerstört aber der Durchschlag meist den Isolator.

Halbleiter haben einen Bandabstand unter 2 eV (**Bild 1**). In ihnen entstehen Ladungsträger durch Temperaturanregung. Die Aktivierungsenergie (der Bandabstand) beträgt für Germanium 0,66 eV und für Silicium 1,09 eV.

In **Metallen** (Leitern) berühren oder überlappen sich Valenz- und Leitungsband ($\Delta E \leq 0$). In einem Metall sind also immer Leitungselektronen vorhanden, auch bei tiefen Temperaturen. Eine höhere Temperatur erzeugt keine neuen Ladungsträger, sondern behindert die Bewegungen der freien Elektronen (**Bild 2**). Der Widerstand von Metallen nimmt mit der Temperaturerhöhung zu.

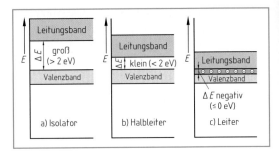

Bild 1: Energiebandschemas von Isolatoren, Halbleitern und Leitern

> Der Leitungsmechanismus in Halbleitern unterscheidet sich grundsätzlich von der Stromleitung in Metallen.

Geht ein Elektron im Halbleiterkristall vom Valenz- in das Leitungsband über, so hinterlässt es an seiner Absprungstelle eine Lücke, ein „Loch" (auch als Defektelektron bezeichnet). Dieses Loch verhält sich wie eine positive Ladung und trägt ebenfalls zur Stromleitung bei. Die positiv geladene Lücke kann nämlich ein Bindungselektron von einem Nachbaratom herüberziehen. Dieses Elektron füllt die Lücke aus. Das Nachbaratom holt sich nun ein Elektron beim nächsten Atom. Auf diese Weise wandert das Loch weiter, als wäre es ein beweglicher positiver Ladungsträger. Die Elektronensprünge im Valenzband von Atom zu Atom bewirken also eine Wanderung der Löcher. Eine angelegte Spannung transportiert im Halbleiter Elektronen und Löcher, wobei sich die Löcher in entgegengesetzter Richtung wie die Elektronen bewegen (**Bild 3**).

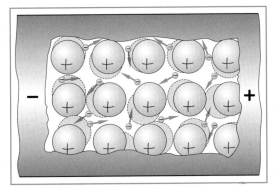

Bild 2: Behinderung der Elektronen in Metallen durch Atomschwingungen

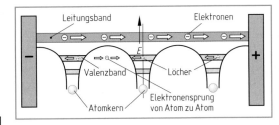

Bild 3: Bewegung der Leitungselektronen und der Löcher im Halbleiter

> In Metallen gibt es nur die freien Elektronen als Ladungsträger.

> In Halbleitern tragen Leitungselektronen und Löcher zum Stromfluss bei. Die Elektronen bewegen sich nahezu frei im Leitungsband, während die Löcher immer im Valenzband bleiben. Ein Loch kann nur unter dem Einfluss eines elektrischen Feldes von Atom zu Atom springen. Es bewegt sich von + nach −, also in umgekehrter Richtung wie ein Elektron, und außerdem schwerfälliger.

In einem reinen Halbleiterkristall entstehen immer gleich viele Leitungselektronen wie Löcher (Eigenleitung, i-Leitung[1]). Das Bilden von Leitungselektronen und von Löchern, die **Generation**[2], verbraucht Energie. Beide Ladungsträger vereinigen sich allerdings wieder nach sehr kurzer Zeit, sobald sie aufeinander stoßen. Sie löschen sich dabei gegenseitig aus. Die aufgenommene Energie wird wieder in Form von Wärme oder Licht frei. Man sagt, Elektronen und Löcher **rekombinieren**[3]. Die Rekombinationszeit liegt zwischen 1 und 10 Nanosekunden.

Weil sich Generation (Entstehung) und Rekombination (Wiedervereinigung) die Waage halten, ist immer eine bestimmte Anzahl Ladungsträgerpaare vorhanden.

[1] i von intrinsic (engl.) = wahr, innerlich, eigentlich   [2] generare (lat.) = erzeugen, hervorbringen   [3] recombinare (lat.) = wiedervereinigen

Steigende Temperatur vermehrt bei Halbleitern die Anzahl der Ladungsträger. Eine höhere Temperatur lässt die Atome im Halbleiterkristall stärker um ihre Ruhelage schwingen und liefert mehr Energie, um Ladungsträger freizusetzen (**Bild 1**). Bei 800 °C steigt z. B. die elektrische Leitfähigkeit von Silicium gegenüber der Zimmertemperatur von 10^{-6} S/cm auf 5 S/cm, die von Germanium von $5 \cdot 10^{-3}$ S/cm auf 500 S/cm.

Die Geschwindigkeit der Generation ist bei konstanter Temperatur ebenso groß wie die Geschwindigkeit der Rekombination.

Ein freies Elektron und ein Loch löschen sich beim Zusammentreffen gegenseitig aus. Befinden sich im gleichen Volumen 1 Leitungselektron und 2 Löcher (**Bild 2**), ist die Wahrscheinlichkeit des Zusammenstoßes doppelt so groß: Das Elektron 1 kann Loch 1 oder Loch 2 füllen. Bei 2 Elektronen und 2 Löchern ergeben sich bereits vierfache Möglichkeiten.

Die Rekombinationsgeschwindigkeit ist dem Produkt der Konzentrationen c von Leitungselektronen und Löchern proportional. Die Größe des Produkts $c_n \cdot c_p$ hängt nur von der Temperatur ab.

Im reinen Halbleiterkristall kommt bei Eigenleitung auf jedes Leitungselektron auch ein Loch (**Formel 1**). Bei gleich bleibender Temperatur ist das Konzentrationsprodukt $c_n \cdot c_p$ konstant. Diese Gesetzmäßigkeit gilt für jeden Halbleiter, also nicht nur für die Eigenleitung (**Massenwirkungsgesetz, Formel 2**). Für Silicium beträgt $c_i \approx 1{,}5 \cdot 10^{16}$ m^{-3} bei 20 °C, während im Germanium c_i zwischen $1{,}7 \cdot 10^{19}$ m^{-3} und $2{,}4 \cdot 10^{19}$ m^{-3} bei gleicher Temperatur liegt. Das Quadrat der Intrinsic-Konzentration ist also für Germanium rund 1000-mal größer als bei Silicium. Eine geringere Aktivierungsenergie ist bei Germanium nötig, um Elektronen und Löcher zu erzeugen, weil die verbotene Zone ΔE schmaler ist als bei Silicium (0,66 eV gegenüber 1,09 eV).

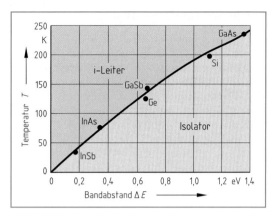

Bild 1: Übergangstemperaturen vom Isolator zum i-Leiter

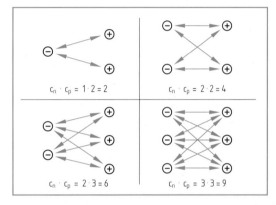

Bild 2: Geschwindigkeit der Rekombination von Elektronen und Löchern

$$c_n = c_p = c_i \quad (1)$$

$$c_n \cdot c_p = c_i^2 \quad (2)$$

c_n Konzentration der Leitungselektronen
c_p Konzentration der Löcher
c_i Intrinsic-Konzentration

Gelingt es, die Löcher im Halbleiterkristall z. B. durch den Einbau von Fremdatomen zu vermehren, sinkt die Anzahl der Leitungselektronen entsprechend. Das Produkt aus der Konzentration der Leitungselektronen und der Konzentration der Löcher bleibt bei konstanter Temperatur aber immer gleich.

Wiederholungsfragen

1 Welchen Einfluss hat die Temperatur auf den Widerstand von Halbleitern?

2 Wodurch lässt sich die Leitfähigkeit von reinen Halbleiterwerkstoffen erhöhen?

3 Wodurch unterscheidet sich der Leitungsvorgang in Metallen und in Halbleitern?

4 Weshalb muss man den Elektronen eine Wellennatur zuschreiben?

5 Welche Energiebänder sind für die Stromleitung in Halbleitern von Bedeutung?

6 In welchem Energieband bewegen sich die Elektronen und in welchem die Löcher?

7 Wodurch entstehen im Halbleiterwerkstoff positive und negative Ladungsträger?

8 Welche Bandabstände haben Isolatoren, Halbleiter und Leiter?

9.1.3 Störstellenleitung

Die Element-Halbleiter Silicium und Germanium gehören zur IV. Hauptgruppe des Periodensystems. Sie haben ein ähnliches Kristallgitter wie Diamant. Die Elementarzelle des Siliciumgitters ist ein Würfel, dessen Mitte ein Siliciumatom einnimmt. Vier direkt benachbarte Si-Atome besetzen jede zweite Ecke des Würfels **(Bild 1)**. Alle vier Außenelektronen (Valenzelektronen) eines Atoms gehen mit den Nachbaratomen eine Atombindung („Elektronenpaar"-Bindung) ein **(Bild 2)**.

Setzt man z.B. der Schmelze, aus der man später den Halbleiterkristall zieht, genau abgemessen Fremdatome mit 3 oder 5 Außenelektronen zu, nimmt der spezifische Widerstand sehr stark ab **(Bild 3)**. Die Fremdatome aus der III. bzw. V. Hauptgruppe des Periodensystems bauen sich im Kristall an die Plätze der verdrängten Si-Atome ein: Sie bilden mit der Grundsubstanz einen Austauschkristall. Das absichtliche Zufügen der Fremdatome nennt man **Dotieren**[1]. Dabei gelangen nur sehr geringe Mengen der fremden Stoffe in den reinen Halbleiterwerkstoff. Auf 10 bis 100 Millionen Eigenatome kommt nur 1 Fremdatom.

Fügt man dem Siliciumkristall fünfwertige **Donator**[2]-Atome zu (Antimon Sb, Arsen As, Wismut Bi, Phosphor P oder Stickstoff N), binden sich nur vier der fünf Außenelektronen in das Kristallgitter ein. Das fünfte Elektron kann sich schon bei Raumtemperatur leicht von seinem Atom ablösen und als Leitungselektron durch den Kristall wandern. Sobald es sich jedoch von seinem Stammatom entfernt, hinterlässt es dort ein ortsgebundenes, positives Donator-Ion **(Bild 4)**. Der ganze Halbleiterkristall (n-Leiter) ist also trotz der freien Leitungselektronen als Ganzes elektrisch neutral.

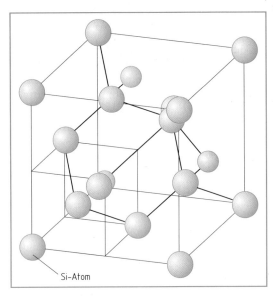

Bild 1: Siliciumkristall mit diamantähnlichem Gitter

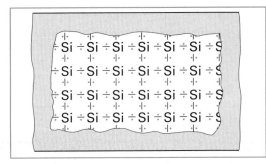

Bild 2: Elektronenpaarbindungen im Siliciumkristall (in der Ebene dargestellt)

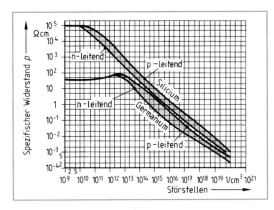

Bild 3: Spezifischer Halbleiterwiderstand abhängig von der Störstellendichte

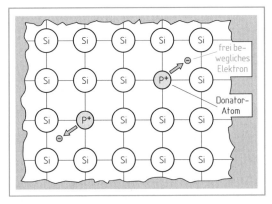

Bild 4: Aufbau eines n-Leiters

---

[1] von dotis (lat.) = Gabe, Mitgabe   [2] von donare (lat.) = schenken, abgeben, überlassen

Im n-Leiter nimmt die Konzentration c_n der Leitungselektronen gegenüber der **Intrinsic-Konzentration** c_i zu, entsprechend sinkt die Löcherkonzentration c_p ab. Das Produkt $c_n \cdot c_p$ ist immer gleich dem Quadrat der Intrinsic-Konzentration c_i^2 **(Bild 1)**. Die Leitungselektronen bilden beim n-Leiter die Majorität[1], die Löcher die Minorität[2].

Der Schmelze, aus der man später den Halbleiterkristall zieht, kann man auch 3-wertige **Akzeptor**[3]-Atome zusetzen (z.B. Bor B, Aluminium Al, Indium In oder Gallium Ga), also Atome der III. Hauptgruppe des Periodensystems. Diese Atome steuern nur 3 Valenzelektronen zur Einbindung in den Kristall bei. Das 4. Elektron, das für die chemische Bindung benötigt wird, entziehen sie einem benachbarten Atom, wodurch dort ein Loch entsteht. Durch die Elektronenaufnahme wird das Akzeptoratom zu einem unbeweglichen, negativen Ion **(Bild 2)**, das an seinem Ort im Kristall bleibt. Der ganze Halbleiterkristall (p-Leiter) ist elektrisch neutral, obwohl er überschüssige, bewegliche Löcher enthält.

Das Dotieren lässt vermehrt Löcher entstehen und drängt die Zahl der Leitungselektronen zurück, bringt sie aber nicht ganz zum Verschwinden.

> Dotieren eines 4-wertigen Halbleiterkristalls mit 5-wertigen Donatoratomen bildet einen n-Leiter mit überschüssigen Leitungselektronen. Dotiert man dagegen einen 4-wertigen Halbleiterkristall mit 3-wertigen Akzeptoratomen, so entsteht ein p-Leiter mit überzähligen Löchern.

Das Produkt $c_p \cdot c_n$ aus Löcher- und Leitungselektronenkonzentration bleibt gleich (Bild 1). Die Löcher sind beim p-Leiter in der Überzahl (Majorität), die Leitungselektronen in der Minderzahl (Minorität).

Die wanderungsfähigen Ladungsträger, die Elektronen beim n-Leiter bzw. die Löcher beim p-Leiter, besitzen eine werkstoffbedingte Beweglichkeit. Sie können auf freien Wegstrecken im Kristall Geschwindigkeiten bis zu 100 m/s erreichen.

> Die Zahl der Störstellen je cm³, der Dotierungsgrad, legt den spezifischen Widerstand des Halbleiters fest.

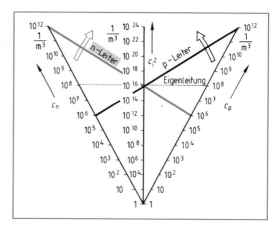

Bild 1: Elektronen- und Löcherkonzentration bei dotiertem Silicium

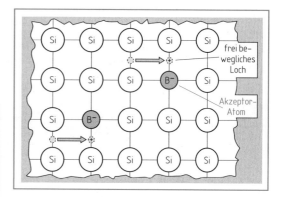

Bild 2: Aufbau eines p-Leiters

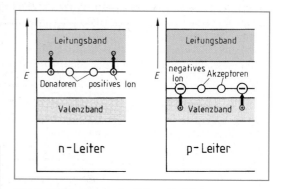

Bild 3: Bänderschema der Störstellenleitung

Das Energieniveau der Donator-Atome liegt dicht unterhalb des Leitungsbandes, das der Akzeptor-Atome nur wenig oberhalb des Valenzbandes **(Bild 3)**. Wegen der geringen Konzentration der Fremdatome gibt es zwischen ihnen keine Wechselwirkung. Das Donator-Niveau und das Akzeptor-Niveau spalten sich daher nicht auf.

---

[1] von maior (lat.) = größer   [2] von minor (lat.) = kleiner, geringer
[3] von acceptare (lat.) = einnehmen, annehmen

Frei bewegliche Elektronen oder Löcher lassen sich mit nur wenig Energie freisetzen. Für den Silicium-Halbleiter-Werkstoff, mit Phosphor oder Bor dotiert, genügt eine Aktivierungsenergie $\Delta E \approx 0{,}05$ eV.

Die Ladungsträger rekombinieren meist über die Störstellen, weniger direkt vom Leitungs- in das Valenzband. Dabei wird die Aktivierungsenergie wieder frei. Die elektrische Leitfähigkeit dotierter Halbleiter hängt nur wenig von der Temperatur ab. Mit zunehmender Temperatur steigt sie nur noch an, bis alle Donatoren ihre Elektronen abgegeben bzw. bis alle Akzeptoratome Elektronen aus ihrer Umgebung aufgenommen haben.

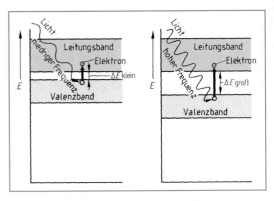

Bild 1: Innerer Fotoeffekt, Anheben der Elektronen in das Leitungsband

9.1.4 Innerer Fotoeffekt

Licht, das in einen Halbleiter eindringt, befreit im Innern Valenzelektronen und hebt sie in das Leitungsband. Durch jedes Photon[1] entstehen ein Elektron und ein Loch. Beide tragen zum Ladungstransport bei. Allerdings müssen die Lichtstrahlen eine bestimmte Frequenz besitzen, um je nach Halbleiterwerkstoff den Energieabstand vom Valenz- zum Leitungsband zu überwinden **(Bild 1)**.

Diesen **inneren Fotoeffekt** kann man nicht mehr mit der Wellentheorie des Lichts erklären. Er wird erst verständlich, wenn man dem Licht eine Teilchenstruktur zuschreibt. Man nimmt an, das Licht bestehe aus Lichtkorpuskeln, **Photonen** genannt (nach Albert Einstein 1905). Die Energie E_p eines Photons ist der Lichtfrequenz f direkt proportional

$$E_p = h \cdot f \quad (1)$$

E_p	Energie eines Photons
f	Lichtfrequenz
h	Planck'sches Wirkungsquantum ($\approx 6{,}63 \cdot 10^{-34}$ Ws)

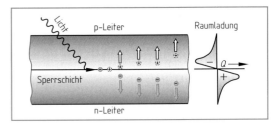

Bild 2: Innerer Fotoeffekt in der Sperrschicht

(Formel 1). Reicht die Energie des Photons aus, den Bandabstand zu überwinden, befördert es ein Elektron vom Valenzband ins Leitungsband: $E_p \geq \Delta E$. Im Silicium genügt schon die Energie des roten Lichts (Wellenlänge $\lambda = 660$ nm, das entspricht $E_p = 1{,}88$ eV), um Elektronen und Löcher zu bilden. Eine höhere Beleuchtungsstärke, d. h. ein vermehrtes Einfallen von Photonen, erzeugt entsprechend mehr Ladungsträgerpaare im Halbleiterkristall. Den inneren Fotoeffekt nutzt man für Fotowiderstände aus. Bei Beleuchtung sinkt ihr Widerstand. Trifft Licht auf die Sperrschicht zwischen einem p- und einem n-Leiter, treibt die dort herrschende Raumladung die befreiten Elektronen in das n-Gebiet und die Löcher in die p-Region **(Bild 2)**. Optoelektronische Sperrschicht-Bauelemente sind z. B. Fotodioden und Fotoelemente.

> Für den inneren Fotoeffekt muss die Energie der eingestrahlten Photonen groß genug sein, um den Bandabstand des Halbleiters zu überwinden. Die Lichtfrequenz muss also eine bestimmte Größe überschreiten. Mit zunehmender Beleuchtungsstärke wächst die Zahl der befreiten Ladungsträgerpaare.

Lumineszenzstrahler, z. B. Leuchtdioden, kehren den inneren Fotoeffekt um. Fließt Strom in Durchlassrichtung durch einen pn-Übergang, rekombinieren in der Sperrschicht Leitungselektronen und Löcher. Dabei entsteht Licht mit einer Frequenz, die umso höher ist, je mehr das Valenz- vom Leitungsband des Halbleiterwerkstoffs entfernt ist.

> Lumineszenzdioden strahlen Licht ab, wenn Leitungselektronen und Löcher rekombinieren.

Die Elektronen fallen über Störstellen (Fehler im Kristallaufbau oder zugesetzte Stickstoff-, Zink-, Eisen-, Kupfer- oder Goldatome) in das Valenzband zurück.

---

[1] von phos (griech.) = Licht; Photonen = kleinste Energieteilchen der Lichtstrahlung

9.2 Ausgangsstoffe für Halbleiter

Halbleiter kann man nach ihren Ausgangsstoffen unterscheiden. Ein **Elementhalbleiter** besteht, abgesehen von der Dotierung, aus nur einem chemischen Grundstoff. Ein **Verbindungshalbleiter** ist aus einer chemischen Verbindung aufgebaut **(Übersicht)**.

Übersicht: Halbleiter-Werkstoffe

9.2.1 Elementhalbleiter

Grundstoffe mit Halbleitereigenschaften stehen im Periodensystem der Elemente zwischen den Metallen und den Nichtmetallen **(Tabelle 1)**. Viele der halbleitenden Grundstoffe verwendet man in der Technik für Halbleiter-Bauelemente **(Tabelle 2)**.

Kohlenstoff C kommt in der Natur in den Modifikationen (Erscheinungsformen) Graphit und Diamant vor. Graphit verwendet man z.B. für Kohleschichtwiderstände oder als Elektrodenwerkstoff. Diamant ist ein Halbleiter mit hohem Bandabstand. Seine elektrische Leitfähigkeit erhöht sich bei Belichtung. Dotieren könnte man ihn durch Ionenimplantation. Man sieht von einer Verwendung ab, weil der Ausgangsstoff Diamant so teuer ist.

Tabelle 1: Halbleiter im Periodensystem

Gruppe	II	III	IV	V	VI	VII
1. Periode	Be	B	C	N	O	F
2. Periode	Mg	Al	Si	P	S	Cl
3. Periode	Zn	Ga	Ge	As	Se	Br
4. Periode	Cd	In	Sn	Sb	Te	J
5. Periode	Hg	Tl	Pb	Bi	Halbleiter	

Silicium Si ist wie Kohlenstoff ein Halbleiter aus der IV. Hauptgruppe des Periodensystems. Si hat wegen seiner hervorragenden Halbleitereigenschaften und wegen der nicht minder nützlichen, isolierenden Eigenschaften des Oxids (SiO_2) in den 60er Jahren das teurere Germanium als wichtigsten Halbleiterwerkstoff abgelöst.

Neben einkristallinem Silicium verwendet man amorphes[1] Silicium z.B. für Solarzellen und als Belag der Trommeln in Fotokopiergeräten (Xerokopie[2]). Polykristallines Silicium ist als Kontaktwerkstoff in der MOS[3]-Technik (Seite 217) weit verbreitet.

Germanium Ge steht in der IV. Hauptgruppe des Periodensystems direkt unter dem Silicium. Es kristallisiert wie dieses im Diamantgitter. Ge war der erste einkristalline Halbleiter, der in den 50er Jahren den Siegeszug der Elektronik einleitete. Man verwendet Germanium wegen der großen Beweglichkeit der Ladungsträger für Bauelemente, die hohe Frequenzen bis in den Gigahertz-Bereich hinein verarbeiten müssen (1 GHz = 10^9 Hz). Germaniumdioxid GeO_2 isoliert aber nicht gut.

Germanium verwendet man heute noch für HF-Transistoren, Lawinenfotodioden und Kernstrahlungsdetektoren.

Selen Se gibt es in 3 Modifikationen: als rotes, lockeres Pulver, dunkelrote Kristalle und als grauschwarze, halbleitende Kristalle. Diese graue Form des Selens dient als Ausgangsstoff für Gleichrichter und Fotoelemente.

Tabelle 2: Wichtige Elementhalbleiter

Grundstoff	C	Si	Ge	Sn	B	P	Se
Schmelzpunkt in °C	3 800	1 423	958	232	2 030	45	217
Bandabstand E in eV bei 300 K	5,4	1,09	0,66	0,08	1,58	0,57	2,1
Elektronenbeweglichkeit in cm²/(Vs)	1 800	1 500	3 800	3 600	1	220	0,005
Löcherbeweglichkeit in cm²/(Vs)	1 400	600	1 800	2 400	55	350	0,13

[1] von a- (griech.) = nicht und morphe (griech.) = Gestalt; amorph = formlos, gestaltlos [2] von xeros (griech.) = trocken
[3] von **M**etal-**O**xide **S**emiconductor (engl.) = Metalloxid-Halbleiter

9.2.2 Verbindungshalbleiter

Chemische Verbindungen mit halbleitenden Eigenschaften sind fast immer **binäre**[1] **Verbindungen**, d.h., sie bestehen aus nur zwei Elementen. Bei den so genannten **Vierelektronen-Verbindungshalbleitern** beträgt die durchschnittliche Valenzelektronenzahl je Atom 4. Dazu gehört eine Verbindung innerhalb der IV. Hauptgruppe, das Siliciumcarbid SiC. Eine durchschnittliche Wertigkeit von 4 haben auch Verbindungen eines Grundstoffs aus der III. und eines aus der V. Hauptgruppe: die **III-V-Verbindungen**. Zu den Vierelektronen-Verbindungshalbleitern gehören ebenfalls die **II-VI-Verbindungen (Tabelle 1)**.

Siliciumcarbid SiC ist polykristallin, d. h., der Stoff besteht aus vielen kleinen Kristallen, die durch Sintern zusammengebacken sind **(Bild)**. Die einzelnen kleinen Kristalle sind alle von einer hauchdünnen, hochohmigen Siliciumdioxidschicht (SiO_2) umgeben. Sie sind durch Parallel- und Reihenschaltungen vielfältig miteinander verbunden (vernetzt). Zahl und Art der Kornberührungsstellen beeinflussen den Widerstand des SiC-Bauelements. Der Bandabstand von SiC ist 3,0 eV, die Beweglichkeit der Elektronen beträgt 100 cm^2/(Vs) und die der Löcher 20 cm^2/(Vs). Der elektrische Widerstand des SiC-Bauelements ist umso kleiner, je mehr die angelegte Spannung ansteigt (spannungsabhängiger Widerstand: Varistor[2]). Das Leitfähigkeitsverhalten beschreibt eine Exponentialgleichung **(Formel 1)**. Den Formfaktor C kann man zwischen 40 und 3 000

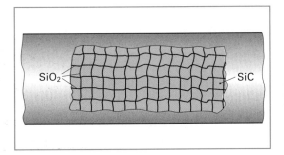

Tabelle 1: Ausschnitt aus dem Periodensystem

Gruppe	II	IIa	III	IV	V	VI
2. Periode	Be		B	C	N	O
3. Periode	Mg		Al	Si	P	S
4. Periode		Zn	Ga	Ge	As	Se
5. Periode		Cd	In	Sn	Sb	Te
6. Periode		Hg	Tl	Pb	Bi	

Bild: Innerer Aufbau eines SiC-Varistors

$$U = C \cdot I^{\beta} \qquad (1)$$

U Spannung
C Formfaktor
I Strom
β Nichtlinearitätsfaktor

einstellen. Aus Siliciumcarbid stellt man wegen des hohen Schmelzpunkts (2 830 °C) außerdem Heizleiter (Seite 158) und Hochleistungswiderstände her.

III-V-Verbindungshalbleiter bestehen aus Kristallen, die abwechselnd aus einem Atom mit drei Außenelektronen und aus einem Atom mit fünf Valenzelektronen aufgebaut sind **(Tabelle 2)**.

Tabelle 2: III-V-Verbindungshalbleiter

Name und Formel	Schmelzpunkt in °C	Bandabstand in eV	Elektronenbeweglichkeit in cm^2/(Vs)	Löcherbeweglichkeit in cm^2/(Vs)
Aluminiumarsenid AlAs	1 600	2,16	280	–
Aluminiumphosphid AlP	1 500	2,45	80	–
Aluminiumantimonid AlSb	1 080	1,62	200	330
Borphosphid BP	2 000	6,0	–	500
Galliumarsenid GaAs	1 238	1,40	8 500	400
Galliumphosphid GaP	1 467	2,26	110	75
Galliumantimonid GaSb	448	0,7	2 000	800
Indiumarsenid InAs	940	0,36	30 000	500
Indiumphosphid InP	1 070	1,34	4 500	150
Indiumantimonid InSb	523	0,18	77 000	1 000

[1] von binarius (lat.) = zwei enthaltend   [2] von **Variable Resistor** (engl.) = veränderlicher Widerstand

Unterscheiden sich die Elektronegativitäten beider Partner der Verbindungen nur wenig voneinander, so kristallisiert der Stoff in einem Atomgitter mit ähnlicher Anordnung wie Diamant. Je größer die Differenz der Elektronegativitäten, je mehr also der Ionencharakter der Verbindung zunimmt, desto größer ist der Abstand vom Valenz- zum Leitungsband.

Ein Zusatz von Fremdstoffen oder der Überschuss einer der beiden Komponenten bewirkt bei den III-VI-Halbleitern eine Störstellenleitung.

II-VI-Verbindungshalbleiter sind binäre chemische Verbindungen aus Grundstoffen, die in der II. Hauptgruppe (oder Nebengruppe) und in der VI. Hauptgruppe stehen. In ihren Kristallen sind Atome mit zwei und solche mit sechs Außenelektronen in gleicher Zahl vorhanden **(Tabelle 1)**.

Tabelle 1: II-VI-Verbindungshalbleiter				
Name und Formel	Schmelzpunkt in °C	Bandabstand in eV	Elektronenbeweglichkeit in $cm^2/(Vs)$	Löcherbeweglichkeit in $cm^2/(Vs)$
Cadmiumoxid CdO	1423	2,2	100	–
Cadmiumsulfid CdS	1475	2,42	350	15
Cadmiumselenid CdSe	1240	1,74	650	10
Cadmiumtellurid CdTe	1090	1,44	1050	80
Zinkselenid ZnSe	1520	2,67	600	28
Zinksulfid ZnS	1830	3,66	140	5

Die Elektronegativitätsdifferenzen sind größer als bei den III-V-Halbleitern, daher ist auch der Bandabstand ΔE höher **(Tabelle 2)**. Bei einigen Metalloxiden der II-VI-Halbleiter ist der negative Temperaturbeiwert so groß, dass sie als Heißleiter Ver-

Tabelle 2: Elektronegativitätsdifferenz und Bandabstand				
Chemische Formel	CdTe	CdSe	CdS	ZnS
Elektronegativitätsdifferenz	0,4	0,7	0,8	0,9
Bandabstand ΔE in eV	1,47	1,74	2,42	3,66

wendung finden. Einige Verbindungen lassen sich nur für einen Leitungstyp verwenden, z.B. Cadmiumsulfid nur als n-Leiter.

Verbindungshalbleiter sind aus binären chemischen Verbindungen aufgebaut.

Man unterscheidet III-V-Halbleiter (Element der III. Gruppe + Element der V. Gruppe) und II-VI-Halbleiter (Element der II. Gruppe + Element der VI. Gruppe).

Verbindungshalbleiter mit unterschiedlicher Valenzelektronen-Konzentration kann man nach ihrem chemischen Formeltyp einteilen **(Tabelle 3)**, z.B. in $A^{IV}B^{V}$- oder $A^{III}{}_2B^{VI}{}_3$-Verbindungen. Der Großbuchstabe A^{III} (oder B^{VI}) steht dabei für ein Element der entsprechenden Wertigkeit.

Tabelle 3: Verbindungshalbleiter unterschiedlicher Valenzelektronen-Konzentration					
Formeltyp	Beispiele	Formeltyp	Beispiele	Formeltyp	Beispiele
$A^{I}{}_2B^{VI}$:	$Cu_2O, Cu_2Te, Ag_2Se, Ag_2Te$	$A^{III}{}_2B^{VI}{}_3$:	$Al_2S_3, Al_2Se_3, Ga_2S_3, Ga_2Se_3, Ga_2Te_3, In_2O_3, In_2S_3, In_2Se_3, In_2Te_3.$	$A^{IV}B^{VI}{}_2$:	SnO_2, TiO_2
$A^{II}B^{VI}$:	ZnSb, CdSb			$A^{V}{}_2B^{VI}{}_3$:	$Sb_2S_3, Sb_2Se_3, Sb_2Te_3, Bi_2O_3, Bi_2S_3, Bi_2Se_3, Bi_2Te_3$
$A^{II}{}_3B^{V}{}_2$:	$Mg_3Sb_2, Zn_3P_2, Zn_3As_2, Cd_3As_2$	$A^{IV}B^{V}$:	SiP, GeP		
		$A^{IV}B^{VI}$:	GeS, SnSe, SnTe, PbS, PbSe, PbTe	$A^{VI}B^{VI}{}_2$:	WS_2, MoS_2
$A^{II}{}_2B^{IV}$:	Mg_2Si			$A^{VI}B^{VI}{}_3$:	WO_3

Tabelle: Weitere Verbindungshalbleiter				
Name und Formel	Schmelzpunkt in °C	Bandabstand in eV	Elektronenbeweglichkeit in $cm^2/(Vs)$	Löcherbeweglichkeit in $cm^2/(Vs)$
Indiumselenid InSe	660	0,96	–	5
Zinnselenid SnSe	861	0,9	300	90
Zinntellurid SnTe	804	0,18	–	1 500
Bleisulfid PbS	1 114	0,41	610	620
Bleiselenid PbSe	1 065	0,29	1 050	950
Bleitellurid PbTe	917	0,32	1 730	840
Wismuttellurid Bi_2Te_3	580	0,15	1 250	515
Cadmiumarsenid Cd_3As_2	721	0,13	15 000	–
Cadmiumantimonid CdSb	456	0,48	300	300

Den Bandabstand der Verbindungshalbleiter **(Tabelle)** kann man durch Mehrschichten-Epitaxie[1] steuern. Damit lassen sich z. B. Lumineszenzdioden (LED[2]) herstellen **(Bild)**, die Licht mit Wellenlängen von 400 nm (Violett) bis 700 nm (Rot) abstrahlen.

Diese Leuchtdioden finden Anwendung als Signalanzeigen entweder einzeln oder kombiniert z. B. in 7-Segment-Elementen. Infrarotstrahler (IRED[3]) benutzt man in der optischen Nachrichtentechnik, in der Medizin und Messtechnik.

Mischkristalle aus einigen Salzen der Tabelle wie $Pb_{1-x}Cd_xS$[4], $PbS_{1-x}Se_x$, $Pb_{1-x}Sn_xTe$ oder $Pb_{1-x}Sn_xSe$ verwendet man für Halbleiter-Laser[5], die im Infrarotbereich 3...30 µm strahlen. Diese Kristalle haben nur einen geringen Bandabstand.

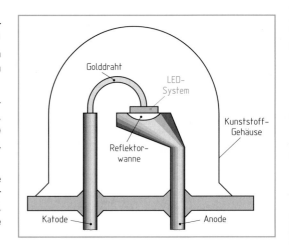

Bild: Leuchtdiode

Wiederholungsfragen

1 In welchen Gruppen des Periodensystems stehen die Fremdatome zum Dotieren von Silicium?

2 Nennen Sie drei mögliche Donatorstoffe und drei Akzeptorstoffe für Silicium.

3 Warum sind n- und p-Leiter als Ganzes elektrisch neutral?

4 Warum muss Licht eine bestimmte Frequenz haben, um z. B. in Silicium Ladungsträger entstehen zu lassen?

5 Welchen Einfluss hat beim inneren Fotoeffekt die Beleuchtungsstärke der Lichtstrahlung?

6 Auf welche Weise ensteht bei einer Fotodiode Lichtstrahlung bei Stromdurchgang?

7 Welche Rolle spielen Rekombinationszentren in Halbleitern der Lumineszenzstrahler?

8 Welche Anwendungen hat Selen als Halbleiterwerkstoff?

9 Nennen Sie einen Verbindungshalbleiter von Elementen der IV. Hauptgruppe des Periodensystems.

10 Erläutern Sie die Wirkungsweise eines spannungsabhängigen Widerstandes.

11 Auf welche Arten kann man bei Verbindungshalbleitern Störstellen-Leitung bewirken?

---

[1] von epi- (griech.) = auf und taxis (lat.) = Stellung, Anordnung; Epitaxie = Kristallabscheidung auf einem anderen, gleichartigen Kristall

[2] von Light-Emitting Diode (engl.) = Licht aussendende Diode

[3] Infrared-Emitting Diode (engl.) = Infrarot-strahlende Diode

[4] In der chemischen Summenformel gibt man den Anteil einer Komponente des Mischkristalls mit x an (wobei x ≤ 1)

[5] Light Amplification by Stimulated Emission of Radiation (engl.) = Lichtverstärkung durch angeregte Aussendung von Strahlung

9.3 Herstellung der wichtigsten Halbleiterwerkstoffe

9.3.1 Silicium Si

Silicium (**Tabelle 1**) ist mit 27,72 % das zweithäufigste Element der Erdrinde. Es findet sich in großen Mengen im Quarzsand als Siliciumdioxid.

Elementares Silicium gewinnt man aus Eisensilicid (Ferrosilicium Fe_3Si_2), das als Nebenprodukt bei der Eisenverhüttung anfällt oder das aus Quarz, Kohlenstoff und Eisenschrott im Elektroofen erschmolzen wird. Das Eisensilicid wird in Gegenwart von Siliciumcarbid bei Temperaturen bis zu 1 000 °C chloriert. Dabei entsteht das flüssige Siliciumtetrachlorid $SiCl_4$, das schon bei 57,6 °C siedet und durch Destillieren gereinigt wird. Dann reduziert Wasserstoff bei etwa 1 000 °C $SiCl_4$ zu elementarem Silicium (**Bild a**). Hochreines Silicium erhält man auch durch thermisches Zersetzen von Monosilan SiH_4 (**Bild b**). Auch das Reduzieren von Trichlormonosilan $HSiCl_3$ (Silicochloroform) mit Wasserstoff liefert sehr reines Silicium (**Bild c**).

Die drei verschiedenen Verfahren ergeben Silicium mit Reinheitsgraden zwischen 99,999 bis 99,999 9 %.

Man spricht dabei von 5- bis 6-„Neunerqualität". Dieser Reinheitsgrad reicht jedoch für die Halbleitertechnik immer noch nicht aus. Die geforderte Reinheit wird erst durch das Zonenschmelzverfahren (Seite 202) erreicht, das Silicium von 7-Neunerqualität ergibt (99,999 99 %).

Tabelle 1: Eigenschaften von Silicium

Dichte	$2,326\ 3\ kg/dm^3$
Schmelzpunkt	1 423 °C
Bandabstand bei 0 K	1,21 eV
bei 300 K	1,09 eV
Eigenleitungskonzentration c_i	$1,5 \cdot 10^{10}\ cm^{-3}$
Elektronenbeweglichkeit μ_n	$1\ 500\ cm^2/(Vs)$
Löcherbeweglichkeit μ_p	$600\ cm^2/(Vs)$

$$a)\quad SiCl_4 + 2H_2 \longrightarrow Si + 4HCl$$

$$b)\quad\quad\quad SiH_4 \longrightarrow Si + 2H_2$$

$$c)\quad HSiCl_3 + H_2 \longrightarrow Si + 3HCl$$

Bild: Gewinnung von Silicium (chemische Gleichungen)

> Reines Silicium stellt man durch Reduzieren mit Wasserstoff aus Siliciumtetrachlorid und aus Trichlormonosilan her oder aus Monosilan durch thermische Zersetzung.

9.3.2 Germanium Ge

Germanium (**Tabelle 2**) hat im Unterschied zu Silicium nur eine schmale verbotene Zone zwischen Valenz- und Leitungsband ($\Delta E = 0,66$ eV bei 300 K gegenüber $\Delta E = 1,09$ eV für Si). Aus diesem Grund können Halbleiter-Bauelemente aus Germanium nur bis +75 °C eingesetzt werden, während Silicium-Halbleiter noch +150 °C aushalten. Dafür sind die Elektronen im Germaniumkristall leichter beweglich (3800 $cm^2/(Vs)$) als in Silicium (1 500 $cm^2/(Vs)$): Germanium-Halbleiter kann man für hohe Frequenzen einsetzen.

Tabelle 2: Eigenschaften von Germanium

Dichte	$5,326\ 3\ kg/dm^3$
Schmelzpunkt	958 °C
Bandabstand bei 0 K	0,785 eV
bei 300 K	0,66 eV
Eigenleitungskonzentration c_i	$2,5 \cdot 10^{13}\ cm^{-3}$
Elektronenbeweglichkeit μ_n	$3\ 800\ cm^2/(Vs)$
Löcherbeweglichkeit μ_p	$1\ 800\ cm^2/(Vs)$

Germanium findet man im kupferhaltigen Mineral Germanit ($3\ Cu_2S \cdot FeS \cdot 2\ GeS_2$), das zu etwa 8 % aus Germanium besteht. Germanit lässt sich mit einer Mischung aus Salpetersäure HNO_3 und Schwefelsäure H_2SO_4 aufschließen, wobei sich Germaniumdioxid GeO_2 abscheidet.

Fein gepulvertes Germanit kann man bei einem zweiten Verfahren im Stickstoffstrom auf etwa 800 °C erhitzen. Dabei werden Schwefel und andere Verunreinigungen, z.B. Arsensulfid, entfernt. Lässt man danach trockenes Ammoniakgas (NH_3) bei 825 °C über den Rückstand strömen, sublimiert das Germaniumsulfid. Konzentrierte Salpetersäure oxidiert das GeS_2 zu Germaniumdioxid:

$$GeS_2 + 12HNO_3 \longrightarrow GeO_2 + 12NO_2\uparrow + 2SO_2\uparrow + 6H_2O$$

Das Oxid löst sich leicht in Salzsäure:
$$GeO_2 + 4HCl \longrightarrow GeCl_4 + 2H_2O$$

Mehrfaches Destillieren reinigt das entstandene Germaniumtetrachlorid GeCl$_4$ (Siedepunkt 83,1 °C). Bei Zugabe von Wasser hydrolisiert GeCl$_4$ wieder zu Germaniumdioxid GeO$_2$ (Hydrolisieren kehrt den Vorgang des Lösens in Salzsäure um: GeCl$_4$ + 2H$_2$O $\longrightarrow$ GeO$_2$ $\downarrow$ + 4HCl).

Wasserstoff H$_2$ reduziert Germaniumdioxid bei 650 °C zu Germanium: GeO$_2$ + 2H$_2$ $\longrightarrow$ Ge + 2H$_2$O

Man erreicht hierbei eine Reinheit von 5- bis 6-Neunerqualität (99,999...99,999 9 %).

Zonenschmelzen (Seite 202) bringt den Reinheitsgrad auf eine Höhe, die für den Einsatz als Halbleiterbauelement nötig ist.

Durch Reduzieren von Germaniumdioxid mit Wasserstoff gewinnt man reines Germanium.

9.3.3 Galliumarsenid GaAs

Gallium Ga ist zu 0,015 % und Arsen As zu 0,000 55 % in der Erdrinde vorhanden.

Gallium gewinnt man meist elektrolytisch aus den Rückständen der Germaniumerzeugung aus Germanit, aber auch aus Nebenprodukten der Zink- und Aluminiumherstellung. Das Metall Gallium schmilzt schon bei 29,78 °C, siedet aber erst bei 2 070 °C. Dadurch lassen sich Verunreinigungen im Vakuum abdestillieren.

Tabelle 1: Eigenschaften von Galliumarsenid

Dichte	5,307 kg/dm^3
Schmelzpunkt	1 238 °C
Bandabstand	1,43 eV
Elektronenbeweglichkeit μ_n	8 500 cm^2/(Vs)
Löcherbeweglichkeit μ_p	400 cm^2/(Vs)

Arsen sublimiert beim Erhitzen arsenhaltiger Erze unter Luftabschluss, z.B. erhält man es aus Arsenkies (FeSAs) oder Arsenikalkies (FeAs$_2$). Vor dem Reinigen stellt man Arsenwasserstoff AsH$_3$ oder Arsen(III)-chlorid AsCl$_3$ her und destilliert es mehrfach. Eine Hochtemperaturbehandlung spaltet AsH$_3$ oder AsCl$_3$ auf und liefert reines Arsen. As sublimiert bei 613 °C, ohne zu schmelzen. Zum Herstellen von GaAs wiegt man Gallium und Arsen im stöchiometrischen Verhältnis ab, also im Verhältnis der relativen Atommassen: 69,72 g Ga auf 74,9216 g As. Im Druckbehälter verbinden sich die beiden Elemente bei hoher Temperatur miteinander zu Galliumarsenid **(Tabelle 1)**. In die GaAs-Schmelze taucht man einen Galliumarsenid-Kristall als Keim und zieht ihn dann freitragend langsam heraus (Czochralski-Methode, Seite 204). Dieses Verfahren liefert einen Kristall, der außerdem fast vollständig von Verunreinigungen frei ist.

Galliumarsenid GaAs stellt man durch Synthese aus den Elementen Gallium und Arsen her.

9.3.4 Indiumarsenid InAs

Indiumarsenid **(Tabelle 2)** schmilzt bei 943 °C. Zur Herstellung legt man stöchiometrische Mengen der beiden Elemente, also 114,82 g Indium und 74,92 g Arsen, dicht nebeneinander in ein Quarzrohr. Im luftleer gepumpten Rohr wird das Indium auf 960 °C und gleichzeitig das Arsen auf 630 °C erhitzt (Zweitemperaturverfahren). Dabei schmilzt

Tabelle 2: Eigenschaften von Indiumarsenid

Dichte	5,66 kg/dm^3
Schmelzpunkt	943 °C
Bandabstand	0,36 eV
Elektronenbeweglichkeit μ_n	22 600 cm^2/(Vs)
Löcherbeweglichkeit μ_p	240 cm^2/(Vs)

Indium und das Arsen verdampft. Das gasförmige Arsen verbindet sich mit dem flüssigen Indium. Dann zieht man das evakuierte Quarzrohr auf der kälteren Seite des Ofens heraus. Die Schmelze erstarrt und bildet polykristallines Indiumarsenid.

Indiumarsenid InAs entsteht, wenn sich Arsengas in flüssigem Indium löst (Zweitemperaturverfahren).

9.3.5 Indiumantimonid InSb

Indiumantimonid **(Tabelle 3)** das bei 523 °C schmilzt, ist der bevorzugte Werkstoff für galvanomagnetische Bauelemente, z.B. für Hallsonden (Seite 215).

Tabelle 3: Eigenschaften von Indiumantimonid

Dichte	5,775 kg/dm^3
Schmelzpunkt	523 °C
Bandabstand	0,18 eV
Elektronenbeweglichkeit μ_n	77 000 cm^2/(Vs)
Löcherbeweglichkeit μ_p	1 000 cm^2/(Vs)

Zur Herstellung werden die Elemente Indium und Antimon zerkleinert, vorgereinigt, stöchiometrisch eingewogen (m_{In} : m_{Sb} = 114,82 : 121,75 ≈ 1 : 1,06) und in einem Schutzgas-Ofen zusammengeschmolzen. Den InSb-Stab reinigt man anschließend durch Zonenschmelzen (Seite 202).

> Indiumantimonid InSb synthetisiert man in der Hitze aus den Elementen im stöchiometrischen Mengenverhältnis.

Für den Einsatz als galvanomagnetische Bauelemente dürfen III-V-Verbindungen höchstens 10^{16} Störstellen je cm^3 haben. Dafür kann der Werkstoff polykristallin sein, weil Hall- und Widerstandseffekt nicht von der Kornorientierung abhängen. Die Korngrenzen stören die Effekte auch nicht, eventuelle Kristallversetzungen beeinträchtigen nur unmerklich die Elektronenbeweglichkeit.

9.3.6 Indiumantimonid-Nickelantimonid InSb-NiSb

Die Kombination Indiumantimonid und Nickelantimonid InSb-NiSb verwendet man für Feldplatten (magnetfeldabhängige Widerstände). Indiumantimonid besitzt die geforderte hohe Elektronenbeweglichkeit (77 000 cm^2/(Vs)) und das elektrisch wesentlich leitfähigere Nickelantimonid NiSb bildet im InSb quer zum Stromweg parallele, nadelförmige und elektrisch gut leitfähige Bezirke **(Bild)**.

Ein Magnetfeld senkrecht zur Feldplatte lenkt die Elektronen ab. Sie müssen dadurch im Indiumantimonid einen längeren Weg zurücklegen. Die Verlängerung des Stromweges bewirkt einen höheren elektrischen Widerstand. Dieser magnetische Widerstandseffekt der Feldplatten übt einen besonders starken Einfluss aus, wenn das Verhältnis Leiterquerschnitt zu Leiterlänge sehr groß ist – wie bei der InSb-NiSb-Kombination.

Zur Werkstoffherstellung erhitzt man Indiumantimonid (mit überschüssigem Antimon) über den Schmelzpunkt hinaus und löst Nickel in der Schmelze auf. Kühlt die Flüssigkeit ab, kristallisiert Nickelantimonid NiSb im Indiumantimonid aus und bildet senkrecht zur Grenze fest-flüssig lange, dünne Nadeln. Vor allem beim eutektischen Gemisch mit einem Gehalt von 1,8 % an NiSb entstehen diese Nadeln. Sie haben einen Durchmesser von rund 1 µm und sind im Durchschnitt 50 µm lang. Mit der Temperatur und der Kristallisationsgeschwindigkeit kann man die Schmelzzone so steuern, dass die NiSb-Nadeln alle parallel und längs des Werkstoff-Stabes ausgerichtet sind.

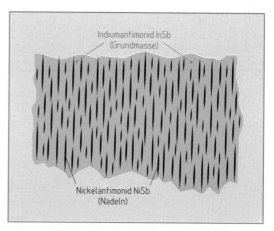

Indiumantimonid InSb
(Grundmasse)

Nickelantimonid NiSb
(Nadeln)

Bild: Nickelantimonid-Nadeln im Indiumantimonid

> Nickelantimonid NiSb erstarrt in einer Indiumantimonid-Schmelze in Form von langen, dünnen und elektrisch gut leitenden Nadeln. Aus dieser InSb-NiSb-Kombination stellt man Feldplatten her.

Wiederholungsfragen

1 Nennen Sie die Ausgangsstoffe für die Silicium-Gewinnung.

2 Beschreiben Sie drei Verfahren zur Silicium-Gewinnung.

3 Weshalb kann man Germanium nur bis etwa 75 °C einsetzen (Schmelzpunkt 958 °C)?

4 Welche Anwendungsgebiete erschließen sich wegen der hohen Elektronenbeweglichkeit für Germanium?

5 Warum ist die geringe Isolierfähigkeit von Germaniumdioxid von Nachteil?

6 Welches Verfahren erzeugt elementares Germanium aus Germaniumdioxid?

7 Beschreiben Sie die Herstellung von Galliumarsenid.

8 Für welche Bauelemente verwendet man Indiumantimonid?

9.4 Weiterverarbeiten des Halbleiterwerkstoffs

9.4.1 Reinigen durch Zonenschmelzen

Die Werkstoffe der Halbleitertechnik müssen extrem rein sein. Neben den üblichen Reinigungsmethoden verwendet man zum Vermindern der Fremdbestandteile auch das Zonenschmelzen **(Übersicht)**.

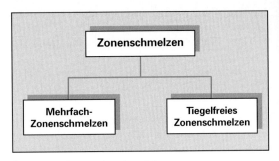

Übersicht: Zonenschmelzverfahren

Im reinen, eigenleitenden Germaniumkristall spaltet unter etwa einer Milliarde Atome nur ein Atom ein Elektron ab, im Siliciumkristall braucht es dazu sogar rund eine Billion Atome. Fremdstoffe dürfen daher den Werkstoff nur so weit verunreinigen **(Bild)**, dass z.B. im Germanium höchstens ein Fremdatom auf 10^9 Eigenatome kommt, also 1 : 1 000 000 000. Im Silicium darf maximal ein Fremdatom unter 10^{12} Eigenatomen sein (Verunreinigung $\leq$ 1 : 1 000 000 000 000). Mit der geforderten Reinheit hat Germanium bei Zimmertemperatur einen spezifischen Widerstand ρ = 89 000 $\Omega \cdot$ cm und Silicium ρ = 310 000 $\Omega \cdot$ cm.

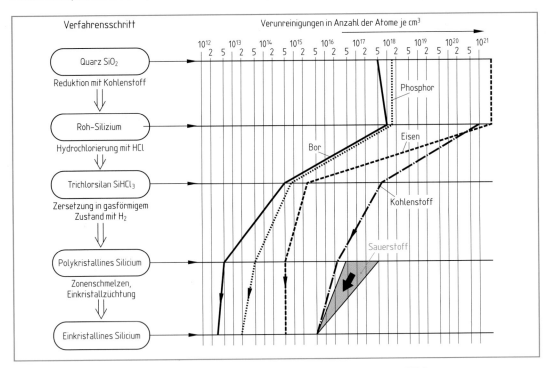

Bild: Verunreinigungen in den Zwischenstufen bei der Herstellung von einkristallinem Silicium

Bei geringerer Konzentration der Störstellen nimmt der spezifische elektrische Widerstand zu. Deshalb ist die Messung des spezifischen Widerstands eines Halbleiterwerkstoffs die einfachste Methode, seinen Reinheitsgrad zu bestimmen.

> Jeder Halbleiterwerkstoff ist erst zu reinigen, ehe er dotiert werden kann.

Kristallisiert ein Halbleiterwerkstoff aus der Schmelze, baut der Kristall Verunreinigungen nur in geringem Maße in das Gitter ein. Die störenden Stoffe lösen sich in der Flüssigkeit leichter als im festen Kristall. Auf diesem Effekt beruht das Reinigungsverfahren des Zonenschmelzens.

Beim **Zonenschmelzen** bewegt sich eine schmale Schmelzzone durch den festen Halbleiterwerkstoff hindurch **(Bild 1)**. Die Verunreinigungen sammeln sich in der flüssigen Zone an, und die Schmelzzone transportiert sie zum Ende des Werkstoffblocks **(Bild 2)**.

Wiederholt man das Zonenschmelzen mehrfach, stellt sich eine Grenzkonzentration ein, die dann nicht mehr unterschritten werden kann. Sie liegt bei rund 10^{-9} Atomprozent (1 Fremdatom auf 10^{11} Eigenatome).

> Wiederholtes Schmelzen und Erstarren in durchlaufenden, schmalen Zonen reinigt den Halbleiterkristall.

Mehrzonenschmelzen (Bild 1), bei dem mehrere Schmelzzonen hintereinander den Halbleiterstab durchlaufen, erspart einige Durchgänge.

Einzelne Spulen, von hochfrequentem Wechselstrom durchflossen, erhitzen den Werkstoff. Der Halbleiter schmilzt dadurch in mehreren, schmalen Zonen, die sofort wieder erstarren, wenn der Werkstoff weiterbewegt wird.

Der Halbleiter befindet sich in einem langen Quarz- oder Graphittiegel, der sehr langsam durch ein Quarzrohr gezogen wird. Der Tiegel bewegt sich nur mit wenigen Zentimetern je Stunde. Das Quarzrohr ist mit einem Schutzgas gefüllt, das die Oxidation des Halbleiterwerkstoffs unterbindet.

Mit diesem Verfahren kann man Halbleiterwerkstoffe mit verhältnismäßig niedrigem Schmelzpunkt reinigen, z.B. Germanium. Bei Werkstoffen mit höherem Schmelzpunkt wie Silicium (Schmelzpunkt 1 423 °C) würde es zu chemischen Reaktionen mit dem Tiegelwerkstoff kommen, also mit dem Siliciumdioxid des Quarzes oder mit dem Kohlenstoff von Graphit.

Silicium reinigt man aus diesem Grund mit dem **tiegelfreien Zonenschmelzen**. Dazu spannt man den hochschmelzenden Halbleiter senkrecht ein **(Bild 3)**. Die schmale Schmelzzone, durch eine Hochfrequenzspule erzeugt, bewegt sich durch den Stab von unten nach oben oder umgekehrt. Die Oberflächenspannung, die beim flüssigen Silicium groß ist, und das Hochfrequenzfeld der Spule halten die schmale Zone der Schmelze zusammen. Die HF-Spule bewegt sich mit etwa 1 mm/min Vorschub und führt so die Schmelzzone durch den Stab.

Eine Schutzgasatmosphäre oder ein Hochvakuum garantiert, dass der Halbleiterwerkstoff nicht oxidiert oder anderen unerwünschten chemischen Reaktionen unterliegt.

> Tiegelfreies Zonenschmelzen verhindert eine chemische Reaktion des Halbleitermaterials mit dem Werkstoff eines Tiegels.

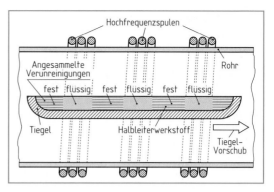

Bild 1: Mehrfach-Zonenschmelzverfahren

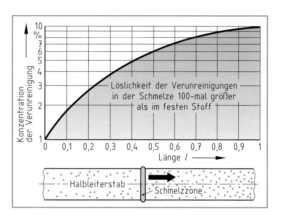

Bild 2: Verteilung der Konzentration nach einem Schmelzzonendurchgang

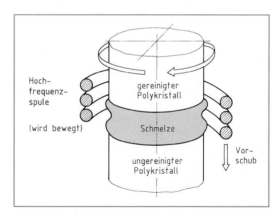

Bild 3: Tiegelfreies Zonenschmelzen (Prinzip)

9.4.2 Züchten von Halbleiter-
einkristallen

Viele Halbleiter bestehen aus einem einzigen Kristall, dem sog. **Einkristall**. Dazu gehören Dioden, Transistoren oder integrierte Schaltkreise (IC[1]). Bei einem polykristallinen Werkstoff würden die Kristallgrenzen die Diffusion von Elektronen und Löchern stören, auch die durch elektrische Spannungen erzwungenen Bewegungen der Teilchen.

Zur Züchtung eines Einkristalls gibt es verschiedene Verfahren **(Übersicht)**. Alle beginnen mit einem Impfkristall, einem dünnen Kristallplättchen, das in der gewünschten Orientierung der Kristallachsen auf einer Unterlage befestigt ist.

Beim **Drehziehverfahren** (Czochralski-Verfahren) taucht der Impfkristall von oben in einen Graphittiegel mit der Halbleiterschmelze ein, die eine Hochfrequenzheizung flüssig hält **(Bild 1)**. Dann zieht man den Kristall langsam drehend aus der Schmelze im gegensinnig nur träge rotierenden Tiegel heraus. Dabei kristallisiert der Halbleiter wendelförmig in einer endlosen, schraubenartigen Fläche mit zylindrischen Außenflächen **(Bild 2)**. Die Drehgeschwindigkeit liegt zwischen 0,2 und 2 Umdrehungen je Sekunde. Die Ziehgeschwindigkeit beträgt nur einige Zentimeter je Stunde. Es entsteht freitragend ein Einkristall, dessen zylindrische Form nicht von der Kristallstruktur beeinflusst wird. Soll der Einkristall n- oder p-grunddotiert sein, setzt man der Schmelze Fremdstoffe zu. Während der Kristallisation baut jedoch der Einkristall die Fremdatome nur schwer ein. Wegen dieses Reinigungseffekts reichert sich die Schmelze während des Kristallziehens mit Fremdatomen an. Der Einkristall ist also am Ende höher dotiert als zu Beginn.

Das **Zonenziehverfahren** vermeidet diesen Nachteil **(Bild 1, Seite 205)**. Auch reagiert der Halbleiter chemisch nicht mit dem Tiegelmaterial. An einem Ende eines polykristallinen Stabes schmilzt man einen Impfkristall an. Wie beim Zonenschmelzen bewegt sich von dort aus eine Schmelzzone durch den Stab bis ans andere Ende. Durch Drehen entsteht ein Einkristall mit zylindrischer Außenfläche. Fremdatome im Schutzgas können den Halbleiter dotieren. Mit diesem tiegelfreien Zonenziehverfahren kann man jeden beliebigen Halbleiterkristall herstellen. Das Verfahren arbeitet allerdings sehr langsam. Die Ziehgeschwindigkeit liegt zwischen 5 und 15 cm/h je nach Stabdurchmesser. Stab und Kristallisationskeim drehen sich mit einer Frequenz von 25 bis 60 ^{1}/min. Ist die Ziehgeschwindigkeit größer, wächst auch nur ein dünnerer Einkristall auf (Dünnziehverfahren).

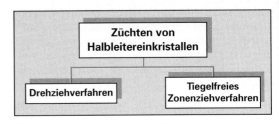

Übersicht: Kristallzüchtungsverfahren

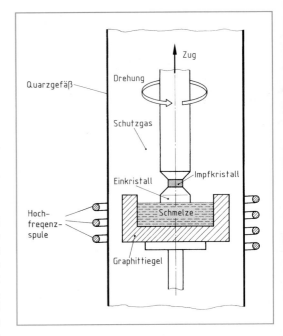

Bild 1: Drehziehverfahren

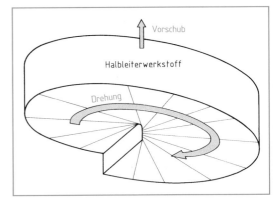

Bild 2: Schraubenförmiges Kristallisieren
durch Drehziehen

Das tiegelfreie Zonenziehverfahren eignet sich für die Einkristall-Herstellung aller Halbleiter.

---

[1] von Integrated Circuit (engl.) = Integrierter Schaltkreis

Kristallfehler, z.B. Versetzungen, die den Aufbau des Keimkristalls stören, setzen sich zunächst in den erstarrenden Kristall hinein fort, verlieren sich dann aber schnell. Sobald der dünne Einkristall versetzungsfrei geworden ist, vergrößert eine geringere Züchtungsgeschwindigkeit den Stabdurchmesser. Auf diese Weise gelingt es, große und störungsfreie Si-Einkristalle zu erzeugen, die meist zu Leistungsdioden verarbeitet werden.

Der fertige Einkristall ist ein Stab mit 20 bis 125 mm Durchmesser, der bis zu einem halben Meter lang sein kann. Die Orientierung der Kristallachsen markiert eine angefräste Fläche (**Bild 2**). Der Stab lässt sich mit Diamantsägen zu Scheiben (Wafer[1]) von 0,1 bis 0,2 mm Dicke zerschneiden. Diese mechanische Bearbeitung zerstört allerdings die Kristallstruktur an der Oberfläche der Platten. Durch Läppen mit Diamantpaste, Siliciumcarbid oder Aluminiumoxid (Korndurchmesser 5 bis 25 µm) trägt man die beschädigte, 50 bis 80 µm dicke Kristallzone ab. Chemisches Ätzen und elektrolytisches Polieren beseitigt schließlich noch die durch das Läppen beschädigte Randzone.

9.4.3 Dotierverfahren

Einige Bearbeitungsverfahren der Halbleitertechnik sind für diskrete[2] Bauelemente und für integrierte Schaltungen gleich. Die Dotierverfahren (**Übersicht**) werden hier an dieser Stelle behandelt, während das Erzeugen einer Siliciumdioxid-Schicht auf Seite 220 näher beschrieben ist.

Dotierelemente aus der III. Hauptgruppe des Periodensystems erzeugen im reinen Element-Halbleiterkristall einen p-Leiter, chemische Grundstoffe der V. Hauptgruppe bilden in dem Kristall n-leitende Gebiete (**Tabelle**).

Oft wird die Halbleiter-Scheibe schon beim Kristallziehen vordotiert. Dann bewirken die Dotierelemente jetzt ein gezieltes Umdotieren: Ist z. B. der mit Bor vordotierte Si-Kristall ein p-Leiter, kompensiert Phosphor zunächst diesen Leitfähigkeitszustand und erzeugt danach einen n-Leiter.

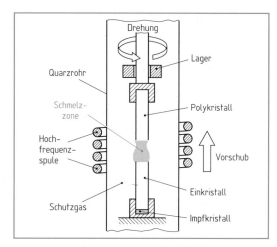

Bild 1: Zonenziehverfahren

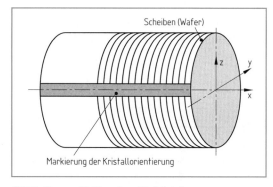

Bild 2: Trennschleifen eines Einkristalls in einzelne Scheiben

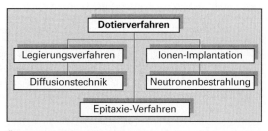

Übersicht: Dotierverfahren

Tabelle: Dotierelemente für Silicium				
Element:	B	P	As	Sb
Erzeugter Leitungstyp	p	n	n	n
Löslichkeit (Atome/cm^3) in Si bei 900 ... 1 000 °C	$3 \cdot 10^{20}$	10^{21}	10^{21}	$5 \cdot 10^{19}$
Niveau-Entfernung vom Valenzband in meV	45	—	—	—
Niveau-Entfernung vom Leitungsband in meV	—	46	54	43

[1] Wafer (engl.) = Plättchen, Scheibe   [2] von discretus (lat.) = abgesondert, getrennt

Germanium-Halbleiter dotiert man für p-Leiter meist mit Aluminium, dagegen mit Indium für n-Leiter.

Für III-V-Halbleiter und ihren wichtigsten Vertreter für ICs, das Galliumarsenid GaAs, kommen für die p-Leitung Beryllium, Cadmium, Magnesium und Zink als Dotiersubstanzen in Betracht; Schwefel, Selen, Silicium und Tellur können hingegen n-leitende Zonen bilden.

Für II-VI-Halbleiter dienen zur p-Leitung Silber, Kupfer, Stickstoff, Arsen oder Blei als Dotierstoffe, während n-Leitung durch Fluor, Chlor, Bor oder Arsen verursacht wird.

Legieren ist das älteste Verfahren für das Einbringen von Fremdstoffen in den hochreinen Halbleiterkristall. Dabei belegt man den Halbleiterkristall mit einem Kügelchen des entsprechenden Metalls, z.B. mit einer Indiumperle, und erhitzt im Schutzgas über den Schmelzpunkt der entstehenden Legierung hinaus (im Beispiel über 156 °C). Diese Schmelztemperatur liegt noch unter der des reinen Halbleiterkristalls, z.B. n-leitend vordotiertes Germanium. Ein Teil des Halbleiterwerkstoffes, hier etwa 5 %, löst sich im flüssigen Dotierungsmetall. Dieser Teil wächst beim Erstarren wieder auf dem Halbleiterkristall auf, nun aber mit Metallatomen dotiert. Im Halbleiterkristall entsteht durch das Lösen eine Mulde **(Bild 1)**. Beim Abkühlen fällt umdotiertes Germanium aus, das am Muldenboden ankristallisiert. Dort entsteht ein pn-Übergang. Durch das Legierungsverfahren bilden sich meist scharf abgegrenzte pn-Übergänge **(Bild 2)**. Im flüssigen Indium löst sich umso mehr Germanium, je höher die Temperatur ist. Diese Lösung entmischt sich beim Erstarren auch zum großen Teil wieder.

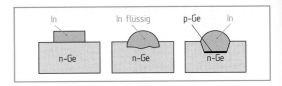

Bild 1: Dotieren mit dem Legierungsverfahren

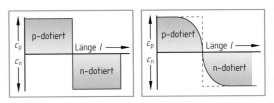

Bild 2: Dotierungsprofil mit „Treppenübergang"

Bild 3: Profil mit „gleitendem Übergang"

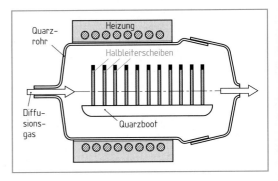

Bild 4: Diffusionsofen (schematischer Aufbau)

Das Legierungsverfahren verwendet man auch zum Kontaktieren von Silicium mit Aluminium oder von Galliumarsenid mit Gold. Legierungstransistoren sind allerdings heute kaum noch im Einsatz.

> Beim Legierungsverfahren löst ein geschmolzenes Metall den Halbleiter an. Das Kristallgitter baut während des Abkühlens einen Teil der Metallatome ein.

Die **Diffusionstechnik** ist das Standardverfahren zum Dotieren von Halbleitern. Es wird allerdings heute nach und nach von der Ionenimplantation verdrängt, vor allem für integrierte Schaltungen.

Bei der Diffusion dringen z.B. in einem elektrisch beheizten Quarzrohr die Fremdatome aus der Gasatmosphäre in den Halbleiterkristall ein, in Silicium bei 1 200 °C und in Germanium bei 800 °C. Die Fremdatome diffundieren[1] nur wenige μm unter die Kristalloberfläche. Die Eindringgeschwindigkeit der Fremdstoffe steigt mit der Temperatur an. Man arbeitet deshalb 100 bis 200 K unterhalb der Schmelztemperatur des Halbleiters. Zwischen den n- und p-leitenden Zonen entstehen beim Diffusionsverfahren gleitende Übergänge **(Bild 3)**.

Das Dotieren durch Diffusion erfolgt in zwei Schritten: Der erste Schritt besteht in einer Vorbelegung (Predeposition[2]) der Dotieratome auf der Halbleiterscheibe dicht unter der Oberfläche. Erhitzen des Wafers in einer Atmosphäre, der die Dotieratome fehlen, leitet den zweiten Schritt ein: die Nachdiffusion (Drive-in[3]). Dabei dringen die Fremdstoffe weiter in den Kristall hinein. Die Nachdiffusion findet im Diffusionsofen **(Bild 4)** oft in einer oxidierenden Atmosphäre statt.

[1] diffundere (lat.) = ausbreiten, zerstreuen   [2] predeposition (engl.) = Vorablagerung   [3] drive in (engl.) = hineintreiben

Die Diffusionsquelle kann fest, flüssig oder gasförmig sein (**Übersicht**).

Feste Quellen sind meist Oxide der Dotierstoffe, z. B. Arsentrioxid As_2O_3, Bortrioxid B_2O_3, Phosphorpentoxid P_2O_5 oder Antimontrioxid Sb_2O_3. Sie verdampfen bei Temperaturen über 500 °C. Ein Trägergas transportiert sie zur Halbleiterscheibe, wo sie reduziert werden, z. B.

$$2B_2O_3 + 3Si \longrightarrow 4B + 3SiO_2.$$

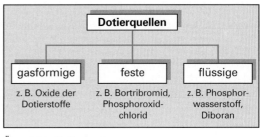

Übersicht: Dotierquellen

Flüssige Quellen, d.h. flüssige, chemische Verbindungen der Dotierelemente wie Bortribromid BBr_3 oder Phosphoroxidchlorid $POCl_3$, lösen sich im Trägergas, wenn dieses durch die entsprechende Flüssigkeit perlt. Das mit BBr_3 oder $POCl_3$ gesättigte Gas gelangt danach in den Diffusionsofen. Die Menge der Dotiersubstanz wird von der Temperatur der Flüssigkeit bestimmt: Je wärmer die Flüssigkeit ist, desto mehr Dotierstoff enthält das Trägergas. So lässt sich die Dotierung regeln.

Als **gasförmige Quellen** verwendet man vor allem Phosphorwasserstoff PH_3 (Phosphin) und Diboran B_2H_6. Die Oberflächenkonzentration der Dotierung lässt sich bei der Diffusion aus der Gasphase besser einstellen als bei flüssiger oder gar bei fester Dotierquelle. Eine solche Dotierung hat man also gut unter Kontrolle. Die Gase sind sehr giftig; dies gilt aber mehr oder weniger auch für die flüssigen bzw. festen Quellen.

Sauerstoff in der Gasatmosphäre bildet auf dem Silicium-Einkristall eine SiO_2-Schicht, die kaum mehr Fremdatome durchlässt. Auch die Sauerstoff-Moleküle O_2 müssen die bereits gebildete Siliciumdioxid-Schicht durchdringen, um an das reine Si zu gelangen. Diese thermische Oxidation findet im Rohrofen unter normalem Druck bei 800 bis 1 200 °C in einer Sauerstoff-Atmosphäre statt, der Stickstoff, Wasserdampf und eventuell auch Salzsäure (gasförmiger Chlorwasserstoff) beigemischt sind.

Die Oxidschicht kann man wegen ihrer Undurchdringlichkeit für Fremdstoffe zum Maskieren bei der Dotierung verwenden. Ätzt man z. B. mit Flusssäure (HF) Fenster in das Siliciumdioxid an den für die Dotierung vorgesehenen Stellen ein, können nur dort Fremdatome eindringen.

Diffundieren Bor-Atome aus der Gasphase in den Halbleiterkristall, entsteht dort eine p-Zone; Phosphor- oder Arsen-Atome im Gas bilden im Kristall eine n-Zone. Für p-Zonen gibt man z. B. Bortribromid BBr_3 zum Trägergas aus Stickstoff, das außerdem noch 1,6 % Sauerstoff enthält. Dann bildet sich die SiO_2-Schicht wieder aus und zugleich diffundieren Bor-Atome in den Kristall hinein. Für n-Zonen setzt man $POCl_3$ dem Trägergas zu.

Für p- Zonen	Chemische Reaktion im Gasraum:	$4BBr_3 + 3O_2 \longrightarrow 2B_2O_3 + 6Br_2$
	Reaktion auf der heißen Siliciumscheibe:	$2B_2O_3 + 3Si \longrightarrow 3SiO_2 + 4B \downarrow$

Für n-Zonen	Chemische Reaktion im Gasraum:	$4POCl_3 + 3O_2 \longrightarrow 2P_2O_5 + 6Cl_2$
	Reaktion auf der heißen Siliciumscheibe:	$2P_2O_5 + 5Si \longrightarrow 5SiO_2 + 4P \downarrow$

Das Silicium überzieht sich also mit einer B- bzw. P-haltigen Oxidschicht, aus der nach und nach Bor- bzw. Phosphoratome in das kristalline Silicium diffundieren. Vor jeder neuen Diffusion muss die passive SiO_2-Schicht wieder weggeätzt werden, z. B. mit Flusssäure.

Mit dem Diffusionsverfahren sind integrierte Strukturen in einer dünnen Schicht dicht unter der Oberfläche des Siliciumkristalls möglich (Planartechnik[1], Seite 218). Dieses Verfahren arbeitet ökonomisch und erzeugt nur wenige Gitterbaufehler.

Beim Diffusionsverfahren dringen die Fremdatome aus der Gasphase in den Halbleiter ein.

Leider gelingt mit Germanium ein solches Planarverfahren nicht so einfach. Germaniumdioxid GeO_2 ist nämlich nicht diffusionsdicht. Als Schutzschicht muss man Siliciumdioxid SiO_2 aus dem Gas heraus auf Germanium niederschlagen.

[1] planum (lat.) = Ebene; planar = eben, in der Ebene gelegen

Ein weiteres Verfahren der Diffusionstechnik arbeitet mit **Dotierscheiben** als fester Diffusionsquelle. Die Scheiben aus chemisch beständiger Keramik enthalten die Dotierstoffe, z.B. Boroxid-Glaskeramik (B_2O_3) für Bor oder Phosphorpentoxid-Glaskeramik (P_2O_5) für Phosphor. Die Dotierscheiben stellt man im Rohrofen jeweils zwischen zwei Siliciumscheiben. In der Hitze geben die Dotierscheiben Bor bzw. Phosphor ab.

Das Verfahren arbeitet gleichmäßig mit reproduzierbarer Qualität, weil die Siliciumscheiben immer gleich weit von den Dotierscheiben entfernt sind. Außerdem braucht man nicht mit aggressiven Flüssigkeiten umzugehen.

Die **Epitaxie-Verfahren** erzeugen ebenfalls dotierte Zonen auf einem Halbleiterkristall (**Übersicht**).

Bei der Kristallisation wachsen immer neue Schichten auf den Oberflächen eines zunächst kleinen Kristalls auf. Dabei lagern sich die Ionen, Atome oder Moleküle an den Kristall in der dort herrschenden Anordnung der Teilchen. Dieses schichtweise Wachsen eines Kristalls in gleicher Orientierung wie der Grundkristall nennt man **Epitaxie**[1]. Das Kristallwachstum kann aus einer Flüssigkeit heraus verursacht werden (Liquid-Epitaxie) oder aus der Gasphase (Gas-Epitaxie). Auch das Auftreffen eines Molekularstrahls lässt einen Kristall schichtweise wachsen.

Epitaxie aus flüssiger Phase: Der Einkristall taucht in eine Schmelze, die auch den Dotierstoff enthält. Ist die Kristallschicht in der gewünschten Dicke angewachsen, hebt man den Kristall wieder aus der Schmelze heraus. Dieses Verfahren ist besonders für Galliumarsenid GaAs geeignet, das erst bei 1 238 °C schmilzt. Oberhalb 815 °C löst flüssiges Gallium, das bei rund 30 °C schmilzt und bei 2 070 °C siedet, das Galliumarsenid bis zur Sättigung. Aus dieser Schmelze scheidet sich GaAs epitaktisch ab.

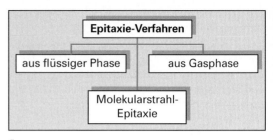

Übersicht: Epitaxie-Verfahren

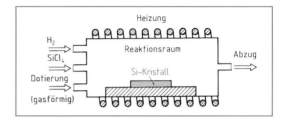

Bild 1: Gasphasen-Epitaxie im Reaktionsraum

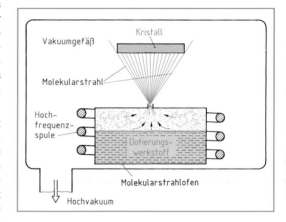

Bild 2: Molekularstrahl-Epitaxie

Epitaxie aus der Gasphase: Der Einkristall, meist aus Silicium, liegt in einem aufgeheizten Reaktionsraum (**Bild 1**). Man leitet Siliciumtetrachlorid $SiCl_4$ und Wasserstoff H_2 ein sowie Dotierstoffe, z.B. Bor oder Phosphor. Siliciumatome scheiden sich zusammen mit den Fremdatomen auf dem kühleren Einkristall ab. Die Deckschicht wächst etwa mit einer Geschwindigkeit von 1 µm/min. III-V-Halbleiter stellt man häufig durch Epitaxie in direkter Synthese aus den gasförmigen Grundstoffen her.

Molekularstrahl-Epitaxie: Der Halbleiter-Einkristall ist in einem Hochvakuumgefäß (Restdruck $\approx 10^{-11}$ bar) wenige Zentimeter vor der Öffnung eines Molekularstrahlofens befestigt (**Bild 2**). Im Hochvakuum erhitzt man den Werkstoff, meist Galliumarsenid, auf etwa 900 °C. Das GaAs ist außerdem mit dem Dotierungsstoff versetzt. Das Erhitzen verursacht einen hohen Dampfdruck. Durch die kleine Öffnung des Ofens tritt ein gleichmäßiger Teilchenstrahl (Molekularstrahl) aus und trifft auf dem kälteren Einkristall auf. Dort wächst langsam eine Schicht auf (mit 10^{-4} µm/s). Dieses Verfahren erlaubt es, gezielt sehr dünne und dotierte Schichten (< 1 µm dick) herzustellen.

Durch die Epitaxie-Verfahren wachsen dünne, dotierte Kristallschichten auf einem Halbleiterkristall auf.

---

[1] von epi- (griech.) = auf, über; und taxis (griech.) = Ordnung, Aufstellung

Die **Ionenimplantation** ist heute das wichtigste Verfahren zum Dotieren integrierter Schaltungen. Bei Silicium hat es die Diffusionsverfahren nahezu völlig verdrängt. Die Ionen entstehen durch Beschuss eines Gases, z. B. Arsenwasserstoff AsH_3, Bortrifluorid BF_3 oder Phosphorwasserstoff PH_3, mit Elektronen. Eine Glühkatode emittiert die Elektronen, die beim Zusammenstoß aus dem Gas ein Plasma erzeugen. Daraus ziehen negative Spannungen an den Elektroden die positiven Ionen heraus und bündeln sie dann. Die Ablenkung des Ionenstrahls durch ein Magnetfeld trennt die Ionen je nach Masse **(Bild 1)**, ein Effekt wie im Massenspektrografen. Der Ionenbeschleuniger schießt die gewünschten Dotierungsionen, von den leichteren oder schwereren Fremdionen durch Ausblenden getrennt, in die Siliciumscheibe hinein. Zusätzlich wird dabei der Ionenstrahl rasterförmig über den Wafer geführt. Dicht unter der Scheibenoberfläche sammelt sich eine Schicht Dotierungsatome an. Beim Eindringen in den Halbleiterkristall bremsen die Elektronenhüllen der Si-Atome die Ionen durch unelastische Stöße und die Atomkerne durch elastische Stöße ab.

Die Beschleunigungsenergien für die Ionen können zwischen einigen keV, also einigen tausend Elektronvolt, und mehreren MeV (Megaelektronvolt) liegen **(Tabelle)**. 10 keV beschleunigen z. B. Phosphor-Ionen so, dass sie 14 nm tief in das Silicium eindringen. 1 MeV treibt dagegen Bor-Ionen so stark an, dass sie im Si-Kristall 1,576 μm weit kommen. Die Reichweite der Ionen hängt außer von der Beschleunigungsenergie noch von ihrer Masse ab, von der Ordnungszahl des Feststoffs im Periodensystem und von dessen Dichte. Im Schnitt dringen die Fremdatome weniger als 1 μm in das Silicium ein **(Bild 2)**.

Die Dotieratome gelangen oft nicht auf die richtigen Gitterplätze, auf die sie gehören. Sie sind deshalb auch nicht elektrisch wirksam. Erst beim Tempern diffundieren sie weiter in den Werkstoff hinein und kommen auf die passenden Stellen.

Wo die Ionen aufprallen, beschädigen sie den geordneten Kristallaufbau (Strahlendefekt). Nach dem Implantieren muss man den Halbleiterkristall bei 500 bis 900 °C durchglühen oder mit Laserstrahlen behandeln. Dann wachsen die gestörten Zonen wieder einkristallin zusammen (Rekristallisation) und bauen die Dotieratome in das Kristallgitter ein.

Das Implantationsverfahren arbeitet schnell, lässt sich gut steuern und sorgt für eine gleichmäßige Ionenverteilung über der Fläche. Die Tiefe der Dotierung, ihre Art und Konzentration, auch die seitliche Begrenzung der Implantation sind bei diesem Verfahren genau zu kontrollieren.

Die Implantation erfordert eine geringe Prozesstemperatur und erlaubt die Dotierung sehr schmaler, oberflächennaher Schichten mit steilen Dotierkanten. Damit kann man für integrierte Schaltungen sehr kleine Funktionselemente auf dem Chip herstellen.

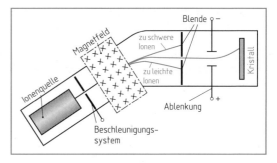

Bild 1: Ionenimplantation

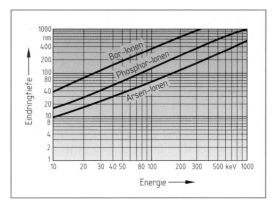

Bild 2: Eindringtiefe bei der Ionenimplantation

Tabelle: Energien für die Ionenimplantation		
Ion	**Energie E_1 in keV**	
	in Silicium	in Germanium
Bor	3	7
Phosphor	17	29
Arsen	73	103
Antimon	180	230
Ion	**Energie E_2 in keV**	
	in Silicium	in Germanium
Bor	17	13
Phosphor	140	140
Arsen	290	800
Antimon	700	2000

Je nach Lage der Kristallachsen können aber die Ionen ungebremst und nicht kontrollierbar entlang offener Kristallrichtungen tief eindringen (Channeling[1]). Diesen unerwünschten Tunneleffekt (**Bild 1**) vermeidet man durch Kippen der Halbleiterscheibe um etwa 7° während der Implantation.

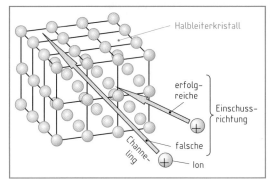

Bild 1: Richtung der Ionenimplantation

> Bei der Ionenimplantation schießt man Fremdatome gezielt in den Halbleiterkristall. Damit kann man jedes Halbleitermaterial mit beliebigen anderen Elementen dotieren.
>
> Bor erzeugt als Dotierstoff im Silicium einen p-Leiter; Arsen, Antimon oder Phosphor einen n-Leiter.
>
> Die Ionenimplantation verwendet man meist zum Dotieren von ICs, seltener eines der Diffusionsverfahren.

Als Masken für die Implantation dienen Siliciumdioxidschichten oder auch Schichten aus Fotolack. Im SiO_2 sind die Eindringtiefen etwa so groß wie im Silicium.

Das **Dotieren durch Neutronenbestrahlung** bewirkt eine sonst unerreichte Genauigkeit und Homogenität der Dotierung von Silicium mit Phosphoratomen (für n-Leiter).

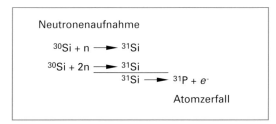

Bild 2: Dotieren durch Bestrahlen mit Neutronen

Das natürliche Silicium besteht aus einer Mischung von Isotopen: zu 92,27 % aus ^{28}Si, 4,68 % aus ^{29}Si und zu 3,05 % aus ^{30}Si. Thermisch beschleunigte Neutronen wandeln die Isotope ^{29}Si und ^{30}Si in radioaktives ^{31}Si um, das sofort unter Abstrahlung eines β-Teilchens (eines Elektrons) in das stabile ^{31}P-Isotop zerfällt (**Bild 2**).

Durch den Neutronenbeschuss entstehen im Siliciumkristall Gitterbaufehler, die durch Glühen bei 700 °C thermisch ausheilen.

Wiederholungsfragen

1 Warum müssen Halbleiterwerkstoffe besonders rein hergestellt werden?

2 Erklären Sie die Wirkungsweise des Zonenschmelzens als Reinigungsverfahren für Halbleiterelemente.

3 Weshalb kann man mit Tiegel-Zonenschmelzverfahren keine hochschmelzenden Halbleiterwerkstoffe wie Silicium reinigen?

4 Welchen Nachteil hat das tiegelfreie Zonenschmelzen?

5 Zählen Sie verschiedene Verfahren zum Züchten von Halbleiter-Einkristallen auf.

6 Beschreiben Sie das Czochralski-Verfahren zum Züchten von Einkristallen.

7 Welche Vorteile hat das Zonenzieh-Verfahren?

8 Wie dotiert man die Halbleiter beim Zonenzieh-Verfahren?

9 Erläutern Sie das Diffusionsverfahren zum Dotieren von Halbleitern.

10 Welche Aufgaben hat die Oxidschicht bei Siliciumscheiben?

11 Erklären Sie die Ionenimplantation zum Dotieren von Halbleitern.

12 Welche Fremdstoffe verwendet man zum Dotieren, um Silicium p-leitend zu machen?

13 Warum verwendet man zum Dotieren durch Diffusion bevorzugt gasförmige Quellen?

14 Erläutern Sie das Dotierverfahren der Ionenimplantation.

15 Welche Vor- und Nachteile hat die Ionenimplantation?

16 Warum verdreht man während der Ionenimplantation die Halbleiterscheibe ein wenig?

---

[1] von channel (engl.) = Kanal

9.5 Anwendungen

Die Eigenschaften der Halbleiterwerkstoffe bestimmen ihre Verwendung. Auswahlkriterien sind z. B. die Temperaturabhängigkeit der Stromleitung, die Beweglichkeit der Ladungsträger oder der Bandabstand des Halbleiters, der die Aktivierungsenergie für das Entstehen der Ladungsträgerpaare festlegt. Auch das Bilden der Sperrschichten oder das Beherrschen der Technologie der Werkstoffe sind für die Auswahl des Halbleitermaterials wichtig.

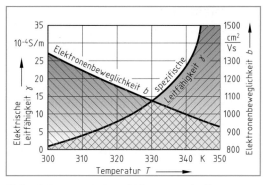

Bild 1: Leitungsverhalten abhängig von der Temperatur

9.5.1 Heißleiter

Zur Verwendung als Heißleiter muss der Halbleiterwerkstoff einen möglichst großen negativen Temperaturkoeffizienten besitzen. Zwei Effekte bestimmen diesen Beiwert, der bei 25 °C zwischen –2 % je K und –5 % je K liegt. Einmal erzeugt eine höhere Temperatur mehr Ladungsträgerpaare im Halbleiter, aber andererseits behindert die schnellere Wärmebewegung der Atome die Beweglichkeit der Elektronen und der Löcher. Die beiden Effekte wirken gegeneinander (**Bild 1**), allerdings überwiegt das Entstehen neuer Ladungsträger.

Der Widerstand des Heißleiters verringert sich mit anwachsender Temperatur (**Bild 2**). Dies entspricht einem negativen Temperaturkoeffizienten, der wegen der nichtlinearen Widerstandskennlinie $R = f(\vartheta)$ auch noch temperaturabhängig ist.

Der Widerstand von Heißleitern kann sich durch die Temperatur des umgebenden Mediums ändern (**fremderwärmte Heißleiter**), also durch Ändern der Umgebungstemperatur, oder durch die Temperaturerhöhung infolge des durchfließenden Stroms (**eigenerwärmte Heißleiter**), also Eigenerwärmung durch elektrische Belastung.

Eigenerwärmte Heißleiter haben eine charakteristische Spannungs-Strom-Kennlinie (**Bild 3**). Ein kleiner Strom erwärmt den Heißleiter nur wenig. Der Widerstand ändert sich kaum und die Kennlinie steigt steil an. Ab einer bestimmten Stromstärke, z. B. ab 20 mA, nimmt die Temperatur zu und der Widerstand fällt ab. Trotz wachsender Stromstärke geht dann auch die Spannung zurück.

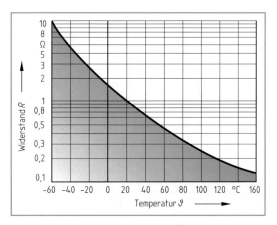

Bild 2: Widerstandskennlinie eines Heißleiters

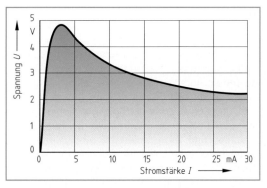

Bild 3: Kennlinie $U = f(I)$ eines Heißleiters

Heißleiter stellt man aus Mischoxiden her, und zwar meist aus zwei oder mehr Metalloxiden, oft auf der Basis von $Fe_2O_3 \cdot TiO_2$, $NiO \cdot Li_2O$, $MgO \cdot TiO_2$ oder $MgO \cdot Al_2O_3$.

Nach Mischen und Mahlen der Oxide presst man die Masse in Stahlformen in die gewünschte Form und sintert sie bei 1 200 bis 1 600 °C. Größe und Art der Kristallkörnchen, die Korngrenzen und die Zahl der Hohlräume legen neben der Form und der Größe des Bauelements den elektrischen Widerstand fest.

Heißleiter haben ein breit gefächertes Anwendungsgebiet in der Industrieelektronik, der elektrischen Messtechnik, in der Kraftfahrzeugtechnik, der Heizungs- und Klimatechnik oder bei Haushaltsgeräten, in der physikalischen und chemischen Technik sowie der Medizintechnik.

9.5.2 Kaltleiter

Ein Kaltleiter hat ein für Halbleiter ganz untypisches Wärmeverhalten. Ausgangsstoff ist meist polykristallines Bariumtitanat $BaTiO_3$. Rein und ohne Gitterbaufehler ist dieser keramische Werkstoff ein Isolator. $BaTiO_3$ bildet Molekulardipole **(Bild 1)** und zeigt einen ferroelektrischen[1] Effekt.

Nach dem Sintern liegen die Dipole regellos durcheinander. Erwärmt man den Werkstoff nochmals und legt ein starkes elektrisches Feld an, richten sich die Molekulardipole aus und verharren nach dem Abkühlen in dieser Vorzugsrichtung. Sie bewirken ein elektrisches Restfeld, d. h. eine Hysterese-Erscheinung, entsprechend der Hysterese ferromagnetischer Stoffe. Erhöht man die äußere elektrische Feldstärke, wächst die Polarisation im kalten Zustand bis zu einer Sättigungsgrenze.

Oberhalb der ferroelektrischen Curie-Temperatur bricht die Ordnung der Molekulardipole zusammen: der Werkstoff verhält sich wie ein unpolarer Kristall. Die Curie-Temperatur von Bariumtitanat beträgt 110 °C, die Sättigungspolarisation 0,25 As/m^3. Die entsprechenden Werte sind bei Kaliumniobat $KNbO_3$, einem weiteren Kaltleiter-Werkstoff, 435 °C und 0,3 As/m^3, bei Bleititanat $PbTiO_3$ 490 °C und 0,5 As/m^3.

Ferroelektrika verwendet man ähnlich wie Quarzkristalle z. B. für piezoelektrische Schwinger, Aufnehmer und Wandler.

Dotieren oder Ändern der stofflichen Zusammensetzung von Bariumtitanat bewirkt bei Kaltleitern die Halbleitereigenschaft.

$BaTiO_3$ stellt man durch Sintern der Ausgangsstoffe Bariumoxid BaO und Titandioxid TiO_2 her. An den Korngrenzen des polykristallinen Bariumtitanats bilden sich Sperrschichten. Das elektrische Feld der ausgerichteten Molekulardipole überlagert die Felder der Raumladungen der Sperrschichten und kompensiert sie zum größten Teil. Deshalb ist unterhalb der Curie-Temperatur die Sperrschicht-Wirkung nur gering. Oberhalb einer Nennansprechtemperatur steigt jedoch der mittlere Sperrschichtwiderstand bis auf mehr als das Tausendfache an. Unterhalb und oberhalb eines schmalen Temperaturbereichs von etwa 50 K verhält sich der Kaltleiter-Werkstoff wie jeder andere Halbleiter **(Bild 2)**.

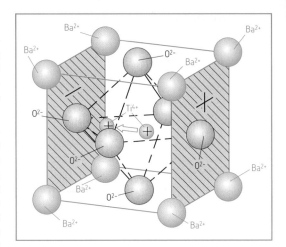

Bild 1: Kristallgitter von Bariumtitanat

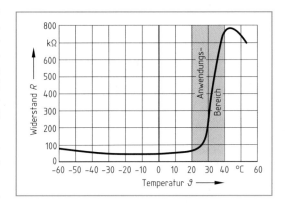

Bild 2: Widerstandskennlinie eines Kaltleiters

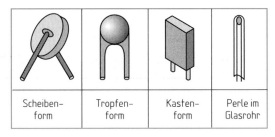

Scheiben-form	Tropfen-form	Kasten-form	Perle im Glasrohr

Bild 3: Bauformen von Heiß- und Kaltleitern

Die Anwendungsbereiche von Kaltleitern **(Bild 3)** lassen sich danach einteilen, ob der umgebende Stoff, z. B. die Luft, die Kaltleiter-Temperatur bestimmt oder ob der durch den Kaltleiter fließende Strom seinen Widerstand festlegt. Fremderwärmte Kaltleiter verwendet man z. B. zum Übertemperaturschutz oder als Niveaufühler in Heizöltanks. Eigenerwärmte Kaltleiter werden z. B. beim Überlastschutz, für Verzögerungsschaltungen, zur Stromstabilisierung, als selbstregelnde Heizelemente und bei Entmagnetisierungsschaltungen eingesetzt.

[1] Das Wort „ferroelektrisch" ist analog zu „ferromagnetisch" gebildet.

9.5.3 Spannungsabhängige Widerstände (Varistoren)

Der klassische Varistor[1]-Werkstoff ist Siliciumcarbid SiC. Das reine SiC ist farblos und ein Isolator mit 3,0 eV Bandabstand. Ein Zusatz von Aluminiumatomen verursacht p-Leitung, Eisenatome als Störstellen rufen n-Leitung hervor.

Für Varistoren wird das Siliciumcarbid erst fein zerkleinert und nach Korngrößen sortiert. Die Körner versetzt man mit einem keramischen Bindemittel, presst sie in die gewünschte Form und sintert sie bei über 1 000 °C in einer Schutzatmosphäre. Die vielen, regellos verteilten Sperrschichten zwischen den p- und n-leitenden Körnchen bewirken einen

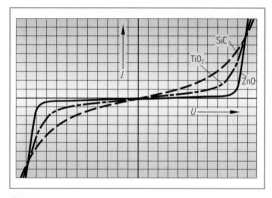

Bild: Kennlinie spannungsabhängiger Widerstände

spannungsabhängigen Widerstand, der unabhängig von der Stromrichtung ist, also eine symmetrische Strom-Spannungs-Kennlinie aufweist **(Bild)**. Die Kennlinie lässt sich in guter Näherung durch $U = C \cdot I^{\beta}$ beschreiben (Formel 1, Seite 196).

Wichtiger noch als Siliciumcarbid sind weitere Sinterkeramiken, z.B. Zinkoxid ZnO, dotiert mit Wismutoxid Bi_2O_3 oder Mangan(II)-oxid MnO und bei etwa 1 250 °C gesintert. Die Kennlinie $I = f(U)$ von ZnO-Varistoren weist einen Knick auf (Bild), der ihnen fast Schaltereigenschaften verleiht. Demgegenüber ist die entsprechende Kennlinie von Siliciumcarbid-Varistoren weniger stark gekrümmt. Der differentielle Widerstand von ZnO-Varistoren fällt bei steigender Spannung stark ab, ähnlich wie bei gegensinnig in Reihe geschalteten Z-Dioden. Varistoren aus Titandioxid TiO_2 besitzen eine Kennlinie, deren Krümmung zwischen der von ZnO- und der von SiC-Varistoren liegt.

Varistoren können große Energiestöße abfangen. Mit ihnen kann man elektronische Bauelemente wie ICs und Geräte wirksam vor Überspannungsspitzen schützen, die durch induzierte Störungen oder Blitzschlag hervorgerufen sein können. Tritt ein solcher Überspannungsimpuls auf, verringert der Varistor seinen Widerstand schlagartig von mehreren MΩ bis auf wenige Ohm (Ansprechzeit im Bereich von 10^{-9} s).

9.5.4 Sperrschicht-Bauelemente

Halbleiterbauelemente mit Sperrschichten stellt man fast ausschließlich aus Silicium, Germanium und III-V-Verbindungen wie Galliumarsenid und Galliumphosphid her. Die geforderten hohen Durchbruchspannungen von z.B. Dioden oder Thyristoren sind nur bei sehr geringer Störstellenkonzentration zu erreichen, d.h. nur mit sehr reinen Einkristallen. Für Sperrschicht-Bauelemente beträgt der Marktanteil von Silicium zur Zeit etwa 94 %, den Rest teilen sich Germanium und Galliumarsenid ungefähr zur Hälfte. Das sehr teure Galliumarsenid bietet einige Vorteile: Es lässt sich bis 350 °C einsetzen, der Bandabstand beträgt 1,43 eV und die Elektronenbeweglichkeit ist gegenüber Si fast 6-mal höher. Der Halbleiter zeigt sich außerdem beständiger gegen ionisierende Strahlung. Die Einkristallzüchtung gestaltet sich allerdings recht schwierig, weil der hohe Dampfdruck der Arsen-Komponente das geschmolzene Galliumarsenid zersetzen kann. Dazu muss man die Passivschichten auf der Oberfläche durch Oxidieren z.B. von aufgedampftem Aluminium erzeugen.

Aus Galliumarsenid stellt man Lumineszenz- und Laserdioden her, ferner Transistoren und integrierte Schaltungen für höchste Frequenzen.

9.5.5 Selen-Gleichrichter

Den Selen-Gleichrichter verwendet man noch z.B. zur Spannungsversorgung von Röntgenröhren oder in Elektrofilteranlagen. Bei seiner Herstellung dampft man auf eine angeraute Aluminiumplatte eine etwa 50 μm dicke, polykristalline Selenschicht auf, die mit Bor dotiert ist. Als Deckelektrode dient eine Legierung aus 68 % Zinn und 32 % Cadmium. Ein starker Stromstoß in Sperrrichtung formiert das noch warme Selen. Dadurch bildet sich zwischen Selen und dem Cadmium der Legierung n-leitendes Cadmiumselenid.

---

[1] von **Variable Resistor** (engl.) = veränderlicher Widerstand

9.5.6 Optoelektronische Sperrschicht-Bauelemente

Strahlungsempfänger (Übersicht) sind meist Silicium-Einkristalle, z.B. Fotodioden, Fototransistoren und Fotothyristoren oder Fotoelemente. Großflächige Solarzellen stellt man jedoch aus polykristallinem Silicium her. Für **Strahlungssender** verwendet man vielfach III-V-Verbindungen, z.B. für Leuchtdioden (Lumineszenzdioden, LED), Infrarotsender und Laserdioden.

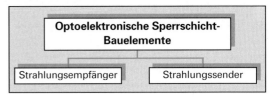

Übersicht: Optoelektronische Bauelemente

Durch Mischkristall-Bildung lassen sich verschiedene Bandabstände einstellen und damit unterschiedliche Frequenzen des abgestrahlten Lichts festlegen, z.B. für Leuchtdioden durch Mischkristalle aus Galliumarsenid GaAs ($\Delta E = 1{,}43$ V) und Galliumphosphid ($\Delta E = 2{,}26$ V). Die Anteile beider Komponenten kennzeichnet man mit einer chemischen Summenformel, z.B. $GaAs_xP_{1-x}$ (mit $x \leq 1$). x bezeichnet hierbei den Anteil an Arsen-Atomen, die im Galliumphosphid Phosphor-Atome ersetzt haben **(Tabelle)**.

Die Mischkristalle wachsen auf einer Unterlage (Substrat) auf, deren Kristallaufbau ähnlich ist und daher geeignete Bedingungen für die Epitaxie bietet. Das Substrat ist meist Galliumarsenid.

An den Störstellen aus Stickstoff, Zink oder Sauerstoff (Traps[1]) rekombinieren im Halbleiter Elektronen mit Löchern. Sie geben ihre Energie in Form von Licht ab. LEDs mit Stickstoff-Störstellen haben als Substrat Galliumphosphid, ein Werkstoff, den das abgestrahlte Licht durchdringen kann.

Leuchtdioden sind kleine, robuste und leichte Bauelemente. Man verwendet sie einzeln als Leuchtanzeiger oder in einer Matrix für alphanumerische Anzeigen. Zur Beleuchtung taugen sie wegen ihrer geringen Lichtleistung nicht. Der Wirkungsgrad der LEDs ist gering, sie benötigen aber nur eine niedrige Betriebsspannung.

Tabelle: Mischkristall-Halbleiter für Leuchtdioden (LED)		
Wirksame Epitaxieschicht	**Wellenlänge in nm**	**Leuchtwirkungsgrad in mlm/W**
GaP : Zn, O	690 (rot)	3 000
$Ga_{0,6}Al_{0,4}As$	670	9 000
$GaAs_{0,6}P_{0,4}$	660	400
$GaAs_{0,6}P_{0,4}$: N	650	600
$GaAs_{0,3}P_{0,7}$: N	630 (orange)	1 200
$GaAs_{0,15}P_{0,85}$: N	590	1 400
GaP : NN	580	450
GaP : N	565 (grün)	4 000
SiC	480	15
GaN	440 (blau)	30

Laser-Dioden enthalten meist Mischkristalle aus Gallium- und Aluminiumarsenid. Die Dioden haben zwei Zonen mit verschiedenen Bandabständen, z.B. eigenleitendes Galliumarsenid (i^2-GaAs) und n-leitendes Aluminiumgalliumarsenid n-$Al_xGa_{1-x}As$ (mit $x \leq 1$). Laser-Dioden verwendet man z.B. in der Lichtwellenleiter-Technik als modulierbare Lichtquellen, für Entfernungsmessungen und allgemein in der Messtechnik als monochromatische Lichtquelle.

9.5.7 Fotowiderstände

Zu den optoelektronischen Bauelementen gehören ferner die Fotowiderstände, die keine Sperrschicht enthalten. Diese Widerstände arbeiten unabhängig von der Stromrichtung, können also auch mit Wechselspannung betrieben werden. Sie nutzen unmittelbar den inneren Fotoeffekt aus: Bei Belichtung steigt die elektrische Leitfähigkeit, weil die Lichtstrahlen im Innern der Kristalle neue Löcher und Elektronen loslösen. Die höchste spektrale Lichtempfindlichkeit ist durch den Bandabstand des Werkstoffs festgelegt.

---

[1] trap (engl.) = Falle   [2] i von intrinsic (engl.) = wahr, innerlich, eigentlich; hier: eigenleitend

Die Fotowiderstände stellt man durch Aufdampfen einer polykristallinen Schicht **(Tabelle)** von ≤ 30 μm Dicke meist auf Glas her. Metallelektroden, ebenfalls aufgedampft, bilden die Kontakte.

Tabelle: Werkstoffe für Fotowiderstände			
Halbleiter für sichtbares Licht			
Verbindung	GaP	CdS	AlSb	CdSe
Maximale Wellenlänge in nm	500	650	700	1 000
Halbleiter für infrarotes Licht			
Verbindung	PbS	PbSe	InAs	InSb
Maximale Wellenlänge in nm	3 000	5 000	4 000	4 500
Verbindung	$Hg_{1-x}Cd_xTe$		$Pb_{1-x}Sn_xTe$	
Maximale Wellenlänge in nm	4 000 ... 15 000		um 11 000	

Die prozentuale Zusammensetzung der Mischkristalle HgTe und CdTe ($Hg_{1-x}Cd_xTe$) oder PbTe und SnTe ($Pb_{1-x}Sn_xTe$) bestimmt den Bandabstand des Halbleiters und damit die Grenzwellenlänge des Lichts.

Fotowiderstände sind sehr einfach aufgebaut. Als Lichtdetektoren reagieren sie auch bei kleiner Strahlungsleistung empfindlich. Nachteilig ist die geringe Temperaturstabilität und ihre Reaktionsträgheit. Sie finden aber zum Erfassen von Lichtsignalen breite Anwendung in der Mess-, Steuer- und Regeltechnik, z.B. für Lichtschranken, sowie in der Fototechnik, z.B. für Belichtungsmesser.

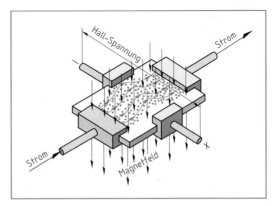

Bild: Hall-Generator

9.5.8 Hall-Generatoren

Für Hall-Generatoren **(Bild)** müssen sich die Werkstoffe dadurch auszeichnen, dass sich die beweglichen Ladungsträger leicht durch ein Magnetfeld ablenken lassen. Am besten eignen sich dafür III-V-Verbindungen. Die größte Beweglichkeit besitzen die freien Elektronen im Indiumarsenid InAs oder Indiumantimonid InSb. Bei InSb ist der Hall-Effekt jedoch stärker temperaturabhängig als bei InAs. Deshalb ist Indiumarsenid der bevorzugte Werkstoff für Hall-Generatoren.

Zur Herstellung dampft man eine dünne Schicht InAs z.B. auf eine keramische Trägerplatte auf.

Den Hall-Effekt kann man auch in dünnen Metallfolien nachweisen, z.B. in Folien aus Kupfer (Hall-Koeffizient $5 \cdot 10^{-5}$ cm³/As) oder aus Gold (Hall-Koeffizient $7 \cdot 10^{-5}$ cm³/As). Aber nur in Halbleitern wirkt sich der Effekt so aus, dass man ihn technisch nutzen kann. Der Hall-Koeffizient von Indiumarsenid beträgt 100 cm³/As, der spezifische Widerstand dieses Halbleiters ist $2,5 \cdot 10^{-2}$ Ωcm.

Wiederholungsfragen

1 Welche Eigenschaften müssen die Werkstoffe für Heißleiter haben?

2 Erklären Sie den Verlauf der Spannungs-Strom-Kennlinie von Heißleitern.

3 Nennen Sie Anwendungsgebiete für Heißleiter.

4 Welches Verhalten müssen Werkstoffe für Kaltleiter zeigen?

5 Erläutern Sie den ferroelektrischen Effekt bei Bariumtitanat.

6 Zählen Sie Anwendungen für Kaltleiter auf.

7 Wofür verwendet man spannungsabhängige Widerstände?

8 Welche Nachteile hat Galliumarsenid als Halbleiter-Werkstoff?

9 Welche Bedeutung haben Mischkristalle für optoelektronische Bauelemente?

10 Welche Vor- und Nachteile haben Fotowiderstände?

11 Welche Eigenschaften des Halbleitermaterials sind für den Hall-Effekt wichtig?

9.6 Herstellen integrierter Schaltungen

Eine integrierte Schaltung (**Bild**) enthält einen vollständigen Schaltkreis (IC[1]). Eine Schaltung aus mehreren unterschiedlichen Bauelementen wie Dioden, Transistoren, Widerständen und Kondensatoren sind in einem gemeinsamen einkristallinen Silicium-Plättchen (Chip[2]) eingearbeitet. Man spricht deshalb nicht von Bauelementen, sondern besser von **Funktionselementen**. Im Gegensatz zu einer Schaltung aus diskreten[3] Bauelementen sind die Funktionselemente im IC auf dem Chip miteinander verbunden und lassen sich im Fehlerfall nicht reparieren.

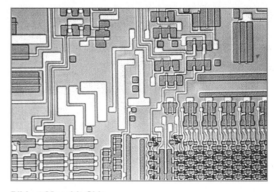

Bild: 4-Megabit-Chip
(Ausschnittsvergrößerung 1000 : 1)

Die elektronischen Funktionselemente sind samt ihren Verbindungen meist flach auf dem Substrat[4], z.B. einem Silicium-Einkristall-Plättchen, ausgebreitet (Planartechnik). Der vielfältige, komplexe Aufbau des integrierten Schaltkreises ist hauchdünn, er reicht oft nur einige Nanometer in die Tiefe (1 nm = 10^{-9} m). Die komplizierten IC-Funktionen führt ein Punkt- und Streifenmuster halbleitender Zonen und isolierender Sperrgebiete aus mit Abmessungen im Mikrometer-Bereich (1 µm = 10^{-6} m). Die elektrischen Ladungsträger

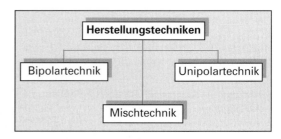

Übersicht: IC-Herstellungstechniken

bewegen sich nur in dünnen Schichten und Kanälen praktisch an der Chip-Oberfläche.

Eine integrierte Schaltung beansprucht viel weniger Raum als der übliche Aufbau aus diskreten Bauelementen. Die Integrationsdichte (**Tabelle**) ist so groß, dass z.B. 650 000 Transistorfunktionen auf einer Siliciumoberfläche von 0,36 cm^2 Platz finden. Das ist die Fläche eines Quadrats von 6 mm Seitenlänge.

Der Integrationsgrad hängt von der Chip-Größe und von der Packungsdichte der Funktionselemente ab. Beim Integrationsgrad LSI z.B. sind die Strukturabmessungen 1,5...4 µm, die Packungsdichte beträgt 1 500 FE/mm^2 in Bipolartechnik[5] und 4 500 FE/mm^2 in Unipolartechnik. Beim Integrationsgrad VLSI sind die Strukturabmessungen ≈ 2 µm und die Packungsdichte ist ≤ 20 000 FE/mm^2 in Unipolartechnik.

Integrierte Schaltkreise lassen sich nach den verstärkenden Funktionselementen in bipolare und unipolare einteilen (**Übersicht**). Die Vorteile beider Techniken lassen sich in Mischtechnologien vereinigen, z.B. in der BIFET- oder BICMOS-Technik (Seite 217).

Grad	Benennung (englisch)	Benennung (deutsch)	Anzahl der Funktionselemente (FE) je Chip	Jahr der Einführung
SSI	Small Scale Integration	Kleinintegration	≤ 10^2 FE	1964
MSI	Medium Scale Integration	Mittelintegration	≤ 10^3 FE	1970
LSI	Large Scale Integration	Großintegration	≤ 10^4 FE	1977
VLSI	Very Large Scale Integration	Größtintegration	≤ 10^5 FE	1981
ULSI	Ultra Large Scale Integration	Ultragrößtintegration	> 10^6 FE	1985

Tabelle: Integrationsgrade bei integrierten Schaltungen

[1] Integrated Circuit (engl.) = Integrierter Schaltkreis
[2] Chip (engl.) = Schnitzel, Span; hier Mikrobaustein
[3] von discretus (lat.) = abgesondert, getrennt
[4] von substratum (lat.) = Unterlage, Grundlage
[5] FE = Abkürzung für Funktions-Elemente

In der **Bipolartechnik** sind die einzelnen Funktionselemente voneinander meist durch pn-Übergänge isoliert. Eine von der Umgebung isolierte Insel entsteht über einer hochdotierten Schicht, auf der man durch Epitaxie weiteres Silicium ablagert. Dadurch bildet sich in der Tiefe des Halbleitermaterials eine „vergrabene" Schicht. An den Seiten sorgen eindiffundierte Wälle, z.B. eine p-Schicht in einer n-Umgebung, für Isolation. Dann wird in diesem abgezirkelten Bezirk der bipolare Transistor gestaltet (**Bild 1**).

Bei der **Unipolartechnik** ist das typische Funktionselement der IG-MOSFET[1]. Die Transistoren haben entweder einen p-Kanal in n-leitendem Silicium oder einen n-Kanal, eingebettet im p-leitenden Substrat (**Bild 2**). Für die **CMOS**[2]-Technik sind p- und n-Kanaltransistoren kombiniert. Für einen der Transistoren bilden implantierte Ionen zunächst eine Wanne, die gegen die weitere Umgebung isoliert. Die beiden Transistoren leiten und sperren abwechselnd. Dadurch fließt praktisch kein Ruhestrom. Die Unipolartechnik ist die Basistechnologie der Höchstintegration. Sie wird für Mikroprozessoren, Halbleiterspeicher und für weitere Schaltkreise der digitalen Technik eingesetzt.

Die **BIFET**-Mischtechnik[3] kombiniert Bipolar- und Feldeffekt-Transistoren gleichzeitig auf einem Chip. Die Vorteile beider Transistorarten nutzen vor allem analoge Schaltungen aus: Die Feldeffekt-Transistoren mit ihrem hohen Eingangswiderstand und geringem Rauschen arbeiten meist in den Vorstufen, die bipolaren Transistoren wegen der höheren Stromstärke und der größeren Verstärkung in den Ausgangsstufen.

Die **BICMOS**-Technik[4] vereinigt auf einem Chip bipolare Transistoren und komplementäre MOS-Transistoren. BICMOS-Schaltungen besitzen neben den Vorteilen der BIFET-Chips noch den eines geringen Leistungsverbrauchs. Die BICMOS-Technik ist zur Zeit die geeignetste Technologie für integrierte, analoge Schaltungen.

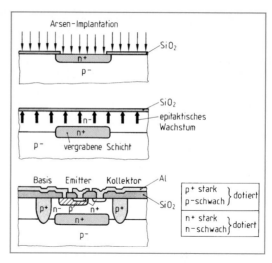

Bild 1: Bipolarer Transistor im IC

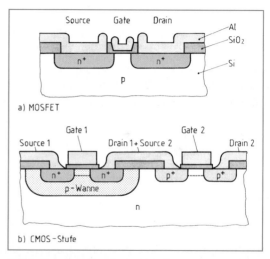

Bild 2: Unipolare Transistoren im IC

Integrierte Schaltkreise haben in nur 25 Jahren die Schaltungen mit diskreten Bauelementen weitgehend verdrängt. ICs sind wesentlich kleiner und kompakter als vergleichbare konventionelle Schaltungen. ICs sind sehr zuverlässig, weil sie sehr viel weniger Kontaktstellen benötigen als die entsprechenden Schaltungen mit diskreten Bauelementen. Bei der IC-Herstellung wirkt jeder Bearbeitungsschritt zugleich auf viele Chips ein. Die elektrischen Verluste von einem oder nur wenigen Watt eines ICs sind trotz anwachsender Integration fast gleich geblieben. Die hohen Integrationsgrade ermöglichen derart komplizierte Schaltungen, die mit diskreten Bauelementen gar nicht gebaut werden könnten.

> Integrierte Schaltungen sind kompakt, robust, zuverlässig und preiswert. Durch die IC-Technik sind sehr komplexe Schaltungen möglich.

[1] Insulated Gate Metal-Oxide Semiconductor Field Effect Transistor (engl.) = Feldeffekttransistor mit isoliertem Gate
[2] Complementary Metal-Oxide Semiconductor (engl.) = Komplementärer Metalloxid-Halbleiter
[3] Bipolar Field Effect Transistor   [4] Bipolar Complementary MOS Field Effect Transistor

Von Nachteil ist die schwierige Wärmeabfuhr bei den Chips und der hohe technische Aufwand. ICs lohnen sich erst bei hohen Stückzahlen.

Der wichtigste Werkstoff für integrierte Schaltungen ist der Grundstoff **Silicium** Si, weil man seine Be- und Verarbeitung technologisch am besten beherrscht.

Tabelle: Halbleiterwerkstoffe Silicium und Galliumarsenid

Werkstoff	Silicium	Galliumarsenid
Dichte	$2,33$ kg/dm^3	$5,31$ kg/dm^3
Schmelzpunkt	$1\,423\ °C$	$1\,238\ °C$
Bandabstand	$1,09$ eV	$1,43$ eV
Elektronenbeweglichkeit	$1\,500$ cm^2/(Vs)	$8\,500$ cm^2/(Vs)
Löcherbeweglichkeit	600 cm^2/(Vs)	400 cm^2/(Vs)

Galliumarsenid GaAs als Substrat erlaubt ICs mit bis zu 10-mal höheren Schaltgeschwindigkeiten als die Schaltungen aus Silicium bei gleichen Abmessungen **(Tabelle)**. Integrierte Schaltungen auf GaAs-Basis setzt man für höchste Frequenzen ein, z. B. für Mikrowellenschaltungen und Oszillatoren, bei der Hochgeschwindigkeitsdatenverarbeitung und bei der analogen Echtzeit-Signalverarbeitung. Galliumarsenid kann aber keine eigene, isolierende Oxidschicht bilden. Dazu braucht man Fremdschichten, z. B. Oxide oder Nitride, die zum Isolieren, als Dielektrikum, Diffusionsmaske oder als Schutzschicht dienen. Zudem ist Galliumarsenid sehr teuer.

Basiswerkstoff für integrierte Schaltungen ist vor allem Silicium, seltener Galliumarsenid.

Am Beispiel Silicium erklärt man am besten die prinzipielle Herstellung integrierter Schaltungen **(Tabelle, Seite 219)**. Alle Fertigungsschritte erfolgen von der Oberfläche her (Planartechnik).

Von einem stabförmigen Silicium-Einkristall von 2 oder 3 Zoll Durchmesser (50,8 oder 76,2 mm) bzw. 100, 125 oder 150 mm Durchmesser schneiden Diamantsägen (Innenlochsägen) dünne Scheiben ab. Diese Wafer[1] sind etwa einen halben Millimeter dick, bei den kleineren Stabdurchmessern können sie noch dünner sein. Das Silicium dotiert man meist schon während des Ziehprozesses vor, es ist z. B. p-leitend.

Integrierte Schaltungen stellt man meist in Planartechnik her. Im IC fließen die Ströme praktisch nur dicht unter der Oberfläche des Chips.

Auf einem Wafer finden viele gleichartige integrierte Schaltungen Platz. Die Anzahl der Chips richtet sich nach der Einzelgröße und der Fläche des Wafers. Auf einer Scheibe mit rund 150 mm Durchmesser lassen sich z. B. etwa 250 „Megabit-Chips" unterbringen, also Chips mit je über einer Million Speicherzellen (1 MBit = 1 048 576 Bit).

9.6.1 Reinigen der Oberfläche von Siliciumscheiben

Sind die 0,28 bis 0,675 mm dicken Scheiben aus dem einkristallinen Siliciumstab herausgeschnitten, muss man sie läppen, polieren und sehr sorgfältig reinigen. Eine gründliche Reinigung ist nach jedem Fertigungsschritt (Tabelle, Seite 219) notwendig.

Staubteilchen, organische Filme, Lackreste, Alkali- und Metall-Ionen bürstet man weg (Scrubbing[2]), löst sie mit Ultraschallwellen (Frequenzbereich: 20 bis 35 kHz) von der Halbleiteroberfläche oder verbrennt sie mit UV-Strahlen (mit λ von 185 bis 254 nm), die Sauerstoff in Ozon (O_3) umwandeln. Ozon O_3 ist ein starkes Oxidationsmittel, das vor allem organische Verunreinigungen wie Lackreste und Fettfilme angreift und daraus Wasser H_2O und die Gase CO oder CO_2 bildet.

Bei der **chemischen Reinigung** löst Aceton zunächst die Reste des Fotolacks ab, Wasserstoffperoxid H_2O_2 oxidiert bei 75 bis 80 °C die **organischen Verunreinigungen** und Ammoniumhydroxid NH_4OH löst die Oxidationsprodukte ab. Adsorbierte **anorganische Verunreinigungen**, zum Teil Ionen, wandeln Wasserstoffperoxid und Salzsäure in lösliche Komplexe um.

Sprühmaschinen (Cleaner[3]) spritzen die verschiedenen Chemikalien nacheinander auf die Scheibenoberfläche und waschen sie dann wieder ab. Zuletzt spült man mit entionisiertem Wasser nach.

Danach trocknen die Scheiben in einer Zentrifuge unter einer Stickstoff-Atmosphäre.

[1] Wafer (engl.) = Plättchen, Scheibe   [2] scrub (engl.) = schrubben   [3] cleaner (engl.) = Reiniger

Tabelle: Fertigungsschritte beim Herstellen einer IC-Struktur		
Schritt	Vorgang	Skizze
1	**Oxidieren der Siliciumscheibe** lässt einen dünnen Film aus Siliciumdioxid (SiO_2) im Hochtemperaturofen bei $\approx 1\,000$ °C in feuchter O_2-Atmosphäre aufwachsen. Auf der Oberfläche bildet sich eine $\approx 0{,}3$ μm dicke SiO_2-Schicht.	
2	**Beschichten mit Fotolack** auf der Oxidschicht. Der organische Lack muss hochempfindlich gegen Licht, Elektronen oder Ionen sein und auf SiO_2 gut haften. Meist zerstören die Strahlen hochmolekulare chemische Verbindungen, die Reste lösen sich dann leicht im Entwickler.	
3	**Belichten durch eine Fotomaske** mit ultravioletten Strahlen, Elektronen- oder Ionen-Strahlen. Die lichtdurchlässigen Stellen der Maske bilden eine Teilstruktur des Schaltkreises ab. Meist belichtet eine Kamera in geringem Abstand von der Si-Scheibe mehrfach nebeneinander den Fotolack.	
4	**Entwickeln des Fotolacks** mit flüssigem Entwickler, der die belichteten Flächen des Lacks ablöst. Der Entwickler ist meist eine aromatische organische Verbindung oder ein Keton (Aceton, Xylol u. Ä.). Die Entwicklerflüssigkeit soll ungiftig sein.	
5	**Abätzen des Siliciumdioxids** mit Flusssäure (HF), Königswasser (Mischung von Salz- und Salpetersäure) oder Borfluorwasserstoffsäure an den vom Fotolack befreiten Stellen bis auf das blanke Silicium (Nassätzen). Auch ein Ionenstrahl kann die SiO_2-Schicht entfernen (Trockenätzen).	
6	**Abtragen des restlichen Fotolacks** nennt man Strippen (= Abstreifen, Entblößen). Chemische Lösungsmittel, z. B. Aceton, lösen die nicht mehr benötigten Lackstrukturen ab. Auch Veraschen ist üblich, z. B. durch ionisierte Sauerstoff-Strahlen.	
7	**Dotieren im Diffusionsofen oder durch Ionenimplantation** bei $> 1\,000$ °C z. B. in phosphorhaltiger Atmosphäre bzw. durch Beschuss mit z. B. Phosphor-Ionen. Die SiO_2-Schicht hält die Fremdatome ab. Die P-Atome oder die beschleunigten P-Ionen dringen nur in das blanke Silicium ein.	
8	**Beschichten mit Aluminium** durch Bedampfen oder Sputtern (Katodenzerstäubung). Eine ≈ 1 μm dicke Al-Schicht entsteht. Die Metallschicht muss gut auf dem Silicium oder auf Siliciumdioxid haften. Es sollen möglichst wenig Metall-Ionen in den Halbleiter wandern.	
9	**Wegätzen des überschüssigen Aluminiums** nachdem der Wafer nochmals mit Fotolack bedeckt wurde. Durch eine weitere Maske belichtet, wird der Lack an nicht benötigten Stellen abgelöst und überflüssiges Aluminium z. B. mit Phosphorsäure (H_3PO_4) weggeätzt.	
10	**Kontaktieren mit der Trägerspinne** nach Zersägen der Si-Scheibe in einzelne Chips. Ein Chip wird auf eine Spinne aus Metall geklebt und mit dünnen Gold- oder Aluminiumdrähten kontaktiert (Bonden). Ein Bondwerkzeug drückt den Draht bei ≈ 350 °C auf oder reibt ihn mit ≈ 40 kHz ein.	

Nach jedem Hochtemperaturprozess muss man wieder reinigen. Auch vor der Fotolackbeschichtung und Belichtung müssen die Scheibenoberflächen völlig frei von Teilchen sein. Für manche Anwendungen überzieht man die polierte Oberfläche der Scheiben noch mit einer dünnen Siliciumschicht.

Trichlorsilan $SiHCl_3$ und Wasserstoff H_2 scheidet in einem Reaktor Silicium bei 1100 °C **epitaktisch** ab (CVD[1]-Verfahren). Ändert man das Gasgemisch während des Prozesses, ist eine Profil-Epitaxie möglich, d. h., die aufgebrachten Schichten lassen sich in Form von polykristallinem Silicium für Widerstände, Verbindungsleitungen und Gate-Elektroden auf dem SiO_2 abscheiden.

> Die Siliciumscheiben (Wafer) werden gereinigt, Kristallstörungen beseitigt und die Scheiben eventuell noch epitaktisch mit einer zusätzlichen Siliciumschicht überzogen.

9.6.2 Oxidieren der Silicium-scheiben

Eine Siliciumdioxid-Schicht (SiO_2-Schicht) auf dem Wafer oder auf der fertig gestellten Schaltung hat mehrere Funktionen: Sie dient als Schutzschicht, als Isolator, als Dielektrikum z. B. für ein Gate und als Diffusionsmaske zum Abhalten der Dotierelemente oder der Ionen bei der Implantation **(Bild 1)**. SiO_2 ist praktisch undurchdringlich für die wichtigsten Dotierstoffe wie Bor oder Phosphor.

Eine Siliciumdioxidschicht kann entstehen durch

- Oxidieren des Silicium-Grundmaterials bei hoher Temperatur,
- elektrolytische Oxidation des als Anode geschalteten Wafers,
- Plasmareaktion (Sputtern[2]) oder durch
- Abscheiden aus Monosilan-Gas (SiH_4).

Oxidiert Silicium, verbindet sich je ein Si-Atom (Radius 0,134 nm) mit zwei etwas größeren Sauerstoffatomen (Radius 0,18 nm) zu SiO_2. Das Siliciumdioxid-Molekül ist mehr als doppelt so dick wie das bei der Oxidation verbrauchte Silicium: Aus einer 0,455 µm dicken Lage Silicium entsteht eine 1 µm dicke SiO_2-Schicht **(Bild 2)**.

Durch **thermische Oxidation** wächst bei hoher Temperatur in trockener oder feuchter Atmosphäre die Oxidschicht auf dem Silicium auf. „Feucht" nennt man die Atmosphäre, wenn das Sauerstoffgas zusätzlich Wasserdampf enthält. Die Sauerstoff-Moleküle diffundieren ebenso wie die Wasser-Moleküle bei 900 °C bis 1 200 °C durch die anwachsende SiO_2-Schicht und reagieren an der Grenzfläche mit dem elementaren Silicium.

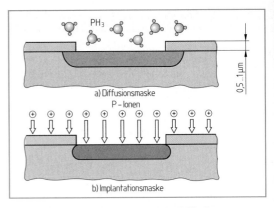

Bild 1: Oxidschicht als Maske bei der Diffusion und bei der Implantation

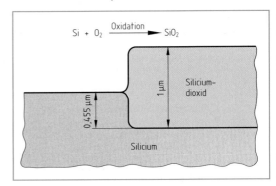

Bild 2: Aufwachsen der Oxidschicht auf Silicium

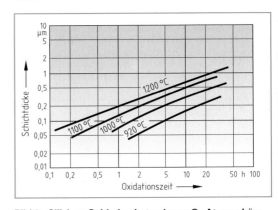

Bild 3: Silicium-Oxidation in trockener O_2-Atmosphäre

Die **trockene Oxidation** ($Si + O_2 \longrightarrow SiO_2$) erzeugt vor allem die Gate-Isolation der MOS-Feldeffekt-Transistoren: Das SiO_2 hat eine relative Permittivitätszahl von $\varepsilon_r = 3,84$. Die Schichtdicke des Dielektrikums darf nur 0,12 µm betragen, bei hohem Integrationsgrad sogar nur 10 ... 115 nm. Die sehr hohe Durchbruchfeldstärke des SiO_2 erlaubt bei so dünnen Gate-Isolationen immer noch Spannungen um die 10 V. Nur mit dem langsamen Prozess der trockenen Oxidation **(Bild 3)** lässt sich das Aufwachsen einer so dünnen Schicht kontrollieren. Die trockene Oxidation findet bei einer Temperatur von rund 900 °C statt.

[1] **C**hemical **V**apor **D**eposition (engl.) = Chemische Schichtabscheidung aus der Gasphase   [2] to sputter (engl.) = sprühen, spritzen

Die **feuchte Oxidation** (Si + 2H$_2$O $\longrightarrow$ SiO$_2$ + 2H$_2$) verläuft wesentlich schneller als die trockene, z.B. entsteht in feuchter Sauerstoff-Atmosphäre eine 1 µm dicke SiO$_2$-Schicht bei 1100 °C in 2 Stunden und in trockener O$_2$-Umgebung erst in etwa 40 Stunden **(Bild 1)**.

Mit dem **LOCOS-Verfahren**[1] kann man Gebiete mit dickem Oxid (0,5 ... 1 µm) von Stellen dünner Oxidschichten (10 ... 100 nm dick) trennen **(Bild 2)**. Man lässt zunächst z.B. nur eine dünne Schicht SiO$_2$ von etwa 50 nm Dicke aufwachsen. Darüber kommt eine Siliciumnitrid-Schicht (Si$_3$N$_4$), rund 150 nm dick. Si$_3$N$_4$ scheidet sich bei 770 °C aus einer Ammoniak-Atmosphäre (NH$_3$) ab, die außerdem Dichlorsilan (SiH$_2$Cl$_2$) enthält. Danach schließt sich eine feuchte Oxidation des Siliciums an. Die Nitridschicht ist undurchdringlich für Wassermoleküle. Die dicke Oxidschicht bildet sich nur an Stellen ohne Nitridschicht. Das Eindringen von O$_2$ und H$_2$O ist allerdings ungerichtet, wodurch ein ansteigender Übergang vom dünnen zum dicken Oxid entsteht, der in der Form an einen Vogelschnabel (engl.: bird's beak) erinnert **(Bild 2b)**. Zum Schluss ätzt man die Nitridschicht mit 180 °C heißer Phosphorsäure (H$_3$PO$_4$) ab oder entfernt sie durch Trockenätzen (Seite 225).

Abscheide-Verfahren bilden isolierende Zwischenschichten, wenn Silicium als Substrat fehlt. SiO$_2$ schlägt sich z.B. aus einer Monosilan-Sauerstoff-Atmosphäre nieder: SiH$_4$ + O$_2$ $\longrightarrow$ SiO$_2$ + 2H$_2$O.

Abscheideverfahren eignen sich auch zum Ablagern anderer Isolierschichten, z.B. von Siliciumnitrid (Si$_3$N$_4$). Siliciumnitrid hat eine hohe Festigkeit und große Korrosionsbeständigkeit. Ein Überzug von Si$_3$N$_4$ kann z.B. den Chip isolieren und vor Umwelteinflüssen schützen.

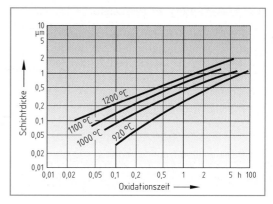

Bild 1: Silicium-Oxidation in feuchter O$_2$-Atmosphäre

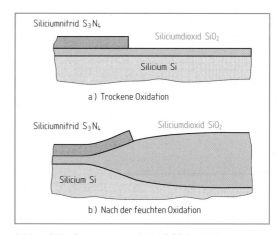

Bild 2: SiO$_2$-Gebiete nach dem LOCOS-Verfahren

Die Siliciumscheiben erhalten eine Oxidschicht durch trockene oder feuchte Oxidation des Substrats, auch durch Abscheiden von SiO$_2$ aus der Gasphase.

Wiederholungsfragen

1 Was versteht man bei integrierten Schaltungen unter einem Funktionselement?

2 Erklären Sie den Begriff „Planartechnik".

3 Wo setzt man Mischtechniken, z. B. die BIFET- oder die BICMOS-Technik, bevorzugt ein?

4 Zählen Sie Vorteile der integrierten Schaltungen gegenüber den Schaltungen aus diskreten Bauelementen auf.

5 Welche Vor- und welche Nachteile hat Galliumarsenid als Substrat von ICs?

6 Erläutern Sie die prinzipiellen Schritte zur Herstellung einer integrierten Schaltung.

7 Beschreiben Sie die chemische Reinigung der Oberfläche von Siliciumscheiben.

8 Welche Aufgaben hat die Siliciumdioxidschicht auf Silicium?

9 Wodurch unterscheiden sich die feuchte und die trockene Oxidation von Silicium?

10 Auf welche Weise stellt man die Gate-Isolation bei der MOS-Technik her?

11 Wozu verwendet man das LOCOS-Verfahren?

12 Beschreiben Sie das Abscheiden einer Siliciumdioxidschicht auf einem Substrat aus Galliumarsenid.

---

[1] von **LOC**al **O**xidation of **S**ilicon (engl.) = Lokale Oxidation von Silicium

9.6.3 Fotolack (Fotoresist)

Der Fotolack, auch Fotoresist[1] (**Übersicht**) genannt, muss eine strahlungsempfindliche und säurefeste Emulsion sein. Der Lack soll auf ultraviolette Lichtstrahlen, auf Röntgenstrahlen, Elektronen- oder auf Ionenstrahlen reagieren. Er muss unter Lichtabschluss gut lagerbar sein, auf dem Substrat fest haften und sich in möglichst ungiftigen Lösungen schnell entwickeln lassen.

Die Strahlen übertragen, abgeblendet durch Masken, die filigrane Struktur der Schaltungen genau auf die Waferoberfläche. Die Strahlen verändern die Löslichkeit des Lacks in einem flüssigen Entwickler. Sie trennen entweder polymerisierte Moleküle und molekulare Vernetzungen auf (**Bild**) oder bauen die Riesenmoleküle unter Strahleneinfluss erst zusammen. Entsprechend unterscheidet man zwischen positivem und negativem Fotoresist.

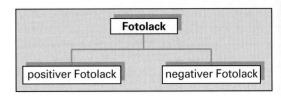

Übersicht: Arten von Fotolack

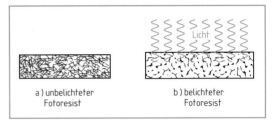

a) unbelichteter Fotoresist   b) belichteter Fotoresist

Bild: Molekülaufbau von positivem Fotolack vor und nach der Belichtung

Im **Positivlack** löst der Entwickler die bestrahlten Gebiete und im **Negativlack** entfernt die Entwicklerlösung die unbestrahlten. Die optische Auflösung ist beim positiven Fotoresist höher als beim negativen. Daher verwendet man Positivlack bevorzugt für die IC-Herstellung.

Zum Aufbringen des Lacks liegt der Wafer auf einem Drehteller und wird durch ein Vakuum festgesaugt. Durch eine Düse tropft der Fotolack auf die Si-Scheibe. Schnelles Drehen des Tellers mit einigen tausend Umdrehungen in der Minute verteilt den Lack über die Oberfläche der Scheibe. Die Zentrifugalkraft schleudert den überschüssigen Lack ab. Auf dem Wafer bleibt eine gleichmäßig dünne Fotolackschicht zurück. Das Lösungsmittel, erwärmt durch Infrarotstrahlen, verdunstet im Trockenschrank. Die einzelnen Arbeitsgänge finden bei gelbem Licht statt, für das der Fotolack unempfindlich ist.

Die **Entwicklung** des belichteten Fotoresists kann durch Eintauchen in ein mit der Entwicklerlösung gefülltes Becken oder durch Besprühen der Wafer mit dieser Lösung geschehen. Die Tauchentwicklung hat den Vorteil, dass sich im Becken gleichzeitig viele Siliciumscheiben bearbeiten lassen. Die Sprühentwicklung eignet sich nur für einzelne Scheiben: Eine Düse sprüht die Entwicklerlösung auf den rotierenden Wafer. Meist besteht der Entwickler aus alkoholischen Lösungen, die Metall-Ionen enthalten, oder aus aromatischen Verbindungen und Ketonen, z.B. Xylol oder Aceton. Der Entwickler löst den belichteten Lack ab. Dabei bilden sich steile Ablösekanten aus. Aceton, Caro'sche Säure ($H_2SO_5 + H_2O \rightleftarrows H_2SO_4 + H_2O_2$) oder Lackveraschen (Plasmaätzen mit Sauerstoff) beseitigen nicht mehr benötigte Lackreste. Nach der Entwicklung spült man die Siliciumscheiben mit reinem (entionisiertem) Wasser ab und trocknet sie.

> Der Si-Wafer wird meist mit positivem Fotolack überzogen, der sich nach Belichtung (Bestrahlung) im Entwickler löst.

9.6.4 Herstellen der Fotomasken

Eine Fotomaske erstellt man auf einer fehlerfreien, völlig ebenen Glas- oder Quarzplatte. Zunächst wird die Oberfläche mit einer harten, 80 nm dicken Chromschicht bedeckt. Darauf kommt eine 25 bis 50 μm dicke Fotolackschicht, die für Elektronenstrahlen empfindlich ist. Die Vorlage der Schaltung hat ein Magnetband z.B. im Maßstab 100 : 1 gespeichert. Das Band steuert einen Elektronenstrahlschreiber, der ein auf 10 : 1 verkleinertes Abbild auf die Fotoplatte wirft.

Bei dieser Elektronenstrahl-Lithografie[2] gibt es ein Raster-Scan[3]- und ein Vektor-Scan-Verfahren. Beim **Raster-Scan-Verfahren** tastet der Elektronenstrahl das ganze Schreibfeld Zeile für Zeile wie ein Fernsehbild ab. Die Strahltastung schaltet den Elektronenstrahl gezielt dort ein oder aus, wo Strukturen geschrieben werden sollen.

---

[1] von resist (engl.) = widerstehen   [2] aus lithos (griech.) = Stein und graphein (griech.) = schreiben; hier: Lithografie = Übertragen von Schaltkreismustern
[3] scan (engl.) = abtasten, rastern

Beim **Vektor-Scan-Verfahren** steuern die Ablenkspannungen den Elektronenstrahl zu einem Punkt der Struktur und füllen sie dann mäander- oder spiralförmig auf.

Mit der Elektronenstrahl-Lithografie lassen sich kleinste Strukturen erzeugen (mit einer Auflösung von $\leq 0{,}2$ µm). Allerdings dauert es lange, bis die Struktur ganz übertragen ist.

Nach Ablösen des „belichteten" Fotolacks liegen die vom Elektronenstrahl getroffenen Stellen der Chromschicht frei. Man entfernt sie durch Ätzen mit Natronlauge (NaOH), die rotes Blutlaugensalz (Kaliumhexacyanoferrat(III) $K_3[Fe(CN)_6]$) enthält. Eine dünne, glasklare Kunststofffolie z.B. aus Nitrocellulose, auf einen Ringrahmen im Abstand von etwa 3 mm über die Maske gezogen, schützt vor Staub und vor mechanischen Beschädigungen (**Bild 1**). Staubkörnchen auf der Schutzfolie stören nicht, weil die Körnchen außerhalb des Tiefenschärfenbereichs der Abbildungsoptik liegen.

9.6.5 Belichten mit der Fotomaske

Eine Wiederholkamera reproduziert die Zeichnung dieser Muttermaske (Reticle[1]), nochmals um z.B. den Faktor 10 verkleinert, auf den mit Fotolack bedeckten Wafer. Die Kamera belichtet Bild neben Bild (Step & Repeat-Verfahren[2]).

Mit dieser Technik sind kleinste Strukturbreiten um 1,2 µm möglich – ein Frauenhaar ist 50-mal dicker. Ein weiteres Verringern der Strukturbreite stößt allerdings bald an eine physikalische Grenze. Ein Lichtspalt lässt sich nicht beliebig verkleinern. Ist die Spaltbreite b etwa so groß wie die Lichtwellenlänge, verursachen Beugungserscheinungen eine verschwommene Abbildung des Spalts (**Bild 2**).

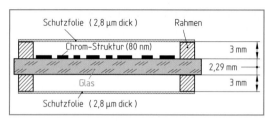

Bild 1: Maske für Projektionsbelichtung

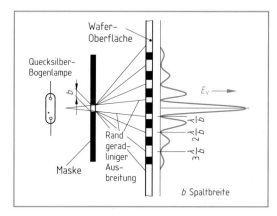

Bild 2: Beugungserscheinungen am engen Lichtspalt

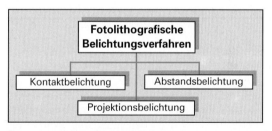

Übersicht: Belichtungsverfahren

Die Wellenlänge des verwendeten Lichts begrenzt also die Strukturbreite nach unten. Das Licht einer Quecksilber-Bogenlampe ($\lambda = 366 \ldots 436$ nm) bedingt eine minimale Strukturbreite von etwa 0,5 µm.

Für Licht mit Wellenlängen unter 300 nm kann man für die Masken auch kein Glas mehr verwenden, weil diese Wellenlängen den Werkstoff Glas nicht mehr zu durchdringen vermögen. Als Maskenträger benutzt man dafür Quarz oder Flussspat.

Röntgen- oder – noch besser – Elektronenstrahlen drücken die untere Grenze der Strukturbreite auf 0,1 µm, und Ionenstrahlen machen sogar eine Strukturbreite noch unterhalb 0,1 µm möglich. Elektronen- und Ionenstrahlen haben zudem den Vorteil, sich kontrolliert ablenken zu lassen. Sie können also direkt und ohne Maske eine strahlungsempfindliche Schicht auf dem Wafer beschreiben. Nur an den Kanten stören Streu- und Sekundärelektronen die Strukturabbildung.

Für die kleinste Strukturbreite gibt es bei Fotomasken eine physikalische Grenze. Beugungserscheinungen lassen höchstens eine Spaltbreite der Maske etwa gleich der Wellenlänge der Strahlung zu.

Die Belichtungsverfahren der optischen Lithografie gliedern sich in Kontakt-, Abstands- und Projektionsbelichtung (**Übersicht**).

---

[1] von reticle (engl.) = Fadenkreuz   [2] von step (engl.) = Stufe, Schritt und repeat (engl.) = wiederholen

Zur **Kontaktbelichtung (Bild 1)** wird der mit Foto-lack überzogene Wafer justiert und an die Maske gedrückt (Weichkontakt mit einem Druck bis 270 mbar und Hartkontakt bis 800 mbar). Eine Quecksilber-Bogenlampe belichtet in Kontakt-stellung mit ultravioletten Licht im Wellenlängen-bereich von 360 ... 450 nm.

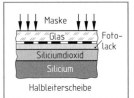 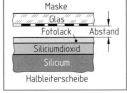

Bild 1: Kontaktbelichtung   **Bild 2: Abstandsbelichtung**

Die Kontaktbelichtung garantiert eine hohe Auflö-sung von 0,7 bis 0,8 µm bei Lackschichten, die 0,4 bis 0,5 µm dick sind. Der direkte Kontakt be-schädigt aber die Maske und den Fotolack auf der Silicium-Scheibe.

Die **Abstandsbelichtung** (Proximity[1]-Belichtung) gleicht diesen Nachteil durch einen geringen Ab-stand von 10 bis 30 µm zwischen Maske und Wa-feroberfläche aus **(Bild 2)**. Der minimal einstellbare Abstand hängt von der Unebenheit der Silicium-scheibe und von der Durchbiegung der Maske ab.

Bei der Abstandsbelichtung entstehen zwar keine mechanischen Schäden auf der Maske oder dem Wafer, die Auflösung ist aber wegen der jetzt ver-stärkt auftretenden Beugungserscheinungen ge-ringer als bei der Kontaktbelichtung. Außerdem wird der Kontrast der Abbildung herabgesetzt und zudem die Belichtungszeit verlängert.

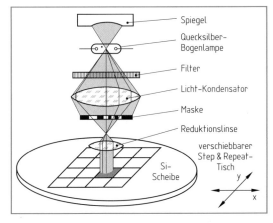

Bild 3: Projektionsbelichtung

Bei der **Projektionsbelichtung** wirft eine Linsen- oder Spiegeloptik das Bild der Maske auf die Silicium-scheibe **(Bild 3)**. Ein Filter zwischen Quecksilber-Bogenlampe und Licht-Kondensator lässt nur Licht eines schmalen Frequenzbereichs durch (monochromatischer[2] Filter). Eine Reduktionsoptik verkleinert das Bild der Maske z.B. um 10 : 1. Die ganze Scheibenoberfläche wird meist im Step & Repeat-Verfahren nach-einander Chip für Chip belichtet. Das hohe Auflösungsvermögen (bis 0,5 µm) dieser Belichtungsmethode wird durch eine lange Belichtungszeit erkauft, weil man vor jedem Belichtungsschritt das zu belichtende Feld nachjustieren muss.

Bei den verschiedenen Arbeitsgängen belichtet die Kamera mehrfach die jeweils neu mit Fotolack beschichtete Waferoberfläche. Für eine integrierte Schaltung können bis zu 20 Fotomasken notwendig sein. Ab der zweiten Maske muss man genau ausrichten. Jede Maske enthält mindestens zwei Justier-kreuze, die mit den entsprechenden Kreuzen auf der Si-Scheibe exakt zur Deckung zu bringen sind. Justie-ren lässt sich mit einer Abweichung von ± 0,1 µm. Zwei Maskenebenen können auf ± 0,25 µm genau aus-gerichtet werden.

Wiederholungsfragen

1 Welche Arten von Fotolack gibt es?

2 Welchen Fotolack bevorzugt man bei der IC-Herstel-lung?

3 Was geschieht bei der Entwicklung des belichteten Fotolacks?

4 Beschreiben Sie die Herstellung einer Fotomaske.

5 Erläutern Sie das Step & Repeat-Verfahren der Foto-lithografie.

6 Warum kann man die Strukturbreite einer integrier-ten Schaltung nicht beliebig verkleinern?

7 Beurteilen Sie die Vor- und Nachteile der Kontakt-belichtung gegenüber der Abstandsbelichtung von dem mit Fotolack überzogenen Wafer.

---

[1] proximity (engl.) = Nähe   [2] von monos (griech.) = einzig und chroma (griech.) = Farbe; monochromatisch = einfarbig

9.6.6 Abätzen des Siliciumdioxids

Durch Ätzen reinigt man die Halbleiterscheiben oder trägt Material ab (meist Silicium oder Siliciumdioxid), strukturiert Schichten oder macht Kristalldefekte sichtbar. Schmutz- und Bearbeitungsreste, das elementare Silicium oder die Siliciumdioxidschicht wird durch Nassätzen oder Trockenätzen entfernt (**Übersicht**).

Beim **Nassätzen** tauchen die belichteten und entwickelten Wafer in ein Becken aus Kunststoff oder Quarz ein, das mit der Ätzflüssigkeit gefüllt ist. Rührwerke, die Bewegung der Scheiben oder Ultraschall mischen die Ätzlösung laufend durch. Aus einem Vorratsbehälter fließt ständig frische Flüssigkeit nach und erneuert die Ätzlösung. Seltener wendet man das Sprühverfahren an: Aus einer Düse wird nur eine einzige Scheibe besprüht, die schnell rotiert. Sprühen und Schleudern ätzen die Scheibe gleichmäßig.

Nassätzen, vor allem in Form der Tauchätzung, ist sehr wirtschaftlich, birgt aber die Gefahr des Unterätzens (**Bild 1**): Die Ätzflüssigkeit frisst sich nicht genau senkrecht nach unten durch, sondern trägt auch seitlich Werkstoff ab. Sie unterhöhlt die mit Fotolack bedeckten Stellen.

Man kann mit Ätzen die Dicke der ganzen Scheibe verringern, also ganzflächig wegätzen. Mit Ätzen

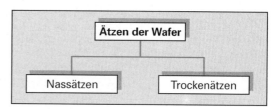

Ätzen der Wafer

Nassätzen   Trockenätzen

Übersicht: Ätzverfahren für Wafer

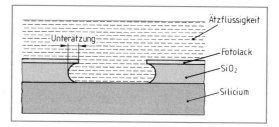

Bild 1: Nassätzen

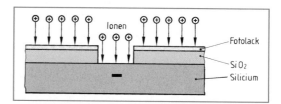

Bild 2: Trockenätzen

lassen sich auch tiefe Gräben in das Silicium ziehen. Damit unterteilt man die Scheibe in isolierte Funktionselemente. Dieses Ätzen von Silicium verläuft in zwei Schritten: Salpetersäure (HNO_3) oxidiert das elementare Silicium und dann wandelt Flusssäure (HF) oder Kalilauge (KOH) das gebildete Siliciumdioxid (SiO_2) in leicht lösliche Komplexe um: $Si + 4HNO_3 \longrightarrow SiO_2 + 4NO_2 \uparrow + 2H_2O$

$SiO_2 + 6HF \longrightarrow H_2[SiF_6] + 2H_2O$ oder: $SiO_2 + 2KOH + 2H_2O \longrightarrow K_2[Si(OH)_6]$

Ist nur Siliciumdioxid zu ätzen, braucht man den ersten Schritt nicht. Man ätzt SiO_2 meist mit Flusssäure. Will man Siliciumnitrid Si_3N_4 selektiv[1] wegätzen, ohne das SiO_2 anzulösen, verwendet man 180 °C heiße Phosphorsäure (H_3PO_4).

Die Vorteile des Nassätzens sind die gute Selektivität und die hohe Wirtschaftlichkeit.

Das **Trockenätzen** ist ein heute viel verwendetes Verfahren. Ein Werkstoff unter sehr dünnen Fotolackschichten (≤ 2 µm) lässt sich nicht mehr nass ätzen. Das Unterätzen macht hierbei jedes genaue Strukturieren zunichte. Beim Trockenätzen ionisieren elektrische Entladungen in einer Vakuumkammer ein Gas. Aus dem entstehenden Plasma beschleunigt ein elektrisches Feld die geladenen Teilchen, die dann mit hoher Geschwindigkeit auf die Halbleiterscheibe prallen. Dort zerstäuben sie entweder das Material an der Oberfläche (Sputtern) oder das Plasma reagiert chemisch mit dem zu ätzenden Stoff, wobei gasförmige Reaktionsprodukte entstehen. Der trockene Ätzstrahl frisst sich praktisch nur in seiner Ausbreitungsrichtung in den Werkstoff hinein. Seitlich davon gibt es kaum einen Materialabtrag (**Bild 2**). Man muss allerdings verhindern, dass sich beim Sputtern das zerstäubte Material wieder auf der Halbleiteroberfläche niederschlägt.

Ätzen mit Flüssigkeiten (Nassätzen) ist selektiv und wirtschaftlich. Wegen des Unterätzens können nur grobe Strukturen hergestellt werden. Trockenätzen hinterlässt scharfe, senkrechte Ätzkanten. Dabei gräbt sich ein Plasmastrahl aus positiven Ionen in den Werkstoff.

---

[1] von selectus (lat.) = auswählen, auslesen

9.6.7 Metallisierung

Metalle, Metallsilicide oder hochdotiertes Polysilicium verbinden auf dem Chip die Funktionselemente untereinander und mit den Kontaktflächen am Rande.

Man überzieht erst die ganze Waferfläche mit Aluminium und entfernt danach zur Strukturierung die überflüssigen Bereiche der Metallschicht durch nasschemische oder trockene Ätzung.

Mit dem ältesten Verfahren, dem **Aufdampfen**, fertigt man 0,5 bis 1 µm dicke Metallschichten für Leiterbahnen und Kontakte. Das Metall verdampft durch direkte oder indirekte Beheizung. Direkt erhitzt man das Metall mit einem Heizdraht oder Heizband aus hochschmelzendem Wolfram (Schmelzpunkt 3 390 °C) oder Molybdän (Schmelzpunkt 2 620 °C). Indirekt erwärmt eine Widerstandsheizung oder induktive Beheizung einen Tiegel aus Aluminiumoxid (Al_2O_3) oder Bornitrid (BN). Zur indirekten Beheizung zählt auch ein Elektronenbeschuss der Metalloberfläche. Dabei erhält man hochreine Metallschichten. Die Siliciumscheiben sind an Halterungen befestigt, die – von einem Planetengetriebe gedreht – oberhalb der Metallquelle rotieren **(Bild 1)**. Die ganze Einrichtung befindet sich in einem Vakuumgefäß. Das Hochvakuum ist notwendig, damit die Metallschicht keine Gasatome in ihr Gefüge einbauen kann. Das verdampfte Metall kondensiert auf den Scheibenoberflächen. Quarzstrahler erwärmen die Halbleiterscheiben zusätzlich auf etwa 300 °C, damit das Metall die Kanten besser bedeckt.

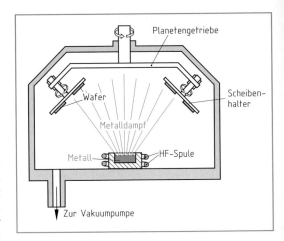

Bild 1: Metallaufdampf-Anlage

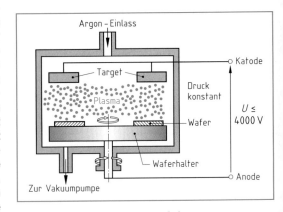

Bild 2: Gleichspannungssputter-Anlage

Sputtern[1] (Katodenzerstäubung) eignet sich zum Beschichten jedes beliebigen Stoffes. In einer Vakuumkammer **(Bild 2)** erzeugt eine elektrische Entladung aus Argon unter niedrigem Druck ein Plasma. Ein elektrisches Feld treibt die positiven Ionen zu einem Target[2], das aus dem zu zerstäubenden Stoff besteht und als Katode geschaltet ist. Die auftreffenden Argon-Ionen schlagen aus dem Target Teilchen heraus, die nach allen Seiten fliegen und sich in der ganzen Vakuumkammer und damit auch auf den Siliciumscheiben mit einer Rate von etwa 0,2 µm/min ablagern.

Beim **Gleichspannungssputtern** liegt das Target am negativen und der Halbleiterscheiben-Halter am positiven Pol einer Gleichspannung von höchstens 4 000 V. Die Anode zieht die im Gas immer vorhandenen Elektronen an, die von dieser hohen Spannung stark beschleunigt werden. Die Elektronen stoßen mit Argonatomen zusammen und schlagen aus ihnen Elektronen heraus (Stoßionisation). Das negative Target zieht die Ar^{2+}-Ionen an, die beim Aufprall aus der Katode neben Targetteilchen auch weitere Elektronen herausbrechen. Diese Sekundärelektronen beteiligen sich am Stromfluss und sorgen mit dafür, dass das Plasma aufrechterhalten bleibt.

Beim **Hochfrequenzsputtern** ist die Gleichspannung durch eine Wechselspannung ($\leq$ 3 000 V) hoher Frequenz (etwa 13 MHz) ersetzt. Das Argon-Gas steht unter geringerem Druck ($2,7 \cdot 10^{-4}$ mbar) als beim Gleichspannungssputtern (10^{-2} mbar). Die Hochfrequenzspannung vermag nur die freien Elektronen im Gas zu beschleunigen, nicht aber die viel trägeren Argon-Ionen. Erdet man aber den Scheibenhalter, so können dort Elektronen zur Erde abfließen. Dadurch entsteht ein gleich bleibendes elektrisches Feld mit dem Minuspol am Target und dem Pluspol am Wafer-Halter. Das Gleichfeld treibt die Ionen zum Target hin, wo sie Stoffteilchen herausschlagen.

---

[1] sputter (engl.) = sprühen, spritzen   [2] target (engl.) = Zielscheibe; hier: der Beschichtungsstoff

Die chemische **Schichtabscheidung** erfolgt aus der Gasphase heraus. Dabei bildet sich auf dem Substrat durch chemische Reaktion gasförmiger Stoffe ein fester Film **(Bild 1)**. Es können metallorganische Verbindungen durch thermische Spaltung (Pyrolyse) die Metallschicht bilden, z. B. aus Triethylaluminium $(C_2H_5)_3Al$, das bei 194 °C in den gasförmigen Zustand übergeht. Oder man reduziert Metallhalogenide, z. B. Aluminiumbromid, mit Wasserstoff.

Nach dem Strukturieren durch Fotolithografie und Ätzen tempert man die Aluminiumkontakte und Al-Leiterbahnen 30 s lang bei 450 °C in einem Formiergas aus Stickstoff und 5 % Wasserstoff. Das Aluminium legiert man oft noch mit Kupfer oder Silicium, damit der Halbleiterwerkstoff nicht angelöst oder gar ein pn-Übergang zerstört wird.

Statt aus Aluminium können die Leiterbahnen auch aus anderen Stoffen bestehen:

Metallsilicide haben einen geringen spezifischen Widerstand **(Tabelle)** und sind temperaturbeständiger als Aluminium.

Polysilicium ist aus einer großen Zahl sehr kleiner Kristalle aufgebaut. Sein spezifischer Widerstand lässt sich durch Dotieren mit Sauerstoff in den hochohmigen Bereich anheben und mit Arsen, Bor oder Phosphor bis in gut leitfähige Zonen senken.

Der spezifische Widerstand begrenzt allerdings die Schaltgeschwindigkeit der damit ausgerüsteten ICs.

Polysilicium stellt man durch Schichtabscheidung aus Silan bei 620 °C her $(SiH_4 \longrightarrow Si + 2H_2)$.

> Für Leiterbahnen, Anschlusskontakte und Gate-Elektroden verwendet man Metall- oder Metallsilicidschichten sowie hochdotiertes Polysilicium.

9.6.8 Endmontage der Chips

Zerlegen des Wafers: Der Wafer mit den Schaltungen **(Bild 2)** lässt sich durch Ritzen und Brechen sowie durch Sägen in einzelne Chips zerlegen.

Ein Diamant ritzt die Siliciumscheibe zwischen den Chips. Wenn die Scheibe stark gebogen wird, z. B. durch Überwalzen, bricht der Kristall entlang der Rille. Meist befestigt man den Wafer auf einer selbstklebenden Folie. Nach dem Brechen wird die Folie nach allen Seiten gedehnt, wodurch sich die Chips voneinander entfernen. Automatische Greifer können sie dann von der Folie ablösen.

Größere Chips brechen nicht so, dass die Bruchflächen überall genau senkrecht zur Waferoberfläche verlaufen. Solche Wafer muss man durch Sägen zerlegen **(Bild 3)**.

Bild 1: Metallisierung an der Chipoberfläche (Vergrößerung 12 000 : 1)

Tabelle: Metallsilicide der VLSI-Technologie		
Werkstoff	**Spezifischer Widerstand in $\Omega \cdot mm^2/m$**	**Wärmebeständigkeit[1] in °C**
Titansilicid $TiSi_2$	130 ... 160	1 330
Kobaltsilicid $CoSi_2$	180 ... 200	1 195
Platinsilicid Pt_2Si	280 ... 350	830
Tantalsilicid $TaSi_2$	350 ... 450	1 385
Wolframsilicid WSi_2	≈ 700	1 440
Molybdänsilicid $MoSi_2$	≈ 900	1 410

[1] Niedrigste Temperatur des eutektischen Gemischs mit Silicium

Bild 2: Wafer

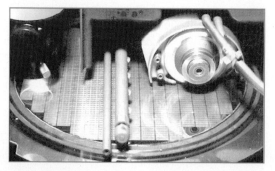

Bild 3: Wafersägen

Dazu drückt man die Siliciumscheibe auf eine Klebefolie, spannt sie damit auf einen Trägerrahmen und befestigt den Rahmen auf dem Sägetisch. Das Sägeblatt ist eine dünne Stahlscheibe, nur 25 µm dick, die am Rande mit Diamantkörnern (Durchmesser 3 bis 7 µm) gespickt ist. Eine sehr schnelle Rotation von 15000 bis 40000 Umdrehungen je Minute versteift die sonst flexible Scheibe. Die Schnittbreite beträgt 30 bis 100 µm und die Schnitttiefe (0,75 bis 2,5 mm) wählt man so, dass der Wafer zwar ganz durchtrennt, die etwa 70 µm dicke Klebefolie aber nur angesägt wird.

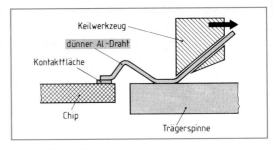

Bild 1: Wedge-Bonden

Anschließen der Chips: Mit einem Epoxidharz-Kleber befestigt man den Chip in der Mitte einer metallischen Trägerspinne bzw. auf einem Leiterrahmen oder Keramikträger. Der Kleber ist mit einem Metallpulver gefüllt, z.B. mit Silber, um die Wärmeleitfähigkeit zu erhöhen. Die Klebeverbindung muss die erzeugte Verlustwärme ableiten. Hauchdünne Aluminium- oder Golddrähte mit 7 bis 50 µm Durchmesser verbinden die Kontaktflächen der Chips mit den Anschlüssen der Trägerspinne. Dieses **Bonden**[1] geschieht mit einem keilförmigen Werkzeug oder mit einer Drahtdüse.

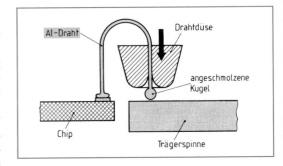

Bild 2: Ball-Point-Bonden

Beim **Wedge**[2]**-Bonden (Bild 1)** führt ein Keilwerkzeug den Draht über die Metallfläche, drückt ihn an und quetscht dann den Draht ab.

Beim **Ball-Point**[3]**-Bonden (Bild 2)** schmilzt der elektrische Funke einer Kondensatorentladung oder eine winzige Wasserstoff-Flamme das Drahtende zu einer Kugel, die dann ein düsenähnliches Werkzeug auf die Kontaktfläche presst. Die Bondfläche erwärmt man z.B. auf 320 bis 350 °C. Bei einer anderen Verbindungsart vibriert das Bondwerkzeug waagrecht mit rund 40 kHz hin und her und verschweißt durch Reiben den Draht mit der Kontaktzone.

Bild 3: Integrierte Schaltung

Elektronische Bilderkennungsgeräte positionieren die Werkzeuge. Dadurch sind schnelle Drahtverbindungen sowie ein hoher Durchsatz durch die Bond-Maschine möglich.

IC-Gehäuse: Zum Schutz vor mechanischen Beschädigungen und vor chemischen und Umwelt-Einflüssen umgibt man den IC mit einem Gehäuse **(Bild 3)**, das auch die Aufgabe hat, die Verlustwärme zu verteilen und abzuführen.

Meist umpresst man den Siliciumchip in einer Passform in der Mitte der Trägerspinne bei 175 °C mit quarzgefülltem Epoxidharz. Das Gehäuse ist schwarz eingefärbt, verhindert so einen Lichteinfall und strahlt auch die Wärme besser ab als ein Gehäuse anderer Farbe. Danach wird das IC-Gehäuse samt der Trägerspinne aus der Form genommen und, falls nötig, die metallenen Kurzschlussstege zwischen den Anschlüssen herausgestanzt. Danach winkelt man die Anschlussbeinchen nach unten ab und verzinnt sie. Ist ein besonderer Schutz vor Feuchtigkeit notwendig oder soll der IC bei höherer Temperatur betrieben werden, verwendet man ein Metall- oder ein Keramikgehäuse. Den unteren Teil bildet dabei eine metallene oder keramische Trägerplatte. Nach dem Bonden verschließt ein Metall- oder Keramikdeckel das Gehäuse, das danach verlötet, verschweißt oder verglast wird.

[1] to bond (engl.) = verbinden   [2] wedge (engl.) = Keil   [3] von ball (engl.) = Kugel, Ballen und point (engl.) = Punkt, Fleck

Für integrierte Schaltungen gibt es verschiedene Gehäuseformen **(Tabelle)**.

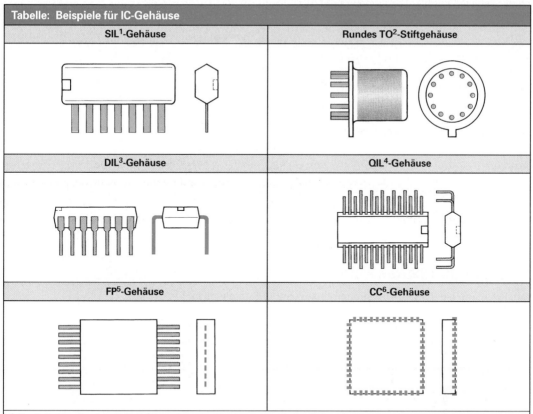

Tabelle: Beispiele für IC-Gehäuse	
SIL[1]-Gehäuse	Rundes TO[2]-Stiftgehäuse
DIL[3]-Gehäuse	QIL[4]-Gehäuse
FP[5]-Gehäuse	CC[6]-Gehäuse

[1] **S**ingle **I**n-**L**ine (in einer Reihe), [2] **T**ransistor **O**utline (Transistor-Außenlinie, -Umriss), [3] **D**ual **I**n-**L**ine (in zwei Reihen), [4] **Q**uadruple **I**n-**L**ine (in vier Reihen), [5] **F**lat **P**ack (flache Ausführung), [6] **C**hip **C**arrier (Chipträger)

Die Siliciumscheibe mit den fertigen integrierten Schaltungen ritzt man an und bricht sie in einzelne Chips. Dünne Drähte aus Aluminium oder Gold verbinden (durch Bonden) die Kontaktflächen des Chips mit den Anschlüssen. Ein Gehäuse schützt die integrierte Schaltung vor äußeren Einflüssen und führt die Verlustwärme ab.

Wiederholungsfragen

1 Was versteht man unter Trockenätzen und was unter Nassätzen?

2 Beschreiben Sie das Dotieren durch Diffusion.

3 Erläutern Sie das Dotierverfahren der Ionenimplantation.

4 Welche Aufgaben hat eine Metallschicht auf dem IC?

5 Welche Möglichkeiten des Metallerhitzens gibt es beim Aufdampfverfahren?

6 Beschreiben Sie das prinzipielle Verfahren des Sputterns.

7 Welche Vor- und Nachteile hat das Polysilicium für Leiterbahnen und Kontakte?

8 Auf welche Arten kann man einen Wafer in einzelne Chips zerlegen?

9 Zählen Sie Vor- und Nachteile dieser beiden Methoden auf.

10 Welche Aufgaben hat der Kleber, mit dem man Chips im Gehäuse befestigt?

11 Beschreiben Sie Wedge-Bonden und Ball-Point-Bonden.

12 Auf welche Arten kann man den Bonddraht mit der Bondfläche verschweißen?

13 Welche Aufgaben erfüllt das Gehäuse einer integrierten Schaltung?

14 Aus welchen Gründen färbt man die Kunststoffgehäuse von ICs schwarz ein?

10 Magnetwerkstoffe

Der Magnetismus ist in Form von Anziehungskräften zwischen so genannten Magnetsteinen (z. B. Magneteisenstein Fe_3O_4) seit dem Altertum bekannt.

Heute ist vor allem die Elektrotechnik auf Magnetwerkstoffe angewiesen. Nachrichtentechnik, Datentechnik und Energietechnik nutzen den Magnetismus, z. B. für magnetische Informationsspeicher oder in den Eisenkernen elektrischer Maschinen.

Magnetwerkstoffe werden auch als **ferromagnetische Stoffe**[1] bezeichnet.

> Ferromagnetische Stoffe sind Eisen, Nickel, Kobalt und ihre Legierungen.

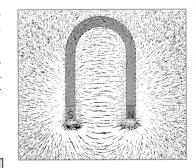

Bild 1: Feld eines Hufeisenmagneten

10.1 Magnetisches Feld

Den Raum um einen Magneten, in dem magnetische Kräfte wirken, nennt man magnetisches Feld. Ein magnetisches Feld wird durch Feldlinien dargestellt. Eisenfeilspäne, die z. B. auf eine Glasplatte gestreut werden, die auf einem Magneten liegt, bilden den Feldlinienverlauf nach **(Bild 1)**. Im Gegensatz zu elektrischen Feldern sind magnetische Felder in sich geschlossen **(Bild 2)**.

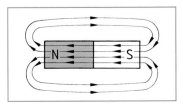

Bild 2: Magnetfeld eines Stabmagneten

> Magnetische Feldlinien verlaufen außerhalb eines Magneten vom Nordpol zum Südpol, im Magneten vom Südpol zum Nordpol.

Einen Magnetwerkstoff kann man sich vereinfacht aus kleinsten Einzelmagneten, den so genannten Elementarmagneten, zusammengesetzt denken **(Bild 3)**. Im nichtmagnetisierten Zustand schließen sich die Feldlinien der ungeordneten Elementarmagnete innerhalb des Werkstoffes (Bild 3a). Durch ein genügend starkes äußeres Magnetfeld richten sie sich aus: Es entsteht ein magnetisches Feld (Bild 3b).

Die aus einem Nordpol kommenden Feldlinien wollen auf möglichst kurzem Weg wieder in einen Südpol eintreten. Zwischen den Polen wirken magnetische Kräfte **(Bild 4)**.

> Gleichartige Pole stoßen sich ab, ungleichartige Pole ziehen sich an.

Die an den Polen senkrecht austretenden Feldlinien haben dort die größte Feldliniendichte. Mit zunehmendem Abstand zu den Polen nimmt die Zahl der Feldlinien und damit auch die magnetische Kraft ab. Innerhalb eines Magnetwerkstoffes mit gleich bleibendem Querschnitt haben die Feldlinien auch gleichen Abstand zueinander.

> Parallel verlaufende Feldlinien gleicher Feldliniendichte bilden ein homogenes (gleichmäßiges) Feld.

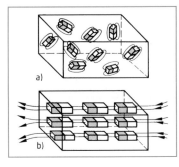

Bild 3: Anordnung der Elementarmagnete
a) ungeordnet
b) magnetisch ausgerichtet

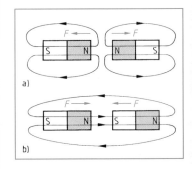

Bild 4: Feldverlauf und Kraftwirkung
a) Abstoßung b) Anziehung

---

[1] ferromagnetisch = magnetisch wie Eisen

10.2 Magnetische Eigenschaften der Stoffe

Um einen vom elektrischen Strom durchflossenen Leiter entsteht immer ein magnetisches Feld. Eine Leiterschleife hat wie ein Dauermagnet, z. B. ein Stabmagnet, einen Nordpol und einen Südpol und damit magnetische Kräfte (**Bild a**). Ursache des Magnetfeldes ist der Elektronenfluss, also die Bewegung von elektrischen Ladungen durch den Leiter.

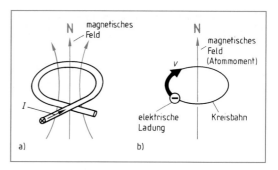

a)   b)

Bild : **Magnetisches Feld**
a) durch Stromfluss in einer Leiterschleife
b) durch kreisförmig bewegte elektrische Ladung

> Magnetfelder um einen Leiter entstehen durch bewegte elektrische Ladungen.

Auch die Atome der Stoffe haben Ladungen im Atomkern und in ihrer Elektronenhülle. Die Elektronen bewegen sich in Umlaufbahnen um den Kern und führen gleichzeitig eine Eigendrehung, bezeichnet als **Elektronenspin**, aus (vergleichbar mit einem Kreisel, der sich um seine Achse dreht und zugleich fortbewegt). Die Elektronenbewegung um den Kern ergibt ein magnetisches Umlaufmoment und die kreisförmige Ladungsbewegung des Spins ein magnetisches Spinmoment (**Bild b**). Das von den Kernladungen erzeugte magnetische Moment kann vernachlässigt werden.

> Das magnetische Moment eines Atoms (Atommoment) wird vor allem durch den Elektronenspin bestimmt.

Tabelle: Magnetische Stoffeigenschaften

	Dia-Magnetismus	Para-Magnetismus	Ferro-Magnetismus
Magnetische Atommomente			
Wirkung auf äußeres Magnetfeld	geringe Feldschwächung	geringe Feldverstärkung	sehr hohe Feldverstärkung
Stoffbeispiele	Au, Cu, Si, Edelgase, Wasser	Al, Cr, Pt, Luft	Fe, Co, Ni und ihre Legierungen

Bei Stoffen, die keine äußere Magnetwirkung haben, sind die inneren Felder magnetisch ungeordnet. Werden Stoffe einem äußeren Magnetfeld ausgesetzt, z. B. dem Feld einer stromdurchflossenen Spule, so reagieren die inneren Magnetfelder.

> Die magnetischen Eigenschaften eines Stoffes werden erst durch ein äußeres Magnetfeld wirksam.

Stoffe werden nach ihren magnetischen Stoffeigenschaften eingeteilt (**Tabelle**).

Diamagnetismus haben Stoffe, deren Elektronenumlaufbahnen jeweils mit zwei Elektronen mit entgegengesetztem Spin besetzt sind. Ihre magnetischen Momente heben sich dadurch auf (Tabelle). Ein äußeres Magnetfeld stört dieses Gleichgewicht, es entsteht eine schwache, dem äußeren Feld entgegengerichtete Magnetwirkung. Viele Schwermetalle, z. B. Kupfer, Silber oder Gold, sind diamagnetisch.

Paramagnetismus ist bei Stoffen festzustellen, deren Elektronenschalen nicht voll besetzt sind. Die Elektronenmomente heben sich dadurch nicht vollständig auf (Tabelle). Es bleiben ungeordnete Atommomente, die durch ein äußeres Feld ausgerichtet werden und eine geringe Feldverstärkung bewirken. Leichtmetalle, z. B. Aluminium oder Magnesium, sind paramagnetisch.

Ferromagnetismus tritt bei Stoffen auf, die aus Kristallen bestehen, die Bereiche mit gleich ausgerichteten atomaren Momenten haben (Tabelle). Diese können vereinfacht als ungeordnete Elementarmagnetchen dargestellt werden. Ein äußeres Magnetfeld ordnet die Elementarmagnete in Richtung seiner Feldachse. Das anliegende Feld wird dadurch vielfach verstärkt.

Magnetwerkstoffe sind ferromagnetische oder auch ferrimagnetische Werkstoffe. Während ferromagnetische Werkstoffe aus Eisen, Nickel, Kobalt und deren Legierungen bestehen, werden ferrimagnetische Werkstoffe aus Eisen- und Metalloxiden hergestellt (Seite 233).

10.3 Magnetisierung ferromagnetischer Stoffe

Ferromagnetische Stoffe bestehen aus Kristallen. Jeder Einzelkristall setzt sich aus mehreren Bereichen zusammen, in denen die Elektronen-Spins jeweils gleichgerichtet sind, ihre magnetischen Felder sind somit ausgerichtet. Diese so genannten **Weiss'schen Bezirke**[1] sind im nichtmagnetisierten Zustand zueinander ungeordnet **(Bild 1)**. Die magnetischen Felder der einzelnen Bezirke heben sich dadurch gegenseitig auf. Durch ein äußeres Magnetfeld, z. B. das Feld einer Spule, können die Weiss'schen Bezirke geordnet werden. Dabei verschieben sich die Trennbereiche zwischen den einzelnen Bezirken, die als **Blochwände**[2] bezeichnet werden, im Kristall. Bei z. B. zwei benachbarten Weiss'schen Bezirken bleibt die Feldrichtung in dem Bezirk erhalten, die der Richtung des magnetisierenden Feldes am nächsten kommt. Mit zunehmender Stärke des äußeren Feldes richten sich, von der Trennwand ausgehend, im benachbarten Bezirk die Elektronen-Spins und damit ihre Felder in gleicher Richtung aus. Der Weiss'sche Bezirk mit ausgerichtetem Feld vergrößert sich, die Blochwand wandert, bis ein Bezirk mit einheitlicher Feldrichtung entstanden ist **(Bild 2)**. Bei vollständiger magnetischer Ausrichtung bildet jeder Kristall einen einheitlichen Weiss'schen Bezirk. Es sind dann im Kristall keine Blochwände mehr vorhanden. Die magnetischen Momente der Kristalle haben aber noch unterschiedliche Lagen, die von der Wirkrichtung des äußeren Magnetfeldes abweichen.

Wird jetzt die Stärke des äußeren Magnetfeldes weiter erhöht, so richten sich die magnetischen Felder der Kristalle vollständig in Richtung des äußeren, magnetisierenden Feldes aus **(Bild 3)**.

> Beim Magnetisieren werden die magnetischen Achsen der Elektronen-Spins und der Kristalle ausgerichtet.

Der Magnetisierungsvorgang erfolgt nicht stetig, sondern sprunghaft. Die Korngrenzen und Verunreinigungen im Gefüge behindern die Bewegung der Blochwände.

Sind alle Weiss'schen Bezirke geordnet und die magnetischen Felder der Kristalle ausgerichtet, kann der Werkstoff das äußere Magnetfeld nicht weiter verstärken. Dieser Zustand wird als **magnetische Sättigung** bezeichnet.

> Magnetwerkstoffe verstärken äußere Magnetfelder.

Magnetwerkstoffe werden nach der erforderlichen Magnetisierungsenergie und der Beständigkeit ihrer Magnetkraft nach einer erfolgten Magnetisierung unterschieden. Ist zum Magnetisieren und zum Entmagnetisieren ein großer Energieaufwand erforderlich, z. B. bei Stahl, spricht man von einem magnetisch harten Werkstoff. Magnetisch weiche Werkstoffe, wie weiches Eisen, können mit geringem Energieaufwand magnetisiert und entmagnetisiert werden.

> Magnetisch harte Werkstoffe werden als Dauermagnete verwendet, magnetisch weiche Werkstoffe zur fortlaufenden Ummagnetisierung.

[1] nach Pierre Weiss, franz. Physiker, 1865 bis 1940
[2] nach Bloch, amerik. Physiker, geb. 1905 in Zürich

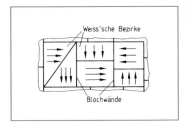

Bild 1: Weiss'sche Bezirke mit ausgerichteten Atommagneten

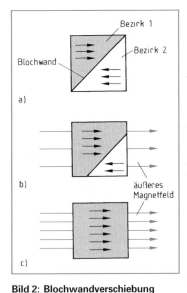

Bild 2: Blochwandverschiebung
a) kein äußeres Magnetfeld
b) schwaches äußeres Magnetfeld
c) starkes äußeres Magnetfeld

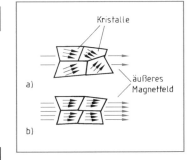

Bild 3: Magnetische Ausrichtung der Kristalle
a) Kristalle mit einheitlichem Weiss'schem Bezirk
b) Kristalle mit einheitlicher magnetischer Ausrichtung

Die innerhalb eines Weiss'schen Bezirkes durch die Elektronenspins gebildeten gleichgerichteten Magnetfelder können in Gedanken durch einen winzigen Dauermagneten, den Elementarmagneten, ersetzt werden. Der Magnetisierungsvorgang lässt sich dann vereinfacht durch diese Elementarmagnete darstellen. **(Bild a)**.

> Ferromagnetische Werkstoffe werden durch parallele Ausrichtung der Elementarmagnete magnetisiert.

Weiss'sche Bezirke können sich nur in Stoffen bilden, die nicht aufgefüllte Elektronenschalen haben und die Atome mit einem bestimmten Gitterabstand aufweisen. Daher können einzelne Atome, aber auch Gase und Flüssigkeiten nicht magnetisiert werden.

Bei Erwärmung wird durch die eintretende Wärmebewegung der Atome die Ausrichtung der Elementarmagnete aufgehoben. Ab der so genannten Curietemperatur (Seite 241) wird der Magnetwerkstoff paramagnetisch.

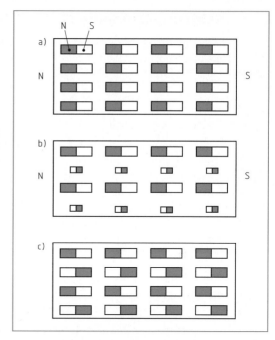

Bild: Ausrichtung der Elementarmagnete
a) bei Ferromagnetismus
b) bei Ferrimagnetismus
c) bei Antiferromagnetismus

10.4 Ferrimagnetismus und Antiferromagnetismus

Ferrimagnetische Werkstoffe sind keramische Werkstoffe, die meist aus Eisenoxid und zweiwertigen Nichteisenmetalloxiden bestehen. Sie bestehen aus Atomen verschiedener Elemente. Die Elektronenspins in den Weiss'schen Bezirken sind einander entgegengerichtet, ihre Felder haben aber unterschiedliche Stärke. Es bleibt dadurch in jedem Bezirk ein magnetisches Restfeld wirksam, das beim Magnetisierungsvorgang genutzt wird **(Bild b)**.

> Ferrimagnetische Werkstoffe werden durch antiparallele Ausrichtung von Elementarmagneten unterschiedlicher Stärke magnetisiert.

Ferrimagnetische Magnetwerkstoffe werden als magnetisch harte und magnetisch weiche Ferrite verwendet.

Bei **antiferromagnetischen** Werkstoffen, z. B. Mn, Cr oder MnO, sind die Elektronenspins in den Weiss'schen Bezirken einander entgegengerichtet. Ihre Felder haben gleiche Stärke. Eine Magnetisierung ist nicht möglich, da das resultierende Feld null ist **(Bild c)**.

> Antiferromagnetische Werkstoffe sind nicht magnetisierbar. Die Elementarmagnete heben sich in ihrer Magnetwirkung auf.

Antiferromagnetische Stoffe haben als Magnetwerkstoff keine Bedeutung.

Wiederholungsfragen

1 Welche Stoffe haben ferromagnetische Eigenschaften?

2 Welche Merkmale haben magnetische Feldlinien?

3 Was versteht man unter dem Elektronenspin?

4 Wie unterscheiden sich diamagnetische und paramagnetische Stoffe?

5 Wie verhalten sich die Weiss'schen Bezirke beim Magnetisieren eines Ferromagneten?

6 Welche Stoffeigenschaften sind z. B. zur Herstellung eines Lautsprechermagneten erforderlich?

7 Welche Eigenschaften hat ein ferrimagnetischer Werkstoff?

10.5 Elektromagnetismus

Wird Magnetismus durch Magnetwerkstoffe erzeugt, spricht man von Ferromagnetismus. Ursache des Elektromagnetismus ist dagegen der elektrische Strom.

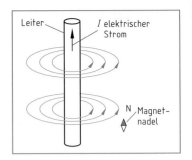

Bild 1: Magnetischer Feldverlauf um einen stromdurchflossenen Leiter

10.5.1 Leitermagnetfeld

Fließt Strom durch einen Leiter, bildet sich um ihn ein Magnetfeld. Die Feldlinien schließen sich in Form konzentrischer Kreise um den Leiter **(Bild 1)**. Die Stärke und Richtung des Feldes sind von der Stromstärke und der Stromrichtung abhängig. Eine Magnetnadel neben einem von Gleichstrom durchflossenen Leiter richtet sich tangential zum Feldverlauf aus. Ihr Nordpol zeigt in Richtung des Feldverlaufs.

> Um stromdurchflossene Leiter bilden sich magnetische Felder.

Ursache des Magnetismus metallener Leiter, z. B. Kupfer, ist die Elektronenbewegung bei Stromfluss. Bei gasförmigen oder flüssigen Leitern entstehen Magnetfelder durch Ionenbewegung (z. B. das Magnetfeld um einen Lichtbogen).

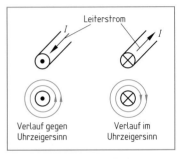

Bild 2: Richtung von Leiterstrom und Magnetfeld

Zur Darstellung des Feldverlaufes wird (bei technischer Stromrichtung) ein aus dem Leiterquerschnitt herausfließender Strom durch einen Punkt (Spitze des Strompfeiles) gekennzeichnet, ein in den Leiter hineinfließender Strom durch ein Kreuz. Fließt der Strom aus dem Leiter heraus, schließen sich die Feldlinien gegen den Uhrzeigersinn, bei Stromfluss in den Leiter hinein im Uhrzeigersinn **(Bild 2)**.

10.5.2 Magnetfeld einer Spule

Wird der Leiter zu einer Schleife gelegt, so bildet sich ein gemeinsamer Feldverlauf innerhalb der Schleife. Die Seite des Feldaustritts aus der Schleife stellt einen magnetischen Nordpol dar, die Seite des Feldeintritts einen Südpol **(Bild 3)**. Eine Magnetnadel richtet sich entsprechend aus.

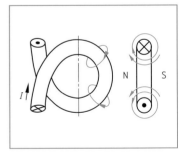

Bild 3: Magnetfeld einer Leiterschleife

Spulen bestehen aus einer Vielzahl von Leiterschleifen. Die magnetischen Felder der einzelnen Schleifen addieren sich. Die Feldlinien verlaufen innerhalb der Spule in gleicher Dichte parallel zueinander. Sie bilden ein homogenes Magnetfeld und treten gemeinsam aus der Spule aus. Die Spule hat einen magnetischen Nordpol und einen magnetischen Südpol **(Bild 4)**

> Stromdurchflossene Spulen haben Magnetfelder wie Dauermagnete.

Fließt durch eine Spule Gleichstrom, so bleibt die Richtung des Spulenfeldes erhalten. Bei Anschluss an Wechselstrom ändert das Magnetfeld mit dem Stromverlauf seine Richtung.

> Gleichstrom erzeugt in Spulen ein magnetisches Gleichfeld, durch Wechselstrom entsteht ein magnetisches Wechselfeld.

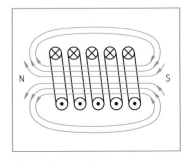

Bild 4: Magnetfeld einer Spule

10.6 Magnetische Größen und Begriffe

10.6.1 Durchflutung Θ

Das magnetische Feld einer Spule ist von der Stromstärke und ihrer Windungszahl abhängig. Es wird größer, wenn der Strom steigt und wenn die Windungszahl erhöht wird. Das Produkt aus Spulenstrom I und Windungszahl N wird als Durchflutung[1] Θ bezeichnet (**Formel 1**). Gleiche magnetische Kraftwirkung kann somit durch eine hohe Windungszahl bei kleinem Spulenstrom oder geringer Windungszahl, aber hohem Spulenstrom erreicht werden.

$$\boxed{\Theta = I \cdot N} \quad (1) \quad [\Theta] = A$$

Θ Durchflutung
I Stromstärke
N Windungszahl

10.6.2 Magnetische Feldstärke H

Die Wirkung des magnetischen Feldes in einer Spule ist von der Durchflutung und den Spulenabmessungen abhängig. Je größer die Feldlinienlänge ist, desto größer ist die erforderliche Durchflutung Θ, um eine bestimmte Feldstärke H zu erhalten (**Formel 2**).

> Die magnetische Feldstärke gibt die erforderliche Durchflutung für eine Feldlinienlänge von 1 m an.

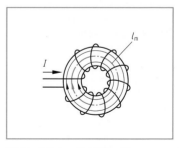

Bild 1: **Mittlere Feldlinienlänge einer Kreisringspule**

Zur Berechnung der Feldstärke wird die mittlere Feldlinienlänge l_m verwendet. Bei Rechteckringspulen (Toroiden) und Kreisringspulen (**Bild 1**) entspricht l_m der Länge der in der Feldmitte verlaufenden Feldlinie. Bei langen Zylinderspulen (Solenoiden) ohne Eisenkern, deren Spulenlänge wesentlich größer als ihr Durchmesser ist, kann die Spulenlänge direkt als mittlere Feldlinienlänge gelten. Der überwiegende Teil aller Spulen ist mit einem Eisenkern versehen. Bei ihnen wird die Feldlinienlänge aus den Abmessungen des Kernes errechnet (**Bild 2**).

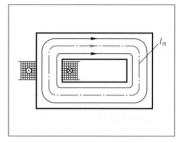

Bild 2: **Mittlere Feldlinienlänge einer Spule mit Eisenkern**

10.6.3 Magnetischer Fluss Φ

Der magnetische Fluss[2] Φ ist ein Maß für die Wirkung der magnetischen Feldstärke. Er entspricht der Summe aller Feldlinien, die z. B. aus einer Polfläche austreten (**Bild 3**). Da magnetische Feldlinien in sich geschlossen sind, ist der magnetische Fluss an jeder Stelle des Feldverlaufes gleich. Der magnetische Fluss wird in der Einheit Voltsekunde (Vs) oder mit dem Einheitennamen Weber[3] (Wb) angegeben.

$$H = \frac{\Theta}{l_m} \quad (2) \quad [H] = A/m$$

H magnetische Feldstärke
l_m mittlere Feldlinienlänge

10.6.4 Magnetische Flussdichte B

Die magnetische Flussdichte B (auch magnetische Induktion genannt) ist der magnetische Fluss, der eine Fläche von 1 m^2 senkrecht durchsetzt (Bild 3 und **Formel 3**). Er wird in der Einheit Vs/m^2 oder mit dem Einheitennamen Tesla[4] (T) angegeben. Bei einer Spule mit Eisenkern verläuft praktisch der gesamte magnetische Fluss durch den Kern. Hat der Kern verschiedene Querschnitte, wird trotz des gleichen magnetischen Flusses in den Bereichen mit kleinem Kernquerschnitt eine höhere Flussdichte auftreten. Während die magnetische Flussdichte einer Luftspule nur durch die magnetische Feldstärke bestimmt wird, ist bei Verwendung eines Kernes der Einfluss des Kernmaterials entscheidend.

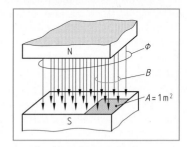

Bild 3: **Magnetischer Fluss und Flussdichte**

$$B = \frac{\Phi}{A} \quad (3) \quad \begin{array}{l} [\Phi] = Vs = Wb \\ [B] = Vs/m^2 = T \end{array}$$

B magnetische Flussdichte
Φ magnetischer Fluss
A Fläche

---

[1] Θ : griech. Buchstabe Theta
[2] Φ : griech. Buchstabe Phi
[3] Weber, deutscher Physiker, 1804 bis 1891
[4] Tesla, kroatischer Physiker, 1856 bis 1943

10.6.5 Permeabilität μ

Die magnetische Flussdichte einer Spule ist die Folge der magnetischen Feldstärke. Bei Luftspulen erhält man die magnetische Flussdichte B durch Multiplikation der magnetischen Feldstärke H mit der magnetischen Feldkonstanten[1] μ_0. Die Konstante μ_0 gibt das Verhältnis von B zu H im Vakuum an und gilt auch für Luft **(Formel 1)**. Die Magnetisierungskennlinie **Bild 1** zeigt, dass bei Luftspulen magnetische Flussdichte und magnetische Feldstärke einander proportional sind.

Schließt sich das magnetische Feld durch andere Stoffe, so verstärken oder schwächen sie die magnetische Flussdichte. Durch die Permeabilitätszahl μ_r (auch: relative Permeabilität) wird das vom Vakuum beziehungsweise der Luft abweichende Verhalten berücksichtigt **(Formel 2)**. Paramagnetische Stoffe haben eine Permeabilitätszahl wenig größer als 1, diamagnetische Stoffe geringfügig kleiner als 1 **(Tabelle)**. Die Abweichung von 1 wird als magnetische Suszeptibilität[2] χ bezeichnet. Aluminium z. B. hat die Suszeptibilität $\chi = \mu_r - 1 = 0{,}000\ 022$.

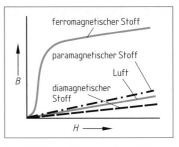

Bild 1: Magnetisierungskennlinien

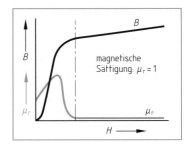

Bild 2: Magnetisierungskennlinie und Permeabilitätskennlinie z. B. bei Elektroblech

Tabelle: Permeabilitätszahlen μ_r		
ferromagnetische Stoffe	**paramagnetische Stoffe**	**diamagnetische Stoffe**
Reineisen bis 600	Luft 1,000 000 4	Wasser 0,999 991
Elektroblech > 6500	Platin 1,000 360	Gold 0,999 971
Ferrite, magnetisch weich >10000	Aluminium 1,000 022	Quecksilber 0,999 975

Ferromagnetische Stoffe führen zu einer vielfachen Verstärkung der magnetischen Flussdichte, ihre Permeabilitätszahl ist wesentlich größer als 1 (Bild 1 und Tabelle). Im Unterschied zu para- und diamagnetischen Stoffen ist bei ihnen die Permeabilitätszahl kein konstanter Faktor, sondern von der Feldstärke abhängig. Bei einer Spule mit Eisenkern richten sich durch die Feldstärke die Weiss'schen Bezirke im Kern aus und verstärken dadurch die magnetische Flussdichte. Bei kleinen Feldstärken ist die Zunahme der magnetischen Flussdichte groß, bis schließlich alle Weiss'schen Bezirke im Kern ausgerichtet sind. Eine weitere Steigerung der Feldstärke erhöht die magnetische Flussdichte nur noch wie bei einer Luftspule, der Eisenkern ist magnetisch gesättigt. Entsprechend wird die Permeabilität μ_r kleiner, um im Sättigungsbereich den Wert 1 zu erreichen **(Bild 2)**.

Der Zusammenhang zwischen magnetischer Feldstärke und magnetischer Flussdichte wird den Magnetisierungskennlinien entnommen oder berechnet, wobei die Permeabilitätszahl aus Datenblättern oder entsprechenden Kennlinien (Bild 2) ermittelt wird. Magnetische Feldkonstante μ_0 mal Permeabilitätszahl μ_r ergibt die Permeabilität μ. Die Verstärkung der magnetischen Flussdichte, also die Permeabilitätszahl μ_r, hängt bei wechselnden Feldstärken auch von der Frequenz ab **(Bild 3)**. Bei sehr hohen Frequenzen können durch die Trägheit der Elektronenspins die Weiss'schen Bezirke dem Magnetisierungsvorgang nicht mehr folgen (Spinrelaxation). Dies und die Wirkung der Wirbelströme lassen die Permeabilität abfallen. Ab der Grenzfrequenz ist der Ferromagnetismus nicht mehr nutzbar.

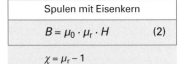

Spulen ohne Kern (Luftspulen)	
$B = \mu_0 \cdot H$	(1)

$[\mu_0] = \text{Vs/Am} = \text{H/m}$
$\mu_0 = 1{,}257 \cdot 10^{-6}\ \text{Vs/Am}$

Spulen mit Eisenkern	
$B = \mu_0 \cdot \mu_r \cdot H$	(2)

$\chi = \mu_r - 1$

μ_0 magnetische Feldkonstante
μ_r Permeabilitätszahl
B magnetische Flussdichte
H magnetische Feldstärke
χ magnetische Suszeptibilität

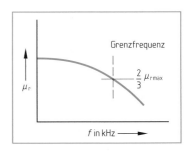

Bild 3: Frequenz und Permeabilität

[1] μ: griech. Buchstabe My
[2] χ: griech. Buchstabe Chi

10.6.6 Magnetische Polarisation *J*

Die von einem Magnetwerkstoff erzeugte magnetische Flussdichte wird als Polarisation *J* bezeichnet. Befindet sich ein Magnetwerkstoff im Magnetfeld, z. B. ein Eisenkern im magnetischen Feld einer Spule, ergibt sich die magnetische Flussdichte *B* aus der Flussdichte der Luft plus der Polarisation, also der durch die magnetische Ausrichtung des Werkstoffes hervorgerufenen Flussdichte **(Formel 1)**. Die für die Polarisation erforderliche Feldstärke nennt man **Magnetisierung *M* (Formel 2)**. Die Magnetisierungskennlinien **Bild 1** zeigen, dass nach Eintritt der magnetischen Sättigung kein weiterer Anstieg der Polarisation erfolgt (die Sättigungspolarisation bleibt konstant), während die Flussdichte weiter linear mit der Feldstärke entsprechend der Magnetisierung der Luft ansteigt. Bei magnetisch weichen Werkstoffen kann der Wert der magnetischen Polarisation und der magnetischen Flussdichte gleichgesetzt werden, da ihre Permeabilitätszahl μ_r sehr hoch ist.

10.6.7 Hysteresekurve (Ummagnetisierungskennlinie)

Wie ein ferromagnetischer Stoff im magnetischen Feld einer Spule magnetisiert wird, zeigt die Magnetisierungskennlinie. Beim Verkleinern der Feldstärke auf null behält der Werkstoff einen bestimmten Magnetismus bei, seine magnetische Polarisation bleibt also teilweise erhalten. Durch Anlegen einer Feldstärke in entgegengesetzter Richtung kann die vollständige Entmagnetisierung erreicht werden. Eine weitere Steigerung dieser Feldstärke führt zur entgegengesetzten Magnetisierung, die wiederum durch Umpolung der Feldstärke abgebaut werden kann. Das Verhalten des Werkstoffes bei fortlaufender Ummagnetisierung zeigt seine Hysteresekurve[1] **(Bild 2)**.

Die **Neukurve** entspricht der Magnetisierungskennlinie und wird nur bei der Erstmagnetisierung durchlaufen, aus dem vollkommen entmagnetisierten Zustand heraus.

Die **Remanenz**[2] B_r ist die im Magnetwerkstoff verbleibende Flussdichte nach dem Abschalten des äußeren Feldes.

Die **Koerzitivfeldstärke**[3] H_c ist die zur vollständigen Entmagnetisierung erforderliche Feldstärke.

Koerzitivfeldstärke und Magnetisierungsfeldstärke sind von der Reinheit des Magnetwerkstoffes abhängig. Die bei der Entmagnetisierung beziehungsweise Magnetisierung erforderlichen Bewegungen der Blochwände werden durch den Gehalt an Fremdkörpern, z. B. Oxid- und Schlackeneinschlüsse oder Legierungsbestandteile, behindert, wobei die erforderliche Bewegungsenergie dann am größten ist, wenn die Einschlüsse die Größe der Blochwände haben.

Dauermagnetwerkstoffe haben eine hohe und beständige Magnetkraft. Sie werden als **magnetisch harte Werkstoffe** bezeichnet. Ihre hohe Koerzitivfeldstärke kann durch einen hohen Fremdkörperanteil entsprechender Korngröße, z. B. durch gezieltes Zulegieren, erreicht werden. Dauermagnetwerkstoffe haben entsprechend ihrer Koerzitivfeldstärke eine breite Hysteresekurve **(Bild 3)**.

[1] Hysterese (griech.) = das Zurückbleiben   [2] von remanere (lat.) = zurückbleiben
[3] von coercere (lat.) = in Schranken halten, zusammenhalten

$$B = \mu_0 \cdot H + J \qquad (1)$$

$$[J] = \text{Vs/m}^2$$

$$M = \frac{J}{\mu_0} = \frac{B}{\mu_0} - H \qquad (2)$$

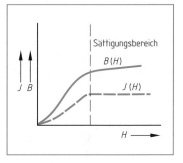

Bild 1: Flussdichte und Polarisation (beim Magnetisieren eines Dauermagnetwerkstoffes)

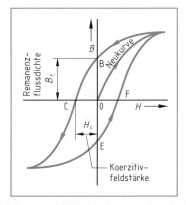

Bild 2: Hysteresekurve mit Kennwerten

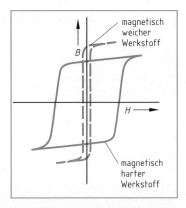

Bild 3: Hysteresekurve von magnetisch harten und magnetisch weichen Werkstoffen

Zur fortlaufenden Ummagnetisierung, z. B. für Transformatorenkerne, werden Magnetwerkstoffe mit kleiner Koerzitivfeldstärke und hoher Permeabilitätszahl verwendet. Sie werden **magnetisch weiche Werkstoffe** genannt und haben eine entsprechend schmale Ummagnetisierungskennlinie (Bild 3, Seite 237).

> Magnetisch harte Werkstoffe haben hohe Koerzitivfeldstärken (H_c >10 000 A/m), magnetisch weiche niedrige (H_c <1000 A/m).

Das Magnetisierungsverhalten ist im 1. Quadrant der Hysteresekurve dargestellt. Er zeigt die erforderliche Magnetisierungsfeldstärke und die erreichbare magnetische Flussdichte. Er ermöglicht die Beurteilung magnetisch weicher Stoffe.

Das Entmagnetisierungsverhalten zeigt die **Entmagnetisierungskennlinie** im 2. Quadranten. Sie dient zur Ermittlung der Kenngrößen von Dauermagneten, z. B. der Remanenz, der magnetischen Beständigkeit und des Energieproduktes. Bei Dauermagnetwerkstoffen werden die Entmagnetisierungskennlinie und die Hysteresekurve oft als Zusammenhang zwischen magnetischer Polarisation J und magnetischer Feldstärke H dargestellt, da sie ohne äußere Felder (z. B. das einer Spule) arbeiten. **Bild 1** zeigt den 1. und 2. Quadranten der Hysteresekurve eines stark anisotropen[1] Dauermagneten, bei dem die Sättigungspolarisation J_s praktisch gleich der Remanenz B_r ist.

10.6.8 Energieprodukt bei Dauermagnetwerkstoffen

Das Energieprodukt, auch als Energiedichte bezeichnet, ist ein Maß für das Speichervermögen an magnetischer Energie. Zunehmend mit der Größe des Luftspaltes des magnetischen Kreises, in dem der magnetische Fluss genutzt wird, tritt eine Schwächung der magnetischen Flussdichte ein. Die nutzbare Flussdichte ist also kleiner als die Remanenzflussdichte. Die Entmagnetisierungskennlinie stellt die Abhängigkeit der Flussdichte B von der (entmagnetisierenden) Feldstärke H dar. Sie erlaubt es, das Produkt für alle zusammengehörenden Werte von Induktion B und Feldstärke H zu bilden. Der ideale Arbeitspunkt, bei dem ein Dauermagnet optimal genutzt wird, ist beim maximalen Energieprodukt $(B \times H)_{max}$ gegeben **(Bild 2)**.

Der $(B \times H)_{max}$-Wert hat die Einheit kJ/m³ und wird nach DIN 17410 zur Kennzeichnung der Hartmagnetwerkstoffe verwendet. Der Werkstoff kann durch eine Werkstoffnummer oder durch einen Kurznamen gekennzeichnet werden **(Tabelle)**. Der Kurzname setzt sich aus den chemischen Symbolen der verwendeten Legierungsbestandteile zusammen, denen der Zahlenwert des Energieproduktes angefügt ist. Die Angabe nach dem Schrägstrich ist ein Zehntel des gerundeten Wertes der Polarisations-Koerzitivfeldstärke H_{CJ} in kA/m.

Das Energieprodukt gibt auch Auskunft über das benötigte Werkstoffvolumen **(Bild 3)**. Vergleicht man die früher verwendeten Kohlenstoffstähle mit einem Energieprodukt von 2 kJ/m³ mit dem heute möglichen Energieprodukt von 200 kJ/m³ z. B. bei Seltenerd-Kobalt-Verbindungen, so bedeutet dies eine Verringerung des erforderlichen Werkstoffvolumens auf 1 %.

---

[1] anisotrop (griech.) = nicht in allen Richtungen des Raumes gleiche Eigenschaften

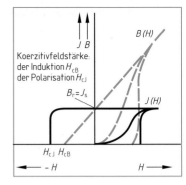

Bild 1: Polarisation und Flussdichte eines Dauermagnetwerkstoffes

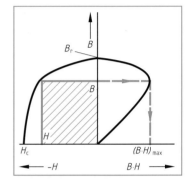

Bild 2: Ermittlung des $(B \times H)_{max}$ - Wertes aus der Entmagnetisierungskennlinie

Tabelle: Hartmagnete
Werkstoffkennzeichnung am Beispiel AlNiCo18/9:
Legierungsbestandteile: Aluminium, Nickel, Kobalt $(B \times H)_{max}$ - **Wert**: 18 kJ/m³ H_{CJ}: 9 x 10 = 90 kA/m (gerundet)

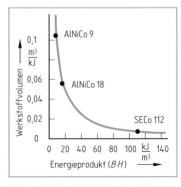

Bild 3: Abhängigkeit des Werkstoffvolumens vom Energieprodukt

10.6.9 Hystereseverluste

Werden Magnetwerkstoffe fortlaufend ummagnetisiert, z. B. bei Transformatoren und umlaufenden elektrischen Maschinen, so ist zur Magnetisierung, Entmagnetisierung und Ummagnetisierung elektrische Energie erforderlich. Die hierzu benötigte elektrische Arbeit nennt man Hystereseverluste. Sie erwärmen den Magnetwerkstoff.

Den Zusammenhang zwischen magnetischer Feldstärke und magnetischer Flussdichte zeigt die Hysteresekurve (Bild 2, Seite 237). Bei Wechselstrommagnetisierung sind die Hystereseverluste proportional der Frequenz. Sie sind weiter abhängig vom Magnetwerkstoff, das heißt von der erforderlichen Magnetisierungs- und Entmagnetisierungsfeldstärke, sowie von dem Spitzenwert der magnetischen Induktion. Sie entsprechen dem Flächeninhalt der Hysteresekurve, da die Fläche das Energieprodukt $B \cdot H$ einer Ummagnetisierung darstellt.

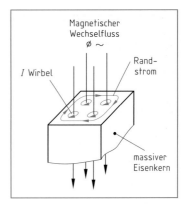

Bild 1: Wirbelstromverlauf in einem massiven Eisenkern

> Der Fläche der Hysteresekurve entsprechen die Hystereseverluste je Periode bei Wechselstrommagnetisierung.

Um die Hystereseverluste klein zu halten, werden bei Ummagnetisierung magnetisch weiche Werkstoffe verwendet. Sie haben eine geringe Koerzitivfeldstärke und daher eine schmale Hystereseschleife.

10.6.10 Wirbelstromverluste

Wird ein elektrischer Leiter von magnetischen Wechselfeldern durchsetzt, entstehen in ihm Induktionsspannungen. In metallenen Magnetwerkstoffen mit einer guten elektrischen Leitfähigkeit, z. B. einem Eisenkern, verursachen diese Spannungen unerwünschte Ströme, die sich bei massiven Kernen in nicht geordneten Bahnen über den gesamten Querschnitt verteilen und an den Kernrändern verstärken. Man nennt sie **Wirbelströme (Bild 1)**. Entsprechend dem elektrischen Widerstand des Kernwerkstoffes erzeugen sie in jedem Wirbelstromkreis unerwünschte Wärmeverluste $I^2 \cdot R$. Zugleich bilden die Wirbelstrombahnen ein eigenes Magnetfeld (Wirbelfeld), das dem Nutzfluss entgegenwirkt und diesen dadurch schwächt (Lenz'sche Regel) **(Bild 2)**. Während Wirbelstromverluste bei magnetischen Gleichfeldern nur beim Feldaufbau (Einschaltvorgang) und Feldabbau (Abschaltung) auftreten, sind sie bei Wechselstrommagnetisierung ständig vorhanden und steigen mit dem Quadrat der Frequenz.

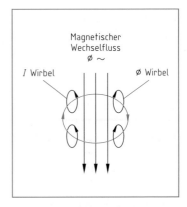

Bild 2: Wirbelstromkreis mit magnetischem Gegenfeld (Wirbelfeld)

Wirbelstromverluste werden verringert durch die Blechung von Eisenkernen in Richtung des magnetischen Flusses **(Bild 3)**. Die gegenseitige Isolierung der Bleche verhindern vor allem die hohen Randströme.

Weiterhin wird ein hoher elektrischer Widerstand des Kernwerkstoffes angestrebt. Bei Elektroblechen wird dies durch Zulegieren von Silicium (etwa 2 % bis 4 %) erreicht. Magnetisch weiche Ferrite (Seite 247) haben einen so großen spezifischen Widerstand, dass die Wirbelstromverluste auch bei hohen Frequenzen praktisch vernachlässigt werden können.

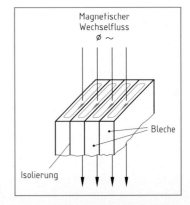

Bild 3: Aufhebung der Rand-Wirbelströme durch Kernblechung

10.6.11 Ummagnetisierungsverluste

Hysereseverluste und Wirbelstromverluste ergeben zusammen die Ummagnetisierungsverluste.

Die Ummagnetisierungsenergie, die in Wärme umgewandelt wird, muss durch eine erhöhte Leistungsaufnahme gedeckt werden. Hierbei steigen die Hystereseverluste P_H mit der Ummagnetisierungsfrequenz f und dem Quadrat der magnetischen Spitzeninduktion $\hat{B}$. Die Höhe der Wirbelstromverluste P_W nimmt quadratisch mit der Frequenz und dem Quadrat des Spitzenwertes der magnetischen Induktion B zu (**Formel 1 und 2**). Die Angabe der Ummagnetisierungsverluste erfolgt meist in Watt pro kg Kernmasse (spezifische Verlustleistung) bei festgelegter Frequenz und Polarisation.

Bei Elektroblech und -band wird eine Wechselfeldmagnetisierung von 50 Hz und eine sinusförmige Polarisation auf einen Spitzenwert der magnetischen Flussdichte von 1,0 T beziehungsweise 1,5 T (kornorientiert auch 1,7 T) zugrunde gelegt (**Tabelle 1**). Die Kurzbezeichnung nach DIN (z. B. DIN 46400 Elektroblech und -band, kornorientiert) gibt jeweils das Hundertfache der Verlustleistung und der Blechdicke an (**Tabelle 2**).

10.6.12 Magnetische Scherung

Die magnetischen Eigenschaften werden nicht nur vom Werkstoff, sondern zusätzlich von der Bauform des magnetischen Kreises bestimmt, z. B. durch das Einfügen eines Luftspaltes.

Das aus dem Magnetwerkstoff in den Luftspalt austretende Magnetfeld bildet ein dem äußeren, magnetisierenden Feld entgegenwirkendes Magnetfeld aus und schwächt es dadurch. Deshalb ist die wirksame Feldstärke H_W im Magnetwerkstoff um den Betrag des äußeren Feldes H_A kleiner als die z. B. durch eine Spule erzeugte Feldstärke H. Bei einem offenen Magnetkreis mit kurzem Kern ist die Schwächung besonders groß (**Bild 1**).

Bei zunehmendem Luftspalt vergrößert sich die zur Erzeugung einer bestimmten magnetischen Flussdichte erforderliche Feldstärke H. Die Hysteresekurve flacht dadurch ab, es bildet sich eine „Schere" zwischen ihr und der Hysteresekurve des luftspaltfreien Magnetkreises (**Bild 2**). Durch die Scherung verkleinert sich die wirksame Permeabilität und die Remanenz. Sättigungsflussdichte und Koerzitivfeldstärke werden durch die Scherung nicht verändert.

$$P_H \sim f \cdot \hat{B}^2 \quad (1) \qquad P_W \sim f^2 \cdot \hat{B}^2 \quad (2)$$

P_H Hystereseverluste
f Frequenz
$\hat{B}$ magnetische Spitzeninduktion
P_W Wirbelstromverluste

Tabelle 1: Ummagnetisierungsverluste

Elektroblech 0,35 mm dick bei f = 50 Hz	Ummagnetisierungs- verluste in W/kg bei:	
	1,0 T	1,5 T
Fe, unlegiert nicht kornorientiert	2,5...4	6...10
Fe, siliciumlegiert nicht kornorientiert	1...1,3	2,5...3,3
Fe, siliciumlegiert kornorientiert	0,46	1,1

Tabelle 2: Werkstoffkennzeichnung Elektroblech

Beispiel: VM 111 – 35	

Kennbuchstaben: VM Elektroblech und -band kornorientiert

Ummagnetisierungsverlust bei 1,5 T:
111/100 = 1,11 W/kg

Blechdicke: 35/100 = 0,35 mm

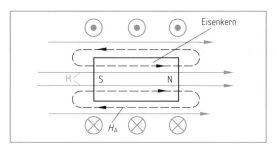

Bild 1: Feldschwächung durch den Luftspalteneinfluss

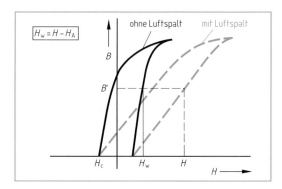

$$H_w = H - H_A$$

Bild 2: Scherung der Hysteresekurve

10.7 Entmagnetisierung

Bei der Entmagnetisierung von Magnetwerkstoffen wird ein äußeres Magnetfeld dazu benutzt, den ursprünglich ungeordneten Zustand der Weiss'schen Bezirke (bzw. der Elementarmagnete) wieder herzustellen. Üblich ist die Entmagnetisierung mit Wechselstrom, dessen Stärke durch einen Stelltransformator oder einen Stellwiderstand verändert werden kann (**Bild 1**).

Der zu entmagnetisierende Werkstoff, z. B. Eisen, wird hierbei in das magnetische Wechselfeld einer Spule eingebracht, dessen Anfangsfeldstärke deutlich über der Feldstärke des Eisens liegt. Durch Verkleinern des Spulenstromes wird das Eisen mit abnehmendem Magnetismus fortlaufend ummagnetisiert, bis der Wert null erreicht ist. Die Hystereseschleife erreicht dadurch ebenfalls ihren Ausgangspunkt (**Bild 2**). Den Effekt langsam abnehmender Wechselmagnetisierung erreicht man auch, wenn bei konstantem Spulenstrom das Eisenstück langsam aus der Spule gezogen wird.

Neben der elektrischen Entmagnetisierung kann auch eine thermische Entmagnetisierung erfolgen. Dabei erwärmt man den Magnetwerkstoff über die Curie-Temperatur hinaus. Eintretende Veränderungen im Gefüge beeinflussen hierbei die magnetischen Eigenschaften. Bei Elektroblechen werden z. B. durch die so genannte Schlussglühung Störungen im Gefüge beseitigt, die durch die Kaltverformung beim Walzvorgang eintreten. Das Elektroblech erhält erst durch die Wärmebehandlung die gewünschten magnetischen Eigenschaften.

10.7.1 Curie-Temperatur

Wird Eisen auf eine Temperatur von 769 °C erwärmt, so verliert es seine magnetischen Eigenschaften, es wird paramagnetisch. Reines Nickel verliert seinen Magnetismus bereits bei 360 °C, Kobalt bei 1120 °C. Diese für jeden ferromagnetischen Werkstoff typische Temperatur nennt man **Curie-Temperatur**[1] (**Tabelle**). Durch thermische Schwingungen im Atombau wird hierbei die Ausrichtung der Spin-Effekte in den Weiss'schen Bezirken (bzw. die Ausrichtung der Elementarmagnete) aufgehoben. Erfolgt nach einer thermischen Entmagnetisierung und abgeschlossener Abkühlung eine neuerliche Magnetisierung, so können durch Gefügeänderungen andere magnetische Eigenschaften auftreten.

Die zulässige Einsatztemperatur von Magnetwerkstoffen liegt deutlich unter der Curie-Temperatur. Für AlNiCo-Dauermagnete beträgt z. B. die maximale Einsatztemperatur etwa 450 °C.

[1] nach Pierre Curie, franz. Physiker, 1859 bis 1906

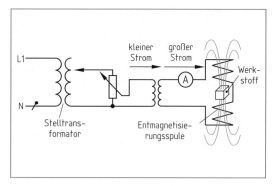

Bild 1: Entmagnetisierungseinrichtung (Prinzip)

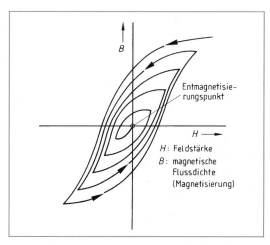

Bild 2: Hystereseschleife beim Entmagnetisieren

Tabelle: Curie-Temperaturen	
Werkstoff	**Curie-Temperatur**
Magnetisch weiche Werkstoffe	
Stahl mit 2,5 % ... 4,5 % Si	750 °C
Stahl mit 40% Ni	250 °C
Ni-Fe-Legierungen mit Zusätzen (ca. 75 % Ni, Mn, Mo, Si, Cu, Cr)	270 °C...400 °C
Magnetisch harte Werkstoffe	
AlNiCo	750 °C...850 °C
Hartferrite MeO · 6 Fe_2O_3 Me = Ba, Sr, Pb	ca. 450 °C
Seltenerden-Kobalt-Sinterwerkstoff ($SmCo_3$, Sm_2Co_{17})	720 °C

10.8 Magnetostriktion

Wird die Magnetisierung von Magnetwerkstoffen geändert, so tritt eine als Magnetostriktion[1] bezeichnete Änderung seiner Form ein. Ursache ist die Verdichtung der Anordnung der Atome in Richtung der Magnetisierung oder quer zu ihr.

> Durch Magnetisieren ändern sich die Abmessungen ferromagnetischer Stoffe.

Bei Eisen und z. B. Nickel führt die Magnetisierung zu einer Verkürzung, bei Kobalt zu einer Verlängerung. Wird Eisen einer zunehmenden magnetischen Flussdichte B ausgesetzt, so tritt zunächst eine Verkürzung bis zur so genannten Sättigungsmagnetostriktion ein, bei einer weiteren Steigerung der Flussdichte eine Verlängerung **(Bild)**. Dieses als Längenmagnetostriktion bezeichnete Verhalten gibt man als Verhältnis der Längenänderung zur Ausgangslänge an **(Formel 1)**. Die maximale magnetostriktive Längenänderung (Sättigungsmagnetostriktion) bei Raumtemperatur beträgt bei Eisen $-8 \cdot 10^{-6}$ (Verkürzung), bei Kobalt $+50 \cdot 10^{-6}$ (Verlängerung). Bei Elektroblechen,

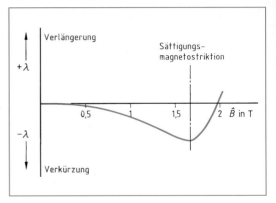

Bild: Längenmagnetostriktion bei kornorientiertem Elektroblech

$$\lambda = \frac{\Delta l}{l} \qquad (1)$$

λ magnetostriktive Längenänderung[2]
l Ausgangslänge
Δl Längenänderung

z. B. bei Transformatorkernen, führt die Magnetostriktion zu Schwingungen, deren Grundschwingung die doppelte Frequenz des Wechselfeldes hat. Der Transformatorkern wirkt damit bei einer Netzfrequenz von 50 Hz als Schallquelle mit einer Frequenz von 100 Hz (Transformatorbrumm). Bei der technischen Nutzung der Magnetostriktion werden mechanische Schwingungen und Schallimpulse im Ultraschallbereich oberhalb 50 kHz erzeugt. Wegen ihrer wesentlich größeren Magnetostriktion setzt man hierzu meist stark nickelhaltige Werkstoffe ein.

Unter **Magnetoelastik** versteht man die Umkehrung des Magnetostriktionseffektes. Wird ein geschlossener ferromagnetischer Kern durch eine äußere Kraft zusammengedrückt, so ordnen sich die Atome mit geringem Abstand zueinander. Die Ausrichtung der Elementarmagnete wird dadurch teilweise aufgehoben. Die Permeabilität des Kernes wird verringert. Befindet sich auf dem Kern eine Spule, so ändert sich mit der einwirkenden Kraft die Spuleninduktivität und der Spulenstrom. Magnetoelastische Kraftfühler nutzen die Stromänderung zum Messen von Kräften.

Wiederholungsfragen

1. **Wie entsteht das Magnetfeld einer Spule?**

2. **Wie unterscheiden sich magnetischer Fluss und magnetische Flussdichte?**

3. **Warum werden Spulen meist mit einem Eisenkern verwendet?**

4. **Was sagt die Permeabilitätszahl aus?**

5. **Wie unterscheiden sich die Permeabilitätszahlen von ferromagnetischen, paramagnetischen und diamagnetischen Stoffen?**

6. **Was versteht man unter der magnetischen Sättigung eines Eisenkerns?**

7. **Welche Form hat die typische Ummagnetisierungskennlinie eines Dauermagneten?**

8. **Was versteht man unter der Remanenz und der Koerzitivfeldstärke eines Magnetwerkstoffes?**

9. **Warum sollen magnetisch weiche Werkstoffe eine geringe Koerzitivfeldstärke haben?**

10. **Was versteht man unter dem Energieprodukt eines Dauermagneten?**

11. **Wie entstehen Ummagnetisierungsverluste?**

12. **Was versteht man unter magnetischer Scherung?**

13. **Worauf ist bei der Erwärmung von Magnetwerkstoffen zu achten?**

14. **Was versteht man unter Magnetostriktion und wozu kann sie genutzt werden?**

---

[1] vom strictus (lat.) = zusammengezogen   [2] λ: griech. Buchstabe Lambda

10.9 Magnetisch weiche Werkstoffe

Magnetisch weiche Werkstoffe werden meist zur dauernden Ummagnetisierung verwendet.

Elektroblech und -band wird in elektrischen Maschinen und Transformatoren als Kernwerkstoff eingesetzt. In der Nachrichtentechnik werden magnetisch weiche Werkstoffe z. B. für Übertrager, Speicherkerne, Entstördrosseln und Filter verwendet, in der Mess- und Steuerungstechnik als Wandlerkerne, in Messwerken und in Magnetverstärkern. Weitere Anwendungen sind z. B. Abschirmungen gegen magnetische Störfelder oder die magnetostriktive Erzeugung von Schwingungen.

Für Magnetisierungsvorgänge mit Netzfrequenz sind Eisen und Eisenlegierungen geeignet, für hohe Frequenzen werden z. B. Ferritkerne verwendet.

Magnetisch weiche Werkstoffe (**Übersicht**) sollen eine hohe Permeabilität haben und mit geringem Energieaufwand ummagnetisierbar sein.

Magnetisch weiche Werkstoffe haben eine geringe Koerzitivfeldstärke: H_c <1000 A/m.

Die sich aus Hystereseverlusten und Wirbelstromverlusten zusammensetzenden Ummagnetisierungsverluste sollen gering sein. Daher haben magnetisch weiche Werkstoffe eine schmale Hysteresekurve (**Bild 1**). In der Nachrichtentechnik soll auch bei Frequenzen über 1 kHz die Permeabilität möglichst wenig zurückgehen.

10.9.1 Magnetisch weiches Eisen und seine Legierungen

Reines Eisen

Eisen mit bis zu 0,1 % Fremdelementen wird als technisch reines Eisen bezeichnet. Durch Sintern hergestelltes reines Eisen (Magnetreineisen) kann eine Reinheit von über 99,95 % besitzen, wobei der Gehalt an Kohlenstoff und anderen Verunreinigungen wie Schwefel, Chrom oder Silicium auf Werte unter 0,005 % verringert sein kann. Es hat eine sehr geringe Koerzitivfeldstärke und eine hohe Sättigungspolarisation (**Tabelle, Seite 244** und Bild 1). Nachteilig ist seine geringe Korrosionsbeständigkeit und der kleine elektrische Widerstand, der einer Verwendung bei höheren Frequenzen wegen der Wirbelstromverluste entgegensteht.

Anwendungen: Bei kleinen Elektromotoren z. B. für Joche und Polschuhe sowie in Relais.

Lieferformen: Sinterformteile, Halbzeuge wie Stäbe und Rohre, sowie Bänder (**Bild 2**).

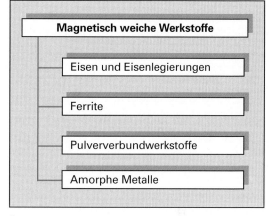

Übersicht: Magnetisch weiche Werkstoffe

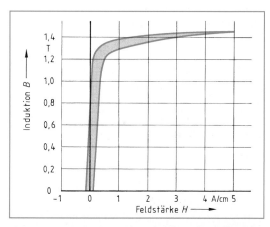

Bild 1: Hysteresekurve von reinem Eisen (gesintert)

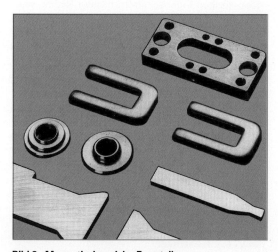

Bild 2: Magnetisch weiche Formteile

Tabelle: Magnetische Eigenschaften von reinem Eisen und Stahl							
	μ_a	μ_r	H_c in A/m	J_s (B_s) in T	ϑ_c in °C	ϱ^* in Ω mm²/m	ϱ^{**} in kg/dm³
Reines Eisen	250...2000	5000...40000	1...0,06	2,15	770	0,10	7,8...7,9
Stahl	100	2000	1,5	2,1	770	0,11	7,8

μ_a Anfangspermeabilität $\quad\quad$ μ_r Maximalpermeabilität $\quad$ H_c Koerzitivfeldstärke $\quad\quad$ ϱ^{**} Dichte

J_s (B_s) Sättigungspolarisation $\quad$ ϑ_c Curietemperatur $\quad\quad$ ϱ^* spezifischer Widerstand

Eisen-Silicium-Legierungen

Eisen-Silicium-Legierungen haben einen Siliciumgehalt von etwa 0,7...4,5 %. Steigender Siliciumgehalt erhöht den Wirkwiderstand des Eisens, wodurch die Ummagnetisierungsverluste verringert werden **(Bild 1)**. Silicium führt auch zur Versprödung, daher ist wegen der schlechteren Bearbeitbarkeit ein höherer Anteil nicht sinnvoll. Kaltwalzen von Blechen ist z. B. nur bis zu einem Siliciumgehalt von 3,25 % möglich. Auch die Sättigungspolarisation wird durch Silicium herabgesetzt (Sättigungspolarisation z. B. bei Reineisen 2,15 T, bei Elektroblech mit 3 % Si 2,0 T, bei Elektroblech mit 4 % Si 1,97 T).

Anwendungen: Elektroblech und -band für Transformatoren, Motoren und Generatoren, Kernbleche für Drosseln, Fehlerstromschutzschalter, Messwandler und Übertrager.

Lieferformen: Bleche, meist als Band oder in Tafeln mit Blechdicken von 0,2 mm, 0,35 mm, 0,5 mm und 0,65 mm.

Blechisolation: Phosphatschichten, Oxidschichten, Isolierlacke.

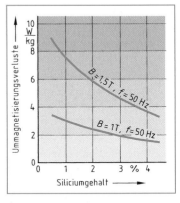

Bild 1: Abhängigkeit der Ummagnetisierungsverluste vom Siliciumgehalt

> Bei Kernblechen wird zwischen Blechen ohne Kornorientierung und Blechen mit Kornorientierung unterschieden.

Bleche ohne Kornorientierung haben keine magnetische Vorzugsrichtung. Während sie früher nur durch Warmwalzen hergestellt wurden („warmgewalzte Bleche"), werden sie heute überwiegend durch Kaltwalzung und anschließendes magnetisches Schlussglühen gefertigt. Sie werden für magnetisch aktive Teile von Generatoren, Motoren und anderen Geräten verwendet, bei denen die magnetischen Eigenschaften in allen Richtungen gleich sein müssen. Beim Kaltwalzen kann jedoch durch Kornorientierung eine magnetische Vorzugsrichtung (magnetische Anisotropie) mit besonders geringen Ummagnetisierungsverlusten erreicht werden.

Kornorientierte Bleche (Goss[1]-Texturbleche) werden hergestellt, indem man durch den Walzvorgang die Eisen-Siliciumkristalle im Gefüge (Metallgefüge und kristalline Struktur Seite 76) so ausrichtet, dass ihre magnetischen Vorzugsachsen der Walzrichtung entsprechen **(Bild 2)**. Dies erfolgt durch Warmwalzen der Bleche auf eine Dicke von rund 2,5 mm und anschließendes Kaltwalzen auf etwa 0,8 mm. Nach Zwischenglühen bei 900 °C wird dann durch Kaltwalzen die Endblechdicke hergestellt. Bei dieser so genannten **Goss-Textur[2]** betragen die Ummagnetisierungsverluste in Walzrichtung nur etwa 30 % der entsprechenden Verluste quer zur Walzrichtung. Z. B. Kerne von Versorgungstransformatoren werden daher nur mit in Vorzugsrichtung geschichteten Texturblechen hergestellt **(Bild 3)**.

[1] Goss, amerik. Physiker (1935)

[2] Textur von textus (lat.) = Gewebe, Zusammenhang; hier Orientierung der Kristalle

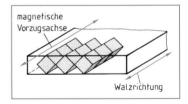

Bild 2: Textur bei Elektroblech

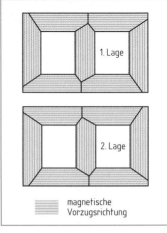

Bild 3: Schichtplan für einen Dreischenkelkern

Eigenschaften von Elektroblech

> Kerne aus Elektroblech sollen eine hohe magnetische Polarisation bei geringen Ummagnetisierungsverlusten ermöglichen.

Kornorientierte Bleche sind z. B. für Transformatoren besonders geeignet **(Bild 1)**.

Während die Hystereseverluste von der Textur des Gefüges, der Legierungszusammensetzung und der Frequenz abhängen, werden die Wirbelstromverluste neben der Frequenz und der elektrischen Leitfähigkeit in erster Linie von der Blechdicke bestimmt **(Bild 2)**. So verringerten sich die verwendeten Blechdicken von ursprünglich 0,5 mm auf die heute üblichen Werte von 0,35 mm und darunter.

Kornorientierung, optimaler Siliciumgehalt (so genannte Hi-Bleche[1]) und eine Kornverkleinerung z. B. durch Laserbestrahlung, erbrachten eine Verringerung der Ummagnetisierungsverluste z. B. bei einer Flussdichte 1,5 T von 2,4 W/kg Kernmasse (legierte Elektrobleche 0,5 mm) auf einen Wert von 0,6 W/kg (0,2 mm Blechdicke).

Durch niedere Magnetostriktion wird eine geringe Geräuschbildung des Kerns erreicht.

Eisen-Kobalt-Legierungen

Legierungen mit einem Kobaltgehalt von meist 40 % bis 50 % haben die höchste Sättigungspolarisation aller magnetisch weichen Werkstoffe **(Bild 3)**. Daneben haben sie auch die größte Magnetostriktion und die höchste Curie-Temperatur **(Tabelle)**. Sie werden für höchste Flussdichten angewendet sowie zur Erzeugung magnetostriktiver Schwingungen. FeCo-Legierungen eignen sich für den Einsatz bei hohen Temperaturen.

Anwendungen: Joche für die Elektronenoptik (magnetische Linsen), Telefonmembrane, Kerne von Transformatoren, Rotor- und Statorbleche für Motoren bei sehr hoher Induktion und kleinsten Baugrößen, Magnetverstärker und Ultraschallschwinger.

Lieferformen: Band- und Schnittbandkerne, Kernbleche und Massivteile.

Tabelle: Magnetische Eigenschaften von Eisen-Kobalt-Legierungen				
Co-Gehalt in %	μ_r	H_c in A/m	$J(B)$ in T	Curie-Temp. in °C
40...50	1200	40	2,35	950
Richtwerte bei Bandausführung und $f = 50$ Hz				

[1] High induction (engl.) = hohe Induktion

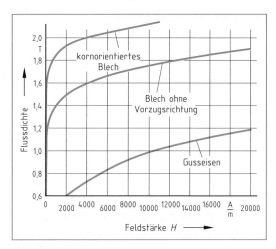

Bild 1: Magnetisierungskennlinien

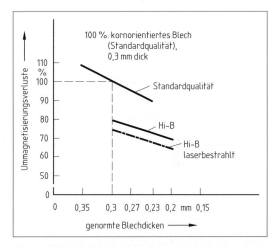

Bild 2: Abhängigkeit der Ummagnetisierungsverluste von der Blechdicke ($B = 1,7$ T; $f = 50$ Hz)

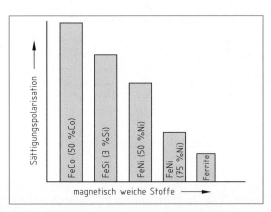

Bild 3: Sättigungspolarisation magnetisch weicher Stoffe

Eisen-Nickel-Legierungen

Die in der Elektrotechnik verwendeten Eisen-Nickel-Legierungen haben einen Nickelgehalt von etwa 30 % bis 85 %. Neben Nickel sind oft in geringem Umfang noch andere Bestandteile wie Kupfer, Chrom oder Molybdän beigefügt. Legierungen mit hohem Nickelgehalt sind die magnetisch weichsten Werkstoffe. Sie haben bei sehr geringer Koerzitivfeldstärke eine hohe Anfangs- und Maximalpermeabilität, während die Sättigungspolarisation im Vergleich zu Eisen bzw. Eisensilicium-Legierungen gering ist. Mit zunehmendem Nickelgehalt wird die Permeabilität größer, während die erreichbare Polarisation abnimmt **(Tabelle und Bild 1)**. Mit Eisen-Nickel-Legierungen können Magnetwerkstoffe mit unterschiedlicher Form der Ummagnetisierungskennlinie hergestellt werden, z. B. in Rechteckform für Magnetverstärker und flachansteigend für Wandler oder Impulsübertrager **(Bild 2)**

Anwendungen: Kerne für Übertrager, Speicher, Messwandler und Fehlerstromschutzschalter. Werkstoff für magnetische Abschirmungen (Nickelgehalt 72 % bis 83 %, z. B. Mumetall).

Lieferformen: Band-und Schnittbandkerne, Kernbleche, Massivteile. Als Abschirmwerkstoff in Folien-, Schlauch- oder Gehäuseform.

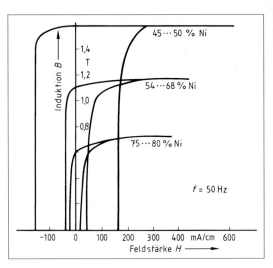

Bild 1: **Ummagnetisierungskennlinien von FeNi-Legierungen (Ringbandkerne)**

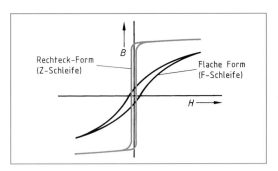

Bild 2: **Mögliche Formen der Hysteresekurve bei FeNi-Legierungen**

Tabelle: Magnetische Eigenschaften von Eisen-Nickel-Legierungen

Ni-Gehalt in %	μ_r	H_c in A/m	$J(B)$ in T	Curie-Temp. in °C
35…40	3000	20	1,3	etwa 250
50	5000	3	1,6	etwa 480
70…80	60000	2	0,8	etwa 400
Richtwerte bei Bandausführung und $f = 50$ Hz				

10.9.2 Magnetisch weiche Ferrite

Magnetisch weiche Ferrite werden auch als magnetische Keramiken (Oxidkeramik) bezeichnet. Sie bestehen aus Mischkristallen oder Verbindungen von Eisenoxid (Fe_2O_3) mit einem oder mehreren Oxiden zweiwertiger Metalle, z. B. NiO, ZnO, MgO, MnO oder CoO, und werden durch Sintern bei Temperaturen von 1100 °C bis 1400 °C hergestellt **(Bild 3)**.

Durch die sinterkeramische Herstellung kann die Kernform der jeweiligen Anwendung genau angepasst werden. Je nach Mischung (Versatz) der Metalloxide und Höhe der Sintertemperatur (Brand) lassen sich die magnetischen Eigenschaften weitgehend bestimmen.

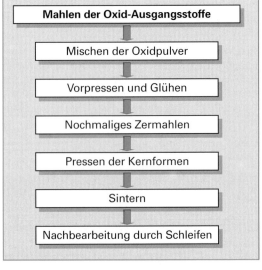

Bild 3: **Herstellungsstufen magnetischer Oxidkeramik**

Ferrite haben einen sehr hohen spezifischen Widerstand, der etwa 10 Zehnerpotenzen über den von Metallkernen liegt (Tabelle). Dadurch sind die Wirbelstromverluste so klein, dass sie bis zu hohen Frequenzen hin vernachlässigt werden können. Ferrite verwendet man daher in der Hochfrequenztechnik. Die Anfangspermeabilität, die magnetische Sättigung und die Curie-Temperatur sind deutlich niedriger als bei Metallkernen.

Anwendungen: Überwiegend in der Hochfrequenztechnik, der Nachrichtentechnik und in der Unterhaltungselektronik, z. B. für Übertrager, Impulstransformatoren, Bandfilter und Antennen; Ferrite mit rechteckiger Ummagnetisierungskennlinie verwendet man als Speicherkerne in Datenverarbeitungsanlagen.

Tabelle: Eigenschaften von Ferriten und Metallen

	Spezifischer Widerstand in Ωm^1	Anfangspermeabilität μ_A	Sättigungsflussdichte B in T	Curie-Temperatur in °C
Ferrite	$1...10^6$	$10^1...10^4$	$0,2...0,5$	$150...500$
Metalle und Legierungen	$10^{-5}...10^{-4}$	$10^3...10^5$	$0,6...2,4$	$250...950$

^{1} $1\,\Omega m = 10^6\,\Omega mm^2/m$

10.9.3 Pulververbundwerkstoffe

Pulververbundwerkstoffe werden den magnetischen Keramiken zugeordnet (Metallkeramik). Sie bestehen aus magnetisch weichem Metallpulver von Reineisen, Carbonyleisen oder Eisen-Nickel-Legierungen mit einem Ni-Gehalt von 75...80 %. Die Pulverteilchen werden mit einer elektrischen Isolationsschicht versehen, z. B. durch Oxidation, und zusammen mit Bindemitteln zu Kernen und Formteilen gepresst (Bild 1). Als Bindemittel verwendet man aushärtende Kunstharze (Polymere, Polystyrol). Es wird eine hohe Fertigungsgenauigkeit erreicht. Bei Bedarf ist spanabhebende Bearbeitung, z. B. durch Drehen, möglich.

> Die Eigenschaften von Pulverkernen werden durch die Größe der Pulverteilchen und den Gehalt an Bindemitteln bestimmt.

Der Teilchendurchmesser beträgt z. B. bei Carbonylpulverkernen 1...10 μm. Er muss umso kleiner sein, je höher die Ummagnetisierungsfrequenz ist. Die allseitig isolierten Pulverteilchen ergeben einen hohen elektrischen Widerstand. Unabhängig von der Magnetisierungsrichtung sind die Wirbelstromverluste auch bei hohen Frequenzen klein.

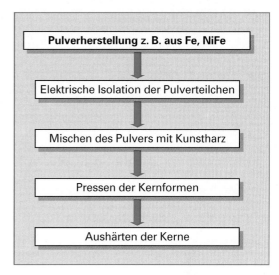

Bild 1: Herstellungsstufen magnetischer Pulverkerne

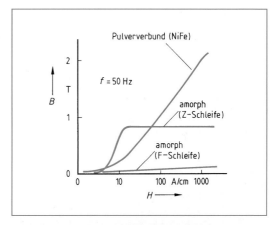

Bild 2: Typische Magnetisierungskennlinien von Pulververbund- und amorphen Kernen

Bild 3: Pressformteile aus Pulvermagnetwerkstoff

Die magnetischen Eigenschaften der Pulverkerne verschlechtern sich mit dem Anteil an Bindemitteln (5...50 %). Ihre Permeabilität ist gering und die Magnetisierungskennlinie verläuft flach (Bild 2, Seite 247). Die Koerzitivfeldstärke ist im Vergleich zu Legierungswerkstoffen oder Ferriten hoch **(Tabelle)**. Die zulässige Betriebstemperatur ist durch die als Bindemittel verwendeten Kunstharze auf etwa 150 °C begrenzt.

Anwendungen: Preisgünstig herstellbare Kerne sowie Formteile für den NF- und HF-Bereich **(Bild 3, Seite 247)**, wie für Speicher-, Glättungs- und Funkentstördrosseln, HF-Spulenkerne in der Rundfunk- und Fernsehtechnik oder Formteile für Motoren mit Betriebsfrequenzen über 100 Hz.

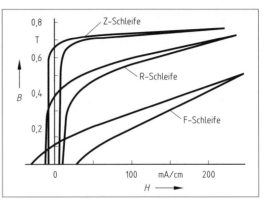

Bild 1: Typische Hysteresekurven (amorphe Bandkerne)

Tabelle: Eigenschaften von Pulververbund-werkstoffen und amorphen Metallen				
	Spezifischer Widerstand in Ωmm^2	Anfangs-permea-bilität μ_A	Sättigungs-flussdichte B in T	Koerzitiv-feldstärke H_c in A/m
Pulver-verbund-kerne	0,1...0,5	10...300	0,7...1,9	200...1000
Amorphe Band-kerne	1,0...1,4	3000...15000	0,5...1,5	0,4...4

10.9.4 Amorphe Metalle (Metallgläser)

Metall-Legierungen, die wie Glas eine ungeordne-te, also amorphe (gestaltlose) Anordnung ihrer Atome haben, werden auch als metallische Gläser bezeichnet. Sie haben zwar die Eigenschaften von

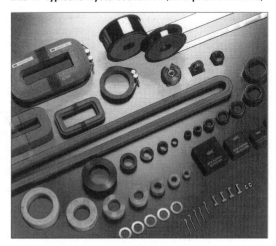

Bild 2: Bänder und Stanzteile aus amorphen Legierungen

Metallen, aber kein Kristallgitter. Zur Herstellung werden den Metallen Eisen, Nickel und Kobalt kristalli-sationsverzögernde Zusätze wie Bor, Silicium, Germanium oder Kohlenstoff zulegiert. Die Metallschmel-ze kann man zur Fertigung dünner Metallbänder unmittelbar auf schnell rotierende Walzen spritzen. Die anschließend im magnetischen Feld durchgeführte Wärmebehandlung bestimmt mit den Legierungsbe-standteilen die magnetischen Eigenschaften **(Tabelle)**. Es sind durch unterschiedliche Anlassbehandlung Kerne mit runden Hysteresekurven (R-Schleife) und hoher Anfangspermeabilität, solche mit flacher Kur-ve (F-Schleife) mit bei hohen Frequenzen geringen Ummagnetisierungsverlusten und Kerne mit Recht-eckform (Z-Schleife) für hohe Permeabilität möglich **(Bild 1)**. Um eine nachträgliche Gefügekristallisation zu vermeiden, ist die Betriebstemperatur auf 100...200 °C begrenzt.

Anwendungen: Kerne für Frequenzen bis 100 kHz, z. B. Ringbandkerne für Transduktordrosseln, Entstör-drosseln und Übertrager in Schaltnetzteilen mit hohen Frequenzen, Magnetköpfe und Abschirmgeflechte gegen magnetische Felder.

Lieferformen: Bänder als Halbzeuge oder Ringbandkerne mit Banddicken 0,025 mm bis 0,050 mm sowie Stanzteile und Geflechte **(Bild 2)**.

Wiederholungsfragen

1 Warum werden z. B. für Transformatorenkerne magnetisch weiche Kernwerkstoffe verwendet?

2 Warum werden Elektrobleche mit Silicium legiert?

3 Welche Vorteile haben kornorientierte Elektrobleche?

4 Wie werden magnetisch weiche Ferrite hergestellt?

5 Welche Auswirkung haben bei Pulverkernen die Bindemittel auf die magnetischen Eigenschaften?

6 Was versteht man unter amorphen Metallen?

10.10 Magnetisch harte Werkstoffe (Permanentmagnete)

In magnetisch harten Werkstoffen bleibt nach der Magnetisierung ein dauerhaftes Magnetfeld zurück.

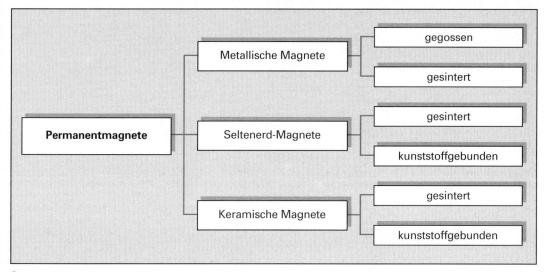

Übersicht: Permanentmagnete und ihre Herstellung

Dauer- oder Permanentmagnetstoffe können nach der Art ihrer Herstellung eingeteilt werden (**Übersicht**). Sie werden in der Elektrotechnik z. B. für Elektromotoren, Kleingeneratoren, Messwerke oder Lautsprechermagnete und Tonbandbeschichtungen verwendet. Im Maschinenbau setzt man sie bei magnetischen Kupplungen, Haftplatten zur Metallbearbeitung, für Bremsmagnete oder Verschlüsse und Dichtungen ein. Magnetfilter (magnetische Abscheider) dienen zur Reinigung von Stoffen, z. B. von Schmierölen, die sie von Eisenbestandteilen trennen.

Die **Magnetisierung** von Dauermagnetwerkstoffen kann durch das Feld von Dauermagneten oder von Elektromagneten (Gleichstrommagnetisierung) erfolgen. Eine weitere Möglichkeit ist die so genannte Impulsmagnetisierung. Dabei entsteht das Magnetfeld einer Spule durch den Stromimpuls einer Wechselstromhalbwelle oder durch den Entladestrom einer Kondensatorbatterie. Die zur Magnetisierung erforderliche Stärke des magnetisierenden Feldes soll mindestens der dreifachen Koerzitivfeldstärke entsprechen, die erreicht werden soll.

Dauermagnetwerkstoffe sollen nach der Magnetisierung im Luftspalt ihres Magnetsystems eine hohe nutzbare magnetische Flussdichte haben, die gegen äußere entmagnetisierende Feldstärken sehr beständig ist. Sie haben im Unterschied zu den magnetisch weichen Werkstoffen eine breite Hysteresekurve (**Bild 1**).

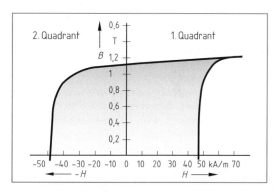

Bild 1: **Hysteresekurve einer AlNiCo-Permanentmagnetlegierung**

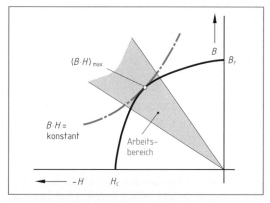

Bild 2: **Entmagnetisierungskennlinie mit maximalem Energieprodukt**

Magnetisch harte Werkstoffe haben eine hohe Koerzitivfeldstärke ($H_c > 10\,000$ A/m).

Wesentliche Kennwerte sind die Remanenzflussdichte B_r, die Koerzitivfeldstärke H_c und das maximale Energieprodukt $(B \cdot H)_{max}$. Kennzeichnend für sie ist daher der als Entmagnetisierungskennlinie bezeichnete 2. Quadrant der Hysteresekurve **(Bild 2, Seite 249)**.

Dauermagnetwerkstoffe können ohne magnetische Vorzugsrichtung, also isotrop, hergestellt werden oder mit magnetischer Vorzugsrichtung, also anisotrop. **Isotrope Werkstoffe** haben eine frei wählbare Magnetisierungsrichtung. Sie sind preisgünstiger als anisotrope Magnete. **Anisotrope Werkstoffe** werden in ihrer Vorzugsrichtung magnetisiert. Sie haben in dieser Richtung einen größeren magnetischen Fluss und eine höhere Remanenz. Anisotropie erreicht man bei der Herstellung des Werkstoffes durch ein ausreichend starkes Magnetfeld. Legierungsschmelzen lässt man im Magnetfeld erstarren. Bei Sinterwerkstoffen wird das Legierungspulver vor der Sinterung in einem Magnetfeld zusammengepresst. Die **Tabelle** zeigt mögliche Magnetisierungsarten und Magnetformen.

Die magnetischen Werte eines Magnetsystems können sich durch natürliches Altern, durch äußere Magnetfelder oder durch den Einfluss der Umgebungstemperatur verringern. Durch künstliche **Alterung** werden gleich bleibende magnetische Werte erreicht. Magnetische Wechselfelder abnehmender Amplitude, Tempern oder mechanische Erschütterung altern die Magnete.

10.10.1 Metallische magnetisch harte Werkstoffe

Aluminium-Nickel-Kobalt-Magnete (AlNiCo)

AlNiCo-Legierungen bestehen aus den Hauptbestandteilen Aluminium (6...13%), Nickel (13...20%), Kobalt (15...40%) und Titan (0...8%). Bei AlNi-Legierungen entfällt der Kobaltanteil und das Zulegieren von Titan zugunsten eines höheren Nickelgehaltes (20...30%).

Die Formteile werden durch Gießen (meist größere Magnete) oder Sintern hergestellt. Der Magnetwerkstoff ist hart und spröde, sodass nur eine geringe mechanische Beanspruchung möglich ist. Die Formgebung erfolgt daher bereits beim Gieß- oder Sintervorgang **(Bild)**. Eine Nachbearbeitung sollte sich auf die Polflächen beschränken, da nur Schleifen oder z. B. Ultraschallbohren und Funkenerosion möglich ist. AlNiCo-Legierungs- und

Tabelle: Magnetisierung von Dauermagneten	
Magnetisierung	**Polanordnung**
axial	
diametral	
radial	
sektorförmig mehrpolig (beidseitig)	

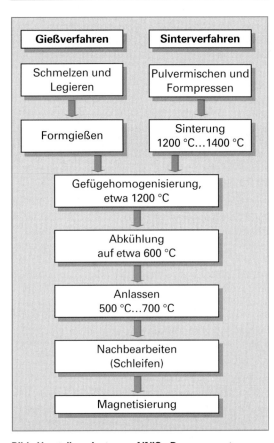

Bild: Herstellung isotroper AlNiCo-Dauermagnete

Sintermagnete haben Gebrauchstemperaturen bis etwa 500 °C.

Anwendungen: AlNiCo-Magnete können mit isotropen magnetischen Eigenschaften besonders für vielpolige Magnetsysteme oder anisotrop mit maximalem Energieprodukt in Vorzugsrichtung hergestellt werden **(Tabelle 1)**. Verwendet werden sie als Standardmagnete wie Block-, Stab- oder Ringmagnete z. B. für Mikrofone, Lautsprecher, Formmagnete für Relais oder als Rotormagnete z. B. für Induktoren, Kleingeneratoren und Motoren.

AlNiCo-Formteile hoher Maßgenauigkeit werden z. B. für Tachometer auch in kunststoffgebundener Ausführung hergestellt (Seite 254). Sie haben sehr konstante, aber stark herabgesetzte magnetische Eigenschaften (Tabelle 1).

Platin-Kobalt-Magnete (PtCo)

PtCo-Legierungen bestehen aus Platin und Kobalt, wobei der Platinanteil von etwa 78 % den Werkstoff sehr verteuert und seine Verwendung vor allem auf Kleinstmagnete beschränkt. PtCo-Legierungen sind verformbare Magnetwerkstoffe. Sie werden durch Gießen hergestellt und können z. B. zu Bändern und Drähten verarbeitet werden.

> Verformbare Magnetwerkstofflegierungen können gewalzt und gezogen werden.

PtCo-Magnetwerkstoffe haben ein hohes Energieprodukt und eine sehr hohe Koerzitivfeldstärke **(Bild und Tabelle 2)**. Sie haben isotrope magnetische Eigenschaften und können bis zu Temperaturen von 400 °C eingesetzt werden.

Anwendungen: Kleinstmagnete, z. B. aus Band, Draht oder in Röhrchenform; Ringmagnete mit radialer Magnetisierung.

Eisen-Kobalt-Vanadium-Chrom-Magnet-Legierungen (FeCoVCr)

Diese Legierungen zählen gemeinsam mit den PtCo-Legierungen zu den verformbaren Magnetwerkstoffen. Sie bestehen aber aus kostengünstigen Rohstoffen. Energieprodukt und Koerzitivfeldstärke sind geringer als bei AlNiCo-Magneten (Bild und Tabelle 2). Es lassen sich drei Legierungsarten unterscheiden:

FeCoVCr-Legierungen, bestehend aus 51...54% Kobalt, 3...15% Vanadium, 4...6% Chrom, Rest Eisen.

FeCoV-Legierungen, aus 50...52% Kobalt, 8...15% Vanadium, Rest Eisen.

FeCrCo-Legierungen, aus den drei Bestandteilen Chrom (10...30 %), Kobalt (10...15 %) und Eisen.

Tabelle 1: Eigenschaften von AlNiCo-Magnetwerkstoffen

	Remanenzflussdichte B_r in T	Koerzitivfeldstärke H_c in kA/m	$(B \cdot H)_{max}$ in kJ/m³
isotrop[1]	0,55...0,65	44...85	9...18
anisotrop[1]	0,65...1,25	45...140	15...60
kunststoffgebunden	0,28...0,38	37...78	3...9

[1] Guss- oder Sinterherstellung

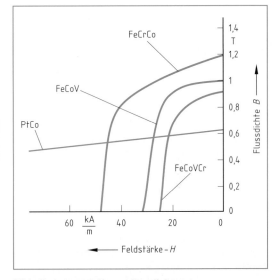

Bild: Entmagnetisierungskennlinien von verformbaren Magnetwerkstoffen

Tabelle 2: Eigenschaften verformbarer Magnetwerkstofflegierungen

Legierung	Remanenzflussdichte B_r in T	Koerzitivfeldstärke H_c in kA/m	$(B \cdot H)_{max}$ in kJ/m³
PtCo	0,6...0,64	350...400	60...70
FeCoVCr	0,8...1,0	5...26	4...24
FeCoV	0,8...1,2	9...30	4...24
FeCrCo	0,8...1,3	32...60	10...35

Die Herstellung der Magnetteile erfolgt durch Gießen in Blöcke und anschließende Kalt- und Warmverformung. Die Legierungen sind kostengünstig walzbar und ziehbar, z. B. zu Bändern und Drähten. Auch Stanzen, Schneiden und Biegen ist möglich. Der Verformung und Bearbeitung schließt sich eine abschließende Wärmebehandlung zur Einstellung der gewünschten Magnetwerte an. Dadurch verhärtet und versprödet der Werkstoff. Eine weitere Bearbeitung ist, wie bei AlNiCo-Legierungen, z. B. nur durch Schleifen möglich. Die magnetischen Eigenschaften der FeCrCo-Legierungen können mit denen der AlNiCo-Magnetwerkstoffe verglichen werden, während die anderen Legierungen im Energieprodukt und in der Koerzitivfeldstärke niedriger liegen (Tabelle 2, Seite 251). Die mit isotropen und anisotropen Magneteigenschaften herstellbaren Legierungen werden bis zu Einsatztemperaturen von 500 °C verwendet.

Anwendungen: Stanz- und Biegeteile, Bänder und Drähte vor allem für Kleinmagnete **(Bild 1)**, z. B. für Drehmagnete, Hysteresemotoren, gepolte Relais und Informationsspeicher.

Bild 1: Teile aus verformbaren Magnetwerkstoffen

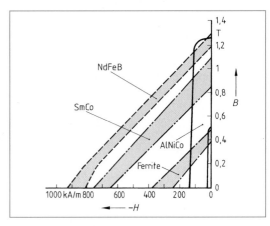

Bild 2: Entmagnetisierungskennlinien magnetisch harter Werkstoffe (typische Bereiche)

10.10.2 Seltenerdmetall-Magnete (Se-Legierungen)

Seltenerdmetall-Magnete haben höchste Magnetkräfte.

Dauermagnetlegierungen mit Seltenerd-Metallen (z. B. Cer Ce, Lanthan La, Neodym Nd, Samarium Sm, Thulium Tm) übertreffen im erreichbaren Energieprodukt und in der Koerzitivfeldstärke herkömmliche AlNiCo-Legierungen und Ferritmagnete um ein Vielfaches **(Bild 2)**. Anwendung finden vor allem Legierungen auf SmCo-Basis und auf NdFeB-Basis, **SmCo-Legierungen** bestehen meist aus etwa 25 % Samarium, 50 % Kobalt und 15 % Eisen sowie Kupfer und Zirkon.

NdFeB-Legierungen bestehen hauptsächlich aus 30...35% Neodym, etwa 1% Bor und Eisen.

Man stellt Seltenerdmetall-Magnete pulvermetallurgisch durch Pressen der Formteile im Magnetfeld her und sintert sie anschließend. Die magnetischen Eigenschaften sind dadurch anisotrop. Die durch den Sintervorgang eintretende Härte und Sprödigkeit ist besonders bei den SeCo-Legierungen sehr hoch. Eine Bearbeitung ist nur durch Schleifen möglich.

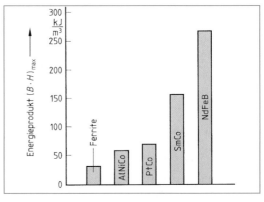

Bild 3: Vergleich erreichbarer Energieprodukte magnetisch harter Werkstoffe

NdFeB-Legierungen haben die höchste Energiedichte der heute verwendeten Magnetwerkstoffe. Neodymmagnete übertreffen auch Samariummagnete im Energieprodukt, in der erreichbaren Sättigungsflussdichte und in der magnetischen Beständigkeit **(Bild 3 und Tabelle, Seite 253)**.

Durch die billigen und im großen Umfang verfügbaren Rohstoffe sind NdFeB-Magnete preisgünstig herstellbar. Sie sind jedoch nur für Anwendungstemperaturen von 100...180 °C geeignet, SeCo-Magnetwerkstoffe bis 300 °C.

Anwendungen: Bei hohen magnetischen Leistungen und kleinstem Magnetvolumen z. B. als Kleinstmagnete für Uhren, Feldplatten und Hallgeneratoren, Magnete für Tachometer, Schrittmotoren und Positionierungsantriebe.

Seltenerdmetall-Magnete werden auch kostengünstig in **kunststoffgebundener Ausführung** mit isotropen Eigenschaften hergestellt. Hierbei wird das Legierungspulver in Epoxidharz als Bindemittel eingemischt. Die Formgebung erfolgt mit großer Genauigkeit durch Formpressen oder durch Spritzgießen, wobei das Formpressen höhere magnetische Werte ermöglicht. Durch den Kunststoffanteil sind die Magnete nicht mehr spröde. Sie können Span abhebend bearbeitet werden. Kunststoffgebundene Magnete haben ein niedrigeres Energieprodukt als pulvermetallurgisch hergestellte Magnete **(Tabelle)**. Die Anwendungstemperaturen betragen 100 °C bis 150 °C.

> Seltenerdmetall-Magnete werden durch Wasserstoffaufnahme zerstört. In feuchter Umgebung ist ein Oberflächenschutz erforderlich, z. B. durch Beschichten mit Kunststoff oder durch Lackieren.

10.10.3 Keramische magnetisch harte Werkstoffe

Keramische Dauermagnetwerkstoffe haben mechanische Eigenschaften wie Keramik und Porzellan. Sie sind schlagempfindlich und nicht auf Biegung belastbar, aber witterungs- und oxidationsbeständig. Nach ihrem Hauptbestandteil Eisenoxid (bis 80 %) werden sie auch als **Hartferrite** bezeichnet. Weitere Bestandteile sind Bariumoxid, Strontiumoxid und/oder Blei. Die chemische Zusammensetzung lässt sich durch eine Formel angeben **(Bild 1)**.

Hartferritmagnete entstehen aus dem Gemisch der Ausgangsstoffe, z. B. Eisenoxidpulver und Bariumoxidpulver mit Wasser. Durch Vorsinterung bei etwa 1100 °C erfolgt die Ferritbildung. Der Ferritwerkstoff wird wieder zerkleinert und in trockener Form oder als Schlamm in Formen gepresst **(Bild 2)**. Erfolgt der Pressvorgang im Magnetfeld, so erhält der Werkstoff **anisotrope Magneteigenschaften**, beim Pressen ohne Magnetfeld ergeben sich **isotrope Eigenschaften**. Nach dem anschließenden Sintern bei 1200 °C...1500 °C wird magnetisiert.

Tabelle: Magnetische Eigenschaften von Seltenerdmetallen			
	Remanenz-flussdichte B_r in T	Koerzitiv-feldstärke H_c in kA/m	$(B \cdot H)_{max}$ in kJ/m³
SmCo-Leg.	0,80...1,1	450...700	110...200
NdFeB-Leg.	1,0...1,3	750...900	230...270
SmCo p und NdFeB p	0,45...0,65	320...500	35...80
p = kunststoffgebunden			

$$MeO \cdot xFe_2O_3$$

Me = Anteile Ba, Sr und/oder Pb

x = 4,5 bis 6,5

Beispiel: BaO · 6 Fe₂O₃

Bild 1: Zusammensetzung der Hartferrite

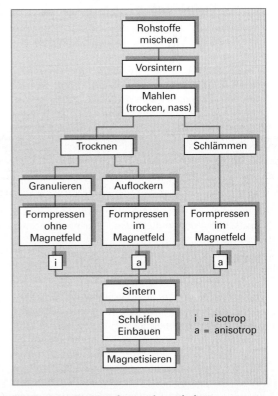

Bild 2: Herstellungsstufen von keramischen Dauermagneten

Die Formgebung sollte möglichst beim Pressen erfolgen: Durch die beim Sintern eintretende Härte und Sprödigkeit ist eine nachträgliche Bearbeitung nur durch Schleifen möglich. Der beim Sintern eintretende Materialschwund von etwa 25 % ist dabei zu berücksichtigen.

Kleine Vierkantmagnete werden üblicherweise aus größeren Magnetblöcken herausgeschnitten (gesägte oder geschnittene Magnete).

Hartferrite haben hohe Koerzitivfeldstärken **(Tabelle)**. Sie sind sehr beständig gegen magnetische Fremdfelder. Das magnetische Verhalten ist aber stark temperaturabhängig **(Bild 1)**. Bei steigenden Temperaturen fällt die Remanenz um 0,2 % je °C (Vergleich: AlNiCo 0,02 % je °C), während die Koerzitivfeldstärke um rund 0,3 % je °C zunimmt. Hartferrite werden nur bis zu Temperaturen von 200 °C eingesetzt. Da sie gegenüber metallenen Dauermagnetwerkstoffen eine vergleichsweise geringe Remanenzflussdichte haben, benötigen sie große Polflächen (z. B. als Haftfläche bei Haftmagneten). Sind hohe Flussdichten erforderlich, kann durch Eisenpolschuhe der magnetische Fluss auf kleine Flächen konzentriert werden (z. B. bei Motoren). Hartferrite sind durch ihre geringe Dichte von etwa 5 kg/dm³ leichter als metallische Magnete, deren Dichte 7...8 kg/dm³ beträgt.

Anwendungen: Die Verfügbarkeit der Rohstoffe und die preisgünstige Herstellung besonders der isotropen Magnete ergeben einen großen Anwendungsbereich, z. B. Magnetsysteme für Kleinmotoren (Statoren, Rotoren, Magnetringe für Schrittmotoren), Fahrraddynamos, Relais, Lautsprecher, Impulsgeber zur Drehzahlbestimmung, für Computertastaturen, in Quarzuhren und für Haftmagnete.

10.10.4 Kunststoffgebundene Hartferrite

Kunststoffgebundene Hartferrite sind Verbundwerkstoffe, bei denen ein Hartferritpulver in ein plastisches Bindemittel wie thermoplastischer Kunststoff oder synthetischer Kautschuk eingebettet ist. Das Gemisch aus Hartferritpulver und Bindemittel wird durch Spritzgießen zu magnetisch harten Formteilen verarbeitet **(Bild 2)** oder durch Walzen zu Tafeln oder flexibler Rollenware. Es können isotrope und anisotrope Magnete hergestellt werden. Anisotropie erhält man durch Ausrichtung der Pulverteilchen, z. B. beim Spritzgießen im Magnetfeld. Durch den Anteil an Bindemitteln werden die magnetischen Kennwerte kunststoffgebundener Hartferrite herabgesetzt (Tabelle) und die Anwendungstemperatur auf 80...150 °C begrenzt. Mit steigendem Kunststoffanteil werden jedoch die Bruchfestigkeit und Elastizität verbessert. Neben der kostengünstigen und maßgenauen Formgebung ergibt sich auch eine gute Bearbeitbarkeit, z. B. durch Bohren, Stanzen und Schneiden.

Tabelle: Magnetische Eigenschaften der Hartferrite			
	Remanenz-flussdichte B_r in T	Koerzitiv-feldstärke H_c in kA/m	$(B \cdot H)_{max}$ in kJ/m³
isotrop	0,2	130	8
isotrop p	0,15	90	3
anisotrop	0,35...0,38	170...240	22...30
anisotrop p	0,20...0,28	150...175	9...15
p = kunststoffgebunden			

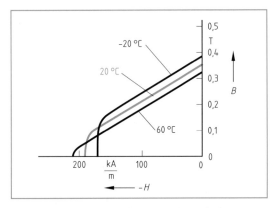

Bild 1: Temperaturabhängigkeit von keramischen Dauermagneten

Bild 2: Magnetteile aus kunststoffgebundenen Hartferriten

Anwendungen: Formteile wie Statoren, Rotoren von Kleinmotoren, Magnetringe für Schrittmotoren, Fokussiersysteme für TV-Geräte, Impulsgeber z. B. zur Drehzahlmessung oder Reed-Schalterbetätigung. Konstruktionsteile wie Ritzel oder Achsen können beim Spritzgießen bereits in die Magnete eingebracht werden. Tafel- und Rollenware findet Anwendung für Magnetschilder, Montageplatten, Haftfolien und Magnetdichtbänder z. B. für Türen.

10.11 Magnetisch halbharte Werkstoffe

Magnetisch halbharte Werkstoffe haben eine Koerzitivfeldstärke H_c von 1,5 bis 3 kA/m. Dieser Wert liegt zwischen dem der Weich- und Hartmagnetwerkstoffe. Magnetisch halbharte Werkstoffe werden aus Co-Fe-Ni-Legierungen (Kobaltgehalt 50...85 %, Nickelgehalt rund 10 %, Rest Eisen) mit Remanenzflussdichten von 1,25...1,45 T und Eisenlegierungen, z. B. aus Fe-Co-Cr-Legierung (Eisengehalt 50...70 %, Kobaltgehalt 20...35 %, Rest Chrom) mit Remanenzflussdichten von 1,6...1,8 T hergestellt.

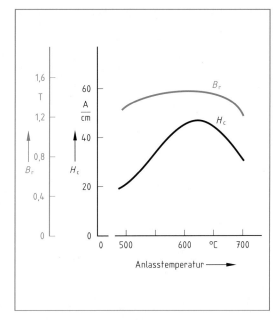

Bild: **Abhängigkeit der Koerzitivfeldstärke und Remanenz von der Anlasstemperatur**

Halbharte Magnetwerkstoffe sollen einen rechteckigen Verlauf der Entmagnetisierungskennlinie haben und eine hohe Ummagnetisierungsgeschwindigkeit ermöglichen.

Dadurch ist ihre Magnetisierung beziehungsweise Entmagnetisierung durch kurzzeitig einwirkende äußere Magnetfelder möglich.

Die magnetischen Eigenschaften werden durch starke Kaltverformung und anschließendes Anlassen erreicht, wobei durch die Anlasstemperatur die Koerzitivfeldstärke bestimmt wird **(Bild)**. Nach erfolgter Wärmebehandlung ist der Werkstoff hart und spröde und kann nur durch Schleifen bearbeitet werden. Die Formgebung z. B. durch Drehen, Stanzen, Prägen und Biegen erfolgt daher vor dem Anlassen. Halbharte Magnetwerkstoffe werden als Fertigteile oder als Halbzeuge, z. B. Bänder, Drähte und Stangen, hergestellt.

Anwendungen: Durch Stromimpulse schaltbare bistabile Haftrelais (Remanenzrelais), Magnetventile und Reedschalter; Folien für magnetische Diebstahlsicherungen.

Wiederholungsfragen

1 Wie können Permanentmagnete nach ihrer Herstellung eingeteilt werden?

2 Nennen Sie zwei Möglichkeiten zur Magnetisierung eines Dauermagneten.

3 Welche typische Form hat die Hysteresekurve eines magnetisch harten Magnetwerkstoffes?

4 Welche Koerzitivfeldstärken haben Permanentmagnete?

5 Welcher Unterschied besteht zwischen einer isotropen und einer anisotropen Magnetisierung?

6 Wie unterscheiden sich axiale und radiale Magnetisierung?

7 Beschreiben Sie die Herstellung eines AlNiCo-Sintermagneten.

8 Welche Eigenschaften haben verformbare Magnetwerkstofflegierungen?

9 Welche magnetischen Eigenschaften haben Seltenerdmetall-Magnete?

10 Nennen Sie Anwendungsbeispiele von keramischen Permanentmagneten.

11 Wie unterscheiden sich keramische und kunststoffgebundene Hartferrite in Energieprodukt und Koerzitivfeldstärke?

12 Welche besonderen magnetischen Eigenschaften haben halbharte Magnetwerkstoffe?

13 Nennen Sie Anwendungen magnetisch halbharter Werkstoffe.

11 Gedruckte Schaltungen und SMD-Technik

11.1 Gedruckte Schaltungen

Gedruckte Schaltungen (**Bild 1**) sind Träger von elektrischen Bauelementen, wie z.B. Widerstände, Transistoren und integrierte Schaltungen, die dort miteinander elektrisch verbunden werden. Sie sind Massenprodukt der Elektroindustrie und konstruktiver Bestandteil vieler elektrischer und elektronischer Geräte.

> Unter einer gedruckten Schaltung versteht man: durch Drucken auf die Oberfläche eines Trägermaterials hergestellte elektrische Schaltung mit gedruckten Verdrahtungen zur Verbindung elektrischer und elektronischer Bauteile.

Grundlage jeder gedruckten Schaltung ist die Leiterplatte, welche die Bauelemente untereinander elektrisch verbindet. Je nach Ausführung unterscheidet man einseitige (**Bild 2a**), doppelseitige (**Bild 2b**), durchkontaktierte (**Bild 2c**) und Mehrebenen-Leiterplatten (**Bild 2d**). Bei flexiblen gedruckten Schaltungen (**Bild 3**) ist die Leiterplatte nicht starr, sondern biegsam und beweglich. Häufig werden sie als Kabelbaum und Anschlusskabel verwendet. Ein großer Teil der Unterlagen zur Entwicklung und Herstellung gedruckter Schaltungen erstellt man mit CAD[1]-Anlagen (**Bild 1, Seite 258**).

11.1.1 Basismaterial

> Art und Qualität des Basismaterials bestimmen entscheidend die elektrischen und mechanischen Eigenschaften der gedruckten Schaltung.

Das Basismaterial ist ein Isolierstoff, der als Trägerwerkstoff für das Kupferleiterbild und die Bauelemente dient. Ausgangsmaterial für den Basiswerkstoff sind isolierende Schichtpressstoffe, die nach DIN 7735 genormt sind. Trägerwerkstoffe sind vor allem Papier, Baumwollgewebe, Glasgewebe oder Glasmatten, die mit einem Bindemittel, z.B. Phenolharz, Epoxidharz, Polyesterharz, Melaminharz oder Siliconharz, getränkt und verpresst sind. Die Trägermaterialien werden mit den Bindemitteln getränkt. Dadurch erhält man eine erhöhte mechanische Festigkeit und bessere elektrische Eigenschaften, z.B. eine hohe Kriechstromfestigkeit. Neben den üblichen Basismaterialien werden z.B. für hochpolige Chip- und Metallkern-Träger sowie für Multilayer (Seite 262) auch Polyimide, Polytetrafluorethylen und Bismaleinimid-Triazinharz eingesetzt.

Gefertigt werden Basismaterialien in allen gängigen Tafelgrößen, bis etwa 1 m², und Tafeldicken, von z.B. 0,5 mm bis 3,2 mm. Werden gedruckte Schaltungen mit Hilfe der Subtraktiv-Technik (Seite 259) hergestellt, so wird als Basismaterial eine Kupferfolie (Kupferkaschierung), ein- oder zweiseitig, aufgeklebt. Dann folgt eine galvanische Behandlung.

[1] CAD, Abk. für: **C**omputer-**A**ided **D**esign (engl.) = computerunterstütztes Konstruieren

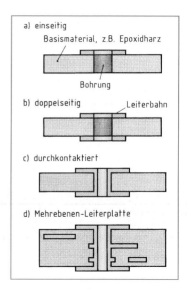

Bild 1: Gedruckte Schaltung

a) einseitig

Basismaterial, z.B. Epoxidharz

Bohrung

b) doppelseitig   Leiterbahn

c) durchkontaktiert

d) Mehrebenen-Leiterplatte

Bild 2: Querschnitt verschiedener Leiterplatten

Bild 3: Flexible gedruckte Schaltung

Die Haftfähigkeit von üblichen kupferkaschierten Basismaterialien beträgt etwa 1 bis 2 N/mm². Als Kupferfolie verwendet man Elektrolytkupfer mit einem Reinheitsgrad von mindestens 99,8 %. Die Dicke der Kupferfolie beträgt häufig 35 µm. Weitere Dicken sind z.B. 17,5 µm, 70 µm, 105 µm, 140 µm, 175 µm und 210 µm. Für flexible gedruckte Schaltungen oder für feinste Leiterbahnen werden auch Kupferfolien von 5 µm und 9 µm Dicke verwendet.

Eine Kupferkaschierung ist nicht notwendig, wenn gedruckte Schaltungen nach der Additiv-Technik hergestellt werden (Seite 260).

Die elektrischen Kenngrößen des Basismaterials sind in nationalen Normen, z.B. DIN 40 802, und internationalen Empfehlungen festgelegt, z.B. NEMA[1]-LI 1-1983. Sie geben u. a. über den Oberflächenwiderstand, spezifischen Durchgangswiderstand, dielektrischen Verlustfaktor, Permittivitätszahl[2] und über die Kriechstromfestigkeit Auskunft (**Tabelle**). Die elektrischen Werte des Basismaterials sind abhängig von Vor- und Nachbehandlungen, wie z.B. Messungen in feuchter Wärme und/oder Behandlung in einem Wärmeofen.

Tabelle: Kenngrößen von Basismaterialien (Auswahl)				
Kenngröße, Anwendung	Phenolharz-Hartpapier	Epoxidharz-Hartpapier	Epoxidharz-Glashartgewebe	Polyimidharz-Glashartgewebe
Oberflächenwiderstand in Ω	10^9	$2 \cdot 10^9$	$5 \cdot 10^{10}$	$2,3 \cdot 10^{12}$
spezifischer Durchgangswiderstand in $\Omega \cdot$ cm	10^{10}	$8 \cdot 10^{10}$	$5 \cdot 10^{11}$	$5 \cdot 10^{11}$
dielektrischer Verlustfaktor tan δ bei 1 MHz	0,05	0,045	0,035	0,009
Permeabilitätszahl ε_r bei 1 MHz	5,5	5	5,5	4,8
Kriechstromfestigkeit (Verfahren CTI)	150	150	200	—
Grenztemperatur in °C	105	110	120	260
Anwendungsbeispiele	Rundfunk- und Fernsehtechnik, Autoelektrik	Messgeräte, Taschenrechner,	Industrie-elektronik, Computer	Luft- und Raumfahrttechnik, Computer

11.1.2 Erstellen des Leiterbildes

Grundlage des Leiterbildes, auch Druckvorlage oder Druckstockzeichnung genannt, ist der Stromlaufplan. Aus ihm wird das Bild der Leiterbahnen auf der Leiterplatte erstellt (**Bild**). Dazu wird der Stromlaufplan, häufig mit Computerunterstützung, entflochten (**Bild 1, Seite 258**). Nach dem Platzieren der Bauelemente am Computerbildschirm der CAD-Anlage erfolgt die Leiterbahnentflechtung (Leitwegsuche), das so genannte Routing[3], manuell, halbautomatisch oder vollautomatisch. Nach Eingabe eines Start- und Zielpunktes gibt das Programm eine Leiterbahn vor. Über einen Fotoplotter werden dann genaue Filmunterlagen im Maßstab 1 : 1 erstellt. Für Bestückungs- und Prüfautomaten sowie für CNC-Bohrmaschinen liefert das Programm Lochstreifen oder Magnetbänder. Das entstehende Leiterbild ist mitentscheidend für die Qualität der herzustellenden Leiterplatte. Eine manuelle Auflösung zur Leiterbahnentflechtung ist nur für einfache Stromlaufpläne sinnvoll und wirtschaftlich.

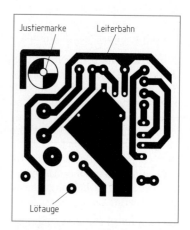

Bild: Teil eines Leiterbildes

[1] NEMA, Abk. für: **N**ational **E**lectrical **M**anufactures **A**ssociation

[2] früher Dielektrizitätszahl

[3] von route (engl.) = Weg, hier im Sinne von Wegsuche

Das Leiterbild kann von Hand oder mit einem Plotter gezeichnet oder mit Hilfe der Klebetechnik erstellt werden.

Eine Leiterbildzeichnung von Hand wird vorteilhaft im vergrößerten Maßstab angefertigt, z.B. 2 : 1, 4 : 1 oder 10 : 1. Dazu benützt man Grundraster von 2,5 mm oder 2,54 mm. Leiterbahnen und Lötaugen werden häufig aufgeklebt (**Bild 2 und 3**). Als Zeichenmaterial verwendet man Kunststofffolien, z.B. Polyesterfolie mit einer Dicke von 0,18 mm und hochpräzisen Rasterdrucken (Drucktoleranz ± 2,5 μm). Eine hohe Qualität des Zeichenmaterials ist erforderlich, um Einflüsse von Temperatur und Feuchte möglichst auszuschließen. Bei der Wahl der Leiterbahnbreite ist die Stromdichte bzw. die Strombelastbarkeit zu beachten. Üblicherweise benutzt man als Standardleiterbahnbreite 1,5 mm und als Lötaugendurchmesser z.B. 3 mm.

Bei sehr dicht gedrängten Schaltungsaufbauten ermöglicht die **Feinleitertechnik** eine Leiterbahnbreite von 0,2 mm. Leiterbahnbreiten von 1,5 mm bis 2,5 mm bei 35 μm Kupferdicke können mit Strömen von 3 A bis 6 A belastet werden. Den Abstand der Leiterbahnen untereinander bestimmt die angelegte Spannung. Zur Vermeidung von Stromüberschlägen ist der Mindestabstand bis 20 V etwa 0,5 mm. Bei einer Spannung von 230 V sind minimal 3 mm üblich.

Müssen Leiterplatten zur Verwendung in der HF-Technik erstellt werden, so sind vor allem der Wellenwiderstand, der Skineffekt, die Induktivität und die Kapazität der Leiterbahnen zu berücksichtigen. Für die Verwendung z.B. in Tunern, ZF-Verstärkern oder Antennenweichen kann man aber auch durch eine bestimmte Form der Leiterbahn eine erwünschte Kapazität oder Induktivität erzielen.

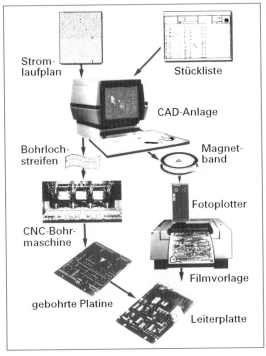

Bild 1: CAD-Entflechtung

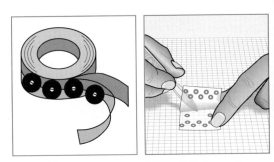

Bild 2: Lötaugen zum Aufkleben   **Bild 3: Aufbringen der Lötaugen**

Außer der Leiterbildzeichnung sind bei gedruckten Schaltungen auch noch Unterlagen für die Ätz- und Lötstoppmaske und für den Kennzeichnungsdruck notwendig. Der Lötstopplack verhindert beim Wellen- oder Tauchlöten das Benetzen unerwünschter Stellen mit Lötzinn, z.B. von Leiterbahnen. Es wird nur dort verzinnt, wo für spätere Lötungen auch Lötzinn benötigt wird, z.B. bei den Anschlusspunkten der Bauteile.

Durch Sieb- oder Fotodruck überträgt man meist das Leiterbild auf die Leiterplatte.

Je nach Feinheit und Dichte wird das Leiterbild durch Sieb- oder Fotodruck aufgebracht. Bei Leiterbreiten und Leiterabständen > 0,3 mm verwendet man den Siebdruck, für < 0,3 mm den Fotodruck. Dabei kann das Leiterbild bei beiden Arten der Übertragung auf das Basismaterial positiv oder negativ, z.B. bei durchmetallisierten Schaltungen, erfolgen.

Das Siebdruckverfahren benutzt man zur Herstellung hoher Leiterplatten-Stückzahlen. Man überträgt das Leiterbild mit fotografischen Verfahren auf ein Drucksieb. Das Drucksieb besteht aus einem feinmaschigen Gewebe aus z.B. Stahl oder Polyester mit 200 bis 300 Maschen/cm. An den Stellen, die bedruckt werden sollen, sind die Maschen des Siebes durchlässig. Alle anderen Maschen sind durch Farbe geschlossen. Beim Positiv-Verfahren werden z.B. Leiterbahnen und Lötaugen gedruckt. Die Siebdruckmaschine überträgt die ätzfeste Druckfarbe durch ein Sieb auf die Kupferschicht. Das Sieb liegt direkt auf dem Basismaterial und wirkt als Schablone.

> Kleinserien und Leiterplatten mit hohen Qualitätsanforderungen werden vorzugsweise im Fotodruck erstellt.

Das preisgünstigere Siebdruckverfahren versagt bei Leiterplatten mit Druckbildtoleranzen von weniger als ±0,1 mm. So geringe Toleranzen ermöglicht der Fotodruck.

Beim Fotodruck wird die kupferkaschierte Leiterplatte mit einer lichtempfindlichen Schicht versehen. Auf die lichtempfindliche Schicht wird das Leiterbild (negativ oder positiv) mit Belichtungsautomaten übertragen. Belichtungsautomaten verwenden z.B. Quecksilberdampf- oder Leuchtstofflampen, die ultraviolettes Licht ausstrahlen. Eine alkalische Lösung, z.B. Natronlauge, entwickelt die belichtete Leiterplatte. Nach der Entwicklung sind die Leiterzüge mit einer ätzfesten Schicht bedeckt.

Zum Auftragen der fotoempfindlichen Schicht auf die Leiterplatte verwendet man **Flüssig- oder Festresist**[1]. Der Handel bietet Flüssigresist als Fotolacke, Festresist in Folienform an. Der Resist wird z.B. durch Spritzen, Tauchen oder in Laminatoren aufgebracht. In Laminatoren werden Folienresiste unter Druck und Wärme auf ein- oder doppelseitiges Basismaterial aufkaschiert (**Bild 1**).

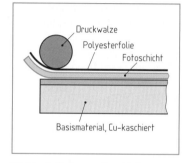

Bild 1: Aufbringen eines Folien-Resists

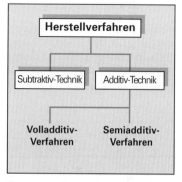

Übersicht: Übliche Herstellverfahren gedruckter Schaltungen

11.1.3 Herstellung gedruckter Schaltungen

Zur Herstellung gedruckter Schaltungen gibt es mehrere Verfahren (**Übersicht**).

Subtraktiv-Technik

Bei der Subtraktiv-Technik wird das Leiterbild aus der Kupferschicht der Leiterplatte geätzt. Beim Ätzvorgang wird das für den Aufbau des Leiterbildes nicht benötigte Kupfer abgeätzt. Die Leiterbahnen und die Lötaugen sind durch das Druckbild abgedeckt und geschützt. Einseitige oder doppelseitige Leiterplatten ohne Durchkontaktierung werden überwiegend mit Hilfe der Subtraktiv-Technik hergestellt (**Bild 2**). Das Ausgangsmaterial ist kupferkaschiertes Basismaterial (**Bild 2a**). Auf die gereinigte Kupferoberfläche des Basismaterials wird eine Maske im Foto- oder Siebdruckverfahren als Ätzresist (Abdeckung) aufgebracht (**Bild 2b**). Ein Ätzprozess, z.B. durch Kupferchlorid, Ammoniumpersulfat oder Salzsäure mit Wasserstoffperoxid, entfernt das nichtbenötigte Kupfer (**Bild 2c**). Das Leiterbild liegt dann positiv vor (**Bild 2d**). Nach dem Entfernen der Ätzresistschicht wird die Kupferoberfläche gereinigt und getrocknet. Weitere Arbeitsgänge sind das Aufbringen einer Lötstoppmaske und eines Kennzeichnungsdruckes. Nach dem Schutz der Oberfläche gegen Verschmutzung und Oxidation werden die Leiterplatten zum Aufnehmen der Bauelemente je nach geforderter Qualität gebohrt oder gestanzt.

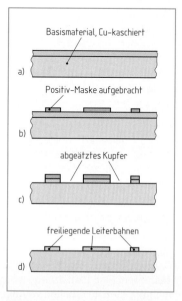

Bild 2: Prinzip: Subtraktivtechnik

---

[1] resist (engl.) = halten, standhalten, widerstehen

Bei der Subtraktiv-Technik greift die Ätzflüssigkeit das Kupfer auch seitlich an (**Bild 1**). Dadurch kommt es zu einer unerwünschten Unterätzung der Leiterbahnen, die ihre Breite reduziert. Diese Unterätzung kann man nicht ausschließen und muss sie bei der Planung berücksichtigen.

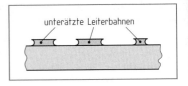

Bild 1: Unterätzung von Leiterbahnen bei der Subtraktiv-Technik

Additiv-Technik

> Unter der Additiv-Technik versteht man alle Verfahren, die zur Herstellung von Leiterplatten unkaschiertes Basismaterial verwenden.

Im Gegensatz zur Subtraktiv-Technik wird bei der Additiv-Technik das Leiterbild durch Metallabscheidungen auf dem Basismaterial mit stromlos arbeitenden Metallreduktionsbädern erzeugt. Werden die Leiterbahnen bis zur endgültigen Stärke in einem stromlosen Bad erreicht, so spricht man vom **Voll-Additiv-Verfahren**. Beim **Semi-Additiv-Verfahren** werden die Leiterzüge in einem galvanischen Bad durch Elektrolyse aufgebracht. Eine Unterätzung der Leiterbahnen wie bei der Subtraktiv-Technik ist fertigungsbedingt nicht möglich. Dadurch können Feinstleiterplatten mit geringeren Leiterbahnbreiten hergestellt werden.

Ausgangsprodukt der Voll-Additiv-Technik ist unkaschiertes kernkatalysiertes, mit Haftvermittlern versehenes Basismaterial (**Bild 2a**). Dieses speziell behandelte Basismaterial enthält Partikel, die eine gute Haftung kleiner Kupferteilchen bei der Metallabscheidung ermöglichen. Die Bohrungen zur Aufnahme der bedrahteten Bauelemente, die in einem späteren Arbeitsgang durchmetallisiert werden, werden gestanzt oder gebohrt (**Bild 2b**). Das Leiterbild wird im Negativdruck beidseitig aufgebracht (**Bild 2c**), bei dem die Leiterbahnen und Lötaugen frei bleiben. An diesen freien Stellen wird das Kupfer abgeschieden und durch den Haftvermittler, der z.B. durch Fluorborwasserstoffsäure aktiviert wird, verankert. Die nachfolgende Verkupferung (**Bild 2d**) in einem Kupferbad erfolgt stromlos. Das Kup-

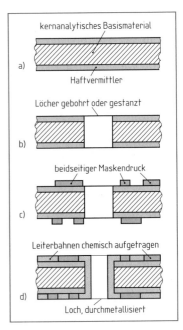

Bild 2: Prinzip: Additiv-Technik

ferbad, z.B. Kupfersulfatlösung, enthält Kupferionen, außerdem ein Reduktionsmittel, z.B. Formaldehyd, eine Säure und einen Stabilisator. In etwa 20 Stunden Abscheidezeit wird eine Leiterbahndicke von etwa 35 µm erreicht. Nach dem Entfernen der Druckmaske, dem so genannten Strippen, wird ein Oberflächenschutz aufgebracht und die Leiterplatte mechanisch bearbeitet. Auch ein Montage- und Lötstoppdruck ist jetzt möglich.

> Additiv hergestellte Leiterplatten ermöglichen Leiterbahnbreiten und Leiterbahnabstände von 0,1 mm.

Müssen die Leiterbahnen zum Korrosionsschutz mit Edelmetallen, z.B. Gold, überzogen werden, so kann man dies nur mit Hilfe der Semi-Additiv-Technik durchführen. Dazu verwendet man nichtkatalysiertes Basismaterial mit Haftvermittler. Bei diesem Verfahren wird das Basismaterial chemisch vorverkupfert, das Leiterbild aufgebracht und anschließend galvanisch mit Edelmetall verstärkt.

Plattierte gedruckte Schaltungen

Kupfer korrodiert leicht. Zum Schutz können die Leiterbahnen gedruckter Schaltungen mit verschiedenen Metallen, z.B. Silber, Gold, einer Zinn-Nickel-Legierung oder Rhodium, plattiert (überzogen) werden. Dadurch lassen sich z.B. Kontaktfinger von Steckerleisten oder Kontaktebenen von Drehschaltern einfach ausführen. Eine Plattierung ist auch dann notwendig, wenn die Lötfähigkeit der Platinenoberfläche über mehrere Monate erhalten werden muss. Welches Metall als Überzug verwendet wird, hängt u. a. von den Umgebungsbedingungen ab, denen die gedruckte Schaltung am Einsatzort ausgesetzt ist. Der Auftrag des plattierten Metalls erfolgt meist in galvanischen, aber auch in chemischen Bädern oder durch eine Schmelz- oder Feuerplattierung. Beim Positiv-Verfahren muss jede einzelne zu galvanisierende Leiterfläche an eine Stromquelle angeschlossen werden. Deshalb verwendet man das Negativ-Verfahren beim Aufbringen des Druckbildes (**Bild 1a**). Nach der Plattierung (**Bild 1b**) in gewünschter Schichtdicke wird das Druckbild entfernt (**Bild 1c**). Nach dem Ätzen (**Bild 1d**) erhält man die plattierte Leiterplatte.

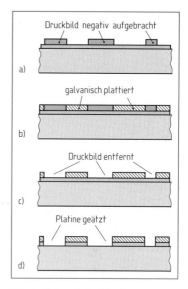

Bild 1: Galvanische Plattierung

Lötverfahren bei gedruckten Schaltungen

Die elektrische Funktion einer bestückten Leiterplatte wird vor allem durch die Qualität der Lötstellen bestimmt. Bei kleinen Stückzahlen verwendet man Kolbenlötung, bei großen Stückzahlen maschinelle Verfahren, z. B. die Tauchlötung, Schlepplötung oder Schwalllötung (**Bild 2**). Die Transportgeschwindigkeiten beim maschinellen Löten betragen etwa 2...3 m pro Minute.

Vor dem Löten muss die Lötfläche gereinigt werden. Danach wird Flussmittel aufgetragen. Diesen Vorgang nennt man Fluxen. Flux- oder Flussmittel sind alkohol- oder wasserlösliche Verbindungen, die Verschmutzungen auf der Lötseite der Leiterplatte lösen, eine weitere Oxidation verhindern und die Benetzung der Lötstelle mit Lot erleichtern (Seite 128). Zum Löten verwendet man ein Zinn-Blei-Lot mit 64 % Zinn und 36 % Blei.

> Die Löttemperatur beträgt bei maschinellen Lötverfahren bis 260 °C.

Bei der **Tauchlötung** (Bild 2a) wird die Lötseite der Leiterplatte für einige Sekunden ins flüssige Lot eingetaucht. Da aber Zapfen und Tropfen durch das abfließende Lot entstehen können, verwendet man bevorzugt das Schlepp- (Bild 2b) oder das Wellenlöten (Bild 2c). Beim **Schlepplöten** gleitet die Platine über die Lötzinnoberfläche und wird am Ende des Lötbades in einem geringen Winkel zur Oberfläche abgehoben.

Beim **Wellenlöten** gelangen Flussmittel, Wärme und Lot in drei getrennten Arbeitsschritten auf die Leiterplatte. Die Arbeitsschritte sind:

- Flussmittel auf die Leiterplatte auftragen (fluxen),
- Leiterplatte vorheizen und
- Löten.

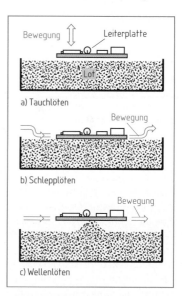

Bild 2: Industrielle Lötverfahren

Das Aufbringen des Flussmittels auf die Lötseite der Leiterplatte erfolgt durch Wellen-, Schaum- oder vor allem durch Sprühfluxen.

Beim Sprühfluxen wird durch eine rotierende Siebtrommel oder Bürste Flussmittel mit Druckluft auf die Lötseite der Leiterplatte geblasen. Dadurch erreicht man einen gleichmäßigen Flussmittelauftrag. Danach wird die Leiterplatte auf etwa 90 °C erwärmt, wodurch das im Flussmittel enthaltene Lösungsmittel verdampft. Auch soll durch die Leiterplattenerwärmung ein schnelleres Löten der Bauteile erreicht werden. Zum Löten wird flüssiges Lot durch eine Düse gepumpt. An der Oberfläche des mit flüssigem Lötzinn gefüllten Behälters bildet sich dann eine Welle. Durch diese Lötwelle wird die Leiterplatte im leicht ansteigenden Winkel mit einer Geschwindigkeit von etwa 1 Meter pro Minute bewegt. Da nur ein schmaler Bereich der Leiterplatte von Lot benetzt wird, ist die Temperaturbelastung beim Wellenlöten geringer als beim Tauchlöten. Wird beim Wellenlöten mit einer Doppelwelle gearbeitet, so ergibt sich eine weitere Verbesserung der Lötqualität. Dabei bringt die erste Lötwelle Lot zu den Lötflächen, die zweite Lötwelle entfernt dann überschüssiges Lot. Das Wellenlöten wird in der Industrie häufig verwendet.

11.1.4 Mehrlagen-Leiterplatte (Multilayer)

Mit der Miniaturisierung elektronischer Geräte und deren aufwendiger elektronischer Schaltungen reichen sehr häufig die zwei Leiterebenen doppelseitiger Leiterplatten nicht mehr aus. Abhilfe schaffen Mehrlagen-Leiterplatten (Multilayer) zur Aufnahme weiterer Leiterbahnebenen **(Bild 1)**. Die elektrischen Verbindungen zwischen den einzelnen Ebenen werden mit durchmetallisierten Löchern hergestellt.

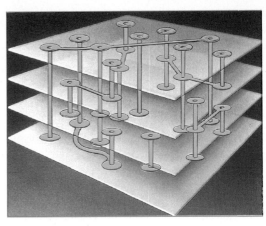

> Mehrlagen-Leiterplatten bestehen aus mehreren dünnen gedruckten Schaltungen, die aufeinander gelegt und zu einer gemeinsamen festen Platte verbunden sind.

Bild 1: Mehrlagen-Leiterplatte

Herstellung

Bei Mehrlagen-Leiterplatten verwendet man kupferkaschiertes Basismaterial aus Glasfaser-Epoxidharz oder Polymid. Die Dicke der Kupferfolie beträgt meist 35 µm oder 70 µm. Zunächst werden alle Innenlagen mit Hilfe des Fotoätzverfahrens hergestellt. Die beiden Außenseiten bleiben unbehandelt. Sie sind vollständig mit Kupferfolie bedeckt. Sind die inneren Ebenen als gedruckte Schaltungen vorhanden, so werden sie übereinander gestapelt. Justierstifte und -löcher sorgen für die genaue Ausrichtung. Als Zwischenlage werden Prepregs eingelegt **(Bild 2a)**. Prepregs sind Folien, die als Isolier- und Klebematerial notwendig sind. Man verwendet dazu nicht vollständig ausgehärtetes Basismaterial. Eine Aushärtung erfolgt während des Laminierprozesses. In einer Presse quillt unter Druck und Hitze das Prepreg, sodass alle Zwischenräume im Inneren der Mehrlagen-Leiterplatte ausgefüllt werden. Somit verbinden sich alle Leiterplatten zu einem homogenen Block, in dem alle Leiterbahnen vollständig eingebettet sind **(Bild 2b)**. Eine Weiterverarbeitung erfolgt durch Bohren **(Bild 2c)** und der chemischen Verkupferung der Lochinnenwände **(Bild 2d)**. Damit ist die Mehrlagen-Leiterplatte durchkontaktiert. Die Bearbeitung der Außenseiten geschieht durch Aufdruck des Leiterbahnbildes, durch galvanisches Verkupfern sowie Entschichten und Ätzen, ähnlich dem Herstellungsverfahren durchkontaktierter Leiterplatten **(Bild 2e)**. Nach der elektrischen Prüfung auf Leiterbahnunterbrechungen und -kurzschlüsse folgt wie üblich das Stanzen oder Bohren von Montagelöchern, das Aufbringen des Kennzeichnungsdruckes und des Lötstopplackes.

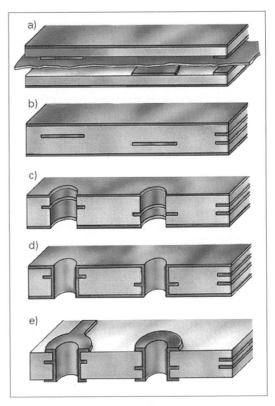

Bild 2: Herstellung einer Mehrlagen-Leiterplatte

Mehrlagen-Leiterplatten werden z.B. in der Luft- und Raumfahrt, in der Mess- und Regeltechnik und in Kommunikationssystemen verwendet. Dabei können bis zu 40 Ebenen hergestellt werden.

11.2 Oberflächenmontage (SMD-Technik)

Bei der Oberflächenmontage (SMD[1]-Technik) werden elektrische Bauelemente, z.B. Widerstände, Kondensatoren, Transistoren und integrierte Schaltkreise, auf einer Leiterplatte aufgebracht (**Bild 1**). Die Bauelemente befestigt man auf die Leiterbahnseite durch Kleben und Löten. Die SMD-Technik ermöglicht eine höhere Packungsdichte als die herkömmliche Einsteckmontage bei gedruckten Schaltungen. Dies führt zu einer Miniaturisierung von Baugruppen, einem hohen Automatisierungsgrad der Fertigung und damit zur Kostensenkung sowie erhöhter Zuverlässigkeit der Schaltungen.

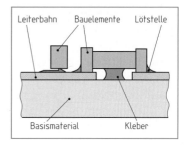

Bild 1: Bestückte SMD-Leiterplatte

11.2.1 Bauelemente zur Oberflächenmontage

> Die SMD-Technik verwendet anstelle von Bauelementen mit Anschlussdrähten flache, auflötbare Bauelemente.

Die SMD-Bauelemente haben als Anschlüsse Endkontakte, deren äußere Schicht aus Bleizinn besteht, damit sie sich besser löten lassen. Fast alle diskreten Halbleiter sind in geeigneten SMD-Gehäusen lieferbar (**Bild 2**). Bevorzugte Gehäuseformen sind z.B. SOD 80, SOT 123 oder SOT 89. Integrierte Schaltungen gibt es z.B. als SO[2]-, PLLC[3]-, Carrier- oder Mikropack-Gehäuse. Auch die meisten passiven Bauelemente wie Widerstände, Kondensatoren und Induktivitäten sind in SMD-Ausführung erhältlich.

Weil in der SMD-Technik die Leiterplatten automatisch bestückt werden, liefern die Hersteller Bauelemente häufig in Stangenmagazinen oder Gurten. Die Gurte, aus Pappe oder Kunststoff, haben Bauteilfächer, in denen die Bauelemente lagerichtig und geschützt liegen. Die Gurtbreiten sind genormt, z.B. mit 8, 12, 16 oder 24 mm.

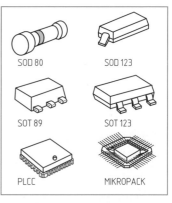

Bild 2: SMD-Halbleiterbauelemente

11.2.2 Bestückungsverfahren

SMD-Bauelemente eignen sich besonders für eine automatische Montage und Bestückung (**Bild 3**). Man unterscheidet vor allem drei Verfahren der Bestückung:

* Handbestückung,
* sequentielle Bestückung („Pick and Place") und die
* Simultanbestückung.

Bei der **Handbestückung (manuellen Bestückung)** wird das Bauteil mit einer Saugpipette positioniert und eingesetzt. Diese Methode ist für hohe Stückzahlen unwirtschaftlich. Sie findet nur bei Labor-

Bild 3: SMD-Bestückung

mustern, Einzelstücken und bei Reparaturen Verwendung. Werden die Bauelemente vom Bestückungsautomaten einzeln aus den Vorratsbehältern oder der Abholposition entnommen, so spricht man von der **sequentiellen**[4] **Bestückung**. Bei der **Simultanbestückung** werden mehrere Bauelemente gleichzeitig (simultan) erfasst und auf der Leiterplatte abgesetzt. Simultane Bestückungsautomaten können in einer Stunde bis zu einige 100 000 SMD-Bauelemente aufsetzen. Allerdings erfordert dieser Automatentyp eine hohe Rüstzeit.

---

[1] SMD, Abk. von **S**urface-**M**ounted **D**evices (engl.) = oberflächenmontierte Bauelemente

[2] SO, Abk. für **S**mall **O**utline (engl.) = kleines Gehäuse

[3] PLCC, Abk. für **P**lastic-**L**eaded **C**hip **C**arrier (engl.) = stiftloser Kunststoff-Chipträger

[4] sequentiell von sequens (lat.) = aufeinander folgend

Zum Aufbringen von Bauelementen auf die Leiterplatte haben sich bei der SMD-Technik vor allem drei Fertigungsverfahren durchgesetzt:

- SMD-Bestückung einseitig,
- SMD-Bestückung beidseitig und
- Mischbestückung.

Bei der einseitigen SMD-Bestückung werden die Bauteile auf nur einer Seite der Leiterplatte mit Kleber befestigt oder durch Lötpaste fixiert.

Sind SMD-Bauelemente auf der Unter- und Oberseite einer Leiterplatte vorhanden, so spricht man von beidseitiger Bestückung. Bei der Mischbestückung werden bedrahtete und SMD-Bauelemente gemeinsam auf einer Leiterplatte verarbeitet (**Bild 1**). Dazu ist eine Leiterplatte mit Bohrungen (**Bild 1a**) notwendig. Nach der Bestückung mit bedrahteten Bauelementen (**Bild 1b**) wird die Leiterplatte für den Kleberauftrag gewendet (**Bild 1c**) und mit SMD-Bauelementen bestückt (**Bild 1d**). UV-Bestrahlung härtet den Kleber aus (**Bild 1e**). Anschließend wird die Leiterplatte schwallgelötet (**Bild 1f**).

11.2.3 Lötverfahren bei der SMD-Technik

Beim Löten einer SMD-Leiterplatte sind die Bauelemente erhöhten Temperaturen ausgesetzt. Je nach Lötverfahren werden die Bauelemente nur zum Teil oder vollständig in das Lot eingetaucht.

> Bei den SMD-Lötverfahren unterscheidet man vor allem Reflowlöten, Schwalllöten und Dampfphasenlöten.

Beim **Reflowlöten** hält eine Lotpaste die SMD-Bauelemente fest (**Bild 2a**). Siebdruck oder Maskendruckverfahren bringt die Paste auf die Leiterplatte. Nach dem Bestücken bzw. der Fixierung (**Bild 2b**) leitet Erhitzen der Lötstellen den Lötvorgang ein (**Bild 2c**). Dabei wird das vorher aufgebrachte Lot aufgeschmolzen. Durch Infrarot-Strahlung, Heißluft, Heizplatte oder Laserstrahl wird eine Löttemperatur von etwa 220 °C erreicht. Da die Lotpaste nur eine geringe Haftwirkung besitzt, darf die Leiterplatte nach dem Bestücken nicht mehr ruckartig bewegt oder umgedreht werden.

Beim **Schwalllöten** (Wellenlöten) wird die Leiterplatte mit der Lötseite nach unten über eine Welle flüssigen Lötzinns gezogen, beim Doppelschwalllöten zusätzlich über eine weitere Welle.

Das **Dampfphasenlöten** ist ein Löten unter konstanter Temperatur. Die gesamte Leiterplatte wird in die Dampfzone einer zum Sieden gebrachten Flüssigkeit, z. B. Fluorcarbon (Siedepunkt: 215 ˚C), eingetaucht. Die Wärme wird gleichmäßig und schnell durch Kondensation auf die Oberfläche und auf die Lötstellen geleitet. Dadurch schmilzt die Lotpaste.

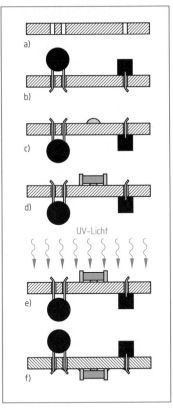

Bild 1: Mischbestückung

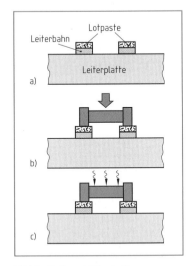

Bild 2: Reflow-Löttechnik

Wiederholungsfragen

1 Was versteht man unter einer gedruckten Schaltung?

2 Beschreiben Sie das a) Fotoverfahren und b) Siebdruckverfahren zur Herstellung des Leiterbahnbildes.

3 Worin unterscheiden sich das Voll-Additiv- und Semi-Additiv-Verfahren?

4 Was versteht man unter Mehrlagen-Leiterplatten?

5 Erklären Sie das Reflowlöten.

12 Besondere Werkstoffe der Elektrotechnik

12.1 Flüssigkristalle

Flüssigkristalle sind organische Verbindungen, z.B. Azoxy- und Ammoniumverbindungen sowie Metoxy-Benzyliden-Butyl-Anilin (MBBA), deren Moleküle alle in eine Richtung zeigen. Je nach der räumlichen Ordnung der Moleküle unterscheidet man bei Flüssigkristallen drei Gruppen (**Übersicht**):

- smektische (schichtartige),
- cholesterinische (spiralförmige) und
- nematische (fadenförmige) Flüssigkeiten.

Die Flüssigkristalle haben beim Übergang vom festen in den flüssigen Zustand bei Erwärmung einen Zwischenbereich, auch **Mesophase** genannt. Darin zeigen Flüssigkristalle eine dielektrische und optische Richtungsabhängigkeit (Anisotropie), die andere Flüssigkeiten nicht haben. Für die meisten Anwendungen liegt der Arbeitsbereich der Mesophase zwischen −15 °C und 65 °C (**Bild 1**). Innerhalb des Arbeitsbereiches kann der regelmäßige Kristallaufbau durch eine elektrische Spannung verändert werden (**Bild 2**). Dadurch ändert sich das optische Verhalten und vor allem die Lichtdurchlässigkeit des Flüssigkristalles.

> Flüssigkristalle sind optisch richtungsabhängig.

Dieser elektrooptische Effekt wird in Flüssigkristall-Anzeigen (LCD[1]) zur Umwandlung elektrischer Signale in optische Zeichen genutzt.

12.1.1 Flüssigkristall-Anzeigen

Flüssigkristall-Anzeigen bestehen aus zwei parallelen Glasplatten, auf denen innen eine durchsichtige, leitende Schicht z.B. aus Zinn- oder Indiumoxid als Elektroden aufgedampft ist. Die rückseitige Elektrode ist durchgehend, die Elektrode der Vorderseite in Form von Buchstaben, Segmenten, Zeichen oder Ziffern beschichtet. Zwischen den Glasplatten befindet sich abgedichtet die etwa 10 µm dicke Flüssigkristall-Schicht. Je nach Aufbau unterscheidet man Flüssigkristall-Anzeigen nach dem **Durchlicht-** und dem **Reflexions-Verfahren (Bild 3)**. Ist es notwendig, eine Flüssigkristall-Anzeige auch im Dunkeln abzulesen, so betreibt man sie in Durchlichtbetrieb mit Hilfe eines rückwärtigen halbdurchlässigen Spiegels (**Bild 3a**). Weit verbreitet sind Flüssigkristall-Anzeigen nach dem Reflexions-Verfahren mit dunklen Zeichen auf hellem

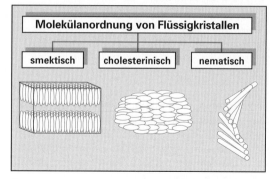

Übersicht: Molekülanordnung von Flüssigkristallen

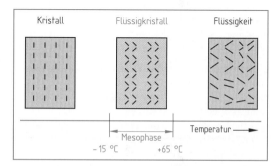

Bild 1: Flüssigkristall bei unterschiedlicher Temperatur

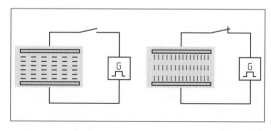

Bild 2: Flüssigkristall an Spannung

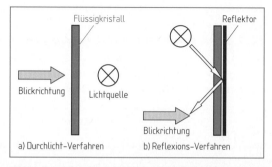

Bild 3: Betriebsarten von Flüssigkristall-Anzeigen

---

[1] LCD: Abkürzung von Liquid Crystal Display (engl.) = Flüssigkristall-Anzeige

Hintergrund. Eine zusätzliche Beleuchtung wie beim Durchlicht-Verfahren entfällt, da der eingebaute Spiegel das einfallende Licht wieder zurückwirft **(Bild 3b, Seite 265)**.

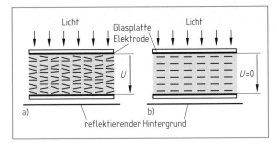

> Beim Aufbau von Flüssigkristall-Zellen unterscheidet man die dynamisch streuende Flüssigkristall-Zelle und die Feldeffekt-Flüssigkristall-Zelle.

Bild 1: Dynamische Streuung von Flüssigkristall-Zellen

Eine **dynamische Streuung** von Flüssigkristall-Zellen erreicht man durch Anlegen einer Spannung an die Elektroden. Das elektrische Feld zwischen den Elektroden wirbelt die Moleküle durcheinander. Dadurch kann das Licht nicht von außen durchdringen. Es wird gestreut, wodurch der Hintergrund, z.B. eine Zahl, dunkel erscheint **(Bild 1a)**. Wird keine Spannung an die dynamische Zelle angelegt, so sind die Flüssigkristall-Moleküle in Richtung des einfallenden Lichtes angeordnet **(Bild 1b)**. Der Hintergrund ist hell.

Streuung durch Feldeffekte beruht bei Flüssigkristall-Anzeigen auf der Ausrichtung von Molekülen durch ein elektrisches Feld. Um den Feldeffekt zu erreichen, isoliert man die Elektroden vom Flüssigkristall. Die Flüssigkristall-Moleküle sind parallel zu den Glasplatten ausgerichtet. Von der Vorder- zur Rückseite sind die Moleküle durch Oberflächenbehandlung der Glasplatten schraubenförmig verdrillt (Drehzellenprinzip). Man spricht von einer Twisted-Nematic-Flüssigkristallzelle (TN-Zelle).

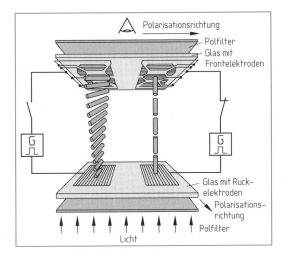

Bild 2: Feldeffekt-Flüssigkristall-Anzeige

Durch Polarisationsfilter erreicht man, dass das einfallende Licht am Flüssigkristall-Molekül nur in einer Schwingungsebene auftritt. Diese Schwingungsebene wird an der Molekülanordnung um 90° gedreht, sodass die Zelle nur dann durchsichtig erscheint, wenn auch der rückwärtige Polarisator um 90° verdreht angeordnet ist. Legt man eine elektrische Spannung an die Elektroden, so richten sich die Flüssigkristall-Moleküle im rechten Winkel zu den Glasplatten aus, die Drehung um 90° entfällt **(Bild 2)**. Die Zelle wird lichtdurchlässig, wodurch die Anzeige z.B. schwarz bei hellem Hintergrund erscheint. Verdreht man einen der Polarisatoren, so erhält man ein umgekehrtes Schriftbild. Das Kontrastverhältnis zwischen hell und dunkel beträgt bei der TN-Zelle etwa 3 : 1. Höhere Kontraste erreicht man durch STN-Zellen (Super-Twisted-Nematic-Zellen).

Die Drehung der Polarisationsebene beträgt 180° oder 270°.

12.1.2 Ansteuerung und Anwendung von Flüssigkristall-Anzeigen

Flüssigkristall-Anzeigen arbeiten mit einer Betriebsspannung von 1,5 V bis 20 V. Eine typische Betriebsspannung ist 5 V. Die Ansteuerung erfolgt meist mit rechteckförmiger Wechselspannung. Gleichspannungen zersetzen Flüssigkristalle und dürfen deshalb nicht verwendet werden.

> Flüssigkristall-Anzeigen dürfen nur mit Wechselspannung (ohne Gleichspannungsanteil) betrieben werden.

Flüssigkristalle werden als Anzeigen z.B. in Uhren, Taschenrechnern, Kraftfahrzeugen, Thermometern und Oszilloskopen verwendet. Auch ist es möglich, farbige Flüssigkristall-Anzeigen herzustellen. Dazu mengt man dem Flüssigkristall Farbstoffmoleküle bei.

12.2 Solarzellen

Solarzellen (**Bild 1**) sind Halbleiterbauelemente, die elektrische Energie aus Sonnen- bzw. Lichtstrahlung erzeugen. Diese direkte Umwandlung von Licht in elektrische Energie nennt man **Photovoltaik**. Der photoelektrische Effekt erklärt die Erzeugung von freien elektrischen Ladungsträgern durch Strahlung (Seite 194). Allerdings wird nur ein geringer Teil des einfallenden Lichtes in elektrische Energie umgewandelt.

> Beim photoelektrischen Effekt unterscheidet man einen äußeren und einen inneren photoelektrischen Effekt.

Für die Erzeugung elektrischer Energie mit Solarzellen ist nur der innere photoelektrische Effekt von Bedeutung. Dabei entstehen durch Lichtstrahlung freie elektrische Ladungsträger, welche die elektrische Leitfähigkeit eines Festkörpers, z.B. eines Halbleiters, erhöhen.

Bild 1: Solarzelle

Solarzellen bestehen aus weniger als einen Millimeter dünnen Halbleiterplättchen (**Bild 2**). An der unteren Fläche befindet sich eine durchgehende Elektrode. Die dem Licht zugewandte Elektrode ist fingerartig gefächert. Dadurch kann Licht in das Halbleitermaterial vordringen. Die Oberfläche der Solarzelle wird durch ein Glas-Substrat abgedeckt. Es dient als Antireflex-Schicht und sorgt dafür, dass möglichst viel Licht in das Halbleitermaterial eindringt. Diese Antireflex-Schicht besteht meist aus Titandioxid. Dadurch erhält die Solarzelle das typische dunkel- bzw. schwarzblaue Aussehen. Als Halbleitermaterial verwendet man überwiegend Silicium. Andere Halbleitermaterialien, z.B. Galliumarsenid, Cadmiumsulfid, Cadmiumtellurid, Kupferindiumdiselenid oder Galliumindiumphosphid, sind in der Erprobung. Das Glas-Substrat schützt die Oberfläche der Solarzelle vor Umwelteinflüssen. Bei Bestrahlung der Solarzelle bzw. der Sperrschicht des PN-Überganges mit Licht werden im Halbleitermaterial Ladungsträger gelöst. In der Sperrschicht entstehen dadurch Photonen[1], d.h. freie Ladungsträgerpaare aus Elektronen und Löcher. Die Raumladungen der Sperrschicht drängen die Elektronen zur N-Schicht, die Löcher zur P-Schicht (**Bild 3**). Es entsteht eine Photospannung, die einen Photostrom verursacht. Licht wird in elektrische Energie umgewandelt. Zwischen den beiden Elektroden der Solarzelle kann Gleichspannung entnommen werden.

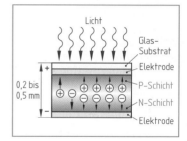

Bild 2: Aufbau einer Solarzelle

Übliche Solarzellen werden unterteilt in:

- kristalline Solarzellen und
- amorphe[2] Solarzellen.

Kristalline Solarzellen haben ein regelmäßiges Kristallgefüge. Ihr Wirkungsgrad ist doppelt so groß wie der einer amorphen Solarzelle. Nachteilig ist das aufwendige und kostenintensive Herstellungsverfahren. Amorphe Solarzellen haben kein regelmäßiges Kristallgefüge. Sie werden durch Aufdampfen auf ein Trägermaterial hergestellt. Die dadurch entstehende Schichtdicke beträgt nur einige Mikrometer (Dünnschicht-Solarzellen).

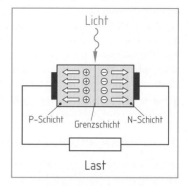

Bild 3: Lichteinwirkung auf eine Solarzelle

---

[1] kleinste Energieteilchen einer elektromagnetischen Strahlung (hier: der Lichtstrahlung)

[2] von a- (griech.) = nicht und morphe (griech.) = Gestalt; amorph = formlos, gestaltlos

12.2.1 Herstellung von Solarzellen

Um höhere elektrische Leistungen zu erreichen, verbindet man viele Solarzellen zu Solarmodulen. Die Herstellung einer einzelnen üblichen Solarzelle erfolgt in drei Schritten:

- Herstellung hochreiner Siliciumscheiben,
- Fertigung einzelner Solarzellen und
- Zusammenbau der Solarzellen zu Solarmodulen.

Um hochreines Silicium zu erhalten, benützt man Verfahren der Halbleitertechnik, wie z.B. das Tiegelzieh-Verfahren oder das Zonenschmelz-Verfahren (Seite 202), als industrieller Standard. Es liefert ein sehr reines Silicium. Nach der Dotierung mit Bor und Phosphor werden auf der Vorder- und Rückseite Kontakte angebracht und mit Lötstreifen versehen. Mit den Lötstreifen werden die Solarzellen zu Solarmodulen verbunden, in ein Gehäuse eingebettet und vergossen.

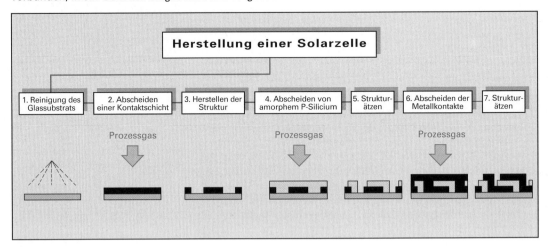

Übersicht: Herstellungsschritte einer Solarzelle

Die Herstellung amorpher Dünnschicht-Solarzellen zeigt die **Übersicht**. Als Trägermaterial benutzt man meist Glas, das nach der Reinigung eine transparente Kontaktschicht aus Zinnoxid erhält. Die Kontaktschicht ist die eine der beiden notwendigen Elektroden. Die Form der Elektrode ähnelt einem Kamm, um das Licht fast ungehindert durchzulassen. Zur Strukturierung verwendet man z.B. mechanische Ritzverfahren, eine Lasertrennung oder Siebdruck. Dann kommt die Silicium-Beschichtung als PN-Schichtfolge mit der Grenzschicht. Die Grenzschicht wird auch als Intrinsic[1]-Schicht bezeichnet. Das Aufbringen der Halbleiterschichten erfolgt in einer Kammer unter einem Prozessgas, z.B. Silan (SiH_4). Als Dotierstoffe verwendet man Bor und Phosphor. Nach der Strukturerzeugung zur Abtrennung einzelner Solarzellen werden die rückseitigen Metallelektroden im Vakuum aufgedampft.

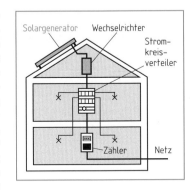

Bild: Photovoltaik-Anlage

12.2.2 Anwendung von Solarzellen

Die Stromerzeugung mit Solarzellen umfasst viele Anwendungen vom Solar-Taschenrechner bis zur Energieversorgung im Kilowattbereich **(Bild)**. Die elektrische Leistung wird vom Durchmesser und Wirkungsgrad der Solarzelle bestimmt. Beträgt z.B. der Durchmesser der Solarzelle etwa 10 cm, so entsteht bei voller Sonneneinstrahlung eine Leistung von 1,25 W. Als Spannung sind etwa 0,5 V vorhanden und als Strom 2,5 A möglich. Höhere Spannungen erhält man durch Reihenschaltung, höhere Ströme durch Parallelschaltung einzelner Solarzellen.

[1] intrinsic (engl.) = wahr, eigentlich; hier: eigenleitend

12.3 Lichtwellenleiter

Lichtwellenleiter sind optische Leiter aus Glas oder Kunststoff. Sie werden zur Übertragung von Nachrichten oder Daten eingesetzt. Als Signalträger wird Licht mit einer Wellenlänge von 0,3 µm bis 3 µm (Infrarot-Bereich) verwendet.

Lichtwellenleiter ermöglichen eine optische Nachrichtenübertragung über große Entfernungen. Dabei dienen Lumineszenzdioden oder Laserdioden als optische Sender und Halbleiterfotodioden als Empfänger. Die Fasern müssen vor allem eine gute Lichtführung, geringe Lichtverluste (Dämpfung) und eine hohe Übertragungsbandbreite haben.

12.3.1 Physikalische Grundlagen der Übertragung von Licht

Die Übertragung von Licht über Lichtwellenleiter beruht auf den Grundlagen der Strahlenoptik, vor allem dem Reflexions- und Brechungsgesetz. Beachtet muss auch werden, dass sich Licht in einem Medium, z.B. Glas, um den Faktor n langsamer fortbewegt als im freien Raum (**Formel 1**).

> Wird Licht in eine Glasfaser eingekoppelt, leitet die Faser das Licht durch Totalreflexion an der Grenzschicht zweier Medien unterschiedlicher Brechzahlen weiter.

Trifft das Licht aus einem Glas mit großer Brechzahl n_2 auf ein Glas mit kleiner Brechzahl n_1, so wird seine Richtung gebrochen (**Bild 1**). Aus dem Brechungsgesetz (**Formel 2**) ergibt sich ein Grenzwinkel. Alle Lichtstrahlen, die unter einem Winkel $\varphi \leq \varphi_G$ auf die senkrecht zur Achse polierte Stirnfläche des Lichtwellenleiters eintreten, werden durch Totalreflexion weitergeleitet. Trifft der Lichtstrahl steiler auf die Stirnfläche auf ($\varphi > \varphi_G$), dann verlässt der Lichtstrahl den Kern und geht verloren. Als Kernmaterial verwendet man reines Quarzglas (Siliciumdioxid SiO_2), für den Mantel dotiertes Quarzglas. Das Licht breitet sich längs der Faser aus, auch bei gekrümmtem Verlauf. Voraussetzung für eine Totalreflexion ist beim Einkoppeln des Lichtes die Einhaltung eines Akzeptanzwinkels Θ (**Bild 2 und Formel 4**). Die nummerische Apertur[1] A_N (**Formel 3**) bestimmt mit dem Durchmesser des Faserkerns, wie viel Licht aus einer Quelle in eine Faser eingekoppelt werden kann. Die am Ende einer Faser verfügbare Lichtleistung hängt von der eingekoppelten Lichtleistung und vom Dämpfungskoeffizienten der Faser ab.

[1] Apertur (lat.) = Öffnung

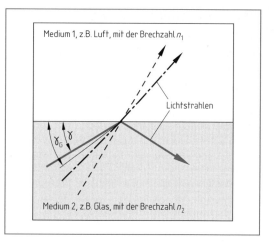

Bild 1: Lichtbrechung und Totalreflexion

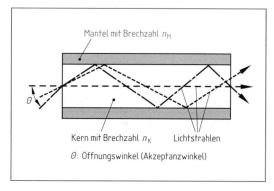

Bild 2: Strahlengang in einer Glasfaser

$c_n = \dfrac{c}{n}$ (1)	c	Lichtgeschwindigkeit (300 000 km/s)
	n	Brechzahl, z.B. Quarzglas $n \approx 1,5$
$\cos \gamma = \dfrac{n_1}{n_2}$ (2)	c_n	Ausbreitungsgeschwindigkeit im Medium mit der Brechzahl n
	γ	Winkel
	n_1, n_2	Brechzahl
$A_N = \sqrt{n^2_K - n^2_M}$ (3)	A_N	nummerische Apertur
	n_M	Mantelbrechzahl
$\sin \Theta = n_K \cdot \sin \gamma_G$	Θ	Akzeptanzwinkel
$\sin \Theta = A_N$ (4)	n_K	Kernbrechzahl
	γ_G	Grenzwinkel

12.3.2 Herstellung von Lichtwellen- leitern

Die Fertigung von Lichtwellenleiter-Glasfasern **(Bild 1)** erfordert neben Reinstraum-Bedingungen auch höchste Präzision. Der Herstellungsprozess ähnelt deshalb einer Fertigung von Halbleiterbau- elementen und nicht den Produktionsmethoden der traditionellen Glasindustrie. Die fertig herge- stellte Glasfaser hat etwa die Dicke eines Haares. Die Fertigungstoleranzen betragen nur ein tau- sendstel Millimeter. Bereits eine Verunreinigung der Glasfaser durch einige wenige Fremdatome reichen aus, die optischen Eigenschaften so zu stören, dass die Faser unbrauchbar wird.

Die Herstellung von Glasfasern für Lichtleiter er- folgt in 3 Schritten **(Übersicht)**.

> Der Grundstoff zur Herstellung von Glasfasern ist hochreines Quarzglas (Siliciumdioxid SiO_2), das im Licht führenden Faserkern zur Brechzahl- erhöhung oder zur Brechzahlabsenkung dotiert wird.

Als Dotierstoffe verwendet man zur Brechzahlerhö- hung z. B. Germaniumdioxid GeO_2, Aluminiumoxid Al_2O_3 oder Titandioxid TiO_2, zur Brechzahlabsen- kung z. B. Fluor F_2 oder Bortrioxid B_2O_3. Um Quarz- glas zu erhalten, werden die erforderlichen Roh- materialien, vor allem Siliciumtetrachlorid $SiCl_4$, Sauerstoff O_2, Erdgas CH_4 und Germaniumtetra- chlorid $GeCl_4$, einem Reaktionsbereich zugeführt und erhitzt.

Je nach Fertigungsverfahren erhält man bei Temperaturen zwischen 1100 °C und 1700 °C Quarz- glas in Form eines porösen Zylinders, der so genannten Vorform, mit einem Gewicht von meh- reren Kilogramm. Bei der Vorformherstellung unterscheidet man vor allem zwischen einer **Innenabscheidung** und einer **Außenabscheidung** **(Bild 2)**. Bei der Innenabscheidung lagern sich Glaspartikel durch Oxidation an der Innenwand eines Glasrohres ab, während bei der Außen- abscheidung Quarzglas durch Flammenhydrolyse auf der Oberfläche eines Substratstabes entsteht.

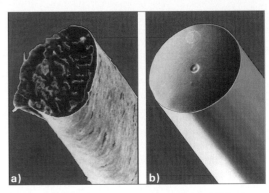

Bild 1: Querschnittsvergleich eines a) menschlichen Haares und b) Einmoden-Lichtwellenleiters

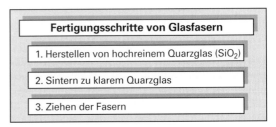

Übersicht: Fertigung von Glasfasern

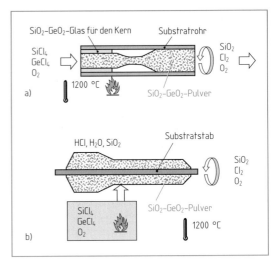

Bild 2: a) Innenabscheidung und b) Außenabscheidung

Die poröse Vorform wird bei Temperaturen oberhalb 1200 °C zu blasenfreiem, klarem Quarzglas gesintert. Restmengen von Wasser und Chlorgas, die durch die Abscheidung entstehen, werden aus der Vorform herausgespült. Anschließend zieht man die Fasern.

Zum Faserziehen **(Bild 1, Seite 271)** wird die gesinterte Vorform in einen Hochtemperaturofen (Ziehofen) eingebracht. Das untere Ende der Vorform wird erhitzt und mit konstanter Geschwindigkeit nach unten gezogen. Auch die Reinheit der Ofenatmosphäre ist von großer Bedeutung: Verunreinigungen der Faseroberfläche können zu Mikrorissen führen. Zum Schutz beschichtet man die Fasern mit Kunststoff, z. B. Urethanacrylat, der innerhalb kurzer Zeit (Sekundenbruchteile) unter ultraviolettem Licht aushärtet. Die innere, weiche Kunststoffschicht reduziert die Empfindlichkeit gegen Mikrokrümmungen, die äußere harte Kunststoffschicht schützt die Faseroberfläche vor mechanischer Beschädigung.

12.3.3 Anwendung von Lichtwellenleitern

Lichtwellenleiter verwendet man zur Übertragung von Informationen z.B. in der Nachrichtentechnik, Automatisierungstechnik, Optik, KFZ-Technik und in der Datenverarbeitung. Die Leiter sind unempfindlich gegen elektromagnetische Einflüsse, ermöglichen eine Potentialtrennung und haben eine hohe Bandbreite.

Ein optisches Übertragungssystem besteht aus der Signalquelle (Sender), einem Modulator, den optoelektronischen Wandlern für Sender und Empfänger, dem Lichtwellenleiter und dem Signalempfänger. Als Lichtwellenleiter verwendet man Monomode- und Multimode-Leiter (**Bild 2**). Unter Mode versteht man den einzelnen Ausbreitungsweg, auf dem sich das Licht fortpflanzen kann. Bei Multimodefasern breiten sich verschiedene Lichtmoden aus. Sie legen in der Glasfaser „Zick-Zack-Wege" zurück. Es kommt dadurch zu einer Laufzeitverlängerung und zu einer Impulsverbreiterung bezogen auf den Eingangsimpuls. Dies nennt man Modendispersion. Bei der Monomode- oder Einmodefaser breitet sich, bedingt durch den kleinen Kern, nur ein Lichtmode aus. Eine Modendispersion wird dadurch vermieden, die Bandbreite ist größer. Die Übertragungsraten können einige GBit/s betragen (LWL[1]-Kabel **Bild 3**).

Lichtwellenleiter aus Thermoplast, z.B. Polymethylmethacrylat (PMMA) für den Kern, Fluorpolymer als Reflexionsschicht und Polyamid (PA) als Schutzhülle, werden im industriellen Bereich für kurze Übertragungsstrecken eingesetzt. Ihre Dämpfung (etwa 150 dB/km) ist im Vergleich zu Glasfaserkabeln (wenige dB/km) viel höher. Beträgt z.B. die Dämpfung 10 dB[2], so bleiben von der eingekoppelten Lichtleistung am Faserende noch 10 % übrig, bei 3 dB noch 50 % und bei 1 dB 80 %.

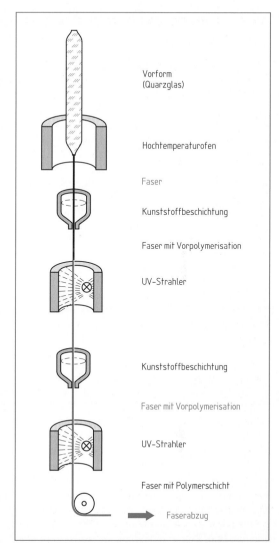

Bild 1: Faserzieh- und -beschichtungsprozess

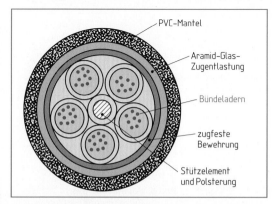

Bild 3: LWL-Kabel

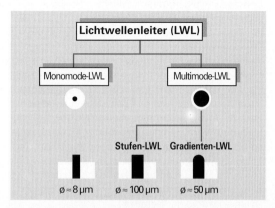

Bild 2: Einteilung Lichtwellenleiter

[1] LWL = Licht-Wellen-Leiter   [2] dB ist das Einheitszeichen für Dezibel

12.4 Piezoelektrische Werkstoffe

12.4.1 Piezoeffekt

Piezoelektrische[1] Werkstoffe (**Bild 1**) ermöglichen eine Umwandlung mechanischer Energie in elektrische Energie und umgekehrt. Manche Kristalle, z. B. Quarzkristalle, setzen bei mechanischer Verformung elektrische Ladungen frei.

Wird auf einen Körper aus piezoelektrischem Material von außen ein mechanischer Druck oder eine Kraft ausgeübt, so reagiert er mit einer unsymmetrischen Verschiebung seines Kristallgefüges. Die Kraft verschiebt die Ladungsschwerpunkte der betroffenen Kristallionen. Dadurch trennen sich die Ladungen an den gegenüberliegenden Enden der Kristallachse. Es entsteht eine elektrische Spannung, die dem Druck bzw. der Kraft proportional ist. Die elektrische Spannung kann über Elektroden abgegriffen und weiterverarbeitet werden. Piezoelektrische Werkstoffe sind z. B. natürlich vorkommende Einkristalle wie Quarz und Turmalin sowie ferroelektrische Piezokeramiken (Seite 212) wie Bariumtitanat $BaTiO_3$ und Blei-Zirkonat-Titanat $PbZrTiO_3$.

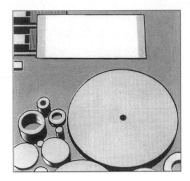

Bild 1: Bauteile aus Piezokeramik

> Piezokeramik zählt man zu der Gruppe der Ferroelektrika. Sie sind eine Untergruppe der Kristalle, die ein elektrisches Dipolmoment besitzen.

Ferroelektrische Keramiken haben die Kristallstruktur des Perowskit[2]. Man beschreibt sie allgemein mit der Strukturformel $A^{2+}B^{4+}O_3^{2-}$. Dieses einfache kubische Gitter (**Bild 2**) hat an den Ecken die Kationen A^{2+}, in der Würfelmitte, also raumzentriert, die B-Kationen B^{4+} und flächenzentriert, d. h. in der Mitte der Seitenflächen, die Sauerstoffionen O^{2-}. Wird die Curietemperatur einer Piezokeramik unterschritten, z. B. etwa 120 °C bei Bariumtitanat, so verschiebt sich die Struktur der Elementarzelle. Dadurch verschieben sich auch die Ladungsschwerpunkte der positiv und negativ geladenen Ionen. Damit hat die Elementarzelle die Eigenschaft eines elektrischen Dipols. Die Curietemperatur bestimmt den maximalen Arbeitsbereich einer piezoelektrischen Keramik.

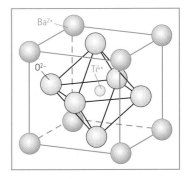

Bild 2: Kristallaufbau von Barium-titanat ($BaTiO_3$)

Die Piezokeramik ist polykristallin. Sie besteht aus einer großen Zahl winziger Kristallite. Jeder kleine Kristall ist in Bezirke, so genannte Domänen, mit unterschiedlicher Polarisationsrichtung unterteilt (**Bild 3a**). Zwischen zwei Domänen kann sich die Polarisationsrichtung um 180° und um 90° unterscheiden (180°- und 90°-Domänen). Die unterschiedliche Anordnung der Domänen bedingt, dass der Werkstoff zunächst nicht piezoelektrisch ist. Es handelt sich um eine spontane Polarisation. Um eine Piezokeramik zu erhalten, müssen die Domänen zueinander parallel ausgerichtet werden. Anlegen eines hohen elektrischen Gleichfeldes durch eine Spannung im kV-Bereich richtet die Domänen aus (**Bild 3b**). Die nach dem Abschalten bleibende Vorzugsrichtung nennt man remanente Polarisation. Der so polarisierte keramische Körper zeigt nun den piezoelektrischen Effekt. Legt man ein wechselndes elektrisches Feld an eine Piezokeramik, so erfolgt eine ständige Umpolarisierung. Durch Messen der dielektrischen Verschiebung und der Feldstärke erhält man die Hysteresekurve der Keramik.

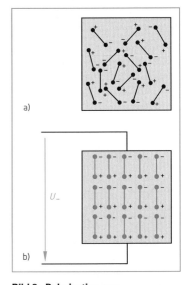

Bild 3: Polarisation aus Piezokeramik

[1] piezein (griech.) = drücken, pressen
[2] Mineral mit der Strukturformel $CaTiO_3$

12.4.2 Direkter und indirekter Piezoeffekt

Bei einem piezoelektrischen Körper lassen sich immer zwei umkehrbare Effekte beobachten. Man unterscheidet den

- direkten Piezoeffekt und den
- indirekten (inversen) Piezoeffekt.

Beim **direkten Piezoeffekt** wirkt auf einen piezoelektrischen Körper eine Kraft **(Bild 1a)**. Es entstehen Oberflächenladungen, die ein elektrisches Feld aufbauen. Die dadurch entstehende Spannung lässt sich mit Metallfolien (Elektroden) abgreifen.

Umgekehrt beim **indirekten Piezoeffekt**: Wird an einen piezoelektrischen Körper ein elektrisches Feld in Form einer Spannung angelegt, so verformt sich dieser Körper.

Es werden reproduzierbare Verformung und Kräfte erzeugt **(Bild 1b)**. Bei Anlegen von Gleichspannungen spricht man vom statischen Betrieb, während sich bei Wechselspannungen ein dynamischer Betrieb einstellt. Den Vorgang der Erzeugung mechanischer Deformationen nennt man indirekten oder inversen Piezoeffekt. Wird der piezoelektrische Körper in seiner Verformung behindert, z.B. durch eine Einspannvorrichtung, so wird auf diese eine Kraft ausgeübt. Die maximale Kraft, die ein piezoelektrischer Körper erreichen kann, hängt von der Keramiksorte, Bauart, Querschnitt, Steifigkeit und Ausdehnungsvermögen ab. In der Praxis erreicht man maximale Kräfte bis etwa 30 000 N.

Der direkte Piezoeffekt wird bei Sensoren[1], der indirekte bei Aktoren[2] verwendet. Sensoren formen eine physikalische Größe, z.B. eine Kraft, in ein elektrisches Signal um. Aktoren wirken umgekehrt. Sie formen z.B. eine Spannung in eine Bewegung oder in eine Kraft um.

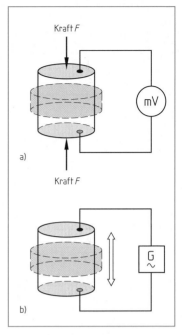

Bild 1: a) direkter und b) indirekter Piezoeffekt

12.4.3 Werkstoffkennwerte piezoelektrischer Werkstoffe

Zur Kennzeichnung piezoelektrischer Materialien werden mechanische und elektrische Kennwerte angegeben **(Tabelle, Seite 274)**. Die Kennwerte sind nach IEEE-Standard[3] an definierten Körpern festgestellte Richtwerte. Zur Kennzeichnung benutzt man ein rechtwinkliges Koordinatensystem, welches mit den Ziffern 1, 2 und 3 entsprechend den Buchstaben X, Y und Z gekennzeichnet ist **(Bild 2)**. Die Achse 3 (Z-Achse) zeigt in Richtung der Polarisation. Der bei den Materialkonstanten tiefgestellte Doppelindex, z.B. d_{31}, kennzeichnet elektrische und mechanische Größen. Die erste Zahl (3) gibt die Richtung des elektrischen Feldes an, die zweite Zahl (1) die Richtung der Reaktion.

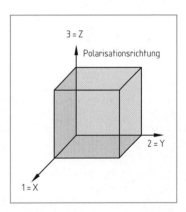

Bild 2: Indizierung piezoelektrischer Kenngrößen

Der **Kopplungsfaktor k** ist eine Maßzahl für die Fähigkeit eines piezoelektrischen Materials, elektrische Energie in mechanische Energie umzuwandeln und umgekehrt. So kennzeichnet z.B. k_{33} den Koppelfaktor eines Körpers, der in Polarisationsrichtung erregt wird und in der gleichen Richtung schwingt.

Die **piezoelektrische Ladungskonstante d** ist das Verhältnis aus der dielektrischen Verschiebung zur mechanischen Spannung bei konstanter elektrischer Feldstärke. Unter der **piezoelektrischen Spannungskonstanten g** versteht man die relative Längenänderung zur dielektrischen Verschiebung bei konstanter mechanischer Spannung.

---

[1] von sensus (lat.) = das Wahrnehmen, Fühlen

[2] von actio (lat.) = Handlung, Tätigkeit

[3] IEEE, Abk. für Institute of Electrical and Electronics Engineers (engl.) = Verband der Elektro- und Elektronikindustrie

Tabelle: Werkstoffkennwerte piezokeramischer Materialien (Beispiele)

Werkstoffkennwerte	Quarz	Bariumtitanat	Piezokeramik mit niedriger mechanischer Güte	Piezokeramik mit geringen Verlusten
Dichte ρ in kg/dm^3	2,7	5,4	7,7	7,8
Curie-Temperatur ϑ_c in °C	–	120	200...350	300
Spezifischer Widerstand ρ in $\Omega \cdot$ m	10^{16}	10^{12}	10^{11}	10^{10}
Permittivitätszahl $\varepsilon_{33}/\varepsilon_0$	4,5	1000	1500...6000	1000...1300
Kopplungsfaktor k_{33}	0,09	0,40	0,55...0,66	0,5...0,55
Piezoelektrische Ladungskonstante $d_{33} \cdot 10^{-12}$ in C/N (Coulomb/Newton)	2,3	100	400...600	200...300
Piezoelektrische Spannungskonstante $g_{33} \cdot 10^{-3}$ in mV/N	57	14	18...27	$\approx$25
Dielektrischer Verlustfaktor $\tan \delta \cdot 10^{-3}$	0,1	10	15...20	1...5
Mechanische Schwinggüte	10^6	350	50...100	400...1200

12.4.4 Herstellung piezokeramischer Werkstoffe

Piezokeramische Bauelemente können in fast beliebiger Form und Größe hergestellt werden **(Bild)**. Ausgangsmaterial piezoelektrischer Keramik sind hochreine Oxide und Carbonate, z.B. Bleioxid, Zirkonoxid, Titanat, Kalium-Natrium-Niobat und Bariumtitanat. Die Ausgangsmaterialien keramischer Werkstoffe werden gemahlen, gemischt, in eine Form gepresst oder gegossen und bei Temperaturen um 1300 °C gebrannt bzw. gesintert. Durch unterschiedliche Mischungsverhältnisse der Grundstoffe sowie Mahldauer, Kalzination[1], Formgebung und Sinterung lassen sich die physikalischen Eigenschaften des keramischen Materials steuern. Dünne Teile oder Folien, z.B. von 20 µm Stärke, stellt man in Foliengießtechnik **(Übersicht Seite 275)** her. Aus dem Schlicker erhält man durch Foliengießen dünne, flexible Folien. Dann stanzt man die gewünschten Formen aus, z.B. Scheiben, Ringe oder Rechtecke, und führt diese dem Sinterbrand zu. Bei Mehrschichtkeramikteilen, z.B. Stell- oder Kraftgeber, werden die einzelnen Folienteile mit Elektroden versehen, zusammenlaminiert und dann bei etwa 1200 °C gesintert. Beim Laminieren werden zwei oder mehr Materialien bzw. Werkstoffe z.B. durch Kleben miteinander verbunden.

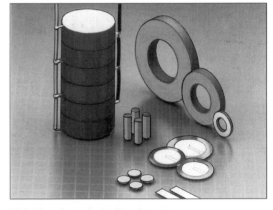

Bild: Piezokeramische Bauelemente

Blockförmige Bauformen werden durch Presstechnik, z.B. Strangpressverfahren, hergestellt.

> Piezoelektrische Keramiken sind sehr hart, spröde und chemisch inaktiv.

Sie können z.B. mit Säge-, Schleif- und Läppmaschinen bearbeitet werden. Dadurch kann man die notwendigen Toleranzforderungen an Abmessungen und Oberflächenqualität erreichen.

---

[1] Erhitzen (Brennen) fester Stoffe bis zum Verdampfen gebundenen Wassers oder chemischen Zersetzen

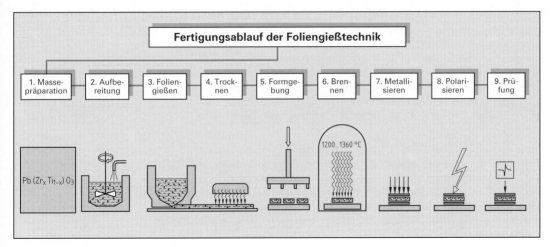

Übersicht: Schematischer Fertigungsverlauf der Foliengießtechnik

Die gebrannte Dünnschicht-Keramik wird metallisiert, um Kontaktierungsflächen zu erhalten. Als Metall verwendet man z. B. eine Silber-Palladium-Legierung. Diese Elektroden können durch Verwendung von Schablonen in beliebiger Form und Einteilung aufgebracht werden, bei planen Flächen per Siebdruck und bei gekrümmten Flächen manuell. Dabei sind Schichtdicken von 3 μm bis 60 μm erzielbar. Extrem dünne und chemisch resistente Schichten werden mit Hilfe des Aufdampf- oder Sputterverfahrens (Seite 226) auf der Keramikoberfläche aufgebracht. Als elektrische Zuführungen zu den Elektroden eignen sich Drähte, Litzen oder Bänder mit kleinen Querschnitten. Damit lässt sich eine Bedämpfung der Piezokeramik vermeiden.

Der so hergestellte Körper zeigt noch keine piezoelektrische Aktivität. Erst durch Anlegen eines hohen elektrischen Feldes wird die Keramik polarisiert. Piezokeramiken lassen sich in jeder beliebigen Richtung polarisieren. Dadurch ist eine optimale Anpassung an jeden Anwendungsfall möglich. Bei der Polarisation werden die elektrischen Dipole vollständig ausgerichtet. Diese Ausrichtung in Richtung des angelegten Feldes bleibt auch nach Abschalten des Polarisationsfeldes erhalten und ist auch mit einer bleibenden Längenänderung des Körpers verbunden. Die Keramik ist remanent[1] polarisiert.

Bei natürlich vorkommenden piezoelektrischen Einkristallen, z. B. Quarz, ist eine Polarisation nicht notwendig. Sie zeigen bereits ohne Polarisation die gewünschten piezoelektrischen Eigenschaften. Da Quarz aber eine niedrige piezoelektrische Ladungskonstante besitzt, ist eine Verwendung als Aktor nicht möglich. Für Sensoren werden allerdings Quarze wegen der hohen Schwinggüte und der guten Temperaturstabilität eingesetzt.

12.4.5 Anwendung piezoelektrischer Keramiken

Piezoelektrische Werkstoffe werden in allen Bereichen der Technik verwendet. So z. B. als Ultraschall-Flüssigkeitszerstäuber **(Bild)** in der Klimatechnik und im Umweltschutz. Sie zerstäuben ohne Druck, ohne Erhitzen und ohne zusätzliche Treibgase. Beim Ultraschall-Flüssigkeitszerstäuber werden Keramikscheiben durch elektronische Schaltungen zu Schwingungen im Hochfrequenzbereich, z. B. 100 kHz, angeregt und mit Flüssigkeit benetzt. Dabei kann die Zerstäubungsmenge von 0 bis 100 % eingestellt werden. Die Tropfen der zerstäubten Flüssigkeit sind sehr klein. Ihr Durchmesser beträgt nur einige Mikrometer. Als Flüssigkeit verwendet man z. B. Wasser, Kraftstoff, Lösungs- und Reinigungsmittel. Piezoelektrische Keramiken

Bild: Piezokeramischer Ultraschallzerstäuber

verwendet man auch in der Elektroakustik als Mikrofon- oder Ultraschallwandler **(Bild 1a**, Seite 276), in der Nachrichtentechnik als Filter- oder Verzögerungselement, in der Messtechnik als Kraftgeber **(Bild 1b,** Seite 276) und Biegewandler **(Bild 1c**, Seite 276) oder im Konsumbereich als Zündelement in Feuerzeugen.

---

[1] von remanere (lat.) = zurückbleiben

Kraftgeber sind Stellelemente **(Bild 2)**, deren Dicke sich durch Anlegen einer elektrischen Spannung verändert. Dadurch sind Mikropositionierungen möglich z. B. zur Kopfjustage an Magnetplattenspeichern. Zum Erreichen hoher Stellkräfte bei gleichzeitig großen Stellwegen werden piezokeramische Elemente mechanisch in Reihe, aber elektrisch parallel geschaltet (Bild 1b). Piezokeramische Stellelemente arbeiten z. B. bei einem Stelldruck von 1000 N/cm^2 mit einer Stellgenauigkeit von 10 nm/V. Die Stellgeschwindigkeit kann bis zu 1 m/s betragen.

Piezokeramische Signal- oder Tongeber werden z. B. in der Sicherheits- und Automatisierungstechnik verwendet. Scheiben aus Piezokeramik benutzt man als Membran, die an eine Wechsel- oder Rechteckspannung angeschlossen und in Schwingungen versetzt wird. Die Scheiben haben kleine Abmessungen, eine geringe Leistungsaufnahme, einen hohen Schalldruck und somit eine große Lautstärke.

Weitere Anwendungen piezokeramischer Werkstoffe zeigt die **Tabelle**.

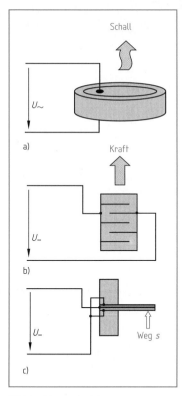

Bild 1: Aktorprinzipien

Tabelle: Anwendungen piezoelektrischer Keramiken	
Anwendungsbereich	**Anwendungsbeispiele**
Antriebe	Piezo-Motor, Relais, Mikropumpen, Tintenstrahldrucker, Stellglieder
Aktoren, Sensoren	Messen von Druck, Durchfluss, Beschleunigung, Füllstand, Kraft, Unwucht, Ultraschall, Mikrofon, Tastatur
Schall- und Ultraschallgeneratoren	Tonwandler für Signal- und Alarmzwecke, Hochtonlautsprecher, Ultraschallreinigungsanlagen, Materialprüfung, Flüssigkeitszerstäuber
Hochspannungserzeugung	Piezotransformatoren
Wandler, Resonatoren	Filter, Oszillator, Verzögerungsleitung
Zündelemente	Zündung von Gasen und Feststoffen

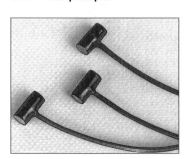

Bild 2: Piezokeramisches Stellelement

Wiederholungsfragen

1 Was versteht man unter Flüssigkristallen?

2 Nennen Sie Anwendungen von Flüssigkristallen.

3 Zählen Sie Nachteile von Flüssigkristall-Anzeigen auf.

4 Welches Halbleitermaterial benutzt man überwiegend für die Herstellung von Solarzellen?

5 Beschreiben Sie den Aufbau einer Solarzelle.

6 Was versteht man unter a) kristallinen und b) amorphen Solarzellen?

7 Erklären Sie die Herstellung von Solarzellen.

8 Welche Aufgaben haben Lichtwellenleiter?

9 Erkären Sie das Prinzip der Lichtübertragung in Lichtwellenleitern.

10 Was versteht man unter einem Akzeptanzwinkel bei Lichtwellenleitern?

11 Welchen Grundstoff verwendet man zur Herstellung von Lichtwellenleitern?

12 Nennen Sie zwei piezokeramische Werkstoffe.

13 Erklären Sie den direkten Piezoeffekt.

14 Nennen Sie piezokeramische Materialien.

15 Beschreiben Sie Anwendungen piezokeramischer Werkstoffe.

13 Umweltschutz, Arbeitssicherheit

Die Natur und die Umwelt sowie die Gesundheit der Menschen bei der Arbeit erfordern einen besonderen Schutz. Bei der Auswahl, der Herstellung und Verwendung der Werk- und Hilfsstoffe sowie während und nach dem Gebrauch der Bauteile ist die Umweltverträglichkeit und die Gesundheit zu beachten.

13.1 Umweltbelastung bei der Erzeugung der Werkstoffe

Zur ursprünglichen Erzeugung der Werkstoffe aus den natürlichen Rohstoffen (Primärerzeugung) ist ein hoher Energieaufwand erforderlich (Tabelle).

Bei den **Metallen** haben die Eisen- und Stahl-Werkstoffe gegenüber Kupfer und Aluminium deutliche Vorteile, da sie zur Primärerzeugung etwa $1/3$ des Energiebedarfs benötigen. Nur ein Bruchteil dieses Energieverbrauchs ist erforderlich, um die Metalle aus Recyclingmaterial (Schrott) zu gewinnen. Speziell bei Kupfer und Aluminium ist nur rund $1/8$ des Energiebedarfs gegenüber der Primärerzeugung aufzuwenden.

Tabelle: Energieverbrauch in kWh zur Erzeugung von 1 t Werkstoff		
Werkstoffe	Primär-erzeugung	Recycling-gewinnung
Eisen/Stahl	4 300	1 670
Aluminium	16 000	2 000
Kupfer	13 500	1 730
Polyethylen	3 500	–
Polyvinylchlorid	4 000	–

Die **Kunststoffe** haben einen Primärenergieverbrauch, der etwa so groß ist wie bei Stahl. Eine Rückgewinnung der sortenreinen Kunststoffe aus Recyclingmaterial ist bislang nur begrenzt möglich.

Die **Umweltbelastungen** durch die Erzeugung der Werkstoffe ist trotz großer Anstrengung zur Senkung der Emissionen beträchtlich. Bei der Erzeugung der Metalle entstehen Stäube und Abgase, die nicht vollständig abgetrennt werden können (Bild 1). Das hierbei durch Verbrennung fossiler Brennstoffe wie Kohle und Erdöl freigesetzte CO_2 trägt zusätzlich zum Treibhauseffekt bei.

Bild 1: Luftverschmutzung durch eine Metallhütte

Bei der Erzeugung der Kunststoffe ist die Umweltgefährdung unterschiedlich. Während z. B. die Erzeugung von Polyethylen (PE) unproblematisch ist, besteht bei Polyvinylchlorid (PVC) oder bei Polyurethan (PUR) durch die Giftigkeit und Kanzerogenität[1] der Vorprodukte eine hohe Gefährdung.

13.2 Umweltbelastungen bei der Fertigung

In einem Fertigungsbetrieb werden aus Werkstoffen mit Hilfe von Energie und Hilfsstoffen Produkte hergestellt (Bild 2). Neben den Produkten verlassen Abgase, Abwasser und Abfälle den Fertigungsbetrieb, die die Umwelt belasten.

Eine umweltschonende Fertigung muss Schadstoffe vermeiden oder auf das technisch machbare Minimum vermindern. Die Schadstoffe sollten verwertet, der Rest entsorgt werden.

Schadstoffe:	Vermeiden ⟶ Vermindern
	⟶ Verwerten ⟶ Entsorgen

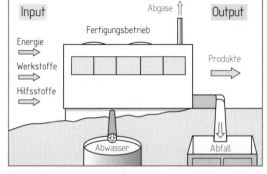

Bild 2: Fertigung und Stoffströme

---
[1] kanzerogen = Krebs erregend

Beispiel: Leiterplatten-Fertigung

Bei der Fertigung von Leiterplatten (Seite 256) werden chemische Prozesse und Fertigungsverfahren eingesetzt, die umweltbelastende Auswirkungen haben **(Bild 1)**.

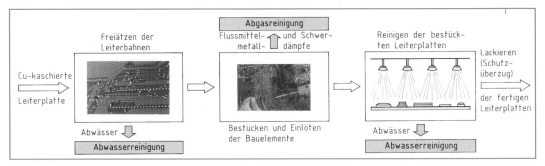

Bild 1: Umweltprobleme bei der Leiterplatten-Fertigung (Subtraktivtechnik)

Das Material zwischen den Leiterbahnen muss aus der Kupferschicht freigeätzt werden. Dazu verwendete man bislang eine Ätzlösung aus Kupferchlorid $CuCl_2$ und Ammoniumperoxidisulfat $(NH_4)_2S_2O_8$. Als weniger umweltbelastend hat sich eine Ätzlösung aus Salzsäure HCl und Wasserstoffperoxid H_2O_2 erwiesen. Außerdem lässt sich aus der Ätzlösung das gelöste Kupfer rückgewinnen (Recycling).

Beim Einlöten der Bauelemente entstehen durch das verdampfende Flussmittel und ausgasende Lotbestandteile (Blei-, Zinn- und Cadmiumdämpfe) gesundheitsschädliche Abgase, die durch eine Absauganlage abgeführt werden müssen. Die umweltbelastenden Bestandteile der Abgase müssen in einer Reinigungsanlage (Elektroentstaubung und Kohlefilter) abgeschieden werden.

Im Anschluss daran ist die bestückte und gelötete Leiterplatte zu reinigen, da die Kontaktflächen während des Lötens mit Flussmittelrückständen (Kollophonium oder andere organische Harze) beschlagen sind und langfristig zu Kontaktunterbrechungen führen würden. Die Reinigung wurde bislang mit Mischungen aus Alkoholen und verschiedenen chlorierten und fluorierten Kohlenwasserstoffen (CKW) wie Trichlorethen (Tri), Tetrachlormethan (Tetra) und Perchlorethylen (Per) (Seite 282) durchgeführt. Die CKW sind jedoch giftig und Krebs erregend und sollten nicht mehr verwendet werden. Heute arbeitet man entweder mit den CKW-Reinigungsmitteln in völlig geschlossenen Reinigungszellen oder mit weniger umweltbelastenden Reinigungsmitteln auf der Basis Wasser/Aceton/Tenside.

Die in der Leiterplattenfertigung anfallenden Abwässer und Abgase müssen in dazu geeigneten Anlagen gereinigt werden (Bild, Seite 279).

Beispiel: Lackieren von Elektrobauteilen

Viele Bauteile von elektrischen Geräten, z. B. Gehäuse, Chassis, Gestelle und Bauteile, müssen zum Korrosionsschutz mit einer Lackierung versehen werden. Der Lack besteht aus dem Basisstoff, einem unvernetzten Kunststoff (z. B. Acryl oder PUR), der in einem Lösungsmittel gelöst ist. Nach dem Lackauftrag verdunstet das Lösungsmittel und die dünne Lackschicht (Kunststoffschicht) härtet aus. Früher verwendete man Lacke mit gesundheitsschädlichen CKW- oder Nitro-Lösungsmitteln. Sie mussten durch aufwendige Reinigungsverfahren (Aktivkohlefilter) abgeschieden werden **(Bild 2)**.

Heute hat man auf lösungsmittelarme oder rein wasserlösliche Lacke umgestellt. Daneben setzt man häufig das elektrostatische Pulverbeschichten mit anschließendem Einbrennen ein.

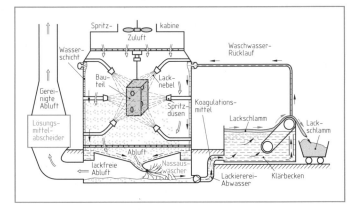

Bild 2: Entsorgen einer Lackieranlage

13.3 Abwasserreinigung eines Elektrobetriebs

Die Abwässer aus Elektro-Industriebetrieben können je nach Produktionslinie und den eingesetzten Verfahren ganz unterschiedliche Schadstoffe enthalten:

- In Galvanikbetrieben, der Bildröhren- und Leiterplattenfertigung fallen Abwässer mit hochgiftigen Salzen an, z. B. Chromate (CrO_4^{2-}), Cyanide (CN^-), Nitrite (NO_2^-); ebenso saure sowie mit CKW verschmutzte Abwässer.
- In Betrieben des Elektromaschinenbaus enthalten die Abwässer aus der spanenden Fertigung Öl-Wasser-Emulsionen (verbrauchte Kühlschmierstoffe) sowie Kaltreiniger (CKW) und Altöle.

Aufgrund gesetzlicher Bestimmungen (Abfallbeseitigungsgesetz) müssen diese Abwässer von den Betrieben gereinigt werden. Eine **Abwasserreinigungsanlage** besteht aus einer Reinigungsstufe für ölhaltige Abwässer und einer Reinigungsstufe zum Ausfällen von gelösten giftigen Salzen und Säuren **(Bild)**.

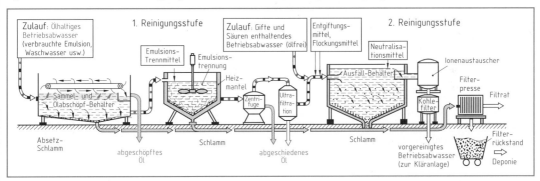

Bild: Abwasserreinigungsanlage für stark verschmutzte Abwässer aus Elektro-Industriebetrieben

Das ölhaltige Abwasser gelangt zunächst in einen Sammel- und Abschöpfbehälter, wo es vom aufschwimmenden Öl und absinkenden Schlamm getrennt wird. Die Abtrennung des fein verteilten Öls (Emulsion) erreicht man durch „Spalten" der Emulsion mit einem Trennmittel und anschließendes Abscheiden des Öls in einer Zentrifuge. Letzte Ölreste werden durch Ultrafiltration abgetrennt.

Die Gifte und Säuren in ölfreien Abwässern werden durch Zugabe von Oxidations- bzw. Reduktionsmitteln in schwerlösliche Verbindungen überführt und mit Flockungsmitteln ausgefällt. Sie setzen sich als Schlamm ab. Chromate (CrO_4^{2-}) werden durch Natriumdisulfit ($Na_2S_2O_5$) ausgefällt, Cyanide (CN^-) mit Chlorkalk ($CaClOCl$) oder Wasserstoffperoxid (H_2O_2) entgiftet, Nitrite (NO_2^-) mit Natriumhypochlorit ($NaOCl$) oxidiert. Durch Zugabe von Kalkmilch $Ca(OH)_2$ werden die sauren Abwässer neutralisiert. In einem Ionenaustauscher scheidet man Giftreste ab und in einem Aktivkohlefilter werden die CKW gebunden.

Das vorgereinigte Betriebsabwasser kann dann einer öffentlichen Kläranlage zugeführt werden. Eine Filterpresse entwässert die in den Absetzbecken anfallenden Schlämme. Der Filterrückstand muss auf Sondermülldeponien abgelagert werden; das Filtrat wird in den Ausfällbehälter zurückgeführt.

13.4 Wiederverwertung (Recycling)

Die Kosten für die Werk- und Hilfsstoffe sind ein bedeutender Faktor für jeden Elektrobetrieb. Der sparsame Verbrauch dieser Stoffe sowie ihre Aufarbeitung und Wiederverwertung, auch **Recycling** genannt, erniedrigen die Kosten und tragen dazu bei, wertvolle Rohstoffe wie Erze und Erdöl einzusparen. Darüber hinaus wird durch Recycling Energie gespart (Tabelle, Seite 277), die Umwelt entlastet und Deponievolumen vermieden.

Die Möglichkeit, Werk- und Hilfsstoffe wieder zu verwerten, besteht in vielen Betrieben:

- Neuschrott aus der Bauteil- und Halbzeugfertigung sowie Altschrott aus unbrauchbaren Altgeräten, z. B. Kupfer, Aluminium, Eisen- und Stahl-Werkstoffe, Kunststoffe, Gläser, Papiere und Textilien.
- Besonders umweltbelastende Werkstoffe, z. B. Blei aus Akkumulatoren, Quecksilber aus Batterien.
- Verbrauchte Öle (Altöle) und verbrauchte Entfettungs-, Reinigungs-, Ätz- und Beizmittel.

> Wichtige Voraussetzung für das Recycling ist das möglichst sortenreine Sammeln bzw. Sortieren.

Recycling von Kupferwerkstoffen

Die Hauptaggregate einer **Recycling-Kupferhütte** sind die Schachtöfen, der Konverter und der Anodenofen **(Bild)**.

Minderwertige Kupferrohstoffe, z. B. kupferhaltige Stäube oder Schredderschrott von Autos und Elektronikgeräten, werden in Schachtöfen mit Koks reduzierend eingeschmolzen. Die im Schrott enthaltenen Begleitmetalle Zink, Blei und Zinn verdampfen, Staubfilter fangen sie als Oxide auf. Sie werden getrennt und zu den Metallen aufgearbeitet.

Die Schmelze aus den Schachtöfen mit 70 bis 80 % Cu wird zusammen mit legiertem Kupferschrott und Koks im Konverter durchgeblasen. Dabei oxidieren noch vorhandene Verunreinigungen an Pb, Zn und Sn und werden als Staub ausgetragen. Fe-, Al- und Ni-Verunreinigungen lösen sich in der Schlacke.

Die nunmehr 95%ige Kupferschmelze wird in einem Anodenofen zusammen mit eingeschmolzenem Cu-Drahtschrott durch Aufblasen von

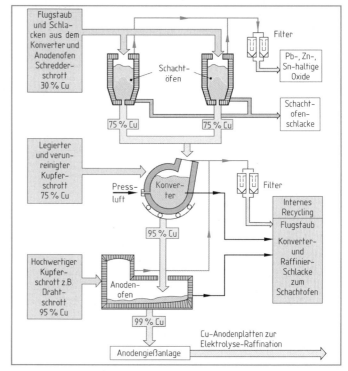

Bild: Recycling-Kupferhütte

Wasserdampf und Durchmischen mit Schlacke gereinigt. Das 99 %ige Raffinatkupfer wird zu Platten vergossen und durch **Elektrolyseraffination** (Seite 85) zu Elektrokupfer veredelt. Aus dem Anodenschlamm der Kupferelektroden gewinnt man Gold, Silber und Platin.

Das Recycling von Kupferwerkstoffen ist wirtschaftlich zu betreiben, da neben dem Kupfer noch Zink, Blei und Zinn sowie die Edelmetalle Gold, Silber und Platin rückgewonnen werden.

Recycling von Stahl- und Aluminium-Werkstoffen

Das Recycling der Konstruktionswerkstoffe Stahl und Aluminium ist fast zu 100 % realisiert. Das Altmaterial wird möglichst sortenrein gesammelt, geschreddert, eingeschmolzen und zu neuen Bauteilen verarbeitet. Die Reinigung der Abluft aus Metallhütten muss gründlich durchgeführt werden, da die Stäube aus Metallhütten giftige Schwermetalle und organische Gifte enthalten.

Recycling von Altöl

Verbrauchte Altöle, z. B. Schmier- und Schneidöle, müssen möglichst sortenrein gesammelt und einem geeigneten Entsorgungsunternehmen zur Aufbereitung übergeben werden.

Verbrauchte Altöle nicht in die Kanalisation, in Gewässer oder den Erdboden schütten.

Recycling von galvanischen Zellen

Beim Recycling von galvanischen Zellen steht die Beseitigung der umweltbelastenden Bestandteile der Zellen im Vordergrund. Sie enthalten die giftigen Stoffe Blei, Zink, Nickel, Cadmium und Quecksilber.

Verbrauchte **Bleiakkumulatoren** enthalten die Rest-Bleiplatten sowie im Akkuschlamm Bleisulfat und Bleioxid. Zur Wiederverwertung werden die Rest-Bleiplatten und der getrocknete Akkuschlamm reduzierend eingeschmolzen. Aus der erhaltenen Bleischmelze gießt man wieder Akku-Bleiplatten.

Die **galvanischen Primärelemente** (Zellen) werden heute überwiegend noch nicht wieder aufbereitet, da es bislang kein wirtschaftliches Recycling-Verfahren gibt. Die Batterien werden sachgerecht deponiert.

Recycling von Elektronikschrott

Das Recycling von Elektronikschrott, bestehend aus verbrauchten Haushaltsgeräten, Unterhaltungselektronikgeräten, Computern, Mess-, Steuer- und Regelungsanlagen, steckt weitgehend noch in der Erprobung. Es besteht heute im Rückbau und getrennten Sammeln der größeren Bauteile der Geräte, z. B. der Kunststoffgehäuse, der Tastaturen, der Bildschirme, der Leiterplatten, elektronischer Bauelemente, Kontakte usw. und dem getrennten Recycling oder Entsorgen der Bauteilfraktionen.

Am ehesten geeignet für eine stoffliche Wiederverwertung sind die thermoplastischen Kunststoffgehäuse und Tastaturen aus PP, PS, ABS, PC; außerdem Dämm- und Verpackungsstoffe aus PS- und PUR-Schaumstoff sowie elektronische Bauelemente und Kontakte.

Die sortenreinen Kunststoffbauteile können zu Granulat zerkleinert und nach Abmischen mit Neukunststoff wieder zu Neuware verarbeitet werden. Elektronische Bauelemente lassen sich nach einer Funktionsprüfung und Aussortieren fehlerhafter Bauelemente wieder verwenden. Kontakte werden eingeschmolzen und die darin enthaltenen Edelmetalle Silber, Gold und Platin wiedergewonnen.

Problematisch sind die Leiterplatten (faserverstärktes EP oder UP) und Kunststoffteile, die das umwelt- und gesundheitsschädliche Flammschutzmittel Polybrombiphenylether (PBBE) enthalten. Dasselbe gilt für die Bildröhren, deren Beschichtung zur Erhöhung der Leuchtkraft mit den hochgiftigen Schwermetallen Strontium, Cadmium, Blei und Barium durchsetzt ist. Diese Bauteile werden deponiert.

13.5 Entsorgung nicht verwertbarer Werkstoffe

Werk- und Hilfsstoffe, die stofflich nicht wieder verwertbar sind, werden, falls sie brennbar sind, energetisch verwertet, d. h. verbrannt. Das gilt vor allem für nicht recycelbare Kunststoffe und für brennbare Schredderfraktionen. Sie fallen an, wenn Elektronikschrott geschreddert, d. h. auf walnussgroße Stücke zerkleinert und dann in verschiedene Fraktionen, z. B. magnetische Metalle, unmagnetische Metalle und eine Restfraktion, sortiert wird.

Die **Verbrennung** erfolgt häufig vermischt mit Hausmüll in Müllverbrennungsanlagen. Dieses Verfahren stößt zunehmend auf Widerstand, da trotz aufwendiger Abgasreinigungsanlagen hochgiftige Schwermetalle, Dioxine und Furane mit den Abgasen in die Umwelt freigesetzt werden.

Eine Verminderung der Schadstoffe ergeben die kombinierten **Pyrolyse- und Verbrennungsverfahren**. Hierbei wird der Müll zuerst gepresst, unter Luftabschluss auf rund 600 °C erhitzt (Pyrolyse) und der Pyrolyserückstand anschließend verbrannt.

Umweltbelastende Abfälle wie Verbrennungsschlacken oder Rauchgasstäube aus Müllverbrennungsanlagen, Bildröhrenglasschrott, Leiterplatten, Knopfzellen, Batterien, elektrische Baulemente und Lackschlämme werden bislang überwiegend auf **Sondermülldeponien** entsorgt. Hochgiftige Abfälle, wie PCB-haltige Kondensatoren oder PBBE-haltige Kunststoffbauteile, müssen in Spezialbehältern verpackt in **Hochgift-Untertage-Deponien** (z. B. Herfa-Neurode) eingelagert werden.

13.6 Gefährliche Arbeitsstoffe

Akut wirkende Gifte wie Kohlenmonoxid CO, die Säuren oder die Zyanide führen unmittelbar zu einer Gesundheitsschädigung.

Langzeitgifte bewirken keine akute Vergiftung führen aber bei Langzeiteinwirkung, meist auch in geringsten Dosen, zu schweren Gesundheitsschäden. Zu den Langzeitgiften gehören auch die Krebs erregenden Stoffe (Kanzerogene). Langzeitgifte sind z. B. Benzol, die Chlorkohlenwasserstoffe (CKW), Schwermetallstäube und Asbest.

Zur Vermeidung von Gesundheitsschädigungen am Arbeitsplatz ist es erforderlich, die Konzentrationen der Schadstoffe unterhalb einer Grenze zu halten, bei welcher keine Gesundheitsgefährdung zu erwarten ist. Diese Grenzwerte gibt die **Maximale Arbeitsplatzkonzentration**, kurz **MAK**, oder für kanzerogene Stoffe die **Technische Richtkonzentration**, kurz **TRK,** an **(Tabelle)**.

Tabelle: MAK oder TRK	
Stoff	**MAK/TRK in mg/m³**
Aceton $CH_3-CO-CH_3$	2400
Ammoniak NH_3	35
Asbest (faseriges Mineral)	2,0
Benzol C_6H_6	26
Chlor Cl_2	1,5
Chlorwasserstoffe (CKW): Tri, Tetra, Per	50
Chlorwasserstoff HCl	7
Formaldehyd HCHO	1,2
Kohlenmonoxid CO	55
Quecksilberdampf Hg	0,1
Schwefeldioxid SO_2	5

Bei der Arbeit in Elektrobetrieben kommt man mit einer Reihe von giftigen und gesundheitsschädlichen Arbeitsstoffen in Kontakt. Durch geeignete Schutzmaßnahmen und den sachgemäßen Umgang mit den Stoffen kann man eine schädliche Auswirkung auf die Gesundheit vermeiden.

Voraussetzung für sicheres Arbeiten ist das Wissen um die Gefährlichkeit der Stoffe (**Tabelle**).

Tabelle: Gesundheitsgefährliche Stoffe, Wirkungen, Handhabungshinweise und Schutzmaßnahmen		
Gesundheitsgefährliche Stoffe	**Gesundheitsschädliche Wirkung**	**Hinweise für den Umgang**
Reinigungs- und Entfettungsmittel Kaltreiniger: Trichlorethen (Tri), Tetrachlormethan (Tetra), Perchlorethen (Per)	Langzeitgifte: Häufiger Hautkontakt und Einatmen der Dämpfe führen zu Nieren- und Leberschäden	Hautkontakt und Einatmen der Dämpfe vermeiden, für gute Lüftung sorgen. Wenn möglich auf Heißdampfreinigung umstellen.
Schwermetallhaltige Feinstäube und Dämpfe Beim Löten: Blei, Zinn, Cadmium Beim Schweißen: Zink, Mangan, Chrom Ebenfalls giftig: Quecksilber, Arsen	Langzeitgifte: Schwere Vergiftungen und Schädigung des Blutes	Keinen schwermetallhaltigen Feinstaub und Dampf einatmen. Beim Arbeiten im Freien die Windrichtung nutzen, in geschlossenen Räumen absaugen. Beim Arbeiten nicht essen oder rauchen.
Schutzgase beim MAG-Schweißen (Aus dem CO_2-Schutzgas entsteht im Schweiß-Lichtbogen das hochgiftige Kohlenmonoxidgas CO)	Akute, äußerst schnell wirkende Vergiftung beim Einatmen (Blutgift)	Absaugvorrichtung beim Schweißen in geschlossenen Räumen. Beim Arbeiten im Freien Windrichtung nutzen, Einatmen der Schweißgase vermeiden.
Klebstoffe, Fugenfüllmasse Beim Verarbeiten entweichen Lösungsmittel oder gasförmige Reaktionsprodukte, z. B. bei Epoxidharz- oder Polyurethanharzklebern	Je nach freigesetztem Stoff akute Vergiftungserscheinungen wie Unwohlsein und Erbrechen oder Langzeitwirkung wie chronische Leber- und Nierenschäden	Beim Verarbeiten von Klebstoffen und Fugenfüllmassen für ausreichende Lüftung oder Absaugung sorgen. Hautkontakt vermeiden.
Kühlschmierstoffe (Mineralöle mit chemischen Zusätzen zum Korrosionsschutz, Desinfizieren, Emulgieren sowie gegen Pilz- und Bakterienbefall)	Erkrankungen der Haut (Ölakne, Ölekzem, Geschwüre) Erkrankungen der Atmungsorgane (Reizungen, Infektionen)	Unterbinden bzw. Vermindern des Kontaktes mit Kühlschmierstoffen: Verkapseln der Maschinen, Ölnebelabsaugung, Tragen von Schutzhandschuhen, Schutzcreme anwenden.
Säuren, Laugen, giftige Lösungen wie Salzsäure, Schwefelsäure, Salpetersäure, Natronlauge, Kalilauge, Ätz- und Beizlösungen	Akut wirkende Gifte: Verätzung der Haut, Augen und der Atmungsorgane Hautekzeme	Hautkontakt vermeiden, Einatmen der Dämpfe vermeiden, Schutzbrille, Schutzhandschuhe und Schutzkleidung tragen.
Härtesalze (Kaliumcyanid KCN, Natriumcyanid NaCN)	Hochgiftig. Aufnahme über Mund und Einatmen von Stäuben möglich	Beim Arbeiten mit Härtesalzen nicht essen, trinken oder rauchen, Absaugvorrichtung erforderlich.
Asbest (Faseriges Mineral in Dichtungen, Heizkörpern, Elektrogeräten als Isolier- und Dämmstoff)	Lang andauerndes Einatmen asbesthaltiger Luft führt zu Asbestose und Krebserkrankungen	Einsatz von Asbest vermeiden. Asbesthaltige Stoffe nicht trennschleifen. Keinen Asbeststaub einatmen. Atemmaske tragen.
Benzol, Toluol, Phenol, Xylol Polychlorierte Biphenyle (PCB) (Isolierflüssigkeiten in Kondensatoren) **Polybromierte Biphenylether (PBBE)** (Flammschutzmittel in Kunststoffen)	Kurzzeitgifte: bei hohen Dosen. Langzeitgifte: andauernder Kontakt führt auch mit geringsten Mengen zu chronischen Schäden und Krebserkrankungen	Verwendung dieser Stoffe und Kontakt mit ihnen vermeiden. Bei erforderlichen Arbeiten Atemschutz und Vollkörper-Schutzkleidung tragen.
„Ungiftiger" Feinstaub und Rußpartikel aus Gießereien, Schleifereien und anderen Fertigungs- und Verarbeitungsprozessen	Bei lang andauerndem Einatmen staubhaltiger Luft droht Schädigung der Atmungsorgane: Bronchitis, Staublunge, Lungenkrebs	Für ausreichende Frischluft und staubfreie Atemluft durch Belüftung und Absaugen sorgen.

Wiederholungsfragen

1 Welche Vorteile hat die Recyclinggewinnung der Metalle gegenüber der Primärerzeugung?

2 Welche Umweltbelastungen entstehen bei der Leiterplattenfertigung?

3 Welche Reinigungsstufen durchläuft Abwasser?

4 Wie werden verbrauchte Bleiakkus recycelt?

5 Wie vermeidet man Gesundheitsschäden beim Löten?

Firmenverzeichnis

Die Autoren danken den nachfolgend aufgeführten Firmen, die sie bei der Bearbeitung der einzelnen Themen durch Beratungen, Druckschriften, Fotos und Retuschen unterstützt haben.

Aluminium-Zentrale
40212 Düsseldorf

BASF AG
67056 Ludwigshafen

Bayer AG
51368 Leverkusen

BBC AG
68243 Mannheim

BP-Deutschland AG
22297 Hamburg

Bundesanstalt für Materialprüfung
12203 Berlin

Ciba-Geigy AG
CH 4002 Basel

Degussa AG
63403 Hanau

Deutsche Aerospace AG
22876 Wedel

Deutscher Stahlbau-Verband
50668 Köln

Deutsches Kupferinstitut
10623 Berlin

Doduco GmbH & Co
75172 Pforzheim

Eberhard Bauer GmbH
73734 Esslingen

Emag GmbH
73084 Salach

ERSA E. Sachs KG, GmbH & Co
97862 Wertheim

Fischer-Elektronik
35781 Weilburg

Fuba Hans Kolbe & Co
37534 Gittelde

Fuchs & Sanders
49076 Osnabrück

Gildemeister GmbH
33661 Bielefeld

Hahn & Kolb
70469 Stuttgart

Hawera Probst GmbH
88185 Ravensburg

Hilger & Kern GmbH
68167 Mannheim

Hoechst AG
65926 Frankfurt

Hoechst CeramTec AG
95100 Selb

Hoesch AG
58103 Hagen

Hüls AG
45743 Marl

IBM Deutschland GmbH
70508 Stuttgart

Isabellenhütte Heusler GmbH KG
35664 Dillenburg

ISCAR Hartmetall GmbH
76275 Ettlingen

Juchheim GmbH & Co
36035 Fulda

Knipex-Werk
42349 Wuppertal

Kosmeier GmbH
45356 Essen

Krebsöge
42477 Radevormwald

Krupp WIDIA GmbH
45145 Essen

Metallgesellschaft AG
60323 Frankfurt

Multi-Contact AG
CH 4123 Allschwil

Multi-Contakt AG
79576 Weil am Rhein

Philips Components
20095 Hamburg

Ringsdorf-Werke GmbH
53170 Bonn

Roederstein GmbH
84034 Landshut

Siecor GmbH & Co. KG
96465 Neustadt

Siemens AG
91050 Erlangen
80312 München
96257 Redwitz

SKF GmbH
97421 Schweinfurt

Stahl-Informations-Zentrum e. V.
40213 Düsseldorf

Stahlwerke Reine Salzgitter AG
38233 Salzgitter

Stettner GmbH & Co
91205 Lauf

Thyssen-Edelstahlwerke AG
47707 Krefeld

Tyrolit Schleifmittel
A 6130 Schwaz

Vacuumschmelze GmbH
63450 Hanau

Varta Batterie AG
30419 Hannover

Vereinigte Deutsche Elektrizitätswerke
60596 Frankfurt

Wacker Chemie AG
80538 München

Wago Kontakttechnik GmbH
32385 Minden

Weidling & Sohn GmbH
48045 Münster

Weidmüller GmbH & Co
32720 Detmold

Wilhelm Westermann
68033 Mannheim

Zinkberatung e. V.
40210 Düsseldorf

Sachwortverzeichnis